人的心理无论怎样掩饰，都会通过细微的肢体语言表现出来。这种肢体语言包括表情、动作两个方面。我们将之合称为「微行为」。

一本可以让你看透任何人的案头手册

微行为

——秘密都在小动作里

张卉妍 编著

北京联合出版公司
Beijing United Publishing Co.,Ltd.

图书在版编目（CIP）数据

微行为:秘密都在小动作里 / 张卉妍编著.—北京：北京联合出版公司，2014.9
（2018.10 重印）

ISBN 978-7-5502-3388-1

Ⅰ.①微…　Ⅱ.①张…　Ⅲ.①心理学—通俗读物　Ⅳ.①B84-49

中国版本图书馆 CIP 数据核字（2014）第 178440 号

微行为:秘密都在小动作里

编　　著：张卉妍
责任编辑：喻　静
封面设计：李艾红
责任校对：朱立春
图文制作：北京东方视点数据技术有限公司

北京联合出版公司出版
（北京市西城区德外大街 83 号楼 9 层　100088）
北京市松源印刷有限公司印刷　新华书店经销
字数 780 千字　720 毫米×1020 毫米　1/16　35 印张
2018 年 10 月第 2 版　2018 年 10 月第 4 次印刷
ISBN 978-7-5502-3388-1
定价:68.00 元

前言

　　人生就像是一场化装舞会，每个人都用面具挡住自己的真实表情。站在你面前的人，是言为心声，还是口是心非？家人、朋友、同事、领导、客户，你觉得你很了解他们？其实每个人都会隐藏自己的内心，而这几乎是一种下意识的行为。这时候，不管你有多么智慧过人，有多么出众的口才，如果你不会去从对方的行为中读懂对方的心理，就很难获得好的人际关系。

　　有些可能因知识、阅历、能力等原因，能够在内心波涛汹涌的时候做到面不改色，明明很讨厌别人却可以表现出很喜欢，明明是在掩盖事实却可以让别人看不出。也许他久经沙场很会掩饰，也许他聪明机智善于装腔，但人的心理无论怎样掩饰，都会通过细微的肢体语言表现出来，这种肢体语言包括表情、动作两个方面，合称为微行为，是人自己无法控制的，更是装不出来的。殊不知，秘密就藏在这些小动作里！

　　在日常生活中，微行为对我们非常重要。如果我们错误地理解其含义，会让我们对交流对象形成错误的判断，这无疑增加了人们之间的隔阂，而不是相互信任；如果正确理解了其含义，我们就能够从他人一闪而过的表情信号里发现有价值的信息，以此来准确地识别他人。这样，我们不但可以通过对方的面部表情、身体动作和语言变化等线索来识破对方的谎言，同时也可以了解到对方的真实想法与目的。

　　在小型聚会上，看到对方吸烟的姿势，你能看出对方的性格吗？在工作时，看到老板的一个小动作，你知道他在想什么吗？在见客户时，他皱了一下眉，你觉得他想表达什么意思？在和恋人相处时，你怎么用身体语言来展示自己的优势？当你掌握了人类的各种微行为之后，你会发现，认识人、研究人、了解人是一件非常有趣的事情。对方的种种小动作，只是为了让你了解他，对方的种种掩饰，只是为了让你更加明白他在想什么。摘下他们的面具，看透他们的心声，一切秘密将尽收眼底。

　　人生就是一场博弈，生活就是一场较量。在这个纷繁复杂、瞬息万变的现代社会中，我们时刻都要与他人进行沟通和交往。而在这个过程中，我们必须要面对人生的考验和灵魂的洗礼，接受各种挑战。本书收集了各种微行为概念，并结合实际案例加以说明，教你从面部表情、行为举止、言谈之间、衣着打扮、生活习惯和兴趣爱好等方面捕捉、分析、判断他人，交给你一个"阅读放大器"。渐渐地你就会发现，读懂人心、识破谎言不再是难事。通过本书，你将得到一双识人的慧眼、一把度人的尺度，让你灵活运用微行为的相关知识，从体态上辨认人的性格，从谈吐中推断人的修养，从习惯中观察人的心理，从细微处洞悉人的气质，进而让你在职场、商场、情场等各种场合中左右逢源、运筹帷幄，一切尽在掌握！

接下来你要做的，就是熟练地掌握这些内容，并且把它应用到生活实践中。从现在开始，静下心来读这本书吧。用不了多久你就会发现，不管是什么人，都逃不出你的"法眼"。

目录

第一章 >>>

你可以一眼洞穿人心：性格辨别

第二章 >>>

信心的博弈：重视与轻视

第三章 >>>

懂得保持心理距离：排斥与接受

第四章 >>>

一眼看穿对方的心理软肋：妥协与抗争

第五章 >>>

谁在挑衅：冲突与防御

第六章 >>>

你的神经绷紧了吗：紧张与放松

第七章 >>>

你怕了吗：压力与惊恐

第八章 >>>

谁的内心正在被谴责：自豪与愧疚

第九章 >>>

继续下去还是适时停止：喜爱与厌恶

第十章 >>>

伪装下的情绪涌动：沉静与动摇

第十一章 >>>

谁会处在受支配的地位：强势与软弱

第十二章 >>>

克制不住的烦躁：成功与失败

第十三章 >>>

到底是谁激怒了谁：愤怒与好斗

第十四章 >>>

我需要你：安慰与内心不适

第十五章 >>>

三十六计走为上：逃避与逃离

第十六章 >>>

说不出却藏不住的痛：悲伤与痛苦

第十七章 >>>

居然是这样：惊讶与意外

第十八章 >>>

谁在仰视着谁：服从与合作

第十九章 >>>

日久生"隐情"：习惯信号

第二十章 >>>

服饰会"说话"：服饰信号

第二十一章 ≫

众口难调的美味：用餐信号

第二十二章 >>>

咸甜还是苦涩：流泪信号

第二十三章 >>>

对你有意思：表白信号

第二十四章 >>>

爱情渐升温：浪漫信号

第二十五章 >>>

我们结婚吧：求婚信号

第二十六章 >>>

群体的反应差异：性别信号

第二十七章 >>>

地面无声的言语：走姿信号

第二十八章 >>

不觉泄露了自己：睡姿信号

第二十九章 >>

职场的察言观色：领导信号

第三十章 >>>

高雅的上流社会：礼仪信号

第三十一章 >>>

购物泄露了性格：血拼信号

第一章

你可以一眼洞穿人心：
性格辨别

只有男性会出现"管状视野"

管状视野是一个医学上的名词，是眼部出现青光眼等疾病时的一种症状，主要是视神经慢慢萎缩，视野慢慢缩小。在心理学中，有学者用管状视野来形容某人看对方时，视野十分狭窄，只在某些部位上下扫视。

在一些较为轻松的社交场合，如聚会、酒宴等，当男性与女性近距离接触时，男性有可能出现管状视野，即用眼睛上下扫视对方的身体，目光在对方身上来回移动，动作十分明显。而这时，对方多数是女性，这就十分容易引起误会，被扫视的女性或是周围的人都会觉得这位先生心怀不轨，举止轻浮。然而实际上，用较为科学的解释，这只能说明这位先生对这位女士略有好感，希望同她结识，并不能因此判定这位男性的品行和素质，更不能误解他的意图和心意。

需要解释的是，从生理学角度来讲，男性在近距离与人接触时，视野要小于女性，这与医学上说的管状视野十分接近，而女性的视野则相对更为宽阔，几乎不会出现管状视野，因此女性与男性近距离接触时，很少频繁出现女性在男性身上，尤其是下巴以下的身体部位上下扫视的情况。

男性的管状视野常常为自己带来困扰，与女性距离较近从而出现管状视野的男性常常被误会甚至被责骂，而男性随之表现出来的无辜原本出自内心，但却会增加对方的气愤，导致二者无法继续交流。然而男性的管状视野是由其不同于女性的生理机能和结构决定的，并不能强制改变，只能通过意识有效控制。

在社交场合中，当男性与女性近距离接触时，男性最好将视线移向远处，或是尽量拉开与女性的身体距离，避免管状视野带来的困扰和麻烦。

注视背后的秘密

目光的凝视常常会包含很多内容，对某一具体事物或人物的注视可以证明他对他们感到好奇或感兴趣，也可以表示对他们的关注。当然，这种关注既包括积极的，也包括消极的，例如一个人直视另一个人时，我们可以把这种注视理解为一方对另一方的威胁与管制，甚至是憎恨。相爱的人之间也常常会彼此注视，这种注视通常是表现一种亲昵的关系，亲人之间也会这样，例如在母亲与孩子之间。

有另一种可能性，当人们在谈话时，一方将视线移开并向远方注视时，说明他在独立思考另一些事情，而此时，他不希望受到对方的干扰和影响。但是，从另一方的角度来讲，这样的行为又有些不够礼貌，对方的行为会让他觉得受到了漠视和拒绝。

其实，在交谈过程中，一方将视线移向别处，仅仅是将思路集中，争取语言流畅表达的潜意识动作，并非真正的不尊重对方。这时，移开视线、注视远方的那一方，边缘大脑没有意识到来自对方的任何消极信号，从而不会在意对方的这种感受。

因此，如果我们在与人交谈的过程中遇到这样的情况，大可不必在意，因为仅凭他注视远方这一点，我们不能断定他是在漠视你的观点。

而在人们交谈的过程中，占据支配地位的人能够更自由地注视任何地方。因为，从常理出发，支配者常常不会在意被支配者的情感和想法，而受支配的人又常常不敢肆意移动目光，以避免造成不必要的麻烦。换句话说，地位较高或拥有一定权力的人可以漠视一切，因此注视的目光可以不受限制。

处于被动地位的人也可以通过不断注视的目光唤起他人的注意，从而在取得关注的情况下获得表现自我的优势和机会。

在课堂上，学生想要回答问题或表达想法，但又没有足够的勇气举手示意，就会不断地注视老师，以引起老师的注意。相反地，如果学生不愿回答问题，则会将头深深地低下不敢去看扫视全班同学的老师的目光。

眉毛是心情的指针

眉毛的各种不同动作可以起到丰富我们面部表情的作用，同时还能充分地展现出一个人内心的情感变化。

压低眉毛是一种防卫性质的动作，当人们受到侵犯时会出现这样的表情，以保护眼睛免受伤害。眉毛半放低则表示困惑不解，而完全下降则说明这个人将要大发雷霆。而皱眉头的情况是很复杂的，主要分为自卫和侵略两种类型。自卫型的皱眉主要是保护眼睛受到伤害，例如外界的攻击、强光等等。而侵略型的皱眉实质也是出于防御的目的，担心会遭到对方的反击。

皱眉表现出最常见的心境是：厌恶、反感、不同意等。而深皱眉头表现出的则是忧郁的心情，这种人想要改变现在的境遇但是又未能达成所愿。如果一个人笑的同时眉头微皱，说明他笑的对象给他带来了困扰和焦虑。斜挑眉毛表示这个人激动同时带有恐惧，心里充满担心和疑惑，表示不理解。

轻抬眉毛一般是在向远处的人打招呼，这是看到熟人时一种下意识的动作，表现对这个人的认同和好感。而对陌生人和自己讨厌的人一般不会做出这个动作。

双眉上扬的人表现出的是对谈话对象的欣赏或者非常惊讶，眉毛半抬高说明他大吃一惊，而眉毛完全抬高表示出一种完全难以置信的意思。

眉头紧锁的人内心充满了忧虑之情或因为无法解决一件事而陷入深深的困惑，而眉梢上扬则说明有好事发生，所谓"喜上眉梢"。眉头舒展的人一般心情坦荡，处于怡然自得、舒心愉快的心理状态。

吐出舌尖代表侥幸成功

当人们做错事或者发现自己正在做一件本不应该做的事情的时候，常常会下意识地将舌尖微微吐出。小孩子犯了错误被责备或者意识到自己的错误时，常常会吐出舌尖，走街串巷的小商贩、牌桌上或者警察局的审讯室里这种表情也经常出现。这个动作属于一种沟通行为，是社交活动完成后下意识流露的表情，通常表达露馅了、侥幸得逞或暗自庆幸等情感和心态。这一动作的潜台词有很多种，根据情境不同而改变，例如："哎呀，这下完蛋了""哎呀，被抓住了""我做了件蠢事""没想到竟然成功了""咦，竟然被我逃脱了"等。

比如在体育课上时常能见到这种情况，轮到你投球了，可是你很担心："篮筐那么高，我一点基础都没有，技术那么差，能投进去吗？"你胡乱投了出去，结果篮球却乖乖地落进了篮筐。这个时候你往往会一伸脖子吐出舌尖："我只是瞎投的，没想到真的投进了，真是太侥幸了！"

值得注意的是，在社交场合或商务活动中，双方的谈话结束时，如果其中一方觉得刚刚在谈判中自己侥幸做成了一件事，而另外一方又没有发现或者追究，侥幸成功的那一方就有可能做出露出舌尖的动作。如果看到这种表情，一定要仔细回想一下刚才会谈的过程，是不是发生了什么事情，判断一下自己有没有被对方愚弄和欺骗了，又或者是否有人在这段时间内做错了事情。这一点非常重要，可以依此判断自己是不是被对方暗算了。

有时，吐出舌尖也是一种顽皮的表现，小孩子或是年纪较轻的晚辈在同长辈交谈时，有时也会吐出舌尖，表现出一种可爱、天真的性格，有时也是撒娇的象征，通常在关系较为亲昵的亲人、恋人或朋友之间较为常见。

同样的咂嘴，不同的含义

在日常交往中，常常会出现这样的情况，同样的肢体语言和同样的态势语在不同的语境中可以表现完全相反的含义。咂嘴这个动作在日常生活中就十分常见，它可以根据不同的语言环境表达多种含义和感情。

最常见的咂嘴应该是在品尝到美味的时候，这是舌头上的味蕾受到某种味道的刺激而出现的，这时咂嘴多半是对食物味道的肯定和赞叹，证明刚入口的东西给自己的身心带来了享受。

有一个细节可以说明这一点，饮酒的人，尤其是喝到了高品质的酒时，常常会先咂嘴，然后对酒大肆赞叹："好酒！好酒！"当我们看见某件精美的、珍稀的或是令人愉悦的物品时，也会咂咂嘴巴，以示感叹和惊讶，这就是人们常说的"啧啧称奇"。

然而，咂嘴有时可以表现完全相反的含义，例如厌倦、烦躁、不满意等。在生活中，当有人在你面前口若悬河地讲个不停，既影响思路，又耽误大家的时间，这让你忍无可忍时，你会向那个人投以不耐烦的目光，同时咂嘴，这样，他就会明白你的意思是要他立即停止。当你面对一项很复杂的任务，不知该如何下手时，也不自觉地咂一下嘴巴，这时，咂嘴是在表示烦躁不安。

当你将辛苦多日或是熬夜完成的策划递到老板面前时，经过一段可怕的沉默，你可能听不见任何话语，而只能听见老板咂嘴的声音，这时你就需要通过老板的眼神、表情等判断他是否满意。如果是边咂嘴边点头，眼睛睁得很大，那么恭喜你，你的方案一定能通过；如果老板在咂嘴时皱了眉头，眼神中有困惑，你就要想好应对措施了，老板对你的策划可能不够满意哦。不过不用担心，他并没有完全否决，否则他早就暴跳如雷了。

天真的托腮

在电视屏幕或是平面广告上，我们经常看到这样的图片或画面，一个小女孩，双手托腮，面带笑容，眼神灵动，像是在思考着什么，又像是在冲着面前的人撒娇，样子充满童趣，十分可爱。托腮的动作并不仅仅只有小女孩才会做，成年人在陷入沉思的时候，也会用双手撑住头部，做出托腮的动作。

成人在专注地思考某件事情时，尤其是毫无边界地幻想时，眼神常常是呆呆地盯着一个具体的点，目光空洞，面部表情凝固，双手或单手的手腕放在下巴处，撑住头部的重量。这时，这个人思考的事情有可能是天南海北不着边际的，这就是所谓的幻想。托腮的姿势仿佛是他为自己不切实际的幻想找了一个现实的着陆点，从而显得不那么缥缈。当然，这只是一种象征的行为，并非所有托腮的姿势都表示漫无目的的思考，有时，双手或单手托腮是沉浸在悲伤或沮丧中。

在现实生活中，我们常常被心事或烦扰所累，整个人都会变得无精打采，托腮仿佛是在为自己寻找一个可以依靠的支点，以此来填补内心世界的空虚和无助。

有时，我们在聆听别人说话的时候，也会做出托腮的姿势，这也有两种情况：其一，对方所讲的内容具有很强的吸引力，十分引人入胜；其二，恰恰相反，我们所听到的内容对我们来说枯燥无味，根本无法引起我们的兴趣，甚至对此有些反感，我们也会用手托腮，这时，说话者的声音已经难以进入我们的耳朵，我们开始陷入自己的思考，这就仿佛在对讲话者说："停止你的讲述吧，我们已经走神了。"

性感的下巴

下巴对脸部轮廓的塑造非常重要，女性的下巴常常可以显示性感和美貌，男性的下巴可以显示男性的俊朗与阳刚。下巴虽然没有表情达意的功能，不能向眼神一样表达感情，但是我们一样可以从下巴的变化判断说话者的性格和心理。

通常看来，说话时将下巴抬高，并且随着话语的内容和语气的变化不断调整高度的人大多较为开朗，为人直率，不会隐藏小心思，待人坦诚，并且表情比较丰富，很喜欢在公众面前讲话，喜欢成为焦点，也喜欢和大家交流，还愿意尝试新鲜事物，敢于冒险，有较强的进取心和斗志。但是这样的人不擅长阿谀奉承，自己有属于自己的骄傲，不会因为对方态度强硬或地位显赫就随便低头。

有的人说话的时候会把下巴压得很低并尽量靠内，这种人常常有些自闭或自卑，对外界有着较强的戒备心理，控制局面的能力很差，也十分害怕被别人瞧不起，否则就会变得十分急躁，很容易愤怒。但这样的人自我意识很强，为人处世有自己的原则和标准，不会轻易改变自己的计划。

相对比较折中的人在说话时，会根据对方的语气变化和动作语言适当调整自己下巴的位置，通常情况下是使自己的下巴根据说话者的头部位置的变化而做出调整。这样的人一般来说都比较随和，能够做到尊重别人，也十分注意对方的感受，能有效地控制自己的情绪，不会随意乱发脾气，处事有条有理，不紧不慢。但有时会过于随波逐流，对自己的坚持没有足够的信心，不能独立控制局面，总想依赖他人，在困难或自己难以驾驭的事情面前往往会选择逃避。

女人微笑的次数比男人多很多

美国波士顿大学的心理学教授做过一个调查，在社交场合中，女性微笑的频率要远高于男性。不苟言笑的、严肃的男性在很多时候都更像个决策者或政治家，而经常微笑的女性则常常给人以柔美的、温和的印象，不会让人想起冷酷的政治和权力，因此男性的社会地位通常要高于女性，这也从一方面促成男女社会性别差异导致社会地位不平等的问题。据说早在婴儿出生 8 周的时候，女婴笑的次数就远远多于男婴。或许正是因此，女性在抚育儿童时需要一种柔美的、毫无压力的方式，而非男性的刚烈的、令人生畏的角色。

同时，笑容也会在无形中为女性的容貌加分，增添女性的魅力。加州大学的一位社会心理学教授做过一个实验，她要求两百多名参与者看 15 张不同表情的女性照片，并对这 15 个表情分别做出不同程度的魅力评判，这些表情均是表现人们日常生活中遇到的最常见的情景的反映，如欢乐、悲伤、忧愁、哭泣、严肃、面无表情等。

实验结果显示，只有微笑的表情被认为是最具有魅力的，愁苦和哭泣都会使看照片的人产生不愉快的感觉，因此他们会迅速转移开视线。相反的，实验的参与者会将视线停留在带有笑容的照片上，并很可能无意识地随着他所看到的照片中的笑容一起露出笑容。而其余的表情都会被视为是不开心的表现，即使是面无表情。而当男性的面部没有明显的表情时，则会被理解为理性的、慎重的，甚至是有身份的。

因此，女性需要根据不同的环境和场合有意识地控制和判断自己的微笑次数和笑容，在与具有一定权力地位的男性交往或自己处于领导地位在向下属发号施令时，女性可以将自己的微笑次数减少，以此来增加自己的身份感和权威性。而平时，则完全不必要收敛笑容，因为笑容可以为你的美丽加分。

不同微笑，不同秘密

微笑有好多种，不同的人有着不同的微笑习惯，这既受到性格的影响，也受到心态的影响，但无论哪种微笑，其背后都有巨大的可挖掘资源。1806年，解剖学家贝尔提出一个科学论断，那就是，微笑可以传达一千多种不同的意义。在日常生活中，常见的微笑也可以表示和象征不同的情绪和心理状态，表达不同基调的情绪，例如开心、满足、激动、惊喜的积极情绪，或是表达蔑视、无奈、气愤等消极的情绪。笑容还有真假之分，既可以是发自肺腑的真诚的笑，也可以是言不由衷的虚伪的笑。我们可以通过分析不同笑容之间的微妙差异来分析和了解一个人的内心世界。

虚伪笑容难逃法眼

开怀大笑常常是一种令人喜悦的笑的方式，不仅是发笑者喜悦的表达，也会给身边的人带来轻松的氛围。经常开怀大笑的人心胸坦荡，性格开朗大方，不拘小节，带人真诚直率，很受欢迎。而女性有时为了表现矜持和优雅，会选择在微笑时用手轻轻捂嘴，或是用外物做出遮住嘴巴的动作，这样的女性大多性格比较温柔内向、十分注重场合和自己的形象，同时对外界的戒备心理相对较强，不愿意过分显露自己的性格。

抿嘴微笑的人则带有更为明显的戒备心理，他们在微笑时，将双唇紧闭，嘴角向后拉伸，颊肌有控制地绷紧，使唇部形成一条直线。在排除微笑者因自己的牙齿或嘴型不够好看的情况，带有这种微笑的人实际上很难接触，对所有的新鲜事物和陌生人都会慎重斟酌，十分吝啬表现自己，也不愿与人分享自己的想法或观点。有很多时候，这种微笑用来表达委婉的拒绝和不愿透露的情况。

冷笑即蔑视

三十六计中有一计是笑里藏刀，说的就是原本美好的、令人愉悦的笑容之下可以隐藏阴险毒辣的诡计。笑容的确分好多种，一些特定的场合，笑容是具有杀伤力的。冷笑就是一种很可怕的笑容，真的会给人以冷冰冰的感觉。人在冷笑时，眼神中常常会流露出不屑的目光，面部肌肉整体呈现麻木的状态，只有嘴角两侧的肌肉微微向耳朵方向提起，并且通常只有一侧的提拉较为明显，而另一侧仍处在麻木僵硬的状态，表达一种漠不关心的态度。因此，冷笑时，整个脸部呈现的是一种蔑视的表情。冷笑不受历史文化的限制，不受国界地域的影响，因此，在全世界范围内都具有杀伤力。

据国外的一项调查显示，一对夫妻，如果一方对另一方表现出冷笑的表情，他们离婚的可能性会高出好几倍。一位美国联邦调查局的官员说，在他的工作环境中，嫌疑犯的面部也常常会露出这样的笑容，因为他们认为自己知道的比调查者多，或者是感觉到官方并不了解整个案件的真相。也就是说，冷笑可以清晰地表达一种不尊重对方的信号，用无声的语言告知对方自己内心的漠视或贬损，将对方或是对方的观点置于毫无价值的境地，从而表现出足够的冷漠和轻视。这种信号传递时间异常迅速，不需要辅助任何其他手段，可以立即使对方明白其中的意思，被冷笑的一方常常会因此受到影响，无法以正常的平和心态进行下面的工作。

冷笑还十分容易引起争端，为交际场合增添不和谐因素，使得交往陷入难以维系的地步。因此常常冷笑的人会给人留下冷酷的、傲慢的、自以为是的、不宜交往的印象，在人际交往中还是慎用为妙。

奇怪的微笑

都说笑容是世界上最美的表情，然而实际上并非如此，有些笑容因为并非发自内心而显得十分奇怪，甚至会因为面部肌肉的不自然而显得有些难看；而有的笑容则可以通过这种奇怪表现另一种信号。

人们在歪着脸微笑时，因为左右两侧不对称而使得脸部肌肉出现扭曲，两侧脸庞处在刚好相反的状态，一侧脸颧肌向上收缩，眼部微微眯着，这一侧的眉毛上扬，呈现出一种与微笑较为接近的表情；而眉头则会紧皱，另一侧脸部表情比较僵硬，嘴角下撇，面部整体呈现出一种相对痛苦的表情。这一般是由于尴尬、难以抉择、为难、害怕等情境造成的。在这种情况下，人们意识到自己的表情应该受到控制来配合对方，另一方面自己又十分为难，另一侧脸则会忠实于主题内心的感受，因此两侧面部表情不够协调。

通常情况下的微笑，眼神真诚而平静。而当你视线移向侧面，斜着眼睛微笑时，则会被认为是一种有意图的隐藏了秘密的笑。男性斜眼微笑多用在挑逗异性时，而女性的斜眼微笑则平添了几分天真和俏皮，同时还有一些腼腆和娇羞，常常会使被注视的男性爆发出蓬勃的保护欲和勇气，迷人的戴安娜王妃就惯用这样的笑容。

而当我们内心毫无欢乐喜悦之感，却因受到环境和场合的影响不得不笑时，常常会采用皮笑肉不笑敷衍一下，这种笑容也被称为"假微笑"。假微笑时，只有嘴角微微上翘，眼神则暗淡无光，还会有几分疲惫之感，保持的时间也十分短暂，只要多加关注，就能顺利分辨真假笑容。

但生活中很多场合都需要我们配合笑容，因此很多人都会假笑，这并不是一种欺骗，而是维持正常社交活动的必要手段，没有必要深入追究。

手臂动作的情感体现

手臂动作的幅度可以真实反映一个人的心态和情绪。根据心情的积极与消极主要体现为活跃型的手臂动作和压抑型的手臂动作。当人心情愉悦、心满意足时，手臂动作的幅度就较大，动作舒展自由，不受限制。当人内心高兴时，手臂就容易摆脱重力的束缚。小孩子们在尽情玩耍时手臂总是非常灵活的，做出各种各样的动作。而足球运动员在射门得分后往往也会将双臂高高举起，自由挥舞充分表现自己的喜悦和兴奋。在遇见久别重逢的老友时我们会张开双臂，父母见到儿女向自己跑来也会张开双臂，这样热情、积极、完全开放的手臂动作表现出一种非常喜悦、积极的感情。

消极的情绪之下手臂动作就会受到不自觉地限制，畏畏缩缩。比如一个人犯了错误，他的手臂和肩膀都会明显地下垂，这是大脑对消极事件的反应。而劳累了一天的人回到家中时，双手一般都无精打采地耷拉着，肩膀也跟着下沉，可以看出他一天的辛苦操劳。

消极的情绪会使人收回手臂，比如受到伤害、威胁，或者感到焦虑时，手臂就会垂在身体两侧或者紧抱在胸前。这是一种自我防护的动作，例如在争执中双方都会不自觉地收回手臂，这是为了抑制自己的身体，以免引起冲突，使自己受到伤害。在身体某部位受伤或疼痛时人们也会收回手臂，使手臂缩到感到难受的部位，例如胃痛时我们的手臂就会收到腹部去安慰那里的疼痛。在儿童受到虐待时，常常会出现手臂冻结的现象，儿童认为自己的动作越多，越容易引起注意，就越有可能受到伤害。因此他们会有意地限制手臂，从而起到自我保护的作用。与儿童的这种心理相似，扒手在偷窃时一般也会控制自己的手臂，尽量减少手臂的动作以避免引起更多的注意。

手臂的信号

手臂的动作是态势语或肢体语言的重要组成部分，一个人在说话做事时，手臂的不同姿势可以解释这个人性格方面的一些特征。

双臂交叉挽在胸前是一种最常见的手臂姿势，人们在公共场合排队等候或交谈时，常常会将自己的双臂这样放在胸前。做这一动作，通常可以窥视此人的心理状态和对处境的态度，例如：坚持、拒绝、不愿介入或插手、防御、淡漠等。双臂交叉挽在胸前象征着把手收起来，显然是不愿改变或是不愿参与的态度，并且说明摆在面前的事情和主人此刻的处境联系不大。

如果双臂交叉后，双手没有自然地伏在手臂上，而是紧紧地抓着手臂，将自己环抱起来，则可以说明此人特别需要安慰和保护，希望有人能够从精神和处境上帮助他、安抚他。这个姿势显现出一种无力的、软弱的感觉，在医院走廊里排队等待诊治的病人常常是这样的，做这个动作时，通常可以判定主人的心情比较紧张、内心有些脆弱，行为也较为拘谨，科学上称这种双臂交叉姿势为自我拥抱式，就

双臂交叉，紧紧地抓着手臂

说明此刻，此人需要拥抱而不得，只能自己将自己紧紧抱住。

如果对方交叉双臂后，双手握紧拳头藏于腋下，就表明他不仅在防御，而且对对方怀有一定的怨恨，因而带有几分明显的敌意，即将与对方发生争执，因此这个姿势带有较强的攻击意味。

手臂动作的差异也可以展现性别的差异。在手臂自然下垂的状态下，男性与女性的姿势是不同的，这与原始社会遗留的男女两性分明的社会角色有关。由于女性在家庭生活中担任重要角色，需要承担抚育孩子、清扫等任务，因此，女性的手臂常常向外侧张开。而男性从事较为繁重的体力劳动，如投掷、砍伐等，并且需要保护自己的战利品，因此，男性的手臂倾向于往内侧弯曲。

手势表露自信程度

几种手部的动作能够反应一个人的舒适和满意程度，体现出他是否对自己有十足的信心。

首先，最常见的自信手势就是尖塔式手势，这个动作双手手指分开，十指轻靠在一起，但手掌不接触，手的形状就像教堂的塔尖，所以叫作"尖塔式手势"。做出尖塔式手势的人一般对自己的想法或地位十分自信，职位较高的人习惯于做这个动作。

研究发现，尖塔姿势的位置越高，这个人的自信程度也就越高，一般职位高的人比职位低的人的尖塔手势要更高。在法庭中证人作证时使用这种手势来强调自己对所说的话有十足的信心，从而赢得法官和陪审团的信任。而交叉或紧扣的双手则会让人觉得紧张，甚至有可能认为证人在说谎。

其次，竖起拇指也是高度自信的体现。这种动作还与一个人的地位高低有关，一些地位高的人，例如总统、律师、教授、医生等人通常会在把手插进口袋里或整理衣领的时候把拇指露在外面。拇指高高竖起的人说明他们对自己的评价较高，或者对自己的现状感到自信和满意，表达着积极的情感。相反，拇指放进口袋里而其他手指露在外面则是自信度低的表现，或者说明这个人地位较低。

手指的动作非常灵活，在情绪改变时会及时地做出相应的变化。比如一个演讲者在开始时十分自信，并用尖塔式加以强调，但当有人指出他演讲中的一个错误时，演讲者就立刻把拇指伸进口袋了。

自信度低的人手部动作则表现为双手冻结、十指紧扣、搓手和抚摸颈部等。这些动作和体现自信的手势相反，体现出一个人对现在的状态感到不舒适、没有安全感和缺乏信心。对自己所说的话信心不足的人会减少手部的动作，手势一般比较拘谨、不自然。十指紧扣可以表现出一个人的心理十分紧张、感到有压力，这是一种自我安慰的行为，有点像在祈祷，说明这个人对自己的所作所为缺乏信心。搓手与之类似，也有一种安慰的效果，随着压力的增大，摩擦双手的幅度和力度也会加大。

如何通过握手获得优势地位

握手在很多国家都是一种表示礼貌和友善的交流方式，在国际上几乎可以通用。但是，并不是所有的握手都能表示礼貌和友善，这其中隐藏着巨大的秘密。

当你与初次相识或许久不见的人面对面站立时，通常会用握手的方式向对方致意，通过这个动作，你可以感受到对方在不经意间传递和透露出来的微小信号，对他的第一印象也会受此影响并逐渐形成，与此同时，你也通过握手向对方传达了同样的信号，也就是说，握手这一简单的动作可以于无声之中对会面的结果造成直接的影响，从而影响两人之间的关系。

据美国的一项调查研究显示，将近90％的男性高级行政主管会在与他人握手时将自己的手掌置于对方手掌的上方。实际上，这是一种表现强势的握手方式。相比之下，女性对权力的控制欲望较弱，因此，只有31％的女性主管会在握手时有这样的动作。

也就是说，当你希望在这次交谈中成为掌控局面或希望表现一定的威望的时候，可以在与对方握手时做这样的细微动作：翻转自己的手掌，将对方的手掌稍微往下压，使自己的手心向下，手背向上，这样就可以给对方制造一种你比较强势的感觉。值得注意的是，你没有必要将手掌完全翻成水平朝下的位置，也不宜将对方的手掌压得很低，否则会使谈话气氛变得十分紧张。而在工作场合中，如果有人用这样的握手方式对你，你最好不要表现得十分顺从，这样会让自己处于十分被动的地位，从而受到对方的轻视。女性则无须为此感到烦恼，女性在这种情况下，如果采用较为轻柔的顺从态度，可以理解成是一种彰显女性特质的方式，然而相当程度的回力也可以表现女性地位的提升。无论男女，都切忌过度用力，以免造成紧张气氛。

握手时的站姿

握手时，你保持什么样的站姿也会对握手产生的效果进行一定程度的影响，并能对握手时形成的双方关系进行补救或改变。

如果有人在与你握手时，让你清晰地感觉到了一种控制欲，并且他的这种举动具有相当成分的故意性，是在明显地向你示威，而你又不便在握手时发力，将气氛搞僵，那么你可以通过稍微调整站姿来改变自己的处境，化解对方的戾气，取得与之平等的地位。

据调查，在通常情况下，如果对方先伸出手，主动发出握手邀请，在伸手回应对方的同时，90％的人会十分自然地先迈出左脚，这几乎是一种无意识的行为，因为这样会显得身体较为协调。而要想改变自己的被动处境，你需要在保持手掌的姿势的同时，紧接着迈出自己的右脚，这样，你的整个身体就可以向前移动，从而进入对方身体控制的领域，而这时，你的左脚也跟着迈上来，身体保持了足够平衡。

握手，显露出性格的蛛丝马迹

这样一来，对方的手臂不得不微微向内缩，他在手掌或手臂上获得的优势就被你所占据的地面优势削弱，对方就可以清晰地感受到你的气场了，同时也明白了你的意图，从而不敢"轻举妄动"了。

在领导人握手时，通常需要并肩站立，这时，面对媒体镜头时，领导人们当然不希望对方的气场大过自己。而通常看来，站在画面左侧的那一位会更加轻松地展现出自己的气场，这正是因为，画面左侧的人，右手手背在外，控制对方的手掌时较为顺畅和自然，而画面右侧的人则不能有明显的反抗动作，否则动作幅度会十分明显。1960年，美国总统肯尼迪在竞选时就占据了左侧的优势地位，从而迫使对手居于弱势地位。

握手可以营造和谐气氛

整体来说，握手给人留下友好、和谐、礼貌的印象，而究竟如何握手才能真正营造这样一种气氛，而不是适得其反呢？这就要把握几个关于握手的小窍门。

首先，在有必要握手的场合，积极主动地伸出手就是一种礼貌的、友好的表现，伸手时要注意自己的手掌保持垂直于水平面的角度，四指并拢，拇指向上翘，既能让对方感受到自己手心的温度，又能毫不犹豫地握住对方的手，让对方感知你的真诚与热情。

其次，握手的力度也十分讲究，过轻或过重都不合适。握手力度太轻，会让对方觉得你对对方不够重视，或是对你们即将谈论的事务不够重视；握手力度太重又会产生另一个问题，那就是让对方觉得你过于强势，处处希望占有掌控权，会显得你为人太过傲慢或霸气，从而使人觉得不

正确的握手方式

够舒服。握手的力度一定要与对方保持一致，因此，这就要求我们在握手时不断调整力度和角度，以寻找到最佳的握手方式。

如果握手双方为异性，那么男性的握手力度需要减少至少两倍，切不可按照正常与男性握手的力度，因为通常情况下，男性的手掌力度是女性的两倍，男性握手时过度用力，是对女性地位和性别的压制和蔑视，会显得十分不友好。

此外，双手握手法也是一种十分受欢迎的方式，因为双手相握时，双方站立的姿势相对平行，目光的交流也会更加容易和自然。这种方式常用在特别期待的见面和政治会谈中，双手相握表示彼此特别希望相见，并希望给对方留下良好的印象。但如果你与对方第一次相见，彼此的情况还不够十分了解，使用这种方式则会适得其反，这种握手会表达出过度的热情，从而让对方怀疑你的动机。

持烟的方式

吸烟被很多人看来，是一种不良的生活习惯，因为吸烟有害健康。而实际上，吸烟在社交场合中的作用非常重要，许多吸烟者在社交场合吸烟，并非源自身体内部产生的烟瘾的控制和驱使，而是用来表达或掩饰一定的含义，如缓解压力和紧张感、寻求安全感，或是表达自信、思考、沉默等。这其中，也会显露出一部分吸烟者的性格，这些内部含义和性格是通过吸烟的一系列动作表达的。

我们首先来看看手指持烟的方式：

大部分吸烟者喜欢用食指和中指的指尖将烟夹住。这样的人性情随和，做事沉

稳踏实，不容易慌乱和急躁，会让人觉得十分好接触，没有什么杀伤力，给人以亲切自然的感觉。但同时，这样的人也会因为太过随和而缺乏一定的判断力，在强压之下不会奋力坚持某一立场，可能会随波逐流。

而将香烟夹在食指和中指的指缝间的人则恰好相反，他们夹香烟的位置要比刚才提到的那种更靠下一些。这类人为人刚硬，不善进言，有着较强的自我意识，不太擅长协调人际关系，做事也喜欢独断专行，甚至有时会有些横行霸道。因此，常常引起他人的误解和不满。

另外有些人，还喜欢用拇指和食指或用拇指和中指捏着香烟，这样的人实际上特别善用计谋，大脑十分灵活，做事也特别精明干练，常常会扮演谋臣的角色，但有时会显得骄傲自大、自以为是，也不太有人情味，常常会被当成是反面角色。

女性吸烟者吸烟时，喜欢把香烟夹在食指和中指中部的指缝处，然后将手抬起来，手腕向后弯曲，展示出自己的腕部，并且避免手臂遮住前胸，显现出一种高贵优雅而又充满诱惑的姿态。

叼烟的方式

据一项调查数据显示，在社交场合吸烟的人，只有20％的时间是在做短暂的吸烟动作，而用余下的80％的时间来展示一系列的肢体语言和手势。人们可以通过吸烟的方式来了解吸烟者的性格和心理状态。

有一类人会在吸烟时，把香烟叼在嘴唇的右边。这类人一般具有较强的判断力和执行力，行动和决策较为果断，思路敏捷，手疾眼快，对于认准的事情，他们会勇往直前，奋不顾身，十分果决，交往之中，会让人觉得十分热情果敢，大大咧咧。

而如果是吸烟者将香烟叼在嘴的左边，则可以断定，这类人行为谨慎、思维缜密，具有很强的计划性和预见力，在没有把握的时候不会轻举妄动，喜欢在做事之前，将事情在心里盘算清楚之后再行动，他们通常被看作是城府较深的人。

如果把烟叼在嘴中间，使烟头微微向上翘着，则说明吸烟者平时有较强的虚荣心，比较好面子，凡事总是喜欢争上游，还喜欢控制别人，尝试自己本来难以驾驭的事情，摆出一副盛气凌人的强者模样，然而实际上并没有足够的能力，会给人留下轻率、傲气的印象，容易遭到鄙视。

相反地，有的人会把烟叼在嘴中间，用上唇压着烟头，使之朝下。这样的人通常比较理性，善于思考，沉着稳重，凡事都会量力而行，从来不会强人所难。他们在做事之前也会冷静思考，不强求速度和表面，能够认真地计划，从而很好地完成预定目标。

如果吸烟者嘴里叼着烟，双手的动作却不受到干扰，通常可以判定，这类人对自己所做的事情能够做到得心应手，对自己也很有信心，同时心态较为良好，对生活和工作的现状和未来都充满肯定和希望，对工作和生活本身也能够做到游刃有余。

还有一类人，吸烟时喜欢咬着烟头。据心理学的调查显示，这类人性格中依然残留着不成熟的幼儿习性，在现实生活中十分缺乏安全感，容易紧张不安，需要借助某些东西来寻找婴儿时期母亲乳头作为替代来寻找安全感。

吐烟也看性格

吐烟的动作可以考验一个人的素质和是否愿意尊重别人。如果吸烟者总是把烟吐向面前，根本不考虑对方的感受，则可以判定这类人十分自我，不善于为他人着想，常常无视周围人的存在，具有自大、傲慢、不善于体谅的性格缺点，这些情况都是在吸烟者无意如此但却由此养成习惯的前提下成立的。但如果吸烟者出于故意，表示对对方的不满甚至是蔑视的时候，这种行为就具有相当程度的挑衅意味了，接下来的气氛可能会因此变得十分紧张。

喜欢向上吐烟的吸烟者常常为人乐观、自信，有着旁人难以企及的优越感，无心表示傲慢却给身边的人留下傲慢自大的印象，这种情况通常出现在较为高层次的社交场合，所以，抽雪茄的人往往喜欢向上吐烟。

向下吐烟则会表现完全相反的状况，吸烟者向下吐烟，通常是有心事的表现，证明此人此刻正在经历较为艰难的抉择或是生活或事业的低谷。如果吸烟者一直是用这种方式吐烟，则大致可以判定，此类人平时往往缺乏信心，意志消沉，性格也相对闭塞，害怕与人产生争端，甚至不愿与人交往。这是一种猜疑、悲观的表现。

现在，越来越多的国家开始实行禁烟令，吸烟的场合受到了越来越多的限制，吐烟则更需要慎重。在不得不吸的情况下，吸烟者应朝着没有人的方向吐烟，尽量减少自己呼出的有害气体影响到他人的健康和不满，持烟的手也应低调地放在身体侧面，最好不要举得太高，以免落下的烟灰和燃烧的烟雾影响到他人的情绪。

抖烟灰和掐烟的习惯

在社交场合，不停地抖烟灰有两种原因：一是因为该吸烟者平时做事较为谨慎认真，生活中也爱好整洁干净，总是担心燃过的烟灰不慎跌落到别处，弄脏衣服或地板，因此，即使烟灰很短，他们也会频繁地磕掉烟灰。另一种则非性格养成的习惯，而是受到外界环境的影响，心理状态产生变化，利用抖落烟灰的动作掩盖自己内心的焦虑或紧张，这一动作恰巧说明，这位吸烟者不能冷静面对眼前的情况，或是不能轻松解决手头的问题。

如果烟灰已经燃得很长，吸烟者却并不在意，当然有可能是吸烟者正忙于解决某项事情，或是正在冥思苦想，神情太过专注，无暇分心。还有一种可能，则是因为这类人缺乏足够的精力，对事情的掌控能力不够，也没有足够的全局观念，尽管做事小心谨慎，但还是容易丢三落四，常常顾此失彼，因此做事时，需要十分投入、十分用心，才能将事情完满地做好。

把烟头掐灭的动作通常有几种情况。首先是把烟按在烟灰缸里捻灭，这样的人做事比较理性，不会混淆界限，处理事情也能做到公私分明，一般不会意气用事，对自己的生活和工作分得十分清楚，做事比较有条有理、干净利落。

有人喜欢在烟灰缸里倒水，熄灭烟头的方式就是直接将烟头浸在湿的烟灰缸里，这类人性格比较决绝，做事容易走极端，从来不留余地和退路，表面上看不修边幅，大大咧咧，实际上会在关键时刻做出果断的抉择，让周围人另眼相看。而烟还没灭，就直接扔到烟灰缸里不管不顾的吸烟者，在日常生活中也会比较自我，做起事来我行我素，很少顾及他人，也不考虑别人的感受和意见，与人交往时缺乏协调性，处事缺乏全局考虑，经常以自我为中心，将自己的观点和意识强加于人，希望达到自己期望的效果。这样的人通常会令身边的人抱怨不已。

坐姿表露性格

心理学专家认为，坐姿可以显露出一个人的性格。总体来说坐姿大致可分为八种类型，每一种类型都显露出了不同的人格特征。

第一种为"自信型"：左腿放在右腿上，双手搭在腿的两侧。持这种坐姿的人一般自信心较强，对自己的看法非常坚持，很有才华，但成功时容易得意忘形。

第二种坐姿为"温顺型"：两腿和两脚紧紧并拢，两只手端正地放在膝盖上。这样的人性格比较内向，感情较矜持冷静，善于替他人着想，在工作上踏实沉稳，会为了实现梦想而努力奋斗。

第三种坐姿"古板型"：两腿贴紧，双手放于大腿两侧。这种人行为古板，不善于听取他人的意见，缺乏耐心，他们凡事追求完美，但又缺少实干精神，反而经常遭到失败。

第四种坐姿"羞怯型"：膝盖并拢，小腿分成"八"字形状，两手合掌，放在两膝之间。这种人极易害羞，害怕交际。他们是保守的代表，观点一成不变，容易因循守旧。爱情观非常传统，易受家庭和社会观念的影响。

第五种为"坚毅型"：大腿分开，两脚并拢，手放在腹部。这种坐姿的男人一般比较有男子气概，行事果断。在爱情中会积极向喜欢的人表明自己的感情，但占有欲强烈，喜欢干涉对方的生活。在工作中，这种人争强好胜，喜欢领导和控制他人。

第六种类型"放荡型"：两腿分开较远，手随意摆放。这种人喜欢新奇事物，不满足做普通人，喜欢标新立异。在人际关系方面，他们亲切随和，人缘很好。但有时他们轻浮的举止会给周围的亲人朋友带来一定的困扰。

第七种"冷漠型"：右腿放在左腿上，小腿贴近，手放在腿上。这种人初看会给人一种容易亲近的印象，但事实正好相反，他们对人一般比较冷漠。

第八种"悠闲型"：半躺在椅子上，双手抱在头后。这种人看上去就给人一种悠闲自得的感觉，他们一般性格随和，善于与各种人相处。这类人适应能力很强，有很强的毅力，在职业上较易获得成功。但他们视金钱如粪土，喜欢挥霍钱财。

落座体现心理状态

不仅坐姿能表露出一个人的个性，落座时的方式也可以体现这个人当时的心理状态。如果在社交中注意自己落座的方式，不仅能够为自己留下良好的第一印象，办事情也可以起到事半功倍的效果。

在别人面前猛然坐下的人一般都心神不宁或者有秘密的心事，他们通过这个动作来掩饰自己。坐下以后不停晃动身体或者抖动脚的人一般内心焦躁，有些不耐烦，或者比较紧张。深深地坐到椅子里的人在心理上一般比较放松，当人紧张感较小的时候腰部会渐渐向后靠，身体靠在椅背上、两脚向前伸，这种姿势一旦有事情发生并不容易很快站起，所以说明采用这种坐姿的人紧张感较小。

跨在椅子上面向椅背坐的人一般有着较强的自我意识，有些唯我独尊。这种坐姿还有可能是一个人面临言语威胁或对谈话内容厌倦时所采取的坐姿。喜欢与别人面对面坐的人一般比较容易相处，因为这种坐姿表现出他们愿意与对方亲近，想要有更好的沟通和互动，并希望能被对方理解。

坐下时斜靠在椅子上的人一般比周围的人在心理上有更多的优越感，或者比周围的人地位要高，他才会随意采用这种随意的坐姿。如果一个人坐下时腰背是挺直的，要根据不同的情况作具体的分析，有可能是他对交谈的对方非常尊重，或者被对方的谈话打动了，又或者想要向对方表现心理优势。

始终浅坐在椅子边缘的人一般心理上处于劣势，比较缺乏安全感，还没有定下心来，不宜与这种坐姿的人谈论重要的事物或者拜托他帮忙办事。

选择坐势角度，掌握主动权

在交谈时，交谈者之间身体所形成的角度对他们之间所形成的地位关系有着积极的影响。在交往中熟练掌握并运用这种角度会大大提升我们的交际能力。

与交谈者呈三角形坐势，可以营造出一种随意、轻松、不拘小节的氛围，比较适用于劝导类型的谈话。在这种角度之下，你还可以特意模仿对方的手势和动作，对方则会感觉到你对他是出于善意，从而放松紧张感和戒备心，使交谈更加和谐融洽。

与对方直接面对面的正视坐势，会使交谈者感到一种压迫感，好像受到了威胁，适合需要向对方施加压力或进行威胁的谈话。例如在审问中，你向对方提出了一个问题，而他回答得吞吞吐吐，你就可以立刻转过来正视着他，直面逼问："你说的都是实话吗？"方向的突然变动加上逼问的声音，对方就会感到一种压力，从而有可能在这种威胁下说出真话。

同交谈者呈直角的坐势意味着转移了压力点，在探寻微妙的或者不好直接开口的问题时可以采用这种坐势。身体呈这种角度时，交谈双方没有面对面的眼神接触，从而使对方放松警惕感、减轻思想上的负担，能够比较轻松自如地说出平时难以说出口的话。想要同一个人融洽地交谈时，可以选用第一种三角形坐势；如果想向对方施加压力，则要直接转向对方采用正视坐势；想要对方说出平时不好说出口的话，选择第三种直角坐势会有所帮助。

日常生活中随处可见的"坐"并非一件简单的小事，从一个人坐下时的动作到坐在椅子上身体、腿脚、手臂摆放的姿势，再到交谈中不同的身体角度，往往都能体现出一个人的内在心理。善于观察、利用这些坐姿，能够使我们在交际场合中掌握更大的主动权。

站姿显露性格特征

每个人的站立姿势都不尽相同，不同的站姿可以体现出一个人不同的性格特点。经心理学家的研究分析，总结出以下几种明显的特点：

首先，站立时双手插在裤子口袋里的人一般城府较深，不喜欢表露自己的情绪，性格内向保守。做事时非常警觉，不会轻易相信他人。

而站立时双手放在臀部的人则比较自主，做事认真负责，绝不会敷衍了事，拥有驾驭一切的能力。但他们同时也有过于主观、顽固不化的缺点。

如果站立时双手叠放于身前，那么这样的人性格坚强不屈，不向困难和压力轻易低头。但是这种人过分注重个人得失，与人交往时往往摆出自我防护的姿态，对人冷漠提防，让他人觉得难以接近。

站立时两手在背后相握的人一般有极强的责任感，尊重权威，遵纪守法。他们还很有耐性，并且较容易接受新观点和新思想。但这种人有时候情绪会出现不稳定，给别人一种难以把握的感觉。

站立时把一只手放在裤袋里，而另一只手放在一旁的人，则性格复杂而且多变，有的时候亲切友善，乐于与人相处，对他人甚至推心置腹；但有的时候却为人冷漠，处处提防他人，拒人于千里之外。身边的朋友和亲人都把握不住他们的性格，觉得他们莫名其妙。

站立时交叉放于胸前的人表现出的状态为胸有成竹，对自己做的事情充满了成就感，有着十足的信心，对未来也踌躇满志。

站立时双脚合拢，手垂在身体两侧的人比较诚实可靠，比较循规蹈矩，这种人往往个性坚毅，不轻易向困难低头。

站立时不能保持一个姿势，而是不停变换站姿的人一般内心焦躁不安，性格暴躁，心理状态比较紧张。这种人通常思想观念非常活跃，喜欢接受各种新鲜的思想，乐于迎接新的挑战，是典型的行动派。

眼睛是透视心灵的窗口

"眼睛是心灵的窗口"这句话人人都很熟悉，眼睛是人最容易流露出情绪的地方，所以在人际交往中，我们也最常通过眼神来判断一个人心理的活动。但并不是每个人都了解这种方法的原理或者并不能熟练地掌握。从生理角度来讲，人体的疼痛、疾病等都会引起眼睛的变化，而喜怒哀乐等情绪也会反映到人的眼睛上，眼睛是人的面部表达出感情最丰富的地方。据科学统计表明，九成以上的信息都是通过眼睛获得的，同样，人类内心的大量信息也是从眼睛泄露出去的。

观察一个人，没有比观察这个人的眼睛更直接更准确的了。眼神透露出了一个人的内心，眼睛不会掩盖内心的事实，如果一个人为人正直、心胸宽广，他的眼神就会清澈而又坦荡；而一个虚伪、心胸狭窄的小人，眼神则显得阴险狡诈。志向高远的人则会眼光坚定执着，轻薄肤浅的人眼神则漂浮不定。性格内向克己的人眼神也内敛，高傲自大的人自会目中无人。学识渊博的人眼神中会透出睿智，而不学无术的人则眼睛空洞无物。

作为生理器官，眼睛还可以透露出人的精神状态。身体感到

眼睛传递的非语言信息

疲乏的人，眼睛就会目光呆滞、暗淡无光、乏力无味。而精力充沛而又乐观向上的人，眼睛则会炯炯有神、眼光明亮、活泼灵动，充满生机。乐观的人眼睛常常充满笑容，显得和善亲切；而消极悲观的人，眼睛则低垂，不喜欢抬头直视别人的目光。

眼神也是判断一个人是否诚实的主要方法，诚实的人眼神坚定、踏实沉稳、坦率直接；而说谎的人则眼神游离不定、目光下垂不敢直视别人的眼睛。

德国心理学家赛因曾说过：眼睛是了解一个人最好的工具。通过长时间的细致观察和训练，就可以熟练地捕捉人们复杂多变的眼神，从而透视对方的内心。

读懂"唇语"

我们内心的感情与想法都是通过嘴部的语言表达出来的，而唇部的形状和动作可以算作一种无声的语言，细心观察可以通过这种"语言"来洞察一个人的内心世界。

嘴唇厚的人通常被认为是乐观开朗的，这是因为口轮匝肌影响着嘴部的形状，而嘴唇丰满就是因为口轮匝肌经常处于放松的状态。而这种放松就是为人开朗、性格随和、善于与人交往的表现之一。而薄嘴唇或者紧绷的嘴唇则代表着为人严谨或者固执，这样的嘴唇是因为经常绷紧口轮匝肌造成的。

如果一个人的一片嘴唇放松另一片嘴唇紧绷，这个人则很可能有着相互矛盾的性格。嘴部周围肌肉的收缩还有可能意味着担心上当受骗，希望抵制外界的干涉，不受到自己心情或者他人的影响。而嘴唇始终保持放松的人则渴求享受。紧绷而卷曲的嘴唇通常代表着严厉、冷酷，甚至残暴无情。

除了嘴唇的形状之外，唇部的动作能更好地体现出一个人的心理变化。嘴唇并拢表明心理的平静安宁、和谐自然。嘴唇张开可能表达了疑问和惊讶，嘴唇大张则是大吃一惊或者受到惊吓的表现。嘴唇习惯性地向外突出则代表了忧郁或者病态的性格。嘴角下垂的人一般比较悲观消极、容易生气、心理较为灰暗，相反上扬的嘴角则表现出乐观活泼的喜悦情绪，人际交往中这种表情会让他人觉得真诚、和善、易于相处。平时习惯抿嘴的人，通常心里受到了压抑，从而感觉急躁易怒，这样的人一旦摆脱控制就有可能做出不羁行为。撅着嘴唇，一般是表示生气或者不满，也有可能是小孩或者情侣之间撒娇的表现。嘴唇紧绷多半是愤怒的表现，或者准备对抗和攻击。

第二章
信心的博弈：
重视与轻视

不屑代表着对其轻视

当人们对某种东西不重视，对其表示轻视的时候，会表现出不屑的态度，因为这时候的内心有一种强烈的自信感和优越感，觉得自己要完成这样一件事或者要做得比"目标事物"更加优秀是轻而易举的。而当对一个人轻视时表现出的不屑则是对这个人做的事情质疑或者是"看都不看一眼"。我们经常可以在一些职场的电视剧里看见这样的镜头，资深的职场人对职场新人做出来的策划书表示不屑，当职场新人把做的策划书给资深的职场人审阅时，或者向其讨教时，资深的职场人会做出这样的反应，让新人把策划书放在其桌子上，等自己有时间再看；或者是草草看了看，没有给出什么意见，或者是不认同这个策划书。当领导表扬新人做得不错时，他们还会说："这有什么，但凡个大学毕业的人都会做"之类的话语。

通过这样的轻视行为，我们可以看出这类"资深职场人"不大好的心态，会带着架子去处理那些"轻视的人、事"，总觉得自己才是权威和厉害的，当然，这么做新人肯定不敢说什么，但长此以往，对自己肯定是不行的，一方面骄傲了，没有不断提高自己，总有一天会让人赶上；另一方面这样的为人处世肯定会给人留下不好的印象。有这么一句话，山水有相逢，你怎么敢肯定，哪一天你要有求于这个被你轻视的人呢？到时候人家应该怎么对你好呢？

轻视时会发出"哼、切"的单音词

轻视他人的时候往往不只是一个内心的想法，很可能在表达出轻视的同时会发出声音，比如"哼""切"这样的单音词。而发出这样声音的时候，往往会提高自己的声调，而且声音比较短，重音在前面的部分。从心理学上讲，一个人轻视别人时，发出这样的声音是想加强自己的自信心，等于在给自己"打气"，更是想通过这样的声音直接告诉那个人，你被我"轻视"了，总的来讲，这样的声音更多时候不是想去打击别人，更多时候是想满足自己的心理需求。

有些人就是见不得别人好的类型，只能接受自己比他人优秀、比他人更受到其他人重视，所以这种人也更喜欢去轻视别人。而如果一个人被这种人轻视时，一旦做出什么失败的事情，这种人往往会第一时间站出来，对其"评头论足"并提出自己认为最佳的"见解"，当然，这个时候脸上会挂着一丝得意的笑容。这样的人我们在生活中是经常能见到的，而且他们给大家的感觉很不舒服，甚至有几分讨厌，当看见他脸上那点得意的笑容或者听到他发出"哼""切"这样的声音，更是觉得恨不得让他马上消失。

冷嘲热讽表示轻视

要想问轻视别人最直接的方式是什么？当然就是冷嘲热讽了，就是用尖酸刻薄的语言来打击对方，讽刺对方。这个方式不仅直接，而且可以直接戳中对方的心！从进攻的角度讲，这种方式的杀伤力绝对是五颗星。为什么这么说呢？

一来不仅可以满足自己的嘴皮子，用唯恐天下不乱的表达把自己内心的想法毫不保留地表达；二来可以让自己的满足感达到最高点，可以借轻视别人来重视自己的感觉；三来直接告诉对方，你被轻视了，如果对方没有坚强的心脏和足够的勇气，也许就被你"击倒"了。

其实这种轻视的方式更多的还是这个轻视者在某一方面与被轻视者有明显或潜在的竞争和矛盾。其实这种竞争和矛盾心理每个人都会有一点，只是程度不同，往往表现出来轻视的人这样的心理更加重，很多时候他们自认为轻视他人的做法，但外人看来是自己自卑的体现，当然，对手很弱的话就会觉得这是一种强烈的打击，对方很强的话也就权当看笑话而已，一笑而过不当一回事了。

轻视时会不自觉地皱眉头

有一些人在轻视别人的时候不是向前面讲的直接的冷嘲热讽，他们会尽量克制自己的内心情绪，但当那个轻视的人说话的时候，他们还是有一个不自觉的动作表现在脸上，就是迅速地皱一下眉头。而且这个皱的过程是盯着那个被轻视的人，而当皱完之后也会把头部转到另一个方向，目光也会离开说话者。

此外，这种人在这个时候还会把耳朵竖起来，听一听周围的人对那个说话者的评价，如果听到别人也是给出负面的、与自己想的一样的评价时，他就会让自己的眉头舒展开来，嘴角也会微微上扬。他这个时候的想法是："我说的没错吧，原来群众的眼睛是雪亮的，这个人真的是不怎么样，不值得去关注。"

这样的场景依旧常见于职场，特别是在一些高层会议上，各部门领导坐在桌子的两边，各自汇报自己的工作进度以及项目进度，但往往双方的意见很难达到一个完全的统一，而且坐着的人有一个人对着说话的那个人会出现皱眉头的现象，等到自己讲的时候就会提高自己的声音，并用自己的目光直视那个被自己轻视的人，以显示自己的地位和自信。

而在生活中我们也可以从特定的场景和他人的表情看出对方是在重视自己或者是在轻视自己，但这种轻视也有可能是担心被超越而做出的表现。

唯唯诺诺没有想法的人容易被轻视

唯唯诺诺指的就是没有自己的主见，一味附和别人意思，恭顺听从的人。我们总用唯唯诺诺指代屈于强权，侍奉权贵的小人样子。比如抗日电视剧里塑造的汉奸，总是跟在小鬼子后面做卖国贼，一副唯唯诺诺的嘴脸。碰到权势又点头哈腰，不要提主见，连人格都不要了，鬼子让他干啥他就干啥。这种人是我们最不齿的，一般都恨不得他早点得到报应。这种到最后鬼子根本不会留一点好处给他，当他没有利用价值了，不是把他杀了就是让他饿死，不得善终。

还有比如古装剧里整天跟在有钱公子后面的跟班跑腿，没有主见，为了五斗米折腰，主子说啥就是啥，到最后也是落得被利用的下场。

当然现实中也许没有电视上那么夸张。但是留心观察，得到我们敬重的人，肯定不会是没有主见，没有想法。一般当我们遇到这种人的时候，说不定连交道都不屑打，连朋友都不会去做，因为他们身上没有值得我们尊重关注的品质。如果不得不与他们打交道，肯定也是应酬应酬，试想一下没有自我、没有想法的人怎么会有原则。应酬还要提防他们，不要被他们出卖了还不清楚是发生了什么事。这种人利字当头，利益驱动下是没有原则、没有底线的。

能力差的人容易受到忽视

一个人的能力决定着他的地位。能力是由很多内在外在、先天后天的因素决定的，可以包括我们的包容心、心理素质、修养、待人接物的能力，还有教育程度、工作经验等等。每个人的能力都不一样，在不同的领域范畴，有不同的成就，也许这没有可比性，可是普遍来讲，我们只会重视在某个领域能力强的人。

能力平平的人容易被忽视。有的人觉得平平凡凡就是最好的，俗话说"高处不胜寒"，你的能力越强，职位越高，而责任也自然就越大，随之而来的生活压力也会越大。他们宁愿像一颗路边的小石子，最好可以平凡到不受关注。但是这种人，这种生活方式是很容易被忽视的。能力差的人有一种是甘于平凡的，他们追求的就是被忽视的生活态度。还有一种是不求上进的，他们甚至没有意识到自己可能某天会被淘汰。由于他们没有能力，所以很容易就被替代，而他们又不是好争的人，也没有争的能力，所以在工作、生活中，他们的利益会被牺牲。

有一些女性，结婚后专心在家相夫教子，自己觉得生活美满，可是在柴米油盐中不知不觉变成了黄脸婆，她们可以为家庭牺牲一切，可是离开了家庭却没有了生存的能力。万一遭遇老公有外遇，那她们只能默默地忍受，没有反抗的能力，因为也许她们的老公已经习惯了忽视她们的感受。

不善言表的人容易被轻视

我们在电视上经常看见这样的镜头，一个很不善于言表的人经常会被代表。当大家在问意见时，人们往往会忽略问他，甚至直接说：没事，他肯定没有其他意见，我们帮他做决定吧，他从来都不说，看来也说不出来什么惊天动地的意见来。这样的情景是多么让人伤心，也许看到这里，你会发现，原来平时的自己是经常被人轻视的那一个，而原因却是因为自己不善于言表。

不善于言表的人其实不一定就没有主意、没有想法。他们也许心里有很多大打算和计划，但是却不懂得如何开口跟人家沟通。也许小时候受到打击，变得不想开口说话。也许天生腼腆，不够自信。所以纵使他们有再多的与别人沟通的诉求，他们也宁愿选择默默躲在角落里，看着周围人的欢声笑语，想融入又不知道如何融入。让别人感觉不到他的存在就最好了。刚开始也许人们还会招呼他入座，但久而久之，他安静惯了，就算是存在了，别人也当他是空气。这种感觉肯定是不好受的，有点"躺着中枪"的感觉。既然如此，那就改变一下，让自己走进大家的视野里，让大家听一听你的想法和意见，也许这就是你一鸣惊人的时刻。

会把轻视的事情放到最后完成

试想一下，当你在进行一场考试，但考试的时间是无论怎么做都无法完成整份试卷的，所以你只能挑选一部分完成。你会怎么做呢？当然你会选择那些有把握的、复习充分的先完成了。那些平时没有复习的，觉得不是得分点的放后面。这其中的道理很简单，即重视的部分会被优先先完成，而轻视的部分会放在后面完成。这个想法往往会存在在大部分人的心里，而这种轻视也可以分两种情况：第一种是你自己觉得不可能完成这个任务，直接放弃它而产生的轻视心理，还有一种情况是你自己觉得胸有成竹，这种小事可以很快完成，不需要过分去关注，而去轻视它，我们把这种轻视称为拖延症。就是说越容易跟越难两个极端的东西，不到最后一刻，如果不是不得不完成，我们总不想去碰它。看见事情没完成又总觉得心里不舒畅，但是又觉得这件事情没有重要到马上就必须完成。

其实这样的心理是不对的，不利于自身的发展，如果觉得不可能完成就直接放弃它、轻视它。那就等于是放弃自己，轻视自己，这样的事情是没有人希望看见的，我们都知道"世上无难事，只怕有心人"，不去努力一把，怎么知道不行，放到最后才去做、去试，也许真的没有时间了。而如果你觉得你自信满满，小事一桩，最后才去做，你能保证细节上不出问题？能保证没有其他因素干扰吗？

"成功在于细节的完成"这个道理大家都懂，可千万别因为这样让自己后悔。职场上有拖延症可能是大忌，上级希望下属工作认真，但也追求效率，如果每一项工作下属虽然都完成得很圆满，但是总要一催再催，给他不重视的感觉，那么下次有重要任务的时候，会三思而行再分配给他。同事上级希望下属做事细致，但讨厌磨磨蹭蹭。要得到上司的青睐与重用，对于领导下发的任务就要既认真又高效，既细致又干脆。

喜欢指手画脚的人容易被轻视

有人天生就喜欢指手画脚，找别人的错误，这种人也是容易被别人轻视的。他们有的很虚伪，惯用的伎俩就是假惺惺的一番赞美后，再拐弯抹角地用"但是"两个字开启长篇大论的批评，一二三点的指出别人的错误。我们都会很鄙视这一类人，觉得他们每天吃饱了没事干，就是专门找碴儿。这种人好热闹，喜欢在人群里扎堆，哪里人多就往哪里去，一站住脚就开始说人家的是非，说谁谁谁哪里错了，然后就是一轮番的指责。

这种人人生的追求就是指责别人然后来建立自己的优越感，他们没有别的成就，就喜欢留意别人的错处。也许他们游走在各色人群中，什么人群都能如鱼得水游刃有余，看似将各种人际关系处理得面面俱到，尤其适合做公关工作。但在职场中，这样的员工往往让同事包括上级心生防备——天知道你哪张脸是真的？天知道跟你说完后转身会怎么跟别人谈论我？我们都很难听别人说自己的错误，更何况如果那个人是不了解我们的人。有一个说法就是：总有某些因纽特人喜欢教非洲人如何生活。所以对这样的人我们都不会尊重，不会觉得对方是真诚地与我们沟通，而不用心生活，缺乏诚意的人，试问怎么会得到别人的尊重与重视呢？其实人都有上进心，如果感受到对方指出我们错误是完全出自内心，希望帮助我们进步、攻克难关的。我们不但会接受，而且会心存感激。每个人都有缺点，但是沟通的方法是有技巧的，如果真诚地间接提出别人的错失，会比直接地公开地指责来得温和，也可以传达自己的善意，不会引起别人的反感甚至鄙视。

如何应对被轻视

被他人轻视的感觉肯定不好受，可能是自己的人就被轻视，也可能是自己做出的行为被轻视，无论哪一种，都是任何人都不想发生的情况。但往往这样的情况却经常发生，甚至发生在了自己身上，在这个时候应该怎么做呢？

首先，当觉得自己被轻视的时候，就要先认清自己的实力和准确判断出对方的实力，只有分清了状况才可以在相对弱势的情况下，以己之长败敌之短，而这个时候的自己务必不能被他人的轻视所击倒，如果对方轻视你你就马上恼羞成怒的话，你肯定会还没有开始"战斗"就败下阵了，因为这时候的你已经方寸大乱，怎么可能应战成功呢？也许这种做法也是对方的策略而已，所以，无论什么时候都要笑对一切，保持一个不骄不躁、不卑不亢的心态。

正如前面所讲，对方轻视你也可能是计谋之一，那这时候的你就要分析好战术了，如果你们双方是竞争对手的话，那么他这么做只是想在心理上占据优势，采取"战略上藐视敌人，战术上重视敌人"的方式，因为人在面对强者的时候都会产生一种自卑感，对方当你是强人，所以在战略上先"吓吓"你，如果可以在这个环节就将你打败的话，那么成功就不在话下了。所以千万不要觉得这时候的对手根本没有把你放在眼里，他在战术上绝对是重视的。

综上所述，应对被轻视最好的办法就是积极应对，笑对一切。

忘记姓名表示轻视

姓名是一个人最重要的标志之一，所以表达轻视最好的方法就是忽略他的名字。称呼代表着双方关系的密切程度，也代表着对对方人格身份的认同与尊重程度。不同的称呼，直接影响着双方的关系。我们常用某某某或者路人甲来代替与自己无关的人，或者会给自己讨厌的人起个难听的外号。为了表示鄙视，我们不会称呼对方的名字。就算是记得，也不想去提，好像他在我们心里只配是一个符号而已，跟阿猫阿狗无异。

被忽略名字的人心理都会不好受，因为让他觉得被藐视了。双方如果是处在不平等的位置上，这是一种很实用的心理技巧。

对付难缠的太狂妄的对手，我们可以故意忘记他的名字来表达对他的轻视，打击他，让他知道我们根本就不把他放在眼里，他也不要太自以为是。如果我们不想承认对方的能力和人格，并且可以不需要跟他打交道的时候，那就假装忘记他的名字吧，可以故意问："我以前有见过你吗？我们认识吗？我忘记了！你说你叫什么名字来着？"这些话都可以很轻易地激怒他，表达我们的鄙视，彰显下自己优越的位置。或者在其他人面前会故意说："啊，那个谁，老是记不起来，他还说他认识我呢，我都没印象。"这些话语都是用忘记名字来鄙视对方，不希望跟他打交道。当然了这种鄙视是最直接最不礼貌的，所以被鄙视的人心里肯定会有情绪的。

随意的坐姿表示轻视

在正式的场合，懒散的坐姿会带给对方不认真的印象，跷二郎腿的是被认为不恭敬或者缺乏教养。无论其他方面多讲究，坐姿不端正可能会被全盘否定。如果谈话中我们身体往后靠着椅子，手脚自然地伸开，腿翘着，手臂懒洋洋地搁在把手上，眼光带着不耐烦，那么传递给别人的信息就是："我不想再谈下去了，你可以不必继续讲，这个谈话对我没有任何作用。"这种心不在焉的姿势无疑是缺乏教养，傲慢的表现。

坐定后小腿呈现出倒 V 字形摆放，并不受控制一样的抖动，吊儿郎当的坐姿也传达轻视对方的信息，让人家觉得你对会面已经很不耐烦了。翘着二郎腿，两手在胸前交叉，收缩着肩膀，说明你对他所说的话题根本不感兴趣。

还有一些坐姿要注意，就是坐下后头靠在座位的靠背上，或者低头注视地面；身体歪歪倒倒，前俯后仰，倒向一侧；又或者双臂交叉，双手不停地摆弄身边的东西，反复地做小动作；其他的比如脚尖指向对方，双手抱着腿或者手夹腿间不停摇晃，上身趴伏等。这些坐姿在商务交往中都会给人放肆嚣张的感觉，让

此种坐姿被认为不恭敬

人觉得你不尊重他，不在乎现在的交流。

在非正式的场合也许还不太明显，但是正式的场合中，如果是采取上述的几种坐姿来与对方交流，那么这场会面肯定很难达到原来预定的目的。轻则只是引起对方的反感，重则谈判破裂，交易失败。即使其他方面准备得再充分，条件再优越，还是不如"诚意"两个字来得重要。

这种坐姿表示拒绝和冷战的态度

不雅的站姿表示轻视

在正式的交际场合中，不雅的站姿会让对方有被漠视的感觉。站姿包括站立的姿势与站立时的精神面貌。人们站立的姿势千姿百态，有双脚岔开，大拇指勾在皮带上的，一副浪荡子的样子；有斜靠在旁边的桌子或柱子上，双手插在裤带里晃来晃去的；有双脚岔开无精打采随意抖动着的，自由散漫；还有歪斜一边用手在摆弄身上的小配饰、玩拉链、戒指、扯衣服上的线头、拉扯领带腰带，或者不停摩擦双手摆弄头发站姿。

这些站姿都会让正在与你见面的人觉得你不专心，不认真，摇摆不定，觉得你不踏实。如果你是一个晚辈，与长辈说话这种站姿会让他觉得你很失礼，不尊重他的身份地位。如果是平辈，对方会觉得你这种不雅的站姿表达了你不屑与他做朋友，不会对你有好的印象与你接近。如果作为长辈，你的站姿已经透露出你对正在跟你说话的后辈是漠视轻视的态度，那么后辈可能结束谈话后也不会把你看成一个人物了。

正式场合里，不管对方是谁，都要收起自己平时懒散随意习惯的姿态与精神面貌，才能避免传达出轻视、漠视别人的信息。

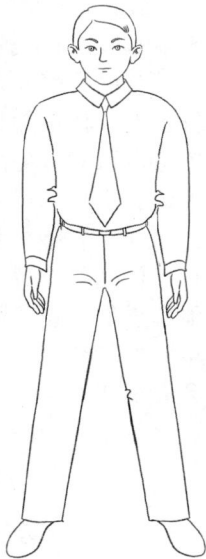
双脚叉开

眼神游离表示漠视

我们说眼睛是心灵的窗户，通过眼神这种微妙的渠道，我们传递着信息与表达内心的想法。眼神的传递，影响着人与人的沟通，激发心灵感应，产生彼此的情感共鸣。我们对眼神都会特别地敏感，眼神就像眼睛发出的语言一样，也是一种身体语言。

我们在与人交谈的时候，眼神的交流是不可避免的。通过眼神我们可以领悟到对方当下的情感和意图，了解对方的心理变化。如果对方眯视着看我们，传达的就是傲视和漠然的感觉。眯眼是眼神交流中表达不友好信息的语言。

在西方文化里，勾引诱惑异性的时候会眯起一只眼睛，并眨两下眼皮，属于调情的动作。在一些场合下，一些女性会觉得这是一种无形的传递着色迷迷的信息的骚扰。或者对方一边跟我们讲话一边眼神游离，时不时望向别的地方，我们会觉得他心不在焉，好像迫不及待要逃离这场谈话一样，对我们不尊重。我们会感觉到他疲倦了，无意倾听，此刻他心里想的只是"快一点结束这个话题吧，我受不了了"。

比如当一个学生遇到难题向老师寻求帮助时，当他表达完疑惑后很自然地会望着老师，如果老师听清楚问题后第一反应是眯了下眼睛，那学生会认为，此刻老师肯定会觉得他问的问题很没有水平，觉得这么容易的题目怎么还不懂要来问老师，学生会觉得被老师鄙视了，老师用漠视的眼神打击了他的积极性。

低头摇头耸肩且双唇下弯表示鄙视

摇头是代表否定最直接的肢体语言，虽然比起直接用语言否定，这种头部动作已经是比较委婉表达情感的方式，更容易被接受。但是它在各种肢体语言里，却是否定程度最大的。当我们的谈话进行到一半时，如果对方突然低下头后摇摇头，即使他不说话，我们还是会马上就察觉到，气氛会马上变化。头部集中了最全面的表情器官，是所有关注、观察身体语言的起点。低头是一种拒绝的姿态，表示对话题没兴趣或者不认同，在正式场合的交往中，低头是非常不受欢迎的身体语言。

交谈中面部是视线的焦点，对方的反应与心理变化都会通过面部表情适度地表现出来。多数情况下，面部表情与内心的感受是吻合的。一个细微的表情可以让你察觉到对方内心微妙的变化，甚至会改变双方相处的气氛。而伴随摇头有双唇下弯的面部表情，则带有挖苦、嘲讽的感觉，表示对你跟他说的事情有点鄙视。比如你在跟领导汇报工作时，他一边听着你说，眼睛却没有直视你，而是低着头看着地板，时不时轻轻摇下头或者边摇头边抿一抿双唇，如果再加上耸肩的话，那么他就是在告诉你："这个工作你完成得不好，这么简单的事情你居然做成这个样子。"这些肢体语言都是在传达漠视的信息。当我们在交流中遇到这种肢体语言的暗示的时候，就要注意，留心是否该改变谈判策略，或者改变交谈的话题了。

劝退的肢体语言表示轻视

除了眼神与面部表情，社交中代表劝退的手势也会给人带来轻视的信息。手势是肢体语言中活动范围最广泛，表达最准确，内涵最丰富的。虽然一般都伴随有声语言同步进行，但是手势在表达上的感染力与号召力更强更直接，让对方对自己的感受了解得更透彻。

每一种手势都有特定的含义，劝退类型的手势表示着一种轻视。比如与对方谈话时没兴趣，不太愿搭理对方，有一句没一句的时候反复看着手表玩弄着手机，甚至是打个哈欠，伸个懒腰，把双肘放在桌子上，双手支在椅子的扶手上，如果是商务谈判出现这种肢体语言，那么对方就是在告诉你，这个项目他没有兴趣再继续下去了，他不在乎。比如聊天时对方东张西望，摆摆这个，弄弄那个，一边跟你说话一边手头上还有其他的小动作，玩弄下手边的小东西，剪剪指甲，卷卷头发，抓抓头皮，挠挠痒痒等，那么他会让你觉得他不重视你，不专心，不专注。

又或者你跟对方说话他一直用后脑勺对着你，背对着你站立，要不就是身体斜靠在其他支撑物体上，双手互相平端抱在胸前，把一只手随意的放在衣袋，这些都是不在乎你的表现。还有一些手势是很直接的表示蔑视的，就是用手指直指别人，这是非常不尊重别人的手势，有咄咄逼人的感觉。

准确地把握老板发出的轻视的信号

老板总是很难捉摸的，与老板面对面时他的每一个动作、表情跟眼神都可能含义无穷。如果他不停地摇头、皱眉，很明显地表达了不在意你正在说的话题想提前结束，你还在滔滔不绝地长篇大论，不要抱有他会因此而重视你的侥幸心理，他只会更加反感。如果你发现你在发言的时候老板用手摸着耳朵，那表示他对你的话有怀疑。这个习惯是从小就有的。小朋友说错话了，就条件反射地会马上捂住自己的嘴，而不想听父母唠叨责骂，会迅速地捂住耳朵。所以当他不由自主地摸耳朵，或者摸靠近耳朵的颧骨和脸颊，眼睛漫不经心看桌上时，你就知道他根本就不信你说的事情，对你的话不放在心上。

当你发现老板竖起食指，挨着脸颊，把大拇指抵在下巴上托住，他不是在思考你说的话，而且是在表达你说的东西他听了很不耐烦，没必要留心，也不用重视。

如果你正陶醉在自己的完美计划中，而老板却环抱着双臂微微身体靠后望着你，这是一种防卫性的姿势。他用这个姿势来刻意与你拉开距离，告诉你双方是不同层次的，他正在用居高临下的态度听你说话，但是他对你说的不认同，甚至潜意识是有抵触的，他可能会随时打断你，结束本次谈话。当老板有这些信号的时候，要尽快地把握并迅速地做出回应，老板才会觉得你有悟性。如果继续坚持己见，那老板对你也许会更加地漠视，不再给你表现的机会了。

作为员工要聪明机灵，反映快捷如风，但要注意善变的想法和信手拈来的小聪明常常让身边的人头疼不已，无所适从。若要得到上司的青睐，最好不要把自己的聪明才智用在耍小花招上，更不要掩饰自己的缺点，真诚的人才能得到上司欣赏。

攻击性的反驳表示鄙视

反驳有很多方式，有技巧的反驳能促进面谈成功，但是弄巧成拙的反驳会让对方觉得你不尊重他，在鄙视他。

一般来讲反驳都带有不认同、轻视的心理。有技巧的反驳是让对方自己推翻自己，自己去找证据，不对在哪里，比如提问："这个的可行性高吗？"这样留了台阶给对方下，还留给对方面子，只是否定不认同而已。他们会留心听别人的发言，为的是找反感的漏洞，但是一定是等别人都发表完意见了，才会去提问。

如果对方就问题都能很好地答复的话，他们一般是心服口服不带任何鄙视情绪的。但如果是从内心里瞧不起对方，什么事都直接反驳一番，那就带有鄙视的情绪了。比如还没等对方说完就直接打断他说："你不用说了，这个没用，是不可行的。"或者用手做停止的手势示意对方住口，这个是很不重视对方的表现。

从打断对方的发言，到不顾对方感受发表自己的看法，甚至用一些攻击性比较强的字眼来证明对方是不对的，是比自己弱的。而且咄咄逼人，对方说什么他就马上反驳，好像不把对方说得哑口无言就誓不罢休一样。那么这种反驳就是带有鄙视的意味了。

有的人反驳的意图很单纯，就是想把事情做好。而有的人天生就爱反驳，而反驳的意图很明显就是为了显示自己的优越性并顺势踩下别人。

他们反驳并不是看法就有多高明，而是他们只想别人听到自己的声音。实际上这种反驳是很不尊重人的，而且一般人都很反感这种行为。

过分轻视时就会无视

当一个人对另一个人的出现视而不见，对另一个人说的话当耳边风时，我们就会说你无视某个人了。没错，这种无视很大程度来源于对这个"某人"的轻视。为什么这么说？有这么一句话："眼不见为净。"因为轻视这么一个人，索性无视他/她，这样做才可以在心理上达到最大程度的轻视，从这个角度上讲，去借无视的办法去轻视他人为的还是满足自己内心的需求。

有的人这么做是因为真的各方面都有着过人的能力，对自己的信心很足，所以对比自己差的、弱的人就轻视，觉得他们根本不是自己的对手，理所当然不需要去关注他、重视他。而更多的人是因为带着几分嫉妒心和自卑心去轻视他人，因为他们觉得这样会提高自己一点点自信，如果多看几眼，自己可能会更加自卑和嫉妒了。

这种情况我们在生活中见得很多，好比你满腔热情和一个朋友说起另一个朋友的事，你把另一个朋友在工作上的成绩描述了好长一段话，你觉得对方肯定会赞同你的观点，没想到这位朋友居然说："啊？是吗？没有关注他的情况啊，这样的成绩很一般吧，我不会关注这样的事情的。"这样的对话听起来是满不在乎，但实际上多少可以听出几分嫉妒心的味道。从他心里是根本觉得这个人是不配让他花时间去了解去谈论的，所以无论跟谁谈论都会直接无视他。

大肆宣扬别人的缺点和短处代表鄙视

每个人都有自负的心理，这个心理表现在每个人都有在别人背后说别人缺点"毛病"的行为，大家都觉得在某个方面，那个被说的人远远不如自己。如果对方做过对我们不利的事情，那我们更加会大肆宣扬他的缺点，在某方面多糟糕。这也是一种对他人的鄙视。

职场中这个现象特别明显。当有人被提升被奖励被领导赞赏的时候，一些人就开始冷嘲热讽，然后到处跟别人说他哪里做得不好，哪里又偷懒，根本就不配得到奖励。这是人的嫉妒、自卑自负的心理在作祟，刺激人的报复欲望。他们小肚鸡肠，接受不了别人比他好的事实，所以要通过"说坏话"来疏解自己不平衡的心态。

他们或公开或暗地里表示自己的鄙视。当他们到处说着这个的缺点与不是的时候，他们或许一点都不介意自己说的事情最终会传到对方的耳朵里，给对方造成困扰。他们要表达的就是深深的不忿，觉得自己一点都不会比他差，为什么被提升的不是自己而是他。而我们身边因为这种心理吵到老板面前去的例子也是不少的。他们用暴露别人的缺点来表达自己的鄙视，而不是通过更加做好自己的事情，让群众雪亮的眼睛为自己评论。

初次见面记住名字表示重视

每个人都有自己独一无二的名字，名字代表着第一印象。在初次见面时就能把对方的名字记住，能让对方觉得你很重视他，对你会产生亲切感，为两个人的进一步沟通交流打好了基础。

很多擅长社交的人都很关注对方的姓名。他们天生就对名字很敏感，有惊人的记忆力，如果即使只有一面之交但是对方是非常重要的话，他们都会把名字记得一清二楚，绝对不会叫错。

许多的外交家也把记住对方的姓名作为开启沟通的重要方式，还有人把如何准确记住对方名字写进如何促进沟通为主题的书里。他们提出有人会在初次见面时可以用照相的方法来帮助自己记住对方的长相与名字。这样不论以后多久再见面，都能很快准确的叫出对方。一些教师也是用同样的方法来帮助自己快速记住学生的姓名。现在很多的通讯录或者简介都附有彩照，也是为了大家能准确地把握对方姓名与容貌。

如果一个人在第一次见面就可以叫出你的名字，或者只有一面之缘的人在街上偶遇时马上就能叫出你的名字，你肯定会觉得他对你很有好感，所以你也愿意与他接近。如果我们对一个人有好感，很重视他，首先去关注的也肯定是他的名字，然后牢牢地记在心里。

对于专门与人打交道的人，平时需要多处周旋，记住对方的名字并在下一次相见时叫出来，是非常有用的武器。名字是语言中最重要的声音了，这是最重要的表达重视的方法。对方会莫名其妙地产生一种错觉，觉得自己名气很大，受到重视，自我感觉良好。

记住对方细节表示重视

我们与重要的人见面时，都会先了解对方的基本信息，或者会借鉴前几次打交道的经验，寻找一些细节来表示对他的重视，让他感觉到你的诚意，知道你是有备而来的。比如在上一次见面的时候如果对方提到过不喜欢吃牛排品红酒，那下一次用餐地点你肯定不会选择西餐厅。就是说如果了解到对方与自己见面的意图，在与对方见面之前，做好准备功夫，收集对方的一些情况与细节，那对方就可以感受到你的重视，同时感受到了你的诚意。

相反，如果你对对方或者话题都一无所知，可能他会觉得你没有诚意，对你感到气恼失望。

在表示对对方重视时，在适当的时机说出他提过的细微之处，比如："曾经，听你说过……我一直都铭记在心。"或者对他曾经无心提起的事情默默记在心中并找机会表示，比如曾经闲聊中他提过他尝过你们家乡的米酒很喜欢，虽然只是一语带过，但如果再次见面你说"前些日子回老家，特意带来了特产的米酒，一起喝两杯"的时候，他就会觉得你把他无心之话很认真地对待，是非常有诚意，非常重视的，自然你们的关系可以熟络起来。

如果男女约会，女生即使是无意中说过的话，男生都会记得而且在适当的时候表达出来，女生会觉得自己在他心目中是不一样的，被看重的。我们说的"体贴入微"也正是表达了重视的意思。

对话中点头表示重视

肢体语言在交谈中也扮演着传达重视信息的角色。在谈话进行中，我们会通过眼神、头部动作、脸部表情来传达我们对话题很感兴趣，并鼓励对方继续交谈的信号。比如电视中名人访谈类节目，或者是采访，主持人或者记者常常会频频地点头，示意对方继续说，而眼神也是一直注视着对方来表达关注。适时的伴随一两句简短的唯唯诺诺的回应："嗯！说得也是！"受访者都会觉得自己说的话得到了肯定与重视，自然就更加滔滔不绝地说下去。

所以成功的访问者是善于通过表达自己的重视来让受访者关不住话匣子，知无不言的。而点头无非是最直接简洁的表达。

在面试中点头也是表达重视的一个方式，如果面试官对你频频点头示意，或者头微微侧向一旁，说明对谈话有兴趣，正聚精会神地听，就像是在说"我正在听你说话"或者鼓励你"请继续说，我很认同上面说的话"。得到重视与获准继续发言，当然面试者就口沫横飞，口若悬河了。

相反地，如果面试官面无表情一副没有兴趣的样子，极少点头，那么你会觉得言论不受重视，怀疑是否自己的表达索然无味，然后就不愿意继续讲下去了。最终就是相对无语，没有达到沟通的目的。

而当学生在回答老师的提问时，老师会微微向前探头表示聆听，而如果对答案肯定，会连连点头。所以点头对于表达对话题的重视是很直观的，是最快速的能让对方感觉到你的关注的方法之一。

要注意的是，点头的频率与时机要控制好，如果乱点可能适得其反。表达重视的点头时，头部要端正，身体直立自然流露出自信、诚实、精力充沛的精神面貌，在商务沟通中是传达正面信息的首选。

会面中坐姿端正表示重视

在正式的会面中，比如商务会议、谈判、面试，甚至是相亲、家长会，当我们需要树立给对方"认真、尊重"的形象的时候，我们会通过表情、语言、姿态等多种因素来表现。其中的姿态是交流中比较直观的一个方面。

人际交往中有一半多的时间是坐着的，坐姿，是衡量一个人认真程度的标准之一。人坐下时的姿势，决定了他在社交中的地位和心态。俗话说："站有站相，坐有坐相。"就是说一个人无论是站着，还是坐着，都要有一个好的精神面貌与姿态。我们常用"坐如钟"形容坐着时像古钟一样端庄、沉稳、高贵，同时又是那样的轻松自然，感觉良好。如果一个场合里每个人都选择比较端庄的坐姿，表示我们对这个场合的尊重，对这场见面的重视。

坐姿包括就座的姿势和坐定的姿态。为表示敬意，就座一般轻而缓，稳稳地坐定后，为了表示专注，眼神的交流畅通无阻，一般我们都应与人相向而坐，把上身挺直，双膝并拢，以产生稳重的感觉，头部会端正而且目光平视前方的交谈对象。这就是合乎规范传达重视信息的坐姿，称为"端坐"。如果入座后面带微笑，身体稍微往前倾，再加上诚恳赞美的目光，那么更是可以表达我们关切、谦逊的态度，就像是跟对方说："这场会面对我非常重要，我已经做好准备，全神贯注地与您沟通了。"

受邀坐主位表示被重视

宴席中重要的客人一般都是上座的，最重要的人肯定坐在主位。小到家庭聚会，大到外交活动，座位的安排都体现着与会者的地位与身份。比如长辈的生日聚会，寿星肯定是坐主位。

公司会议，最高级别的肯定是坐在统筹的位置。国际会议中，宴请各来访国使者，座位的安排也是首先按照职位排好。这些席位的安排不仅仅是一种形式，而是有心理学的依据的，最重要的最受关注的肯定是最显眼的位置。

举国际会议为例，如果双方人数均等，正式会议时座位是按照职位高低由中间往两边排，双方面对面各坐一排，这是因为此时一般是竞争谈判状态。如果是会后的宴会，一般会按照插坐的方式来达到沟通的目的，因为这是合作互动的场合，并肩而坐可以忽略对方的视线，容易拉近人际间的距离，感到彼此很紧密。但是最重要的人总是坐在主桌与主位的，其他的人会围坐身边。当你收到请帖，入席后发现自己是上座的话，那么主人家对你是非常看重的，他正在用这个方法对你表示尊敬，并传达一个信息，你是这场宴席中最重要的人。

很多深谙交际方法的人都会精心布置交际位置来影响别人。还有一种位置显示地位高低的，就是办公室的布置中就座的椅子的安排。有的领导办公室会有沙发与其他椅子，招待来访者。如果他请你坐在同等高度的沙发上，那代表他传达的是平起平坐的信息，他很重视你。如果他让你坐在较低的椅子上，那么他想你仰望他，让他看起来高深莫测，造成一种威慑。

会谈中站姿挺直表示重视

我们的日常交际中，站与坐都是最基本的两种举止，所以站姿与坐姿一样重要。站姿同样是无声的语言，表达你对这场会面是否用心，你是否关注与尊重对方。一个好的站姿是"立如松"的，就是站立的时候想象自己像松树一样高入云端，稳定但又不僵硬，灵活但又不摇摆，向对方展示的是我们控制自己的能力。军队中当指挥军官集合士兵的时候，士兵们就是用军姿来表达自己的重视与听从指挥的。新兵入伍的首要训练课目也是"站军姿"。操场肯定是铿锵有力的口令："挺胸，抬头，收腹，身体微向前倾……"当然这只是纪律部队的特殊要求。但是会面中精神抖擞的站姿是表达关注必不可少的，甚至在站立的时候身子可以微微前倾接近对方，拉近彼此的距离，以显示亲切感，但是注意不要超过基本的交际距离，让对方有压迫感。

无距离的沟通还要注意两个人间不要有外物间隔形成障碍。这样反而会让人感觉到你是在抗拒彼此的对话，好像中间的东西让他下意识地想快点结束话题。彼此间有障碍物会让你的关注与重视无法让对方感受到。举个例子，一个手里抱着一堆文件的人，与一个两手空空站在那里的人，你选择开始谈话的经常是那个两手空空的，因为你的视野会很开阔，空间造成一种没有阻隔的亲切感，你觉得他会对你比较关注一点，与你开心聊天的机会会高一点。

频频表达喜爱之情可以带来重视

每个人学生时代成绩最好的一门功课，无一例外的该课授课老师都很喜欢你，让你觉得自己是班上最重要的学生，所以你也很重视这门功课，自然就学得好。试想下如果数学老师一直都不喜欢你，你上数学课还会有精神跟兴趣吗？你会觉得你怎样学都学不好，从开始不想关注数学，到最后放弃学习。但是英语老师却是一直都鼓励你，跟你说你很有天分，那么你会觉得老师对你的期望很大，你不能辜负，即使是碰到学习上的困难，你还是会有信心坚持去战胜。这就是被讨厌与被喜爱带来的不同的心理暗示：你是漠视这门学科还是重视这门学科。

同样地在工作上，如果领导对于你做的事情都是赞赏有加，多多支持，那么你会觉得老板很器重你，所以你一定要更努力地工作，对每一件事情更加重视与用心，工作表现更好。对于老师与同学，老板与员工，这个都是双赢。每个人得到的掌声都会让他觉得他应该重视，不能辜负这种赞美。

为了引起别人的重视，我们要多说鼓励性的言语。一句赞赏，表示喜爱的话语，无论在家里、学校、公司，乃至社会上的交流还是工作上，都能带来意想不到的效果，都有可能有潜移默化之效。如果你要得到某个人的重视，请亲口给予他们肯定与鼓励，这可能会比金钱或者其他的物质带来的鼓励更加有效。

准时赴约表示重视

守时是对一场会面最起码的尊重，在一些场合，我们还会稍微提前一点到达以示庄重。参加商务宴会、私人会面、宴席等对双方都很重要的场合，一般是没有人迟到的。如果突然有事不能赴约或者要推迟一点到达，我们会尽快通知对方，并真诚地解释或者提出备选方案，让他有时间调整。

准时赴约从心理上让他觉得你是很重视这场见面，而且早早就做好了准备，为双方接下来的沟通打开良好的局面。相反的，如果你约的人不止迟到了，在出现的时候非但没有道歉，对迟到的事情提都不提大大咧咧就直接进入主题；或者就是很应付地说了一句"让你久等了"，你会觉得他是在藐视你，不是不把你当回事，就是想故意打击你，然后能在接下来的讨价还价中占上风。要注意对方可能正是用不守时出现控制我们的情绪，事实上他们也非常重视这次会面，但是是在玩心理战以树立自己在会面中强势者的形象，为自己争取更多的条件。

当我们觉得是错误或是缺点而对方没有同感的时候，我们很自然地会产生自己的人格被轻视的错觉，这也是人类共同的心理特征。在这种心理状态下，如果开始一场谈判一定要更加保持冷静，谨记自己的底线与这场会面的原始目的，不能因为只顾着自己被轻视的情绪就冲动行事，注意力也不集中。

一般来讲，对于非常重要的会面，正常情况下都是会准时赴约的。

触摸表达重视

我们常用触摸表示支持、抚慰和激励，是表达我们关注的重要肢体语言。触摸包括握手、拍头、拍肩膀、拍背、拥抱等方式，在不同的场合与对象间传递着对对方很重视这种信息。上级巡视基层单位会一一与基层员工握手，并用另外一只手搭在握着的双手上以示慰问，表达自己很肯定他们对工作的付出。

老干部提拔年轻后辈，面授经验的时候都拍拍他的肩膀并鼓励他好好干，前途无量，会说"以后就交给你们了"。这些都是借助触摸表达重视的肢体语言。更平常的例子是在教学中，老师如果对某个学生特别关注或者重视，会经常主动地接近他，时不时翻翻他的作业和笔记，答疑解惑后甚至轻拍两下他的肩膀，让他感受到老师对他的关注，不管是成绩特别好还是特别不好的学生，在得到老师这种关注后，都会更加发奋学习，不辜负老师的期望。

每当有学生在课堂上解题正确或者回答得很精彩时，老师有时候没有语言的赞美而是轻轻拍下学生的肩膀，同样能起到鼓励赞扬的作用，更加亲切自然地表达重视之意，激励学生再接再厉。

如果家里小朋友闯祸了，妈妈会过来抱抱孩子，拍拍他的头，然后给孩子讲讲道理，同时也是鼓励、安慰他，告诉他妈妈在这里，不要怕，但是下次要注意，不能再犯同样的错误。

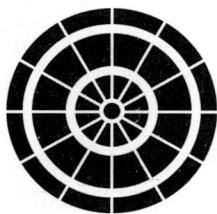

第三章

懂得保持心理距离：
排斥与接受

守住你的安全距离

在人与人互相接触的过程中，需要遵守一定的距离法则，首先不能太近，否则会闯入对方的个人空间；其次又不能太远，否则会使人觉得你在故意疏远或是不好相处。关系不同，彼此之间需要保持的距离也不同。

有学者将人与人之间的距离分为四种类型：公共距离、社交距离、私人距离和私密距离。公共距离指的是在公共场合，可以说是陌生人之间应该保持的距离，一般在 3.5 米以上。也就是说，在不拥挤的前提下，如果在路上行走，你与其他路人的身体距离应该超过 3.5 米，否则就会使人觉得不舒服，不自在，也会对你产生一系列的猜想，把你误认为是小偷也未可知。而正常的社交距离则应该控制在 1.3 米以外，3.5 米以内，在这个空间范围内，适合商务对话、较为正式的社交谈话和外交谈判等，因为这个距离既不会使彼此感觉没有独立的安全的个人空间，也不会因为距离太远产生沟通上的问题，例如听不清对方说话、握手时比较困难等，因此运用比较广泛。

日常生活中的交往可以相对更近一些，可以根据关系的亲疏远近来灵活调整这一私人距离，如熟人之间可以在 1 米以内，有过

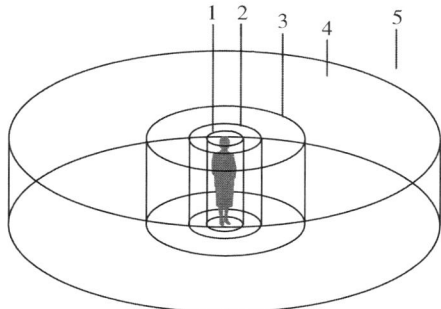

个人空间的五大地带，分别是亲密地带、熟悉地带、私人地带、社交地带、公共地带

几面之缘但彼此还不够了解的，则需要 1 米左右，这个距离适合非正式的社交场合，空间范围应控制在 0.6～1.3 米之内。而亲人、爱人和好朋友之间则无须严格遵守这样的数值，这就是亲近的私密距离，可以做到"亲密无间"。

但是在中国，一般情况下，没有直接血缘关系的旁系亲属性别相异时，距离也不会太近。而在西方，初次见面的礼节多为拥抱和亲吻面颊，这种情况不属于我们讨论的范围。

距离产生美

人与人之间都应该保持一定的距离，远近由彼此之间的关系来决定，把握远近尺度的关键是让自己觉得愉快，同时也让别人感到轻松。有位哲人说过：亲人之间，距离是尊重；爱人之间，距离是美丽；朋友之间，距离是爱护；同事之间，距离是友好；陌生人之间，距离是礼貌。

保持距离并不是说遇见陌生人就要往后缩，刻意与之拉开距离，不和其他人交心。而应该尽量使身体距离做到与心理距离保持一致，既不过分逼近给人以窒息的感觉，从而避免招致别人的反感和嫌弃，保持交往的空气足够清新；同时，在合理的安全范围内能做到互相尊重隐私，因为每个人都有保持自己隐私的权利，每个人也都有不侵犯别人隐私的义务，这种权利和义务是受法律保护和约束的。

为自己保留安全距离也是给自己留余地和退路，在不敢保证安全的情况下，不让自己完全陷入可能发生的危险中去。

亲人、爱人、朋友之间也需要保持合适的心理距离，允许对方有自己的空间和隐私，保证彼此的内心有足够的空间，否则再亲密的人也会感觉到无形的枷锁带来的负担。适当的距离可以为爱和关怀留下足够的可能性，从而更好地进行沟通，从这个意义上讲，距离恰好是爱的表达。

没有距离的相处是一种自私的表现，因为这样的人通常只想着自己，而没有顾及别人的感受。距离太近也容易产生依赖。独立是一种品质，可以塑造更为完整的人性，这就要求每一个人在与他人交往的过程中，学会独立，保持距离，为维护这一人际关系创造良好的条件，为自己的形象加分。

性别也能决定距离

在日常生活中，我们经常可以看见两位女士挽着臂走在一起，有说有笑，十分亲密，但是却很少看见两位男士有这样的动作，且不必说拉着手或挽着臂了，单是说下雨天，两位男士一起打伞，就已经会让人觉得十分奇怪了。

性别的差异对人际交往时的空间和距离也有着一定的影响。在商业交往中，个人空间的距离是相对固定的，无论是男性与女性的交往，还是同性的交往，都须遵守礼貌的、正式的距离数值。但是非正式的日常交往场合，女性之间的距离可以相对近一些，哪怕是刚刚认识的人，只要在购物、美容、服饰等女性普遍感兴趣的话题后，都可以亲昵地挽着手逛街；而如果是男性，当他们勾肩搭背的时候，可能是因为在酒席上喝过酒以后称兄道弟地寒暄几句，如果是牵着手或者是挽着臂走在大街上，则多半会被认为是同性恋。在男性长到青春期以后，即便是父子之间，也很少会像女性那样亲密了。这是由一直以来塑造的不同的社会性别和角色分工决定的。

而男性和女性相处时的空间距离更加需要注意。如果不是夫妻、恋人和亲密朋友，成年异性的距离应该保持在 0.8 米以外。否则，男性主动拉近距离会被认为意图不轨，女性主动拉近距离会被认为是举止轻薄，不够优雅端庄。在家庭生活中，母亲与儿子的距离可以十分随意地无限制拉近，即使是儿子已经成家立业，但是父亲和女儿的距离则会随着女儿年龄的增长而拉开，这并不是疏远的表现，仅仅是出于对女性独特的身体特征的考虑。

在社交中，根据不同的交往关系正确把握距离，不仅可以塑造良好的、儒雅的社会形象，而且是对他人也是对自己的尊重，还能更好地维护社会关系，为自己的事业和发展奠定良好的人际关系。

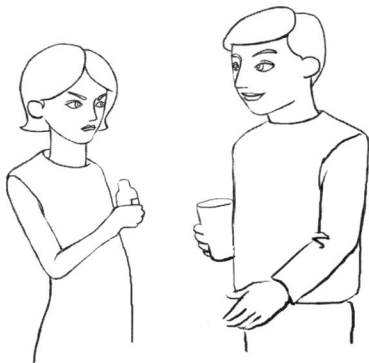

文化背景会影响异性之间的交往距离

陌生人，别离我太近

在正常交往中，每个人都会有自己安全距离范围内无形的保护网，这个保护网主要针对的是相交不深、互不了解的人，因为和这类人交往时，我们的潜意识里没有接触安全警报，需要时时刻刻保持警惕，以保证尽量不受或是少受对方的威胁或侵害。

冲破安全空间距离的可能性有两种，一是向至亲至近的人表达爱意或其他情感，这种情况下，我们的身体和神经不仅不会紧张，反而会感到无比舒适和放松；另一种情况则是另一个体的强制性介入，在这种情况下，人的身体会产生一连串的生理反应来对抗这种不可预知的强制性介入。

科学实验表明，当有人强制闯入某人的安全空间时，受侵害的主体心跳会出现明显的加快，肾上腺素会大量冲入血液，血液流动速度加快，并携带肾上腺素传入大脑和全身的肌肉，肌肉和神经因此变得紧张起来，身体随时处在逃离或反抗的状态中，以应对随时可能出现的危险情况。

因此，如果一个初次与你相识的人不管三七二十一直接上来拥抱或勾肩搭背，你会立即产生一种反感，即便是你提前获知对方的身份和性格，对方也表现得十分和善友好，你也会对他的印象大打折扣，这种内心的变化也会很快显露在脸上。

如果想给别人留下良好的印象，就一定要注意在初次相识的时候保持合理的令人舒适的身体空间距离。不要让他人认为你是偷窥隐私的人或是凡事都爱凑热闹的人，因为人们觉得这样的人不会把精力放在努力做好自己的事情上，而是喜欢东瞅瞅、西望望，实在难成大事。

拥挤使人不适

正常的空间距离的数值是在足够的空间里实现的，日常生活中，我们常常身处拥挤嘈杂的环境中，这时，1米或更多的空间范围根本无法维持，人和人还常常会贴在一起，毫无个人的私密空间可言。这种情况通常会出现在人口密度较大的城市或社区，在公共汽车、地铁、车站、电梯乃至电影院、音乐厅、展览馆等公共场合，排队购物时也会有这种情况，这时，身体和心理的不适加重了我们内心的反感，而我们根本无法改变，甚至不能逃离。

常常可见在地铁里，人们都在低头看着自己手里的手机、报纸杂志或书籍，脸上没有任何多余的表情，身体也没有什么大幅度的晃动或摇摆。实际上，这种姿势是很合理的，在保证自己能够照看好自己的财物的时候，最好不要交头接耳，随便聊天，甚至减少打电话，这样是对自己的保护。因为在公共场合，大家彼此都不了解，最好不要随意让他人接收到关于你的有效信息，以尽量保证自己的安全。

在上下班高峰期时，公共交通工具里挤满了疲惫的上班族，这时的他们大多面无表情，还有一些表现得十分疲惫，在排除身体疲惫的因素之外，这样表情的人也是为自己的安全距离外的保护网又加上了一道防线，不仅会让站在身边的人远离他，也可以减少很多不必要的麻烦。因此，表现得冷酷而又疲惫，也是对自己真实情感的掩饰。

需要注意的是，人在处于这种状态的时候，身边的人对他是没有戒备心理的。所以常常有扒手会装扮成普通上班族的样子伺机扒窃，因此当我们身处这样的环境中时，切不可放松对周围的警惕。

高速发展的现代社会里，我们很难逃离拥挤的公共场所或环境，但是我们在保护好自己以及自己的财物的同时，一定要做到礼貌谦让，不争不抢。如果每个人都能做到这一点，秩序就自然形成了，拥挤的场面也就不会出现了。

心理距离的文化差异

不同的文化环境对于两人之间的距离也有不同的理解，各个国家之间的差异很大，如果在与不同文化背景的人接触时一定要了解对方的心理距离，以免造成误会。中国人由于传统文化的影响，在与人接触时很注意保持距离，尤其是异性之间更要保持较远的距离，所谓"男女授受不亲"。

而一些欧洲国家的人对于私密空间的定义只有20～30厘米的距离，在一些地方这个间距会更小。所以欧洲人与别人交往时往往会表现得很亲热，完全没有觉得自己侵犯了对方的私密空间，而且他们更喜欢身体上的接触和目光交流。所以在与欧洲人交往时要理解他们对于空间距离的要求，不要误以为他们有不良企图或者有冒犯之意，如果真的感觉不适可以直接跟他们交流，告诉他们你不习惯与人过于亲密的接触，请他们尊重你的私人空间。

在异性交往时，对于私密空间就要更加地注意，尤其是男性不能轻易靠女性的身体太近，不然会被认为是不礼貌的冒犯行为。在向喜欢的异性表达好感时，可以逐渐靠近异性的私密空间，如果对方退后并试图和你拉开距离，说明他/她暂时还不能接受你，但并不一定是拒绝的表现。如果对方对你也有好感，你在接近时他/她就会在原地不动，允许你走进他/她的私人空间。

在社交场合，美国人对于私人空间的要求在45～120厘米的范围内，跟别人交流时一般不会离得太近。日本人却只需要25厘米的私人空间，在谈话时会不停靠近对方。所以如果一个美国人和日本人一起交谈时就会出现很有趣的现象，美国人会渐渐地后退，而日本人却一直向前逼近，好像在跳华尔兹一样，其实是这两个人都在寻找自己习惯的个人空间距离。文化背景的差异让人们很容易对他人的行为产生误解。

除了不同国家之间存在着文化差异，不同生活环境也对人的心理距离有着很大影响。在人口较稠密的地区长大的人对于个人空间的距离要求较小，而在地广人稀、人烟稀少的地区成长的人则需要较大的个人空间。在人们之间的关系比较亲密的"熟人社会"乡村长大的人与人接触时习惯较为接近的距离，而人际关系淡漠的都市中生活的人则需要与他人保持一定的距离。

这就对置身于社交生活中的我们提出了更大的考验和要求，我们不仅要尊重不同生活习惯的人对心理距离的把握，还应该尽量了解不同文化差异导致的不同的待人之道。

抿嘴微笑：温柔的拒绝

在正常的交往活动中，拒绝的方式很重要，既要根据自己的实际情况和内心倾向大胆表达出自己的意思，又要在公众场合维护对方的颜面和与对方的关系，保证相互之间最起码的尊重，尽量避免制造不愉快。这就要求我们在拒绝的时候选择尽量温和的方式，点到为止，不能太过决绝。

微笑仍然是最好的选择。任何人在面对微笑的时候总是少一分气愤和苦恼，多一分温暖与舒心，当你用微笑拒绝对方时，对方通常不会气恼，内心充其量多几分遗憾，你们之间的关系也不会因此变得很僵。

那么哪种微笑能够代表拒绝呢？回答是抿嘴微笑。抿嘴时双唇紧闭，嘴角向上提，眼神宁静。这种微笑不会给人不舒服的感觉，同时略带无奈和遗憾，仿佛在说"不好意思，我没办法做到"或是"对不起，我不能这样做"。当有人对你做出这个表情时，你就知道，不能强求了，应该识趣地收手。

抿嘴微笑还可以表示其他含义的否定，如不同意或不认可、不好意思说"不"、无可奉告等。一些明星在公共场合或接受采访时被问及不愿回答的问题时，常常会抿嘴微笑，但是笑而不语，这就是在告诉对方"请不必继续追问，我无可奉告"。

生活中，当你遇到出发点很好的人为了讨你开心做了某件事，这件事并不能使你得到很大的收获，而你不知该如何拒绝或是不好意思拒绝时，也可以抿嘴笑一笑。对于你不同意但又没有必要反驳的观点，抿嘴一笑也是一种很好的选择。

抿嘴不笑所隐含的内容

在日常往来的交谈中，我们常常可以看见有的人喜欢紧闭双唇，但嘴角并没有向上翘的趋势，而是形成了一个明显的"一"字形。这个微小的动作可以让我们看到很多隐藏其后的内容。

在倾听别人讲话的时候，如果有人忽然将双唇紧闭，做出抿嘴的姿势，那么可以断定，他所聆听的内容与他心里的想法产生了一些出入，他开始思考和权衡，并且很快就会对是否表达做出选择和决定。

通常情况下，这类人思维缜密、计划周详，对所做的事情有自己较为成熟的想法，同时也很善于与人合作，能容易获得伙伴，做起事来能够坚持到底，不易半途而废，也不会轻易受到干扰，是一个很富有执行力与意志力的行动者。

如果一个听话者在谈话之初就有这样的表情，那么可以说明讲话者嘴唇的一张一合对听话者来说完全是徒劳，他压根不打算接受对方的意见，或者根本没在听，这是一种十分固执的表现，这样的人在很多时候都是我行我素，独断专行。

平时就喜欢抿嘴的人常常容易受到不良情绪的影响，并且会将不开心或不愉快表现在脸上，但又能够意识到自己的面部表情与情绪不应该给对方和其他人造成影响，因而将这种心理状态折中为一种似笑非笑、似哭非哭的表情，以此来遮掩心中的不满和不快。这样的人有一定的集体意识和为他人着想的意识，但是不能有效地调整心态，常常受到小事的影响，情绪波动较大。

在日常生活中，每个人都应该学会察言观色，注意把握对方表情中的小细节，只有这样，才能适时地调整自己的语气和说话内容，更好地维护对话双方的关系，使得谈话变得更加有效。

鉴别真诚与虚假的笑容

眼睛是心灵的窗户，笑容也可以成为心思的窗户。真诚的愿意接纳的笑容与虚假的表示抵触和排斥的笑容有着很大的区别，我们可以通过细致地观察和分析判断对方隐藏在笑容背后的真实意图。

在一些轻松的场合，例如有一个人讲了一个笑话，如果对方的笑点真的被这个笑话戳中，他会发出"哈哈哈"的大笑声，我们习惯称之为开怀大笑；而如果对方只是为了应付差事或例行面子上的礼节，而实际上并不觉得这个笑话可笑时，他的笑声会出现断断续续的短暂的间歇性的停止，笑声听起来不够顺畅。这种断断续续的笑实际上十分被动，是被一种主动发笑的行动牵引着的，为了配合这种主动的笑而发出的，是一种"言不由衷"的笑。

在表示真正的赞同和接受时，有两种微笑较为常见。其一是微笑的同时频频点头，这表明此人聆听到的他人讲述的观点在他的心中引起了共鸣，与他的想法不谋而合；其二是嘴角的肌肉不受控制地放松，也就是我们通常所说的咧开嘴笑，这是在听者听到一个明显的令自己深有感触的点时，忽然毫无戒心地笑起来，这同样是一种真诚的表现，甚至可以认为是下意识的。

但如果倾听者在听话过程中露出短暂的微笑，同时将脸部扭向侧面，则说明他的内心想法并非说者所讲，也并非表面上的笑容所显示的，他可能是将自己列入了局外人的范围，不愿参与讨论，但也没有必要即时反驳，因此露出一种敷衍的笑容。

并不是所有不真诚的笑容都是欺骗，笑而不语在很多时候都是十分重要的。

警惕阴阳脸

前面已经讲过，人的左侧脸部的表情直接受控于情感，因此表情十分丰富，而右脸多半由人的主观意识来控制。当脸部两侧的表情不一致时，就会被称为是"阴阳脸"。如果在与人交流的过程中看见对方露出了"阴阳脸"的表情，那么你就应该警惕了，此时对方的内心世界与你是相异甚至是相反的。

在西方黑色幽默的舞台剧或话剧中，常常会有表现阴阳脸的角色设置，演员们通过面部表情的夸张的不一致来表达讽刺和内心的排斥，有时，为了突出角色的鲜明特点和作用，导演还会将"阴阳脸"真实地画在演员的脸上，以此达到更好的艺术效果。

在现实生活中，当然不会有像舞台上或戏剧中那样明显的"阴阳脸"，但是我们同样可以通过细致的观察和周密的揣测判定"阴阳脸"，并且从中思考对方之所以露出"阴阳脸"的原因。

当一个人将头部微微向左偏，将他的右脸更多地露在公众面前，嘴角右侧明显向上提，并伴有机械地肌肉抽动，而左脸则僵硬冷酷，嘴角的左侧也没有太大的变化，你可以在他的眼神里隐约看到一丝不屑与鄙夷，此时他对于面前的人充满了蔑视、嫌弃、排斥，他的这种表情充满了对对方及其说话内容的讽刺，仿佛在等待对方出丑，而在他看来，对方现在讲话的举动就已经是一种令人难堪的，会给他本人带来不良影响甚至是耻辱的行为了，而一旦对方出现更大的过失，他则会幸灾乐祸起来。

常带有阴阳脸的人个性中会有很多虚伪、目中无人和阴暗的成分，我们在交往中一定要提高警惕。

眨眼速度慢：不愿看

正常人在放松的状态下，眨眼的时间十分短暂，只有 1/10 秒，如果出于某种原因刻意延长眨眼的时间，会产生很多种不同的效果。

延长眨眼的时间本身是一种无意识的行为。人在看到自己不愿看到的人或事情的时候，脑部神经会主动发出排斥的信号，从而支配上眼睑和下眼睑的相互接触的时间加长，简单来说，就是大脑企图阻止眼前的画面进入视线。

如果在交谈过程中，你的交谈对象有这样的动作，那么可以说明，他对你的话题内容毫无兴趣，对你本人也不够尊敬，他内心对你产生的排斥促使他通过闭眼来缓解你带给他的心中的不快，他显然不希望你再出现在他的视线之内，在这种情况下，你已经没有必要再和他纠缠下去了。

此外，人在悲伤绝望的时候，也会延长眨眼时间，他们是通过这种方式来缓解紧张的神经，尽量稳定自己的情绪的。

当人有意识地延长眨眼睛的时间时，一般是在显示自己高高在上的姿态，这类人通常较为自负，很容易自满自大，总喜欢在他人面前展现自己的高贵之处。这种情况可以追溯到英国中世纪时期，当时，有一些略有身份的人为了显示自己上流社会的身份，常常用这种眼神表达对他人或某些事物的蔑视，他们会刻意地延长眨眼时闭眼的时间，以此来显示自己不屑于看见眼前的人或事，也向他们表达出内心的排斥，从而抬高自己的身份、眼光和姿态。就这样，一种优越感和傲慢的心理就逐渐具备了。

后来越来越多的人开始通过这种方式展示自己的高傲和不凡，这种通过延长眨眼时间表示傲慢和排斥对方的方式就形成了。

如果在日常的社交生活中，有人通过延长自己上下眼睑接触的时间，来表达对你的不屑与不接受，你完全可以采用有效的方式进行回敬：因为对方延长眨眼时间后，眨眼的速度也就会随之变慢，再次睁开眼睛时，他们会将视线向左或是向右偏离一点，和"翻白眼"比较接近，这时你可以在他眨眼的时候，利用那段被他延长的时间，向左或是向右迈一小步，这样他在睁开眼睛后就会看见你的正脸，这是他万万想不到的，因此内心就会受到惊吓，也就深深明白了你的"过人之处"。

不只是卖萌：噘嘴

著名的美国女演员玛丽莲·梦露有一个经典的动作：微微俯身，抬头挺胸，翘起臀部，用手轻轻地遮着噘起的嘴。这一形象一直被一代又一代的观众推崇，成为极富梦露特色的性感动作之一，几乎成了梦露的代名词，因为它充分表现了梦露性格中除了性感之外的娇嗔、可爱和活泼。

小孩子也经常会噘嘴，在他们不开心或是不乐意做某件事情的时候，当他们正在开心地做一件事情，玩游戏或是看动画片，忽然被家长勒令去完成作业或是练琴，刚才的兴致勃勃被一扫而光，心中十分不情愿，但是又没有有效地反抗措施，只好服从，为了表现和发泄这种内心的不情愿，他们就会把小嘴噘起来。家长有时对着小孩子们噘嘴皱眉，对他们也会有一定的强制管制的作用，他们能够意识到，家长做这个动作是在否定和制止他们现在的行为，于是只好乖乖地听话了。

在日常的交际生活中，成年人有时也会用噘嘴表达内心的不满和生气，而有这样动作表情的人通常会被认为是不谙世事的年轻人，或是性格十分任性的人，因为这种表达排斥和拒绝的表情十分明显，有着丰富社会交往经验的人不会将自己的喜怒哀乐表现得这么淋漓尽致，也不会允许自己的内心思想和情绪有这么明显的外露。

然而，在面对不满或是不情愿接受某事时，即便是八面玲珑的社交高手有时也会在最初的一秒钟做一个极难捕捉的噘嘴动作，这是内心情绪的真实呈现。

社交场合会在很多时候教会我们如何做，哪些表情应该有，哪些表情不应该有；哪些姿势应该有，哪些姿势不应该有，这些不成文的规则会在长时间的约束下塑造我们的习惯，因此，一些本能表现出来的动作可能会逐渐被替换掉，但并不意味着人与人之间的交往会变得越来越需要警惕，毕竟，人总是难以避开"率性而为"的举动。

楚楚可怜地咬嘴唇

在公司里，如果你是一个项目的负责人，手下的员工任务完成得不尽如人意，尽管他们尽心尽力，但你还是难消怒火，想严厉地批评他们一顿，可谁知你还没有开口，他们几个就低头顺目，眉头紧皱，咬着嘴唇，个个楚楚可怜，想必你也不愿再劈头盖脸地骂了。

用牙齿咬着下嘴唇，十分能够表现自我反省和检讨，就仿佛在说："都是我不好，造成了这样的损失。"从生理角度讲，这种动作是因为儿童时期缺乏维生素 A、D、E 和铁、钙等微量元素导致营养不良诱发的。

但时下生活水平逐渐提高，营养不良的孩子十分少见，即便是生理因素，也可以通过食物或药物调节来调整和改善。而诱发这种咬嘴唇的行为主要还是心理方面的原因造成的。从心理学角度来看，这种举动主要是内心比较羞怯导致的，这与性格内向的人说话的时候总是不敢直视对方是一样的。

有的人因为一些先天或是后天的因素导致性格内向、自卑、敏感，常常感到紧张，自我意识很强，生怕自己的过失给他人或群体带来更大的损失，便会下意识地咬嘴唇。而有的人则是因为最近工作生活压力比较大，又无法有效地缓解压力，也会常常咬嘴唇，有的人在陷入思考的时候也会不自觉地咬着下嘴唇。具体原因根据不同人的不同性格和所处的不同境遇而定。

可以肯定的是，人在低头咬嘴唇的时候，通常是能意识到自己的错误的，证明他在自我谴责和反省；如果扬着头咬唇皱眉，则可能是会因为受到委屈或不愿屈从，与楚楚可怜完全背道而驰了。

"装可怜"在有些时候并不是逃避责任的表现，而是为了更好地维护事情发展的即行态势，减少不必要的冲突。但是，只有勇于承担责任的人才会有能力去承担更大的重任。楚楚可怜并不是解决事情的最好办法，从失败或错误中寻找智慧、总结经验才是正道。

拉扯耳垂的毛病

在日常生活中，我们常常看到有人喜欢拉扯自己的耳垂，这种举动蕴含的意义有很多，具体情况根据不同的交际场合而定。

首先，拉扯耳垂可以表示慌乱和焦虑。如果一个人在面对一项亟待解决的事情束手无策，或是关键时刻需要做出选择却毫无头绪时，常常会下意识地用一只手拉扯自己的耳垂。因为人的颈部、额头、鼻子和耳朵等身体部位比较敏感，在大脑皮层接收到刺激的时候，这些部位的敏感神经率先开始响应这种刺激，导致出现瘙痒或不舒服的感觉，人就会不由自主地用手触碰或挠抓，以缓解这种瘙痒带来的不适。

另外，有人在撒谎时也会不自觉地拉扯耳垂，这也是由于撒谎带来脑部神经的紧张，从而造成面部容易被刺激的神经率先发生感应导致不适。因此如果你在讲话时，有听者做出这个动作同时还表示同意你的观点，你需要仔细辨别其真实性了。排除真的耳部不适的情况，如果对方真的同意你的观点，可以说明你的话语和思想可以引起他心中的共鸣，他会在第一时间将这种共鸣带来的惊喜表达出来，而并不会有片刻的迟疑，也不会用手拉扯耳垂。

还有，人在表示反对的时候，也会拉扯耳垂。在听到与自己意见相左的说法时，人会用手拉扯自己的耳垂，这可以简单地理解成"刺耳"，即我们认为不合理的观点在被听到的同时会刺激我们的耳朵，使耳朵不舒服。在做这个动作的短暂时间内，他可以整理自己的思路，总结自己的语言，以便更好地驳斥对方。

人的神经系统庞大而繁复，再加上四肢的灵活性，可以支配人做出数不清的小动作，但同时，每一个动作举止都是受支配的，都是有道理可循的，都是经得起分析和推敲的，即便是无意识的动作，也会揭示一些具体的意识和思维，因此，把握小动作表现出来的细节，对于了解一个人或他当时的思想是很有帮助的。

拨弄头发的女士

女士特别爱惜自己的秀发，颇为注意自己的发型，因此也经常会在公共场合整理头发。我们可以根据不同情境窥视她们拨弄头发的真正意图。

女士喜欢留长发，然而长发常常会带来不便，所以很多女士拨弄头发是出于对形象的考虑，担心发型毛乱会影响到自己的美丽形象，因此要通过整理拨弄头发来时刻保持整洁与美丽。如果女士换了一个新发型，尽管头发十分平整，但她还是不停地拨弄，则是两个极端的表现，一是太喜欢自己的新发型，希望他人集中注意力，二是对新发型不够满意，需要通过不停地拨弄来掩饰，仿佛头发可以恢复原样。

在交际生活中，如果在有异性的场合中，女性不时地朝着男士整理或撩拨头发，则可以看作是传达爱意或挑逗的信号，因为女士是在通过这种方式引起男性的注意，并让他们看见自己的美丽。有时，女性发呆时或走神时也喜欢无意识地拨弄头发，这是内心无聊的一种表现。

撩拨头发的另一种可能是源于心理的。女士在处于焦虑或慌乱的情境中，也会显得手足无措，尤其是不知道该将手部放在哪里，于是就喜欢拨弄一下头发，既是在缓解自身感受到的压力，也是在显示自己的平静与淡定，仿佛飘飘然的长发可以将自己心中的慌乱掩盖住一样。这与拉扯耳垂的动作较为接近，只是女性温文尔雅的淑女形象限制了女性缓解紧张压力的方式，拉扯耳垂相对更适合男性。女性只好使用一种看上去更加柔和优雅的动作缓解焦虑不安。

女性的举止动作相比于男性而言，要更加轻慢柔和，即便是出于慌乱或紧张，也可以表现得十分柔和优美，因此，小动作对于女性来说，只要注意把握，可以成为塑造形象的一个方面。撩拨头发的女性通常都是十分注意形象的人。

看清托下巴的动作

在人的肢体语言中，头和手最常见的接触之一就是用手托着下巴，科学家也曾经做过实验，因为手部凸显执行的灵活性，而头部展现思维的灵活性，因此头部和手部的接触与配合可以表达多种丰富具体的含义。

雕塑家罗丹的作品《思想者》就是用手托下巴的姿势告诉人们他在思考。日常生活中的人用手托着下巴，往往也是陷入思考的表现，眼神专注而富有很强的凝聚性。从形体学上讲，用手托住头部，可以保持头部的稳定，为思考提供更优质的条件和空间。有些人在托着下巴思考时，还会伴有抚摸下巴的动作，就像古代人在斟酌问题时喜欢抚摸山羊须一样。如果做这个动作的人是听话人的角色，那么可以判定，此刻他并没有认真聆听别人的讲话，而是在思考自己的问题，判断说者的内容是否准确或是符合自己的思路。

抚摸下巴的姿势表示对对方的话进行思考、分析、判断

当人们在倾听的时候也常常喜欢用手托着下巴。例如在一个课堂上，如果老师的授课内容和方式十分有趣，对学生有着很强的吸引力，那么很多学生就会身体前倾，单手或双手托着下巴，注视着老师。这说明，在他们的内心，对于大脑接收的信息十分愿意接收，丝毫没有抗拒和排斥。

然而，同样是在课堂上，用手托下巴会有另外一种可能性，就是昏昏欲睡，这种状态与思考时的托下巴状态不同。思考时，人的神经受到有效的控制，面部表情会随着思考问题的相关内容而发生变化；而昏昏欲睡者托着下巴则完全是由于头部需要支点来支撑和维持坐姿。而这时，因为困倦导致神经麻木，面部表情不受控制，因此会出现五官的错位和小小的变形。讲话者如果看见这样的情况，基本上可以断定，这位听众已经快要睡着了。

在很多演讲或是培训课上，老师或是讲话者都力求成为一个善于调动的发言者，这就需要通过多种手段的配合，不仅是内容的新颖有趣，授课方式的轻松活泼，还要注意对讲话者肢体的调动，以防他们由于疲倦或时长对你的讲话内容失去兴趣。

短裙美女难接近

裙子本来就是女人的专利，短裙更是颇受不同阶层年轻女性的追捧，即便是正式场合的职业套装，裙子的长度最长也只是到膝盖部位，通常都是到大腿部位的一步裙。短裙既可以显示女性修长的腿部轮廓，同时带给人一种轻盈、清爽之感。

然而在日常的社交场合，对身着短裙的女性在坐姿等方面都有着严格的要求。例如身着短裙正坐时，两腿并拢，上身挺直坐正，小腿垂直地面，双手放在双膝上。这种坐姿比较适合较高的座椅；如果是坐在沙发上，则比较适合侧坐，这时双膝并紧，上身挺直，两腿同时向左或向右放，也可叠放，一腿置于另一腿上。年纪较轻的女性也可以采用开关式：坐正，双膝并紧，两小腿前后分开。

正式场合中，女性摆出以上姿势，则显得端庄优雅，就会让人感觉到女性独特的神圣魅力，显得高高在上，不那么容易接近。实际上，穿短裙为女性带来很多不便，做出这样的姿势，一方面是为了塑造良好的形象，另一方面则是出于对自身保护的考虑。穿短裙时，女性为了防止"走光"，不仅会注意坐姿，而且还会加穿一条打底裤。身在社交场合，还是会时时刻刻注意自己的行为举止，因此会显得有些拘谨，行动不够洒脱；性格开朗、大大咧咧的女性还会刻意收敛自己的性格，摆出一副"淑女"模样。

在这种情况下，淑女身边的男士也会跟着有所"收敛"，他们会管好自己的目光，言谈握手时也会刻意提醒自己不要太过热情。很多男性都认为穿短裙的女子可以表现性感，因此他们也会格外注意她们，殊不知女性早已料到这一点，无形之中，穿短裙的女性就为自己树立了一道防线，让人难以接近了。

伸展躯干捍卫个人空间

将身体完全舒展开坐在座位上是一种捍卫领地的行为，这种坐姿背仰靠在椅背上，双腿双手都大大地打开，占据了很大的空间。一般情况下我们会认为这是一种随意、舒适的表现，但同时这种动作所表达的意思还有：我想一个人待着，不要走近我。

哈佛大学的教授进行研究发现，学生们在空桌子旁坐下时，如果不想被别人打扰，那么他一般会选择这样两种坐姿：一种是选择一张靠角落的桌子，远离他人的打扰；另一种则是把桌子上堆满自己的东西，并用非常伸展的坐姿独占一张桌子，使别人没办法共用。如果是想要避开他人以求清静，那么他会选择逃避的方式，一般会坐在桌角，意思是说：我不介意跟别人共用这张桌子，不过请不要打扰到我，我需要一个人清静一下。

另外一种办法则是积极主动的霸占空间，试图独占整张桌子，这种人会坐在桌子的中间，并伸展开双脚和手臂，这种坐姿是在告诉别人：我要自己坐一张桌子，到别处找地方去吧！

这种姿势是一种捍卫领地的行为，想要和别人拉开距离，保持自己独立的空间不受他人侵犯。在公园或广场等地方，也能看到这样的情况，如果一个人想要独自待着，那么他就会坐在长椅的正中间，并伸开腿脚，表示不想和别人共用这张椅子。

这种姿势会使他人感觉到这个人冷漠、傲慢、以自我为中心，所以在与别人交谈时尽量不要使用这样的坐姿，哪怕仅仅是为了舒适也不可以。尤其是在工作场合或者面试的时候要避免这样的坐姿，以免给对方留下不好的印象。

在谈论事情的时候，这样的坐姿就变成了一种霸道的表现。例如青少年在被父母责骂时就会伸展着坐在椅子上，以表示满不在乎，对父母权威的漠视。如果父母要求他立刻坐直但没有用的话，可以使用侵入领地的做法，比如故意坐在他的旁边，由于自己的空间被侵入了，他一般会立刻坐直。

在公共场合，坐姿的要求十分严格，无论是男性还是女性，都应该尽量学会利用合理的儒雅的坐姿树立形象，在非正常的情况下，可以通过坐姿取代语言，表达自己想说但不好说出口的话。

霸气的"4"字形坐姿

有行为学的专家把一只脚的脚踝搭到另一条腿的膝盖上的姿势形象地叫作"4"字形坐姿，这种姿势很多时候只限男性。据说这种坐姿原是典型的美国人的坐姿，以至于可以由此判断一个人是不是美国人或者在美国待过。

然而，随着文化和经济等方面的国际交流逐渐加强，这种坐姿已经广泛存在于多种文化背景的社交场合中了。

性格霸气的男性喜欢通过这个姿势展现自己的威力和气场。据动物学家的实验显示，猴子或是黑猩猩等灵长类动物在即将发生冲突的对峙局面中，常常会摆出这个姿势来显示自己的生殖器，从而让对方感受到自己的厉害。现实生活中的男性在摆出这个坐姿的时候，也可以体现自己的自信和支配地位，同时也显得放松和年轻。一方面是因为，做这个姿势的时候，身体无论是前倾还是后仰，都会扩大自己所占空间的面前，气场就不自觉地变大；另一方面，做这个姿势的人会让人觉得他对这个场景是有一定的了解和归属感的，他人会认为这个空间属于他，这就在无形之中塑造了自信与地位。

同时，这个姿势并不是开放性的，而是一种相对封闭的身体姿态，做出这种姿势的人很容易在反对或排斥对方观点的时候用一条横着的小腿挡在身体前面，以此来表示不接受或抵抗，也就是说不同意对方的说法和观点。如果这时，他在用手撑着前倾的身体，并以抬起的脚踝和膝盖为支点，则更加能够说明，这是一个十分有主见，甚至有些顽固的人。

但有一些性格粗犷不拘小节的人，也喜欢采用这种坐姿，他们并非一定要通过这种姿势来树立威信，只是在日常的生活中，威信已经竖立起来，习惯已经形成，这么坐会让他们觉得舒服，所以不会因场合的改变而轻易改变了。

准备就绪的坐姿代表赞同

在与人交谈过程中，有的人会采用一种"准备就绪"式的坐姿聆听对方的谈话，这种坐姿是身体向前倾，两腿自然分开，双手自然摆放在腿上，双脚一只在前，一只在后，后面的那只脚有时还会踮起脚尖，好像随时可以站起来与对方握手成交，这种坐姿表示了对讲话者的赞同与认可。

在谈判中，如果看到对方这样的坐姿，心理就可以暗自欢呼了，因为这样的坐姿一般说明对方对你所表达的意见表示赞同，向前的脚尖表明他有和你合作的意向，这时便可以大胆地进行下一步的协商。

但是如果是在演讲或者辩论的情况下，听众如果做出这样准备就绪的姿势，有可能表示他并不同意主讲人的观点，或者有一些疑问或意见，做出这样的姿势是准备起身向主讲人提出疑问。但是这并不代表完全的否定，只是想要与对方进一步探讨的表现，通常可以在争论中达成一致意见。

如果交谈中，对方不仅使用了准备就绪的坐姿，在听完你的讲述后还摸了摸下巴或者做出了别的表示认真考虑的动作，而且情绪有一些激动，则说明你们之间的协议很快就可以达成了。

相反，如果在谈判过程中，在听完你的陈述之后，对方陷入了思考并变换了坐姿，向后靠在椅子上，眼睛注视着某处，而且双臂交叉，那么说明情况不太有利，对方这样的动作表明他对你的意见持否定态度或者有异议，并在思考如何进行反驳。这时就应该为自己的观点寻找更加有说服力的论据，尽可能说服对方，如果对方过于固执的话，则可以考虑提出一个双方都可以接受的新方案，否则这次谈判可能面临失败的危险。

双手插兜，拉开距离

很多人都习惯将双手放进口袋里，但这个动作有可能让别人觉得你是一个傲慢、冷漠的人。因为这个动作代表自我封闭，收回的两手好像在告诉别人：我不想和其他人进行接触。一个职员到新公司上班，想要给大家留下良好的印象，所以一路上见到新同事时都非常热情地打招呼。但是他发现同事们对他的态度都很冷淡，后来才知道因为他在跟大家打招呼的时候双手一直插在兜里，所以同事们都认为他傲慢、自大、难以亲近。如果要给人留下平易近人的印象，一定要记得把双手从兜里拿出来，因为这个动作表现出的意思是不想和别人深入地交谈。

正因为这个姿势代表了距离，所以在我们想自己一个人单独相处，不想和他人接触时便可以双手插兜以告诉他人不要来打扰我们。在晚会上，热闹的人群中总可以看到几个人站在墙角处或者灯光暗淡的地方，靠着墙壁，双手插在衣兜里，冷漠地看着周围热闹的景象。这样的人其实是在传达这样一个信息："我想一个人清静一下，请不要来打扰我。"在社交场合看到这样的人，我们最好不要轻易打扰他，以免碰壁。

还有一个例子，戴安娜王妃去世后，媒体对威廉王子穷追不舍，威廉王子在接受采访时经常做出把手插进口袋的动作，这个动作代表威廉王子此时的心情：别烦我，我一点也不想说话。

在推销商品时，这样的动作也可以帮助销售员揣测顾客的心理。如果顾客在了解产品时双手放在口袋里，则表明他并没有打算购买，只是想看一看。而且这样的姿势还可能说明顾客对销售员的推销有些不耐烦，双手插兜表示不想再继续听下去，这时推销员再讲下去就有可能得到相反的效果。推销员在推销时一定要注意顾客的这种姿势，如果顾客把手插进了兜里，则要见好就收，转而介绍其他顾客可能更感兴趣的产品，才会事半功倍。

在正常的交际场合，将双手拿出来，这样可以随时与人握手，也可以远离"Mr. Cool"的刻板印象，让大家感觉到你是一个十分具有亲和力的人，这样便可以扩大你的交际圈，为自己迎来更多的朋友。

双手背后防止他人靠近

当人们走路或者站立时将双手背在身后，会给人一种不可侵犯的感觉。做出这样动作的人是想与他人保持距离，不想让他人靠近自己。我们通常会认为做出这种姿势是在思考，实际上并非如此。

例如观看展览的时候，在某一幅作品前面仔细观看的人一般会将手臂放在背后，表示他正在专心欣赏展品，请他人不要贸然接近打扰到他。地位较高的人如领导或身份显赫的人也会在公共场合做出这样的姿势，向他人示意：不要靠近。很多皇室成员就是用双手背后的姿势与他人保持距离的，表现出他们的庄严不可侵犯，因此这种动作也会被称为"帝王的站姿"。

通常我们在面对自己亲近的人时不会做出这种姿势，因为这种姿势表示出对他人的排斥，会使亲近的人感到不悦。如果和朋友或亲人谈话时使用这种姿势，一定会引起他们的不满，让人觉得此人傲慢自大，从而有可能疏远他。而父母如果对自己孩子经常做这种动作的话，会对孩子的心理造成很大影响，因为孩子会认为父母在拒绝他，不想与他亲近，使他产生被忽略的感觉，从而造成儿童的孤独感。试想如果儿童满脸笑容地奔向自己的母亲，本想得到一个热情的拥抱，然而母亲把双手放到身后并没有张开双臂迎接的意思，那么这个孩子心理将会受到多大的伤害。

不仅人类如此，动物也不喜欢人们把手背到身后，感觉受到了人们的漠视和忽略，因为这样的动作似乎在向它们表示：我不想抚摸你。如果一个人站在自己的宠物面前，先伸出手臂但是不去抚摸它，然后将手臂收回放在身后，这时就会发现自己的宠物将会显得非常失落与难过。

碰触手部可以拉近距离

在人际交往时经常出现这种情况，在与不太熟悉的人或者陌生人接触时，如果有一方主动碰触一下对方的手臂或者肩膀，那么两个人的距离就会自然的拉近，使两人变得亲密起来，可以扔开客套和寒暄，从而像已经认识很久的老朋友一样进行亲密的交谈。这种距离的拉近对两人之后的交往非常有利，会使他们之间的合作更容易成功。轻轻的碰触会在瞬间打破人与人之间那道无形的壁垒，使原本互不熟识的人短时间内变得不再陌生，从而使人们之间的交往更加顺利并更容易达成所愿。

美国的学者进行过一个实验，证明了碰触在陌生人交往时的神奇魔力。研究者先在电话亭里放了一枚硬币，有人走到电话亭里并看见硬币的时候，研究者也跟着走进去直接询问对方有没有看见硬币，实验的结果只有20%左右的人承认自己看见了硬币。之后研究者又换了一种询问方式，在走进去和电话亭里的人说话时，轻轻地碰触对方的手臂，然后再问对方有没有看见硬币，结果竟然有60%左右的人承认看到了硬币。可见轻轻的碰触对人际交往有着非比寻常的影响，可以提高我们成功的概率。

握手也是陌生人初见面时很好的碰触对方的方式，手部的接触可以给人更好更深刻的印象。比如在社交场合中，我们会和许多陌生人见面、接触，有的时候我们只是微笑着点点头，有的时候会伸出手来与对方握手。

之后回想起来时，会发现对那些和我们握过手的人印象较深，而那些仅仅点头的人却印象很浅，而且对握手的人的印象会更好。

但是在碰触陌生人的时间和尺度必须把握得恰到好处，如果碰触或者握手的时间过长，会使对方产生不适感，觉得自己被冒犯了，反而对你产生不好的印象。正常情况下握手的时间不要超过三秒，否则对方可能会暗自揣测你是不是有什么其他企图。在碰触手部时最好只把接触部位限制在小臂到手肘的范围内，如果碰到手肘以上则会让对方感到不悦，男士和女士握手时尤其需要注意这点。

交叉双臂建立防线

儿童时期，在我们遇见危险或不愿面对的事情时，往往会寻找地方躲避和隐藏。例如遇到父母之间大吵大闹，孩子就会害怕地躲到柜子后面；如果小孩做错了事，父母要惩罚他，小孩就会跑到桌子下面不出来。这些行为都是人在排斥某件事情时在自己和此事物之间建筑防线的行为。

成年人不会像儿童一样四处躲藏，在遇见相同的情况时便会把双臂交叉在胸前，自己筑起一道身体的防线，潜意识里认为这样可以阻止危险的靠近。

在人们对某件事情表示否定或者怀疑时，也会做出交叉双臂的动作，好像把这件事排除在外。例如两个人在吵架时，经常能看见这样双臂交叉的姿势，再加上讽刺的言语和蔑视的延伸，以此表示对对方的说法不屑一顾。在下属对领导进行业务报告时，有时领导在聆听时会微微点头并带着微笑表示赞同，但有时却会抱起双臂，皱着眉头，表情严肃地看着主讲人，这时这位进行报告的人一定感到非常紧张，因为领导这样的姿势似乎是在对他说：我对你这个说法很不认同。

交叉的双臂在我们和外界之间建起了一道墙，在阻止危险和不喜欢的事物的同时，也将自己和他人隔开了距离。这种姿势也和双手插兜一样，会给人一种傲慢、冷漠、难以接近的印象。

有时我们也可以利用这种姿势来表明自己想要拉开距离。例如在拥挤的公交车或者电梯里，会看到有人站在角落里，双臂交叉在胸前，这些人是想告诉别人："离我远一些。"还有的人拿东西时会将手里的东西例如书或者包抱在胸前，其实他使用这些东西代替了交叉的手臂，这个动作所代表的意思和交叉双臂是一样的，都是对外界表示排斥的信号。

交叉双腿表示没有认真在听

专家通过一组研究发现，双腿和手臂处于自然状态，手臂不交叉，也不跷二郎腿的听众倾听的效果最好。调查显示，姿势自然的听众听到的内容要比那些双臂交叉或者是跷二郎腿的人多 40％左右，而且相对来说反对的较少，听讲效果也更好。而听讲时双臂交叉抱在胸前，并且跷着二郎腿的人不仅听到的内容较少，而且对演讲的内容也更加挑剔，常常会对主讲人的观点进行反驳。

所以在听讲座的时候，如果想从中获得更多的咨询并得到更好的听讲效果，我们就要放松自己的身体，使身体保持自然、开放的姿态，不要让交叉的双臂或者跷起的二郎腿影响到我们。

在社交场合与别人交谈时，交叉的双腿也能暴露一个人的心理感受。比如一对男女在相亲的场合，男人侃侃而谈，女人也面带微笑地表示认同，乍看上去会以为两人相谈甚欢，彼此对对方都有好感，似乎是一次很成功的约会。但如果仔细观察，发现女人的双腿始终以一种不自然的方式交叉着，身体微微后倾，眼神经常四处打量，而且她的脚尖指向出口处。

这就说明其实这个女人对对面的男人并没有太大兴趣，而且也不喜欢这次的谈话，她的微笑只是出于礼貌，其实心里正想着要离开。

相反，双腿自然交叉的姿势表明一个人很放松，这种站姿是：重心放到一只脚上，另一只脚非常轻松自然地交叉，并用脚尖点地。这种姿势是身体高度舒适时的体现，如果在交谈中，两个人都将双腿自然地交叉，则说明双方都感到轻松愉快，谈话的气氛比较融洽。

在人际交往中，可以运用这种姿势让对方觉得你们之间的关系很好，建立一种轻松愉快的交谈氛围。人在遇见自己喜欢的人时会不自觉地做出这个动作，因为这种站姿让人的重心偏离，从而倾向那个自己喜欢的人。

腿部动作表露的距离感

在日常交往中，每个人都想尽可能地知道自己给对方留下的第一印象如何，从而对双方的交往做出进一步的判断。无论是对方依据第一印象对你产生一定的好感，希望有进一步深入的交往；还是初次见面的过程中出现了一些问题，引起了对方的不悦，我们都可以根据一些细微的动作得出一些启示。

观察交谈对象的腿部和脚部动作就可以让我们推测出对方大致的心理感受。当我们第一次见到某人时，要真诚地与对方握手，并率先投以善意的目光，表示正在等待对方的反应，而这个人在原地并没有明显的动作或举止，眼神上也有了相应的回应，说明他认为目前两人之间的距离恰到好处，对目前建立的关系感到初步的满意，那么我们就不用做出什么调整；但是，如果对方向后退了一步或者移开了一些，则说明他觉得距离太近了或是不习惯这样的接触，而是需要更多的个人空间，或者是不想待在此处，也不希望继续进行两人之间的交往；如果对方向前迈进了一步，拉近了两人的距离，则刚好说明他对这种接触方式十分满意，对接下来的话题十分感兴趣，也很喜欢现在的交谈对象，想要进行更多的接触与交往。

对待交谈对象的这些行为，我们不适合立即做出回应，而是最好能够借机好好地观察对方的进一步举动，从而更加准确地判断他对我们的感觉是否良好。我们更要尊重对方表现出的对空间距离的需求，如果对方感到距离合适，我们则不用考虑这一问题。如果他退后，则说明他觉得两人之间的距离已超过了他对空间舒适感所设定的距离，我们则要适当拉开两人的距离，给对方一定的空间，不要表现得过于亲密。但如果他上前了一步，便说明他更愿意离我们近一些，我们便可以适当地拉近两人的距离，进行更亲密更友好的交谈。双脚所体现的是身体最诚实的反应，因此在社交场合中，注意交谈对象的腿部动作有利于我们进行高效的人际交往。

第四章
一眼看穿对方的心理软肋：
妥协与抗争

咬眼镜腿泄露的秘密

眼镜是日常生活中十分常见的工具，很多人离不开眼镜。因此关于眼镜的一系列微行为也可以有效地表现一个人当下的心理状态和气质性格。只要善于把握和分析细节，眼镜和关于眼镜隐藏下的秘密就会被一件一件揭露出来……

有一些人并不习惯一直戴着眼镜，而是喜欢时不时地摘下来，拿在手里，这时就会有一个十分常见的动作，那就是把眼镜递到嘴边，咬眼镜腿。做出这个举动的人一般会有两种处境，其一是在思考问题，他们咬眼镜腿的动作几乎是无意识的，只是在大脑的思维十分集中的时候手部或其他部位临时的活动，可能是习惯性的，与思考时转笔或是手里抓着点什么随意玩弄是一样的。

另一种情况则是因为内心的烦乱与不安，他们面对一个抉择，在是与非、进与退、从与不从之间进行着艰难地选择，这时，他们可能会用牙齿轻轻咬着眼镜腿，既是对抉择的认真思忖，也是通过这种方式来极力掩饰自己内心的不安，以免被别人看出来端倪。

这种咬眼镜腿的举动首先可以理解为缺乏安全感，是希望找到体验婴儿时期母乳过程中获得的安全感的延续，与叼烟、小孩咬笔头的行为同属一个范畴。其次，做这个动作的人通常情况下，性格比较自由，不喜欢被人束缚，凡事喜欢我行我素，率性而为。

此外，还会有一些人，在交谈中咬眼镜腿，既有可能是在思考问题，也有可能是摆出一副思考的样子，以此来拖延时间。这就需要我们根据其他的面部动作或肢体语言再做进一步的判断了。

真正陷入思考的人通常目光比较集中，视线会盯着某一个具体的点，身体会保持一个较为稳固的姿态，不会轻易晃动或摇摆，也不会有其他的过多的动作。伴随这样的目光和专注的神态，这样的咬眼镜腿的人，是真正的思考而非拖延时间，这时身边的人就需要给出一定的时间让他安静地思考；然而没有思考之态的人则多半是滥竽充数，可能怀有其他意图，那么你留给他的空余时间就不宜过久，因为他的心中已经有了答案，只是不愿立即告诉你罢了。

总是擦眼镜的人

因为眼镜是身外的佩戴物，灵活轻便，这样的特点就可以供人们随意地摘取或戴上。如果是处于佩戴时造成的眼部等生理性质的不舒服，则无可厚非。但是当社交场合中的一个人频繁地摘取眼镜又戴上，或是做出一系列擦拭眼镜等微小而又随意的动作时，他的内心世界一定起了一些波澜，或是可以由此窥见他的性格特征。

总是喜欢频频擦拭眼镜的人通常比较谨小慎微，处理事情的时候可能考虑得太过精细，甚至会缺乏足够的勇气和魄力。这类人在人们心中常常是酸腐书生的形象，实际上他们的确适合做一些学术方面的研究工作，能够适应相对枯燥的资料查阅、数据分析、计算等科学研究，能坐得住"冷板凳"。

有时，人们会通过摘下眼镜进行擦拭来表示自己正在思考并即将做出回答。这种场景常常是这样的，当对方提出一个意见或是要求时，戴眼镜的人经过认真地思考后，摘下眼镜缓慢地擦拭一番，这正是思考的过程，之后便答应了对方提出的请求或要求。

其实，对方擦眼镜的时候可能已经有了答案，他只是在思考如何表达他的意思，只是在寻找合适的回答方式。

显然这也属于一种拖延时间的表现，因此可以看出常做这样动作的人，整体看来比较被动，不太会主动抗争，当他们实在难以妥协的时候，他们会采用拖延时间的方式寻找借口或是出路。

另外一种情况，让人们在看到一件令他称奇或是一个出现得很诧异的人时，也会摘下眼镜擦拭一番。这种举动就是不戴眼镜的人在看到令他难以置信的人或事的时候做出揉眼睛动作的延续。

戴眼镜的人是把眼镜当成了自己眼睛的外化，因此，当看到令他们惊讶万分的人或事的时候，他们甚至不相信自己的"眼睛"，因此需要擦亮"眼睛"，以免被什么东西干扰出现幻觉。一些年龄稍大的人会出现"老花眼"的症状，因为年龄增大，眼睛本身的视物功能有所减退，老人们就更需要"擦亮眼睛"来确定自己看到的事物或人物是真实出现而非虚幻的了。

在日常交流的社交场合中，小动作特别多的人总会给人一种不够稳重的感觉，一会儿动动这里，一会儿碰碰那里，表现得像个不懂事的小孩子一样的人，会让人觉得他不适合出现在正规的场合，并且做事不够专注，也很难在人群中树立威信。因此，没有必要的时候，可以适当减少擦拭眼镜的动作。

警惕摘眼镜的动作

经常摘眼镜的人并非完全依赖眼镜的功能，他们一般会选择开会、讲话等场合佩戴眼镜，因此身边的人也可以在这种场合之下看到他们摘眼镜时表现出来的信号，对他们当时的心态做出适当的判断，从而辅助我们更好地理解含义，理性地接受。

戴着眼镜表示工作状态。在谈话中，如果对方将眼镜折叠好放在一旁，则可以断定他不想继续进行以下的对话了。

在面试中，我们常常可以看见这样的情景，主考官先是向应聘者提出一些问题，应聘者答出来之后，他便会摘下眼镜，并将眼镜折叠好放在一边，动作不紧不慢，也没有什么强硬感，这就说明这位主考官没什么需要继续提问的了，也就是说，应聘者的基本情况他已经把握，采用还是不采用他心里已经有了结果，他也不会特别在意应聘者接下来的表现了，心中做的决定也不会轻易改变，这并不代表应聘者表现的不够好，而仅仅是因为主考官心中有了答案。应聘者虽无须再强求，心中也不需要忐忑，但是尽量做好每一步还是很必要的，毕竟，做好自己，表现出最优秀的自己会为自己赢得更多的支持和好评。

然而如果一个人在摘下眼镜后，并没有像刚才提到的那样轻柔地将眼镜折叠好放在一边，而是直接扔到旁边，动作带有几分力度，那就可以确定，他对现在的状况是不满意的，接下来的情况可能不妙。如果这个人是领导，那么他很有可能是对员工或下属的表现不够满意，因此在扔完眼镜之后可能会大发雷霆，员工和下属就会面临一场狂风暴雨了。如果是同事或是地位相等的人之间，有人做出这样的举动，则可以判定这次谈话的气氛一定紧张而激烈，摘眼镜的人一定是不满于刚才听到的事实或观点，他正在酝酿一次猛烈的回击，他要发表的肯定是截然相反的对立意见，他在用这种方式表示强烈的抗争，你就需要做好足够的心理准备了。如果不是对话场合，有人做出这样的举动并非针对某一个人，则可以判定他是针对某一件事情，借此来发泄他心中的不满和气愤。

根据人的生理机能来看，人类运用肢体语言表达思想的效果并不比语言表达差，因此在社交场合中，一定要有效地利用肢体语言，切不可让有效的肢体语言变成无用的小动作，反而为自己的行为举止增添累赘。

滑落鼻尖的眼镜

每个人戴眼镜的方式几乎都差不多，因为眼镜主要是为了辅佐视力，达到清晰视物的效果，戴眼镜的人常常很不喜欢眼镜滑落，因为那样还需要不停地将眼镜推上去，有些麻烦。但是在有些场合，眼镜滑落到鼻尖，也可以说明一些问题。

在人们的印象中，身穿深色职业套装，戴着黑框眼镜的女老师都十分严肃刻板，学生都会十分怕她，她们坐在办公桌前训学生的场景也十分熟悉，即抬起头，眼镜在眼睛的下方，用鼻尖撑住眼镜，以防滑落。这种看人的方式通常会给人以很强的压迫感，被训的学生就像是被审讯一样，很容易心惊胆战。而女老师则常常喜欢用一贯的面无表情的脸对着学生，这就增加了她们面部表情的威严感，让人不得不无条件妥协。

在日常生活中，开会讨论等场合也常见这样的人，他们在别人发表完意见或是正在发表意见的时候，从眼镜上方看着说话者，眼神向上飘着，这种情况下可以判定，他不十分赞同或认可说话者的观点，因为这个眼神本身就带有很强的质疑色彩，在一些场合它还可以表示审视。

当我们遇到这种情况的时候，如果是我们作为发言者，抛来这样的眼光，我们大可不必惊慌失措，乱了阵脚，完全可以询问对方是否有问题，然后真诚地展开具体问题的分析和讨论，这样既可以消除对方的疑虑，也能够更好地将问题剖析开来，避免造成误会和误解。

如果你是眼镜一族，则需要尽量避免眼镜滑落鼻尖给他人造成的审视性的眼光，尽量保持眼镜位置的端正，既是对他人的尊敬和礼让，也是对视力的有效保护。否则会带给对方极不舒服的感觉，被"审视"的人会感受到一种强烈的被胁迫的感觉，会认为你不够谦和甚至太过强硬，凡事与你难以商量，这样身边的人就会对你逐渐远离了。即使在表达抗议或抗争的时候，也应该采取更加和谐的方式，以理服人，这样不仅能更好地解决问题，也可以树立你的威信，可谓一举两得。

酷酷的吸烟者

虽然越来越多的国家开始下达禁烟令，在很多场合吸烟已经不被允许了；虽然大家都知道吸烟有害健康，但吸烟仍然是很多人难以改变的习惯，在社交场合中也是一项必不可少的活动。

很多人利用吸烟来排解疲劳、缓解压力，甚至是联络感情、塑造形象。注意观察公共场合或社交场合的吸烟者可以让我们了解一个人的某些习惯和性格。

在影视作品里，常常有人喜欢冷酷又英俊的男性角色，他们身着黑色风衣，戴着墨镜，如果手里再夹一根烟，就会更加凸显潇洒的男人本色。这种类型的吸烟者喜欢用烟装点自己的外形，伴随而来的是给身边的人带来的一种冷峻的感觉，他足够吸引人但却没什么亲和力，让人觉得难以接近。

十五六岁的少年正处在青春叛逆期，喜欢尝试新鲜事物，也喜欢摆出一副酷酷的样子，吸烟对他们来说是个很好的选择，虽然会遭到老师和家长的强烈反对，但是他们还是希望自己能够继续"酷"下去，这种抗争和叛逆的心理在青春期十分常见。家长和老师不能采取强硬的措施进行打压或制止，而是应该尽量和善地劝诫和控制，在必要的时候承认他们的"酷"是积极的，有魅力的，要从朋友的角度理解他们，体谅他们。这样才能解决问题，如果不注意方式，很可能会把事情弄得更僵，孩子的性情的塑造也可能受到更大的影响，其中产生消极影响的可能性更大一些。

有科学家将这种不是由烟瘾引发的吸烟行为称之为"社交型吸烟者"，他们从香烟点燃的第一个动作开始，一直到香烟燃尽，期间只会有20%的时间用于吸烟本身，而其他的大部分时间则是用来进行展示自己的风格，塑造特性形象或是与其他人进行交流。但是一般情况下，吸烟本身可以表达多种社交情况中的可能性，需要视具体情况而定。

把握熄灭烟头时的心理

吸烟者在吸完一支烟时，将烟头熄灭的方式也十分值得推敲，与他对应的交流者可以通过吸烟者熄灭烟头的方式做出辅助性的判断。

如果你正在和一个吸烟者交谈，那么请注意了，你可以通过他吸烟的方式判断你们谈话的进程进行到了哪一步，可以由此判断他是否想要结束你们之间的对话。如果他在听你说话的过程中吸完了整根烟，并随手熄灭烟头，那么可以证明他在认真思考你所说的内容，他有可能会再继续点一根烟，或是端起茶杯喝一口水之类。而这些动作会十分缓慢轻柔，既是因为他在考虑他所接收到的从你处发出的信息，也是害怕动作幅度太大对你造成干扰。

这时，你就可以放心大胆地继续发表你的言论了，你们双方会形成很好的交流状态。而如果对方并没有完全吸完一支烟就急匆匆地熄灭，那么你就应该适时地考虑改变你的说话方式，因为他显然是听到了与自己意见相反的思想，并认为无须再继续与你的对话了，他正在找机会终止你们之间的对话。这时你如果还是继续选择口若悬河地讲下去，则会引来对方的反感，导致交流气氛不悦等，所以最好适时地停止对话。

此外，有的人在某种境遇之下会采用一种十分极端的熄灭烟头的动作，那就是用力地将烟头摁在烟灰缸上或地上，然后可能还会伴有动作幅度较大的扔烟头的姿势。这一整套动作都透露出了很强的愤怒感，可能是刚才发生的事情或是刚才听到的消息让他十分气愤或是根本难以接受，他们便会通过这种熄灭烟头的动作来发泄自己内心的不满和愤懑。

这种情况下，吸烟者接下来采取的行动一定是具有很明显的抗拒性的，他需要表现对刚才发生或听到的事情的强烈的抗议或抗争，表明自己绝对不会妥协的态度。这类人一般情况下脾气比较大，爱憎分明，具有很强的正义感，也敢爱敢恨，不太善于隐藏自己的情绪，尤其是涉及原则问题的时候，他们一般会将自己的心中所想在短时间内发泄出来。

在公共场合，一定要注意熄灭烟头的方式。如果是在有烟灰缸的室内，熄灭烟头时要轻轻地旋转烟头，不要将烟头随手丢进烟灰缸里；如果要进电梯或是在室外，就一定要先将烟头熄灭再扔进垃圾桶，以免引起火灾，给他人的安全造成威胁。

高抬的下巴：我不会妥协

我们常常会在革命战争题材的影片或是影视作品中看到这样的场景：被俘获的革命者高昂着不屈的头颅，下巴高高抬着，视线偏下，表现出对侵略者极度的厌恶和鄙视。我们心中很多英雄人物的形象，无一不是抬着高昂的头，展现出一副勇敢、顽强、不屈不挠的形象。

人民英雄纪念碑下面的浮雕中，很多英雄都是这样的形象，仿佛在告诉世人，他们会凭借自己顽强不屈、坚忍不拔的品质坚持到底，不会随随便便地屈服于恶势力，更不会受威逼利诱而向敌人妥协。

在日常生活中，如果遇见高抬下巴的人，几乎也可以判定这个人在性格中有着不愿屈服、不随意妥协的因素。如果是在双方对峙、自己又处于相对弱势的情况下，这无疑是在表达极度的藐视与不妥协。

在现实生活中，低头与扬头的差异需要根据具体的情况来分析。一般情况下，在谈话过程中把头部高高昂起的人，下巴也随之向上，基本可以断定他是在显示一种无惧无畏、傲慢不屈服的状态，他们就像个革命者一样坚持着自己的思想与信条，绝对不会因为外部压力或威胁而轻易妥协，他们能够在相当大的程度上坚守信念，是一个标准意义上的勇者。

另外，高抬下巴的人还会给人以威严感。据科学家研究分析，睾丸激素水平高的人通常会有一个宽大的下巴，他们的生理特征决定了他们的心理特征，因此可以得出，总是高抬下巴的人做事时较为强势傲慢，当然总会有一定的地位背景做基础。

此外，高抬下巴的人在抬起头的同时会使自己的视线处于高出水平视线的位置，正所谓站得高望得远，他们抬起头就象征着自己的体位也随之抬高，高出了身边人的水平线，这样就会使他有一种由高向低俯视他人的强势与威严感。英国历史上第一位女首相玛格丽特·希尔达·撒切尔夫人就常常用高昂的下巴示人，既展现了她桀骜不驯的个性，又为自己树立了不可侵犯的威严。

在日常的交际场合，我们最好能够保证自己的视线处在平视他人的水平，保证头部不低不昂，这样是一种十分温和的状态，既不会让别人感觉到你的高高在上，又不会让人看低你，也不会让你看上去无精打采。是一种最合适、最没有歧义的姿态。

不安地压低下巴

与高抬下巴相反，压低下巴的确可以表示服从，但是事实却不仅仅如此，压低下巴的含义十分丰富。这个动作的前提是适度的低头，并不是深深地把头埋进胸部，而是微微地将下巴收近身体内侧，根据具体情况的不同，压低下巴还会有些细微的差别。

上学的时候，如果我们被老师批评或是回答不上来老师的提问的时候，常常会把头低下，紧紧地收着下巴，不敢抬头正视老师的眼睛，这既是害怕的表现，也是内心较为惶恐不安的写照。

成年以后，当我们无意做错一件事情的时候，也会做出这样的姿态，这时，收低下巴则可以理解为表现愧疚造成的不安，也是因为羞愧而无颜面对其他人的表现。如果我们在社交过程中遇见这样的情况，则可以断定对方此时的内心状态是羞愧难当的，他也在悔恨自己做错了事情，并深深意识到了自己的错误，作为旁观者或是身边的人，我们也没有必要再进行生硬的责备，而是应该相对缓和地为对方保留颜面和空间。

另一种情况是这样的。如果在你和对方交谈过程中，他忽然低头，压低下巴，移开了刚才与你对视交流的目光，并不是他因做错事情而感到不安和羞愧，极有可能是因为你所表达的观点或思想和他的观点思想出现不同意见，他无法再继续通过眼神交流来传达意义，也不想再用积极的眼神给你支持，或是通过其他方式对你的观点表示肯定了。

这时，作为说话一方，你便应该及时询问，邀请对方大胆地表达出自己的观点，二者在开放明朗的情况下形成有效地交流，而不是一味地向对方灌输你的观点，强制对方倾听并接受你的思想。这种情况不同于因为愧疚或不安导致的压低下巴，这是一种十分隐晦、不容易被发现的态势语。人们在通常情况下，只会认为低头的一方是没有主见的、被训斥或被责备的一方，实际上，成人世界里的压低下巴的姿势并不同于孩子们的世界里的压低下巴，因为成年人之间很少会有这种情况发生，即便是领导或老板训斥员工或下属时，被训的一方也应该适当地抬一点头。过分地低头会因为遮盖了面部表情而显得不够真诚。

拣出不存在的"绒毛"

在和家人或朋友聊天的过程中，我们的身心都会十分放松，说起话来也很轻松自如，即便是双方之间暂时没有什么可说的，沉默也不会显得很尴尬。但是，在和一些不是特别熟悉的人或是刚刚认识的人交谈时，因为双方不够了解，不知道彼此之间有哪些共同点和双方都感兴趣的话题，所以常常会出现冷场或短暂的沉默期，这种情况下，常常会有一方会低头看自己的衣服，轻轻地在衣服上拣来拣去，像是在拣衣服上多余的绒毛，但实际上，这只是一个象征性的动作，那些"绒毛"根本就不存在。

还有一种情况，如果一个人对别人的观点或想法持相反意见，但是又不愿直言的时候，也会采取上面的方式，用这样的肢体语言来说明自己和刚才的讨论毫无关联，对方也不必询问自己的观点。

实际上，这个假装拣去绒毛的人，低着头，仿佛在做自己的事情，其实他的耳朵和思维一直跟随着谈话的人或人群，并与他们保持着一定的距离，用一些漫不经心的小动作来掩饰自己的想法。当他们被发言者问及对刚才言论的评价时，他们通常会装作没有听到，而反问发言者刚才说了什么，做出一副置身事外的样子；或是用"没什么意见"之类的回答来搪塞对方。

如果在谈话中，有人运用这种方式来逃避讨论，你作为发言者，如果希望每个人都参与到讨论中，就完全可以将正在进行的话题暂时停下，询问这位正在拣绒毛的人，"对于这件事，你有什么看法呢？""不妨讲一下你的感受和观点吧！"然后，你可以舒展开双臂，做好聆听的准备，这样的话就可以调动起他的积极性，让讨论变得更加活跃了。

歪头表示顺从

当人将头歪向一侧时，就向他人暴露出了自己脆弱的喉咙和脖子，所以这个姿势会显得柔弱和没有攻击性，是一种表示顺从的动作。这种姿势可能来源于婴儿把头靠在父母胸前休息的动作，可能正因为如此才使人潜意识中觉得这个动作表示温顺和毫无威胁。身材娇小瘦弱的女性也喜欢将头靠在男友的肩膀上，给人一种柔弱温顺、需要保护的感觉。

人在对某个事物感兴趣时，也会将头歪向一边。女人常常在遇见心仪的男性时做出这个动作，用歪头表达向喜欢的男性示好。因为这样的姿势看起来天真无邪、温柔恭顺，很容易获得男性的好感。

专家对 200 年来的画作和广告画进行了调查研究，发现画作中女性头部倾斜的形象是男性的 3 倍，在广告画中歪着头的女明星也是男明星的 3 倍。由此可以看出，这个姿势所表达的是一种女性化的、温柔的、顺从的、攻击性较弱的形象，女性很适合用这个姿势来展现自己的魅力，而成年男性则很少做出这个动作。但是一些有女权思想的女性或者事业型的女性需要尽量避免使用这个动作，因为这种姿势会降低自己的权威感。女性在商务谈判或会议等需要表现出专业化的正式场合，需要保持头部的挺直，以表示自己与男性拥有同样的能力和平等的身份地位。

在会议上发言或者在台上演讲时，如果听众中有人做出这样头部倾斜的姿势，向一侧歪着头，身体向前倾，手轻托脸颊做出思考的神情，那么说明主讲人的演讲是很成功的。歪头听讲的听众一般来说对主讲的观点非常认同，说明主讲人的发言很有说服力。反之亦然，在聆听他人的发言和演讲时，为了表达对主讲人的赞同和支持，可以向他做出倾斜头部并微微点头的动作，这样可以使发言人感到你对他的认可从而获得更多的信心。

在社交场合中，如果想要塑造一个谦和礼让、风度翩翩的君子形象，就应该在适当的情况下，表现对他人的恭敬和顺意，这并不是让你随波逐流，毫无主见，而是应该学会尊重别人，肯定别人，这样对自己也是一种提升。

低调的缩肩动作

人体肩部的灵活性远远差于手臂和面部，但是肩部的高低伸缩也可以解释很多人在无意识或潜意识的状态下的心态。

把肩部向上提，头部向前伸或是低下，这样的姿势就叫作耸肩，也可以称为缩肩。人在做出这个动作的时候，可以有很多种可能性，最常见的一种就是传递惊恐的信号。

比如，你正在路上行走，忽然背后传来一声巨响，这时你会下意识地耸一下肩，因为这个姿势本身可以保护纤细的脖子和脆弱的喉部免受攻击。忽然听到的巨响为你的大脑传递危险信号，脑部的控制神经第一时间做出保护的动作，以免什么东西给自己造成伤害，这就是耸肩。

其次，耸肩也传递一种无助的信息，当一个人缩着肩膀低着头，有时也会辅以双臂环绕着自己的身体的动作，这时他的眼神里多半透出无助的目光和神情，就好像在说"我该怎么办""我实在没什么办法了""谁能帮帮我啊……"

此外，社交场合中耸肩，也可以理解为一种表现恭顺或谦卑的方式。商务谈判或个人交际时，我们常常可见弱势的一方"点头哈腰"，下属或员工跟在上司领导身后时，一般都会低头缩肩，这个微小的动作足以显示两人之间的权力与地位的关系。

另外，人们在避免打扰他人的时候，也会做出这个动作，例如，电影院里、课堂上、会议进行中，如果有人想提前离场，就会缩着肩膀，尽可能地缩小目标，避免自己引起太多人的注意。

耸肩还是一种自我保护的形式，是一个面对困难选择退却或让步的信号。达尔文用"无意识对比原则"对这一姿势做出了科学的解释。他说："一个愤怒的人，准备为荣誉而战，他会昂首挺胸，握紧拳头。"相反地，一个人觉得无能为力或不确定时就会采取与此相反的动作了。他会隆起双肩，把头一斜，掌心向上，两手一摊。更有意思的是，耸起肩可以得到降低头部相对位置的明显效果，这个动作很自然会让人联想到海龟把头缩进龟壳的画面。因此，人类耸肩和海龟缩头的含义是相同的，即"对我来说，这实在无法解决"。

不同含义的耸肩

西方人的习惯动作里常常会有将肩膀上下伸缩的耸肩动作，这个动作可以表示很多含义。比如，当有人对他们的行为或所做的事情、所穿的衣服表示赞扬或夸奖的时候，他们喜欢耸耸肩，表示自己很满意自己现在的状态，对所夸的事情也很得意；如果有人对他们说："不好意思，你没有机会了。"他们也会耸耸肩，表示很遗憾或很惋惜；当被别人问及"怎么办"的时候，他们也会做出耸耸肩的动作，表示无能为力，无法阻止或改变事情的变化和发展，是一种很无奈的表现；如果他们制造了一场惊喜，对方发现后非常高兴，再回过头来用喜悦的眼神看他们的时候，他们也会选择耸耸肩，表示炫耀和满意……

耸肩动作在不同场合
有不同的含义

而在日本、韩国等地，耸肩的姿态只在一些特定的场合才会出现，不像在西方那样运用得那么广泛。它主要用来表达无可奈何，用来表示"我对这件事情实在无能为力"。

介于东西方文化的巨大差异，东方人在和西方人进行交谈的过程中，常常会被西方人频繁的耸肩动作搞得晕头转向，因为西方人的耸肩表达的意思实在是太多了，这需要有着丰富而纯正的西方思维才能理解，需要深入了解西方人的生活方式和思维方式，否则也会导致交谈过程出现偏差，形成"自说自话"的尴尬局面，在一些特定的场合还有可能引起误会或制造笑话，甚至会耽误重要事情。

一些中国人喜欢在说英语或是和外国人交谈的时候通过耸肩来表现或塑造自己"很西化"的形象。

实际上，因为文化传统和思维方式的大相径庭，东方人强硬地学习西方人的说话习惯，并不能真正展现西方人的个性，反而会显得十分生硬。就像西方人很难学会中国传统文化中的礼仪礼节或是京剧表演中的举手投足、一颦一笑的样子一样。不同的文化和生活方式塑造不同的习惯，没有必要生硬地套用和学习，只要学会清晰地语言表达，再辅之以国际上通用的肢体语言和态势语，交流就可以达到很好的效果。

叉腰动作解析

一提到叉腰动作，很多人会直接想到鲁迅小说中那个酷似圆规的"豆腐西施"杨二嫂双手叉腰骂人的样子。女性在正式的社交场合中的确不应该做出这样动作，否则会给人留下泼妇骂街的感觉。而在其他场合，不同的人做出这个动作，又有什么不同的解释呢？

我们常会看见这样的图片或画面：一个足球运动员，一只脚踏在足球上面，两只手插在腰间。在运动场上，这个姿势常常是运动员们在做好一切准备时的常用姿态，因此，它可以表明这个运动员此时已经准备就绪，等待上场了。演化到日常生活中，这个动作就有可能表示极具竞争意识的心理状态了。

当一个人在与其他人交谈的过程中，听见了某些令他气愤不已的事情，常常也会不由自主地双手叉腰，摆出一副气急败坏的样子，像是要和冒犯他的人大干一场一样。双手叉腰的动作可以在空间上扩展自己的躯干，让自己占据更多的空间，以此来争夺气势，压倒对方。因此这个姿势在商务谈判、政治会晤的时候几乎不会出现。

此外，一些男性喜欢用这个姿势来展现自己的男子汉形象，尤其是在女人面前，当他们在一个酒宴上，将身上的衬衣袖口的扣子解开，将袖口向上挽起，做出这个动作时，一种既阳刚又富有亲和力的感觉便塑造出来了，身边的人会感受到他阳光一般的强烈又温暖的关怀和照顾。

但同时，男性的霸气并没有因此减弱，他们通过双手叉腰营造的宽阔的躯干依然塑造了一个伟岸的形象，如果再加上亲切的笑容，就更容易俘获女性的心了。如果男性在吸烟或喝酒时，这个动作就缩减成单手叉腰。这种情况在中国人的宴会或酒席上比较常见。

双手叉腰的姿势在不同国家有着不同的含义，在菲律宾和马来西亚等东南亚国家，这个动作并不代表攻击性或男性的某些特性，而是表示强烈的愤怒。如果在这几个国家，谈话过程中出现这样的动作，则会被理解为你对对方的话语极其气愤，可能会引起误会，因此这个姿势在当地是比较忌讳的。

把大拇指插进裤兜

两性留给人们的思维印象在于男性的阳刚勇武和女性的温婉柔美。男性总是喜欢在女性面前表现足够的"男人味"，这时就需要一些无声的肢体语言或简单的态势语来辅助，而不是通过直白的话语。手臂和手掌的动作依然是十分有效。

有些男人在站立时，会习惯性地将拇指插进皮带或者裤兜里，而将其他四个手指露在外面。有时候男性在做这个动作时，会不自觉地用拇指勾住腰带，并将裤子向上提，放在胯部的手指好像在保护他们的生殖器。这样的动作可以表现出男人的自信，他们好像是在向身边的人炫耀自己的男子汉气概。

在很多好莱坞大片中，尤其是很多西部题材的电影中，牛仔们经常做出这样的姿势来显示自己的男性气质，仿佛是在对荧幕前的观众宣称，"看吧，我是男子汉，我可以主导一切！"

此外，这个姿势有时也被认为带有攻击意味，做这个姿势时双手放在胯部，是双手叉腰姿势的变形和深化，他们的四个手指像指针一样放在外面，是在向他人显示自己的胯部的同时，扩展自己身体所占的空间，这也就意味着男人们是在用这样的动作来标示自己的领地，或者展现自己的英勇无畏。男人踱步的时候很喜欢摆出这样的姿势，而在喜欢的女性面前男人也会经常做出大拇指插进裤兜的动作，展示雄性魅力以赢得对方的好感。

虽然这个动作似乎是男性的专利，但有时女人在穿牛仔裤或者工装裤时也会做出这个姿势。一些有女权主义思想的女人，即使在穿套装或者裙子时也喜欢将拇指插进腰带或者裤兜里，似乎是在发出男女平等的宣言。但是街头的时尚青年做出这个姿势，则并没有攻击性的意味，而是通过这种姿势来吸引别人的注意力，他们是想通过这样随意率性、酷劲十足的姿势向人们展示自己的青春活力。

具有威胁意味的食指

在世界上的很多国家，用食指指向他人都被认为是不礼貌的、有冒犯意味的手势。因为当我们将手掌握紧，仅伸出一根手指指向一个地方时，这根手指似乎凝聚了整个手臂的力量，从而显得具有命令和威胁的意味。在用食指指向某人时，好像在说"必须照我说的去做"！他会立刻感觉到受到了威胁。

这个手势非常令人反感，在学校或者是监狱里，这样的手势经常会引发打斗。年轻气盛的青少年，谁都不允许自己被别人这样极富挑战性地指着；监狱服刑的犯人更是不能接受被无端侵犯或挑衅。父母在与孩子交流时，也尽量不要使用手指指点他们，即使孩子犯了错误应该被批评的时候也是一样，因为这样很容易给孩子们的自尊心造成伤害。因此做出这样的动作很容易引起孩子的反感，容易激发孩子的逆反心理，导致更加严重的后果。

对自己的亲人、朋友、同事也最好不要做出这样的动作，因为这是一种冒犯的行为，即便是十分熟悉的人之间，也要尽量避免，否则容易引起对抗，产生嫌隙。

特殊情况下，在需要向对方施加压力或威胁对方时要善于使用这个手势。例如巡警在教训违反规则的市民时往往会利用这个手势，从而向对方施加压力，使之感到自己的威严和力量。在法庭上，检察官在结案陈词的时候也会用食指指向被告，对他发出威慑并施加压力。但是在案件还没有成立之前尽量不要做出这样的手势，因为没有证明被告有罪时检察官或者律师都没有权利这样做。这种情况下可以用张开的手掌指向被告人。

在演讲或者发表观点的时候要避免做出这样的手势，以免遭到听众的反感，从而削弱演讲的说服力和感染力。在陈述观点时做出这样的手势会让听者觉得是在命令或者指示他们，这会让听众产生抵触心理，使讲话者和听众之间产生一道隔膜，阻碍演讲达到预期的效果。即使是领导在开会时也不要轻易地用手指指向员工，因为会使员工觉得领导过于咄咄逼人，好像在用自己的职权威胁别人，这样就会使员工的注意力转移到消极的地方，使讲话的内容被忽视。

总之，除非是权威人物要在发言中表达自己的威信和力量，否则不要做出这样用手指指别人的手势。

OK 手势使气氛融洽

OK 的手势首先是在现代年轻人中流行起来的，他们模仿外国电影里的这种手势来互相示意，表达"好啊""我同意""绝对没问题"等意思。这个手势是将食指弯曲，与大拇指指尖合在一起形成一个圆圈，其他三个手指伸直。需要注意的是，OK 的含义是从北美和英国传来的，在这些地区这个手势代表"赞同""了不起"的意思，而在世界上其他国家则不尽相同。例如在中国这个手势最普遍的意思是"三"；而在日本则代表的是"钱"，因为合成的圆圈好像硬币的样子；在法国则代表零或没有；在巴西和德国则

OK 手势在不同的国家和地区有不同的含义

有不文明的含义，所以在这两个国家决不要轻易做出这个手势。

在日常生活中，OK 手势表达了积极乐观的心态，会使交谈的对方感受到你的热情和活力。经常使用这个手势，原本紧张的交往氛围有可能会变得更加轻松随意，周围人对你的态度也会变得更亲切。在演讲或讲话时伸出手指的动作总会给人一种命令的感觉，对听众造成一种压迫感。

为了避免这种情况，使氛围变得更融洽增强演讲的效果，可以在演讲过程中使用OK 手势，这样会让演讲者显得更加温和、平易近人，而且还会使听众觉得主讲对自己的观点充满自信。

领导在工作中时常带给员工过于严厉的印象，为了缓和与下属之间的关系，轻松愉快的工作氛围，领导在与下属沟通的过程中可以多使用OK 手势。例如领导在征求下属意见时可以这样问："你们觉得这样OK 吗?"这样员工就会觉得领导非常人性化、低调随和，不喜欢摆领导架子，从而加深对领导的良好印象，使工作进行得更加顺利。在讲话中运用这样的手势也会缓解压抑的气氛，让原本沉闷的讲话活跃起来。

在教育孩子时，这个手势也有着很大的激励作用。现在专家提倡对儿童进行鼓励式的教育，因此在孩子做了一件正确的或者有出色的表现时，可以对他伸出OK 的手势，表示对他的认可和鼓励。孩子在受到鼓励之后，就会有更加出色的表现。

抖脚背后的深层次含义

有些人在坐下时习惯性地抖动腿部，似乎是一种下意识的行为，自己无法控制腿部的抖动。在长辈们看来这是一种很不礼貌的行为，人应该"站有站相，坐有坐相"，抖脚代表着缺乏家教。因此在一些相对正式的场合，人们会尽量避免或控制住自己抖脚或抖腿的习惯，以免给人留下不好的印象。然而实际上，从心理学的角度来讲，这并非是礼貌问题，而是因为一些心理因素导致的。

有的人喜欢在很悠闲的时候抖脚，有时还会伴随着音乐节奏，这样的人是因为想要放松自己的身体，抖脚的动作和节奏代表了轻松愉悦的心情。但如果在公共场

合这样悠闲自得地抖脚，则会打扰到周围的人。调查发现，很多人都不喜欢坐在抖脚人的旁边，因为不停地抖脚会分散旁人的注意力，使人的情绪变得焦虑。

而如果一个人翘起4字腿的同时抖动腿部，则表明这个人非常得意。4字坐姿本来就给人一种高傲的感觉，再伴随上抖脚，则说明这个人志得意满，对自己的现状非常满意。在电影中经常能看到这样的情况，一个地位较高的团体头头在接受其他人请求时，往往会做出这样的姿势，凸显出自己的地位和自信，抖脚则代表对这些小事不屑一顾，有时嘴里还会叼一支烟。

有的人收缩身体抖腿可能仅仅是因为冷风刮过，身体受凉所致。但天气没有明显变化时，一个人还是这样收着身体抖腿，则说明他心里比较紧张和焦躁不安。例如在找工作或其他面试时，坐在办公室外面等候进考场的人中，经常能看到有人紧张不安地坐在椅子上抖动自己的双腿，腿部运动的频率似乎和紧张的心跳相一致。警察在审问犯人时，也能从这样的动作中判断犯人的内心波动。在问到一些无关紧要的问题时，犯人一般面无表情较为自然地回答，而问到一些关键性的问题时，犯人就开始微微地抖动腿部，随着问题越来越深入，犯人腿部抖动的幅度也越来越大，说明他的心里开始恐惧和焦躁不安了。

双腿交缠的女性较为顺从

双腿交缠在一起是女性经常会做出的一个动作，双腿交叉的位置不同、情景不同可能会有不同的含义。

社交场合中女性最常做的一个交叉双腿的动作是重心偏离，将一只脚搭在另一只脚上。这样的姿势一般代表心情很放松，或者对交谈的内容很感兴趣，因为这样的姿势很难突然移动身体去做其他事。

如果交谈双方都做出这样的姿势，则表明他们对彼此都有好感，关系融洽。如果一个女性在谈话中双腿交叉的时候眼神却左顾右盼，则说明她对这场谈话并不感兴趣，这时交叉的双腿则表现的是不耐烦的意思。

害羞的女性则会做出另外一种双腿交缠的动作，就是将一只脚放到另外一只脚的后面交叉在一起。这样的动作显得很忸怩，双腿紧紧地并拢，看起来很不自然不舒服。这样站的女性一般比较缺乏安全感，内心内向保守，别人说几句玩笑话她就会羞红脸颊。这种站姿表现出这位女子现在有些害羞和紧张，表现出恭顺服从的样子。

女性在交谈时也许想通过放松的面部表情和大方的动作来掩饰自己内心的紧张，但这样交缠的双腿却透露出她羞涩的内心。男女在恋爱时，女性经常会做出这样的动作，尤其是当男子主动挨近女子身边时，女子往往会害羞地低下头，把一只脚绕到另一只脚后面，代表对男子的顺从。

穿短裙的女性害怕走光，在坐着与人交谈时，应该并拢双腿并向一方微微倾斜。如果穿着短裙交叉双腿的话很有可能造成走光。但是很多女性在穿短裙时习惯于交叉双腿，表明她内心很紧张，这样的动作可以带给她安全感。

身材瘦弱的女性更容易做出交叉双腿的动作，她们给人的感觉比较娇弱，做出这样的动作似乎是在躲避外界的危险。而身材较胖的女性在坐下时交叉双腿则有一定的难度，也会影响姿态的美观。寒冷的冬天由于衣着臃肿，做出这个动作时也会显得笨拙不自然，所以冬天尽量改掉这个习惯。

女性为了塑造美好优雅的形象，在坐姿方面应该注意，最好采用较为保险的正规的标准坐姿，比如，身体坐在椅子的 2/3 处，上身保持正直，两手自然放于两膝上，两腿平行，与肩同宽。

与人交谈时，身体要与对方平视的角度保持一致，以便于转动身体，不得只转动头部，上身仍需保持正直。这样就不会将自己陷入相对被动的局面，因为标准坐姿是一种很普遍的姿势，每个人都会做到，就不容易泄露自己的性格或习惯了。

跨坐在椅子上的男性支配欲强

在古代，男人们利用盾牌来保护自己的身体，以抵挡敌人的刀枪棍棒。今天，现代社会里人们可能受到身体和心理上的伤害时，也会借用身边的物体像盾牌一样来保护自己抵挡外界的攻击。例如躲在大门、柜子、桌子后面，或者将椅子反过来跨坐在椅子上，这样椅子的靠背就像盾牌一样保护在身体的前方。

跨坐在椅子上不仅能够起到保护的作用，还会让这样坐的人产生支配和挑衅的心理。这是因为当男人跨坐在椅子上时，两腿分开呈现出一个很大的角度，能够很彻底地展现出男性的胯部，更突出地体现出男子气概和雄性魅力。

喜欢跨坐在椅子上的人往往比较大男子主义，有较强的支配欲。他们与别人交谈时，如果对谈话的内容失去了兴趣，就会想要掌控谈话，打断别人的话开始谈论自己感兴趣的内容。同时椅子的后背还成了他们的挡箭牌，需要时可以有效地躲开他人的攻击。这样坐姿的人一般行为比较谨慎，他们能够在别人没有注意到的情况下就从正常坐姿转换到跨坐的姿势。

在谈话中遇见这样跨坐的人是很头疼的事情，很难跟他进行平等融洽的谈话。因此就必须想办法使他改变自己的坐姿，最简单的方法就是站到或是坐到他的身后，这样他就感觉到背后缺少防护而容易受到攻击，不得不转过身来。尤其是一群人在一起交谈时，这种方法是非常有用的，因为很多人在身旁的情况下，跨坐在椅子上的人没办法有效地隐藏起自己的后背，因此他不得不改变自己的坐姿。

但是如果一个人跨坐在一把转椅上就更加难办了，与这样喜欢展示胯部又在不停旋转的人讲道理是没有意义的。

最好的回击方式是利用身体动作，例如站着和他讲话，俯视坐在椅子上的人，使他感到一种高度上的压迫感。还可以逐渐靠近他，侵占他的个人空间，当他觉得受到侵犯就会停止旋转并坐好。这些方法都能消磨他的勇气，在向他逼近的时候，他有可能不自觉地将臀部向后移动。

不过防止这种情况出现的最好的方法就是把这种人安排在不能转动的带扶手的椅子上，这样他就没办法使用他习惯的坐姿了。

男人的弹弓式坐姿

弹弓式坐姿是将双手抱在头后，手肘具有威胁意味地指向外面。这个姿势基本上专属于男性，他们通常会利用这种姿势向他人施加压力，或者伪装出一种轻松自在的样子，让别人产生安全感，在不知不觉中落入他的圈套。

很多身份地位较高的人喜欢摆出这种坐姿，体现出高人一等的架势。或者对某件事情特别有自信、态度强势的人也会做出这种姿势，仿佛在告诉别人"关于这件事我知道得一清二楚"或者"一切尽在掌握"。

在公司中领导阶层的人在办公室里接待下属时也喜欢双手抱头坐在办公桌后面，表现出高傲自信的样子，向站在门口的下属施加压力。由于这个姿势带有威胁意味，所以通常是地位较高的人在地位较低的人面前才会做出这样的姿势。在领导面前这样坐是非常不礼貌的行为。

弹弓式坐姿也可以用来向他人表示自己无所不知，或者用这个姿势占据属于自己的个人空间，因为这个姿势有着标记个人领地的效果。例如到朋友家去做客，主人往往会坐在沙发上斜靠在沙发背上，双手抱头，腿自然地伸展开，让人一看就知道这是他的地盘，他在这里处于支配地位。

交谈中面对这样的人要使用不同的策略来应对，以夺回主动权或者优势地位。比如，面对一个某问题方面的专家，而他觉得自己无所不知的时候，你可以将身体向他倾斜，摊开双手然后诚恳地问："我知道你懂得很多，能不能指导我一下呢？"这样对方就不好意思再表现得高傲冷漠了。或者可以故意递给他一些资料，但是要让他需要起身才能够到，这样他就会放下头后的双手不得不将身体前倾了。

如果你是男性的话，只需跟对方做出同样的弹弓式坐姿就能起到有效的作用，因为模仿他的动作使你们二人之间的关系又重新恢复了平等。

但是女人就不能用这一招来应对了，因为这样的坐姿会凸显女性的胸部，将女性置于更不利的地位。那么女人在面对摆出这种姿势的男人时，可以站起来与他对话，这样他要继续跟你交谈的话就不得不改变自己的姿势。

在较为正式的社交场合，大家都会尽量避免这样会让他人产生不悦的坐姿。有人喜欢在困倦疲乏的时候伸一下懒腰，继而将双手抱在头后，将双手当作是枕头进行放松。但是这样的姿势会让身边的人产生十分不好的感受，所以最好不要在正式的场合随便伸懒腰。

想要离开的坐姿

交谈中，我们可以通过很多无声的态势语或小动作来揣测或判断对方的心理，从而更好地、更有效地表达彼此的观点，倾听对方的意见，使得谈话的过程变得愉悦，谈话的效果达到最佳。

有这样一种坐姿，双手放在双膝上或者抓住椅子的侧面，身体向前倾斜，就好像运动员在跑步比赛中准备起跑一样，行为学中将这种坐姿称为"起跑者的姿势"。如果在正常的谈话过程中，一方发现另一方做出了这种姿势，那么情况可不妙，这说明对方想要起身离开。因为双手压住膝盖将重心放到了腿部，这种姿势下很容易站起来，说明他已经下意识地做好了起身的准备，就好像我们平时从座位上站起来时，总会不自觉地用手扶一下桌椅或按住自己的膝盖，这是一个典型的起身的姿势。

在谈话中，对方做出这个动作，首先的一种可能性是，他对现在谈话的内容不感兴趣，有些不耐烦并且希望自己能够尽快离开。这时就要重新转换话题以吸引对方的注意力，或者从另一角度切入使对方提起精神来，如果对方还是毫无兴趣的话那就干脆结束谈话，以免造成对方的反感，导致更消极的后果。

另有一种情况则是，做这个姿势的人可能十分着急，正在赶时间，希望能够尽快进行完当前的对话，以便迅速离开，去完成他心中一直惦记的事情或任务。这种情况下，对方并非有意地离开，也不是对说话人所讲的内容不感兴趣，而是有着更为要紧的事情催促着他，但是当前的情况又使他不能立刻站起身来走出去，所以他通过这个姿势来传达信号，或是做好站起身来立刻走掉的准备。

所以在谈话中，如果某人是一个深谙行为学的社交高手，他在发言过程中，如果看见听话者摆出这样的姿势，就会十分体贴地询问这个听话者是否有急事在身之类。当我们在一些类似的场合，如果没有什么急事，最好不要摆出这样的姿势，以免干扰讲话者的思路。

身体斜靠宣告所有权

人们通常用身体斜靠在某件东西或者某人身上的动作，来向他人宣告自己对此人或物的所有权。儿童在与父母新送给自己的自行车拍照时会将脚踏在车子上，女孩子在和其他小朋友一起玩的时候，会紧紧抱住自己最心爱的娃娃以免被别人抢走。明星富豪与自己的新车、游轮等私人物品拍照合影时，也会将身体斜靠在这些物品上以展现主人的身份。当人们与这些个人所有的物品相接触时，身体就会不自觉地伸展到这件物品旁边，以此来展示所有权。

在公共场合，经常可以看见牵着手或者挽着手臂的情侣，女性还会斜靠在男友的身上，情人们是用这样的方法向其他异性宣布，这个人是属于我的。妻子还会故意在丈夫的肩膀上留下长发等等女性痕迹，来告诫其他女人这个男人已经是有妇之夫了。办公室里，领导往往会斜靠在自己办公室的门框上或者把脚搭在办公桌上，以此来向员工们暗示，自己是这间办公室的主人。

但是如果一个物体原本属于其他人或者这一物体靠在另一个人身上，那么斜靠上去就会被看作是威胁或者侵占的动作。在未经主人允许的情况下随意使用对方的东西，或者未经一个人的允许就靠在他身上，实际上是一种侵犯行为。网络上有一些虚荣的女性为了显示自己的财富，靠在别人的名车前面拍照，让别人误以为自己才是这辆车的主人，就是恶意的侵犯行为。

日常生活中，未经他人允许就擅自坐在别人的桌子上，未获得主人同意就开走人家的汽车等等都是威胁、侵犯的行为。还有的女性为了赢得心仪的男子，在聚会中会借机向这个男子的身上靠，或者假装崴脚或者假装喝醉酒让他搀扶，这样会给其他竞争者一些暗示，仿佛她已经得到了这个男人的心。

推销员在上门推销时，如果主人没有请他入座的意思，那么就不能擅自坐下，因为未经他人允许进入私人空间是一种冒犯的行为，会让主人产生受胁迫的感觉，产生戒备心理。

在工作场合，更要注意不要侵犯他人的所有权，随意坐级别较高的人的座位或者斜靠在他人办公室的门框上，都会引起领导和同事的反感。如果有这样的习惯，尽量练习将身体直立，并将双手放在身旁，这样可以减轻对别人造成的威胁感。

表示恭顺的鞠躬礼

无论是在古代还是在现代，抑或是在文化背景和生活方式迥异的两个国家，鞠躬都含义相同或相近——向对方弯曲自己的身体都是一种表现恭敬和顺从的姿势。这是因为头部是人身体上最重要的部位，而将自己的头部放低处于他人可攻击的范围之内是非常危险的，这就可以说明低头的人足够信任，能够做到完全听命于对方，也说明向之鞠躬的这个人拥有相对尊贵或显赫的地位与权力，能够支配他人。鞠躬的人通过弯曲身体，将自己的位置放低，与此同时，相对地抬高了对方的位置，使对方处于一个优势的地位上，表现了对对方的尊敬。

我国古代大臣们在向皇帝汇报完之后，总会弯着身子保持着鞠躬的姿势慢慢倒退着离开房间。这是为了向皇帝表达恭顺、敬畏之情，并说明他们对皇帝的权威非常认可和拥护，是一种臣服的表现。

现代社会鞠躬的姿势也延续了下来，是一种建立上下级之间、尊卑长幼之间权利地位关系的方法。按照礼节晚辈拜见长辈时，一定要恭恭敬敬地鞠躬。考生在面试时，也要向在座的评委老师鞠躬致意，以表达自己的尊敬。

但鞠躬也并不一定是地位低的表现，有些场合之下微微欠身也可以表现谦虚的意思。

例如在颁奖晚会上，获奖者上台领奖和发表获奖感言时都会向台下微微地鞠躬，表现了自己的谦逊以及对大家的感谢。有时弯腰屈膝的人并不一定真的对对方很尊敬，有可能是为了某些私利而伪装出来的。例如手里提着礼品求领导或官员帮忙办事的人，往往都会做出一副卑躬屈膝的样子，在一边赔笑脸，这样的人是为了奉承领导才将身体弯曲的，并不是真正的尊敬。

日本一些公司为了提高竞争能力，在接待客户时采用了"鞠躬法则"。接待只是随便看看的客户，工作人员只要鞠躬15度就可以了；面对购买产品的顾客，应该给予45度的鞠躬；而对于那些对于公司有重大作用的客户，则需要用90度的深鞠躬来表示对他们的尊重。

在现代的交往中，日本人常常会给人以十分有礼貌、处处谦让的形象，就是因为他们擅长使用鞠躬的礼节，即便是在商铺购买商品、在餐馆就餐等日常的生活中，或是与陌生人打招呼时，他们都会微微地弯一下腰，做一个象征性的鞠躬礼节，这就让人觉得他们处处有礼有节。

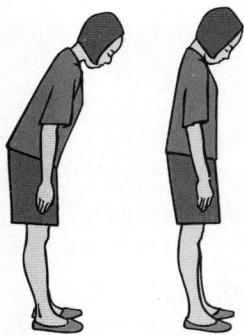

抬高身体赢得优势地位

与表示恭顺的鞠躬相反，伸直腰板、挺起胸膛、高昂起头是提高自己身份地位的表现。因为这样的姿势可以显得更加高大，从而提升自信和对自己的认同感。政治人物或者皇室成员在出席公共场合时总会挺直腰板让自己显得更加挺拔，从而显示自己尊贵的地位。

古代西方，女人在遇见比自己地位高的人时会行屈膝礼，而男人却不会放低自己的身体，而是摘下礼帽微微点头。可见身体的挺直是权力与地位的象征，男人希望获得更高的身份与地位，因此不会轻易向人下跪或者屈身。

科学研究表明，人的身高和身份地位以及个人的成就有着密切的联系。统计发现，领导阶层的身高普遍比员工们要高许多，而且员工的平均身高更高的人收入也较高。这项调查结果说明，个子高的人能够获得更好的工作，而且更容易拿到更高的工资。不同身高的人显示出的气场和能量也有很大差别。个子矮的人说话更容易被别人打断。一位身高 1.5 米左右的女经理经常抱怨自己在开会时的发言总是被同事打断。矮个子的人在发言时可以采用以下策略，在发言之前可以先站起来活动，例如倒茶或者取文件，回来时不要坐下而是直接开始发言，这样别人都是坐着而只有你是站着的，从而拉开了身高上的差距，可以使发言获得更好的效果。

但个子高并非一直都是优势，例如在面对面的交谈中，过高就可能成为一种弊端。个子高的人总是会给站在身旁的人一种压迫感，所以想要和对方进行"面对面"的平等友好的交流，或者进行眼神交流的时候，高度就成了障碍。一些情况下放低身体反而能够获得优势地位，例如在别人家的时候，主人站着，而客人却舒服地靠在沙发上，这时客人就占据了优势的地位。因为在他人的领域中可以表现出如此随意的态度，说明客人身份较为尊贵。在自己的领域范围内会拥有较为明显的优势，所以在这种情况下表现出恭顺，往往能够更有效地赢得对方的支持和帮助。

我们在与人交往的过程中，切记不要随意地抬高自己的身体，以免给对方增加一些无谓的压力，给人留下蛮横的印象。即便是领导或其他身份地位较高的人，也应该尽量避免通过抬高身体赢得优势地位，否则会给下属很大的压力，这种情况下，他们便只会一味地妥协顺从，他们的积极性与创造性就会受到影响，很难提出有效的建议或方案了。

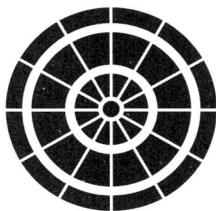

第五章

谁在挑衅：
冲突与防御

幼儿园里的冲突

　　人类在幼年或儿童时期的行为一直是行为学研究的重点，因为它可以解释很多人类成年之后的行为和动作。冲突与打斗也不例外。发生在幼儿园里的争斗对成年人的冲突行为具有指向性。

　　幼儿园里的争斗多是围绕着对玩具或其他物件争夺拥有权展开的，某个孩子试图从别的孩子手里拿来一件自己喜欢的玩具而又遭到对方的反对，这种情景是幼儿园里引起争斗的最常见原因。

　　如果被"抢"一方在自己的玩具被别的小朋友占据后，不是选择号啕大哭或是告诉老师，更没有忍气吞声，听之任之——实际上这种情况在幼儿园是十分少见的，一般他们会奋起反抗，这时一场小小的冲突就在所难免了。他会通过追击来抢回自己的东西，通常所采用的攻击是举起拳头捶打对方，也会伴随着推、踢、咬或是扯衣服、抓头发等动作。当他们的小拳头捶向对方时，总是用拳头的掌心一侧捶打在对方的身上，他们将一只手臂的肘部猛地弯曲并垂直高举过头，用尽全身力气将自己的拳头砸向对方。这种打击动作几乎是所有孩子都最惯用的一种方式，据心理学家和行为学家分析，这很可能是人类的一种先天性的打斗方式。然而奇妙的是，人在逐渐进入成年后，在遇到冲突或打斗的情况下，最常采用也是最先采用的方式也是这种在幼儿园里最常见的打斗方式——举起拳头捶击对方——当然是在手中没有其他棍棒刀枪的"武器"时，因为用拳头捶打能让自己感受到真实的着力感。

　　因此，在正常的交际场合，当一方紧紧地握紧拳头并伴随着微微的颤抖时，几乎可以肯定，此人内心十分愤怒，如果气氛得不到缓和，他很可能会酝酿一场冲突。此外，握拳也表现着愤怒，同时这种愤怒是被竭力克制着的，一旦克制失败，冲突就会自然而然地爆发了。

我们在影视作品中经常会看到这样的场景：一位隐忍者在面对侮辱、责骂、讽刺、挖苦的时候，开始的时候是低着头一言不发的，而且紧握双拳、咬紧牙关，而当他忍无可忍的时候，早已握紧的拳头就瞬间挥出了，这对于嚣张而来不及防备的对方来说，很可能是致命的。

愤怒：冲突的根源

一切冲突的根源都是源于一方或双方忍无可忍的愤怒喷薄而出。人在愤怒的情况下，全身的能量都会凝聚起来，理智会尽量控制情感，但很多时候都是以控制失败而告终，此时，冲突就处在一触即发的紧要关头了。

因此想要在正常的交际生活中避免冲突，交往双方或是多方首先应该尽量控制自己的愤怒。其次也要察言观色，努力化解他人的愤怒。我们可以通过观察他人的行为举止，判断他是否处在愤怒的情绪控制中。

据科学实验分析，愤怒是所有情绪中需要最多身体能量的一种情感表达。人在愤怒的时候，面部表情和身体态势会不由自主地协调起来，全身肌肉紧张，呼吸深度也会加重，仿佛需要更多的氧气，血液循环系统也要配合这种情绪，因为情绪紧张导致心跳的加速，心脏加速收缩，血液流动的速度加快，血流量增大，血压升高，当事人自己会明显感受到自己的脉搏跳动比平时更加有力而快速，这就是人在愤怒情绪的控制下需要大量的能量储备和运输，以保证在可能发生的冲突面前有足够的能量准备。

人在愤怒的时候，这样的身体能耗会十分明显地表现在面部表情和身体态势上，因此相对较难隐藏。在表情方面，愤怒的面孔具有更加鲜明的特点。当事人会首先出现身体前倾的反应，头部向前伸，收紧下巴，双目圆睁，瞪着对方，上下眼睑绷紧，瞳孔向上翻看，同时双眉紧皱、眉梢上扬、还伴随鼻孔张大、露出紧咬的牙关，或是嘴唇紧闭，嘴角向下弯曲等，这些信号可以明明白白地向对方表示出自己已经做好战斗的准备。

因为能量准备充足，愤怒时，全身肌肉在处于紧张状态的神经系统的指挥下，从松散的放松状态逐渐转变为紧张状态时，当事人还需尽量稳住自己的情绪，克制自己的行为。

因此神经系统的压力更大，表现在身体姿势上会有轻微的颤动，说话时的语气语调也会较为低沉，咬字时会格外清晰。因此人在愤怒的时候，情绪表现得十分明显，也很容易被他人捕捉。如果在看到有人愤怒的时候可以积极有效地采取措施缓解他的愤怒，可能会避免一场冲突。

难以隐藏的愤怒

有一个以克林顿为主人公的说谎分析案例曾经在心理学界和行为学界引起了轩然大波，因为愤怒情绪的难以隐藏不仅可以表达出当事人处在极度愤怒的状态中，还可以透露出他隐藏的其他秘密。

克林顿否认与莱温斯基有染的案例曾经被收录在很多心理学和行为学的相关书籍中，用来说明识破谎言的章节和内容。一些心理学家经过详细的分析得出结论：克林顿否认与莱温斯基之间有不正当性行为时，眼睛和诉说的方向与食指指点的方向不同，这就足以证明他在说谎。

这种分析一经公布便受到很多专家学者的追捧，很快便成了非常主流的说法，即便是现在也还依然如此。然而另外一种说法逐渐开始受到关注，那就是愤怒泄密。这些专家在面对几乎成为权威的说法面前提出了这样的分析：

克林顿在向媒体和公众"澄清"这件事情的时候，他的台词用中文来说是这样的："我没有和那个女人——莱温斯基小姐发生过性关系。我从来没有让别人去说谎，一次都没有。从来没有。这些指控是不真实的。"

他在讲话时语气平和，语速和停顿都非常正常，没有任何破绽。但是他伴随讲话所做的态势语却出卖了他：讲话时，他伸出右手食指，有节奏地、快速地、频繁地向前下方指点，可以看出力度较大。但是他的眼睛看着自己的左前方，仿佛那里有一个具体的对象在和他对话。

总体来说，克林顿一面是用平和的语言冷静而坚决地否定着被指控的内容，诉说对象是并不在眼前的媒体和公众，另一面却不由自主地用手指奋力指向讲话应当面对的方向，表达了极度地轻蔑和愤怒。这其中，手指的动作是不由自主的，因此可以证明他的思维中的潜意识是受干扰的，是和他的语言表达不统一的，潜意识的手指动作的可信度高于经过思维整理出的语言，也就是说，他此时的心理状态是对之前受到的"质疑"表示极大的愤怒。

这或许并不能说明什么，但如果因为指控属于污蔑而引发真的愤怒，自觉有理，底气充足，只需予以否定，不会出现这么明显的不敬和攻击意识的动作。即便是愤怒到了极点，不顾总统的地位和身份，全身上下手眼协调也是可以做到的。这样一来，恼羞成怒是唯一的解释，谎言也就不攻自破了。

愤怒的表现

人在愤怒的情况下积聚了全身的能力，全身上下的肌肉和血液都处在十分紧张的状态下，有几处特征表现得十分明显，现将这些特征一一分析。

愤怒的人除了面部表情逐渐僵硬狰狞外，颈部也会出现十分明显的变化。由于呼吸力度和强度增大，颈部肌肉绷紧、面部的咀嚼肌也处在紧绷的状态，再加上颈部两侧的血管本身就相对较粗，这种情况下就会流动着比平常多出许多倍的血液，愤怒的时候，人的脖子就会变粗。并且大量的血液流动还会使得皮肤表层的颜色变红，这就是人们常说的"脸红脖子粗"的科学解释。

然而需要注意的是，这种"脸红脖子粗"的情况较常见于冲突之前，真正的"肉搏"展开时，很多人的大脑是一片空白的，只剩下一个念头，那就是要不惜一切战胜对方，血液流动会主要集中在手臂部位或腿部，面色的改变会逐渐淡化。此时，可能由于过分紧张或控制理智而导致的身体轻微地颤动也会逐渐消失。

行为学家将冲突双方在对抗过程中的互相抵制称之为"较力反应"，这种较力反应并不仅仅限于身体接触过程中，也包括非身体接触的，最有代表性的就是通过眼神的直接对视来实现较力的效果。这种方式的较力是冲突的双方希望通过眼神的集中对视，在不希望发生肢体冲突或不方便动手的情况下来代替身体接触较量的。双方会用尽可能犀利地表现自己的凶狠程度的眼神死死盯着对方，希望通过这种方式的示威来让对方退步。通常情况下认为，最先移开怒光的一方就是提前示弱的一方。用眼神较力可以在一定程度上避免肢体冲突。

此外，双方在冲突过程中很少运用语言相互攻击，因为语言上的冲突通常是出现在争端刚刚开始的时候，当语言较量越来越激烈的时候，局势就会难以控制，如果没有一方肯退让，或是第三方的劝解无效时，冲突就会上升到肢体，这时冲突双方就会将大部分注意力集中在肢体上，语言较量所需的高难度的思维支配会相对减弱，因此在打斗中，双方的语言表达会较为单一，并且几乎毫无意义，爆粗口就是最明显的表现。

威胁的结果

正如上面提到的，愤怒情绪下人体的反应十分明显，包括：鼻孔扩张，高强度呼吸，全身肌肉到达高度紧张状态，整个人的身体向前倾，面部表情凝固僵硬，肌肉的状态符合愤怒情绪的控制。

但是当气愤的情绪没有达到最高点，肌肉紧张程度较低、幅度较小的时候，人的状态可能不会像打架时表现得那样明显和极端，但是，眼睛还是会死死地盯着刺激源，语言表达减少、语气语调加重、句子变短等，同时还会配合一些具有破坏性的动作，比如拍桌子、捶打手边的物品、扔掉手里的东西等。

说到愤怒，很多人会直接联想到了上述反应以及由愤怒引起的吵架甚至是打架，进而认为对某件事情的看法和别人不同，会引发愤怒的争吵，或是去用对错的标准评判双方的是非。比如某一方不讲道理，无理取闹，或是一方处理事情不公平，使得另一方遭受不平等待遇，再或者某一方试图否定事实、掩盖真相，而另一方不能容忍等等。

实际上，人们总是被事情的表面现象所蒙蔽，从而忽略了对事情最真实本质的挖掘。引发愤怒情绪从而导致打架冲突有着更深层次的原因，那就是威胁。威胁并不仅仅限于对某一方物质利益的威胁，也包括对其精神或心理甚至是人格上的威胁。例如公共汽车或地铁上，当一个陌生人踩了你的脚却并不主动道歉反而态度十分恶劣时，你会觉得这个人对你不够尊重，他的飞扬跋扈已经威胁到了你作为一个独立的生命个体应该受到起码的尊重的底线，因此会引起你极度的气愤，从而可能引发冲突。

当单位的同事为了自己能够获得更多的晋升机会或是奖金，窃取了你的劳动成果，用你策划出来的方案在老板面前邀功请赏，这种情况下，他的行为明显地威胁到了你作为一个公司员工应得的机会和利益，这自然会引起你的愤怒，因此就会引发你们之间的冲突。

日常生活中还有很多类似的情况，但不管怎样，都不是对方的做法本身使你气愤，而是对方的做法已经威胁到了你的利益，引起了你的气愤，或是如果对方按照这样的做法继续进行，最终会威胁到你的利益。

冲突前的预备

愤怒是引发冲突的最直接原因，也是人们日常生活中十分常见的情绪表达，但并不是所有的愤怒都能引发一场冲突。实际上，在日常生活中，愤怒只是一种发泄，极端的身体打斗很少出现。很多时候争斗一方只需通过亮出自己的实力在对方面前示威，就可以起到发泄愤怒情绪的目的。

群体之间的争斗，也只需展示彼此之间的实力，让实力相对较弱的一方意识到争斗的结局很可能是自己惨败，就可以为矛盾找一个缓和的结束方式，从而避免直接冲突带来的麻烦。

打斗意味局面的不可控制，也就是说其中一方或是彼此双方的示威宣告失败。我们先来分析一下示威。在身体上，冲突双方都会尽量地抬头挺胸，挺直腰板，打开肩背，一是显示自己的理直气壮，二是希望自己能让自己显得高大，从而从气势上压倒对方。

此外，争斗之前的对峙状态中，还常常可见双手叉腰的动作，这个姿势也是行为人通过肢体语言上的准备和辅助，让自己显得实力和势力都更大一些，因为将双手叉在腰间，可以扩充自己所占的物理空间，让对方感觉到你的气势。

与此同时，叉腰动作也是对自己双手的有效控制，因为正常情况下，没有人愿意成为最先出手的挑起事端的人，除非在忍无可忍的情况下。最先出手就意味着承担更多的责任，因此争斗双方都在尽量控制自己的双手。叉腰动作可以被理解为，即将发起进攻的手部寻找到了临时停靠的地方，就等着进攻了。实际上，这样也是行为人无意识地控制自己的方式之一。

在打斗开始之前，双方示威的心态因不同境遇而有所区别。在双方势力不处在均衡对抗的情况下，强者一方的心态是得意的、傲慢的，他的潜台词是："你敢吗？""有本事你来啊！""怕了吧？"对方可能出于害怕而放弃这场斗争；而处在相对弱势的人则是将自己"置之死地而后生"，他仿佛在告诉对方："我会拼命的！"这种困兽之斗的心态也有可能将对方吓住。冲突就会被化解于无形之中。

因此在冲突发生前，如果能将准备工作做到位，能使准备工作发生效用，冲突还是有可能避免的。

挑衅与迎接挑战

挑衅是在正式的打斗开始之前的一种常见行为，有时也是引起打斗的重要因素。通常情况下，挑衅是自认为势力较强的一方希望能够采用打斗或斗争的方式尽快取得胜利。因此会使用颇有含义的言语、动作等激怒对方的方式来把这种信号传达给对方，希望对方愤怒并接受挑战。实际上，挑衅一方对自己的势力程度可能估计过高而全然不知，所以挑衅一方很容易吃不消对方的全力反击。

最能激怒对方的挑衅方式是轻蔑。因为没有人能够忍受来自他人的轻蔑，尤其是对其人格和自我意识的侮辱。发出挑衅的一方常常会高高扬起下巴，上眼睑向下压，目光中充满不屑与鄙夷，也就是我们俗话所说的"不用正眼看人"，这种信号是在告诉对方，"我根本不会把你放在眼里"，这就是最不能让人接受的，尤其是对于一个有深刻自尊心的独立社会个体来说。除非轻蔑的一方有着足够高的身份地位或权利，被轻蔑的一方甘愿臣服于其下，例如奴隶社会的奴隶与奴隶主，封建社会的统治阶级与被统治阶级；或者是家族中有主仆关系的双方，这种情况不在分析范围之内。

挑衅的一方是在用不同方式证明同一事实，那就是行为人使自己比对方高，或者使对方比自己低，这里的高低是无形的。挑衅一方常常喜欢轻松地毫不费力地表现自己的能力，从而说明"我与你之间存在着巨大差距，我根本不屑于和你较量"。因此，日常生活中的挑衅手势多是用大拇指向上，意指自己，说明自己高高在上的，也就是说对方是"低低在下"的；挑衅者通常会用鼻子轻微但快速地呼气，也可以是唇齿通过气息发出类似"切"的声音；这就是我们常说的"嗤之以鼻"。

而迎接挑战的一方是针对挑衅最直接的反映。常见的动作是调整身姿，坐着的人可能会立刻站起身来；保持站姿的人也会调整双脚，使自己站得更稳，或是握紧拳头，准备回击。迎接挑战的人可能对自己的能力有着较为理性的判定，也可能是性格使然。

手的表达

手指的灵活程度令人惊叹，因此很多时候被人用来表达情绪。例如，伸出拇指就表示赞美和认同，所有的人都希望自己能够得到别人竖起大拇指的称赞。但如果将表达称赞的拇指指向自己，则可以判定这个人一定具有非常强势的自我认同，对自我的评价程度很高，因为他的潜台词就是"我很棒！""我是最厉害的！"而当大拇指朝下时，则可以说明行为人是在鄙视对方，仿佛在说"你不行"。

不同的手势可以毫无疑问地表达不同的含义，因此不同的手势也会在沟通过程中造成不同的效果，可以友善地维护相互之间的关系，也可以引起冲突，导致双方关系破裂。

中国的导游在带团游玩的时候，喜欢伸出食指清点人数；而日本的导游在清点游客人数时则会用手掌向上的姿势。食指指向的方式会让游客觉得不快，而手掌向上则会让人觉得十分舒服。

这是因为食指本来就多用来表示指点，上级对下级，长辈对晚辈才有指点的权利，导游以这种方式对待游客，无形之中提升了自己的身份地位而降低了游客的身份地位，自然会引起游客的不快。而手掌向上的姿势则表示了充分的尊重，并且具有邀请的含义，因此游客十分满意。而当行为人用食指或指关节用力敲打桌面时，其中蕴含了很大程度的愤怒，一般情况下是上级批评下级时常用的手势，以此来表现自己的愤怒，并起到警世下属的作用。

此外这个动作还带有很大程度的攻击性，如果将食指指向具体的对象，则是对该对象的极度不满和责骂，很可能引起冲突。同时表明做这个动作的人态度非常强硬。日常生活的吵架场面中，常常可以看见行为双方用手指指着对方痛骂不止，这种指向性极强的行为最容易引起冲突。

如果用手掌拍打或是拳头捶打某处，则是在更明显地告诉他人，行为人处在愤怒的状态下，他在通过这种方式表达对某人或某事的不满，也是在发泄自己的情绪。

防御自己的领地

领地就是人们将某一个独立的空间或领域定义为归自己所有的区域，是人们对他人设防的空间。

如果有人闯入自己的空间范围内，则可能引发冲突。例如，某一个拥有独立主权的国家的领土被侵占，即使是很小很偏远的一部分，都会挑起两国的交战；两个商业集团之间如果有业务或争取市场、客户上的冲突，也会使双方迅速地投入到保护自我、对抗竞争的状态；如果某一户人家的果园或菜地的果实被过路人采摘，邻居侵占了谁家的院子等，这种日常生活中的小事情，只要涉及属于自己的领土被无端的侵占，都会引起被侵者的积极防御。

此外，人类甚至动物界划分属于自己的领地，在一定程度上，可以有效地避免混乱，减少冲突。

在原始社会，两个部落在争夺某一片还没有所属权的地域时，可能会产生冲突和抗争，然而，一旦领地的所有权争夺有了分晓，失败的一方则意味着在未经许可的情况下，永远不能踏入这个地盘。

也就是说，遵守秩序的大多数人在经过别人领地的时候，会自觉遵守"他人领地，禁止入内"的不成文规定，每个人或每个群体都基本上能够做到在自己的领地之内活动，而不去无端挑衅他人。侵犯他人的领地，这就为文明社会维持秩序奠定了基础。

值得注意也是毫无疑问的一点是，人在自己领地内有着无可厚非的优先权。这一点毋庸置疑，不会因为领地主人的个人因素而轻易改变，即便是权力地位低下、毫无能力控制领地的人在他尚拥有所有权的情况下，在这个领域，依然享有充分的优先权。最简单的例子是，即使是一个卑微贫穷的人，也会有家作为他的领地，在"家"这个领地中，他有着优于任何这个领地之外任何人的权力和地位。而一旦这样的领地受到外界的侵害或威胁，它的所属者会爆发出高于其他时刻很多倍的抵抗和防御能力，可能是因为家的范围较小，又承载着供人们休息、停泊、放松和寻找爱的责任，是所属者最方便控制同时又最需要控制的地域，所以任何人都不能接受自己的家庭领域受到侵害和威胁。

领地的标识

当人们确定了对某一区域或范围的所属权之后，会在其上明明白白地标识出自己的标记，这样就明确地告诉所有人，这是属于他的。动物和群体集团也不例外，狗会在它的活动区域范围之内跷起腿在每一棵树上撒尿，把自己的气味弄在每一棵树上，以此来证明自己的领地；国家会在主权归属于他的每一片领土上插上自己的国旗，以此来告诉周边国家或其他可能侵略的国家，他对这片土地不容置疑的领导权。其他一些社会团体也会通过一些十分常见的方式标识自己的领地，徽标、服装、门禁制度等。那么，人是怎么标识自己的领地的呢？

当某一个人将本属于自己的物品拿出来与其他人共享时，人们常常喜欢提前向其他人说明自己对这项物品的所有权。例如他会通过熟悉演示这件物品的功能、十分注意物品的安全与卫生等方式来向其他人暗示；人们对"家"这一领地的标识也十分明显，当一个人将另外一个人带到自己的家里时，另外的那个人一定是以"客"的身份出现的，这是相对于"主人"而言的，客的活动权力和范围必须遵守主人的规定和限制。

主人在进入自己家的领地时会表现出一种十分放松的状态，而客人就连换鞋入座这类事情都必须由主人指挥来做。表面上看，这是客气与礼貌的表现，而实际上，这正是主人家对自己的领地范围最无声但却最有力的掌控。因此即便是身份地位高于主人的人作为客人进入主人"家"的领地，主人除了热情招待之外，对自己的领地的所有权也不会受到动摇。而素养较高的人，无论在什么情况下去别人家做客，都会尽量地遵守主人的生活习惯，不会随意破坏主人家的规则，从进入主人家门口的那一刻起，所有动作都会尽量按照主人的提示小心翼翼地进行。

然而，在"家"领地范围之外的区域，具有身份地位等高级身份的人，原则上可以进入较低等级的人占据的区域而不受更多的限制，相反，身份等级低的人在进入比他高等级的人占据的空间时，却有可能受到各种各样的限制。例如，在一些国家的富人区，穷人是不被允许进入的。

如何捍卫"家"领地

家庭是由婚姻、血缘或收养关系组成的社会组织的基本单位，也是维系人与人亲密关系的最核心组织。从本质上来看，家庭也可以被理解为是育儿单位。这样一来，"家"领地就变成了育儿场所，与其他动物的窝或者巢具有同样的功能。动物界常常发生因为自己的"家"领地——窝或巢被占领而引起的冲突或斗争，人类也会在社交中极力保护自己的居住空间不被打扰，例如，有床的卧房通常与待客的厅室有足够远的距离，或是尽量隔开。

在过去，人们拥有足够的空间构建自己的"家"领域。院子就是原始社会狩猎领地的象征性遗留物。人们喜欢在自己的院子里种一些花花草草，再养一些鸡鸭，并把它们都用篱笆、栅栏圈起来，而这些篱笆和栅栏实质上并没有很实用的保护功能，仅仅是示意性的阻挡物，表明这个空间是独立属于这户人家的，与其他公共空间相区别。任何未经许可的闯入者或外来者进入这个空间都是不被允许的。

现代建筑将人的居住空间标准化了，每户人家独立居住在公寓式的区域内，其界限被墙和门十分明确地划分出来，这种情况下，捍卫"家"领域的方式就会变得十分局限。主人通常会通过房间的布置、家具、色调、风格以及悬挂在墙上或放置在房间里的装饰物来彰显自己的风格，也就是标上自己的印记。

在举家外出的时候，"家"领地被简化成为汽车、旅馆等暂时的落脚地，人们在进行游玩的时候会自动划出或占据一片区域，将自己的物品放在这片区域上。例如在海边游玩的家庭，喜欢在海滩上寻找一块适合的区域放置自己的东西，每次在海水里玩耍回来，都会继续回到这个区域。

在社交生活中，我们必须遵守不成文的规定，不得随意闯入他人的"家"领地或是带有同样性质的临时性领地。即使有必要进入，也必须遵守主人的规定，凡事都要在主人许可的范围内进行，这是一种起码的尊重。

个人领地的防御

在拥挤的现代社会，想要在公共场合制造空间感很强的舒适的个人领地存在很大的难度。

在工作的过程中，这一问题可以通过"格子"来解决，有一些心理学家或行为学家称之为"作茧"，即使用带有隔板的办公桌，给每一位正在工作的人狭小但是相对独立的空间，以此来标识个人空间的范围和界限。

还有一种方法就是确定喜爱之物。在共用的区域，当人们没有办法明确地划分各自的领地时，常常会通过长时间使用某件物品或是在某处摆放自己的物品来使本没有所属权的某一小片区域变成某个人的专属。例如，一个人在开会时喜欢坐在某个位置，每次开会他都坐在那里，久而久之，那个位置就变成了他的专属。其他人也就逐渐默认了这种专属。

很多情况下，人们会选定自己的喜爱之物，并通过长时间的使用使之变成自己的专属，这种专属并非真的归他所有，而是在人们的习惯中所有。或是使用个人标记，将自己的东西放在自己喜欢并经常待的地方，这就是我们日常生活中最常见的"占位子"。在公共场合，当别人发现这个位置上有其他人的物品，则知道这个位置已经有了暂时的所有权，就不会轻易使用了。

另外，当人们没有办法主动掌控对某一区域的所属权时，通常会在自己力所能及的控制范围内将自己的区域与外界区域隔断开来。就像一匹马对其他马的反应太过敏感时，主人会在它的眼部设置遮蔽物，人类在一些情况下，也会采取这种做法来框定自己的区域，这就叫作障眼姿势，即用双肘撑在桌面上，单手或双手张开手掌放在额头部位，将视线切断，像是戴了一副眼罩一样。

使用这种方式不仅能够有效并有力地捍卫自己的个人领地，又能足够地保持对他人的威慑，尽量减少纠纷。

人与人交往过程中，如果能够真正做到互相尊重各自的个人领地，生活将会变得更加有秩序。当然，在占据空间时，每个人都应该考虑到别人的利益，如果单纯以自己的利益为重，肆意占领公用空间，冲突和纠纷则难以避免。

人类的躲藏行为

躲藏是人类在遇见危险时的下意识行为，选择的阻挡物可能是某种物质性的东西，也有可能是熟悉的可信的人。有时，即便是在没有危险的情况下，人也会将自己象征性地躲藏起来，或掩面，或转身。这种行为也是孩童时期恐惧感和害羞感的延续。

人类在孩童时代，当遇见一个陌生人出现在面前时，只要是他们不敢断定这个人会不会对他们造成威胁的时候，就会躲在母亲的身后，然后探出头来偷看这个陌生人即将采取的行动。如果母亲或其他亲近的人不在身边，孩子们则会选择躲在桌椅或其他什么家具后面。如果陌生人进一步靠近，他们会选择用双手把脸捂起来，然后在指缝中看对方的反应。如果陌生人还是毫无停止之意地继续靠近，他们就会转身逃离；如果实在无处可逃、无处可躲，就只能选择号哭或是向母亲求救了。

长大以后，人的胆量和勇气逐渐有了成年人的倾向，危险的标准也逐渐降低，躲藏行为也变得没那么明显了。但是躲藏的痕迹还是随处可见，例如当一个少女处在尴尬或是害羞的局面中时，可能也会用双手捂住脸，或是用手头的书报挡住别人的视线，即便是更加成熟的女性，在害羞的时候，也会低头或是随便用手遮挡一下面部。当然在更加正式的成人交际生活中，男性害羞的场面要少于女性。

在成年人的日常交往中，人们已经有了足够的能力控制自己遇到轻微的威胁时想要躲藏的行为欲望，但是这种行为欲望是通过另一种较为柔和、较为内敛的方式被表达出来的。

例如，在一次酒会上，当你遇到自己因为之前某种原因而不愿打招呼的人时，你并不会像小时候那样拔腿就跑，或是哭喊着求救，而是在保证表情和身体没有太大动作变化的情况下，转向远离他的区域，尽量让他看不到你或是注意不到你。实际上，这也是一种躲藏行为的延续，是较为常见的一种方式。

通常情况下，越是正式的、不熟悉的场合，对象越是陌生，人潜意识里的躲避欲望越是强烈，但是受理性控制的建立更大交际圈的欲望战胜了这种潜意识里的躲藏行为。因此，越是善于社交的人，越是能够有效把握和控制这种躲藏行为。

熟练的挡身动作

人在不知情的陌生环境中常常会感到不安，在这种情况下，就会做出下意识的挡住自己身体的行为，即身体向后退，将手臂或手掌挡在身体前面，形成一个暂时的"栏杆"，为自己的身体搭建一个"护栏"。这个挡身的动作通常是无意识的，做出这个动作的主体这时候通常不会记得自己做过这个动作。然而这个动作又是隐藏在某种形式之下的，它不会赤裸裸地展现主人的躲避或退让的意图，而是以某种伪装的形式出现，伪装的具体情况应具体分析。

在一些重大的外交或高层交往的场合，常常可见一个身份显赫、很有派头的人在面对记者的镜头时，将双臂交叉垂在身体前面，或是将右手横在身体正前方，像是在整理衣服或检查纽扣一样。这个动作并不是一直保持的，而是时而停止时而继续，手臂移动的速度较慢，幅度也很小，因此不会引起他人的注意，还会给人造成一种准备好握手的错觉。而实际上，这是他在需要慎重的重大的陌生场合中的一种自我保护意识的展现，是人类挡身动作的演化和变形。

女士可以更加隐性地做这个挡身动作。很多时候，女性出现在公共社交场合时会有挎包手包等饰物，在上述场合中，女性可以通过拨动或调整挎包的位置来保证自己有能力做出挡身的动作而不被其他人注意到。披肩或围巾也是很好的掩饰物，女士在整理披肩或围巾的造型时，披肩和围巾通常没什么问题，只是女性借助这样的动作实现自己的挡身意图罢了。

很多情况下，完全的挡身动作是做不出来的，它会受到很多因素和场合的限制，而半阻挡的挡身可以隐藏在很多伪装的行为之下，因此更容易被人们运用出来，例如整理衣服或配饰、抬起一只手放在身体前面做一些接触身体的小动作等。

另有一些挡身动作十分常见，但却是没有掩饰和伪装的挡身动作，一般情况下可以说明，此人缺乏足够的社交经验，例如一男子在穿过一处人群密集的地带，可能会在走路的同时，双手合掌来回摩擦掌心，像是在洗手一样，这是一种对直接挡身动作的低级改造。而女性则是在走路时，一只手臂自然下垂，另一只手握着相反一侧的肘部，这个姿势表现出十分明显的柔弱气息，证明自己是害怕受到伤害的。

迎接场合的挡身动作

在迎接场合，主人对当时当地的环境十分熟悉，而客人则是初来乍到，内心难免紧张，就会自然而然地做出挡身行为。

实验表明，在双方相向走来的情况下，两方同时做出的挡身动作的可能性较小，这是由两方不同的身份地位或对环境的熟悉程度和适应能力决定的。首先做出挡身动作的人一定是新到的人，他对环境的熟悉程度几乎为零，自己完全没有适应这个新环境的氛围。而另一方，即便也是初来乍到的陌生人，也会因为先到或适应能力、应变能力强或是善于社交等原因，暂时地对这个环境产生"领地权"或归属感，因此在会面的场合中，有"领地权"的一方会不由自主地成为"迎接"新到的一方的"主人"，从而将做挡身动作的必要让给了新到的一方。

只有在双方地位悬殊，而地位高的一方作为新到者时，这种情况可能被改变，作为"主人"的一方，也就是身份地位较低的一方可能做出挡身动作，而这一动作通常不会被对方注意到，即使发现，对方也不会理会。

在双方的身份地位都处在均势的情况下，在出现了上述的"主客"之分后，暂时作为"主人"的一方会表现出迎接的姿态，再次明确地表示自己在当前环境中不容置疑的"主位"和"主动权"，他此时的行为举止会有"张开双臂"的意味，因此不会用挡身动作来把"客人"拒之于千里之外；而作为"客"的一方，因为自己初来乍到的拘谨和陌生感，自然而然地利用挡身动作将自己放在可保护的范围内，或是将手横在身体之前做一些小动作，或是单纯将手臂来回移动，这不仅可以使他达到挡身的目的，还能缓解紧张和局促的心情。

而在迎接活动结束后，当人们站着交谈时，之前经过变形的挡身动作，例如将手放在纽扣处抬起又放下的动作，会在这时变为一个持续静止的姿势。这个姿势是在说明，他对当下两个人之间的空间距离是表示满意的，但是他不能接受对方再进一步了。有的人甚至会将双臂缠绕置于胸前，这是一种完整的挡身信号。很多做门卫工作的人最喜欢这个动作，就是在习惯性地表示不欢迎。

坐姿中的挡身

人对自身的防御是随时随地的，不受任何环境、场合、时间段等外界因素的限制，也不受身体姿势、心理状态、思维动态的控制，很多时候都是无意识的。坐姿中，也有很多可以作为挡身动作的姿势。

在公共场合中，很多座椅并不是独立的，当一个人坐在长排座椅上的时候，如果旁边的人过于靠近，只要不是特别亲昵的关系，无论是熟悉还是陌生，这种近距离都会让人觉得很不舒服，从而产生挡身的冲动。

在并排坐的情况下，最常见的挡身动作还是双臂缠绕放在胸前，或是抱紧双臂。有的人也喜欢在面对这样的情形时，跷起"二郎腿"，向上的腿朝向身边的人，做出一种踢他的假象，以此来表明自己的反感情绪。有的男士甚至会摆出"4"字形的腿部姿势，用腿型为自己的身体搭建护栏。

有时，男性还喜欢将两腿微微分开，两只手分别放在膝盖上，这就相当于为自己建造了一个立体的护栏，从身体的前方和左右两方分别保护了自己的身体，如果身体再加以颤动，这就相当于是将自己做出的挡身动作不停地告诉身边的人——"不要接近我，我正处在防备的状态。"

然而这种只能让人意会的姿势在实际生活中很难被人彻底地看懂，很多不注重社交知识的人根本不会理会这种姿势，例如在候车室等鱼龙混杂的地方，这种情况十分常见，这种姿势也完全起不到挡身的作用，这就只能用言语对对方进行适当的提醒了。

在职场中，每个人的自我保护意识都极强，每个人都希望自己得到有效的防护。其实办公室中的办公桌能起到极好的作用。工作的人坐在办公桌后面，双腿隐藏在办公桌下面，只有胸部以上可以直接被人看到，但是却保持着相当一段距离，那就是桌面的距离。

职员们在通常情况下不必站起身来，而只需隔着办公桌进行简单的言语沟通和交流，这就使得人与人之间的距离保持得十分固定，每个人都不必担心自己的工作空间或领域被侵入或占领，因此不必处在时时警惕的防御状态之下，能够更全身心地投入工作。

天然的自我防御工事

除了大脑思维和智商高于其他所有动物以外，人的身体在自然界中可以算是弱小的。人没有狮子、老虎那样锋利的牙齿和爪子，也没有羚羊、驯鹿那样能够高速跳跃飞奔的腿部肌肉，更没有翅膀用来飞翔，没有鳃用来在水中生存，但是人的生命力是足够顽强的，人体的构造也十分独特，在人类发展的数十万年中，人类不仅利用高智商的大脑创造出了辉煌磅礴的文明与科技，还在科学与医学的帮助下，用自己弱小的身躯躲过了人与人之间、人与动物之间的相互厮杀。人类生存本身就是奇迹。

人类处在危险环境中时，并不能像乌龟或蜗牛等甲壳类动物那样缩起来。在没有任何辅助工具的情况下，人类唯一可用的保护自己的工具就是自己的身体。幸好人体中有几块较为坚硬的骨头，这几块"硬骨头"全部分布在眼睛周围：两块眉骨、两块颧骨和一块鼻梁骨。这五块"硬骨头"可以在人的头部受到打击时有效地减轻伤害，在一定程度上保护人的大脑和眼睛不受伤害，这也就使得人们在遭到肉体损伤后还能够保持思维清醒和视觉能力，从而有效地做出反击或是逃避。

人类动作的灵敏度也具有一分神奇的功效，它能够在遇见危险的时候自觉做出保护动作，从而更好地保护人类的自我防御工事。例如，人的眼睛是比较脆弱的，所以在遇到危险的时候，很多人选择紧闭双目，以免眼睛受到伤害，将自己陷入不可视的恐怖境地；头部也是人的重点保护对象，在危险来临的时候，人们也会下意识地用双手抱住头部，以防头部受损，因为控制人体全身神经和动作的源头就是大脑，头部一旦受损，大脑将面临局部或全部瘫痪的危险。

此外，在危险情况中，人的身体也会下意识地收缩，使自己变得更结实，占用的空间更小。

拳击场上的拳击选手能够将自己身体的天然防御做得最好，因为他们随时面临着袭击，因而也随时做好了防护，只有在对自己的防护有着足够的信心的时候，才能有胆量主动出击。但是当其中一方处于守势时，他多半会用双臂挡住头部，以免遭到对方的重击。

需要防御的另一个地方

在通常情况下，人会下意识地保护自己的头部免受危险，但是在不同的场合中，这种下意识保护的地方可能会转移。

在运动场上，尤其是足球等主要依靠下肢运动的球类运动中，运动员们着重保护的部位并不是头部而是生殖器。在赛场上，很多情况下，运动员为了追求进球或得分，需要积极地进攻，因此很多时候难以顾忌自己的安全，只能运用转身低头等不妨碍进攻的动作来防御自己的身体。

例如足球运动员需要时时刻刻注意自己进攻的目标的位置，因此他们不能向正常情况中的人一样，用双臂将自己的头部保护起来，而必须要保证眼睛能看到足球和对方球员的情况，并且在很多时候，他们的头部是重要的进攻工具，和脚起到了几乎同样的作用，因此头部不能重点保护了。

这种情况下，他们有一处身体部位相比之下更需要保护，那就是生殖器，他们在与对方"交战"的过程中，转身或奔跑的过程中，身体的下半部分不能有效地控制，于是两腿分叉处就变成了最容易受伤的地方。

足球运动中，有时需要一方运动员并排站立组成人墙，以阻碍对方球员的点球射入自家的球门，这种情况下，他们很有可能被高速降落的足球砸到，而这时他们自然不能掩面蒙头，最需要保护的地方在两腿之间，因此，组人墙的球员通常双手自然下垂并将手掌交叉，这样就可以有效地保护生殖器，还可以利用胸膛或身体对迎面而来的球进行阻挡了。

女士在遇见危险的时候，除了需要保护下身以外，胸部也是重点的防御部位。用双臂抱着身体就是对胸部的最直接保护。

有时，女性为了使自己的保护防御动作不那么明显，会采取单手抱臂的动作，即一只手臂自然下垂，另一只手臂握住下垂手臂的肘部，也是将手臂横在胸前的有效手段，这种情况下，女性多半希望不被人打扰，因为她对环境或场合有些不适应或不熟悉，还没有遇见十分危急的情况。

另外，在完全陌生的环境中，女性无法判断危险是否存在时，喜欢将挎包等随身携带的物品放在胸前，使自己的身体和包同时处在最有效的控制范围内。

尖叫的防御作用

人在遇到危险、惊吓或是遭受痛苦的时候很容易发出尖叫。这也是一种下意识的表现。这种尖叫并不是人类的特权，几乎所有哺乳动物都会在危险或痛苦的情况下进行尖叫。这既是一种下意识的行为，也是在危险或绝境时对同伴发出的求救信号，同伴在听到这样惨烈的尖叫声后，会立刻意识到发出声音的人正处在危险当中，急需帮助，他们或它们便会赶过去进行帮助。

在人类的现实生活中，男性在处于危险、痛苦或受到惊吓时，尖叫的次数会明显少于女性。例如在游乐场中的一些惊险游乐设施上，我们听到的尖叫声主要是来自女性的。很多人认为女人受到惊吓尖叫的直接原因是大多数女人生性是弱者，胆小，而大多数男人处事不惊，相对沉稳一些，认为勇敢是男儿本色，只有少部分女人才会像男人那样临危不惧。

实际上，这和两性的社会性别有着明显的关系，现代社会在发展过程中将男权抬高，而为女性制定了一种柔弱的、需要保护的形象，以此来凸显男性在社会生活中不可动摇的地位，女性只有通过不同的方式表现自己的柔弱和需要保护，才能树立起男性的勇猛角色，久而久之，柔弱就成了女性的代名词并逐渐受到男性的青睐，女性也接受了这种心理和性格特点，因此尖叫时表现出来的柔弱感也成为女性吸引男性注意的方式。

与此同时，通过尖叫也可以释放一种胆怯害怕的感觉，从而不会因为压抑而显得当时局势更为紧张，让自己无法释放恐惧。另外，女性的音高相对高于男性，音色和音频也都会加强尖叫时的分贝，因此女性的尖叫更容易被捕捉。

从生理角度来讲，肾上腺素升高是关键。一般人在恐惧或惊吓的时候，肾上腺素会加快分泌，肾上腺素的分泌会引起心跳加快，呼吸的深度、频率的变化。这是绝大部分人在受到惊吓后的共同生理反应，在缓解下来之后，人会产生乏力感。而尖叫以及尖叫程度的不同则因个人的习惯不同而异。

平息攻击的方式

心理学家研究表明，在一个人受到攻击或面临人为的危险的时候，一般情况下会有5种应变的措施：躲藏、逃跑、斗争、求援或设法平息攻击者。躲藏和逃跑是相对比较被动的手段，斗争属于积极对抗，求援则是在其他人有可能介入的情况下才能实现，而当攻击者太强难以与之对抗，或是被动的躲藏与逃跑受到空间或条件的限制，又没有第三方可以介入的情况下，设法使攻击者平息下来就是唯一的应对办法。这就需要人做出谦卑的行为。

当面临危险或被对手逼入绝境时，用一副可怜相来求饶几乎是包括人在内的所有动物的本能，这是在弱肉强食的现实生活中求得生存所必须要面对的。动物在这种情况下可能会将自己的身体尽量缩小，表现出一副柔弱的态度，去承认对方的强大和强者地位，这一点，人类也会做到。

动物在表现可怜的时候，会通过发出呜呜咽咽的呻吟声来告知对方自己意识到了他的强大，以此来表示让步或认输。而人则会用语言来为自己辩护或是求饶。这种行为就是在明显地显示谦卑。人际交往中，将身体微微前倾再加上"点头哈腰"就可以十分明显地表示谦卑。

人在表现谦卑时，最重要的一点就是在强调自己的弱小，以此来烘托对方的强大，也就是承认自己在这场针锋相对的较量中，处于劣势，没有能力再和对方抗衡了，希望对方不要再咄咄逼人。

在这种心理状态的影响下，谦卑者的身姿和体态都会相对靠下，希望能够以仰视的目光看胜利者。这种情况在现实的人际交往中有了一种表现双方身份的象征性翻版。长期失业者、社会生活中地位权力较低的人以及精神生活受到一定摧残或打击的人，走路的时候，总是弓着腰、低着头、耷拉着肩膀。造成他们这种状态的原因，并不是身份地位较高的人直接给予的打压或威胁，而是他们在日常生活中无形养成的习惯。每当遇到对抗的场合，他们这样的身体姿态已经明显告诉对方，双方力量的高低强弱已经十分明显，较量已经没有什么价值了。

抱臂防御

腹部几乎是人体最脆弱的地方，因为整个腹部包含了人体得以正常运行的绝大多数器官，但却没有骨骼，只有一层可以囤积脂肪的皮下组织。偏上方的胸骨和十二对肋骨可以对心脏进行适当的防卫和保护，背部则有脊椎骨和较粗的肋骨组成保护框架。

但是值得庆幸的是，腹部保护起来相对方便一些，因为两侧的双臂很容易成为保护腹部的"栏杆"，人类在漫长的进化过程中，已经学会了利用多种手段来保护自己脆弱的腹部。

双臂可以在力所能及的情况下保护身体前侧的大部分身体组织和部位，如：咽喉、胸部、以肚脐为中心向四周展开的太阳神经丛以及生殖器等脆弱部位。抱臂是防御腹部十分有效的姿势，实用性和适用性都很强，可以不受时空的限制，也可以用手中或临近的其他物体代替，具有很大的灵活性。

行为学家将抱臂防御姿势分为积极和消极两种。

积极的防御状态是做好战斗准备的防御反应，即挺直躯干，昂首挺胸，双腿稳固跨立，脚掌舒展。这种防御姿势是较为自信和强势的人经常采用的，证明发出危害的一方与主动防御的一方势均力敌，防御一方也在积极等待斗争的开始，这种情况常常会引发较长时间的冲突。积极的抱臂防御整体上会增强行为人的气势和威慑力。

而消极的抱臂防御则是防御一方遭到对方较大程度的威胁，产生了恐惧、紧张、惊吓等消极情绪。

这时，行为人的脊柱会尽量弯曲，头部低垂，缩肩，双腿紧闭，表现出一种与积极抱臂防御截然相反的姿势。这就说明，他在潜意识里对对方充满惧怕，同时害怕冲突的发生。

此外，女性的抱臂动作常常可以显示较弱，从而引起男性的保护欲。这是因为抱臂动作与双手叉腰的动作完全相反，是一种减少自己身体所占物理空间的方式，这样一来就会给人留下弱小的印象，可以衬托男性的勇猛和强大。

弱者的防御：耸肩

西方人喜欢通过耸肩来表达多种含义，如无奈、抱歉、不清楚状况等。而在中国，经过长期的中西文化交流演变，耸肩也有了多种中国含义，如害怕打扰他人、内心紧张、担忧、惊吓过度等。其中有一个重要方面就是在需要自我保护的防御状态下的耸肩。

耸肩是将肩部向上提，头部向前伸或向下低，将自己的颈部裸露部分缩短，仿佛是希望自己能够躲在衣服支撑的壁垒里面一样。这就表明行为人对外界有着足够的恐慌和惧怕，并不希望与他们发生争斗，而是主动示弱，承认自己不如对方，希望对方放弃进攻，这是一种十分消极的自我保护和防御方式。

同时耸肩也是一个"息事宁人"的姿势，耸肩的人就是利用自己缩小身体物理空间的方式告诉对方，"你不必通过冲突就可以证明你的强大和胜势""你不必对我这样毫无威胁的人动手"。进攻欲望是在挑衅或是有争夺必要的时候被激发的，示弱在强者看来毫无兴趣。此外，耸肩也就意味着不自信。是行为人尚未采取与对方较力的行动时就已经败给对方的表现。这就是一种最为被动的防御方式，可能在冲突尚未发生之前就生效了。但是却很少被人采用，因为这种防御方式被人们认为是"没有血性"的。除非是在人力无法抗衡的巨大危险或是杀伤力极强的攻击面前，人们会用这种近乎求饶的方式保护自己。

值得注意的是，人在毫无准备的无意识状态下，耸肩就是第一反应。运动场上的运动员在受到伤害的时候，会首先耸肩低头来保护自己颈部的大动脉不受伤害。如拳击场上的拳击运动员在被对方袭击的时候，会下意识地耸肩，并用双手护住头部。足球场上的足球运动员在面对高速飞来的足球时，如果不能有效地接球，就会在第一时间耸肩低头。在日常生活中的人们也是同样的状态，当忽然听到一声巨响时，所有人的第一反应都会是耸肩。所以，耸肩也是一种最为常见的防御姿势，是人在下意识情况下逃避或防御危险的本能。同时的伴随动作还有用手掩住头部、耳朵或是面部，并且弓着腰保护腹部。这一系列动作都是人在遇见危险时的本能反应。

收回手臂的征兆

手臂是人体当中灵活性极强的肢体部位，可以在人体的躯干或头部等需要重点保护或是柔弱的部位受到危险时及时予以保护，也能在遇到消极情绪干扰时，及时表现信号。不同心理状态支配下，手臂的姿势也千差万别。比如，当人们受到责罚或训骂时，双手会垂直奄拉着，当人们受到侵害或面临危险时，手臂会交叉抱住身体；当人们遭受虐待时，手臂会交叉搭在肩上，以使得手臂的保护面积增大。这些都属于手臂参与的有效的生存策略。

另外，当人们插手一件事情但又觉得不妥时，手臂也会体现出无措的样子，例如，当孩子和年龄稍大的小伙伴们一起玩耍时，站在一旁的母亲会感到很担心，这时的她很想介入其中，可她又不希望孩子受到干扰，这时，母亲的手臂可能会交叉于胸前，或是将双手合掌来回揉搓，这些都是她在通过手臂控制自己情绪的表现。

在相互争执的过程中，两个行为人可能都会做出收回手臂的动作。因为或许连他们自己都意识不到，这种与争执气氛不相符合的不具挑拨性的动作能够起到一定的保护身体的作用。

从本质上讲，他们是在受潜意识的控制，也是在无意识地抑制自己的身体，因为伸出手臂可能会被理解为攻击，而率先出手的人就意味着需要承担"主动出手伤人"的责任，并且一旦出手，双方的争执即会上升为冲突甚至是斗殴，伤害便不可避免了。

手臂的自制不仅是一种有效的自我防御的手段，而且还能在一些情况下给自己带来安慰的感觉。例如，人们在身体的任意一处受伤时，都会极力限制自己的手臂动作的幅度，即便伤口不在手臂上，这是自我疗伤和安慰的一种方式，减小手臂的活动幅度可以减小整个身体的活动幅度，从而在心理上减少疼痛。如果你患上了肠道疾病或胃部不适，你很可能会将手臂缩到腹部去轻揉或放在疼痛的部位，因为在这种情况下，人体的边缘系统会要求手臂尽量不要远离，以便及时满足身体的需要。

脱掉外套的人

我们在很多影视作品中看到过这样的场景，在前去迎接挑战的人上场之前，他会脱掉自己的衣衫，然后摩拳擦掌准备大干一场。准备打架的人也会这么做。但这又是为什么？是单纯为了让肌肉得到完全的放松吗？是不希望衣服在争斗过程中损坏吗？还是希望对手在动手的时候找不到着手点呢？这些原因可能都有。这种情况在行为学中也有科学的解释。

美国联邦调查局曾经公布过这样一个案例，两名男子因为一点小事起了争执，他们互相攻击的过程具有十分戏剧性的特点——他们赤裸着上身，像大猩猩一般互相撞击着胸部，这是一幅十分典型的肉搏画面。

经过心理学家的分析，这两名男子的行为有了这样的解释：男性的胸肌本身就代表了强壮、勇猛和力量。他们在斗殴过程中将自己的胸膛露出来是在向对方显示自己的力量，可以理解为一种示威方式。此外，人在承受压力的时候，呼吸强度和深度都会提高，这就直接使得胸膛起伏和扩展收缩的幅度增大，也会让男性的胸膛显得更加坚实有力。另外，现代服饰的复杂性会在双方打斗过程中显示动作和力度，因此，脱掉外套也是希望自己能够全身心地投入这场"战斗"中去，不要受什么东西的牵绊，为取得胜算增加一分把握。

久而久之，通过这种方式显示自己的实力开始被越来越多的人采用。有的人因为受到条件或环境的影响，不能肆意脱下上衣，他们便将这种动作做了象征性的改变，那就是挽起袖子，以此来代表脱下外衣的效果。在现代社会总有同样的效用。

因此在日常交际中，如果有人在气氛有些紧张的谈话过程脱掉外套或是挽起袖子，如果不是说在兴头上让他大汗淋漓，就一定是什么东西引发了他的愤怒情绪，他有可能要大打出手了。

"二郎腿"能跷否

坐姿中，将一条腿搭的膝盖弯曲，另一条腿搭在这条腿上面是一种十分常见的姿势，就是我们俗称的"二郎腿"。尽管跷"二郎腿"会给大家带来很多身体上的隐患，但还是有人不管不顾，照样跷着，并逐渐成为了习惯性的坐姿，因此在现代的交际场合中，跷"二郎腿"逐渐被接受和允许。但是需要在严格的要求之下：男性在保持这个姿势时，需要保证自己的裤线是笔直端正的，不能出现偏离或扭曲；女性在穿裙子时跷"二郎腿"，应该将两条腿偏向一侧。一般情况下，跷"二郎腿"是将右腿搭在左腿上面，因此女性一般是将两腿偏向左侧。

在行为学中，跷"二郎腿"可以被理解为多种含义。

通常情况下，这种姿势是被看作一种纯粹的习惯性动作的，人在保持这个坐姿的时候既有可能处于美感，也有可能是在两腿保持了长时间的静止和固定姿势，或是座椅不够舒适等。因此不够引起人们的注视。但是在一些特定的情况下，含义就出现了变化。

如果一个人跷"二郎腿"时双臂交叉环抱身体，则可以说明这个人希望能够避开或结束谈话。如果在商场中，销售员一味地向顾客介绍某种产品，而顾客摆出了这样的姿势，那几乎可以说明，顾客对这种产品是不感兴趣的，销售人员不如停止口若悬河的游说而询问对方的意见。如果是在交通工具等公共场合，摆出这个姿势的人显然是不愿被其他人打扰，将自己保护得严严实实，他此时的内心也处在紧张得自我防御的状态之下。当有熟人在场时，如果女性保持跷"二郎腿"的坐姿，手臂并没有明显的抱身动作，则可能是处于爱美的表现。

翘着二郎腿坐着

此外，有人习惯将一条腿呈半弓形跨在另一条腿上，有专家将其称之为"交叉合拢"跷腿，也就是我们所说的"4"字形腿的坐姿。这种姿势有段时间在美国十分流行，尤其是在特别讲究竞争的男人圈子里，这样坐说明这个人有着很强的竞赛和抗拒心理。在正式场合中，这种坐姿明确表明拒绝和不愿对方接近。同时也可说明此人较为顽固和自我，即便是用这种方式来放松自己，也说明他不太在意别人的看法。

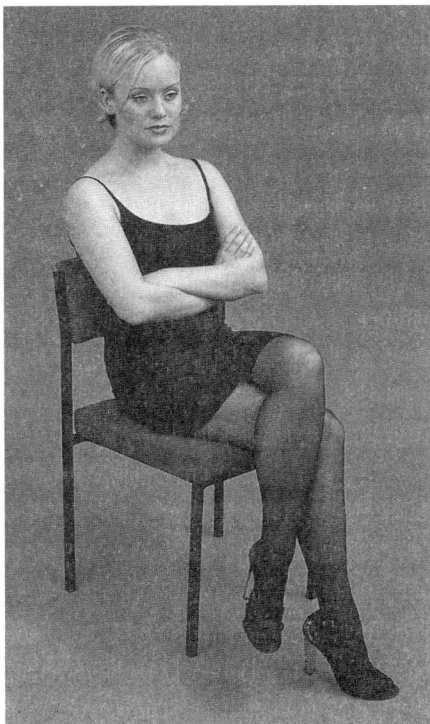

象征性阻断

人在看见惨状、恐怖局面或不愿看见的事物时，会下意识地闭上双眼，主动切断或阻断自己的视线接受自己大脑不愿接收的信号，这种行为可以被称作"阻断反应"。阻断反应也可以是指通过某种具体的物体在景象和自己面前建立屏障。

例如，人在害羞的时候会害怕他人看见自己，并希望减少被关注的程度，这时就会用手掌或手中的书本等物挡在自己的视线之前，避免自己看见大家的目光，实际上这并不是对他人的阻断，而是一种阻断自己的象征性方式，可以为自己造成错觉，从而减轻心理的不适。

眼睛在象征性阻断中最为常见，因为只要将眼睛闭上，就达到了最简单的阻断，也就是我们所说的俗语："眼不见为净。"因此，通过行为学的观察和研究，当人将手放在额头处遮住额头或眼睛，或是用手来摩擦额头或眼部的皮肤，实际上就可以被理解为是在试图阻挡你给自己的视线，阻断外界对自己的关注，从而减少自己的被挖掘或看透的可能性，这种阻断就被称作"视觉阻断"。

相同情况下，"听觉阻断"顾名思义，就是通过掩住耳朵来阻断耳朵接受信息从而影响大脑。孩子们在听见自己不愿听的话语时，会用双手捂住耳朵大喊："我不听！我不听！"而实际上，手掌并不隔音，很多情况下，即使捂住耳朵，对方的话还是可以进入听觉范围的，捂耳朵的行为实际上是比较无用的。但是在成人的世界里，也会有一些通过听力阻断来防御自我的行为。例如当一个人走夜路时可能有些害怕，而戴着耳机随便听些音乐就可以缓解这种害怕，但是这种情况在成年人正常的社交生活中较为少见。

嘴部的阻断反应大多是针对自己说过的话或是发出的声音而言的，也可以适当地表达惊讶或是恐慌，即遮住自己因慌张而张大的嘴，同时避免自己发出惨叫。

脸部的阻断行为表现得较为彻底，即将整个脸部用手掌遮起来，除了在表达自己不敢相信或是不愿相信的心理状态，也可以表达无奈和自责，认为自己"无颜"面对眼前的人，因此象征性地将自己的面部遮挡起来。

第六章
你的神经绷紧了吗：
紧张与放松

紧张感是如何产生的

　　紧张是人们经常出现的一种感受，不仅表现为心理上的焦虑不安，往往还会引起一系列的生理反应，例如心跳加速、手心出汗、脸色发白等等。这些反应都与产生紧张感的生理机制有关。

　　人的身体在振奋时，身体机能就快速地运转起来，并准备接受下一步运动的指示。而当人放松下来时，身体就像汽车退到慢档一样，慢慢缓和下来。这些变化是由自发神经系统来控制的。

　　自发神经系统包括两个相互对立的部分：交感神经系统和副交感神经系统。交感神经系统的能动性较高，是司动者；而副交感神经系统的能动性较低，是司静者。当身体处于普通的活动状态时，交感神经系统和副交感神经系统之间保持着一种平衡。交感系统使身体继续活动，并保持一定的强度；而副交感系统将身体的活动强度控制在一定的范围之内，从而保存体力。两个系统的力量基本相当，因此使人体维持适当的、中等程度的活动。

　　日常生活中，大部分时间我们的身体都处于这样的状态。但如果受到某种刺激，需要做出紧张或强烈的运动时，交感神经系统就会活跃起来，压制住副交感神经系统。这时人体就会出现一系列的变化，首先血液里的肾上腺素增加，心跳加快并变得强烈，血液从表皮和内脏向脑部和肌肉转移；消化系统运动减弱，唾液分泌减少，使人感到口干舌燥；肝部贮藏的碳水化合物融入血液，因此血糖升高，呼吸加速，身体大量地出汗。

身体上的这些变化都是为了进行下一步更强烈的活动，也就是说身体已经跃跃欲试。大脑的血液增加，以备随时都能做出敏捷的反应，肌肉则绷紧准备进行激烈的运动，肺也努力地扩张以便吸入更多的氧气，皮肤加速排汗有利于热量的散发。如果这些准备得到了释放，身体采取了进一步的行动，那么就不会产生紧张感。但是，很多情况下处于一些外部的原因，身体上的行动会受到抑制，肾上腺素已经释放，身体已经做好了充分的准备，但是却没能进行下一步的行动。这种情况下受到压抑的身体就会产生紧张和压迫的感觉，身体出现的上述变化则能成为紧张的信号。这样生理方面所做的准备都成为多余的，于是导致自发神经系统产生了不平衡的状态，交感神经系统和副交感神经系统都开始活跃起来，身体便处于一种矛盾的状态之下，紧张感便产生了。

为什么紧张难以隐藏

当身体已经做好活动的准备，但受到某种因素的制约而不能做出行动时，就会出现身体上的矛盾状态。

例如有的人害怕某种事物，但又没办法逃避；对某种事物感到很愤怒，但又没办法发起攻击。这时候他们的交感系统已经变得很活跃，但又不能转化为身体上的行动。处在这种矛盾之中的人，往往不想使自己紧张焦虑的情绪暴露给他人，于是努力装得若无其事，但是身体的各种表现很容易就出卖了他。

举例说明这个问题，一个要接受电视采访的人，不可避免地会感到紧张，因为他马上就要出现在成千上万的人眼前。在等待采访时，他心里便产生了恐惧感，于是身体就自发地做好了随时逃走的准备。当他坐到摄影机前接受采访时，他做出很大的努力想要表现得轻松自在，但他的身体依旧处在准备逃走的状态里，因此不管他怎么努力，身体仍然会显露出各种紧张的迹象。首先是呼吸加速，这是最难控制的，即便这个人是受过动作方面训练的职业演员，他在感到紧张时也会不可避免地呼吸加速，胸部会快速地起伏，频率比平时更快也更明显。这时他如果刻意想表现得轻松而随意地斜靠在椅子上，那么这种剧烈的胸部运动就会显得与他的姿势很不协调，只有穿十分宽大的上衣才能隐藏。

除此之外，血液循环使身体表皮的血液转向了肌肉和大脑，他的脸色会由于缺血而显得苍白。而唾液分泌的减少会使他感觉到口干，因此他在说话时，为了使嘴唇变得湿润，就会伸出舌头舔舔嘴唇或做出其他的唇部动作。肌肉为了逃走而准备的过量血液得不到释放，就会使他的躯干变得僵直，而四肢会不知道该怎么摆放似的不停地移动，或者交叠在一起。他不是两手紧握就是跷起二郎腿，或者同时做出两个动作。

为了高强度的运动，他的身体也在加强散热功能，因此他出的汗要比平时更多，额头、鼻尖、腋下、手心等部位都冒出了汗珠，因此他不时会做出抚摸额头、摸鼻子等动作，而摩擦大腿这个动作非常有用，因为不但可以擦去手心的汗，还可以起到安慰作用。由于身体根本没有做出强力的动作，没有产生多余的热量，因此这时候排出的汗都是"冷汗"，这也使他可能会打寒战。这么多无法控制的身体反应暴露在众人面前，可想而知想要隐藏自己的紧张感是一件多么困难的事了。

会叫的狗不咬人，脸红的人不动手

人们在打架时，往往会表现出身体上的矛盾情况。如果一个人的恐惧感和攻击的欲望交织在一起的话，也就是说这个人既想逃跑又想要进攻，那么他在威胁对手时就会表现出矛盾的信号。

在打斗时，需要特别留意对手的脸色，如果他脸色发白而不是发红，就说明他更加地危险。因为脸色发白是由于交感系统导致的，使血液从表皮流向肌肉和大脑，从而做好激烈活动的准备。因此脸色发白的人不是准备逃跑就是准备进攻，所以，如果他不但脸色发白，而且又气势汹汹地向你逼近的话，就说明他真的准备发起进攻了。而如果他的脸色又变为了红色，则说明副交感神经已经起作用了，不论什么原因导致的，总之他已经不再处于准备进攻的状态了。平时我们在描述一个人感到很愤怒时总会说他"满脸通红"，好像是说这个人很危险，正在随时准备进攻。

当然这样的人是值得警惕的，因为他的自发系统有可能随时回到交感系统的控制之下，使他发起进攻。但是他发红的脸色却暴露了他内心有着激烈的冲突，因此尽管他不停地大声叫骂、暴跳如雷、气势逼人，看上去让人感到很可怕。但实际上，像我们平时总说的一句俗话一样"会叫的狗不咬人"。狗的比喻其实非常准确，被咬过的人都能证明，那些汪汪乱叫的狗通常不会真的去咬人。同样，面红耳赤、大声叫骂的人一般也不会真的动手。

另外，一种动物身上常见的紧张信号也是有一定作用的。就是当哺乳动物血液中的肾上腺素突然增多时，就会使这个动物的毛竖立起来。这是散热系统的作用，为了让更多的皮肤暴露在空气里，起到散热的效果。因此在动物的世界中，颈部、头部的毛发竖起表达了威胁的含义。动画片中，被激怒的猫咪往往被画成全身毛像刺猬一样立起的形象。虽然这种现象对于毛发稀少的人类来说并不太明显，但是人在受到惊吓时，身上的体毛也会竖起来，这时我们就会觉得脖子后面的皮肤上，好像有小虫子在爬一样，撸开袖子也会发现胳膊上起了一层鸡皮疙瘩。这种反应虽然不能让别人看出来，但我们自己能够感受到身体正在发生的变化。

缓解紧张时的呼吸加速

人在感到紧张的时候，会心跳加快，从而使血液循环加速，新陈代谢也随之加快，因此需要更多的氧气，导致呼吸变快而且变浅。而人在放松时呼吸往往是深且慢的，例如在熟睡中的人进行的都是深呼吸。紧张时的呼吸加速虽然是常见现象，但如果不及时进行调试，呼吸加快很有可能造成过渡呼吸症。

在紧张时由于呼吸加快，所以吸入的氧气增多，相应吐出的二氧化碳也过多。二氧化碳成酸性，在身体里起到保持酸碱平衡的作用，而突然的减少会导致体液转变为碱性，从而引起呼吸性碱中毒，出现头晕、胸闷、气短等症状。一些大公司里的白领女性，工作压力大，当遇到紧急的状况时很容易由于紧张而导致过度呼吸症的发作。

大多数人普遍认为深呼吸可以缓解紧张的情绪，但是据科学研究显示，这一观念并不科学，正确的解决方法恰恰与之相反。当人们因惊恐或焦虑等原因感到紧张和窒息的时候，最好利用浅呼吸进行缓解。这是因为紧张时人呼吸急促，排出了过量的二氧化碳，导致头晕目眩等症状，此时如果再进行深呼吸，反而会加速二氧化碳的排出，加重不适症状，甚至导致出虚汗、心悸、四肢麻木等严重的后果。

专家的建议是，在紧张时应该顺着自然的呼吸节奏，逐渐让过快的呼吸减慢、变浅，普通人一分钟呼吸 10～15 次。正确的深呼吸方式是采用腹式呼吸，吸气时使横膈膜也随着扩张，腹部逐渐鼓起。吸气和吐气的时间保持 2：3 的比例，2 秒钟吸气则 3 秒钟吐气，或者 4 秒钟吸气 6 秒钟吐气，这样使呼吸时间延长，使心跳减速，调节气息，缓解紧张情绪。

紧张时可以用这样一些方法来进行缓解：首先是做呼吸操，顾名思义就是让呼吸保持一定的有规律的节拍，就好像做操一样。同时使目光聚焦在一个点上，专注地调整自己的呼吸。第二种方法是"意念柠檬"，想象一个柠檬并将全部意念集中，再想象拿一把小刀把它切开，柠檬汁散发出浓烈的香味，这时再想象着咬上一口，也许会发现自己流出了口水。专注的想象可以缓解现实带来的紧张感。还有一种非常简单的方法就是嚼口香糖，研究发现嚼口香糖能够缓解人的焦虑和紧张。例如NBA球员在比赛时喜欢嚼口香糖来缓解压力。平时还可以通过练习瑜伽来锻炼自己的呼吸，采用腹式呼吸或者完全呼吸的方法，加强自己的心肺功能，缓解紧张时呼吸加速的症状。

紧张的面部表达

厌恶、反感、不悦、恐惧和恼怒等等消极情感会使人产生紧张的感觉。这种紧张感会通过不同途径表现出来，最常见的表达方式是脸部表情的变化，当人感到紧张时，他的脸会呈现出这样一种状态：颚肌收缩、鼻孔扩大、眼睛眯起、嘴巴颤动或者紧闭嘴唇。如果再进行更加仔细的观察，可以发现，紧张时人的目光焦距锁定在某个点上，一动不动，而脖子也是僵直的状态，好像故意梗着脖子一样，头一点都不会歪斜。

这些非语言表情是不会撒谎的，一个人可能嘴里会说自己不紧张，但他脸上反映出来的情绪却出卖了他，这些表情很难受到主观意识的控制，并且平时人们在说话时一般也不会注意到这点。

因此一个人如果露出这样的面部表情，则可以说明他的大脑正在处理一些消极的情绪，这种指示信号在全世界都是通用的，因此对它们进行观察对于判断一个人的内心情绪是非常有意义的。例如，在聚会上一个男人说他的孩子们毕业后都找到了很满意的工作，他感到很高兴。说话时他的脸上带着刻意的微笑，但颚肌却明显地收紧了，这就使他的话很值得怀疑。果然，他的妻子后来承认，他们的几个孩子只是勉强过活而已，并不能让人满意。

尽管如此，人们往往对这些面部信号重视得不够，或者很容易忽视掉它们。原因当然是多方面的，可能是观察者缺乏经验，但这种表情本身也并不那么容易捕捉。当一个人感到紧张焦虑时，他的脸上通常都会出现上述的表情，但是这种表情有的时候是非常明显的，有的时候可能是模糊的，有的时候可以持续很长时间，有的时候只是短短的一瞬。电影中演员经常利用表情来传达角色的内心情感，使观众一看就明白其中的含义，但演员是经过专门训练的，而且做出的表情都是设计好的，表现得较为明显，持续时间也较长，好使观众们能够准确地捕捉到。但现实生活中就没有那么容易了，人的表情是很微妙的，想要准确地捕捉不是一件简单的事情，需要非常细心的观察。

就算我们已经知道颚肌缩进是一种紧张的信号，但生活中也往往不那么容易注意到这一点。例如，一家公司开完会后，主管询问一位下属："你看到我提出意见时布拉德紧张的下巴了吗？"那位下属摇摇头表示没有注意到。面部表情经常被忽略掉，也是因为我们的社会习俗教导我们与别人交谈时不要盯着别人看，这是不礼貌的行为，而且我们往往更关心人们说话的内容，而不关心他们说话的方式。

紧张时眨眼频繁

眨眼和呼吸一样都是人在生活中最必不可少却又最容易忽视的生理活动，只有在感到异常时才会注意到这些活动的进行。正常人每分钟大约要眨眼十几次，平均2～6秒眨一次眼，每次眨眼需要0.2～0.4秒的时间。如果一个人眨眼次数过多或频率过快，则属于不正常的现象。造成的原因有很多种，例如眼内有异物进入造成眼睛不适而频繁眨眼，或者阳光过强而使闭眼次数增多，这些都属于正常的保护性反射动作。

排除这些外界的原因，非正常情况下的眨眼过快则属于异常现象，要注意是否有心理压力或者过度紧张。心理学家研究发现，眨眼的频率与内心的紧张程度有着密切的联系。很多人在紧张或者注意力过于集中时就会频繁的眨眼，这种眨眼不受自身控制并且没有规律性。儿童如果心理压力过大，就会导致频繁的眨眼。家长如果发现了这种状况，在排除了眼部疾病的情况下，就要注意孩子的心理状况。

例如有的孩子从农村来到大城市生活，生活和学习的环境都发生了巨大的改变，不能及时地融入新的生活环境，给儿童造成很大的压力。除此之外，平时父母缺少对孩子的关爱，只是一味地抓紧孩子的学习成绩，很容易使儿童心理压力过大，得不到缓解，从而出现频繁眨眼的状况。家长要多多关心孩子的心理健康，营造一个轻松、温暖的生活氛围，使孩子能够健康快乐地成长。

成人在感到非常紧张时，也会不住地眨眼。有专家发现，1996年克林顿与戈尔的竞选辩论中，克林顿平均每分钟眨眼50次左右，而对手戈尔的眨眼次数则达到了每分钟100次之多。因此，克林顿给人的感觉轻松自如，让人觉得他自信满满，而戈尔则显得紧张不安、缺乏信心。竞选结果自然是克林顿胜出。

心理学专家还对美国历年总统辩论的候选人眨眼的频率进行了研究，结果发现眨眼次数多的人往往遭到了失败。这说明，当人感到巨大的压力和紧张情绪时，眨眼的次数就会出卖他。这种神经紧张型的眨眼与心态有关，只要多进行心理调整和暗示，加强自身的心理素质，是可以缓解这种状况的。

怯场导致声音改变

在正式场合经常能够发现这样的现象，轮到某人发言时，他会先咳嗽几声，清一下喉咙，然后才开始讲话。这是因为焦虑和紧张使喉部产生黏液，堵塞了声道，为了恢复正常的声音则必须先清理喉咙。

还有的人在课堂或者会议上讲话时，会感觉喉咙发紧，说话的时候声音变得很奇怪，和平时说话的声音不太一样。这些声音的变化其实都是由于心理上的紧张导致的，由于人在感到紧张时，会分泌肾上腺素，身体处于应激状态，使得血液流动加快，导致声带充血，改变了声带原有的状态，因此声音会变尖、变细。如果我们想要发出更高更细的声音，就会将声带收紧，憋着嗓子说话，当感到紧张的时候声带就像故意缩紧一样，发出的声音又尖又细。

不习惯在公共场合说话的人，在发言的时候往往会感到焦虑不安，所以说话时不断地清喉咙，而且声音也改变了。声音是很难进行控制的，人们想要掩饰自己的紧张不安时，往往会由于声音而露馅儿。例如一名员工在公司会议上要进行报告发言，但他事先并没有进行充分的准备，而是临时抱佛脚。他在发言时可能内容上并没有什么破绽，甚至很充分很到位，但是富有经验的领导还是能从他的语气和改变了的声调上看出他的紧张，从而猜测出他准备不足。即使是见惯了大场面的名人在发言时也有可能紧张得变调，例如郑渊洁就承认自己第一次到广播节目录音时，由于紧张说话的声音都变了，而且断断续续，使主持人不得不一直喊停。

清喉咙的情况除了紧张，还有可能是说话的人对这一问题犹豫不决，需要拖延时间让自己充分地考虑清楚。

一般情况下，这样做的男人比女人多，成年人又比儿童多。小孩子紧张时一般不会清喉咙，而是说话变得结结巴巴、吞吞吐吐，说一些"嗯""啊"等等暧昧不明的字眼。而故意清喉咙，则是为了向别人发出警告，在表达一种不满的情绪。例如在安静的电影院里有人在不停地小声说话，坐在他们后面的观众就会凑过去故意咳嗽一声，警告他们不要打扰到别人。

揉捏鼻子释放压力

作为面部五官之一的鼻子，虽然传递出的信息不如眼睛和嘴巴那样丰富，但也能为我们提供一些有用的心理信号。例如一个人在表示不信任时会歪鼻子，对某事或某人感到厌恶时会皱鼻子，紧张时会不由自主地抖动鼻子，发怒或者恐惧时鼻孔会一张一合，表达排斥不耐的意思时会哼鼻子，而闻到气味时会嗅鼻子。

人们在感到压力和紧张的时候会习惯性地用手揉捏鼻梁，比如思考难题或者很疲劳的时候。如果别人问了一个非常难回答的问题，这个人为了掩饰内心的紧张与不安，试图想出一个答案来应付的时候，他的手就会不自觉地放到鼻子上开始揉捏，有可能还会非常用力地挤压鼻子，好像想把内心的压力通过鼻子释放出去。

如果故意向孩子提出很难的问题，他常常也会做出摩擦鼻子的动作，这说明他对这个问题感到困惑，不知道应该怎么回答。实际上内心在感到压力和紧张时会使鼻子产生一种酸痒的感觉，因此我们不得不用手来缓解这种感觉，用各种办法来抚慰鼻子，好使它变得轻松舒服一些。

在思考难题的时候，由于紧张和压力会使鼻窦部位产生微微的疼痛，因此我们就会用手捏鼻梁来缓解这种感觉或者只是疼痛下意识的反应。值得注意的是，人在撒谎时由于"皮诺基奥效应"鼻子内的血液流量会上升，从而使鼻子肿胀变大，就像《木偶奇遇记》中因为撒谎而鼻子变长的木偶匹诺曹一样，因此人在撒谎时也会不时用手触摸鼻子来缓解这种症状。但撒谎时触摸鼻子的动作是非常快速和轻微的，而且往往是反复摩擦鼻子并没有其他的动作。而由于压力导致的揉捏鼻梁的动作一般会比较用力，而且是长时间的按压和揉捏，与撒谎时轻微的动作有明显的不同。在判断一个人是撒谎还是普通的鼻子痒时这一点是很好的依据。

在思考问题时，人们通常会不自觉地摸鼻子。如果在谈判过程中，对方听完你的发言时触摸鼻子，说明你的意见很有可能会被接受，他摸鼻子代表他正在考虑要不要接受。这时你只要恰到好处地推动一下，很容易就能达成协议。而捏鼻梁和摸鼻子表达的是完全不同的意思，捏鼻梁表明对方在仔细考虑你说的话，内心处于压力和冲突的状态。所以在谈判过程中，做出这个动作的人表达的意思是"不要催我，让我再仔细考虑考虑"。

鼻孔张大暴露紧张情绪

一家超市里发生过这样一宗抢劫案，罪犯就是因为鼻子而暴露了自己的动机而犯罪未遂。当时一名促销员站在收银台附近的货架下，这位促销员看见一个男人站在收银台旁边，两只眼紧紧盯着收银机，而他并没有买东西也没有在排队。促销员突然间发现这个男人的鼻孔瞬间扩大，便提高了警觉，在这个男人行动的前一秒钟，冲收银员大喊道："小心！"这时那个男人正将手伸向打开的收银机里，得到提醒的收银员一把抓住他的胳膊反拧过来制伏了这个劫匪。这是由于张大的鼻孔暴露了劫匪的心理反应，鼻孔张大说明他在深呼吸，准备好要采取行动了。

一般说来人在感到兴奋或者紧张时，呼吸和心跳会加速，从而使鼻孔张大以获得更多的氧气，或者进行深呼吸来平复自己的心情。上面的故事促销员之所以能够提前察觉劫匪的意图，正是因为他张大鼻孔的动作暴露了内心的紧张情绪。看来鼻孔除了呼吸的重要功能之外，还能够在不经意间传达出主人内心隐藏的情感。

但是鼻孔扩大并不一定就是紧张或者兴奋的表现，只是一种线索而已。在身体用力或者在做剧烈运动时，鼻孔都会变大。例如搬重物或者骑单车爬陡峭的山坡时，都会由于身体用力而张大鼻孔。如果并不是在这些情况下，而是处在危险的环境或者紧张的气氛之下，那么鼻孔扩张就很能说明问题了。

除了紧张之外，人在感到愤怒和恐惧时鼻孔也会张开。如果在交流过程中，对方出现这样的动作，就说明他心里可能非常不满，正在抑制内心消极的情感。

紧张或者兴奋时鼻孔张大通常还伴随着鼻尖出汗，除去天气炎热或者天生鼻头容易冒汗，那么这种现象应该说明一个人内心焦躁不安或非常紧张。如果在交易过程中对方的鼻尖冒出汗珠，则说明他非常急于达成协议，害怕交易失败会使自己丧失机会或者造成损失，所以心情紧张而焦急。

如果在交往中双方不存在利益关系，对方出现鼻尖冒汗的情况，则说明他可能隐瞒了一些事情或者正在想办法掩饰自己的错误，由于愧意导致的紧张。这种情况下就需要我们仔细观察，细心辨别了。

抚摸颈部寻求安全感

人的颈部有许多神经末梢，在感到紧张和有压力时，稍微按摩一下，就能够起到降低血压和心跳的作用，从而缓解紧张感。此外，按压额头或者抓挠耳朵也有同样含义，都是感到紧张时会做出的动作。

这些动作可能会变形为其他不那么明显的样式，例如男士整理领带，或者女士玩弄自己脖子上的项链等等，看到这样的动作不要以为是无关紧要的，它们很有可能表露了对方内心隐藏的想法。专家通过观察得出结论，人们在抓挠脖子时，食指通常会抓5次，很少有多于5次或者少于5次的情况出现。

说话时习惯用手抚摸颈部的人，一般对他目前所说的话不太自信，或者正在试图缓解紧张情绪或者释放压力。这是一种有效的信号，说明此人内心存在某种消极的情绪。一位女士在和别人打电话，边走边聊，并没有什么异常，但是她的手突然放到了颈窝处，脸上露出忧愁的神色。事实上，电话是这位女士孩子的老师打来的，告诉她孩子发高烧了，让她尽快赶到学校。当遇到不愉快的事情时，人就会下意识地将手放到颈部，来寻求某种意义上的安慰。抚摸颈窝是一个很典型的寻求安全感的动作，人在感到巨大的压力时就会将手放到颈窝部位，在女性身上尤为明显。美国警方经过调查发现，受到过侵害的女性在叙述案情时大多会做出抚摸颈窝的动作，即使是很多年后回忆起来也会做出这一动作。

抚摸颈部表现出了疑惑和不确定的意思，在交谈中，如果对方做出了这个动作则表明他并不确定自己是否同意你的意见。虽然这样的动作并不能说明欺骗，但是人在言行不一时感到的压力会导致人做出这样的行为。当说出的话和心理的真实想法不一样时，就会做出这个动作，比如有人说"我非常同意你的观点"，但同时他却将手放到了颈部，则可以断定，他并不像他说的那样"非常同意"，而是存在着一些疑虑。

抚摸颈部是最常见的安慰行为

拉扯耳垂：焦虑和犹豫

当人们对某一件事感到焦虑或者犹豫不决的时候，就会下意识地用手去拉扯耳垂。同抓挠脖子一样，拉扯耳垂也是焦虑的表现，因为脖子、耳朵等部位的神经比较敏感，在紧张不安时，这些敏感的地方就会感到不适，因此会通过抓挠它们缓解这种感觉。

例如，在下棋时，如果一位棋手不知道下一步要怎么走的时候，就会拉扯耳垂，说明这位棋手很焦虑。有时棋手会将手伸向某个棋子，但是半路又突然停下，用手拉扯一下耳垂，继续思考，说明他对自己刚刚的那步棋持怀疑的态度。如果棋手对自己的这步棋感到非常满意，他就会在下完棋后将十指合在一起，显得信心十足。如果棋手不希望对手走这步棋，当对手将手移近这个棋子时，他就会下意识地拉扯耳垂，说明他对这步棋感到很焦虑，心里不希望对方走这一步。

虽然拉扯耳垂并不说明对方一定在说谎，但这个动作可以说明说话者内心的紧张与不安。例如在交谈中，你发表观点后询问对方的看法，对方回答"我觉得不错"，但同时他还用手拉扯了一下自己的耳垂。这就说明他说的并不是内心真正的想法，其实他的观点和你并不一致。这时拉扯耳垂的动作一方面是由于心口不一导致的紧张，另一方面是因为对方并不想继续听你的观点，这些都说明他并不同意你的意见。

儿童在听到父母或者老师的责骂时，为了逃避会用两手捂住自己的耳朵，而成年人则会使用抓挠耳朵来表达同样的意思。抓挠耳朵说明这个人正处在紧张焦虑的状态中。有关查尔斯王子的视频中，他在走进满是宾客的房间之前，或者经过嘈杂的人群和记者时，经常做出抓挠耳朵的动作，显示出当时他内心感到紧张和焦虑。

在日常生活中，做出拉扯耳垂动作的通常是男性，因为男性的短发使他们的手更容易碰触到耳垂。而大多数女性留长头发，这样她们的手就不是很容易接触到耳垂，而且很多女性佩戴耳饰，也不方便她们做出拉扯耳垂的动作，所以女性在感到紧张和焦虑时往往会玩弄自己的头发，这种做法其实是拉扯耳垂的变形。

抚摸胸腹的安抚作用

胸腹部位的内脏都是最脆弱同时又是最重要的器官，因此长期的进化使这个区域的皮肤变得非常敏感，以便更好地保护脆弱的内脏。这个部位通常都有衣服包裹，不太容易直接受到刺激，但是抚摸这个部位的皮肤也能产生良好的安慰和缓解作用。

例如人在感到害怕的时候，通常都会不自觉地用手轻轻拍打心脏部位，好像在安慰自己说："不用怕，没事的，一切都过去了。"快速跳动的心脏仿佛不听话的孩子受到安抚一样真的会慢慢平静下来。而人在感到紧张时，往往会习惯性地抚摸胸部或腹部。例如我们想劝慰一个发怒的人，就会轻抚他的胸部并劝他说"消消气，消消气"；人在感到焦虑不安时也会将两手收到腹部，好像肚子疼一样轻抚腹部，从而缓解自己压抑的情绪。胸部和腹部的皮肤在受到按摩的同时，还可能直接影响到内脏的运动和血液循环，从而改善身体的状态，最终达到改善精神状况的作用，缓解内心压力。

一些情况下，人们可能不会直接做出抚摸胸腹的动作，而是会采用一些较为隐晦的变形动作。例如用手抓住衣服的领口或者胸口的部位，向外拉伸前后抖动几下透一透气。客观上会使衣服内部的身体周边的空气产生微循环，气流造成的轻微刺激可以使敏感的皮肤感到舒适，从而缓解紧张情绪，同时还可以降低由于血液流动加快而升高的体温。

当然，一个人做出抚摸胸部或腹部的动作，并不能说明他一定感到了紧张，有可能是真的感到身体不适。在排除了这种可能的情况下，尤其是当出现负面的刺激之后，做出了这种动作就说明这个人心中感到了压力。出现这些安慰行为并不能说明一个人肯定在说谎，千万不能生搬硬套，很多动作很可能只是个人的习惯。需要观察者根据情境，判断这些动作是否是应激反应，才能确定这些动作是否有分析的价值和意义。

不能克制的手部颤抖

人的手和手指在身体肌肉的控制之下，能做出各种复杂的动作。而当我们感受到压力和紧张时，神经递质和肾上腺素等激素就会增加，从而引起手的颤抖。当人看到或者想到一些不好的事情时，就有可能引起手的颤抖。而如果手里还握着某样东西，这种颤抖表现得就会更加明显。手就像电报一样告诉他人"我心中充满了压力"。手里拿着的是细长的或者很轻的东西时，这种颤动就会尤为明显，因为手中的物品会随着手而抖动起来，让手部轻微的抖动扩大到很容易察觉的幅度。例如男人在向另一半解释昨晚为何夜不归宿时，如果手里正好夹着香烟，那么他要是撒谎就能从颤抖的香烟上被妻子捕捉到。学生在考试时，如果感到紧张焦虑，那么拿着笔的手就会很明显地表现出抖动。

美国警方在调查间谍活动时，有过这样一个例子。一名有重大嫌疑的男子接受审问，但是目前没能找到任何可以指控他的证据，既没有目击证人也没有重要线索。在审问过程中，这名男子点了一支香烟，警察问了他许多和本案有关的人的名字，他都没有什么明显的表现。但当提到一个特殊的名字时，他手里的烟突然抖动了一下。

为了确定这个动作是随机的还是真的具有某种特殊意义，警察继续提及其他很多人的名字，发现他手里的烟没有再抖过。但是每当提到那个特殊的名字时，他手里的烟都会抖动一下，一共重复了4次。这就足以证明这个男子和这个特殊的名字之间肯定有一些重要联系。颤抖的烟表明那个名字使这个男子感到紧张不适，是一种感受到威胁的反应。

警察根据这一点坚持不懈地进行调查，终于证明这个男子和那个特殊名字曾经在间谍活动中有过接触，最终将罪犯绳之以法。

除了紧张、焦虑、不安等消极情绪之外，兴奋、激动等积极的情绪也能引起手部的颤抖。比如中了大奖的人、牌桌上赢牌的人，还有在机场等候亲人归来的人由于期待和兴奋而双手颤抖。

这种情况下，人们为了控制手的颤抖，往往喜欢抓住别人的手。例如明星巡演与粉丝握手的时候，激动的粉丝会将心爱的明星的手握得生疼，这是因为他们面对偶像过于激动，为了扼制这种颤抖所以将明星的手握得非常紧。

焦虑时的手部表现

人在感到自信时会做出十指自然搭在一起的"尖塔式手势"，而当人的信心发生动摇或者产生怀疑时，双手就会十指交叉在一起紧握双手形成祈祷状，这是一种常见的在感到紧张或者焦虑时做出的动作。发生重大的事件或者变故时，人们也习惯将手指交叉紧扣，这是感到紧张和压力或者自信度较低的表现。这种动作看上去像是在做祈祷，是一种全世界范围内的安慰行为。随着手部扣紧的力度加大，手指的颜色可能会发生变化，局部皮肤会由于血液在压力下转移到其他地方而变白。如果这样的情况出现，则说明事态变得更加糟糕了。

在处于紧张焦虑或者怀疑的状态下，人们往往会用一只手的四根手指去摩擦另外一只手的手掌。如果情况变得更加严重，心理压力加大时，这个动作就会变成十指交叉并且反复摩擦双手。

十指交叉是一种苦恼的表现，在法庭的审讯中经常看到被告做出这样的手势。当提到一些敏感、尖锐的问题时，嫌疑人的手指就会向上伸开，然后上下搓动双手。人们之所以喜欢用搓动双手的方式来缓解紧张和压力，可能是因为这种手与手的接触能够起到一定的安慰大脑的作用。

一些性格内向容易害羞的人，在公共场合演讲或者说话时，很喜欢搓动双手来缓解压力。这种动作会给听者留下不好的印象，显得主讲人缺乏自信，使他演讲的内容和观点缺乏说服力，不能达到发言预期的效果。所以有这种习惯的人可以通过一些方法来锻炼自己，从而改掉这个搓手的习惯。

尖塔式手势表明他的高度自信

在人多的场合做演讲或者汇报时，手的作用其实是很大的，可以用一些手势来表现自己的自信，或者强调自己的观点。可以看一些演讲者的视频，学习他们的手部动作，例如在说到数字时可以用手势表示出来，形容上升和下降时，也可以用手势来形容。在不需要用到手势的时候，可以五指相抵做出代表自信的"尖塔式手势"，手臂弯曲，将手放到腹部的高度。

而在私人聚会的场合，可以用手自然地捧着杯子，或者将双手交叉放在腿上，强迫自己做一些其他的动作，有意识地克制搓手的习惯。如果是正式的场合，例如面试，搓手会暴露自己的不自信，那么最好身体挺直坐好，将双手叠放到大腿上，表现出严肃认真的样子。

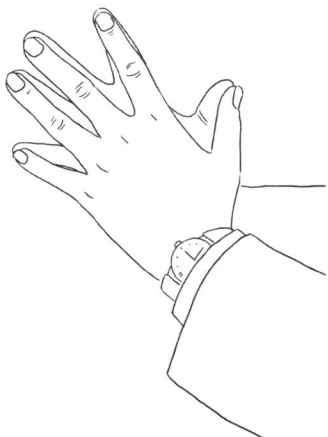

搓腿也可以平缓情绪

当我们很自然地坐着，两腿分开，经常会做出搓腿的动作，这个动作比较隐蔽，因为腿常常会处于桌子下方，不容易被其他人发现。如果一个人将手放在腿上，反复地摩擦或者揉搓腿部，说明他此时感到很焦虑，正试图通过搓腿的动作来寻求安慰和安全感。还有可能是因为紧张到手心出汗，而反复摩擦腿部可以擦干手心的汗来舒缓紧张情绪。

在交谈过程中，有的人会做出这样的动作，双手放在腿上，然后慢慢在大腿上向下摩擦直到膝盖处。有的人只做一次，但是大多数人会反复地摩擦腿部。这种非语言行为非常值得注意，因为这种动作表明对方想要缓解内心的紧张和不安。

警方在审理案件的过程中，可以通过观察嫌疑人的手部或腿部是否露出不安的迹象来判断他是否在说谎。如果在谈到某个问题时嫌疑人做出了摩擦腿部的动作，则说明这个问题给他带来了困扰，使他感到焦虑不安，不知道该如何做出回答，那么这个问题就可能是破案的重大线索，可以从这里下手寻求突破。或者当嫌疑人看到确凿的证据（如犯罪现场的照片）时，也会做出这种动作，因为摩擦腿部可以一箭双雕，既能擦干手上的汗，也可以通过反复接触起到安慰的作用。警察在办案时，不单要注意是否会出现这种动作，还要观察这种动作是否会随着问题的难度而改变，当问题变得尖锐时，如果搓腿的动作频率加快或者是幅度增大，都可以说明这个问题令他感到不适，或者他在说谎，又也许这个问题是他不想或不能谈论的。这种搓腿的动作还发生在被问者对他需要回答的问题感到焦虑时。

面试过程中很多考官也根据这个动作来判断应聘者说的是否是真话。例如一位年轻人去参加面试，前半段进行得非常顺利，他和面试官谈得非常愉快，觉得自己对这份工作已经十拿九稳。可就在快要结束时，面试官问他平时有没有上一些社交网站，因为很多员工在工作时沉迷上社交网站非常耽误工作。这位年轻人急忙否定了，但是回答这个问题时他的双手在不停地搓腿，这一行为引起了考官的怀疑。

面试结束后考官在一些实名制的社交网站上果然看到了那位年轻人的资料，证明他当时确实在撒谎，结果这位年轻人当然没有得到这份工作。

从抖腿到踢腿

人在焦虑和紧张时，经常会做的动作有摇动腿部、用脚尖拍打地板或者抖动腿部，这些腿部动作都是为了摆脱焦躁不安的感觉。人们之所以习惯用脚部来表达焦躁不安，首先是因为在人员较多的公共场合，人们通常不愿意把心理的紧张焦虑表现在面部表情上，或者是用手臂做出大幅度的动作，这些动作都太容易被他人发觉，所以就会选用离其他人目光最远的、别人最不容易察觉的部位——脚部来表达。例如考生在等候面试考试时，常常会坐在座位上低垂着脑袋，双腿并拢并不停地上下抖动，好像要把自己的紧张情绪都抖落到地上一样。

在警方的一次审问中，一名犯罪嫌疑人不停地摇动双脚，双手也有些紧张地缩在身旁。当问到与案件相关的财政问题和投资失败时，他的脚就由摇动变成了踢。动作的转换非常突然，虽然这并不能表明他在说谎，但可以肯定的是这个问题刺激到了他，使他产生了紧张的情绪，这个动作体现出他内心对于这些问题的抵触与反感。

专家研究表明，人的脚部动作从摇动转到上下踢动的时候，说明他感到不舒服，一定发生了使他不愉快的事情。例如上述的审讯中，嫌疑人就是听到了自己不想回答的问题所以才做出了这个动作。这种行为完全是自觉行为，并不受人主观意识的控制。由于这种动作是很难掩饰的，所以我们可以利用这个下意识的动作来探寻对方隐藏的真实情感。

美国联邦调查局曾经处理过这样一桩案件，一名女子被怀疑是一起重大犯罪案的目击者，但是这名女子态度强硬，在长时间的审问中没有提供任何有价值的信息。她的腿在审讯过程中一直在左右摇动，嫌疑人在接受审问时经常会做出这种动作，没有什么特别之处。但是当警察问她认不认识一个叫克莱德的人时，她还没来得及回答问题，摇动的腿就瞬间转变成了上下踢动。

这个动作提供了非常重要的线索，说明这个问题让她感到紧张和不悦，这个叫克莱德的人一定对她有着消极的影响。警方顺藤摸瓜，终于让她承认这个克莱德曾经让她卷入一桩盗窃案，她的双腿在不知不觉中背叛了她。

紧张时的声音安慰

声音是一种神奇的事物，适当地运用能够改变一个人的精神状态。音乐有的让人感到兴奋，有的让人身心愉悦，还有的能够让人心生惆怅。夜总会里喧嚣的音乐配合上强烈的节奏，能够强行刺激神经系统，使原本沉闷的身体兴奋起来，通过释放身体的能量，使人精神上的压抑得到缓解和发泄。而优美的旋律和动人的歌词，能够使听者产生内心的共鸣，获得强烈的认同感，使精神得到愉悦。如果是悲伤的旋律则会引发听者悲伤的感情共鸣，使本已忧伤的心情得到强化。因此通过声音可以安慰人的神经系统，调节人的心情，使人在紧张、焦虑、悲伤时得到缓解。

人们在感到有压力或紧张时，可能会通过在 KTV 里放声高歌或者在没有人的地方吼叫来发泄自己的压抑情绪，从而缓解精神状态，改善心情。黎明或傍晚人迹稀少的时候、走在陌生的街道或者荒凉的地方的人会努力吹口哨，好使自己平静下来。有的人在走路时会自言自语，也是为了缓解内心的紧张感。还有的人在感到紧张或心神不宁时，就会打开话匣子说个不停。除了声音的安慰功能之外，哼歌或者吹口哨的时候，还能够调节呼吸的节奏和强度，这也是非常有效地缓解紧张感的手段。

但是这些声音安慰往往出现在一些特殊场合，日常交往的一般情况下很少会出现哼歌或吹口哨的情况。但是在遇到压力或者感到紧张时，人们有可能将发出声音转化为呼一口气，这种呼气往往出现在负面刺激之后，是一种放松的表现，认为自己已经化解了紧张的局面或者度过了危险情况。

在一项心理测试中，学生们要求在扑克牌中随意抽取一张并记住花色，然后由测试人员随机进行逼问式提问，例如"你拿的是 J 吗？"等等，最后通过微反应分析出他拿的是哪张牌，并告诉被测者。如果测试人员猜对了，学生就会表现出吃惊的样子，还略带沮丧；而如果测试人员说错了，学生们几乎都会轻轻呼一口气，用来放松紧张的神经，并有一种侥幸逃脱的感觉。例如学校里在厕所偷偷吸烟的男生听到脚步声走近，以为是老师来了，结果他们并没有被发现，这时他们就会长呼一口气，为自己的幸运感到得意。因此在进行测谎时，可以特意设计一些可以使被测者放松警惕的问题，例如"我认为你没有作假的可能性"等等，观察对方的反应，如果对方忍不住呼了一口气，则可以找到相应的刺激源，从而进行深度的探索。

紧张时的咀嚼和吞咽

吃是人类最基本的需求之一，不管吃的是什么，有东西吃就意味着不会挨饿，可以生存，因此做出吃这个动作会使人感到很满足、很愉悦。而咀嚼和吞咽的动作可以把"吃"的信号反映给中枢神经系统，即使嘴里没有食物，但大脑还是会感到愉悦。正因为如此，人在心情不好的时候，吃东西能够改善心情。

在实际交往过程中，人在感到紧张时通常不可能随时随地能够拿东西来吃，更多的情况是人们会做出吃这个动作的变形，例如磨牙、咀嚼（例如嚼口香糖）、咽口水或喝水等等。在交谈过程中，如果一个人被问到不好回答的问题时可能会做出磨牙的动作，就是将上下牙齿相互摩擦，最常摩擦的是上下犬牙。这个动作表现出来的是一种强势的意味，因为这个动作来自于动物在捕食时的磨牙准备，意思是"一切都在我的掌控之中"。因此这个动作可以缓解紧张的神经，使人感到放松和安慰。

很多运动员在比赛上场之前都习惯嚼口香糖来缓解压力，普通人也有嚼口香糖或者槟榔的习惯。这时就要通过咀嚼的频率和强度来判断一个人是否感到紧张和有压力。在受到外界刺激时，他可能会突然停止咀嚼，但如果这个刺激是负面时，他就可能加快咀嚼的速度或者更加用力地咀嚼。这就说明他感到焦躁不安、不知所措，使劲嚼口香糖是为了缓解神经系统的紧张。但是如果一个人咀嚼时一直比较用力或者速度很快的话，那么可能只是个人习惯问题，而不能作为判断内心情绪的依据。

还有人在感到紧张和焦虑时会不停地吞咽口水，一方面这是因为紧张导致唾液分泌增多，另一方面是因为吞咽的动作可以向大脑传达正在吃东西的信号，从而起到安慰的效果。在正常情况下，口腔内并没有太多的口水，因此做出吞咽的动作是比较费力的，它涉及口腔、舌头、喉咙以及食管等多个器官的运动。而人在感到紧张时，会不自觉地咽口水来获取安慰，使神经得到放松。

在测谎过程中，可以通过被测人在回答问题时是否频繁地咽口水来判断刺激源，从而寻找到突破口。能引起咽口水动作的情绪还包括恐惧、尴尬或不知所措、过度兴奋等等。需要依据不同的场合、不同的情况分别加以判断，不能简单地一概而论。

社交场合的替代行为

替代行为是指在内心感到紧张、焦虑、矛盾、不安时，所做出的与当时情况并无关系的小动作。在社交场合中，人们往往用一些无意识的并且无关紧要的动作来掩饰内心的情绪波动。不论我们是主人还是客人，在社交过程中都会对自己缺乏信心，担心自己会给他人留下不好的印象，因此非常注意自己的形象。所以在社交场合中，到处都可以看到替代行为。例如有人在房间走动时不停地搓着双手——替代性洗手；有的女士小心地整理一下她的裙子——替代性装扮；主人在书架旁移动一些书本和杂志——替代性整理房间；主人端来饮料后，客人拿起杯子轻轻地抿一口——替代性喝水；或者主人端来食品，客人们小心地尝一小口——替代性进食。

需要注意的是，这些动作中没有一个是真正有实际作用的。替代性洗手的人手本来就是干净的；替代性装扮的人裙子原本就很整齐；替代性整理房间的人，他的书架本来就不乱；替代性喝水和进食的人，他们其实根本不渴也不饿。但是在社交活动刚刚开始的时候，为了缓解尴尬的气氛，使人们之间的关系更加友善和谐，做出这些替代性的动作是为了缓解自己和其他人的紧张情绪。

许多人有自己养成的个人替代习惯，往往表现出一种特殊的形式，只要内心出现矛盾和紧张，就会做出自己习惯的替代行为。例如有的运动员面临重要比赛时会不停地嚼口香糖；一些官员在参加重要会议发言之前，总要摘下眼镜来擦拭；有的女士在约会时总喜欢玩弄自己的长发；有的儿童在感到恐惧或者焦虑时喜欢咬指甲或者吮拇指；有的人在公众面前发言时总习惯整理一下发言稿；有的人在开会时喜欢在本子上乱涂乱画；有的教师在讲课时喜欢拍打上衣，好像有绒毛一样；还有的领导在发言时喜欢不时地转动自己的手表。

而那些在任何社交场合都能保持镇定自若，从来不做这些无用的小动作的人，如果不是社会地位极高，就是超脱社会而生存的。他不是凌驾于矛盾之上，就是置身于矛盾之外。这种人有可能是一个权力极大的独裁者或者是富可敌国的大亨，要么就是圣人或者宗教修行者，甚至是怪人或精神病人，总之肯定不会是一个普通人。大多数人，在面临重要的事情或者困难时，都会感到焦躁不安，因此会做出一些没有实际功能而且与当时的情况毫不相干的小动作，才能使人们的心理摆脱紧张感，而变得平和。

把玩饰物代表心神不宁

一些容易紧张的年轻女子，在约会或其他重要场合中，总喜欢不停摆弄自己的饰物，或者是转动耳环、拉扯项链，或者是不停地开关自己的手镯。这些行为其实都是内心紧张和心神不宁的表现，只不过女人的动作较为轻柔而且比较注重自己的形象，所以使别人不容易察觉到。

人在感到紧张时，由于血液流动加快，会使神经比较敏感的脖颈和耳朵感到不适，于是人们就会用手去抚摸脖子或者拉扯耳垂。而女士可能由于注重形象，并且佩戴着饰品不方便做出这些动作，因此用拉扯项链、转动耳环等等小动作代替。

除了身体上不适的感觉之外，这样的动作也有可能是一种紧张时的替代行为，她可能根本没有意识到自己在做什么，而且这样做也没有什么实际的意义。例如一位等待接见的年轻女子，反复地将自己手镯的钩子松开又扣上、扣上又打开，其实这个钩子一点问题也没有，而且手镯也是好好在手腕上带着。她不停地开关钩子反而有可能将手镯弄坏。因此她的这个动作并不是真正地在整理装扮，而是替代性整理装扮。她做出的动作与手镯真正松开需要扣紧时的动作完全不同，也与梳妆打扮时带上手镯的动作不同，因此这实际上是一种替代行为。她心里十分期待得到接见，但同时又感到紧张害怕，想从这个地方逃走。正是这种矛盾的心情使她心神不宁、坐立不安，她根本没办法安静地等待着接见。她高度兴奋，但是又没有事情可做，没办法使自己的兴奋转化为真正的具体行动，既不能冲进办公室，也不能干脆走到大门口离开。在这种进退两难的矛盾状态下，她只能做一些毫无意义的小动作来缓解心理的压力，填补行动上的空白。她太需要做一些动作了，甚至无论这个动作有没有实际意义，都要比不做任何动作要好。

有经验的人一看到这位女士的动作就能了解到，她反复摆弄手镯表明内心紧张不安，而这种心神不宁则意味着内心的矛盾。所以说，替代行为是一种很重要的迹象，可以使旁观者看出一个人烦躁不安或者摇摆不定的内心情绪。

机场更容易出现替代行为

在对火车站和飞机场进行观察后发现，在飞机场出现替代行为的可能性是火车站的十倍。在乘坐火车的旅客中，只有8%左右的人表现出替代行为，但是在一架即将升空的飞机上，80％的乘客都会出现这种行为。这种差距显然是因为人们乘坐飞机时要比乘坐火车时更加紧张，在乘坐火车时人们离熟悉的景物很近，而且不会出现从高空掉落的恐怖情况，而对高空的恐惧是人类无法摆脱的。

但是旅客们往往不愿意承认自己的恐惧，所以他们尽管内心焦虑不安，但仍然会努力使自己的行为举止看起来很自然，避免自己的动作让别人看上去觉得唐突不合时宜，因此在机场表现出的替代行为就会相对隐蔽，或者说相对自然，通常利用一些仿佛有一些意义的动作来体现。例如有的人会一遍一遍地检查自己的机票；将身份证、护照等证件从包里拿出来又放回去；有的人反复地整理自己的手提包，好像在确认每件东西是否都安放在自己应该在的地方；还有的人故意把某样东西掉到地上，自己再弯腰拾起来；有的人不停地从兜里掏出手机，好像在检查有没有错过什么重要的电话。

总之，这些感到紧张的游客想要给别人一种他们正在做一项重要的、非做不可的事，伪装得像是在做登机前最后的检查。但实际上，真正的检查工作早就做好了，他们清楚地知道自己的机票、护照放在包里的哪个地方，也知道行李包早在昨晚就打包好了，至于手机根本就没有响过，哪里有什么重要的电话。但是普通人可能会被这些伪装的动作迷惑，以为他们的这些动作真有用处，但有经验的空中小姐则一看就能辨认出这些动作完全是为了排解紧张情绪而做出的替代动作，只要有可能，这些人很愿意逃离飞机场。这些泄露了内心真实情感的小动作是很难隐藏的，即使是意志力非常强的人，也很难完全抑制住这些动作的发生。

出于紧张的替代性吸烟

有些人吸烟并不是由于有烟瘾，而是将吸烟当作缓解压力的一种方式。因此男人们经常会在遇见麻烦和困难的时候吸一支烟，或者在感到痛苦时"借烟消愁"。不仅仅是因为烟内的尼古丁会对大脑造成一定的麻醉效果，起到提神或舒缓焦虑的作用，使人暂时忘却烦恼，更重要的是吸烟本身就是一种紧张时的替代行为。例如，在咖啡馆的一个角落里，坐着一名中年男子，他表面看上去显得轻松又镇静，但仔细观察就会发现，他吸烟的动作有些奇怪。他没有吸几口烟就不停地向烟灰缸里弹烟灰，但是动作很自然，让人看不出什么破绽。他不断地往烟灰缸里弹烟灰，但实际上烟头并没有烧出多少烟灰来，所以这个动作本身并没有什么实际意义，它的价值在于作为一种替代动作可以缓解压力和紧张。从这方面而言，人类的替代行为，无意识地用来掩饰内心紧张情绪的没有实际意义的小动作，在各种场合、各类人中都会出现，是一种人类社会中普遍存在的行为。

现代社会分分钟都充满着紧张和压力，因此吸烟成了很多男人寻求释放的一种方法。这些替代性吸烟的人吸烟的多少并不取决于对于尼古丁的依赖性，而是取决于生活中紧张程度的高低。因此从社会角度讲，吸烟有着重要的意义。日常生活中，经常能看见这样的情况，桌子上的烟灰缸里很多只吸了几口的烟被掐灭，灰头土脸地躺在烟灰缸里。这说明许多人并非是由于烟瘾才吸烟的，而是由于紧张而吸烟。除了吸烟本身可以作为替代行为，借着吸烟这件事，人们也多了很多事情可做，例如买烟、买打火机，把香烟从口袋里掏出来，点火，关上打火机，将烟灰弹进烟灰缸里，拍打身上其实并不存在的烟灰，向空中吐一口烟或者故意吐烟圈等等。

而抽雪茄和烟斗的人要做的事情还更多，这些东西在购买、准备和实际使用的过程中，有许多琐碎的事情需要去做。吸烟的人比不吸烟的人在掩饰紧张情绪方面有着更大的优势，不仅可以使一些毫无意义的替代行为显得自然而然，还可以使人觉得他们的一些行为和不安定的情绪可能是尼古丁导致的结果，是一种精神上愉悦的表现，而不是内心紧张焦虑的反应。

身体放松时的姿势

人在紧张时身体会出现各种现象吐露出内心的焦虑不安，而在放松状态下的身体似乎不那么有指示性质，但是还是可以从身体的舒适程度判断一个人是否真的感到放松。人在坐着的时候，将双腿并拢是比较费力的状态，最为自然的状态是将双腿打开，两腿之间形成一个八十度左右的角。这个角度是大腿的肌肉在没有依靠无阻挡时最自然最放松的角度，既没有刻意地向内合拢，也没有夸张地打开。双腿向内并拢代表拘谨和内向的心态，是为了减少身体被他人审视和挑剔的面积；而夸张地张开大腿则是一种强势的表现，为了标示个人领地或者表达挑衅的态度。与双腿并拢相同，人在坐姿状态下，保持脊柱的挺直也是比较费力的。即使从小养成了良好的坐姿，坐久了之后挺直腰背也是可以保持的。人在完全放松的状态下，脊柱会稍稍弯曲，而且为了缓解腰部的压力，通常还会将身体向后靠在椅背上。

在放松的时候，女人经常用脚尖勾起鞋子轻轻晃动，这是一种典型的自我表现的行为。可以试想，如果这个时候老板要开除她的话，她恐怕是没有心情做出这种动作的。但是，勾脚尖也并不一定是放松的表现。如果一个人感到有压力，需要得到放松时，也会勾起脚尖，但是这种勾脚尖的动作是紧绷的，随后伴随的动作可能是向前绷直脚尖，然后再放松。这种情况下，勾脚尖就不是轻松的表现，而是通过运动肌肉来缓解身体的紧张，从而达到放松的目的。

人在站立时，双腿并拢直立也是较为费力的，这是一种正式场合的站姿。在社交场合中，如果一个人在交谈时感觉很放松，跟他人的关系比较融洽的话，他会采取一种交叉双腿的站姿，即将一条腿交叉放到另一条腿前面，并用脚尖点地。这样站立时会使重力转移到站直的那只脚上，从而降低了人的平衡感。如果受到威胁，这种姿势是不利于立刻逃跑的，因此做出这样动作的人此时一定感到十分舒适或者自信。

上述这些动作都是人在自己的舒适范围内感到完全不用紧张时的状态，这时心理既没有负面情绪，也没有什么特别值得高兴和兴奋的事，而是处于完全的放松状态之中。

第七章

你怕了吗：
压力与惊恐

压力下的安慰行为

　　人类大脑的边缘系统的功能是保证人类能够生存下去，它能帮助人类避免危险或者不适，从而使我们感到安全，并且随时寻找机会以获得安全和舒适。不论我们感到舒适或者不适，大脑都会通过身体语言将这种情绪表现出来。

　　一般情况下，在感到舒适时，这种精神上的幸福感反映在非语言行为上就表现为满足和高度自信；而感到不适时，身体就会表现出相应的压力或者不自信的状态。人在感到紧张或者不愉快的时候，大脑的边缘系统为了恢复舒适和幸福的感觉，就会驱使肢体做出一些安慰的动作。

　　这些安慰行为是为了缓解消极的情绪，使心理恢复到正常的状态，通常情况下这些行为都是可以被观察而且进行解读的。

　　人类的安慰方式多种多样，儿童时期在感到不安时会吸吮自己的拇指，而成人之后则变成了许多更为隐蔽、更容易被社会接受的方法，例如将吮拇指转变为咬铅笔等等。当人受到负面刺激时，例如一个难回答的问题或者遇到某些压抑的事情，就会触摸自己的脸颊、头部、脖颈、手臂或者腿部。

　　这些行为都是由于感到不适时大脑要求身体采取某种行动，来刺激神经末梢并且释放能够使大脑镇定的内啡肽，从而使大脑得到安慰。

　　最常见的安慰行为有抚摸颈部，由于脖子的神经比较敏感，通过按摩这里，能够起到减低血压和减缓心跳的目的，使自己能够平静下来。男性和女性抚摸颈部的方式有所区别，一般男性的力度较大，他们会用力按摩喉结附近的部位或者脖子的两侧和后侧。而女性在感到压力或不安、恐惧、忧虑时，通常会用手覆盖或触摸位于喉结和胸骨之间微微凹进去的部位，也叫作"颈窝"。

触摸脸部也是在人感到紧张或焦虑时一种常用的自我安慰的方式，包括摩擦额头、触摸或舔嘴唇、拉扯耳垂、玩弄头发等等。而鼓起脸颊然后再轻呼一口气则可以释放掉内心的一部分压力。有时通过声音也能起到自我安慰的作用，例如独自走路感到害怕时，就会通过吹口哨或者哼歌来使自己平静。有些处于压力状态下的人会不断地打哈欠，其实这也是一种安慰方式，紧张会导致人的口腔干燥，而哈欠会促进唾液的分泌，从而缓解紧张造成的口干。

一种比较容易被忽略的安慰动作是搓腿，因为这个动作通常是在桌子下面做出的。用双手反复抚摸腿部，不仅仅能够擦掉手上的汗珠，还可以通过触摸来消除内心的紧张感。而比较明显的自我安慰动作则是自我拥抱，一个感到痛苦或者孤独的人蹲在房间的角落用双手环抱住自己是经常能够看到的情景，旁观者也很容易能够看出这个人正经历着痛苦和悲伤。这个动作来自于幼儿时期母亲抱孩子的动作，是一种自我保护的动作，拥抱能够使人得到平静。

眼睛的保护行为

眼睛是脸部最灵活的部位，它的反射性也是五官中最强的，在进化过程中，眼部的肌肉得到了很好的改良，能更好地保护眼睛免受伤害。例如，眼球内的肌肉可以使瞳孔收缩，使眼球免受强光的刺激，如果有危险物品朝我们袭来，眼睛周围的肌肉会使眼睑闭合。

眼睛看到的东西还对人的心情有着重要的影响，几乎每个人都有这样的体验，看到喜欢的东西，心情会变好，而看见不喜欢或者厌恶的东西，会使我们的心情变坏。研究发现，如果婴儿每天睁开眼时都能看到父母的笑脸，那么他的心情就会变好，长大后的性格也会比较开朗活泼。视觉上得到安慰确实能够使一个人的心情好转。这种"爱美"的心理也表现在瞳孔的变化中。

研究证明，当人看到自己喜欢的事物时，瞳孔就会扩大，以便获得更多的信息；而当人看到不喜欢的事物时，瞳孔则会缩小，以避免看到过多的内容。

瞳孔的放大和缩小是由平滑肌控制的，物理上的功能是在光线变强时收缩瞳孔，避免光线刺伤眼睛，而光线较弱的时候，就放大瞳孔，尽量获取更多的光线以形成清晰的成像。平滑肌是由自主神经控制的，不是人的意识所能改变的，因此瞳孔的放大和缩小是没办法骗人的，完全是对外部刺激（如光线强度）和内部刺激（内心情感）所做出的反应。当人感到惊讶或者突然发生某件事时，就会睁大眼睛，瞳孔也会扩大，以便能够吸收更多的光线，向大脑传递更多有用的信息。这种反应在人类进化的过程中一直保护着我们。但是当大脑对获取的信息进行处理之后，或者得出消极的认知，瞳孔就会立刻缩小。这是因为瞳孔缩小后，会将面前的一切聚焦，从而对目前的情势看得更清楚，更有效地保护自己。

警察在审讯中或者测谎中，将瞳孔的变化看作一个非常有力的证据。当被询问的人看到与事情有关的图片时，如果他的瞳孔收缩，并且轻轻地眯眼，则说明这幅图片引起了他的消极情绪，他不想看到这幅图片。于是警察就可以针对这幅图片进行进一步的调查，从中找到有用的线索。

眯眼的动作反映出一个人内心有某种消极的情绪或者对看到的东西感到厌恶。如果一个人走在路上时迎面遇到了一个熟人，而这个人在打招呼之后却眯了一下眼，这就说明这个人对另外一个人有所不满，或者是关系不是很好。在商务活动中，如果谈判对方突然眯起了眼，则说明他对某个方面有疑惑，正在进行思考，眼睛表现出怀疑和不适的内心情感。

由于瞳孔比较小，扩大和缩小的过程又比较快，所以很难观察，而中国人黑色的眼睛更不容易进行观察。但瞳孔的信息非常重要，因为它是不可能作假的，只是平时人们都不细心观察，甚至是忽略了它们。

细心地观察瞳孔的变化，可以了解到一个人内心的真实情感变化，能够帮助我们获取大量有用的信息。

眼睛的视觉阻断

在社会生活中，人们通过发出信息和接收信息来进行正常的社会活动。但是如果从外界接收到的信息造成了内心的压力与紧张，就会通过某种方式来阻抑过多的外来信息。这种阻抑有着不同的程度与形式。在比较严重的情况下，人可能采取逃避社会生活的方法。例如生病可以自己独自躺在床上；服用镇静剂使自己心情平复下来；酗酒和吸毒，使自己接收到的信息变得一片混乱；沉溺于自己的思想中，对外面的一切都采取不闻不问的政策。

日常情况下一般很少出现上述的极端情况，在平日里压力较小的情况下，人们会采取一些看起来很普通的小动作，来阻止信息的进入。

最常见的方法就是闭上眼睛，通过视觉进行阻断，避免大脑接收到不喜欢的信息。例如被吵闹的孩子围着的幼儿园老师会将双眼紧闭一阵，然后再重振精神应对这些叽叽喳喳的孩子。

在听到坏消息时，我们也会在听到消息的瞬间闭上眼睛。这种视觉阻断的行为是人类经过进化获得的本能，研究发现，还在母亲子宫里的胚胎在听到巨大的声响时也会闭起眼睛，失明的人在听到不好的消息时也会做出闭眼睛的动作。人一生中在各种情况下都会使用这种视觉阻断的行为来逃避各种压力和危险，虽然这种逃避并没有起到实际的作用，它仅仅能够使大脑得到片刻休息以获得思考的时间。

切断视觉信号的方式有很多种。从动作的发出者来看分为两种，一种是眼睛主动进行的躲避，另一种是利用其他东西遮蔽眼睛的视线。第一种方式可以分为四种类型，第一类是目光躲避，指的是一个人在谈话过程中眼睛总是不看对方，似乎害怕和对方的目光相遇，总是看着旁边或者地面，躲避着对方的视线。第二类是目光游移，即在谈话过程中总是东张西望，一会儿看这里，一会儿看那里。第三类是目光闪烁，即谈话时虽然面朝对方，眼睛好像在看着对方，但是眼睫毛一直在不停跳动，眼睛在微微闪动，好像既想睁开眼睛又想闭上眼睛。第四类是目光间断，即时而面向对方，时而将眼睛闭上一阵，几秒钟之后才睁开。这四类目光阻断的方法都说明这个人不想再和对方交谈下去了，或者是出于害怕、恐惧，或者是由于厌烦，他想离开但又不得不装出一副继续谈下去的样子。

第二种方式是在外界刺激较为强烈的时候，便会用手或某样东西来遮住眼睛甚至整张脸。例如在看到一些令人感到不悦的东西时，人们可能会侧过头，用一只手挡在眼前，避免看到更多的细节。而在听到一件悲惨的消息时，人们可能会用双手捂住脸部。具体环境不同，视觉阻断所反映出的人的思想情感也不尽相同。跟别人谈话时，注意这种信号可以帮助我们分析对方对我们的态度。

触摸肌肤的安慰作用

人体的皮肤具有保护身体免受外界伤害的重要作用，例如它可以接收温度、压力、摩擦等触觉信息，并且通过毛孔帮人体排出汗液。皮肤处于温度和湿度适宜的环境中会使人感到舒爽，而轻拍和抚摸会使人觉得有安全感，可能是由于人在婴儿时期，母亲对我们的抚摸和轻轻拍打使我们感到自己是安全的。

胚胎在发育过程中，神经组织和皮肤组织同样由外胚层发育而来，两者同出一源。现已有研究表明心情会影响到皮肤的健康，紧张、焦虑等消极情绪可能引起应激反应甚至造成内分泌失调，血管壁或者组织细胞会释放出激肽、组织胺，这些物质可能诱发或者加重皮肤病。例如，好胜心强，欲求较高，办事过于较真的人容易患神经性皮炎，而长期处于抑郁状态中的人容易得慢性荨麻疹。

相反，皮肤受到的外界刺激也影响着人的神经系统和心理状态。这是因为皮肤表面分布着很多神经末梢和神经纤维，可以将受到的刺激传回中枢神经。积极的刺激（比如抚摸）可以使人感到愉悦，而负面的刺激（比如疼痛感）会使人产生警觉并且立即做出反应来进行躲避。

中枢神经会通过影响内分泌和微循环起到对皮肤的反作用，由于长时间形成的条件反射，神经系统会造成皮肤饥渴。皮肤和神经系统的相互影响和互动关系，使人们在感到精神紧张和不适时，学会了通过触摸肌肤来进行自我安慰。儿童时期，母亲的爱抚可以使孩子感到安全和舒适，对儿童的心理塑造和性格的形成起到了积极的作用。而长大之后与亲密的朋友、爱人之间的肌肤接触，可以表达内心的情感，并使人感到被接受。老年时期，如果子女能够经常帮老人按摩、擦洗，老人的心理就比较开朗快乐，而不会变得古怪和孤僻。

最为常见的肌肤安慰行为集中在头部和颈部。例如挠头皮、把玩头发、抚摸额头或者脸颊、揉鼻子、拉扯耳垂、触摸嘴唇、抚摸脖颈等等。这是因为这些部位离大脑中的中枢神经离得最近，而且神经和血管分布较多。

对这些部位的肌肤进行抚摸，较容易使紧张的神经系统得到舒缓，而且如果力度较大的话，还可以缓解血压上升。这种肌肤安慰并不仅仅是一种心理暗示作用，而能够起到客观的生理作用。除了上述较为明显的肌肤安慰形式，还有一些通过变形而来的较为隐晦的动作。例

触摸肌肤起到安慰的作用

如用手覆盖颈窝处，女士把弄自己的项链或者耳环，男士整理领带或领口等等。这些都是经过压制的安慰行为，为了不引起他人的注意而将肌肤接触转化为看起来正常的行为。

除了头部和颈部，触摸躯干和四肢的肌肤也能起到安慰的作用。例如神经末梢较为发达的手部，人在紧张时会搓动双手、按压手指、摩擦手背等等。

腿部由于经常藏在桌子下面，更不易被他人发现，因此也会经常出现安慰动作，例如摩擦腿部或者紧张时不停颤抖双脚。胸腹部包裹着最脆弱的内脏，人在紧张时也会通过抚摸胸部或者腹部进行自我安慰。

压力下的双手背后

一些男性政府官员在面对媒体或公众时，都喜欢摆出同一个姿势，即抬头挺胸，下巴微微抬高，双手背在身后并握在一起。除了这些人，警察在巡逻时，校长在学校内巡视的时候，军官在检阅部队的时候也喜欢用这个姿势。任何身份较高贵、地位较高、拥有较大的权力的人在面对下属时常常都会习惯性地做出这个动作。这个姿势体现出了一个人的权威、自信和力量，摆出这种姿势的人将身体较为脆弱的部位，如胃部、心脏等暴露在他人面前，从而显示出自己无所畏惧的勇气。无论从前面看还是从后面看，这种姿势都很能体现一个人的权威和自信。

在压力之下使用这个动作，比如在公众面前发表演说或接受采访时，能够使一个人显得更加有自信，更加权威。例如执法人员在没有佩带武器时大多会做出这个动作，将双手握在背后，并挺直腰板，让自己显得更高大。有时还会以脚后跟为轴心，慢慢地摇摆身体。而佩带枪械的警察则很少使用这个姿势，他们更常将双手自然地垂放于身体两侧，或者用大拇指扣住手枪的佩带。这是由于枪支已经体现出了警察的权威、力量和地位，而没有佩带武器的警察则需要利用双手背后的姿势来凸显自己的身份和权力。

需要注意的是，如果背在身后的双手不是握在一起，而是用一只手抓住另一只手的腕部，那么它所表达的意思就和双手握在背后的姿势完全不同了。这种握手腕的动作体现出这个人内心的不自信和挫败感，他希望利用这个动作来找回控制感。这是由于一只手紧紧抓住另一只手的腕部或者手臂，其实是想利用弯曲的手臂来阻挡和防御外界的伤害。而且握住另一只手臂的那只手所抓的位置越高，这个人心里的消极情绪就越强烈，他感到了更多的挫败感和愤怒。如果一个人手握的位置从手腕移到了上臂，则说明他自我控制的欲望更加强烈，好像内心在对自己说："管好你自己！"

日常生活中，只要细心观察就能在很多人身上看到这两种双手背后的姿势。例如法庭外相见的原告和被告，等在办公室门外的销售员，以及在候诊室里等待医生检查的病人。做出这种姿势的人都想通过这样的动作来掩饰自己内心的紧张和焦虑，增强自己的自控能力。

这里给出的建议是，如果你在感到紧张时想要做出这个动作，要记住将双手相握背到身后而不要采用第二种抓手腕的方式，因为双手相握的姿势会让你获得更多的自信和力量。

自我安慰的拥抱

当我们在儿童时期，每当遇到了使我们悲伤难过的事情，或者感到了紧张和害怕，我们的父母或亲人就会将我们紧紧地搂在怀中，或者张开手臂给我们一个大大的温暖拥抱，这样我们的悲伤和不安就会得到舒缓。当我们长大以后，在感到紧张不安的时候，不太可能总是要别人来拥抱我们，因此我们会模仿童年时期父母拥抱我们的动作，自己拥抱自己以获得安慰。

如果我们是单独一个人，就会使用最为典型的自我拥抱的姿势，即蜷缩在角落里，用双手紧紧地抱在胸前，两手抱着自己的肩膀。

但在日常生活中的大多数场景中，人们不会做出这样明显的姿势，让所有人都看出内心的不安。而是通常会使用一些比较隐晦的方式，例如将手臂交叉并用双手不停摩擦肩膀，好像是由于寒冷才做出的动作。但其实这是一种自我保护的动作，能够使人获得平静，并产生安全感，起到自我安慰的作用。

女性自我拥抱的动作要更为隐晦，比如一只手臂交叉抱于胸前，这只手臂弯曲然后抓住另一只手臂的手肘部位，在自己和外界环境之间形成了一道屏障，拒绝他人的靠近，这是一种变相的自我拥抱。这种自我拥抱式的手臂姿势，使人仿佛回到了小时候妈妈温馨舒适的怀抱之中。

在社交活动或者工作会议中，有一些人由于个性内向、羞涩或者缺乏自信会采用这种抱臂的姿势使自己与他人保持一定距离，也有的人做出这样的姿势是由于与现场的其他人关系并不太熟悉。而在较为严肃紧张的氛围下，女性摆出这样的姿势是想向周围的人显示她自我感觉非常良好。

男性利用双臂进行自我拥抱的方式与女性略有区别，他们习惯于将下垂的双臂略微向前移动，双手在身体前方相握，这种姿势比女性单手抱臂的姿势显得更加自然和隐晦。很多男性在上台领奖或者发表演说时，都会使用这样的姿势来面对观众。这种姿势也被称为"护短式握臂"，这是因为当男性发现自己的裤子拉链开了的时候，为了避免不雅，也会用双手挡在这里，动作与男性自我拥抱的姿势几乎一模一样。这种姿势中男性可以通过双手的位置保护自己的重要部位免受伤害，所以这种姿势能够使男性的安全感和自信心增强。

社会名流如何隐藏压力

政府领导人、娱乐明星等公众人物由于身份的特殊，经常会出席各种公共场合，他们的一言一行都暴露在公众面前。他们都希望将自己最好的一面展示给观众，而隐藏起负面的心理。尤其是内心的紧张情绪或者是不自信的心理，他们当然希望藏得滴水不漏，任何人都发现不了。但是他们肯定也会感到紧张和忧虑，这时社会名流就会利用伪装过的交叉抱臂的姿势来掩饰，使观众认为他们始终很自信、冷静。

为了在公众面前隐藏起自己的心理，他们不会像普通人那样直接将手臂抱在胸前来自我安慰，而是会采用一些更隐晦的姿势，例如将一只手轻松随意地搭在另一只手臂上，或者用手去碰手镯、手表、衣袖、手提包等等与另一只手臂比较接近的物品。在触摸这些物品时，手臂也会和抱臂的姿势一样在身前弯曲形成一道将自己和他人隔开的屏障，使他们的内心得到安全感，从而缓解紧张的情绪。例如一些衬衣上戴有袖口的男士会在人较多的公共场合例如舞会大厅中调整自己的袖口。

实际上他的袖口根本不需要调整，他只不过是想借用这个动作掩饰自己在公众面前的紧张和不安。例如查尔斯王子只要到露天场合出席活动，就会习惯性的整理自己的袖口，这已经成了他的标志性动作，其实只是为了使他自己获得安全感。普通人可能不能理解，这些经常暴露在大众面前的公众人物应该早已习惯了这种生活，因此应该已经克服了紧张心理。但是像查尔斯王子不经意间做出的小动作却暴露出了他和普通人一样会感到紧张不安。

而女性用来掩饰内心情绪的安慰动作就更加隐蔽，更不容易被他人察觉。如果感觉到自己的外表或者行为有什么不妥，或者是感到不自信的时候，女性就会握紧手提包或零钱包等随身物品，而不用做出其他更为明显的安慰动作。例如安妮公主每次出席公众活动时都会双手捧一束花挡在身前，而伊丽莎白女王无论到哪里几乎都会握一个手提包或者拿一束花。

人人都可以想到，女王肯定不需要手提包来自己携带一些随身物品，她的手提包其实是向他人传递信息的一种工具。例如当她想步行一会儿，想要停步或起身时，都会用手提包向随行人员做出指示。

用微小的动作来进行自我安慰的方法还有许多，最常见的一种是用双手握住茶杯。如果只想喝水的话，用一只手拿起茶杯就足够了，可是如果用两只手握住茶杯，双臂就在胸前形成了一道屏障，可以将自己和使自己感到不适的外界环境隔绝开来。这样的方式简便又隐蔽，不容易被他人发觉。这种自我安慰的小动作在日常生活中随时都能看到，只不过很少有人认真去思考其中真正的意义罢了。

咬嘴唇隐含的负面情绪

咬嘴唇是日常生活中经常会遇见的一种动作，但它其实蕴含了丰富的含义。不同场合之下，可以传达出人们不同的心态。内心感到紧张和焦虑是咬嘴唇最主要的原因，比如做错事的小孩在面对父母或者老师的质问时，往往会低下头咬着嘴唇沉默不语。还有内向的人在需要面对很多人发言时，也会做出咬嘴唇的动作。这是人在紧张时的生理反应导致的，紧张会导致人的心跳加速、血液循环加快，因此流经唇部的血液也会随之增多，从而导致嘴唇感到微微的肿胀或者是痛痒的感觉，这种感觉会使人不自觉地想要触摸它，但手的动作过于明显，很容易被别人看到，而咬嘴唇是最简单而又最为隐蔽的方法。

内心感到焦虑不安时，人们也经常咬嘴唇。2001年"9·11"恐怖袭击发生之后，当时的总统布什一听到这个消息就下意识地咬住了嘴唇。后来在许多采访中，只要涉及这一事件，布什都会做出咬嘴唇的动作。而其他时候，当局面使他感到有压力时，他都会做出这个动作来舒缓自己的焦虑。

当人们做错事的时候，在内心压力之下，咬嘴唇就成了一种自我惩罚的措施。例如运动场上的运动员们在失败之后，往往会用力咬自己的嘴唇。还有上进心较强的孩子在考试结构出来的时候，如果没有考到自己希望的分数，就会使劲咬自己的嘴唇，甚至会咬出血来。这些都是释放压力的一种自我惩罚行为。当人被侮辱或者误解时，内心受到压抑的负面情绪会使他做出咬嘴唇的动作。这种动作表明他心里感到很不高兴，但是又不想爆发出来，所以努力控制自己的情绪，只通过狠狠咬自己的嘴唇发泄心里的不满。当然这种动作也可能代表这个人的情绪马上就要爆发了。除了咬嘴唇之外，人在感到内心有压力时，也会咬笔杆、咬指甲等等，这些动作可以看作是咬嘴唇的另外的形式，都是寻求释放的安慰行为。

总而言之，咬嘴唇体现出内心消极的压力，流露出负面的情绪，在与人交往时最好改变这种咬嘴唇的习惯，以免让对方看透内心或者给对方留下不好的印象。可以进行心理暗示的方法，告诉自己"我不紧张"，很多时候紧张感真的就会得到缓解。还可以采用"脱敏疗法"，就是在每次咬嘴唇的时候，都做一个令自己感到不舒服的动作，比如用指甲掐自己或者咬自己的舌头，出于对不适感的回避，时间久了就可能渐渐改掉咬嘴唇的毛病。

安慰行为可以泄露出一个人内心的压力和不安，说明他受到了某种消极的刺激，而且这种信号往往非常准确。通过细心观察这些行为，有助于帮助我们解释一个人的思想和感觉。在审讯或者测谎中安慰行为是非常有帮助的，它能够揭穿谎言或者找到隐藏的信息。

消失的嘴唇

人在感受到压力时，往往习惯将嘴唇藏起来，例如出庭作证的证人在发表陈述时经常挤压嘴唇，这说明他们感到很大的压力。日常生活中，人们经常做出挤压嘴唇的动作，好像是大脑在告诉人们闭紧嘴巴，不要让任何东西进入身体里。挤压嘴唇是一种消极情感的反应，基本没有积极的含义，通常是由压力和焦虑引起的，现实生活中这种情况是很常见的。这样的嘴唇表明一个人有了麻烦，或者一些事情上出了问题，他心里的压力很大。

正常状态下饱满的嘴唇说明这个人感到比较满意、心情较为愉悦；在遇到压力时人就会将嘴唇隐藏起来或者压扁嘴唇，如果压力增大或者忧虑的感觉加强，那么挤压嘴唇的力度可能会增大到使嘴唇消失；嘴唇被隐藏起来时，如果嘴角下拉形成倒 U 形，那么说明这个人的情绪已经跌落至谷底，自信心也彻底崩盘，而压力、焦虑等情绪占据了上风。

当倒 U 形口型出现时，说明一个人感到了一种极度的悲痛，他内心正经历着难以承受的压力。这种倒 U 形是很难模仿的，因为它是大脑的一种边缘反应，是不受意识控制的，只有真正感到悲伤和苦恼时，倒 U 形才会出现。可以自己对着镜子做做看，就会发现隐藏起嘴唇是很容易的，但最多能把嘴唇抿成一条线，基本做不出倒 U 形。因此这种嘴型是反映压力和消极情感的十分准确的信号。

这种动作虽然并不能表明一个人在说谎，但是可以证明他确实感到了某种压力，因此警察在破案过程中可以利用这种信号来寻找线索。在审问过程中，如果对方挤压嘴或者藏起嘴唇，就说明某个问题使他感到了压力，并引起了他的反感，那么这种线索就可以使警方准确地找到突破点。例如警察质问嫌疑人"你是否隐瞒了实情"的时候，对方挤压了一下嘴唇，就说明他的确有所隐瞒。如果在其他问题上嫌疑犯并没有做出挤压嘴唇的动作，那就使判断更加准确了。

除此之外，人在感受到压力时还会表现出其他的嘴部信号，例如咬嘴唇、抚摸嘴唇和舔嘴唇等等。这是因为当内心压力很大时，会使人感到口干舌燥，因此会伸出舌头来舔嘴唇，好使嘴唇保持湿润。用手抚摸嘴唇是为了通过碰触、摩擦来自我安慰，起到缓解压力的作用。

吸烟的味道安慰

有一种很流行的观点认为，吸烟的人之所以难以戒烟是因为从其他地方无法获得与香烟效果相同的味觉刺激。例如吃零食的戒烟方法其实很难贯彻下去，吃东西或多或少都会造成肠胃的负担，而且不能一天到晚总吃零食。很多人在戒烟之后都会发胖，可能也是因为吃得比原来多。

人依赖香烟的一个重要原因就在于，吸烟能够刺激神经系统，烟草中的尼古丁能够起到提神、麻醉的作用，从而在一定程度上缓解内心的焦虑和压力。因此很多人在内心感到压力或者紧张时就会点一支烟，这其实是一种自我安慰的手段。

抽烟的方式可以体现一个人的心理状态，例如心情轻松愉快时，吸烟的动作会比较慢，舒缓自然，而心里有事烦躁不安时，为了缓解这种焦虑就会很用力地吸烟，在掐灭烟头时也会用力地摁在烟灰缸里。在一个人紧张得手发抖时，夹在手指中的烟也能将这种颤动表现得更明显，更容易让别人察觉到。通过测试一个人在压力产生之前和之后的状态改变，可以很好地证明这一问题。

在测试过程中需要让被测试人采用自己觉得舒服的姿势，并给他提供水和烟灰缸。测试开始之后，被测试人的所有行为都能体现出他的心理变化。通过观察他在正常状态下的习惯动作，和在遇到压力时的变化（例如开始吸烟，或者吸得更厉害），可以得到更全面的测试结果。

例如一位企业经理在各方面都很成功，有着良好的个人修养和较强的心理素质。在与他交谈的最初，他谈笑风生、收放自如，一副自信满满的样子。但是后来在问到他和董事会之间的策略差异时，他表现出有些焦躁，脸上的表情出现了轻微的变化，身体和腿的姿态也有所改变，最明显的动作就是，他在陈述自己的观点和目前现状时，连续吸了两根烟。这就说明这件事情使他感到焦虑不安，应该给他造成了很大的困扰。果然，他受到了董事会的压制，并因此感到困扰。

如果不是由于个人习惯，当一个人在受到负面刺激后开始抽烟，或者吸烟的力度和频率加大，则说明这个人心理状态发生了变化，他心里一定感到了某种程度的压力，导致内心的焦虑和不适，因此想要通过吸烟来缓解内心的焦虑、恐惧或者兴奋，使心情恢复平静。

受到惊吓时的冻结反应

远古时期，与原始人类共同生存的有许多大型的食肉动物，这些猎食者在速度和力量方面都比人类的祖先要强壮。人类在这种艰难的外界环境下找到了维持生存的方法，在面临危险时，人类首要的防御战略就是冻结反应。当原始人类遇到野兽时，一定会感到万分恐惧，这时大脑会做出判断，最好的应对方法就是静止不动，不要让野兽注意到自己。因为很多动物，尤其是食肉动物对移动的物体很敏感，因此一旦试图逃走，野兽就会立刻扑来，保持静止反而是最安全的方法。

除此之外，静止不动还能够为身体保存能量，获得更充足的时间去观察周围的环境，能够把握时机及时脱离危险。

这种冻结反应从原始人类一直遗传到现代人，至今仍然被广泛沿用，已经是我们在遇到危险时自我防御的首要方法。例如在马戏团观看表演时，当老虎或者狮子等大型食肉动物走上舞台时，坐在前排的观众就会很自觉地将自己冻结在座位上，不会做出任何多余的手臂动作。这是因为在漫长的进化过程中，人类的大脑已经形成了应对危险的一套行动方案，在危险来临时就会做出相应的反应。美国发生的两起校园枪击案中，就有学生利用这种冻结反应逃过了一劫。很多学生当时离凶手非常近，但他们通过静止不动或者装死躲过了危险。这就是因为这种本能的保护方法——冻结能够让自己好像隐形了一样，将凶手的注意力降到最低。

现代社会，不仅仅在遇到重大危险时，在普通的日常生活中也会出现冻结反应。威胁不一定来自野兽和危险人物，某些让人感到压力和紧张的事也会导致冻结反应的出现。例如走在街上的人突然想起自己忘了关家里的煤气炉，就会突然停住，用手拍一下自己的脑门，然后转身向家里跑去。当一个人被问到难以启齿的问题时，也会在座位上静止不动，冻结住自己的身体。应聘者在参加面试时往往会控制自己的呼吸，降低呼吸的频率和力度或者干脆屏住呼吸。这种应对威胁的方式非常原始，在感到紧张和有压力时人就会减弱自己的呼吸。

除此之外，人们还会尽量减少身体暴露的面积来达到自我保护的目的。例如在审讯过程中，问询对象通常会将双脚藏到椅子下面并冻结住双脚，出现这种情况就说明有问题使他感到压力了。小偷也喜欢弯腰驼背尽量减少自己的动作以隐藏自己，其实这样的动作反而让他们更为显眼。

惊讶时的面部冻结

惊讶一般是由于某件出乎意料的事突然发生，对人造成的刺激。这种刺激有可能是正面的也有可能是负面的，正面刺激会引起喜悦的感情，而负面刺激会导致恐惧或愤怒。人在惊讶时面部表情是很明显的：眉毛抬高，眼睛睁大，嘴巴也会不自觉地张开，整个面部在瞬间凝固了，好像呆住了一样，"惊呆"这个词很形象地描绘了人惊讶时的样子。漫画里为了表现的夸张，常常有眼珠子弹出来，下巴掉到地上的情节。但现实生活中一般没有人会做出很明显的惊讶表情，在遇到刺激时，往往只是微微睁大眼睛，有的可能会张开嘴巴，倒吸一口气，而没有更夸张的表现。

而且如果一个人对某些问题已经有所防备或者有抵触情绪，当负面刺激出现时，他表现出来的惊讶反应很轻微并且持续时间很短，几乎令人难以察觉。由于人会努力克制自己的面部表情，不让别人看透自己的想法，因此可能会掺杂许多虚假的表情。在被问到不想回答的问题，并且没想到对方会问这个问题时，吃惊的表情会伴随着皱紧眉头，潜台词是"他怎么会问这个问题"，表现出的是内心的不悦或者厌恶。

惊讶时之所以面部会僵住，其实是大脑在利用短暂的停顿来处理突然接受的信息，并集中全部能量对信息进行处理，并试图在最短的时间内找到最好的应对办法。使人惊讶的事，通常都是超出人意识之外的新信息，无法对这个信息导致的变化做出准确的预测。

人类在长期进化过程中形成的本能反应，使我们在受到刺激后，利用停顿的时间对刺激作出判断，并采取相应的应对办法。例如，一个男人在家里秘密与情人约会，突然听到提前回来的老婆的开门声，那么这两个人最初的反应一定是瞬间愣住，然后才反应过来急忙整理房间或者准备逃跑。一位男子在与别人聊天时谈到自己与某位前女友交往的细节，没想到他现在的女友已经走到了他的旁边，女友听到这些内容时整张脸都僵住了，表现出尴尬和克制的愤怒。

如果受到的是正面刺激，也会出现瞬间的冻结。例如朋友说他得到去国外工作的机会，你听到时的一瞬间肯定先是愣一下，然后才表达自己的喜悦与祝福。如果听到消息后直接道喜并表现得很高兴，反倒说明这种祝福不是真心的，而是伪装出来的。很常见的情况是，男士在情人节为女朋友准备了一份惊喜礼物，女朋友在看见时立刻表示感谢和欣喜之情，这就说明这个计划她一定事先就知道了，现在表现出来的并不是真正的惊喜，而是为了让男友开心而伪装的。

或红或白的脸色

受到情绪和心理状态的影响，人的脸色会产生变红或者变白的反应。脸红是较为常见的脸部变化，人在害羞或者紧张激动时，会促使大脑分泌肾上腺素，导致更多的血液流过脸部，脸色就会不由自主地变红，尤其是皮肤白皙的人更为明显。不同情境下的脸红有着不同的引发因素，也有着不同的表现。

人们对于脸红最常见的解读是认为这个人害羞了，确实，当性格比较内向的人与不太熟悉或者比较重要的人交往时，由于紧张就会心跳加快，脸色变红。例如青少年在与喜欢的人谈话时就会害羞地脸红。

人在尴尬时也会脸红，例如在红毯上不小心走光的女性就会脸上泛起潮红。这种情况是由于羞涩导致的脸红，两颊像扫过腮红一样微红。紧张也会导致脸红，例如一个人被逮到正在做不该做的事情时就会突然脸红，这时往往还伴随着鼻尖和额头微微的汗珠。而愤怒时的脸红，则是满面通红，颜色通常比较深，面部绷紧，有时还能看到爆出的血管。

除此之外，侵犯他人的私人空间也会引起脸红的反应，比如偷偷从一个人的背后靠近他，并将头部伸到他的头旁边，一般情况下这个人就会脸红。

而脸色发白则是由于内心感到惊恐。例如人在遭遇车祸时就会吓得脸色苍白，在听到亲人出意外事故时也会脸色变白，在审讯中嫌疑人得知警察已经拿到决定性证据时也会脸色发白。

这种情况是不受我们意识控制的，人在感到惊恐时，神经系统会将皮肤表面的血液转移到大脑和肌肉，为了进一步的逃跑或者是进攻做准备，脸部皮肤由于毛细血管内血液的减少就呈现出苍白的脸色。在警察办案中，就遇到过这样的情况，一个人由于被捕而受到惊吓，脸色突然变白，并引起了心脏病发作。

在受到惊吓时，除了脸色发白，脸部的肌肉也会出现僵化，表情缺少变化，好像被定住了一样，即使是眼睛也会显得有些呆滞，只是为了继续观察和收集信息还会轻微转动。这种现象的出现表明这个人受到了负面的刺激，某件事使他感到巨大的压力，内心出现不适并且想要逃走。在审讯过程中如果一个人出现脸色发白和表情僵化的现象，则说明某个问题使他感到不适，因此可以针对这个问题进行重点突破，通过进一步的调查获取更多的有效信息。

虽然这些变化都发生在脸部的表面皮肤，但是它们可以展现出一个人的心理状况，是一种高压的信号，我们不能忽略脸色的改变，而且需要根据不同的情境和表现的不同来确定它们的确切含义。

古代的身体冻结：跪叩

中国古代的礼仪纷繁复杂，尤其是臣下面见皇帝的礼仪更是要求严谨，如果在皇帝面前犯了错误则会导致非常严重的后果。在各种古代礼仪中，最高级别的礼仪为叩头，就是双膝跪地磕头。在现代社会，除了过年过节时晚辈向长辈行礼以外，已经基本不再使用这一礼节了。

实际上，跪叩不仅仅是人们为了表达致敬的礼仪动作，其实也是人类在进化过程中由于生存本能而进行的自我保护的动作。由于人在双膝跪地时，能够使重心降低，减小头和身体受到意外伤害的可能性；而磕头的动作，直接把头降至最低放到地面上，还用手抱在脑后，将头部最大限度地保护起来。

此外，在做出这个动作时，将胸部、腹部以及生殖器等重要而脆弱的部位全部隐藏了起来，将这些要害部位受到伤害的程度降至最低。可见，这是多么完美的保护动作。人类在遇见危险时，又没有能力反抗或者逃走，就会采取这种将自己身体降低，并将重要部位隐藏起来的姿势来进行自我保护。

在现代社会，虽然已经很少有礼节性的叩首，但是在很多暴力事件中，弱势的那一方如果没有能力反抗的话，就会采取跪在地上用手抱住头部的防御姿势，这时的跪地已经完全没有礼仪意味，而是一种自我保护的本能动作了。

由于这一动作属于完全消极的保护动作，不便于逃跑或者进行攻击，似乎有一种"任人宰割"的意味。因此为了显示自己身份的低微和对方地位的高贵，利用这个将自己头部降低的动作可以表达敬畏之情。跪下也有一种放弃自己的主动权，将掌控权交到对方手中的意思，代表皇帝对手下臣民拥有绝对的权力。身体位置的高低与社会身份地位的高低之间有着直接的联系，处在高处的人一般来说显得越尊贵，而跪叩将身体降至了最低，从而体现对方身份的至高无上。

可能因为这些原因，这个动作最终被古代人提升到了礼仪层面，将阶层差异通过身体语言展现在日常生活中，起到了强化阶层意识的作用，有利于中央集权统治的巩固。而且，当皇帝大发雷霆时，大臣们确实可能面临被砍头的威胁，于是下跪叩首的动作虽然是礼仪规范，但也许还有一些在面临危险时自我保护的意味在里面。

受到惊吓时身体僵直

在遇到危险情况时，如果不能确定伤害从哪里来，会对身体哪个部位造成伤害的话，我们的第一反应并不是逃走，而是停在原地一动不动，出现身体冻结的反应。这是由于如果不清楚危险来源的话，随意乱动身体反而更容易被伤害到，而冻结住身体则可以将伤害降到最低。例如篮球场上，篮球队员在激烈的抢球中将球扔到了观众席，那么一些胆小的观众就会站在那里一动不动，将身体缩紧等着篮球落地。这些人担心的是，如果自己乱动的话，球没准会砸到更重要的部位比如后脑，如果就这样不动就可以判定球的走向，当球砸来时及时做出反应。

除了可能的身体伤害之外，心理在受到负面刺激，例如不好的意外消息等的时候，也会出现暂时的身体冻结的反应。

在学校进行过这样一个实验。为了观察到冻结反应，设计了一个小恶作剧。学生都最关心自己的考试成绩，实验组就从学生名单中挑出了5名成绩最好的学生和5名成绩较差的学生，这10名学生在这次考试中都及格了，然后与教师商量好进行试验。

在教师走进教室的时候，学生们都表现得轻松自在，几个成绩不好的同学显得稍微有些紧张，可能是担心自己的考试成绩。老师先念出挑出的那5名成绩最好的学生的名字，然后大训斥道："你们这次是怎么考的，居然都没有及格?!"话音刚落全班同学都顿时安静了，坐在座位上一动不动，将眼光投向老师，想要了解更多的情况。因为这个消息实在是太意外了，所有人都没想到这几个学生平时成绩那么好，这次居然没有及格。这5名学生在听到消息的瞬间全都出现了典型的吃惊表情，身体停止了一切动作，好像僵住了一样，面部表情也呆住了。

片刻之后他们脸上的表情先恢复正常，随后又出现了关注和怀疑的表情，有的人皱起眉头。随后老师又宣布另外5名成绩比较差的同学也没有及格，但是班里的同学并没有流露出太多的关注，这5个人也只是微微地惊讶了一下，表情并没有刚才那些同学那样明显，恢复得也更快。也许是因为他们平时成绩就不太好，所以有了一些心理准备，并没有感到太大的意外。最后，当然是老师解释了这个实验的目的，全班同学都恍然大悟，实验结束。

这个实验可以表明，意外刺激的力度越大，冻结反应的强度越大、持续时间也越长，两者是成正比的。但在日常生活中，这样的刺激程度并不常见，因此惊讶时出现整个身体僵住的情况也不多，往往表现为一些更为隐晦的冻结反应。

惊恐之下的呼吸控制

压力和惊恐之下，人会下意识地控制自己的呼吸，像俗话所说"大气都不敢出"，即屏住呼吸或者降低呼吸的频率和强度。呼吸关系着人体的能量储备，如果呼吸的频率和强度增大，则说明能量储备在增加，准备采取行动，不仅仅是身体上的行动，还包括思考和语言。而且运动越剧烈，呼吸的频率和幅度就越大。人在吃惊时的本能反应是大口吸一口气，以备不时之需。但是在感到恐惧时，而且由于一些外部因素既不能逃走也不能反抗的时候，就会屏住呼吸或将呼吸减弱。

例如一家公司即将召开重要的会议，一名员工却由于公事繁忙竟然忘记派车去接某位重要的领导，好在后来及时补救，会议成功进行。举行庆功宴时，这位领导还是批评了这位员工几句，虽然领导出于大度并没有说什么重话，但是这位员工还是很紧张，听领导讲话时凝神静气，一动不动。在场的其他人也都感觉到了紧张的气氛，不自觉地屏住了呼吸，屋里的空气好像凝结了一样。这种"凝结的空气"是在类似场合常常遇到的情况，这是由于在压力之下，所有人都减弱了呼吸，使室内的空气好像没有流动一般。

这种减弱呼吸的做法是人类漫长的进化过程遗留下的躲避危险的本能，当遇见危险时将呼吸减弱，从而不引起敌人的注意。动物在争斗时，弱势的一方如果无法战胜强势的一方就只有逃跑，或者隐藏自己。在隐藏的时候，如果呼吸过于强烈，呼出的气流和呼吸的声音就会暴露自己的位置，从而将敌人吸引过来。因此长期的进化使人类学会在遇见危险时要减弱呼吸甚至屏住呼吸，直到今天，其实除了执行特殊任务的人，例如军人、特工或者犯罪分子以外，已经很少有人需要用这种方法躲避敌人了。但是这种本能却遗存了下来，人们在感到压力时就会有一种"想找个地缝钻进去"的感觉，这就下意识地想要隐藏自己，在这种心理状态下就会主动减弱或者屏住呼吸，试图减少外界对自己可能造成的伤害。

正常情况下，受到外界负面刺激的人是会不自觉地减弱或者屏住呼吸的。老板在批评下属时，下属一般都会低下头、凝神静气地挨训，但是如果挨骂的下属呼吸并没有减弱而是越来越剧烈，就说明他内心并不服老板的批评，甚至想要反抗，这种情况下就要进一步了解情况了，有可能他确实受到了委屈。

呼吸反应也可以用于审讯中，如果讯问对象在听到某个问题使呼吸突然减弱甚至停止，则说明这个问题使他感到了不安和恐惧。这说明问对了问题，表明刺激是有效的，可以利用这个问题作为突破点，继续进行有效的刺激，测试对方的情绪，以达到突破。

手部约束：不知所措

想象自己站在舞台上，台下坐着数百名观众，他们都在注视着你。这时你会不会产生很不自在的感觉，有没有觉得双手不知道该往哪儿摆？站在舞台上的人，心里都有一种担忧，担心自己不被观众喜欢或者得不到观众的肯定。这种希望被接受的压力就表现在了人的身体动作上，当然脸上可以刻意做出轻松自信的表情，双腿反正需要站直，于是心理的紧张和压力就全部集中到手臂上来了。这种情况下，双手往往会不知放到哪里好，于是就像被冻住了一样，非常拘束地放在身体两侧。在对局面感到缺乏安全感和掌控能力时，例如担心被否定，或者自信程度低，都会出现手部的冻结。手部冻结最典型的反应是手受到拘束，或者将手藏起来，通常情况下人们都认为这种动作是紧张的表现。

女性常做的动作是双手相握放在身前，如果不拉住双手互相约束的话，两只手就会不知道该往哪儿放了，这种动作通常被认为是羞涩、可爱的表现。而男性常做的动作是双手相握背在身后，做出这种姿势的男性往往被认为较成熟或者有秩序感。还有一些比较隐晦的约束双手的动作，这些动作看起来都有着合理的原因，而且可能显得比较潇洒。例如双手插进裤兜，或者一手拿着东西另一只手插在裤兜里。

这种动作经常在年纪较轻的男性身上看到，他们会认为这种样子站着比较酷。而年纪较大或者地位较高的人一般不会做出手插兜的动作，例如国家领导人在正式场合是绝对不会做出这种动作的。

双手的冻结反应表现出内心紧张和焦虑，说明一个人这时有些不知所措。向外的肢体动作代表了积极的心理状态，而收缩向内的肢体动作则代表了消极的心理，是一种隐藏和示弱的表现。无论是把手背在身后还是插进裤兜，内在心理都是想要减少身体暴露的面积，或者通过减少身体的动作而尽可能不引起他人的注意，从而降低被批评或否定的可能性。对自己感到很自信或者对目前情况具有掌控感的人，一般不会做出约束双手的动作。例如很有经验的知名主持人就不会在舞台上手足无措，因为他知道自己已经被观众认可了，这个舞台是他的地盘。

老板在公司中也具有掌控感，他们在开会或者训斥下属时，是不会将手拘束起来的，而是会随着语言做出不同的动作来起到加强作用，或者做出叉腰的动作显得更加有气势。除此之外，安全感也会使人放松自己的双手，例如朋友聚会时，人们大多会感到比较轻松随意，如果有人拘束自己的双手则说明这个人可能跟其他人并不熟悉，或者比较内向和自卑，不喜欢参加社交活动。

压力使腿部动作减少

人在感到压力时，往往会减少自己腿部的动作，产生腿部冻结的反应。在站立时，感到有压力的人会将肌肉绷紧，双腿并拢挺直。通常在外界环境施加了压力的情况下，比如面试、演讲的正式场合、接受批评或训斥时等等，这种场合下既不能逃跑也不能彻底放松自己，不会做出叉开双腿或者斜靠在某处的随意站姿，通常会浑身绷紧，双腿直立，克制自己想要逃跑的冲动，被动地接受即将到来的压力。

在这种情况下，人的大脑会认为站着不动比乱动要好，因为不动可以将发生变化的可能性降至最低，同时更容易获取到更多有用的信息，在遇到变化时这种姿势也能够最快地做出反应。而如果乱动的话，就会将未知的变数增加，这样一来就需要处理更多的问题，反而使自己的负担加重。在电影里常常看到这样的情节，高手过招时往往会先一动不动地互相僵持一段时间，原因就在于不动可以降低出现破绽的可能性。

坐姿状态时最常见的脚部冻结动作是，将双脚紧紧并拢在一起，使它们不能随便乱动，更严重的冻结行为是将双脚缠到椅子腿上。在放松的状态下，刻意将两脚别在椅子腿上其实还是有些困难的，而且时间久了会感到疲劳和酸痛。但是在紧张的时候，就会不自觉地做出这种拘束双脚的动作。这样的动作同样说明这个人心里感到了压力，某些事情使他感到不安或者恐惧。收缩的身体反映了消极的心态，控制住双脚，可以减少过多的动作，从而降低受到攻击或者批评的可能。

有的人在将双脚缠在椅子腿上的同时，还会用手在大腿上来回摩擦，这是冻结反应和安慰行为的结合，两种动作同时出现说明这个人内心有着沉重的压力，他很可能隐瞒了什么，或者害怕自己做过的某事被发现。

在交谈过程中，如果对方做出这样的动作，说明他很紧张，并不利于进一步的谈话。应该运用一些提问技巧使交谈对象放松下来，松开自己紧绷的双脚，并恢复到自然的坐姿，这样有利于营造开放和亲切的谈话氛围。

此外，当发现对方有些紧张时，可以走到他身旁的椅子上坐下，与他保持90度的夹角，这样可以消除桌子在中间造成的距离感，避免面对面的威胁感，还可以使双方的地位变得平等，使谈话对象慢慢放松下来。

在面试中，来应聘的人大多都会出现脚部的冻结反应，他们在面对面试官时往往双腿僵直，很不自然地站在房子中间，手足无措。这时就需要面试官引导他放松下来，使他发挥出自己的真实水平。

遇到压力时的双脚相扣

当一个人将双脚相扣时，说明他感到了压力，外界的某件事物使他觉得不安或受到了威胁。接受审讯的犯罪嫌疑人，经常采取双脚相扣的坐姿，表明他内心的压力很大。

日常生活中，穿裙子的女性也喜欢使用这个姿势。但是如果这个姿势持续的时间过长，就很值得怀疑了，这说明这个人正感到不安或者焦虑。人们在感到舒适放松时，会很自然地放松自己的双腿。

女性在做这个动作时，会将双膝并拢，两脚放在身体的同一侧，双手轻轻放在大腿上。相对于女性而言，男性更少做出这个姿势，因此当男性双脚相扣时，就更值得注意了。男性在做出这个动作时，和女性不同，他们会将双手握成拳头放在膝盖上，或者紧紧抓住椅子的扶手，两腿会张开显示出胯部。

双脚相扣是人们在遇到威胁或者压力时的一种反应，很多情况下一个人双脚相扣时，同时也会出现咬紧嘴唇的动作。这些都显示出他在努力地控制内心的消极情绪，也许是恐慌害怕，也许是焦虑不安，总之是一种压力的体现。

在交谈中，如果谈话对象将双脚紧扣并慢慢移到椅子底下，这个时候他的态度往往也是沉默寡言。如果一个人非常投入地谈话的话，他的双脚会自然地伸展。隐藏双脚也是压力的信号，当一个人被问到较难回答的问题时，他总会将双脚移到椅子下方，这是因为他感到了不适，想要将自己身体暴露的范围减少到最小。

调查表明，在法庭的审判过程中，被告做出这个动作的概率比原告要多得多，这是因为将双脚相扣并藏在椅子下方，可以帮助他们抑制自己的消极情绪。另外一项调查表明，在看牙医时，坐上治疗椅的患者比进行常规检查的患者更容易做出双脚相扣的动作，而接受牙医注射的患者几乎全部会扣紧双脚。这说明做出这一动作的概率与内心压力的大小成正比。

需要注意的是，这种行为并不能表明一个人在撒谎，只是压力和紧张下的一种自制行为。例如在警察局、海关等处的调查显示，大部分被传去询问的人，在最开始都会将双脚紧扣，但是大多数人是由于紧张害怕，而并不是因为撒谎。在面试过程中，大部分的应聘者也会做出双脚相扣的动作，这说明当时他们心里感受到了压力和不适。

工作压力的理论模型

"压力"这个词来自拉丁语 stringere，原意为"紧绷"。关于压力的定义众说纷纭，有人认为压力是一个人的主观感受；而有的人则觉得应该用可测量的客观指标来描述压力，例如血压、心率、唾液分泌量等生理反应；有的人认为应该存在着一个有普遍意义的压力；而另一些人则认为压力有着不同的维度，由不同的方面和特征组成；有的人还认为压力可以从外部刺激因素来定义，即产生压力的因素和人们应对压力的方式。

研究者们给出了各种各样解释和描述压力的理论模型。最基本的一个理论模型是"需求—控制理论"。这个理论强调影响个体行为方式的心理和生理需求，以及人们在应对这些需求时的控制和决策方式。高需求、低控制的情景产生的压力最多。需求—控制在工作场合的表现方式是"挑战—支持"，分为以下几个情景：

第一，高支持—低挑战：处于这种情景中的人，有着良好的技术支持和社会支持，但是由于挑战不够，他们很可能处在一种低效率的状态中。他们感受到的压力则是枯燥和无聊。

第二，高支持—高挑战：这种工作情景中的人受到来自老板、下属、股东和顾客等多方面的挑战，因此他必须更好地工作，同时也会得到相应的支持。从理论上来讲，这类员工应该是幸福感和满足感最强的。

第三，低支持—高挑战：这是工作中最不理想的一种情境，但是却很常见。在这种工作环境中，人被要求不断地努力工作，但是在情感、信息和物质上得到的支持都很少。这是导致压力产生的主要情境。

第四，低支持—低挑战：一些在政府机构工作的人过着平淡而无忧无虑的生活，工作也没什么压力。这些人既不会遇到什么挑战，也得不到什么支持。这种工作对于组织和个人都没有太多益处。

不同的人在面对工作压力时有着不同的应对方式，而不同应对方式的效果也有好有坏。压力的应对方式主要分为问题导向应对方式和情绪导向应对方式。问题导向是指集中力量解决问题并且改变压力源，是一种根本的解决方式；情绪导向是指改变和管理某个特定压力情景下的焦虑情绪，是从个人心理角度入手。问题导向型应对方式包括几个步骤，例如计划、采取直接行动、寻求帮助、筛选出特定时间、延长事件持续时间等等。而情绪导向型应对方式有时通过否定事件，有的则是对事件进行重新解释和积极化理解。

工作压力产生的因素

工作中导致压力产生的因素很多，既有个人因素，例如性格特征、能力大小和人生经历等等；也有环境方面的因素，例如工作、家庭和组织，并不仅局限于工作环境。而个人因素和环境因素又可以相互作用组合成各种复杂的情况。在有压力的工作环境中，从人们走路、讲话和交流的方式都可以看出他们的不堪重负。

首先是个人因素，有一类人心理焦虑程度很高，通常被认为有些"神经质"。这类人在工作和生活中常常带有一种混杂着焦虑、愤怒、神经过敏和自责等等负面情绪的心理。因此他们在工作中不喜欢与他人进行沟通，工作的满意度较低并且容易无故旷工。另一种人则属于宿命论者，他们把生活中的一切都归结于命运和运气，认为上天的力量主宰了一切，自己无法控制自己的命运。

与相信自己能够掌控自己命运的人相比，这种宿命论者在工作中感到的压力更大。因为前者相信能够通过自己的努力影响和控制事情的结果，而后者只能消极地忍受生活的支配。还有一种人在工作中感到的压力较大，这些人有很强的竞争性，有高昂的斗志和紧迫的时间感。他们对成功有着强烈的渴望，希望被认可，因此总是把自己逼到超负荷的工作状态，时刻处在压力和紧张之中。

至于环境因素，有的工作比另外的工作压力要更大。一般来讲，涉及做决策或者需要频繁地与他人交流的工作压力要更大，而艰苦的工作条件和非结构化的任务会使工作压力更大。有的人在工作中需要不停地进行角色转换，例如从老板到朋友、老师到合伙人等等。

一个人在工作中扮演的角色比较模糊时也容易产生压力，就是说一个人不清楚自己的职责、角色期望、时间要求和任务分配时就容易产生压力。过度工作或者工作量不足都会产生压力。对他人的责任也是压力的来源之一。有的人需要对下属负责，例如鼓励、奖惩下属，与他们沟通并了解他们的思想和要求。缺乏社会支持的人也可能由于社会隔离和被忽视而产生较大的心理压力。在困难的时候有朋友的支持，比需要一个人独立承担时感到的压力要小很多。决策中缺少参与也会因为无助和陌生感而产生压力。

第八章
谁的内心正在被谴责：
自豪与愧疚

爱收藏玩具的成年人的小心思

小孩子喜欢玩具，我们不会觉得奇怪。原因很简单，小孩子还小，对外在的一切事物都充满了好奇心，一些花花绿绿的玩具肯定会瞬间吸引住他们的目光，抓住他们的小心脏。

如果有大人在身旁，他们一定会抓着大人的衣角，指着抓住他的心的玩具，央求大人给他们买下来。即便大人不在身旁，你也会看见许多小孩子趴在落地窗外面，眼巴巴地瞅着那些码在商店里的一排排玩具。

但是，时下流行的是许多成年人也爱收藏以前小孩子才吵着闹着要的玩具，这是怎么回事呢？你会说，人家这是给自己的儿女，也或者是年龄还比较小的弟弟妹妹买的。当然，不排除这个可能。不过，当下流行起了一股风潮，那就是许多成年人自己收藏玩具，供自己消遣。如果有那么一天，你去拜访一位未婚同事或者去一个单身人家里做客，看到满室的玩具，可以惊讶，但千万不要说"你好幼稚"的话或者流露出一副"你好幼稚"的表情。

心理学家说，成年人的这种行为是出于减压和补偿童年心理。

现代社会生活节奏快，工作压力大。成年人如果无法找到合理的方式来减压的话，肯定会憋出心理问题的，或者会做出许多不理智的事情的。心理学家解释，成年人爱收藏玩具，可以视为一种减压的方式。

就像为许多人所熟知的那句话，如果你的上司给了你很大的工作压力或者对你的要求很苛刻的话，那么抓紧买一个人偶放在家里吧，然后把你的顶头上司的画像贴在人偶的脸上，每次回家的时候，就先朝人偶痛打一通吧，心底就想着这是你的顶头上司，你一拳一拳地挥打在人偶的脸上，心里积存的压力也会排泄而出的，然后，第二天，你又可以精神饱满地去上班了。成年人爱收藏玩具算是一种比较温和的方式，跟其他的方式没有区别，都是为了给自己减压，目的是一样的。

减压是目的之一，补偿童年也是目的之一。成年人都是从小孩子过来的，对于小时候的记忆，有很多都保留着。小时候自己喜欢的玩具，但是因为种种原因，没有得到，但是现在呢，不用担心了，自己有工资了，足可以为自己买下自己童年喜欢的玩具，自己回到童年是不可能的事情了，就当是补偿童年的缺憾好了。

收藏玩具的成年人。如果没有结婚的话，还可以反映出他的另外一个心态，那就是他想结婚了，他已经做好了组立家庭和成为家长的准备，单身的人可以据此来判断一下，决定行动哟；如果已经结婚却还没有小孩，而且一方并没有向另一方说出自己心中想法的话，那这种爱收藏玩具的想法，配偶一定要留意，这是在传达一种信号哟。

爱收藏玩具，还可以传达出许多其他的信号。收藏玩具的人，容易满足，知道分寸，家里是他们最快乐的场所，宁静安逸的生活是他们莫大的享受；他们留恋过去，对曾经拥有过的一切感到自豪，并极力保存于记忆当中，总是用一颗幼稚的心激起兴奋和幸福；他们追求的就是年轻，总是想方设法保持快乐，例如和孩子一起玩，给他们买玩具。

爱收藏玩具的成年人，他们的小心思，要自己在生活中多多留意，说不定会有出乎预料的发现。

良心不安的愧疚心理

想想你自己吧，肯定有过良心不安的时候，而且心怀愧疚，总是在一个劲地自责，我怎么那么愚蠢，我当时怎么能做出那种事呢，我当时应该冷静一下的，这下完了，酿成了无法挽回的恶果。相信，每个人都会有这样的经历：良心不安，心怀愧疚。

我们许多人或许都会在这种事情的反思下，渐渐地学会了如何和别人相处得更好，然后自己一步步地走向成熟和包容。我们获得了心灵上的平静，精神上的愉悦，同时还让别人感到和我们交朋友是值得的。我们是他们值得拥有的。

或许有人会说，说谎的人还有什么良心？其实，说谎的人大多都是普通的人，他们大都是在没有经过思考或者说没有经过缜密的思考，就把话说了出去。他们怎么会没有良心呢？在许多情况下，一般人选择说谎并非是通过深思熟虑，甚至是并非出自本心。

因而，当过了一段时间之后，说谎者发现自己的行为给受骗者造成了不应有的可怕伤害，或发现自己"聪明反被聪明误"，陷入"信誉危机"的可怕境地时，说谎者很可能会悔恨自己的行为，会自责心灵中丑陋的一面，或会感到对受骗者所受伤害负有罪责。

当这种因为说谎而造成的愧疚感十分强烈的时候，说谎者心理上会非常痛苦，以至于觉得当初说谎很不划算，得不偿失，终日追悔当初为什么不选择说谎以外的其他方式，甚至当碰到受骗者或别人在谈话中提及受骗者的名字时，也会显得神情不安。有时候，一些说谎者为了摆脱这种心理上的折磨，明知说出真相将受到惩罚，也会全部抖搂出来。

心理学家认为，说谎者说谎后所产生的良心不安的愧疚心理，是与以下几个因素有关的：首先，就受骗的对象而言，如果说谎者所欺骗的是他平素所敬重的人，或者一直信任他的人，他就会觉得自己的行为有违道德规范，产生良心自责。相反地，如果说谎者所欺骗的是他平常所厌恶、憎恨的人，特别是那些以往经常欺骗他的人，那他就会认为欺骗他们并让他们遭受损害是合理而正当的，充其量只是个恰如其分的报复罢了，心理上良心不安的自责会减轻许多。

其次，就说谎本身来说，如果说谎者能从说谎中得到好处，而这种好处正是受骗者所失去的，说谎者就会觉得自己的行为不正当、不道德。如果说谎者认为自己并没有从说谎中得到什么好处，或者认为受骗者并没有损失什么或根本没有受到伤害，他就不会产生多么强烈的愧疚心理。

最后，就说谎者本人的特点来看，那些价值观念和道德准则与整个社会大相径庭的人，即使撒下天大的谎，也难以产生丝毫愧疚感，在他们看来，获取利益和成功可以不择手段。

相反地，容易对说谎感到愧疚的人，大多是那些从小就接受了正常的严格教育，确信说谎是可耻行径的人。

容易良心不安或者容易产生愧疚情绪的人，大多是心肠比较柔软的人，这些人的自省意识比较强，做事易情绪化，不过对于做过的事，会经常在心底衡量盘算，这事做的到底对不对。如果他自己认为做得不对，就会良心不安、精神抑郁或者情绪烦躁。如果正确，就会心安理得，像是什么事也没发生一样。

以内心的自我反省为标准，遵循了个人的内心所遵循的价值观，外在的因素起到的作用比较小，所以这类人也会偏颇于固执，有些固执己见。如果是价值观相同的人和这种人交朋友，会比较谈得来，很有可能会成为知心的好友。如果价值观有很大的冲突，那么与这类人很难成为朋友，即使侥幸成为朋友，最多也只是泛泛之交。

透过视线看心态

眼睛是心灵的窗口，透过眼睛我们可以读出一个人内心的大量的信息。眼睛无时无刻不在传递着一个人内心的想法。话语，一个人可以伪装，甚至可以做到伪装的不留一丝痕迹，但是眼神却无法伪装，因为一个人的眼睛是不受主观意识支配的，也就是说眼神所传达的信息是自主支配的，眼神传递出的信息都是心灵所真实感受到的情绪波动，心灵深处最真实的想法是什么，眼神就会传递出什么信息。所以说，眼神是不会撒谎的。既然如此，在我们日常的工作生活中，学会观察别人的眼神，读懂他眼神中所传递出的真实意图，就尤为重要了。我们可以在这个纷纷扰扰的世界里辨别真假，不能说完全可靠，至少可以有助于我们看清楚一个人。

我们可以从视线的移动、视线的方向、视线的集中程度三个方面来分析一个人的心理活动。

（1）视线的移动。在谈话中，通过观察一个人的视线方向，能透视他的心理。一般只注意自己所干的事，根本不正视说话人，这是怠慢、冷淡、心不在焉的态度；仰视说话人，是表示尊敬和信任；俯视说话人，有自我防范的意识；面带微笑直视说话人，是融洽的流露；皱眉头直视说话人，表示担忧和同情对方；面无表情地斜视说话人这是一种鄙视；横扫一眼说话人后不自然地发笑，这是讥讽的表现；突然瞪大眼睛看一下说话人，表示警告或制止对方；对说话人上下打量一番，是对对方不信任，有审视心理；平和地直视对方的目光，往往表示友好，谈话的双方比较融洽、投机。当上下级交谈时，上级的视线一般是由上而下，将目光很自然地投射到下级的脸上；下级的视线一般是由下而上，目光与上级相反。这是职位高低不同所造成的反应。

（2）视线的方向。在交谈过程中，视线位置移动情况不同，反映的个人心态也不一样。一旦被别人注视就立刻将视线转移的人，大多自卑心理很强，防范意识也比较强，这类人大都不敢正视对方。一般而言，当一个人心有愧疚或有不好的隐私时，才会出现这种现象。无法将视线集中在对方身上，并很快收回视线的人，大都属于内向性格，不善于沟通和交际。

美国心理学家理查·科斯曾做过这样一个实验：他让患有强度自闭症的儿童与陌生的成年人见面，以观测该儿童面对成年人眼睛的时间；成年人的眼睛分蒙起来与不蒙起来的两种情况。当理查·科斯将两种情况下所得的实验结果相比较时，发现儿童注视前者的时间，居然是后者的 3 倍。这就是说，双方眼光一接触，儿童会立刻移开视线。由此可知，性格内向的人，大都无法一直注视对方；而外向的人则相反。

这一点，我们在生活中的感触比较深，大街上走过了一个花枝招展的大美女，几乎所有男性的视线都会投入在她的身上。如果这个美女回头一顾的话，与美女目光交接的许多男性的目光都会赶忙转移开去，撇向了别处。当然，依然还会有许多男性的目光投注在美女的身上，有的或许会吹起了口哨或者说出了溢美赞赏之词。那么这就是两类人，避开目光的是内向性格的人，没有躲避开的是外向性格的人。

如果和别人谈话时，听话人不停地转移视线，不住地看其他东西，表明听话人对说话人的话题不感兴趣；如果对方带着善意的微笑，目光不时和你的视线相会合，则表示他对你说的话很感兴趣，期待你继续讲下去。

在交往中，如果面对异性，只望一眼便故意移开视线的人，大都是由于对对方有着强烈的兴趣。譬如，在公共汽车上，上来一位年轻貌美的姑娘，几乎所有人的眼光都会集中在她身上；但年轻的男性往往会很快把脸扭向一旁。他们虽然也非常感兴趣，不过基于强烈的内心压抑而产生自制行为。但是自制反而会使兴趣欲望增大，这时，他们便会用斜视来偷看。这是由于想看清对方，却又不愿让对方知道自己的心思的缘故。

另外，行为学家亚宾·高曼通过研究认为：对异性瞄上一眼之后，闭上眼睛，即是一种"我相信你，不怕你"的体态语。所以，当看异性时，并不是把视线移开，而是闭上眼后，再翻眼望一望，如此反复，就是尊敬与信赖的表现。尤其当女性这样看男性的时候，便可认为有交往的可能。

现代社会，情侣间的交流更需要用到眼神，比如为我们所熟知的"暗送秋波""眉目传情""一见钟情""含情脉脉"。这些词语，皆是感情的强烈积聚在眼神中，通过眼睛向情侣传送浓浓的情谊。如果两个情侣间缺少或者是没有眼睛的交流，那么，这对情侣之间的感情或许会在不日间"灰飞烟灭"。

（3）视线的集中程度。在与对方谈话中，不断地注视谈话人，显得较为诚实；但不要自始至终盯着对方不放，以免对方误会。如果某人想和别人建立良好的默契，则会有百分之六七十的时间注视对方；注视的部位是两眼和嘴之间的三角区域，这样信息的传接，通常会被正确而有效地理解。如果某人希望给对方留下较深的印象，就会长时间凝视对方的眼睛，并在注视的目光里含有感情。如果在与对方争论一个问题时，自己想获胜，那一定是紧盯着对方的目光不放。

听别人讲话时，一面点头，一面却不将视线集中在谈话者身上，表示对说话人或所说的话题不感兴趣，想制止对方说下去。听对方说话时，将视线集中在对方的眼部和面部，是真诚的倾听，表示尊重和理解。初次见面谈话，不集中视线者，性格较为主动；相反，因对方不集中视线而耿耿于怀的人，就是爱用心计了，以为对方对自己不满，或者和自己谈不来。

总之，在一般情况下，人们很难彻底隐瞒心事，即使有人摆出一副面无表情的脸孔，但刻意的做作并不能维持长久。只要你密切注意他视线的变化，就能发现他心底的秘密。眼神动作时刻都暗传心机。

孟子认为，观察人的眼睛，可以知道人的善恶。他说："存乎人者，莫良于眸子。眸子不能掩其恶。胸中正，则眸子了焉；胸中不正，则眸子眊焉。听其言也，观其眸子，人焉廋哉。"确实有一定道理。

视线的移开，其情况又如何呢？一般认为初次见面时，先移开视线者，其性格较为主动。

另外，谈话中，有意处于优势地位的人，认为一个人是否能站在上风，在最初的30秒即能决定。当视线接触时，先移开目光的人，就是胜利者。相反，因对方移开视线而耿耿于怀的人，就可能胡思乱想，以为对方嫌弃自己，或者与自己谈不来，因此，在无形中乃对对方的视线有了介意，而完全受对方的牵制了。

正因为如此，对于初次见面就不集中视线跟你谈话的挑战型对象，应特别小心应付。不过，同样是撇开视线的行为，如果是在受人注意时才移开视线，那又另当别论了。一般而言，当我们心中有愧疚，或有所隐瞒时，就有人会产生这种现象。

一位名叫詹姆士·薛农的建筑家，曾经画过一幅皱着眉头的眼睛的画，镶于大画板上，然后悬挂在几家商店前，其原意是想借此减少偷窃行为。果然，在悬挂期间，偷窃率大大降低。虽然并不是真正的眼睛，但对那些做贼心虚的人来说，却构成了威胁，极力想避开该视线，以免有被盯梢的感觉，因此，便不敢进商店内，即使走进商店里，也不敢行窃。

眼睛、眼神以及视线，是一扇巨大的门户。透过这扇门，你可以看见门里面的许多风景，可以了解许多事情的真假虚实。学会观察别人的眼睛、眼神和视线，别人想蒙骗你，可不是那么容易的。

如果实在是不像话，你也不必留情，可以当面戳穿他/她的真面目。

说谎的人心怀愧疚

一个人为什么要说谎，原因肯定是想隐藏真相，无论是出于善意还是恶意。事实上，几乎所有的人都有说谎的经历，而且说谎的次数你是数也数不清楚的，或者说根本就记不清楚到底说过多少次谎了。

举个简单的例子：日上三竿，你还窝在宿舍的床上呼呼大睡。突然，手机响了，你被震醒了，本不欲接电话的你，怕万一有什么急事呢，所以，你接起了电话。来电话的人的第一句话是"你在干吗呢"，如果这个人是对你知根知底的人，你就不会选择说谎，因为说谎没用。

但是如果这个人是你的母亲呢，你母亲肯定想听到你回答"我在工作或者是我在学习"，而不希望你还在床上呼呼大睡。这个时候，说谎的必要性来了。你为了避免母亲挂记或者唠叨，你会说我在忙着什么事情，没有睡觉，没有偷懒。这种谎言对于爱睡懒觉的孩子来说，是没啥稀奇的。这类似的谎言虽然也是欺骗了他人，但是对于他人和自己并没有造成什么损害，所以也不会有什么心理负担。

谎言密布在我们生活的所有角落。在我们没有因为欺骗而遭受巨大的损失之前，我们很少会意识到这样的一个事实。

假如有这么一个例子，一个男孩子背着他的女朋友去和其他女生去约会，恰巧被他的女朋友给看见了。这个女孩子拿出了手机，拨通了她男朋友的电话。男孩子肯定要接的。他避开了身边的女生，走到了一个僻静的角落里，接着满嘴的谎话就从女孩子的手机里蹦了出来。或许就在这个时候，女孩子顿时会觉得瞬间被巨大的谎言给遮盖了，她是眼睁睁地看着她的男朋友说谎的。

当然上面我举的一个例子比较极端，生活中的大部分谎言是无伤大雅的，不会给对方造成伤害。说谎者也不会有什么心理负担。我们要说的通过一个人的肢体动作和眼神来甄别一个人是不是在说谎，是因为甄别对方是不是在说谎是很有必要的。如果我们能够通过肢体语言判断出来，我们可以避免遭受损害。那么看懂一个人的肢体语言，了解一个人内在的真实想法，就很有必要了。

语言，说谎者可以包装，它是受主观意识支配的。肢体语言，在最初的时刻是由内心的本能支配的，也就是说内心的想法是什么，肢体就会流露出来什么样的动作。

首先说眼神。如果一个人说谎，他/她肯定会避开对方的注视，即使后来他/她又转了回来，那么他/她转开到转回的这个时间间隔内，肯定是在作调整，由主观意识调整。被一双眼神审视，本身压力已经够大，尤其是对方在仔细地辨别你的话语的时候，压力尤其大，这个时候说谎者的内心感受到了巨大的压力，需要释放，那么他首先会把眼神转开一瞬间，来释放压力。他/她可能会眨一下眼睛，或者是向下或者往别处看一眼，或者伴着长呼吸、耸肩的动作，或者是故意做比较大的动作。不过紧盯着对方的眼神，肯定会发现蛛丝马迹的。

说谎者还会有其他的肢体表现。比如额头发亮，当然这是由于紧张而渗出的汗渍导致的；比如会有接衬衣最顶层的扣子或者松领带的动作；比如会不自然地抖动身体，或借故去厕所，或手指有许多多余的动作，掌心有汗，等等。

举一个比较综合性的例子。当一个人说谎后，会有一种愧疚感进入大脑，于是大脑会下意识地指示手指去遮捂嘴，但是，到了最后的关头，又害怕别人看出他在说谎，因此，只是很快地在鼻子上摸一下，马上就把手放下来。当一个人不是在说谎，那么，他触摸鼻子时，一般要用手在鼻子上摩擦一会儿，或搔抓一下，而不是只轻轻触摸一下。

职场的磋商会谈中，甄别对方话语的真实性尤为重要，这关乎公司的利益和自身的前程。了解肢体语言，可能会起到意想不到的效果，如果做不到这一点的话，至少可以让你手中多一个工具。

"不可思议"的补偿

有一些人有这么一种想法，有些事情已经发生了，已经无法挽回了，而这些事情确确实实给某些人造成了损害，只是遭受伤害的人还未发觉或者遭受损害的人迟早要发觉的，错在自己，遭受损害的人是无辜的，那么就趁这一段还未被揭穿的日子里，好好补偿一下遭受伤害的人吧，或者是在日常的生活中对他更好，或者经常给他以惊喜，总之对待他比以前更加好就是了。有这种想法的人，内心有鬼，心里会很不舒服，总要为受害人做一些事情，才会让自己的内心好过一些。这是补偿心理在作祟。

下面就有一个典型的例子。

E先生是大家公认的标准丈夫。在女人看来，E先生绝对是一个令人艳羡的好男人。有人邀他听音乐会，他会以"今天是我夫人的生日"为由拒绝；参加应酬时，也会告诉其他人，要早一点回家陪夫人；出外旅行，也不会忘记买礼物送给夫人。因此，朋友们经常取笑他是"妻管严"。

总之，只要是认识E先生的人，一定会说他是个标准丈夫。但是，在一次偶然的机会中，E先生金屋藏娇的事曝光了，他不仅和这个女人同居了十年，而且这个女人还给他生了一个儿子。周围的人知道这个消息后，都不禁哑然失笑。因为大家没有想到，这样一个忠实的丈夫，竟然会有外遇。相信很多人都无法理解E先生的心理，但只要换个角度来看，就明白了。E先生因为自己有外遇，出于一种补偿心理，才表现出一副伉俪情深的样子。这种现象称为"抵消效应"，是人类为掩饰自己有过错的行为而产生的一种举动。

所谓"抵消效应"是指，以象征性的事情来抵消已经发生的不愉快的事情，以补救其不舒服感的一种心理防卫术。健康的人常使用此法以解除其罪恶感、内疚感和维持良好的人际关系。如一个小孩会说"对不起"，或以乖的表现来弥补他的错误行为。一个小孩长大之后，同样会在适当的时候继续以这种表示歉意的方式来补偿自己的不当行为。一个丈夫在娱乐城玩得太晚而回家很迟，他也许会为妻子带回较贵重的礼物来抵消他的愧疚之情。

有这么一句话，无事献殷勤，非奸即盗。仔细想一下，这句话还是包含了许多合理的成分的。一个人的表现突然好了起来，那么可以肯定是有什么事情发生在了他/她的身上。

比如，一个员工损坏了公司的财物，但是无人发觉，或许这件事情永远也无法查出是谁干的。别人的确是不知道，但是当事人自己知道，那么他肯定在心理上有负担，总是会觉得过意不过，想去上司的办公室里去承认，怕被开除。不去的话，又会坐卧难安，那怎么办呢？适逢第二天，顶头上司走到了工作间："昨天我们发现公司的财物有了损坏，老板大发雷霆，说一定要揪出这个人是谁，我已经给做这件事情的人挡了回去，没有什么事情了，大家安心工作，做这件事情的人也不用来办公室找我，好好工作。"这个员工听到"好好工作"之后，眼神一亮，终于找到了补救的办法，那就是更努力地工作，更好地完成顶头上司交代的任务。

塞翁失马，焉知非福。一个员工做错了事情，老板不一定要选择惩罚或者一定要揪出来开除的做法，可以换一个思路，把握好时机，利用人内心深处的补偿补救的心理，让员工对老板乃至公司的印象有改观，打通一个员工的心结，那么这个员工很有可能从此努力认真地工作，为公司谋利益。老板或许只要留心一下，谁的工作有了巨大的改变，毛毛躁躁的工作突然做得干净利落，那么极有可能就是他/她了。

补偿心理导致的"抵消效应"，我们有了基本的认识，那么生活或者工作中，我们可以留意，可以分析，可以利用。有些事情再补偿也没有什么用，比如说背叛；而有些事情我们却傻愣愣地看到补救。

有些人，会有补偿心理，然后是抵消行为；但是还有一些人，你还是不要指望了。那么，这个人到底会不会有补偿心理和抵消行为呢，就看你对这个人了解的透彻程度了。所以，唯有了解，才是一切行动的前提。

你周围有这样的人吗

大千世界，无奇不有。

人一旦踏入工作岗位，接触的人就更多了。这里面有各色各样的人，你喜欢或者愿意相处的，你不喜欢或你讨厌的。不过，无论你喜欢不喜欢，你的身边都会有这么些人出现。喜欢的或者愿意相处的，倒也罢了；如果是那些让你在内心非常抵触的，该怎么应对呢。

职场有职场的规则，如果你不遵循规则，是很难混下去的。那么做好两点，你基本上就可以在职场中游刃有余了。

一、学会和不同类型的人相处。

和自己内心喜欢的同事相处，是一件容易的事。因为两者要么是价值取向相似，要么就是有共同的爱好，要么就是都很欣赏彼此的为人处世，只要平时善加交流，相互熟悉后，一切都会变得很简单。

和自己打心眼里不喜欢接触的人怎么相处呢？许多公司里都会有这样的一种人——超人型，这种类型的人多属于公司内当红的人物，或是上司跟前的亲信，并常以此自豪。他们往往会占据会议中 2/3 的时间，在会议上唾沫横飞、高谈阔论。如果有人直抒己见时，他们也会有意无意地打断它。这种人头脑敏捷，经常见风使舵。他们的口头禅是："出了事由我负责。"一旦真出了大事，上司并不会找他们麻烦，因为他们早已找人当替罪羊了。

那么，遇到这种人怎么办呢？不与这种人接触，说不定会被这种人给盯上，说不定哪一天就会咬自己一口，自己的饭碗说不定也保不住了；与其接触吧，又是自己心中所不愿意的。

既然进入工作岗位，就要有接触各种人的准备。"知其不可为而为之"，孔夫子如是教导我们。与没工作、饿壮子相比，还不如学会和这类人相处呢，除非你有更好的选择，比如可以跳槽到一个更好的公司，有一个更好的收入，但是你能保证新的工作环境没有这种人吗？显然不能保证。所以学会和这类人相处是必修的课程。因为是同事，所以接触是难免的，平时见面打个招呼，生日的时候送个礼物前去捧场，否则，这类人肯定会记住你的。不要在背后议论这类人的事，除非和你议论的人是完全值得你信任的。平时开会的时候，当这类人发言的时候，就当是在看马戏团表演吧，虽然是看得你昏昏欲睡。不要做这类人的事情，除非哪一天你不愿意再继续忍下去，因为你爬到了这类人的头上。

当然，还会有许多需要你做的。纸上谈兵终觉浅，所以你还是抱着千百倍的信心进入工作岗位吧，在战斗中积累经验，说不定你会打败这类人的，然后扬眉吐气地工作，不用再畏首畏尾。下面我们看第二条，这一条的重要性不亚于第一条。

二、做好分内之事。

做好分内之事，是我们的职责所在，要不然老板雇佣你干什么，做慈善吗？做好分内之事，这样我们才不会落下把柄，也不会被意图不轨的人抓住小辫子，这样的话，他们抓你做"替罪羊"也是不可能的，因为你根本就没有罪嘛。如果工作做得好，老板是会看在眼里的，老板不是傻瓜，不会任凭别有用心的人蒙蔽的。如果你受到了老板的赏识和器重，而且你也没有做得罪别有用心之人的事的话，这类人也不会冒着很大的风险动你的。

商场如战场，激烈程度一点也不比战场小。商场的战争是无形的，是一场心和心、智慧和谋略的较量。历来，叱咤风云的商业巨子都是身经百战而最终屹立绝巅的。小人只会是商业巨擘的踏脚石和背景板。百折不挠，愈挫愈勇，才是一名优秀的职场人所必须具备的。

语速比平常快，表示愧疚

这一点大家比较容易理解。爱看电视剧的朋友，只有略微想一下电视剧中的某些镜头，就会在心头情不自禁地点一点头的。电视剧中会经常出现这样的镜头，一个人做错了事情，在向另外一个人道歉的时候，会不住地躬身点头，表示歉意。如果留意语气和语速的话，他/她的语气携带着浓郁的感情色彩，明显是歉意；而语速会不自觉地要比平时快得多。

一般来说，正常人的说话语速都是基本不变的，但是当他的情绪出现波动的时候，说话速度也会发生变化。我们也可以由此判断他的情感。比如你发现一个人说话的速度突然比平时快，那就是他心里有事情了。有时候有的人说话语速比平常快很多，通常情况下这是表示愧疚。因为他内心中有一丝愧疚感，对你说话的时候会变得有些紧张，想尽快地把话说完来掩饰自己的愧疚感，所以才会不自觉地加快语速，尽快地说完自己要说的话，这样就不会让人发现自己的紧张。

愧疚的人的语速为什么会不自觉地加快呢？这一点主要受内心的真实情感的支

配。因为一个人若是心怀愧疚，心里会承受较大的压力，会不自觉地加快语速，压力也能通过加快语速迅速释放出去。

想象一下吧，如果你自己心里有一件让你感到非常愧疚的事情，而且你心底已经下定决心，要将这件事情说出来，那么你肯定会选择尽可能快说出来，而不是还向平时那样慢悠悠地说话一般。

如果一个人做了对不起你的事情，在别人眼中也确实是他做了对不起你的事情，但是他在向你叙述时，还是像以往一般，慢条斯理，那么你就可以确定，这个表面上在向你道歉的人，在心底根本没有一丝愧疚之意，他肯定还是觉得他并没有做什么对不起你的事情，只是迫于某种外在的压力，比如同事的眼光、上司的命令，才不得已向你道歉的。他的心里才没有一点愧疚之意呢。

所以，在日常的生活工作中，语速快与不快，是确定一个人是否心中愧疚的一个标准。

妻子不与丈夫比肩而坐，表示愧疚

一言一行，都在释放着大量的信息。只要我们平时留心观察，仔细总结，总会发现那些举动中包含的其他含义，然后我们在心中就可以作出判断，从而选择行动的方向和重点。

愧疚不仅仅会产生在工作中，生活中也能处处发现它们的影子。愧疚，不光是可以看出一个人的性格倾向，还可以从愧疚中看出两个人关系的从属和主次，还可以看到事情发展到哪一阶段或哪种地步。

现实生活中小情侣之间的很多小动作或者小习惯通常能透射出他们之间的感情程度。比如说女生调皮地对男生扮鬼脸撒娇那就是表明两人还是热恋中，总是爱玩。其实不光是情侣间的习惯动作能透射出他们的感情程度，从结婚之后的夫妻间的某些动作也能折射出夫妻间的感情疏密。如果有的时候妻子不是和丈夫在一起比肩而坐，而是自己远远地坐在丈夫的侧位，那么这种现象通常会说明妻子对于丈夫是很敬重的，家里也是丈夫为主心骨，家庭里的大事都是丈夫说了算的，妻子对于丈夫是言听计从的。由于丈夫做的事情多，承担的责任也多，所以妻子对于丈夫常有自愧不如的内疚感。但是如果妻子和丈夫比肩而坐的话，那就是妻子在家里就是一个"管家婆"的形象，高居丈夫的上首，对于丈夫总是指手画脚，言谈也总是十分地犀利。这样子的丈夫便是典型的"妻管严"，对于妻子是言听计从，十分惧内。

和谐的家庭关系不仅需要我们平时所熟知的包容、理解、信任，同样也需要我们正在提及的愧疚。家庭的关系在法律上是平等的，不过这种平等是人格意义上的平等。家庭关系绝对是有主次之分或者是有明确分工的。

比如平常我们所说的男主外，女主内，表面上是分工问题，其实还含有主次问题，一般来说，这种家庭是以丈夫主导的家庭关系，在许多事情上都是需要丈夫拿主意的。反过来说，如果是女主外，男主内，那么家庭关系的主导人也会调换过来，是以妻子为主导的。

容易产生愧疚之情的一方，大多数情况下是处于弱势或者说处于从属地位的一方。在家庭关系里，处于弱势的一方，总会以处在主导地位的一方马首是瞻，有些事情即便是处于主导地位的一方做错了，处于从属地位的一方也会经常伴随着愧疚情绪的产生，总会在内心深处自责自己，会检讨自己是不是哪一处又没做好，这就或许是惯性的作用吧！

举个例子来说，丈夫和妻子吵架，如果两方各不相让，那么一定会越吵越凶，以至于最后可能会弄得一发不可收。如果一方愧疚意识比较强，肯定不会跟对方吵，或者是会及时止住，将更大的风险扼杀在萌芽状态。当然，和谐的家庭关系肯定不止需要愧疚意识来维系，还需要我们上文提到的理解、包容和信任。还不只是这样，一方产生愧疚后，另一方也要及时产生理解、包容和信任，否则的话，两个人的僵化的局势还是得不到及时的解决，还是会遗留下问题的。如果是这样的话，愧疚也就没有了意义，这种家庭也不会有真正的和谐。

愧疚，有存在的必要，也有一定的能力，但是也是"孤掌难鸣"。

愧疚的"抵消效应"

因为愧疚，一些人会主动去做一些事情，来让自己的内心舒服一些，来中和那种让自己不舒服的愧疚感，这种行为可以称为"抵消行为"。

通常情况下讲的"抵消效应"指的就是用象征性的事情来抵消已经发生的不开心的事情，用来补救让自己很不舒服的一种心理防卫术。

正常人通常会用这种方法来缓解自己的心态，比如有的时候做了某件事情有罪恶感、内疚感。有的时候也会用来维持自己良好的家人关系。比如说小孩子会用说对不起或者是安安静静变乖的方式去弥补自己做的错误事情，这样子大人会原谅他，慢慢地他就会在做错事情时不由自主地说"对不起"。

当这个孩子长大之后呢，在自己做错事情的时候会用讲对不起的方式去和别人道歉，来达到让别人原谅的目的。或者有的时候丈夫在娱乐城玩得很晚，一般就会给妻子带一个礼物用来消除自己的愧疚感。还有就是在过年的时候忌讳颇多，因为过年图的就是一个吉利，要讲吉利话，做吉利事。所以在过年的时候都会说一些喜庆的话语，但是如果不小心说了不吉利的话那就得"呸呸"了，或者土一点的办法用草纸塞嘴里，因为古代草纸是擦屁股用的，所以在这里意思就是说的屁话不要当真。如果在过年期间打碎了东西的话，老一辈的人通常情况下会说"岁岁平安"取其中的谐音，这也是一个抵消效应的应用。

这里面的道理是怎样的呢？通常是因为生活中一些不幸的事情使我们感到愧疚和悔恨，所以就会用一些象征性的事情来做弥补，用来缓解自己内心的不安，使自己心中减少不幸的事情对我们的影响，这就是所谓的抵消效应，企图去抵消已经发生了的不好的事情。

有的时候，抵消效应并不一定是为了去弥补已经发生了的事情，是为了来抵消掉自己心中的愧疚感，比如说有的时候妈妈看护不周导致小孩子不小心碰到了桌子磕到了头，孩子哭起来，妈妈便会过去安慰他，并且会骂一下桌子或者用手拍几下，用脚踹几下桌子用来一方面安慰孩子，一方面来抵消掉自己心中的愧疚。拍几下桌子或者打几下桌子并不是来改变这个事情，其实这是为了来抵消自己对于看护孩子不周到导致孩子磕到头的愧疚感。

抵消行为本身并没有好坏之分，只能是具体行为具体分析。但是它对于愧疚者来说却像是一剂止痛药，它能够有效地缓解愧疚者不舒服的心态，直至心态慢慢地恢复平衡。抵消行为不是从来就有的，首先要产生的必须是愧疚，接下来，才有可能会产生抵消行为。

一个人的表现突然有了转变，另外一个人肯定会感受到他/她的转变，先不要受宠若惊哟，说不定突然对你好许多的家伙做了对不起你的事情呢。先搞清楚事情的原因，再享受幸福也不迟。

当然，抵消行为只是一种情况。说不定，还会有其他的情况，也许是他/她受到了什么事情的刺激，突然转性，开始对你好了起来，也是有可能的。不过，无论是什么原因，搞清楚事情的原委还是很有必要的，要不然你心里也不是很舒服，不是吗？

为了自己的心安理得，搞清楚吧！

用双手按住双颊

医院走廊的长椅上，一个中年男人双手捂着脸颊，长椅的右侧有一扇门，门上方的玻璃上有三个大字"急救室"。原来由于中年男子的马虎大意，导致了自己的小女儿发生了车祸。

小女儿正躺在急救室里，生死未卜。走廊的门被一个中年女子推开了，她脚步急匆匆地赶了过来，踮着脚尖，通过玻璃往急救室内望，结果什么都看不到。中年女子脸上满是焦急和愠怒之色，看到了一旁捂着脸沉默不语的男人，终于还是忍不住骂了出来。男人一语不发，任凭他的妻子骂着。这个时候，一帮朋友和亲人都赶了过来，有人拉住了女人，说道："消消气，医生在里面给小女儿做手术呢，不要大声吵嚷。你看，他都抱着头，捂着脸，心里肯定也很难过，你还是别说了。"然后急救室内走出了一个小护士，说道："再吵出去吵，这里是医院，需要安静。"然后小护士拐了进去，"啪"的一声关上了急救室的门。

这是一个我们在电视剧中经常看到的片段，至于小女孩的结果是什么，我们姑且不论，只能祝愿每个进入的人都能够平安出来。

双手按住脸颊，是愧疚的一种表现。那么捂住脸颊的依据在哪呢，捂住脸颊要传达的意思又有哪些呢？其实，我们可以这样解读，我做错了事，我知道错了，我很后悔，我很愧疚，我想静静地一个人待会儿，你们不要再说了……

捂住脸颊，遮挡了愧疚者的视线。愧疚者使自己陷入了黑暗中，眼前不再有那些熟悉的晃动的身影。愧疚者把自己放逐进了黑暗中。黑暗无边无际，足以容纳他海量般的愧疚。黑暗中静无声息，是一个让人很好地放松自己、反省自己的地方。最起码，愧疚者双手捂住脸颊，暂时营造了一个属于自我的小环境。一个人容纳的愧疚量是有一定的限度的。

一个人捂住脸颊，那就表示自己知道错了，自己现在很愧疚，如果这个时候再有一个人在一旁叨叨不休，那么这个人所遭遇到的愧疚量就会大增，如果超过了他的容纳极限，那么他很有可能会做出一些不理智的事情。

当然，这个也不是绝对的。也有的人有这种想法，我很愧疚，你说我几句或者骂我几句吧。生活中不乏这样的人，遇到这种情况怎么办呢？嗯，遇到这种情况，亲人或者很要好的朋友可以适当地说几句，但也一定要适可而止。

表示愧疚，捂住脸颊，是某些人表示愧疚的一种习惯。有的时候有的人在发现自己犯了错误的时候，会不由自主地用双手压住自己的双颊，很多人会说这是什么意思呢？其实这种类型的人做出这种动作的原因是因为自己做错了事情，心里表示懊悔和内疚，同时这种现象也表示他们希望能够得到别人的宽容和安慰，希望能给自己一次机会去改正错误。

你想想看，实际生活中这种现象是不是经常出现，而且大多数还是女生呢，对吧。所以当你发现周围的人做错事情用双手压住自己双颊时，你要给予人家充分的理解和鼓励，让人家能够有机会去改正自己的错误，一般这种类型的人都是很可爱的小姑娘，这样子得到别人的谅解也是容易些的。

碰到双手捂脸颊的人究竟该怎么办呢？一切行动的前提是了解，针对每个人的性格来采取相关的行动。这个时候，有的人需要大骂一顿，这样的话，他/她的心里会舒服许多；有的人则需要其他人稍微拍一下他/她的肩膀，以示安慰，然后只需要静静地坐在他/她的身边，用无声的陪伴来表示理解和安慰。

愧疚时候的生气和焦急

"恼羞成怒"这个词可谓是家喻户晓。这个词怎么理解呢？可以这样理解，一个人所承受的怒气超过了他/她所能承受的极限，如果再不朝外宣泄或者释放，垮掉的肯定是他/她自己，这种情况肯定是不容许发生的，所以这个人"恼羞成怒"了。

每个人的承受量是不同的，有大有小。当然，承受量可以经过后天有意识的培养来逐步地放大。如何培养和放大，我们姑且不论，我们来讨论愧疚时候的生气和焦急。

愧疚朝生气和焦急转变有愧疚者本身的因素，有外在刺激的因素影响。愧疚是内在的，别人是不是能够感受到，那是别人的事情，但首先愧疚是自己的事情，从头至尾，你的心都能感受到愧疚的变化。

生气和焦急，别人是一定可以感受到的，因为生气和焦急，都写在了你的脸上，你在向别人展示你很生气，你很焦急。你展示的对象如果不是傻子，肯定能够体会到你的情绪的。

愧疚朝生气和焦急转变要么是愧疚者自身故意为之，要么是受到了外界的刺激性因素。我们在前面提到过，愧疚是由内心生出，但是生气和焦急就可以受到主观意识的支配，所以生气和焦急是可以伪装的。至于你是不是能够看出来，一是看你自己的功力如何，二是看愧疚者自身伪装的功夫如何。至于外界的刺激性因素，起到了催化剂或者说转化剂的效用，成功将愧疚者内心的愧疚点燃了，化为了滔滔的愤怒和焦急之火。

通常情况下，人在说谎的时候多多少少会有一些跟平日不一样的地方，因为说谎的时候自己内心是知道自己在说谎的，大脑潜意识里也会一直在强调自己在说谎并且心存愧疚感。

有的人在说谎的时候为了避免被人识破，外加自己内心因为说谎而产生的愧疚感，他就会做出一些和平常说话不一样的动作，比如他们在说谎的时候会常常强调一下自己的消极情绪，例如他们会生气、会焦急等等。他们这是在转移自己和别人的注意力，这样子可以减少自己的谎言被戳破的概率。所以说，人在说谎的时候会心存愧疚并且会生气，就是这个道理。所以你要注意了，看看自己周围有没有这种现象呢。

愧疚是本心在支配，而愧疚时的生气和焦急或者是自然而发，或者是愧疚者故意做作，从而使对方的注意力转移。那么如果是自然而发，那就是完全由本心支配，生气是真生气，焦急是真焦急；而如果是愧疚者故意做作，那么就是本心和大脑综合作用的结果，如果是这样的话，愧疚者的肢体动作肯定会有不协调的地方，如果细心留意的话，肯定会发现蛛丝马迹的。

因为愧疚而生气和焦急，只是一种情况，因而愧疚还有可能转化为更高级的愤怒，然后是更为激烈的报复行动，或者是自残或者是对别人的身体进行伤害。这个问题又要转化到个人的素质问题上了，逐一展开的话，范围就很大了。

那如果你发现了一个人本来是愧疚，却偏偏伪装成生气和焦急怎么办呢？最好不要流露出一副鄙夷或者"我知道你在装"的表情，这样容易诱发不好的结果。如果可以的话，你也可以给自己一个机会，什么机会呢？那就是我自己终于可以做一个"演员"了，我就陪着你演这一遭，你来看一下我的演技如何吧！不用担心被看穿吗？不用担心，既然你能够看穿愧疚者的把戏，做到我不知道你在演戏，对于你来说，应该是一件很容易做到的事情。愧疚者与你相比，才是小巫见大巫，自愧不如啊！

从工作态度看同事

在工作上，不同的人对待工作有不同的工作态度。从工作态度和责任心的角度去看待不同的人的话，那么在工作中总是想去抓住工作机会来展示自己的才能的人是属于外向型的，通常情况下，外向型的人在工作上大多数是勇于承担责任的，在工作中，他们没有机会的时候会积极地寻找机会、创造机会，不断地寻找机会然后把握住机会不断进步。有机会的时候更会牢牢地把握住机会，拼尽全力去把机会转化为成功，所以他们大多数很容易成功。

但是内向性格的人在面对一件工作的时候，不会和外向型的人一样去把握住机会获得成功。他们这种类型的人总是先去想自己要承担什么样子的责任，要怎么才能避免承担不必要的责任，如果出现了问题会有什么样子的后果，自己要承担多大的责任，这个机会有多大的风险等此类问题。

他们总是担心事情会失败，不会主动地去把握住机会，在机会到来时，总是犹豫不决，不会果断地决策。所以这种人做事情总是优柔寡断的，想太多与这个工作根本无关紧要的东西，所以这种类型的人做起事情来不会专心致志的，总会受到其他方面的影响，所以做事情总会失败。

说到这里，或许会有许多内向的人不服气。其实，仔细想一下的话，说的还真是很有道理的，并不是全盘否定内向型的人，如果把内向型性格的人放到正确的位置上，内向型的人也会把工作做得很好的。把一个人放错位置，他是发挥不出能量的。找到适合自己的工作才能发挥出自己的优势。

当工作中出现了问题的时候，不同的人总是有不同的反映。有的人一旦工作中出现了问题，那么就会将这个问题的所有责任都揽到自己身上，认为这都是自己的责任，总是不断地责怪自己。当他把所有的责任归咎于自己的时候，就会慢慢把自己逼入死胡同里，陷入一个误区当中。更有严重的会变得有神经衰弱的倾向，这种类型的我们统称为"内疚反应型"。

但是有的人在面对工作中出现的问题的时候总是选择逃避，不断去推脱出现问题的责任。他们不断地找一些客观理由和借口为自己开脱，为的就是推卸和逃避责任，使自己不用再去承担这些问题的责任，把自己排除在外，这种类型的人对待工作上的失误和内疚反映型正好相反，这种类型的人被称作"推卸反映型"。这种人大多数都是自私而又爱慕虚荣的人，这种人大多数以自我为中心。

还有一种"适中反应型"的人就是能够按照事情客观发生的情况来进行分析自身的责任，依据客观事实，分析自己工作失败的原因，对于自己应该去承担的责任不会去推脱，但是对于不属于自己的责任坚决不会去接受。他们这种类型的人工作失败以后能够实事求是的去面对，而且自己能够仔细、认真地分析失败的原因，进行归纳和总结，避免在以后的工作中犯类似的错误。这样的大多数是真正成熟的人。他们有着沉稳成熟的内心，并且具有一定的进取心，经过自己的努力和机会的把握，大多数都会取得成功。

这强调的是工作态度。工作态度是受主观意识支配的，与能力因素无关。每个老板都会喜欢态度积极的人，即便是这个人的能力一般；但没有老板喜欢一个虽然能力很强但态度消极的员工。所以，一个员工入职的最初，不用害怕事情做不好，因为事情做不好是很正常的，你是新手嘛，做错了可以原谅，只要你自己肯认真总结，保证下次不再犯类似的错误。

但是如果因为害怕出错、嫌丢人而不愿或不敢尝试的话，那么你永远不会有出头之日，因为你没有展露自己的机会，老板因此就看不到你的价值。或许你很有能力，但是老板不是神仙，你不露一手，他/她铁定是看不到的，所以他/她就因此认定你没有能力了，至少你这个人的工作态度有很大的问题，做事畏畏缩缩，难堪大任，不值得将公司的任务交付给你。

所以，改变消极的工作态度是最需要解决的问题。工作态度和本身的性格有很大的关联，而性格不是有那么一句话"江山易改，本性难移"，这又说明了一个问题，那就是想要改变工作态度是十分困难的，是一项需要长久坚持改变的工程。而你自己又要必须明白，改变是势在必行的，要不然你要面临被解雇的危险。

消极的工作态度，得改，想改，很难；不改，会"死"。改变一个长久积累下的习惯确实很难，但是还是有可能实现的，需要你一步一步地去落实。最初的时候，你可能会落后于他人，但是不是有那么一句话：人生是一场马拉松，起点的领先，并不能代表终点的领先，途中的坚持和不放弃才是关键，唯有这样的人，才会笑傲于终点。

我们的工作生涯至少也有几十年，不亚于一场马拉松。起点落后于别人，不要灰心丧气，慢慢地调整和改变，也许会最终赶上去的，当然谁也不敢保证结果是怎么样的，但是唯一可以保证的是如果你不改变你消极的工作态度，那么你的结果一定是凄惨或者说是凄楚的，你也许会被裁判举起红牌，被罚出局，你或许将没有资格去参加这一场马拉松比赛。

另一个问题，就是承担责任的问题。承担责任的意愿问题，也是受主观意识支配的。事实上，没有人愿意承担责任，不需要承担责任多好啊，很自由，没有压力，谁都愿意这样。

但是，人一生下来，责任就已经挂在了你的身上，只是你没有意识到而已。不愿意承担责任的人，是小孩子。小孩子比较自由，想怎么玩怎么玩，反正父母没指望你能做成什么事情，因为你还小，还没有能力承担责任。所以，父母这个时候会宠着你，为你遮风挡雨。可是，有一天，你长大了，你的父母年龄已经大了，需要你承担责任来为父母养老了，你忍心说我不养你们吗？任何一个有良知的人都不会说出这样的话。我相信大部分人都是心怀良知的。

那么，我们回归到工作上，你进入工作岗位。老板给你发工资，所以你要干活的，干活总得承担责任吧！你想拿着老板的工资，却不想干活，总是整天想着老板怎么怎么抠门，怎么怎么剥削你的剩余劳动力价值，好吧，如果真是这样的话，那么你离失去工作就不远了。因为你没有了利用价值。如果你是一个有利用价值的人，那么你应该庆幸。被别人利用，很好，你应该拥有更大的被利用价值，这样的话，最终受益的人是谁呢？肯定是你自己。

你可以获取更多。等到你足够强大时，好了，你可以不让别人利用你了。唯一能够利用你的人是你自己。

又要说到很牛的人物了。每一个很牛的人物，都是愿意承担责任的人。这类人不但愿意承担责任，还愿意承担更大的责任。他们会主动地寻找机会去承担更大的责任，来发挥自己的能力，彰显自己的价值，所以这一类人最终才得以青史留名，为人所崇拜。

愿意把众人扛在肩上走的人，最终必然会被众人扛在肩上。古来皆如此。

吸气或者捂住下巴表示愧疚

在影视剧中，我们经常会看到这样的情景：B撞破了A正在做的坏事，A要求B保守秘密，B答应了，但是当有人追问B的时候，B可能不经意之间说漏了嘴。当B突然意识到自己说的话泄露了秘密时，就会吸一口气，或者把嘴巴捂住，以此来表示自己说错了话，来表示自己的愧疚。在做完这个动作之后，他通常都会否认自己刚才所说的话，让别人不要把他的话当真。而事实上，他做出这个动作，就说明自己刚才说的是真话。

在现实生活中，有的人在觉得自己做错事情的时候，就会捂住嘴巴，这就说明这个人非常愧疚，可能是做了什么亏心事。如果你想知道真相，不妨继续追问，一定会得到答案的。

第九章
继续下去还是适时停止：
喜爱与厌恶

别让对方皱眉

眉毛的基本作用是防止汗水、灰尘或雨水等落入眼睛。在行为学中，眉毛的变化也具有十分鲜明的指向性。众所周知，皱眉是在表示不愉快。但是在不同的情景中，皱眉所代表的含义还有一些细微的差别。

小孩子总是喜欢向父母提出各种各样的要求，例如买新玩具或新衣服，去游乐场或是和小朋友玩等。父母可能并不需要用语言来表达他们的答复，眉宇之间就可以回答孩子的请求。如果父母这时轻轻微笑，眉头舒展，孩子的愿望多半可以达成；但如果父母眉头微微皱起，孩子则会识趣地慢慢走开，因为他们知道自己的愿望实现的机会已经很渺茫了。这种情况也适用于职场等成人交际社会中，如果你向老板提出请假的请求，老板眉头紧皱，半天低头不语，那么批你假的可能性就不大了。

我们常常会在早晨的公交车、地铁里看见很多眉头紧皱的上班族。他们皱眉可能有多种具体原因，可能是因为车厢里太过拥挤；可能是起得太早，还很困倦；也可能是工作任务繁重，毫无头绪。总之，皱眉传递着一种不太好的信号，证明他们现在的状态是不好的、消极的。

人们在冥思苦想的时候也会紧锁眉头。在安静的咖啡馆或是图书馆里，常常有人皱着眉头看着电脑或是手中的书，这时他们的心理状态并不一定是烦躁或不愉快，只是在专注地思考问题。在对话中，这样的皱眉也经常存在，在讨论双方就某一问题展开激烈的讨论，双方都能做到积极引导对方思考的情况下，聆听并思考的一方也有可能会皱起眉头，他可能会有不同意见，但这并不意味厌恶和反感。如果聆听的一方十分消极地听着，没有积极地回应和互动，则可能是处于厌恶和反感状态了。

因此我们在日常的交际生活中，应该尽量避免让对方皱起眉头，要懂得察言观色，如果对方不是因为思考而皱眉，那么我们就应该迅速调整自己说话或行动的方式，而不是一味地让对方反感和不快还自顾自地讲话。在融洽的谈话气氛中，如果看到有人微微皱眉，可能是因为他身体出现不适，我们也应该及时地送上关怀和帮助。

下意识地扬眉

经动物学家的观察研究发现，除人类以外的其他灵长类动物，如猴子、猩猩等也会做出扬眉的动作。而这个动作最初的目的是增强眼力，因为扬眉实际上是睁大眼睛的伴随动作，睁大眼睛就意味着扩大了视线所及的范围和瞳孔聚焦的强度，所以当人们希望自己看得更清楚时，往往会睁大眼睛，眉毛向上仰起。

扬眉在很多时候也是表示与某人打招呼。因为很多时候，熟人见面并不会像商务会盟那样握手致意，相互寒暄，而是仅仅点头示意看见了彼此。向对象微笑的同时扬一下眉毛就是一种十分常见的在和对方打招呼的方式，这种情况多出现在熟人之间不方便长谈或寒暄的时候。扬眉的动作相当于招手示意，但是扬眉的动作幅度较小，因此造成的影响也较小，例如在你或者对方正在说话的时候，你觉得自己不合适上前打招呼，甚至不应该打扰对方的思路，就可以用这样的方式向对方微微示意，既达到了打招呼的目的，也不会对对方造成太大的干扰。因为扬眉的动作只是一瞬间，因此伴随扬眉动作而睁大的眼睛会在很短时间内恢复到正常状态，就相当于是向对方眨了一下眼睛，这个动作实际上是将对方的注意力吸引到了自己这边，让对方注意到自己的脸，告知对方"我在这里"。这时，对方也会以同样的方式——快速地眨一下眼睛，扬一下眉毛，轻轻地微笑点头——来回应你。

此外，人在惊讶的时候也会做出下意识扬眉的动作。当你将自己的策划方案递给老板时，看到了老板短暂的扬眉动作，那么他一定是比较满意你的方案的，他的扬眉动作就像是在告诉你："哎哟，不错啊！"同时还可以说明，你的表现令他刮目相看或是大吃一惊。当我们面前出现自己期待已久的人时，也会轻轻扬眉，这是在表现你对对方的倾慕和景仰。当我们遇见令人欣喜的事情时，也会轻轻地扬一下眉毛，表示自己对眼前之物或面前之景十分满意和欣喜，希望自己睁大眼睛后可以看得更多，看得更清楚。人处在得意扬扬的状态时，眉毛也会扬起，这就是我们通常所说的"扬眉吐气"。人在欢呼雀跃的时候，面部表情通常具有鲜明的特点，轻扬眉毛就是其中一种。

"八字眉"是怎么回事

"八字眉"原本是古代妇女眉式名。相传是汉武帝时期兴起的，后被历代沿袭，中晚唐时期尤盛，因为其眉形似"八"字而得名。而天生长有八字眉眉形的人，表面上可能会显得凶巴巴的，不易接近，但实际上和蔼可亲，心胸宽广，品德优秀，算得上是正人君子。

在行为学中，当一个人皱起八字眉时，两只眉毛在扬起的时候会相互贴近，眉毛向内集中，两眉之间距离变短，额头中心出现"T"字形皱纹，和挤眉毛的动作相像。当行为人露出这样的表情时，表示他正在经历生理或心理上的痛苦。

我们常常会在宣传画或是雕塑作品中看到苦大仇深的下层劳苦大众的形象，即眉毛聚拢成八字眉，前额皱纹密布，眼角下垂，眼神干枯而悲惨，显现出一副极度忧伤、痛苦或焦虑的样子。不仅在经历苦痛的当下会有八字眉，这种眉形还会深刻影响行为人今后的形象。一个经历过苦难或伤痛的人，在日常生活中常常以八字眉示人，并且他们较少说话，在事情面前总是选择沉默不语。但是心结一旦打开，他们会足够可靠和真诚。

身体上的不适也很容易造成八字眉。历史上或文学作品中的美女经常会通过蹙眉来显示身体上的不适。例如成语"东施效颦"中的东施就是在学习美女西施心口疼痛时掩住胸口蹙眉的样子；《红楼梦》中的林黛玉也常常是一副蹙眉的病容。这里说的蹙眉实际上就是我们现在说的八字眉，即眉峰紧蹙的意思。的确，人在遭遇疼痛的时候皱起八字眉，例如，刚做完手术的人，因为伤口处隐隐作痛会忍不住皱紧眉头；身体临时产生不适的时候，也会皱起眉头。这是人体在遭受疼痛的时候在面部表情上最直接的表现。

因此，当正常的交际场合中有人紧皱眉头形成八字眉时，他一定在经历痛苦、忧伤或是焦虑等消极情绪，或是处在某种不幸之中难以解脱。

眉毛上的动作

受降眉间肌的控制，眉毛可以产生不同的眉形，表达丰富的面部表情。

当人的眉毛处于一上一下的时候，有专家称之为"眉毛斜飞"，即一边眉毛向下垂落，另一边眉毛则向上飞扬，两条眉毛不处在同一水平线上。这个动作有些人做起来有难度，面部表情丰富、肌肉灵活的人常常会有这样的表情。这种状态下的眉毛就如同这个"斜飞"的动作本身一样，所传达的信息也是拥有两面性的。眉毛下垂的半边脸看上去很有攻击性，而另外半边扬着眉毛的脸则是一副惊慌害怕的神情。通常情况下，这种自相矛盾的表情在成年男子的脸上相对多见，女性脸上较为少见，眉毛斜飞所表达的情绪通常是略带鄙视的怀疑。

还有的人喜欢不停地耸眉，即将眉毛扬起又落下，这样反复地耸动，同时还可能伴随着撇嘴的动作。说话的时候伴随着这两个动作，可以判定说话人可能遭遇了一次不太愉快的经历，这正是他在向人诉说自己的不愉快。这个表情常常出现在成年女性的脸上，较早出现在男性脸上，因为女性相对来说更爱表达和倾诉，遇见不愉快的事情，总是喜欢讲给同伴或家人听，也相对喜欢抱怨。经常耸眉的人常常是生活中爱抱怨的人，总是喜欢喋喋不休地将自己的经历讲给别人听，也总会引起他人的厌烦。此外，说话的时候经常耸眉的人比较喜欢议论是非，尤其是关于别人的是非，生活中往往不受欢迎。

平时总是耷拉着眉毛的人，内心比较消极，对什么事情都提不起来兴致，干事情也总是无精打采的，不喜欢表达自己的意见，有些逆来顺受，是相对悲观的人；

而说话的时候总是神采飞扬，眉毛高高扬起的人，比较乐观，处处喜欢发表自己的意见，爱在人前表现自己，也喜欢凑热闹，是外向型性格的人，身边的人也都很喜欢听他讲话，因为他会把一件事讲得像故事一样引人入胜。

睁大眼睛看你

我们总会遇见这样的情景：当某个人遇见自己喜欢的人或物时，会不由得眼前一亮，眼睛会不由得睁大，瞳孔立刻亮起来。恋爱中的情侣也经常会在四目相对的时候睁大眼睛，仿佛自己的影像出现在对方的瞳孔里就相当于自己出现在对方的心里一样。人们常常会将睁大眼睛盯着美女看的男子称之为"花痴"，显然是这名男子被美女的美貌吸引住了。情窦初开的女孩子在看见自己心仪的男子时也会偷偷地睁大眼睛盯着对方看，就好像这样看下去就能把他的样子刻下来一样。因此，睁大眼睛可以表明行为人当前的状态是兴奋的、满意的甚至是欢乐的。

当一个人对所看到的人或物产生欣喜、满意等积极情绪时，他的眼睛会睁大，但这里所说的睁大是一种下意识的行为，并非行为人自己的意识有效控制的结果。而当一个人有意识地极力睁大眼睛，也就是说，当一个人眼睛睁开的程度是由自己主动控制时，他可能在故意夸大一种积极性以争取某种主动权。例如，在工作中，如果一个员工在老板面前极力睁大自己的眼睛，可能是他希望让老板意识到他的积极性和主动性，从而和老板的关系更近一步。

平面广告中的模特眼睛都非常漂亮，不管是什么妆容什么风格，也不管是什么表情什么造型，模特的眼睛都会在化妆师的手里精心描画，以呈现出最好的状态，假睫毛、眼影、眼线等化妆工具会帮助模特的眼睛看上去更加水灵、更加有神，整个眼睛看上去大且深邃。之所以要把模特的眼睛包装成这样，是因为眼睛睁大以后，人的瞳孔就会随之扩张，整个人看起来就会神采奕奕，并且像是看见了一件令人欣喜的物品一样，因此广告之中模特衬托产品的作用就凸显出来了，产品的吸引力也由此增加。

影视类广告中，模特可以通过眼球的转动让眼部多一些动态美，从而能够更好地显现模特所扮演的角色对产品的兴趣和喜爱，有效地吸引观众的眼球，让观众在模特或演员的指引之下产生对这款商品的购买欲，达到商家的目的。

因此睁大眼睛在很多时候都能够表示行为人看到了自己满意的人或物，心理状态正受到积极情绪的影响。

瞳孔的变化

成语"目光如豆"就是说眼光像豆子那样小，是形容目光短浅，缺乏远见。这里所说的目光实际上就是人的瞳孔收缩后变得很小，像豆子一样。当人的瞳孔呈现这样的状态时，给他人的印象通常是不好的。

美国芝加哥大学心理系的前系主任艾克哈特·赫斯教授曾经做过这样的实验：他将一些性取向正常的成年男性列为实验对象，让他们观看女性明星的大幅性感海报，这时，这些实验者的瞳孔普遍出现了扩张的情况；而当女明星的性感海报换成是男明星的海报时，他们的瞳孔又逐渐收缩到了正常状态；艾克哈特教授又选取了一些不同年龄不同性别的实验者，在他们面前摆放美食、精美的手工艺品和壮丽的自然风光的影像，这些实验者的瞳孔也随之出现了扩张，并且集中的对象各不相同。可见人在面对自己感兴趣的事物时，瞳孔会不自觉地放大。

因此艾克哈特教授得出结论：瞳孔的大小是由人们的情绪决定的。当一个人被悲伤情绪笼罩的时候，他的瞳孔会暗淡无光，黑瞳看起来只有一点点，整个人也看起来无精打采；而当一个人处于兴奋状态时，他的黑瞳会尽量扩大，瞳孔也随之扩张，眼睛看上去炯炯有神，整个人也显得神采奕奕。

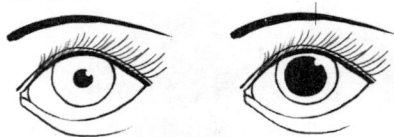
瞳孔的变化反映出丰富的内心世界

从生理角度来看，瞳孔主要受两组肌肉支配：瞳孔括约肌和瞳孔开大肌，前者的作用是它的收缩可以使瞳孔缩小，而后者的收缩可以使瞳孔扩大；前者受第三对脑神经即动眼神经支配（属副交感神经），后者则是受交感神经支配，当人受惊吓或情绪剧烈波动时的瞳孔放大都是交感神经兴奋的结果。但不同的是，人在处于惊恐状态之下时，瞳孔的放大是僵硬的、无神的。

当人对眼前的事物或人产生厌恶或憎恨时，瞳孔会出现收缩，因为此时脑部神经系统的信号是不希望看见眼前所见，作为光线进入眼内的门户，瞳孔会自然而然缩小，仿佛是在阻止眼前的东西进入视线。

因此，在日常的交际生活中，我们可以通过对对方眼神的判断和瞳孔的扩张与收缩判断对方当下的心理状态，以及他对眼前事物的接受程度。

眨眼的秘密

我们在拍照片的时候常常会受到摄影师的提醒，不要眨眼睛，但似乎总是控制不住，因此很多照片在拍摄出来后会有闭眼的情况，实际上就是在快门闪动的一瞬间，我们眨了眼睛。因此很多人认为眨眼睛是一种无意识的行为，是不受人的主观意识控制的，也是没什么秘密的。

然而，正是这小小的眨眼行为却是很多专家学者研究的重点。日本东京大学的心理学家中野玉见博士曾经说过："我们似乎下意识地寻找眨眼的最佳时机，将眨眼时遗漏重要信息的可能性降到最低。"的确当我们目不转睛地盯着一个目标看时，其实就是害怕错过还不愿耽搁眨眼睛的时间。英国的朴茨茅斯大学心理学系的一个研究也发现：通过判断一个人的眨眼频率，可以判断对方是否在说谎。可见，一个微小不过的眨眼动作背后，竟然已隐藏着巨大的玄机。

人在厌烦眼前情景的情况下，会通过延长自己的眨眼时间来表达厌恶，仿佛是通过长时间闭眼来营造对方消失的假象。而说谎话的人眨眼频率的变化十分明显，在说谎的同时，他的眨眼频率会放慢，但是在谎话过后，他的眨眼频率又会加快到正常频率的8倍。这是因为说谎者在思考并表达时，希望自己更加淡定和平静，因此眨眼的频率会稍微降低；而当谎言说完之后，仿佛是自己完成了一项艰难的任务，身心和神经都放松下来，这时，快速眨眼成为下意识的不受控制的行为，因此眨眼频率会忽然上升。

当一个人主动延长自己的眨眼时间时，会有一种较为傲慢的表情显现出来。这类人常常会在延长眨眼时间的同时，长时间凝视对方，让对方产生一种被审视的感觉，这就充分显示了行为者目空一切的姿态，他对别人的蔑视也毫无悬念地流露出来了。当双方处在较量状态时，常常会以这样的眼神看着对方，以显示各自对对方的蔑视和不屑。而在焦虑状态之下的人，眨眼的频率会不自觉地增大，这是因为他们急于证明自己所说的话是真实的，并且希望得到对方或其他人的认可和肯定。

眼角看人

曾经有人向心理医生诉说了这样的苦恼："我平时总是喜欢用眼角看人，从高中就开始了。我也知道这种行为十分不礼貌，但是我总是控制不住自己。我曾经试图用手挡住自己的余光，但是还是无法摆脱。我现在根本不敢正视别人，每次遇见陌生人我都不敢抬起头看对方，来到一个陌生的环境，我也总是喜欢用眼角余光去看别人，但是又不敢去和他们大方地打招呼或进一步交往……"

还有另外一个事例：一所名牌大学的毕业生去一家公司参加面试，他本来有很大的优势，面试过程也十分顺利，他对自己的表现也十分满意，但是他并没有被录取。原来，面试的主考官发现他在竞争中，总是用眼角的余光看着别人回答问题；在他自己回答问题时，眨眼的速度和频率又很慢。他的种种表现都表明他不是一个谦虚的人。

同是用眼角看人，为什么会有这么大的差别呢？

第一个事例的主人公是在青春期的烦躁的驱使下，对其他人尤其是异性充满好奇，一方面去小心地探索，而另一方面又为这种探索感到恐惧和不安。他们总是对自己要求过于严格。出现了这种心理问题后不是积极的治疗和疏导，而是采取一种压抑自己的方式，反复告诫自己，应该怎样，不应该怎样，结果焦虑不但没有减轻，反而加重，越是压抑，其承受的压力越大，最后逐步发展到病态。

在心理学上，这种情况被统称为社交恐惧症，在 15～18 岁时最为常见，其中多是一些性格内向、学习刻苦的女孩子。"爱用眼角余光看人"只是社交恐惧症的表现形式之一。这其实也是因为长期的病症压抑着他们的精神，使得自己对自己越来越不自信，尤其是碰到比自己优秀的人，更是会让他们无地自容，但实际上他们又十分渴望同人交往，这种矛盾的心理驱使他们用眼角看人，仿佛这样就不容易被发现了一样。

而第二个事例中的主人公则是以一种鄙夷的心态用眼角余光看人的。因为他深知在这场面试中，他胜出的可能性很大，自己有很大的把握，完全没有把对手放在眼里，根本不需"正眼"看他们，这才会向他们投去鄙夷的眼光。这种眼光被主考官捕捉到了，他们自然不希望让这种自大傲慢、目空一切的年轻人成为他们的员工。

正常的社交场合中，第二种眼角看人的情况十分常见，也是有人为了显示自己高人一等而故意摆出的样子。

"挤眉弄眼"使眼色

在社交场合中，熟人之间经常会通过挤眼睛来传递彼此想表达的含义。这个动作在陌生人之间不太适用，因为它要求行为双方有一定的默契，并且对当下的情况也有相当程度的了解，否则在没有手势或口型的辅助下，很容易出现误会，甚至闹出笑话。

当两个熟人仅仅在彼此之间用眼神传递含义，朝对方挤眼睛时，很可能是因为他们所要表达的含义不太方便说出口，以免让更多的人知道，挤眼睛的一方多是明白了对方隐藏在话里的深刻含义，或是针对能理解他的一方说出了富有深意的话。其潜台词是："我的意思，只有你明白的!"或是"只有我明白你的意思，别人不知道的!"这种情况在多人在场的场合中最好慎用，因为这种"挤眉弄眼"的样子很容易被他人捕捉到，泄露行为双方的机密不说，还会给其他人造成疏离感，认为你俩是在议论什么不可告人的秘密，也会被指责成小团体。

然而，相对有身份有地位的人也会用挤眼睛或眨眼睛的动作来传达自己的意思。例如，在古代，有权有势的封建家庭里，作为家中地位较高的老爷或者太太，常常会在有客人在场的时候对下人使眼色，让他们下去或是实行安排好的计划等。这时就需要对方有极为灵敏的观察能力和识别能力，也就是民间所说的"识眼色"。

在现代社会中，一些场合也会通过使眼色来提醒或暗示对方，什么该做什么不该做。例如，如果你在安静的会场和身边的人窃窃私语，很有可能受到别人眼神的提示，意思是你要停止说话，因为你的行为已经影响到别人了。当你面对两个出口或是入口的时候不知该从哪里进出时，站在旁边的人并不需要用话语告诉你这边还是那边，只要用一个眼神指向其中一个方向，你就能明白他的意思；当你需要起立或是上台，但又不知什么时间合适时，主持人会适时地递给你一个示意的眼神，你就像是接到信号一样上台或起立，其中可能并不需要相识很久才能具备的默契，而是一种很明显的眼神示意，在陌生人之间也可以顺利开展。

游离的眼神

在枯燥的课堂上，我们常常可以看见这种情况：在台下听课的学生或学员要么点头打瞌睡，要么就是将视线来回转移，眼神游离不定。这种情况就说明他的注意力已经不再集中，老师讲的内容已经无法进入他的大脑，而他还没有找到具体思考的事物，眼神和思维都处在游离状态。

游离状态之所以很容易被发现，是因为当人认真思考或倾听的时候，身体几乎是静止的，除了条件反射的眨眼以外，面部器官也不会有很明显的动作，尤其是头部，不可能四处转动，眼睛更不可能四处张望。所以当老师在课堂上看见这样的学生，就会严厉地敲一下桌子或是通过其他方式制造声响，来吸引这位游离于课堂之外的学生的注意力。

在日常的社交场合中，如果和你说话的对方在听你说话的过程中，眼神不停地离开你们的目光交流范围，则基本可以判定，他的注意力已经转移。这种情况下，最好的解决办法并不是生硬地提醒他注意，更不是任由他游离，而是根据他的目光所向判断他感兴趣的话题，顺势和他聊起来，再借机迂回到自己想说的话题上面，这样既可以避免造成双方的尴尬，又可以让对方自然而然地接受你的话题。

但如果眼神游离的那一方是你，那么你就一定要尽量克制自己的意识，及时把自己从游离的边缘拉回来，不要让对方感受到你想逃离现场的渴望，否则会让对方和自己陷入难堪，甚至会让对方感到不快。

为了挽救这种现象造成的不良影响，你最好更加专注地倾听对方的说话，交互

游离的视线是内心不安的表现

式地专注于对方的眼睛或者嘴，做出一副认真倾听、积极思考的样子，并通过微微点头和吃惊的表情来呼应对方，证明自己对对方提出的观点有很大的兴趣和触动。

但当你是一位聆听者，而对方的谈话让你产生反感甚至是厌倦的时候，你的眼神会不由自主地逃离你们彼此之间目光所及的势力范围，你本能地看向别处是因为你希望在另外一处地方找到摆脱此景或寄托目光，以此来取代你不愿看到的景象。在这种情况下，眼神的逃离是厌倦的表现。

斜瞄式微笑的魅力

很多时候，人们在看东西或看其他人的时候，不会使用也不适合使用正视的方式，而斜视在这时或许可以表达更丰富的含义：感兴趣的时候和疑惑的时候都有可能采用斜视的眼神，斜视有时甚至能够表示敌意。当一个人在目光向斜处投出的同时，轻扬眉梢并面带微笑，那么就可以说明这是一种对眼前之物产生浓厚兴趣的表现。如果斜视的同时，行为人将眉毛压低或紧皱或者下拉嘴角，那就是在表示对眼前之人或事物的质疑、敌意或者批判。

恋爱中的女孩常常会用一种充满爱意的眼神看着自己心爱的男子，那就是微微低头，压低下巴，同时将眼睛抬起，向上看自己眼前的人。因为这会让眼睛显得更大更有神而且可以让女人看起来像孩子一样天真纯洁。我们可以对这种心理反应做出这样的解释：小孩的身高比成年人矮得多，因此在看成年人时，必须抬起眼睛往上看；而孩子的眼睛本来就是充满纯洁天真的象征。久而久之，不管是男人还是女人，都会被这种仰视的干净目光所吸引，因为它能够激发出他们作为父母般的情感反应和关爱欲望。这种方式也经常作为求爱的信号，特别是女人，因为在低头的时候抬起眼睛往上看，也可以是一种表示顺从谦恭的姿势，这种姿势对强势的男人具有一定的吸引力。

下巴微微内收，抬起眼睛向上看同时保持微笑的表情，被一些行为学家称之为"斜瞄式微笑"。英国的戴安娜王妃几乎成了这种微笑的代名词。这种略带腼腆的笑容最容易唤起富有保护欲的男性内心的渴望。

因此当女孩希望获得心仪男性的青睐时，可以采用这种招数看着他，同时在微笑的时候带入不易察觉的羞涩，让他看到你小女人的娇羞，那么他的心很快就会被你征服了。

但是在同事或朋友之间，这种斜瞄式微笑有了新的含义。当你的同伴出色地完成了一项任务时，他满意地吐出一口气看向你时，站在旁边的你可以给他一个斜瞄式微笑，就仿佛在对他说："你刚才的表现太精彩了！哥儿们，你真棒！"如果还能配上一个俏皮的眨眼动作，就更可以说明你对他的鼓励和满意了。

鼻子上的微行为

人的面部器官中，眼睛和嘴巴的动作幅度都可大可小，灵活性也很大，唯独鼻子，仿佛是静止的一样，它的变化也很难引起人们的注意，在观察别人面部表情的变化时，鼻子上的动作几乎起不到参考的作用。实际上，这种观点并不准确，人因为内心情绪的变化引起面部表情的变化，是相对于整个面部而言的，面部器官中的任何一个都可以并且一定会以各自的变化衬托出来。

鼻孔的变化就可以说明问题。一个人在受到兴奋、紧张或者是恐惧、惊慌的情绪刺激的时候，鼻孔会有不同程度的扩大。这是因为人处在情绪紧张的状态之下，心跳加速，呼吸也会适当地加快，全身肌肉受神经系统的控制，出现一定程度的紧缩，鼻孔扩大肌也会自然而然地紧缩导致鼻孔扩大。这和在相同情况下，人的眼睛会忽然睁大，瞳孔出现扩张是一样的。

鼻尖冒汗也是十分常见的，这种现象多出现在一个人受激动、兴奋、紧张情绪的控制下，这时候，人体需要更多的能量来维持正常的思考和行为，而人体的能量是线立体提供的，线粒体在向人体提供富含能量的腺嘌呤核苷三磷酸（ATP）时，就会同时放出大量的水分，水分由毛孔排出体外，这就是我们通常所说的冒冷汗，而鼻尖的毛孔相对较大，因此会显得更加敏感。

当人群中，有一个人总是将鼻子向上提的时候，他很可能是在对刚才有所表现的人表示不屑。例如在公司的表彰大会上，一个平时表现得很不起眼的职员受到老板的大加赞赏，这就很可能引起另外一些人的不忿，他们会微微地提一下鼻子，上嘴唇也会跟着出现一点明显的向上移的样子，这时他们的潜台词就是："这有什么了不起的，我们都不稀罕呢！""我当时受表扬的时候，你还是个无名小卒呢！"

同时，总是向上耸鼻子约人，看人的时候也总是会用由上而下的视线，仿佛自己高高在上一样。这类人很可能性格比较傲慢，轻易不把别人放在眼里，对别人获得的成就也会表示不屑一顾，常常是一副凌驾于他人之上的姿态。

嘴角变化有玄机

一个人在抿嘴的时候，很可能是遇见了什么小麻烦，事情无法按照原定的计划实施下去，他只好用抿起嘴来的似笑非笑的表情来表示无奈。而当他遇见大麻烦的时候，抿嘴一笑是无法做到的，他的内心受到巨大的重击，面部表情除了表现痛苦之外，还很有可能会出现局部僵硬，例如嘴角。嘴角僵硬是因为他此时根本说不出话来。

嘴角上扬最典型的表情就是微笑，当人们处在愉悦或是满意的状态下时，嘴角会自然上扬，表示内心的欢喜，但是当我们心情很差的时候，嘴角的变化也会不自觉地显露出来。因此，在日常的社交活动中，如果人群中有人嘴角向下压着，我们基本可以断定对方此时的情绪是消极的，内心一定充满不愉快，我们就可以根据这种情况，做出适合的举动，如询问、安慰等。

当一个人总是沉浸在不愉快的气氛当中时，就会经常出现嘴角下拉的消极动作，而最可怕的莫过于习惯成自然。在社交场合中，经常嘴角下拉的人看上去总是没精打采的，对什么事情都提不起兴致，即便是在大家讨论开心的话题时，他也还是很难融入开心的气氛中。久而久之，下拉嘴角表现出来的消极情绪就会影响大家的积极情绪，因此经常下拉嘴角的人很难受到大家的欢迎。

相反，乐观开朗、经常微笑的人总是社交圈中的宠儿，大家显然更愿意看到嘴角上扬带来的喜悦之感和好心情。因此，如果你总是被消极情绪所影响，有下拉嘴角的习惯，不妨努力尝试微笑，改变这种不好的表情习惯，只有这样，你的人际关系和社交圈才会活跃起来，大家才会更加喜欢你。

当然，下拉嘴角有时也是在表示鄙夷，社交场合中常常有人对获得成就的人表示不屑，这时，他的嘴角就很有可能向下撇一下，仿佛在说"我才不稀罕呢"之类的话。这种表情所表现的心态某种情况下可以理解为：吃不到葡萄就说葡萄是酸的。行为人是用这种心态来缓解自己内心的嫉妒和醋意，他们看见别人得到了成绩就会想到自己，但却不是把这种情况当成是激励自己的动力，反而让自己的内心更加不平衡。这属于一种不健康的心理。

抬头微笑

在日常的人际交往中，开朗外向的人总是容易受到大家的欢迎，因为他们总是会与快乐一起出现的，他们走到哪里，仿佛就可以把笑声带到哪里，他们真诚的笑容也是一道美丽的风景线，尽管有可能他们的相貌并不出众，他们扬起的笑脸仿佛能够给身边的人带来积极的影响一样。相反，人际交往中，我们也常常会看到低头不语的沉默者，他们不擅长微笑，更不会常常带着欢声笑语，只是一味地低着头，仿佛不愿看到眼前的人和景一样，这类人常常会让身边的人觉得很压抑，甚至有些影响情绪。

实际上，经常低着头的人确实生活状态相对消极，总是喜欢对某件事情产生否定意见或是不满情绪，对身边的人或事也很难产生积极性。这类人虽然看上去沉稳安静，但是很难得到大家的接受。

正常情况下，低头也可以表示不满或否定。当你在和一个人交流的过程中，你正在口若悬河、津津有味地讲着话，他忽然面容凝重地低下了头，那么可以判定，你说了他不爱听的内容，或是否定的，或是不满意的，或是勾起他不愿回忆的事情，总之是你的话让他产生不快，但是碍于情面他无法直接打断你，于是他通过低下头来传递不愿继续听下去的信号。这时你就应该及时调整自己的说话方式，或寻找有共鸣的话题来讨论，以免造成尴尬气氛。

微笑也是一种能让你更受欢迎的方式，因为只要是真诚的微笑，就没有人会拒绝。即便是陌生人之间，微笑也可以拉近距离；打招呼的时候，微笑往往更容易奏效。微笑会让你看上去开朗大方、乐观向上，因此很多人愿意受到你的积极情绪的感染而与你相识相知。一个温暖的微笑甚至可以改变一个人的心情，驱散他心中的阴霾。你对别人真诚微笑时，对方也可能会投给你一个温暖的微笑，可以为你带来一丝欣喜和愉快。因此多多微笑不仅可以为你带来更多的朋友，也可以使你得到更多美好的东西。

在日常的人际交往中，人的形象的确很重要，你需要在大家面前注意自己的仪态和身姿，还要注意自己的表情和衣着，这些都与你所处的场合有很大关系，但只要不是特别严肃凝重的场合，将头部微微抬起，面带微笑，这样的表情无论走到哪里都是十分受欢迎的，因为这样会让你看上去十分神采飞扬，总是容易得到好评。

头部微倾的温暖和顺从

天真的孩子在向爸爸妈妈提问题的时候，总是喜欢微微歪着头，忽闪着天真的眼睛。实际上，在行为学里，歪着头的确可以表示天真。因为在人们头部保持倾斜的时候，脖子和咽喉部位就会暴露出来，这就意味着将人身体中最重要，也是最柔弱的地方暴露出来了，这时候的人常常是没有任何戒备心理的，也就是说他对对方是十分信任的。成人世界里，歪着头并不一定是表示天真烂漫，但一个人既然会将自己身体中最需要保护的部位放在另一个人面前，则可以说明，这个人是他完全可以信任和依靠的，因此，这是一个表示友善和信任的姿势。

这个动作实际上是人类在婴儿时期，头部还没有办法正常维持稳定姿势，常常会晃来晃去时，母亲就会让孩子靠在自己的身体上，父母的胸膛和肩膀也就成了孩子的襁褓，这样歪歪的倾斜就像是在告知一种需要保护和依靠的姿势一样。当女性在心爱的人面前表达娇羞的时候，就完全可以采用这个策略，你的头部可以微微向侧面，让自己俏皮的倾斜头部的动作为自己增添几分天真和娇嗔。同时仿佛是在告诉对方，"我其实已经关注你很久了"。

而如果头部僵硬，没有任何方向上的倾向的话，则可以说明行为人有着足够的意志力和控制力，对事情也有自己独特的看法和认识，即使是听到别人的观点，也不会轻易接纳，通常他的自我意识也会很强，性格比较倔强，在一群人中，常常是最有主意的那个。

相比之下，女性更经常地出现头部倾斜的姿势。因为在现代社会的既定社会性别中，男性展现出来的通常是坚强、勇敢、有主见的一面；而女性则相对柔弱、乖巧和温顺。因此女性将头部靠在男性的肩膀上会是一副十分温馨的画面。这种情况下，既满足了女性小女人的撒娇心态，也可以让男性在女性面前彰显自己大男子的本色，是一种两全其美的做法。我们也常常会在咖啡厅或餐厅里看见靠窗的位置上坐着一个优雅的女性，她手臂撑在桌面上，用手掌轻轻托着下巴，显现出一副纤弱娇媚的姿态，常常会引起男性的保护欲望，因此也常常会被男性搭讪。

托盘式姿势

托盘式姿势有两种，是指将双手合掌然后托住头部，微微抬头将脸迎向对方；另一种则是用双手托腮。这两种姿势可以表示相同的含义。

最常见的就是用托盘式姿势表达倾慕之意，多见于儿童或女性。尤其是当一个女孩子用这种姿势看着一个异性时，多半是被异性所吸引的结果。我们常常可以看见这样的情景：在大学课堂上，风度翩翩、儒雅多才的老师正在讲台上讲课，讲台下的女学生不仅听得非常认真，而且很多都会摆出托盘式姿势，他们听得好像入了迷，深深地沉醉在老师所讲的内容里了，实际上，真正吸引她们的，或许并不是老师讲述的内容，而是老师极富魅力的外形和学识。所以如果这时，这位老师临时发问，真正能回答上来的，可能是一些看上去不怎么认真的男生，而这些表面上听得极为入迷的女同学，对方才讲的内容却是云里雾里，回答问题自然也只会用"嗯……啊……"来代替了。很多被称为"花痴女"的女孩子，在参观或是咖啡厅碰见了擦肩而过的帅哥时，常常也会摆出托盘式的姿势，仿佛陷入了美丽的遐想。

托盘式姿势也是表现恭维和博取好印象的好方法。假如拟合另一个人一起面对面坐着聊天，而你的身份地位相对较高，或是对方想要讨好你的时候，你在发表自己的意见或观点时，他会做出托盘式姿势，表现出一副极为认真的样子倾听你的说话内容。因为这个姿势就是把身体中最重要的感官系统全都集于你面前，说明他在投入全身心的经历听你讲话。从他倾慕崇拜的姿势和眼神中，你可以满足一个作为说话者的最大的享受，以此达到他讨好你的目的。

在现实生活中，我们一定要慎重使用这个姿势，因为一般情况下，这个姿势是属于女性的，是女性来展现自己小女人一面的好方式，她们常常会配合以含情脉脉的眼神和略带娇羞的微笑。而当男性用这样的姿势来讨好对方时，最好真正做到认真倾听，以此来跟上对方的思维，对对方所讲的内容表达真诚的见解和赞叹，这样才能让对方感觉到你的诚意。

注意敲击桌面的手

手部的灵活性令人称奇，手指和其他物体的接触和敲击可以说明行为人所处的状态和心情。如果在社交场合中，我们能够积极观察和思考，捕捉这样的微行为，对于帮助理解领导和其他同事的意思会具有很大的帮助。

我们在日常生活中常常看见这样的场景：公司例会上，经理讲着最近大家的表现和公司的业绩，讲到迟到请假的问题上时，经理的声音顿时凝重了几分，当说到请假迟到的情况越来越严重时，他不由自主地将手指重重地敲在了桌面上，边敲边骂着，在座的员工连大气都不敢出了……这种做法能够充分说明经理的气愤程度。也就是说，当一个人在说话的同时，用一根或两根手指的关节处猛烈地敲击着桌面时，证明他正在气头上，他希望通过这种方式对听话者起到警示的作用。

另外，这个动作也可以表示急切与烦躁。假如你和另一个人在交谈的过程中，你一直在讲话，对方的手放在桌面上开始拨弄水杯或是其他东西，后来又开始不停地抖动手指，最后开始在桌面上轻轻地敲击起来，这一系列动作都在说明，你的讲话已经令他产生了烦躁的情绪，他已经没有耐心听你讲下去了，这种动作就是表示他在强忍着你，他手指敲击桌面的动作越快，就证明他越是急躁。这时你最好临时采取策略，换一个他可能感兴趣的话题来吸引他的注意。

此外，有的人在思考问题的时候也喜欢做这个动作，图书馆里埋头苦读的学生，常常会在低头看书的过程中穿插这样的动作，他们紧皱眉头，目光专注，手指不停地轻敲桌面，有时甚至只是在空中点几下，做出象征性的动作。这种动作被一些行为学家理解为缓解压力的方式，说明这个人现在正在思考一个重要的问题，这种思考让他心绪沉重，丝毫不能分心，用手指做出敲击的动作可以缓解这种沉重，这种解释也是十分有道理的。

还有，现在也有人用手指轻轻点击桌面的动作来表示感谢，因为当别人给他倒水或为他服务时，他因为正在讲话或是无暇说出"谢谢"两字时，就会用这种方式表示谢意。这类人通常很有素养。

摩拳擦掌

在寒冷的冬天，很多人会通过双手手掌的快速摩擦来取暖，这就是我们通常所说的"摩擦生热"，这种方式的确可以在一定程度上缓解手部的寒冷。因为人在寒冷的时候，人体仅有手部比较适合摩擦，也最方便做出摩擦动作。此外，在日常的交际生活中，摩拳擦掌的动作还可以表示很多含义。

例如，摩拳擦掌一词总会让人联想到跃跃欲试。也就是说，人们会通过摩拳擦掌来表现对想要尝试某事的急迫心理。当某一个人对做某件事情产生兴趣和期待时，他已经难以抑制自己的激动心情，可能连坐都坐不稳了，摩拳擦掌就是最好的表现。当你看到几个朋友正在一起玩你最爱的"斗地主"时，你一定会有种迫不及待的心情，希望立刻加入他们，"摩拳擦掌"的动作就是在表明，你已经做好了立刻上场的准备，就等着一显身手了。这种情况多出现在行为人对即将要做的事情有足够的信心和兴趣的情况下。还有人会在心情很激动的时候摩拳擦掌，这种情况相对适合窃喜的情绪。当你刚刚得知了一个好消息，但是身边还没有人能和你一起分享的时候，你可能会激动得走来走去，双手在一起搓来搓去，恨不得你的朋友或家人立刻出现，将这个好消息立刻告诉他们。

此外，摩拳擦掌还可以表示行为人当下的紧张心情。焦急等待结果的人常常会坐立不安、摩拳擦掌。例如，在产房外面等待妻子分娩的丈夫常常会有这种情况，他们来回地走来走去，手掌不停地来回搓着，内心非常焦虑与急切，其中还掺杂着更多的担忧，因为产房里，妻子和孩子的安全都是他最挂念的。在等待公布结果的应聘者也会有这样的表现，如果你遇到了这种情况，应该及时送上关怀，你可以通过和他握手、轻拍他的肩膀等方式缓解他的紧张情绪。

有的人也喜欢在公众面前讲话的时候采用这种姿势，这并不代表他很紧张，而只是一种习惯性的动作。这个动作此时具有一定的亲和力，像是和大家在商量一件事情一样，要比将双手放在口袋里更加具有沟通性，在呼吁众人做某事的时候常用。

第十章
伪装下的情绪涌动：
沉静与动摇

她为什么双颊绯红

两百多年以前，英国的生物学家、进化论的奠基人达尔文在他的《物种起源》中提到，脸红是人类特有的表情。著名生物学家、美国埃默里大学的弗朗斯·德瓦尔教授把脸红描述为"进化史上最大的鸿沟"之一。很多人都知道，人尤其是少女在害羞的时候常常会脸颊绯红。按照生物科学的解释，这是由于心脏跳动主要是受到交感神经的控制，而当我们看到或听到令我们精神紧张、心跳加速的事情时，眼睛和耳朵立即就把消息传给了大脑皮层，而大脑皮质又会对肾上腺产生刺激，肾上腺受到刺激以后就会立刻做出相应的反应，分泌出肾上腺素。当肾上腺素的分泌处在量少的状态时，脸部的皮下小血管就会扩张，导致脸红。可是当肾上腺素大量分泌的时候，反而又会使血管收缩。

当人处在紧张的状态下时，心跳会自然而然地加速，表现在脸上就是面部肤色变红。这种紧张状态可能是多种因素造成的。例如，当心爱的人出现在眼前时，少男少女的心就会"怦怦"乱跳，再被心爱的人深情望一眼，他们的脸就会瞬间变红；或是一见钟情的一对男女，在四目相对的瞬间，姑娘的脸颊一定会飞上两片红晕，而小伙子的脸也会涨得通红，这种纯真的爱情令很多人都羡慕不已。

实际上，能够引起脸红的情绪变化，并不仅仅是害羞，还包括很多能让内心受到撞击的事情，例如尴尬和愧疚，或是谎言被揭穿。当然，这些情绪对身体的影响并不是很大，也就是说，它们只能刺激肾上腺素的少量分泌，从而引起皮下血管的扩张。如果是愤怒等情绪，则会较大程度地刺激肾上腺素，当肾上腺素大量分泌的时候，皮下血管收缩，导致脸红的样子改变，因此，我们常常听说这样的话："看把他气的，脸色红一阵白一阵的……"

然而，东安格利亚大学的心理学家雷·克罗兹教授认为，在愧疚的时候脸红，对行为人来说，实际上是一件好事，因为"人们是在通过这种方式来传递对群体致歉的信号……这让人们知道他们做错事的感觉。它能平息敌对状态，让其他人更快地原谅你"。

神奇的 NLP

我们可以通过观察他人眼球的动向，大致判断行为人所处当下的心理或思维状态，据神经科学家的研究，人类在思考时，大脑里的不同区域会被激活，而这会导致眼睛以不同的方式运动。而美国心理学家葛瑞德和班德勒的研究成果更是十分奇特，那就是利用眼球动向来解读行为人正在回忆的场景中，他本人是受什么感官感知的，也就是说，他们当时是在看一幅画面，还是在听一种声音，是在闻一种味道、尝一种味觉还是在摸一个东西。对不同感官的回忆也会影响眼球转动的方向。葛瑞德和班德勒两位教授将这种观察技巧称之为"神经语言程序学"（Neuro linguistic Programming，NLP）。

这两位心理学家的研究结果表明，如果一个人正在回忆某个看过的东西，也就是一幅画面时，他的眼球会转向上方。如果他是在回忆某个听过的声音，例如身边的人说过的某一句话时，他的目光会投向侧面，通常是左侧，同时头部会微微向左倾斜或转动，做出一副正在聆听的样子，这也是他回忆当时场景的一种表现。如果他正在回味某一时间段内他自己的感觉或是情绪，他会把眼珠转向右下方。如果他仅仅只是在内心里自言自语，盘算着什么的话，他的目光就会投向左下方。

然而，由于这种眼球的转向只是人的一种下意识的行为，行为人自己根本不会注意到，并且这种变化往往是在瞬间发生，同时又还伴随着其他面部表情和态势语，语气的变化也十分明显，我们在观察的时候会受到这一系列的影响，以便更好地倾听和理解对方用语言和肢体语言表达出来的内容，所以我们几乎很难对这些眼球转向传递出来的信号进行实时的追踪和解读。科学家也只能通过录像带和反复细致地专门的研究和比较才能得出这样的结论。

此外，葛瑞德和班德勒两位教授的实验结果还公布了几个数据：35％的人经常喜欢通过回忆某个画面进行思考，也就是科学家所说的"将目光转向视觉信息频道"，如果这个时候你能够提供一些相关的照片、表格或是曲线图给他们看，就一定能够准确地抓住他们的注意力。而有 25％的人更偏爱听觉频道，他们在接收信号的时候，更习惯依靠听觉，当他们听见什么声音时，他们会迅速地将目光投向左侧，尽管这是下意识的动作，这类人喜欢跟其他人保持融洽合拍的关系。剩下 40％的人更喜欢将目光转向感觉频道，也就是通过回忆自己的感觉来做出判断，这时你就应该用实例来展示自己的观点，让他们能够通过切身体验来实现思考的目的。

向左上方移动的眼球：视觉频道

人们眼球的转动方向很大程度上能够表现出此人当下的内心所想，例如，他是处在猜测的思考状态之下还是处在回忆之中？他是在搜索记忆还是在编织谎言？通常情况下，人的眼球转向左上方时，可以断定行为人是在回忆某个画面或细节。我们可以通过现实生活中十分常见的场景作为例子来验证这一结论。

当你询问一个已婚的女性婚礼上的场景时，你通过细致的观察就可以发现，她的眼球转向左上方，不停地眨着眼睛，然后开始向你展示她的幸福，也就是开始讲述婚礼上的种种感人至深或是温馨浪漫的细节；当你问及一个背包客在哪里旅行印象最深刻时，他可能在进行了短暂的回忆之后回答了你的问题，并开始向你讲述他的经历，在此过程中，他一定会时不时地将眼球转向左上方，也就是说他的眼神在看着你和向左上方向转动之间交替着。实际上，他们的眼球下意识地转向左上方的时候，在他们的脑海中一定浮现出一幅画面，这幅画面是之前他们经历过的、并且是念念不忘的。他们所讲的内容，其实就是他们在当时身处那样的画面之中的感受和心情。

在被问及一些事实性问题的时候，一些人需要在大脑中快速寻找答案，对一些事情的细节进行回忆，这时，他们的眼神也会向左上方转动，努力回想一个经常出现在他面前的但却没有给他留下深刻印象的画面。假如你的一支钢笔在刚才开完会之后就不见了，你认为有可能被落在了会议室里，当你去询问公司的秘书，公司会议室的桌面上有没有什么东西时，他很可能会将眼球转向左上方，竭力想着他离开会议室时扫视了一下桌面的样子，这时，会议室的桌子的样子就会展现在秘书的脑海里，然后他基本上可以较为准确地回答你的问题，除非是他完全没有在意，在关门的时候根本没有看桌面。

当然，对方眼球向左上方向转动时，他正在努力回忆的画面在他脑海中并没有足够准确的记忆，因此，他需要一个短暂的思考过程，如果是被问及一些常识性的问题，他自然会脱口而出，而不是转动眼珠，细细回想了。

向侧面转动的眼球：听觉频道

当一个人的眼神下意识地向侧面转动，可以判断这个人是依靠听觉来进行回忆或思考的。如果在你与他人交流的过程中，眼球不断转向侧面，你不妨给他一些声音方面的提示，因为他对声响、话语、音乐等听觉涉及的内容更加敏感，回忆或思考的时候，首先想起的也主要是某种声音以及与声音有关的某些细节。

例如，有几个朋友刚刚看了新上映的电影，你向他们询问电影好不好看时，眼球向侧面转动的朋友一定会告诉你这部电影在音效、背景音乐以及主人公声音和台词等方面的特点；再如，回家之后，你想起今天逛街的时候你在路上听过一首好听的歌曲，你不知道这首歌曲的名字，便向同行的朋友问起，而他刚好是一个"听觉频道爱好者"，只要你哼出旋律或是唱出一句歌词，这首歌曲便回荡在他的耳畔了，很快他就会告诉你答案。

当你问及一个朋友关于大学时代元旦晚会的有关细节时，如果他是一个听觉频道的爱好者，也就是说他的眼球会向侧面转动的话，他给你的回答一定是和声音有关的，例如某一位同学唱了一首很好听的歌，或是有一位主持人说话的声音很好听之类的。因为一旦大脑接收到需要回忆的讯号时，他所回忆的场景就会浓缩为各种声音的集合，在他的耳边回荡起来。这时，如果你在一旁做一些相关的提示，通过声音方面的内容，引导他想起更多的事情，对回答你的问题有很好的效果。

他们还经常有一些口头禅，例如，即便是在场的所有人都听见了门铃或手机的铃声，他也会下意识地说一句"门铃响了"，他们也会最灵敏地听出极为相似的两种声音之间的异同，例如，你今天身体不太舒服，有一点轻微的鼻塞，他就会立刻听出来，立刻说"这个声音听起来不对劲"。这都是听觉频道爱好者的常规表现。

当一位音乐家在进行创作的时候，思考如何谱曲，如何进行乐曲的组合时，他的眼球也会向侧面转动。因为他们的脑海里主要填充着各种各样的音符，他们是更典型的听觉频道爱好者。

回味感觉

在葛瑞德和班德勒两位教授的调查中，我们已经看到，有40%的人更喜欢将目光转向感觉频道，对事情的回忆和思考也是从自己的切身感受入手的。

感觉频道的爱好者喜欢在回忆或思考问题的时候，将眼球转向右下角。如果还是在刚刚提到的事例中，你询问对方关于大学时期元旦晚会的有关细节，而对方的眼睛是朝着右下角转动的，那么就可以判定，他是感觉频道的爱好者，他的答案很可能是"那天的气氛实在太好了！""大家都很开心！"之类的话语。当你问一个朋友，"关于下雪，你印象最深的是什么？"他的回答如果是"太冷了"之类的通过感觉来体会的印象时，他很有可能是一个感觉频道的爱好者，在回答你的问题的时候，他一定会将眼球向右下方转动，并且在回忆中想象自己就身在一片白茫茫的雪中。而当别人问你"你体会过在近40℃高温的夏天，在广场上等人吗？"如果你有这样的感受，你的眼球向下转动的时候，你就已经将自己置于那样一个气氛中了，仿佛现在你就站在40℃高温的广场上焦急地等人。与此同时，你的面部也开始显现出与这种假设的场景相符合的痛苦的表情。

这部分人感情充沛而具有行动力，并且凡事十分注重自己的感受，喜欢把自己的感知和体会当作是评判事情积极与否的标准。例如，在公司的例会上，老板分配了一个任务，希望有能力的职员主动争取这个任务，这时，人群中有一位职员目光转向右下方，又很快转了回来，那么他很可能最自告奋勇地说"我来试试吧""这个工作由我来做吧！""让我把这个问题解决了吧！"这类人常常比较活跃，不能忍受枯燥沉闷的气氛，做事也总会投入百分之百的热情，因此如果他所处的环境有些萎靡不振时，他会成为一个呼吁者，在大家面前呼吁激情，调动大家的情绪。

如果与你交谈的人是喜欢将目光转向感觉频道的人，那么如果在谈话中，他并没有完全理解你的意思，你完全可以用一个实例来讲述，这样对他来说更容易体会和理解，因为切身体验对他来说十分重要，你在提供实例证明的时候，他很有可能会将自己想象成为实例中的主人公，这样便可以轻松地理解你所表达的意思了。

左右转动的眼球

人们在赞扬一个孩子机灵的时候，常常会用"两只眼睛滴溜溜地转"来形容，这是一种对孩子的夸奖。而实际上，这样的孩子之所以眼睛转动得十分灵敏，也是因为他们的大脑进行着高速而有效的运转，思维十分敏捷。

在辩论场上，我们常常会看见唇枪舌剑的辩手们不仅嘴皮子动得特别快，眼睛也在不停地眨动，眼球向左右两侧迅速移动着，这种表现也是因为他们的大脑在进行着非常迅速的思考，从而争取做到无懈可击，以应对眼前的局势，并细致地抓住对方辩友发言中的漏洞，进行有力的反击。

也就是说，当人处在较为紧张，需要思维高度警惕的状态中时，眼球常常会快速地左右不停转动。在动物界，灵长类动物和鼠科动物的眼球转动速度相对比其他动物更加灵敏和快速，这首先是因为灵长类动物的大脑进化程度较高，而鼠科动物的行动力十分灵敏，因此他们经常被人类用"机灵"二字来形容。更重要的是，处在紧张戒备的状态之下的动物，因为要四处侦察周围环境的安全情况，因此眼球需要不停地四处转动，以此来保证自己不被隐藏着的危险所袭击。

这种情况对于人类也同样适用，唯一不同的是，人类社会随着不断的进化与发展，社会制度也在不断地完善。人类已经不需要随时随地地侦察身边的危险，因为这种警惕已经没有必要了，因此眼球的转动相对来说也会不那么迅速。但是紧张慌乱还是人类十分常见的情绪，而人在处于这样的情绪时，眼球的转动速度会相对于平时来说迅速很多。也就是说，人在精神处于高度紧张或需要谨慎戒备的时候，眼球也会朝向侧面转动。例如，负责安全问题的警务人员或是保安，在听见周围有什么动静的时候，就会立即到达高度紧张的备战状态，以防一时的松懈给非法分子造成可乘之机，从而影响人们的生命和财产安全。而慌乱也会引起眼球的快速转动，因为这种状态之下的人，无非是担心某种事情出现他深深忧虑的结果，而防止恶性结果出现的策略还没有出现，因此他们的内心是焦急的，情况严重还会引起焦虑和烦躁，导致情绪波动幅度更大。

此外，将目光转向左右两侧，还可以在一定程度上扩展视线，使得行为人内心的焦虑情绪得到一定程度的转移和缓解，也是行为人以此来掩盖和稳定自己不安情绪的一种方式。

为压力"出气"

众所周知，打哈欠是人在困倦的时候无法控制的一种生理性反应，好多动物也会打哈欠，从生理学的角度来讲，打哈欠，是一种对人类身体十分有益的生理性反应。当位于大脑下视丘的旁室核氧浓度变低时，就会让人打哈欠。当人在较长时间内都处于慢或浅的呼吸之中时，就会打哈欠。引起哈欠的常见原因有很多，并不仅仅是过度疲劳，还有可能是因为紧张、久坐、专心致志地工作或阅读、室内通风不畅或温度过高等。

而实际上，人处在较大压力下，也会出现打哈欠，因为在压力的刺激下，人的脑部神经处在较为紧张的状态，容易出现口干舌燥的症状，而打哈欠时，人的嘴巴内外结构的伸张会迫使唾液分泌速度加快，从而释放出更多水分，以此来缓解压力带来的口干舌燥。此外，在打哈欠时，由于口腔张开，胸腔扩展，双肩也会不自觉地抬高，这样一来，被吸入肺中的空气量就会相对高于正常的呼吸状态下吸入的空气量，呼气的时候，也会有更大量的二氧化碳被随之排出。也就是说，打哈欠本身就可以补充一些额外的氧气，使人的呼吸更加轻松和顺畅，排出多余的二氧化碳量也有助于提高人体的舒适度，就可以达到消除疲劳、放松肌肉，使内心的压力得到一定程度的缓解。

当人处在紧张或压力较大的状态之下时，通过深呼吸来达到缓解压力的效果也是十分可行的方法。因为虽然打哈欠和呼吸的动作受到不同的脑部神经的控制，但是深呼吸也是将比平时更大量的空气吸入肺中，排出更多的二氧化碳，经过深呼吸，人的紧张的肌肉会得到一定程度的放松。实际上压力之中的人，其自身的确需要比平时更多的氧气量来支撑处于高度紧张状态的脑部神经和全身的肌肉。

因此，当你处在紧张或压力的状态之下时，例如你参加一个比赛，你一路过关斩将，到了总决赛的关头，你难免会出现紧张，为了缓解压力，你可以鼓起脸颊，深深地吸一口气，然后轻轻呼出，这时，你会感觉到自己的全身得到了一瞬间的放松，呼吸也顺畅了许多。然后鼓励自己"我一定能行！"这样，你一定会有出色的表现。

丰富的摇头动作

通常情况下，我们通过点头表达赞同和接受，摇头则是表示否定和拒绝。这仿佛已经成为一种定律，跨越了国界和年龄，几乎成了全世界范围内通用的肢体语言。

点头在绝大多数情况下，是表示赞同和接受的。当我们在倾听对方说话的时候，如果对方所讲的观点刚好是我们十分赞同的，即便是不需要我们表态的时候，我们也会下意识地点点头，潜台词就是："对对对，说得很好，和我想的完全一样。"或是"说得太好了，这正是我想说的！"如果在对话过程中，彼此可以达到这样的交流，那么就证明谈话双方产生了共鸣，对某个问题的看法和观点非常接近，他们会越谈越投机的。有时，一些身份地位较低的人，也会通过"点头哈腰"来趋炎附势，讨好上级，对于上级或领导说的话，不假思索地一味点头称是。

点头也是一种打招呼的简洁方式。即便是我们身在语言不通、文化相异的异国他乡，在受到别人的帮助或肯定的时候，我们也会通过点头微笑来表达感谢或简单致意。在受到鼓励或是需要鼓励别人的时候，有力地点头也是一种十分奏效的无声的表达。

摇头表达拒绝或否定，在我们还是小孩子甚至是婴儿的时候，就有所表现了。一个还不会说话的婴儿躺在襁褓之中，如果他已经吃饱了，但是母亲又把乳头塞进他嘴里，这时，他肯定会紧闭双唇，摇着头表示反对。稍微大一些的时候，面对自己不喜欢吃的食物，就会用摇头来表达不吃的意思；同样是在倾听别人发表意见的时候，如果我们听到了和自己观点相异或是与事实不符的内容时，我们可能并不会立刻站起来提出反对意见，而是会轻轻地摇一摇头。因为摇头表达拒绝或抗议的含义太过明显，在正常的交际生活中不便时时处处表达，因此，摇头的动作被逐渐演化为将头转向另一边，以此来表达与摇头意思相近，但相对更加婉转和柔和的意思，这种动作可以理解为一种避开的动作，相对摇头表达的抗拒和否定来说，将头部转向别处来表达避开是一种消极的抗拒和否定。

很多时候，不正常的摇头有掩盖的嫌疑。例如犯罪分子在被警察戳穿罪行时，很可能会连连地摇头，动作幅度很大，这种拒绝承认的表现显然有掩盖事实真相的嫌疑。在被极度误解或冤枉的情况下，大幅度地连连摇头也会出现，这需要根据不同场景和背景来做出具体判断。

平视就是平静

在最常见的人际交往中，平视是一种十分保险的注视对方的方式。平视看人，既不会显得盛气凌人，又不会将自己置于较为劣势的一方，表现出一种不卑不亢的态度，这样既会为自己赢得尊重，又会让对方觉得自己平易近人，和善友好，从而受到别人的欣赏和欢迎。科学调查显示，对事物能够尽量做到平视的人，心态比较平和，对外界事物很少抱怨和不满，具有博爱的性格倾向，在与人交往的过程中，很少引起争端，比较容易与人建立和谐友善的交往关系。

平视对方表现出一种理性与平静的心理状态。眼神的安宁和平静是对心理状态的外化，能够平视外部世界的人，常常给人以一种稳重的、可靠的、值得信任的感觉，大家会认为这个人有着良好的心理掌控能力和应变能力，不易在突发事情面前乱了阵脚，能够在危急关头保证清醒的头脑和理性的判断力，能够在众人都处于慌乱情境下做出合理的思考和决定，具有担大任的能力与勇气。因此，平视是一种品质，也是一种高度。

一般情况下，平视的状态出现在兄弟姐妹等同辈或者同事朋友之间，在年龄地位相仿的情况下，初次相识的人也最好采用平视的视角，以表示的是一种平等的人际关系，说明大家是处在同一平台之上进行交际的，不受长幼、尊卑、贫富等差别的影响和干扰，可以自由地交流思想、谈论话题、处理事情。平视时，人的眼神通常较为温和，没有过多的戾气和身份上的干扰，如果嘴角挂有浅浅的微笑，则会给人以更加舒服的真诚的感觉。

而在日常的人际交往中，总是仰着面部看人的人，一定是性格傲慢、居高临下的，这样的人常常不把别人放在眼里，眼神中总是充满傲气和鄙夷；而总是低着头的人，看人的时候一定是以一种向上望的眼神，这样的人常常是性格十分怯懦自卑的，在人多的场合中十分容易紧张害羞，胆量也很小，几乎没有什么机会被赋予重任，因为他缺乏足够的自信。而相比之下，只有平时平视别人的人才能做到不卑不亢，也是十分沉稳的表现。

一种姿势多种含义

世界上，因为文化和生活方式的差异，同一个动作或表情在不同的地区会表达完全相反的意思，例如仰头的姿势，在一个国家和地区是表示否定的，而在另外一些国家或地区，则是表示肯定的。

在我们的日常生活中，摇头是表达否定的最常见的动作，而希腊人会用另一种方式表达否定，那就是仰头。当希腊人看到或听到了和自己的想法或观点相背离的说法或做法时，他们会挺起胸，把头向后仰，以这种方式来表达否定。当他们需要表达某些人或事物的否定或不满时，他们也会做出仰头的姿势。

而在新西兰北部的一些地区，仰头的姿势恰恰是在表示肯定。他们在获得了一定的成绩或是做了自己满意的事情之后，会仰起头，高兴地笑出声来或是感慨一番。他们用仰头的姿势表示对自己行为的认可和肯定。

在我们国家，这种场景有时也会看到，当我们取得了期待已久的一个 offer 或是荣誉时，有时并不适合将内心的欢喜立刻表现出来，也不适合做出跳跃或开怀大笑等表达喜悦的动作，反而会做出很沉静的反应，例如，双手紧握 offer 或奖杯，双眼和嘴唇都紧闭着，微微地仰起头，一个人静静地待一会儿，让自己从狂喜中冷静下来。这种喜悦的表达方式更适合有身份、相对较为稳重、阅历丰富的人。

在我们的日常生活中，也常常会遇见这样的场景。当我们看见蔚蓝色的大海、金灿灿的麦田或是登上山顶的时候，总是喜欢张开双臂，微微地抬起头，做出一副陶醉的样子，仿佛是将自己的身体全都打开，来拥抱这美丽的景色一样。

如果我们在一个有外国朋友在场的场合中，一定要注意不同的姿势在不同国家和地区具有不同的含义，尤其是仰头在希腊土耳其和其他地区所代表的含义是完全不同的。在这种情况下，我们最好能用语言进行清晰完整的表达，以免造成不必要的误会和曲解。

普遍意义上，仰头和低头对比之下，仰头能够表现积极的状态和面貌，表现出行为人良好的精神面貌和自信乐观的心态。

歪着头的秘密

日常生活中，歪头的动作常常可以表示惋惜之情，人们在惊讶（特指消极的惊讶）、遗憾和发出无奈的感慨时，常常会出现歪头的动作。当你遇见很久不见的朋友，询问他最近的状况时，如果他回答的内容是他最近过得不太好时，他的头可能会微微地歪向一边，而你表示自己的无奈和惋惜时，会轻轻地叹一口气，或象征性地安慰一句："唉，真遗憾。"这时，你的头部也会微微地歪向一侧。

有时候，人在陷入了沉思时，头也会微微歪向一侧，目光涣散，表情凝固。如果你是一位老师，你就会常常遇见这样的情况了。课堂上，大家都在很认真地听讲，而唯有一名同学，他的头部微微倾斜，目光呆滞，那么你可以判定，他现在的思维已经游离出了课堂。你需要利用一些小手段将他的思维拉回到课堂上，例如大声地说一句话或是穿插一个笑话之类的。

值得注意的是，全神贯注的时候，也会伴随着歪头的姿势，但是这种情况下的歪着头，行为人的眼神是十分专注的，并非目光涣散，因为他的大脑处在高速运转的状态之下，眼睛自然而然地会不停地忽闪着。

此外，歪头的动作还可以表示怀疑。例如，你在朋友或合作伙伴面前发表了一个观点，而对方并没有直接地给予回应，而是将头歪向一边，紧闭双唇，那么你要注意了，他很有可能会表达相反的意见，因为他歪头的动作说明他对你的观点产生了怀疑，而紧闭双唇则说明，他正在思考该以何种方式做出回应，是直接否定呢，还是先肯定下来再说呢？这时你就需要表示一定的民主了，积极地询问他的观点是个不错的选择，因为这样，他就不会因为不好意思反驳你而选择沉默或是顺从了。这样一来，交流和讨论的效果才能达到最好。

在日常的交际生活中，我们常常需要通过细致地观察和对交谈环境的有效把握来更好地理解对方的肢体语言、表情和眼神。因为有时，即使是同样的姿势和表情，也会表达完全相反的意思，如果没有足够的灵敏度和观察力，很有可能会误解对方的意思，从而造成尴尬。

摩擦前额的含义

人在思考问题的时候，常常会用手摩擦前额。我们可以通过对摩擦前额这一微行为和对行为发生当下的环境的分析，来揣测行为人正在思考什么问题或是遇到了什么困难。

在现实生活中，我们常常会看到这样的场景：你作为公司的部门经理，在一次私下和老板吃饭的时候，向老板问起公司的下一步打算。而这时正值金融危机正盛，公司业务不景气，老板沉默半天，终于开始回答你的问题，但是你可能没有注意到，他的手一直不停地摩擦着前额，他的回答也没有足够的底气，显然是在相关的问题上没有成熟的想法。实际上，他摩擦前额的动作已经向你说明了一切，这个动作就明显地证明他对于你提出的问题没有有效的答案，他在思考或解决这个问题的时候遇见了棘手的困难，他根本没办法做出决定。

此外，当一个人在处于两难的状态之中，难以做出选择的时候，也会有用手摩擦前额的动作。例如，在下棋的过程中，棋逢对手的两个人对决的时候，常常会有其中的一方一手摩擦着前额，另一手持着一枚棋子，有时还会不停地缓慢地抖动棋子，这说明他正在思考着这枚棋子的着落，正权衡在两种或多种可能性之间，哪一种更加合理。这也就是我们常说的举棋不定。在日常生活中，我们在做决定的时候常常举棋不定，面对两种或两种以上的可能性，出现了下棋过程中遇见的同样的难题。在思考的过程中，我们就会下意识地将手放在额前，轻轻地摩擦着。因此，摩擦前额也可以表示我们身处了一种难以决断的选择境遇，而面对这种模棱两可的情况，我们正举棋不定，难以做出选择。

当我们在社交场合中提出一些问题，有人在回答问题时用手摩擦着前额，一副冥思苦想的样子，我们一定要注意，很有可能是我们的问题给对方造成了较大的困扰和压力，使得他很难在短暂的时间内做出回答，这时，我们就要适当地做出解释，使问题更加明晰和简洁，或是给对方留下足够的思考或回答的时间，以免给对方造成过大的心理压力和不舒服。这种做法既是出于礼貌，也是一种更好地维护双方之间关系的方式，否则你的问题会使对方感受到很大的压力，使对方觉得你有些强势或是咄咄逼人，从而产生不愿再与你合作或相处的心理。

拍打头部为哪般

很多时候，人们会通过拍打自己的头部来表达感情，这一动作引起了很多科学家和专家学者的注意。美国谈判协会的杰勒德·尼伦伯格先生就将这个动作细致地分析了一番，他发现，拍打头部的不同位置与具体的事项有关，并且与人的性格也有关系。

据杰勒德·尼伦伯格先生称，在拍打自己的头部时，习惯于拍打后颈部位的人通常性格比较内向，或者是为人比较刻薄，这种刻薄既是针对别人，也是针对自己；而那些习惯于拍打前额的人则可能相对外向而且待人比较宽容，相比之下更容易相处。

通常情况下，拍打头部给人的感觉是行为人由于自己的疏忽给别人造成麻烦从而通过这一手势表达自责。例如你让一个正要外出的朋友帮你捎一样东西，这件东西对你来说可能并不是十分重要，他回来的时候，你在向他询问并索要东西时，他猛地拍打一下自己的头部，接下来，他的表情一定是惊慌地愣了一秒，然后他的回答一定是："哎呀，我忘记了！"

如果是你和朋友正在一起玩桌游，其中一个人输掉了这盘游戏，这时有人告诉他，"如果你在刚开始的时候就出这样一招，你就不会输了！"这个输掉游戏的人很可能也会拍打一下自己的头部，做出一副恍然大悟的样子，并发出这样的感慨："对对对！我刚才怎么没想到呢！"或者是在一个人犯过错误或失掉一个机会之后，或是走了什么弯路，他听从了别人的解释和正确的方法，他也会很自然地用手连连拍打自己的头部，不停地说："哎呀，对呀，我怎么这么笨啊！""我早该想到的啊！"

如果你在日常的交际场合中看到有人做出用手拍打头部的手势，那么你需要进行细致的观察和耐心的揣测，同时你还有理由认为他的内心隐藏着某些负面的想法。这种负面的想法究竟是什么呢？它可能是怀疑、隐瞒、不确定、吹嘘、忧虑，甚至是撒谎。想要通过简单的观察来判断拍打头部的动作究竟隐藏着什么样的负面想法是很困难的，要想做到这一点，就必须仔细认真地观察对方的每一个手势和眼神，时时刻刻注意他的肢体语言和动作，并且要结合整体的环境和背景来分析他内心的真实想法，这需要有长期积累的对身体语言的解读。

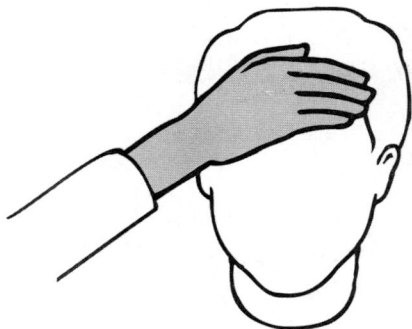

是真正的健忘吗

我们已经在前面提到科学家对拍打头部的动作进行了详细的分析。习惯于拍打后颈部位和习惯于拍打前额的人性格上有着很大的差异，对同一事情的看法也是不一样的。我们不妨假设这样一个场景，假如你拜托一个朋友帮你做件小事，在你问起他事情办得怎么样的时候。如果他把这件事情忘记了，那么他很可能会用手拍着前额或者后颈，以此来表示他对没有做完这件事的愧疚和抱歉。但是这时你就要注意了，他通过责打自己的方式所表示的懊恼和歉意究竟是发自真心还是仅仅是敷衍。尽管用手拍打头部的动作常常被视为健忘的象征，但是对方拍打自己头部的部位是前额还是后颈实际上是很关键的问题。如果他拍打的部位是自己的前额，那么说明他对自己的健忘并没有真正地特别在意，也不太会担心你的质问，这类人平时可能是大大咧咧的性格，遇事总是不能做到细致入微，尤其是在一些小事情上，他的注意力会放得很小，加上记性不是很好，很容易出现丢三落四的情况。然而如果你的这位朋友在被你"兴师问罪"之后，拍打的是自己的后颈，那么证明他对于这件事情十分在意，他本身应该是比较刻薄的人，在很多问题上，他会非常地计较和追求，他忘记帮你做事情原本是他的错，但是你的质问却让他感觉不太舒服，因为他拍打后颈部是因为他的脖子后面已经起了鸡皮疙瘩。所以，虽然表面上他是在责怪自己办事不力，而实际上，他的心里有一些烦你了。

在日常交际的过程中，有很多看似是人在下意识的情况下做出的反应，实际上却会隐藏巨大的玄机和秘密，这就是微行为的奥妙所在。如果不经过科学家的分析，可能大多数人都不会注意到人在健忘的时候拍打自己头部的动作究竟隐藏着怎样的秘密。而当我们了解了隐藏着这个微行为背后的深层次含义以后，我们就可以根据实际情况适时调整自己的说话和办事的方式。如果对方是真正健忘的性格，将你交给他的事情忘掉，他自己已经十分在意，那么就需要你适时地安慰，告诉他这件事情对你来说并不是很重要，让他不必担心；而如果对方并不是十分在意延误你的事情，你可以考虑多多叮嘱，或者是换个人选了。

鸡皮疙瘩是怎么回事

在日常生活中，我们常常听到这样的话语，一个人对另一个人说："吓得我出了一身鸡皮疙瘩！""好冷啊，我都起鸡皮疙瘩了！"实际上，起鸡皮疙瘩是一种十分常见的生理性反应，是人处在寒冷、恐惧或是看见了什么令他觉得恶心的场景时的一种条件反射。

英文中，"Pain in the neck"从字面上理解，可以直译为"脖子痛"，但这句话却是一句英文中常用的俗语，是用来指某个人或某件事很讨厌或很麻烦的。为什么英语中会将"脖子痛"与"讨厌的人和事"之间拉上关系呢？据神经学家和生理学家的解释，这是因为当一个人觉得眼前的某个人或某种景象很讨厌时，生长在后颈部的微小的肌肉组织就会呈现为"乳突状"——这就是我们经常称作的鸡皮疙瘩。这种人体上的生理性反应是从人类进化之初延续下来的。在人类还没有完全进化成为可以直立行走的智人之前，浑身都被浓密的毛发所覆盖，因为这样可以帮助人体御防寒冷和擦伤。在身处危险的境地或者愤怒到极点时，脖子后面的肌肉组织便呈现出"乳突状"，从而使覆盖在表面的毛发全都竖起来。在动物界，我们也可以见到这样的场景，例如在狗的身上就可以见到这种反应，当一条狗被它怀有敌意的同类激怒时，它脖子后面的毛就会竖起来。而对于人类来说，在进化过程中，除了保留了个别部位的体毛以外，其他部位的体毛全都退化掉了。但是后颈部位仍然会在行为人遭遇沮丧和恐惧时呈现"乳突状"，也就是在脖子后面隆起一片鸡皮疙瘩，有时还会伴有刺痒的感觉。这时，我们就会下意识地用手抓挠那块区域，以消除不适。

而在寒冷的环境中，人体全身的皮肤，尤其是胳膊等部位也会出现大面积的鸡皮疙瘩。这时，也会伴有一定程度的刺痒，但是这种刺痒并不像正常情况下的痒的感觉一样，不会唤起人的抓挠的欲望，而是通过猛烈的揉搓来缓解不适。寒冷的时候，人们也会通过不停地揉搓来获取摩擦产生的热量。打冷战以后，常常会出现起鸡皮疙瘩的现象，所以，很多时候，这两种生理反应是一起或是交织进行的。

抓挠后颈有几种可能性

在日常生活中，我们常常会做出抓挠后颈的动作，在前面我们已经分析过了后颈起鸡皮疙瘩的原因，而抓挠后颈的动作也与此有关。但是做出抓挠后颈的动作，实际上有很多原因。

在很多情况下，抓挠后颈可以表现一种说谎后的不安情绪。犯罪嫌疑人在接受公安人员审讯的时候，当被问到事情的关键或要害之处时，犯罪嫌疑人会矢口否认，他表面上虽然佯装得十分镇静，但是他的微行为和小动作很有可能会出卖他，他会下意识地抓挠一下自己的后颈部，侦查人员可以通过这个微小的动作质疑他所说的话的真实性，并且由此作为切入点做出细致深入的分析，从而最终得出正确的判断。

人在说谎的时候往往会做出抓挠后颈的动作。我们常在娱乐节目或是明星访谈的节目中看到明星这样的动作，尤其是在面对镜头时，他们被记者问及一些涉及绯闻的问题，例如："听说某某（可能是他的绯闻女友）结婚的消息了吗？"这位明星故作镇静地回答说："没有听说。"说话的同时，他抓挠了一下自己的脖颈……显然，他是在说谎。

抓挠后颈的动作还常常在另一种场合中出现，那就是一个人感觉害羞、尴尬或难为情的时候。例如，当你询问一个要好的朋友是否帮你办妥你交代给他的事情时，他可能会恍然记起，随后抓挠着后颈露出憨笑的表情，腼腆地说："不好意思，我给忘了。"这个动作虽然简单，但是显得十分淳朴和真挚，也有效地表达了他内心的歉意，你自然不会责备他了。

另外，当一个人感到懊恼时，他也会做出抓挠后颈的动作，但不同的是，这时抓挠后颈的动作幅度和力度都会相对较大，并且显得很慌张和烦躁。例如，公司的例会上正在讨论一个策划方案，可是大家所提出的方案都有着这样或那样的问题，没有什么可行性，这时，领导就会抓挠着后颈露出烦躁的神情，气呼呼地说："今天就这样吧，大家回去再想一想，明天继续开会讨论！"这时，这位领导抓挠后颈的动作明显地告诉员工，老板已经在气头上了，如果在下次讨论的时候还是不能提出有效的方案，后果将会很严重了。

紧握双手的秘密

我们常常在西方的影视剧里看见这样的场景：一个人站在教堂的十字架前面，紧握着双手，嘴里念念有词，面容镇静而严肃。大家都知道，他这是在做祈祷。基督教的组织和社会里，紧握双手是一个向耶稣祈祷的姿势。很多耶稣信徒在日常的生活中也会利用这个手势，他们在处于危险、紧张、焦虑和无助的时候，都会紧握双手开始祈祷。

在我们的日常生活中，也常常遇见紧握双手的人，那么他们又是在表达什么样的情绪呢？你不妨回想或留意一下生活中最常见的场景和身边的人。例如，等候在产房外的丈夫十分挂念产房里妻子和孩子的安全，但是自己又不能亲自守在妻子身边，只好乖乖地在外面等候。

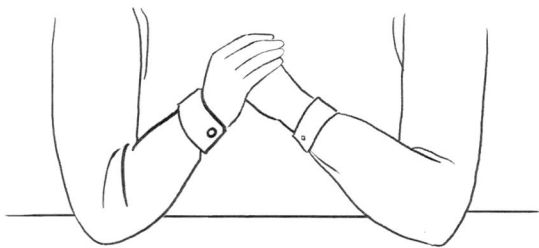

表示挫败感的紧握双手

紧张的内心会让他们坐立不安，他们总是来来回回不停地走着，神情极为紧张，这时，他们的双手也常常会下意识地紧握在一起。因为他们的双手需要抓紧一些东西来寻找安全感，而最现成的就是自己的双手，所以他们总是将自己的两只手紧紧地握在一起。高考已经成为全民大事，每年夏天，有将近一千万个家庭会因为这场考试而无法平静。高考那两天，等候在考场外的学生家长也是一道令人心酸的风景。他们内心焦虑不安，但是又毫无办法，只能紧握着双手走来走去，等待着孩子走出考场……因此，在很多情况下，紧握双手都是表达行为人内心的紧张和焦虑不安。

还有一种情况，紧握的双手也可以表现挫败。当一个人感到十足的挫败时，也会将双手紧握在一起。例如一个原本自信满满的人一直口若悬河地讲述着发生在自己身上的成功案例，并在大家面前分享自己的成功经验；而忽然之间，一个和他共患难的朋友站出来，说他所讲的成功经验根本不值一提，并让他给大家讲述他不成功的案例，这时，他的内心一定有很大的挫败感，站在大家面前的他可能会将双手握紧放在胸前或腹部，神情显得有些拘谨和沮丧。紧握的双手位置越高，他内心的挫败感就越强。

我们大可不必这样咄咄逼人，在看到一个人因为挫败感而紧握双手时，我们更应该送上安慰，帮他沉静下来，递给他一支笔或是一杯水，让他紧握的双手放松下来。

手指关节的动与静

武侠题材的影视剧里，英勇无敌的男主人公在气愤或恼怒的时候，常常会握紧拳头，并发出"嘎巴嘎巴"的声音，这声音是人的指关节受力活动发出的响声。这表明，男主人公马上就要出手了。

这种情节常常会给心智和判断力还没有完全形成的青少年造成影响，很多男孩子认为这是一种展示自己"功力"的方式，自己便偷偷模仿起来。这就使得在现实生活中，常常有一些男性，尤其是青年男性，喜欢在无聊的时候将自己的手指关节用力按压来发出声响，实际上，这并没有什么特别的意义，仅仅是他们炫耀自己或是耍酷的一种方式。但是，久而久之，这种动作会成为一种习惯，尤其是在无所适从或手足无措的时候，他们常常下意识地用一只手按压另一只手的关节，使他发出"嘎巴嘎巴"的响声。

很多时候，还有人会认为这样按动手指的关节可以在一定程度上缓解关节的疲劳和僵硬，使手指更加灵活。然而据医学专家分析，这其实是个误解。据专家称，因为习惯性地按压手指关节会引起关节软组织韧带的松弛，关节囊扩大就很容易发出响声，如果这种行为得不到适度的制止，很有可能带来关节的错位和骨质增生。

另外，人体的每个关节都有其生理活动的正常范围，例如颈椎的生理活动范围为60～80度。有些人经常性用力按压手指关节，直至发出声响才满意，这样很可能会超过了其生理活动的范围，从而造成挫伤。

在行为学里，手指还隐藏着很多秘密。例如，一个人如果常常将手指指向别人或是空中，那么这个人一定比较自信，常常能够做到坚定并捍卫自己的信念；对他人可能会有些强势，有时甚至还会摆出一副颐指气使的样子来。相反，如果一个人总是把自己的手指隐藏起来，握成拳头或是藏在身后，那么可以判定这个人的性格一定有些内向，不善于和人接触，对自己的观点和立场也不够坚定，对自己的行为总是不够自信，所以常常把自己的手藏起来，以免别人看见。当我们还是孩子的时候，犯了错误，总是把手背在身后，低着头，站在那里，一副认错的样子。这大概就是藏起手的原始表现吧。

如果你是性格内向的人，那么不妨试着主动把手伸出来，主动与人握手致意和打招呼，这样不仅会锻炼你的胆量和自信，也会使你看上去更加开朗和善，容易交往。

手肘摆放有学问

有的人喜欢保持这样的坐姿：坐着椅子的全部，背靠在椅子的靠背上，将手肘搭在扶手处，给你一种十分放松的状态，也显得比较霸气。

我们在一些以警匪侦探为主题的影视剧中，常常会看见在接受审讯时，两种姿态完全相异的犯罪分子的坐姿。一种是松松垮垮地坐在椅子上，尽管手腕处带着手铐，但一侧的手肘还是撑着座椅的扶手，显示出一副满不在乎的样子。而另一种则相反，他们耷拉着双肩坐在椅子的1/2甚至1/3处，一副垂头丧气的样子，戴着手铐的双手带着手臂一起自然垂下，手肘部关节自然放松着，隐藏在警察看不见的地方，也就是靠近身体的一侧，整个人看上去完全没有骨架感。总是将手肘隐藏起来的人常常给人一种畏畏缩缩、胆小怕事的感觉，因为将手肘撑起会给人一种身体空间扩大的视觉效果，而隐藏着手肘则会使行为人看上去较为瘦削或拘谨。

生活中常常有人喜欢将自己的手肘隐藏起来，女性做出这个姿势，会让自己看上去更加温顺和乖巧。但是在正常的社交生活中，这种可以隐藏手肘的动作会让人觉得你不够有主见、容易害羞和拘谨，不够大方自信，甚至认为你是处于弱势的一方，无力承担一些重任，这样一来，你就会失去很多做事和交往的机会。如果你能在公众面前大方地暴露出自己的手肘，例如坐在椅子上的时候，将手肘自然地放在桌子上，站着的时候，不要刻意把手肘缩到身体里，你就会平添几分自信和坦诚，整个人也会焕发奕奕神采，看上去不再是萎靡不振、缩手缩脚的了。

据专家分析，因为手掌、手指、手臂和肘部具有相当强的灵活性，因此大脑仿佛更加"偏爱"它们一样，总是分更多的精力在指挥和控制它们上面，也总是"赋予"它们很多"重任"。手肘是十分重要的关节，在很多时候，手臂的动作都需要由手肘来控制。当我们把手肘暴露在对方的视线之内时，就证明你没有什么拘谨和戒备的情绪，这样就会显得更加坦率和真诚。也会让交谈的气氛变得更加轻松愉快。

双臂交叉的两种不同情况

双臂交叉的姿势我们在日常生活中常常可以看见。这个姿势可以表示防御和缺乏安全感，也可以表示拒绝和傲慢的态度。具体的情况需要根据具体的环境背景来决定。

常见的双臂交叉有两种，一种是缠绕式的，一种是抓握式的。据心理学家的实验表明，抓握式的双臂交叉更容易体现行为人内心的焦虑和不安。例如你看见一个女孩子在人群里孤独地行走，双臂交叉着，两只手抓握着上臂，那么她很有可能是刚刚受到伤害或是对身边的环境充满了恐慌和担心，也说明她此时十分需要保护和安慰。抓握式双臂交叉代表了一种紧张、消极、不安的情绪。

如果在你说话的过程中，对方时不时地出现这样的姿势，那么你需要注意了，如果不是因为他的性格比较内向，抓握式双臂交叉属于习惯性动作的话，你应该反思一下自己的说话方式、内容或是行为举止是不是让他觉得不舒服了，如果是你的原因，那么就需要你适时地调整策略了。抓握式的双臂交叉实际上是一种缺乏安全感的表现，因为紧紧抓住另一只手的上臂看上去会更加牢固和有力，是人自我保护的一种方式。

而相比之下，缠绕式的双臂交叉则会更多地凸显一种有气势的自我防御，更多时候可以理解为一种抗拒和不接受，因为做缠绕式的双臂交叉姿势，双手处在自然的状态下或是握紧拳头，有一只手是藏起来的。这种方式的双臂交叉姿势表明行为人此时处于自我封闭、拒绝介入的状态之下，不愿接受邀请。例如，当你在商场中停下脚步看一件商品时，销售人员在你的身边详细地介绍着这件商品的特点和性能，而你对此不是特别满意，这时你就会将双臂缠绕着交叉在胸前。

实际上，你的缠绕式交叉双臂的动作已经在无声地告诉销售人员，你对这个产品没什么兴趣，他的介绍已经是徒劳了，接下来你一定会缓缓地离开这个柜台，去寻找更适合的商品了。相反，如果你是一个销售人员，看见顾客做出了这样的姿势，那么你就应该迅速调整策略，询问他喜欢什么类型的，对商品有什么要求，帮他寻找令他满意的商品。

吸烟是因为缺乏安全感

很多人都认为难以戒烟是由于对尼古丁的依赖，其实大部分烟民都并非是沉浸在烟瘾中的吸烟者。其实抽烟这一行为体现出的是吸烟者内心的混乱与矛盾，大部分人之所以抽烟并不是因为尼古丁上瘾，而是由于缺乏安全感。现代社会处处充满了压力，因此人们处于社交场合或者商业场合中都会不由自主地产生紧张感，而抽烟是他们释放压力的有效手段之一。例如很多人在医院里等待检查结果的时候，都会感到紧张和担忧，这时候吸烟者就会溜到室外去点支烟，来缓解自己的焦虑。而不吸烟的人则会用其他的方式来安慰自己，例如整理头发、调整首饰、嚼口香糖、抖动腿部等等。

研究发现，婴儿时期的喂养方式与成年之后染上烟瘾的概率有着密切关系。大部分的吸烟者，尤其是烟瘾非常严重的那些人，在婴儿时期大多是用奶瓶喂养的；而喝母乳时间越长的婴儿，长大后染上烟瘾的可能性越小。这种现象可能是因为在母乳喂养时，婴儿通过吸吮母亲的乳头而与母亲的联系更加紧密，从而使婴儿的安全感更强；而一直用奶瓶喝奶的婴儿则没有与母亲的亲密体验，于是叼着奶嘴长大的孩子在成年后仍然会习惯于吸吮别的东西来获得安全感。有的儿童喜欢吸吮拇指，而成年之后就有可能用吸烟来代替。调查显示，吸烟者在儿童时期吸吮拇指的概率要比不吸烟的人高三倍。而且吸烟者普遍更为神经质，通常都喜欢嘴里含东西，例如咬眼镜腿、咬手指甲、咬笔头、咬嘴唇等等，这些吸吮行为都超过普通人的水平。可见母乳喂养的婴儿要比奶瓶喂养的婴儿有更多的安全感，奶瓶喂养的婴儿为了满足自己对安全感的需求就会习惯性的吸吮其他东西，包括香烟。

虽然大部分吸烟者都认为吸烟可以使他们感觉到压力减轻，但其实随着吸烟习惯的养成，吸烟者的压力水平不会下降反而会上升。科学研究表明，吸烟并不像人们所认为的那样可以缓解压力，因为对尼古丁的依赖会直接导致压力升高。人们之所以在吸烟时感到压力降低，恰恰是因为对尼古丁的依赖使他们紧张和焦躁的情绪越来越强。因此吸烟者必须让自己不停地抽烟，才能维持情绪的稳定，而一旦不抽烟时就会感到紧张，这样就造成了恶性循环。因此想要获得真正的内心平静，最好的办法就是强迫自己戒烟。虽然刚开始戒烟的时候，戒烟者会感到很难忍受，但是随着身体中的尼古丁被清除，戒烟者的情绪就会得到彻底的改善，压力感也不会那么大了。

通过眼镜塑造个人形象

戴眼镜的人通常认为视力不好很麻烦，而且眼镜也会给生活带来诸多不便，比如要去影院看一场 3D 电影的话，在近视眼镜外再架一副大大的 3D 眼镜可真要把鼻梁压垮了。但是在其他人看来，戴眼镜的人看上去更加聪明、勤奋、博学多识，特别是在初次见面时，估计是因为在人们的观念中眼睛不好是由于学习太用功导致的。一项调查显示，人们戴眼镜测出来的智商要比不戴眼睛时高 15 点左右。而且眼镜框的材质越厚重，给别人的感觉就越有学问，不论男女，眼镜都能起到这样神奇的效果。但这种神奇功效持续的时间非常短，只有在简短的交流中，眼镜才会起到增加智慧的作用，时间一长，别人就会发现戴眼镜的人也不一定比别人聪明多少。尤其是现代社会中，电视、电脑、手机对眼睛的伤害很大，很多青少年早早就戴上了眼镜，但绝对不是因为学习用功，而是由于游戏玩得太多。

不论如何，在商务场合中，戴眼镜的人通常给别人留下聪明、勤奋、有教养、有学问的印象。这可能是因为商界的领袖人物比较倾向于选择材质厚重的眼镜框。因此在商务场合中，眼镜象征着权力和威严，尤其是简洁、厚重的黑框眼镜。而其他类型的眼镜例如无框眼镜、细框眼镜和现在青年中流行的夸张的彩色眼镜则没有这种效果，这些眼镜只能表现出一个人对时尚的追求，而不太关心商业问题。因此，要根据不同的场合和想要塑造的形象来选择眼镜的类型。例如，职位较高的人在一些严肃的场合里，为了塑造出权威的形象，最好佩戴材质比较厚重的眼镜。而在一些轻松的社交场合，想要塑造一种朋友和伙伴的感觉，就要佩戴一些比较时尚的眼镜。

在商务场合，隐形眼镜和太阳眼镜是不被认可的。隐形眼镜可以使眼睛显得更大、更明亮，这在社交场合非常有用，可以更好地展现魅力。但是在商务场合佩戴隐形眼镜的女性给人的感觉不够沉稳、专业，而流露出了更多的女性特质，使男士在与她谈话时更注意她女人的一面而非职业的一面。太阳眼镜或者有色镜片是商务场合的大忌，因为这样的镜片让人看不清人的眼神，容易引起别人的猜疑。除非是在阳光强烈的户外，否则尽量不要佩戴太阳眼镜。

第十一章
谁会处在受支配的地位：
强势与软弱

主动移开视线的人更加强势

第一次见面的人，如果在谈话中主动将视线移开，你就要小心了。如果你认为这是他不愿理会你或是对你有了成见，那你就错了，他将视线移开证明他已经掌握了本次谈话的自主权和主动权，从这时开始，你的情绪很快会完全被对方掌控或左右。所以，对于初次见面就不集中视线跟你谈话的挑战型对象，应特别小心应付。在交谈时，如果某一方自认为站在高于对方的地位时，他就会试着先移开视线，这样做将对方置于相对被动的局面，使对方感觉不悦，开始在脑海中搜索原因，同时反省自己的行为和言论，这种不自信会扰乱他的思维，说话的语气也因此受到影响，这么一来，气场就会被对方压过。因此可以说，主动移开视线的人可以为自己塑造强大的气场，并享受这种气场带来的优势。

我们往往可以在电视剧中看到这样一种剧情，两个从未谋面但是在江湖上都负有盛名的大侠第一次见面时总会有一段良久的对视，表示对这位从未见过的对手的好奇，再进一步就是仔细地观察对方，然后得出结论：我和他究竟谁更厉害？这时，答案又会回到两人见面开始时就进行的对视，谁看着另一个人先移开了自己的目光，他就是比较强势的一方。

但是如果两个初相识的人见面，已经寒暄了很久，双方还没有将视线转移开，或者两个有敌对倾向的人一直瞪着对方，谁都不愿先移开视线，这两种情况都可以说明，双方都希望自己掌握主动权，表现在眼神的辅助上，就是不得不增加眼神互相注视的时间。基于约定俗成，多数人在刚开始说话的时候，或是所讲前四句话的时候，就会移开目光转而看别的地方；而当话说完时，大家又会把目光挪回来注视着对方。这样既不失尊重，又不会显得怯懦，同时也会给人落落大方的感觉。

弱势的一方移开视线是为了躲避

与主动移开视线的强势行为不同，自信程度较低或者处于弱势的人移开视线往往是为了躲避。直视对方的双眼，会给人造成一种压力。这就说明了，当自己保持着注视对方的姿态，是用微妙的形式传递出了一种挑战的意味，先避开这种挑战的人，就会因为被发现心中怯懦而陷入弱势。

有些时候关系不是很熟的男女之间互相聊天，然后聊到了某个地方双方脑海中浮现了同一个话题而陷入对视的时候，大多时候都是女性先把目光移开。这种由女性先移开的目光表达了一种特殊的弱势，比如与不熟的男性对视造成的不安全感，或者女性天生比较羞涩。并且女性处于矜持、温柔等社会角色和性格的限定，不适合主动地长时间地盯着某人，尤其是男性。总之，先移开目光的人总是弱势的。

被动地先将自己的目光移开、逃避视线、不愿意与人有视觉接触，是内向的人、犯错的人、内疚的人常做的动作。简单来说，这就是一种鸵鸟心理，鸵鸟把头埋在沙子里，以为自己看不见对方，对方也就看不见自己，而躲避他人视线的人也是为了不愿意对方继续看到自己的内心。

在现实生活中的交际场合里，我们最好能够做到礼让有加，不要刻意注视对方过长时间，也不要过早地移开视线，要注意观察对方的动态，尽量会面双方保持一致。如果是时间较短的对话，那么从对话之初开始与对方的几种对视次数控制在3～4次左右，在此之后就可以把视线移到别处，但还是要不时地保持眼神的交流，这才是最理想的互视效果。

如何有效利用视线

眼神可以看作是人的第二副表情，因为眼神几乎可以表达所有感情，如欢乐、伤悲、痛苦、忧愁、惊讶、满意、喜爱、厌恶等，在日常生活中，运用眼神表达情感有着更大的发挥空间和实用效果。此外，如果你想控制对方，也可以通过控制对方的视线来实现。

在日常生活中，死死地盯着一个人看就会产生一种监视或警告的效果。在警察审讯案犯的时候，常常会用眼神盯着犯罪分子；父母训斥孩子的时候也会选择用严厉的眼神盯着犯错误的孩子，这种"怒目而视"通常可以营造不怒自威的效果，给对方形成无形的压力，为自己增添一分力量的支持。

而善意的眼光也可以表现鼓励、许可和赞同。在面对面交谈的情况下，面面相觑会使双方都不太自然，一般来说，说话者不宜将视线停留在听话人的身上，这样容易使对方产生一种压力，认为你的话非听不可，因而带有一种强制的感觉，说话者减少看着听话者的次数，既可以让对方处在较为轻松的听话气氛中，也可以将自己的注意力更多地放在所要表达的语言内容上，从而减少听话者带来的干扰。听话者在进行反馈的时候，可以看着说话者，一则表示"我在听你说话，你可以继续讲下去"。二则可以表示"你讲的内容很有道理，引起了我的思考"。这样一来就会形成十分和谐的对话环境。

如果你是一个面对很多听众的讲话者，你需要通过一些手段来控制听者的视线，从而将他们的思路列入你能控制的范围内，使听者能够更好地领会你所表达的内容。最简单的就是将听者的视线集中在一个特定的平面范围内。例如老师在上课的时候喜欢用粉笔在黑板上写写画画，列出一些重点，或是做一些标记符号，这就是一种有效的视线控制，因为从生理上讲，视线控制对增强记忆力有着十分重要的作用。在这种情况下，听者的视线被讲话者提供的某一点吸引过来，思路也就受到了控制。

由上而下的打量

在日常交往中，常常会用到"打量"这种看人的方法，正确的"打量"方式可以使被打量的一方感受到丰富的感情，从而取代语言的作用，让人觉得温暖和舒服。在打量人的时候，不同的身份地位或者心理状态决定了不同的打量方式。由上而下的打量通常会带有一种关怀的目光。在家庭中，长幼尊卑地位不同的情境中，或者在社会中，权力等级地位不同的场合中，会出现由上而下的视线。

由上而下的眼光通常是由强势一方发出的，象征了一种地位的显赫与尊贵，也象征了身份上的威严与权力，因此长辈看晚辈或者上级看下级的时候，视线是由上而下的。如果长辈和上级在注视晚辈和下级的时候，目光柔和地由上而下地打量，通常是一种欣赏和关爱晚辈和下级的表现，与此同时，还会伴有微微的笑容，因此，作为晚辈或下级，面对这样的"打量"，完全没有必要感觉不自在或恐慌，大可以从容自信地表达自己的思想或想法，这不仅不会受到长辈或上级的批评，反而是表现自己的好机会，能够让长辈或上级看到自己的长处和优点，从而得到青睐。

在与陌生人交往的过程中，也常常会碰到这样的"打量"，这种打量虽不同于长辈对晚辈或上级对下级的由上而下的关怀，而是一种上下反复的打量，但是也没有必要觉得反感，初次相见的人会不自觉地将目光投射到对方身上，以期留下更深的印象。然而，如果每次的打量都是由上而下，并且这种由上而下的视线表现出的是宽容、关怀、慈爱并且略带威严，则大多是长辈或上级的目光。这种目光是基于心理上的关怀或关注，而非无意识的注意。

由下而上的尊敬

在中国，有个成语叫"位高权重"，顾名思义，权重者位高，掌握相对权力的人在地位上一定会高于其他人，这就将无形的身份地位化成了有形的空间地位，身份相对低的人看身份高的人的时候，必须仰起头，抬起眼皮，这种眼神在不经意间就带有了一种敬畏的心理。

这种情况适用于晚辈对长辈，下级对上级。一般孩子小的时候，身高是低于父母的，父母在教训孩子的时候通常会将目光注视着犯错误的孩子，而孩子在挨骂的时候常常是一副"低眉顺眼"的样子。眉毛低垂，眼皮朝下通常是顺从的、不反抗的、弱势的、理亏的、无力的。而眼神直接从高向低，则表现的是霸气的、强势的、理直气壮的。因此孩子看父母或长辈的眼光通常需要由下而上的缓缓移动，既不显得冒昧，又能够表达足够的尊敬。下级在面对上级的时候，因为受到身份地位的影响，必须将自己置于弱势的、顺从的一方，以此来表达对上级的尊敬和敬畏，这样才会让上级感觉舒服，才能让上级感觉到你对他的尊敬和对他地位的肯定。

三角区域造成的威严感

科学实验证实，在普通社交场合中，注视的目光90％都会集中在对方两只眼睛和嘴巴组成的三角区域内。因为在一般思维之下，这样的目光是没有侵略性的，很容易使对方放下戒备，感受到一种安心。然而，以双眼连线为底边，与眉心额头一线形成的三角形则会给人以严肃威慑的感觉。宋代的包拯是中国历史上著名的青天大老爷，他的形象也成为公正严明、廉洁无私的象征，原因之一是黑色给人以庄重严肃、刚烈正直之感，原因之二则是因为他额头上的月牙与炯炯有神的双眼形成了一个威严的三角，那月牙就好像是第三只眼，无论做了什么事情都逃不过他的三只眼睛。

在日常生活正常的人际交往中，一般来说，当一方把目光投向对方额头和两只眼睛组成的三角区域时，会不知不觉地感受到一种来自对方眉宇之间的威严感，自己的地位也会不知不觉地变得有些被动和低微，始终有一种被拷问甚至被威胁的感觉。如果谈话一方总是将眼神置于对方面部的这个三角区域，这就容易使对方不知该如何应对，讲话也会犹豫不决，思维出现混乱，从而会使得谈话进程陷入僵局。所以在一些气氛友好的场合中，一定不要注视对方的这个三角区域，以免造成不必要的尴尬。

相反，如果在谈话中，目光注视对方两只眼睛和嘴巴组成的倒三角形区域，则会给人和善的、友好的、尊敬的感觉，谈话的气氛会十分缓和，双方的关系也不会受到影响。然而如果多方谈话中，有人一味地表达自己的见解，絮絮叨叨，不给别人说话的机会，其他方就可以采用这种方式，注视他双眼与额头形成的三角区域，给他造成威严感，让他反省自己的行为。

压低的眉毛中会透出威严

眉毛压低的人看上去十分具有侵略性，既让人觉得十分威严，又透着一种淡淡的忧虑。眉毛压低时总让看着你的其他人觉得阴云密布，制造了一种严肃紧张的氛围。男性如果想让自己看起来更加威严，简单的办法就是修剪眉形，将眉毛修得更低，或者在说话时压低眉毛，就能制造出一种威严的感觉。而千万不要挑高眉毛，这样会给人一种轻浮、高傲的感觉。

当父母在训诫、教导自己的小孩儿时，他们总是一脸的严肃，让小孩不敢不听。其实父母就是故意把眉毛压低制造了这样一种阴云密布的表情，小孩子看到父母这种表情时就会知道自己做错了事而让父母感到不满意和生气，这时父母对孩子的批评才会更有效果。如果父母在批评自己的孩子时都嬉皮笑脸像平时宠他、逗他那样，那么孩子又怎么会觉得自己犯错了呢？在孩子看来，生气时父母所说的话对他而言当然是必须要接受的，因为这一次如果父母不对孩子树立正确的对错观念，下次孩子犯起错来肯定会更加肆无忌惮。

领导在训诫下级的时候往往也是顶着一副阴沉满面的严肃面孔，因为领导在训斥下属时故意压低了眉毛，这样压低的眉毛在下属看来充满着领导的威严和对自己犯错的不悦，领导这样去批评下属才会有力度和强度。如果反过来，领导眼睛睁大、眉毛也向上挑得很高去批评下属反而会让挨批的下属觉得十分滑稽，不仅没有效果还会在下属之间闹出笑话。如果领导只是面不改色、轻描淡写指出下属的过错，往往不会给下属造成太多威慑力，这样的训斥也是没有效果的。

电影中也会利用压低的眉毛来塑造人物性格，例如美国著名影星马龙·白兰度就有着一对低沉的眉毛，他在很多电影中利用这对眉毛塑造了许多反面形象，给人以很强的侵略性和攻击性的味道。

对于政治人物来说，下压的眉毛会给他们带来很大的优势，不仅会使他们看起来更加具有威严，还会给他们添加一种忧国忧民的气质。美国前总统肯尼迪的眉毛形状较为下压，眉毛尾部微微向下延伸，这种眉毛使他看起来总带着淡淡的忧郁，好像随时随地都在为国事烦心，在大选时这一点帮他赢得了大量选民的支持。同样，2008年美国总统大选中，两位候选人奥巴马和麦凯恩的眉毛就表现出了各自不同的形象，奥巴马的眉毛较为下压，使人感到威严十足并且忧国忧民，而麦凯恩的眉毛有些上扬，给人一种温顺有余、威严不足的感觉。与奥巴马相比，麦凯恩更像一个慈祥的长者，而非气势非凡的领导者，这也许是他输给奥巴马的原因之一。

带着威严的凝视

在日常生活中，如果一个人想要用目光进行威胁，那么他就会盯着某样东西或者某个人看时，这种凝视的目光会使他看上去更加威严，带有较强的侵略性和攻击性。就像电影《终结者》里面那群想要控制人类的智能机器人，他们会用自己威严的目光目不转睛地盯着将要攻击他们的人，而就在他们的威严凝视体现在看着攻击他们的人的时候，那时的目光不仅会像肉食动物袭击自己的猎物之前具有的那种冷漠、冰冷，而且会死死盯住攻击者的眼睛，发出一种贪婪而又令人恐惧的意味，就这样他们把恐惧灌入了人们的内心。因此在生活中如果看到有人露出这样的目光，千万不要去招惹他，否则会为自己带来不必要的麻烦。

一个小孩打碎了家里的玻璃或者是碗，如果父母判断他是故意恶作剧的，就肯定会批评教育他，而这场教育一定是从严肃地瞪着这个孩子开始的。只有让孩子一动不动地站在那里，感受到父母威严的目光，他才会对自己做的错事有一个正确的认识：哦，这是错的，我不应该这样做，爸爸妈妈会生气的！

当一个人在工作中犯了错误，首先他自己心中就会心虚害怕，尤其当他被他的领导或者其他人发现了这件事的人威严地凝视着时，这种心虚和恐惧感一定会被放大。领导威严地注视着下级时本身就是由上而下施压，这时被这样威严的目光注视着的人，他的后背一定会阵阵发凉，因为他感受到了领导这种威严目光下的可怕之处，我会不会被解雇？我这个月的薪水会不会被扣完？这些问题对于工作者来说都是取决于领导的问题。

威严的目光可以通过自己训练来掌握，例如每天抽出几分钟的时间站在镜子前，想象一个让你生气的情景，然后对着镜子训练自己用威严的目光去看别人，经过一段时间的训练，就可以熟练掌握这种有杀伤力的目光了。

如果在正常的社交生活中，对方不是你的下属而是一些朋友同事，或是仅有一面之缘的合作者，我们应该尽量避免这样的目光，以免给他人造成太大的压力；即便是作为领导，经常用这样的眼神凝视着下属，也会让自己的形象显得过于严厉，不便于营造轻松的工作气氛，和员工的关系也很有可能会陷入僵局。

死盯着对方的眼睛不转移

大家一定遇到过这样的事情，在公共场合，比如公交车上或者地铁上，自己一回头总是能看见有人正盯着自己看，让自己感到十分不舒服。你如果先把目光移开，余光还能看见他继续这样盯着你看，那你心里肯定会更加不舒服，没有人会被人家肆无忌惮地"扫描"还无动于衷的。其实避开这种人的目光的方法很简单，发现有人盯着你看了，你也盯着他，死盯着不要放开，不过一会儿他就会把眼睛转向别处去了。

当自己受到外来的挑衅或者攻击时，试着不要眨眼，盯着无视你权威的人的眼睛一动不动，同时有意地压低你的眉毛，这样来回应对方的挑衅。只要你一直这样一脸阴沉地盯着对方的眼睛，直到对方先把目光移开避开你的盯视，你就取得了第一步胜利：用目光压制你的对手。

尤其当对方先把目光移开时，他往往还会用余光瞄一下你是否继续死盯着他，如果是，那么你的威慑将更具有效果。

很多人的目光不具备足够的震慑力是有原因的，就是当别人盯着他的眼睛时，他总是那个先把目光移开的人，这样就会第一个输掉自己的气势。如果你新官上任，想要下属感受到你作为领导的威严，那么就尝试用这种威严的目光从他们身上通掠一遍，尤其要死盯着那几个也一直盯着你看的死硬分子的眼睛，在目光上战胜他们，这样你的下属才会对你产生应有的敬意。

用镜子来训练威严的目光

不知道有没有人因为这种事情而烦恼，自己的目光太过软弱无力，即使当了一个小领导，自己讲话的时候也"镇不住"，不仅没有怀着对领导的敬意听你讲话，而且还在下面嘻嘻哈哈给你找事，像这样的人，只要你用威严的目光死死盯住他瞪一会儿，他马上就会低头表示臣服了。

著名京剧大师梅兰芳站在舞台上，用自己的眼睛朝着台下扫一眼，只要你坐在下面，而且不管你坐在哪里，你都会觉得他看到你了，而且看穿了你的内心！其实梅兰芳大师从小就患有眼疾，他本人还是近视，这种眼神，完全就是练出来的！不光是演员，还有军人，这些职业人的眼神，都是需要进行不断训练的。

训练出具有威严的目光是一件比较简单的事，家里的镜子就可以帮助到你。比如，每天早上出门前或者晚上睡觉之前看着镜子，想象着让你生气的事情，再想象着面对着经常挑衅自己的人，然后试着发出威严的目光看着镜子里的"他"，将这样的训练融入生活当中，每天这样锻炼几分钟，不久之后你就可以用威严的目光震慑那些无视你的小人们了。

不过要注意，可别遇到镜子就这样训练自己，万一在公众场合，例如墙上装修着镜子来使人看着宽敞一些的饭店里，旁边人要是看见你一个人瞪着镜子里的自己，这下可就麻烦了！

长久凝视使人更亲密

有一位小姐，快要 30 岁了还没有结婚，爸爸妈妈很为她着急，于是屡屡为她安排相亲，让她出去见各种各样的男人，可是这位小姐虽然每次都认真去和人交谈、了解过了，可还是对坐在对面的男士丝毫没有动心的感觉。直到有一次，她又去见了一位小伙子，那个小伙子在专注听着她说话的同时，还十分诚恳地凝视着她，这种凝视迅速拉近了两人的距离。这位小姐果然不再排斥恋爱，与这个小伙子认真交往起来。在交往的过程中，她感到两个人之间每一次的凝视，都会让她感到这个小伙子真心的感情。经过一段时间的恋爱，两个人就结了婚。

对现在的许多恋人来说，有时两人交谈时突然出现的空白，或者有时两人的目光不知因为想到了什么而飘往何方，只要有凝视对方的习惯，然后笑一下，两人的默契也会越来越好。由此可见，长久的凝视有时会胜过语言的交流。有一个很简单有趣的"凝视法"，短时间内可以拉近恋人们的距离：两人约隔半米开外或站或坐，然后凝望对方的眼睛，要看得尽可能深，最好看到对方的"灵魂深处"去，对视两分钟后告诉对方自己看到了什么。

除了恋人之间的眼波流转，在生活和工作中，积极主动地进行目光交流也会起到良好的效果。例如在推销商品或者面试的时候，在与对方交谈时需要注意始终与对方进行积极的目光交流，千万不要目光躲闪，否则会让人觉得你不够自信。而大胆地注视对方的眼睛，不但可以建立更亲密的关系，还会使人觉得你自信满满、值得信任，从而得到更好的结果。

亲密性凝视

简单来讲，长时间的凝视就是行为人的眼光不愿意离开他所当下正在凝视的人或物，换句话说，就是他现在正在看的东西是他希望并愿意看到的，将目光在这里的停留时间加长就可以多享受这个人或物带给他的精神或感官上的快感。如果互相凝视的双方都是这样的心态，相互之间的关系一定是亲密的，即便是不够亲密，双方也都很愿意将关系进一步发展。

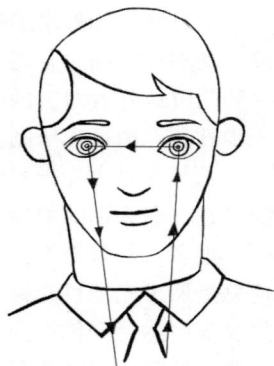

高昂着下巴的人通常倔强

在生活当中，我们身边总是有一群高昂着下巴的人，他们存在着一个共同点，就是性格十分倔强。我们身边这些性格倔强的人总是不大爱跟周围的人说话，无论到了哪里都喜欢独处。他们的脸上总是一副漠然、无谓的表情，还总是高高昂起着他们的下巴。也许这时，昂起下巴并不代表自己具有攻击性或者挑衅的意味，可是这一类人也总是不容易被人说服。

大家有没有这种感觉，每当和这样高昂着自己下巴的人讨论问题时，要说服他们相信自己是非常困难的，因为他们总是十分固执而又倔强，总是觉得自己才是对的，从来不愿意去服从别人说的，这对他们而言可能性十分微小。

所以，当和这种"总是昂着下巴"的人讨论问题时，我们应当尽量避免有让对方顺从于自己的这种想法，因为他们总是十分倔强，往往都认为只有自己的观点是正确的，所以他们宁愿相信自己也不愿意相信别人嘴里说出来的事实真相。所以当我们在说服他们时，应当对这些人摆出一些有力的事实，用这些事实来说服对方相信。

与这一类倔强的人讨论观点型问题，只凭着一副好口才和交谈的诚意是远远不够的，因为这群人总是固执己见，而且十分坚持自我。我们应该明白，像这样倔强而又高傲的人，只有在强大而又客观的事实面前才会低下自己倔强的头。

例如英国的撒切尔夫人不论走到哪里总是高昂着下巴，这与她的人生经历和个性有着很大关系。撒切尔夫人出生平凡，获得今天的地位都是靠自己坚持不懈的努力和坚强不屈的奋斗。在遇到困难和失败时，她并没有低下头屈服，而是高昂起下巴，表现出自己无所畏惧的顽强性格，体现出从不服输的精神。通过顽强的奋斗，撒切尔夫人终于成了英国历史上第一位女议员。撒切尔夫人的性格是顽强、勇敢、不服输的，因此她从不会在困难面前低头，而总是骄傲地扬起下巴。

但是在日常生活中，我们最好尽量避免总是让下巴保持高昂的状态，尤其是在有长辈或是领导在场的情况下，毕竟，谦虚的年轻人或晚辈会给人留下好印象，自己的晋升空间也会多一些。而总是高昂下巴的人，一副不可一世的样子，即便是技不如他的人，遇见这样的人也不会感到舒服的。

下巴有时会带侵略性

有时高昂起来的下巴只是代表倔强和自我，而另一种时候这种高昂的下巴就会让人觉得危险了。那些将要给经过的人造成损失或者伤害的罪犯在实施犯罪行为之前，也总是高昂着他们的下巴，把对方逼入死角，这样去恐吓对方。这种高昂的下巴带来的就是侵略和冒犯。

在幽深的小巷里，手里攥着小刀、高昂起来下巴的他的一连串动作总是让人觉得他十分具有侵略性和挑衅。我们往往可以在电影中看到：那些拿着小刀出没在阴暗小巷子里打劫钱财的小混混们，他们在打劫过路人时总是高昂着他们的下巴，侵略性十足，让人心生畏惧。几个昂起下巴的流氓把过路独行的人围到墙角里，拿出手中的武器，也许是一把小刀，也许什么都不用拿，光用他们这一群人满脸的凶狠和威胁就让人感到害怕。

如果一个人正在受另一个人的威胁时，那个人往往都会先把你逼到墙角，手里拿着小刀或者手枪这样简单而又危险的武器，然后说类似"把你的钱给我交出来"这样的话，他高昂起的下巴就是他进攻的前奏，因为他想先让对方从他昂起的下巴上看出他心中的恶意和势在必得的强硬态度。

在社交场合中，如果遇见这样的人，如果没有必要深交，我们大可敬而远之，因为即便是他们不会常常发出侵略别人的信号，性格方面也会有一些不易亲近的因素，凡事总是喜欢和别人一较高下，并且一旦事关自己的声誉和利益，他会立刻奋起反抗来维护自己的权益，甚至很有可能过度爆发出自己压抑的情绪。这类人也不善于隐藏自己的情绪，性格可能会比较暴躁，很少有人愿意接近。

高昂下巴有时会使人觉得高傲

有一些个性傲慢、瞧不起他人的人也喜欢在与别人交谈时高抬下巴，流露出一种蔑视的意味，好像根本不想正眼瞧对方，而要用高人一等的目光看人。一般情况下，地位较高或身份尊贵的人在与地位较低的人说话时喜欢抬起下巴，这样可以强调自己的权力与地位，使对方感到一种威严。但是如果两个地位相差不多的人在交谈时，其中一方露出这样的表情就会使对方感到受到了侮辱。

有一位女士刚刚进入一家公司，工作了一段时间之后，她发现同事们好像都对她有些疏远。她有事请同事帮忙的时候，同事们总是利用各种借口拒绝，下班后也很少找她一起去放松娱乐。这使这位女士感到非常困惑，不知道自己究竟哪里做错了得罪了同事们。后来有一个性格比较直爽的同事告诉了她，原来由于从小学舞蹈养成的习惯，她在走路时总是抬头挺胸，在遇到同事打招呼的时候也只是微微地点头，再加上她个子比较高，因此使同事们觉得她有些傲慢无礼，瞧不起别人，因此也就渐渐和她拉开了距离。高昂的下巴会给人一种傲慢、蔑视他人的感觉，即使有抬头挺胸走路的习惯，在遇到熟人时也要主动低下头来打招呼，并配上谦和恭顺的笑容，这样就可以给人一种平易近人的感觉，不会在无意中冒犯了别人。

在交谈过程中，如果对方一直高昂下巴，表现出一种高傲和目空一切的感觉，在应对时要把握好自己的态度。与这种傲慢的人打交道时，不要因为对方占据优势地位而放低自己的身份，也不要由于受到轻视而产生抵抗情绪，而是要尽量调整好自己的心态，用不卑不亢的态度与对方交涉，体现出自己的信心与风度，这样更容易得到对方的尊重。

高昂着下巴给人的感觉就是将自己置于高高在上的位置上，对别人总是一副蔑视的表情，感觉像是从来不把人放在眼里一样。因此如果有人养成了这种习惯，最好尽量控制一下，以免给他人留下傲慢的印象。没有人愿意和总是高昂着下巴的人相处，这样一来，身边的朋友也会逐渐变得疏远了。相反，当我们结识了这样的人，在有了一定的了解之后发现他的本性并非高傲，高昂下巴仅仅是习惯时，完全可以与他相交深厚。

握手时该谁先出手

握手是在相见、离别、恭喜或致谢时相互表示情谊、致意的一种礼节，双方往往是先打招呼，后握手致意。无论是电视上还是现实生活当中，握手都是一项必不可少的情节。有时我们只看握手的两个人是谁，而从不注意握手时应注意的礼节与顺序，其实像握手这样用在社交方面的动作，是有它的规则的。

握手是人与人交际的一个部分。握手的力量、姿势与时间的长短往往能够表达出不同的礼遇与态度，显露自己的个性，给人留下不同的印象，也可通过握手了解对方的个性，从而赢得交际的主动。根据社交礼仪，当我们为从未见面的两个人互相介绍时，应该是先介绍两个人当中地位较低的人，地位高的人则放在后面介绍。而握手的礼仪则是正好相反的，应该是地位较高的人先伸出自己的手，就是由地位较高的人先决定他要不要跟你握手，如果他想跟你握并且先伸出了自己的手，你才可以伸出自己的手和他的相握。也就是说如果你面前有一位比你地位高的人，你应该先等他伸出手你再伸出手去跟他相握。作为后辈或者是下级，你不应当贸然先把手伸出去要求人家跟你握，否则会被其他人视作很没有礼貌，不懂得社交礼仪。

事情因情况而异，握手这件事如果换了男人和女人，则一般都先由女士伸手。当然，假如你是一位女士，万一碰到一位傻傻的男士"不懂事地"先向你伸出了手，你也应该回握一下表示礼貌，可别让对方的手停在半空中造成尴尬。

翻转手掌获得主动权

在双方见面握手时，旁边的人看到两只握在一起的手，往往是掌心向上的人表示恭敬与顺从，而掌心向下的人是权威和强势的一方。由此可见，如果你想在握手时掌握主动权，你就可以在两人握到手的那一刻，翻转你的手掌，让自己的手掌手心朝下。两个男性在相互较量时，往往会发动一场翻转手掌的暗战，例如情敌或者是商场上的对手，在握手时就都会试图翻转手掌，将对方压在下面。相反，在与长辈或者上司打交道时，则应该将手心向上，表现出自己的恭顺与尊敬。

握手是一种礼仪，手心朝上与人握手，这种属于乞讨式的姿势，往往表明这人性格较为软弱，地位比较低。握手时掌心向上，一般情况下掌心向上是表示谦恭。但平时最好别伸，搞不好就成"乞讨状"。相反掌心向下给人一种傲慢的感觉，自认为是大人物，"俯视芸芸众生"。

如果和对方见了面还很随意地说笑着，可是在握手时却想重新把控主动权，就可以当握住了对方的手之后再翻转你的手掌，让自己手心向下，而且将对方的手压在底下，这样就可以让对方感到你的强势。对方的手如果被你成功翻到了下面压住，对方自然而然也就处在了被动的地位上，由你掌握主动权。为了获得主动权，你在翻转自己的手掌时，也没有必要一定要水平压住对方的手掌，只需要将对方的手稍稍压低一些，让你的手处于上方就可以了。

男女交往时，一般都由男性掌握主动权，因为女性在握手时习惯性地将手心向上以表示顺从，这是女性特质的一种表现。但是在职场中的女性往往比较强势，有着女权主义思想，在与这样的职业女性特别是女上司交往时，男性最好不要试图掌握主动权，这会使对方觉得没有得到足够的尊重。因为职业女性认为在正式的工作场合，男女应当完全平等，而不应该强调女性的弱势地位。

如何应对强势的握手者

社交场合中，人们常常利用握手来抢夺主动权和控制权，尤其是在商业竞争中，双方都会争取在握手时就压住对方，以期在之后的谈判中占据主动和主导位置。如果对方很强势，一上来就伸出手，充满自信地先发制人，这时作为被动的一方可以采取一些策略化解不利的局面，甚至将局势反转过来使自己占据优势地位。

第一种方法是进入对方的私人空间，强迫他改变手掌的方向。当对方伸出手时，迈出一只脚身体向前倾，从侧面进入对方的私人空间。这样就避开了他伸出的笔直的手臂，让他从身体侧面握手，这样的位置使对方不得不将手掌向上旋转一定的角度才能顺利地握手。这样两人之间的局势就发生了微妙的转变，本来想要占据主动的人现在反而处在一种被动的局面，主动权已经被巧妙地抢走了。

第二种方法是用双手握住对方伸出的手。如果见面时对方很强势地伸出手来，看上去想要把你伸出去的手狠狠捏住以显示自己的力量。这时最好伸出双手来与他的单只手相握，两只手能够很轻松地转变对方伸出的手的方向，并且抑制住对方的力量。而且伸出双手还会显得比较热情，让对方即使被你控制在手心中也没有办法反抗。

最后一种方法在对方有威胁或者挑衅时才可以使用，其他情况下有可能会引起对方的反感。在感到对方有威胁的意味时，你可以伸出手握住对方的手腕，这种方法可以出其不意地牵制住对方，但是这本身也是一种威胁的动作，不到万不得已的时候尽量不要使用这种方法。

强势的领地宣言

从本质上来讲，一个人占据的领地的多少与他的权力和地位是成正比的，因此领地象征着力量。捍卫领地的行为在生活中随处可见，引起的争夺也有大有小。对于国家来讲，对领土行使主权是国家权力的象征，侵犯他国领土的行为会导致战争的爆发，例如阿根廷和英国的马尔维纳斯群岛争夺战等。日常生活中捍卫领地也会引起争斗，只不过规模较小，是"没有硝烟的战争"，例如地铁和公交上的空间争夺和学校自习室中的占座行为。虽然平日中的领地争夺不会产生什么严重的后果，但是学会捍卫自己的领地在这个竞争越来越激烈的社会中还是非常重要的。

在单位或者学校的食堂中，经常出现占座的情况，如果一个人想要自己坐一张桌子，他就会将身体大大的伸展开，用四肢占据很大的位置，使别人没办法和他坐在一起。而替别人占座的人则会用书本、背包等东西放到其他的座位上，以此告诉别人这些位置已经有人占了。在公共交通工具上会引发激烈的空间争夺战，例如有的人会叉开双脚，还不停地晃动自己的身体，使周围的乘客没办法靠近，从而为自己争取到较大的空间。

一般来说地位较高、较为自信的人所占据的领地要比那些地位较低、不自信的人占据的要多。占据优势的人会在谈话时将手臂搭在椅子上，表现出一种此地他说了算的感觉。尤其是上司在与下属谈话时经常使用这样的领地宣言，上司会坐在椅子上手臂伸展开搭在椅子上，向下属显示自己的支配地位。在约会时，男子会将手臂搭在女友的肩上，好像在告诉别人"这是我的女人"。在餐桌上，地位较高的人往往比地位较低的人能获得更多的空间。这些领地宣言可以帮助我们在初到一个场合时，迅速判断其中的权利地位关系。

伸展手臂的不同含义

很多人在坐下时都喜欢将手搭在椅子扶手上，这样可以使人显得更加强势、更具有权威感。因为这种坐姿可以扩大身体占据的空间，使人看起来更加高大。伸展手臂是一种体现自信和权威的动作，人在感到舒适和自信时才会做出这个姿势。相反，当感受到不适和压力时，伸出的手臂就会立刻收回。例如，一个人在谈论自己的投资计划时表现出一副胸有成竹的样子，手臂伸展到旁边的椅子上，显得非常的自信，侃侃而谈，但当别人问到董事会对这件事的看法时，他立刻收回了伸出去的手臂，将双手放到了腿上。收缩的手臂说明这个问题使他感到了不适，果然，后来他承认董事会其实并不赞同他的投资计划，他一直为这件事感到很苦恼。

在商务活动中，可以通过与会者不同的坐姿判断出他们的身份地位。一般来说，领导和地位较高的人常常靠坐在椅子上，将手臂搭在椅子或者沙发的扶手上，显示出自信和权威。而一些职位较低的工作人员则规规矩矩地坐在椅子上，双手拘谨地放在腿上，显得很顺从。

如果将手臂伸展到他人的椅子上，则是一种侵犯他人领地的行为。一般较为自信或者强势的人会做出这样的动作，男士更常做出这样的动作。

在交往中，很多男士会将手臂伸展到旁边人的椅子上，这是由于他们有着较强的侵略性，会给旁边的人造成压力。如果旁边坐的是陌生人，那么这样伸展手臂的动作就会使对方感到受到侵犯。这种情况下要尽量管好自己的手臂，不要给别人一种威胁的感觉，不然很容易引起对方的反感，甚至导致不必要的冲突。

除了威胁的意味，将手伸到他人的椅子上有时也可能是一种示好的表现。例如在社交场合，如果一个男士不自觉地将手臂放到旁边的女士的椅子上，说明这个男士可能对这位女士有好感，想要拉近两人之间的距离，进行进一步的交往。这个动作好像将这位女士拥入怀中一样，表现出内心想要占有的欲望。

双手叉腰的威严感

双手叉腰也是一种捍卫领地的动作，人们通常利用这个动作来体现自己的权威和掌控权。这种动作是将双臂弯曲，双手放在腰部，将手肘向外张开。叉腰动作是一种权利的象征，也是领地宣言。地位较高、权力较大的人比较喜欢做出这个动作，以彰显自己拥有的权威。例如老板在办公室里训斥下属时往往会将两手叉腰，摆出一副盛气凌人的样子，让下属感到无形的压力，好像在说："在这里我说了算！"

警察和军人也喜欢做出这个动作，这是他们长期接受的训练所养成的习惯，这样的姿势使他们在执行公务时显得更加有威严。但是如果在日常生活中，也摆出这样的姿势的话，就会让人感到受到了威胁，从而产生距离感。警察即使在办案过程中，也要慎重使用叉腰的动作，如果在不适当的场合做出这种动作会影响工作的顺利进行。例如在解决家庭纠纷时，警察在他人的居所里就最好不要双手叉腰地站立。因为这种姿势代表了对领地的控制权，好像要掌管这里的一切事务一样，这时家里真正的主人会感到自己的领地受到了侵犯。除此之外，警察在做便衣的时候也最忌讳摆出这样的动作，因为这样的动作会暴露出自己的身份。尤其是新手并没有掌握如何在他人面前适当地使用这一动作，只会一味地双手叉腰显示自己的权威。罪犯们识别便衣的主要依据之一就是双手叉腰的动作，因为除了一些拥有特权的人，普通人很少做出这种动作。如果便衣不能改掉这种习惯，一旦暴露身份就会让自己处于非常危险的境地。

男性使用这个动作通常会显得盛气凌人，但女性在想要体现自己的驾驭能力时，适当使用这一姿势会很有帮助。在职场中，不少职业女性受到性别上的限制，不能同男性一样获得同等的地位和对待。在开工作会议时，女性可以做出双手叉腰的动作来加强自己的权威感和掌控感，使在场的男性同事更加尊重自己的发言。

传统的叉腰方式是拇指朝后，其他四指向前，另外一种不同的叉腰方式是拇指朝前。这种叉腰动作体现出的是好奇或者担心，做出这种动作的人心里在判断究竟发生了什么事。如果将拇指转向外侧，则说明担心的程度加强了，问题肯定变得更严重了。这种姿势与传统的叉腰姿势相比，体现出的权威性较低。

手撑桌面获得主导权

当人们讲话时站在一张桌子或柜台后面，他们很习惯于将手臂张开一定的角度，用手指撑在桌面上，这种动作是一种表达自信和权威的方式，双臂张开有捍卫领地的意味，是在对旁边的人宣称自己位于主导地位。而且在做这个姿势时，身体会向前倾，尤其是演讲或者讲课时本来站的位置就比其他人高，从而给他人造成一种压迫感，更加凸显自己的主导地位。例如比较严厉的教师在上课时就习惯将双手撑在讲桌上，身体前倾，显现出不可侵犯的威严感，再用严厉的目光仔细观察学生有没有在做小动作。通常在这样的课堂上，学生们都比较安静，因为利用这样的肢体动作获得了对班级的主导权，使学生感到了压力，他们知道只要自己在老师的地盘上犯错，肯定会受到严厉的惩罚。在商务会议中，一些地位较高的领导在演讲和发言中也会将双手撑在桌面上，展示自己的主导地位，撑起的双臂是一种对领地的标示，仿佛在说这里的一切都由他说了算。

日常交往中，这种撑在桌面的动作还是愤怒和冲突的表现。在交谈中，如果对方将双臂张开，用手指撑在桌子上，你就要小心了，这说明他就要发作了。这种动作体现出做出动作的人掌控话语权的需求，他有可能对当前的情况感到很不满意，甚至想要获得局势的掌控权。人们在与别人争执的时候经常摆出这样的姿势，例如在宾馆大厅中，有一位顾客到前台来求助，这时他的手臂并没有什么明显的动作，但是当他的请求遭到拒绝后，他的手臂张开了，并走上前去将双手撑到了桌子上，随后便跟服务员理论起来，随着双方谈话越来越激烈，他双手也越来越向外扩张。在机场也经常遇到这样的情况，例如一位旅客在购票时由于行李超重被要求支付额外的费用，这位旅客很不满意，伸开手臂并将双手撑在柜台上，与工作人员理论起来。这些例子都说明这种动作是为了体现威严和掌控感，能够使对方感到有压力。

手臂的扩张和收缩

收缩的手臂体现了消极、被动的心态，相反，张开的手臂则表现了积极主动的心态，说明做出这个动作的人比较自信，他在争取主动权，想要控制当前的局面。例如歌星在演唱时会挥舞手臂并带领全场的观众一起挥手，这就是主导力的一种体现。同样人们在发言时，为了强调某一个重点也会挥舞手臂，以体现自己的主导地位。而当一个人的手臂在说话时收缩的话，则说明他比较没有自信或者感到了不舒适。

在交谈过程中，可以通过一个人手臂的变化来判断他内心情感的波动。例如在谈判过程中，如果对方说话时手臂扩张开，则说明他对自己的观点非常自信，并且想要在谈判中占据主动，这时尝试去说服他是比较困难的。如果随着谈判的进行，对方的手臂渐渐收缩，而且语气也不像当初那么肯定了，那么恭喜，说明对方的自信和心理优势正在减弱，这时候趁机说出自己的意见比较容易获得成功，因为这种动作说明对方的自我意识没有那么强烈，比较容易认同他人的观点。

在商务会议中，对自己的观点很有信心的人往往会试图占据更大的领地，伸展手臂就是一种扩大领地的方式。地位较高和拥有掌控权的人在讲话时，都喜欢伸展自己的手臂，让手臂做出各种动作来强调自己发言的内容。这种积极的手臂动作表达的是"我很自信"，相反一些在发言时缩手缩脚的人往往对自己的能力不是那么有信心。而当一个人被问到让他不自在的问题时，伸出的手臂就会立刻缩回。例如公司的策划会上，策划人在滔滔不绝地讲述策划案的细节，在讲到一些具体内容时，他的手臂向两旁大大地伸开，显得对自己所说的内容非常自信。但当在座的一个同事询问他关于试点调查的事情时，他原本充满自信的手臂立刻收了回来，面部表情也消沉了下去。原来他并没有表现出来的那样成竹在胸，为了节约成本他根本没有进行过试点调查。同事的这个问题戳到了他的痛处，使他的自信心和主导意识瞬间减弱，扩张的手臂也因此收了回来。

在坐姿状态下，手臂的伸展和收缩没有站着发言时那么明显。人们坐着时通常会将手肘或者小臂平放在桌面上，在感到自信时手肘会向外打开，双手手指轻轻地搭在一起，在桌面上圈出一块属于自己的领地范围。而当他内心发生变化，信心减弱时，手臂就会向内收缩，变成双手手肘相碰、小臂并拢的姿势。如果小臂并拢时是直立的，那么双手可能做出十指交叉紧握的姿势，那么就说明情况变得更糟了，这个人在为什么事情感到担心。

叉开双腿的强势站姿

很多哺乳动物在感到压力、烦躁或者威胁时都会做出捍卫领地的动作，而当需要威胁他人时也会做出同样的动作。人类也是如此，在感到受到威胁时人们就会做出一些动作来表示他们正在努力控制属于他们的领地，并试图掌控局面。在人类捍卫领地的行为中，叉开双腿站立是最常用，同时也是最容易被认出的动作。警察和军人最习惯于双脚叉开站立，因为他们在执法过程中通常总是处于统治地位。而当他们想要威胁他人或者战胜对方时，就会将两脚叉开得更宽，获得更多的领地以体现自己的权威。

人们在对峙状态中，便会叉开自己的双腿，这种站姿不仅会让自己站得更稳，同时也可以占据更多的领地。列如摔跤选手或者拳击选手在双方对峙时，都会将双腿叉开，稳稳地站在地面上，同时准备发动攻击。如果在交谈中发生了争执，而且双方都渐渐将自己的双腿叉得更开，就说明麻烦来了，这两个人就要开始行动了。如果一个人的腿先是并起的，之后在谈到某个话题时他的双腿渐渐叉开，就说明这个话题使他感到不高兴，他并不想继续谈这件事，这时最好改变话题，因为这种站姿说明对方做好了对抗的准备，继续谈下去可能会引起冲突。

双腿叉开的幅度也能说明争执程度的大小，如果两个人的双腿叉得越来越宽，则说明他们之间的冲突升级了。因此在与他人发生争执时，可以利用收回腿部的动作缓和两人之间的矛盾，如果想避免进一步冲突的话千万不要继续叉开双腿，而是要收拢双腿，这样可以减弱身体语言的攻击性，从而降低对抗的等级，进而化解这场一触即发的冲突。叉开的双腿有着控制、威胁和恐吓的意味，例如在家庭暴力中，男性在对待妻子时会叉开双腿站在门口，挡住她的去路。因此在想要控制住对方时，可以利用这样的站姿体现自己的气势，例如囚犯在监狱中面临着其他囚犯的威胁和欺辱，那么他在站立时就必须叉开双腿，体现出自己的强势与力量，不能露出任何软弱的表情。

叉开双腿的站姿还有利于树立自己的权威，尤其是对一些需要体现自己权威的职业女性。例如公司中的女主管、女警或者女法官等等，由于社会性别的限制不像男性那样容易获得主导地位，而在工作时使用叉腿的姿势站立可以帮助她们强化自己的权威，从而使她们更容易获得主导地位和控制权。

竖起拇指表示自信

竖起拇指的动作通常表现出一个人有着高度的自信，并且与人的身份地位相关。一些地位较高的人往往喜欢露出拇指以显示自己的自信和权威。例如美国前总统肯尼迪，在出席很多场合时都喜欢将手插在衣服口袋里，而将拇指露在外面。在一些社会地位较高的人群中也经常能看到这样的姿势，如律师、医生和大学教授也习惯在抓住衣领的时候把拇指露在外面。很多广告画中的模特们在拍照时也喜欢使用手抓衣领的动作，通过竖起的拇指表达出高度的自信。

将拇指竖起是一种背离重力的动作，人们在感到高度舒适和自信时才会做出这样的动作。因此当一个人将拇指向上竖起时，说明他对自己有着较高的评价，对自己的观点或思想非常自信，并且对现状感到满意。通常情况下，十指交叉双手紧握是一种自信度低的表现，这种手势看上去像是在祈祷，说明这个人心中在担心或惧怕什么事。但是如果双手紧握时拇指是向上伸直的，所表达的含义就完全不同了，这个动作体现出的是积极的思想。但是这种姿势中的拇指可能随时消失，当拇指又落下时说明此时没有需要强调的重点，或者出现了一些消极的情绪。

观察发现，喜欢使用拇指动作的人一般对周围的环境比较敏感，警惕心强，思维敏捷，观察力也较为敏锐。因此通过观察拇指的动作，就可以准确地判断出实施者情感的变化。例如一名演讲者在开始表现得胸有成竹，陈述自己的观点时自信满满，不时做出尖塔式手势进行强调。但是当一位听众指出他演讲中的一个错误之后，这位演讲者便立刻将拇指伸进上衣口袋。这种隐藏起拇指的行为说明他的心态从高度自信迅速转变为低度自信。

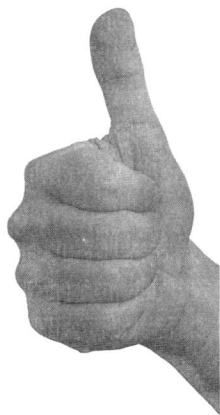

竖起拇指

人们一般很少做出竖起拇指的动作，一旦这种动作出现，就可以断定是一种积极情感的表达。而将拇指隐藏起来的动作则是低度自信的表现。男性经常做出将拇指放进口袋而其他四指露在外面的动作，尤其是在面试中，来应聘的人由于紧张就会做出这种动作。这样的姿势就好像在说：我对自己不太有信心。这种动作基本上专属于不自信的人和地位较低的人，地位较高的领导或者管理人员通常不会做出这个姿势。拇指放在口袋里会给人一种唯唯诺诺的感觉，在国家领导人身上永远不可能看到这样的姿势。

伸出拇指的其他含义

日常交往中人们通常利用拇指来向他人表达自己的情感倾向。拇指的动作属于二级语言，往往需要配合其他的动作或表情来表达确切的含义。最常见的用法就是四指握紧，竖起大拇指对别人表示称赞，竖起拇指的同时嘴里还说道："你干得真棒！祝贺你取得成功！"大拇指代表权威、力量、信心和优势，它排在五指中的第一位，表示第一、优秀的意思。据说竖起大拇指的动作起源于古罗马，当时古罗马的市民非常热衷于观看角斗，在古罗马斗兽场中，如果一名角斗士奉献了一场精彩绝伦的表演，观众们就会竖起大拇指以示赞赏，但是如果观众们不满意时就会将拇指向下，表示"杀死他"。

现代社会，拇指向下虽然已经没有古罗马那样野蛮的含义，但是这样的手势还是表示出否定的含义。综艺节目中，延续了古罗马竞技场的传统，请嘉宾表演节目然后让观众进行评价，观众如果觉得好看就竖起拇指，如果觉得不好就将拇指朝下。拇指朝下还有鄙夷的意思。例如一群人围在一起，同时将拇指向下指向一个人，脸上露出不屑和鄙视的表情，很可能是这个人做错了什么事让其他人感到不耻。

正常情况下是不会用拇指去指别人的，如果用拇指指向别人则表示对那个人的嘲讽和奚落。例如一个男人向朋友诉苦时，说自己的妻子非常唠叨，毫不善解人意，这时他就有可能用拇指指向自己的妻子，并微微晃动拇指。这种手势代表了对他人的不尊重，很容易引起对方的不满与怒气。尤其是男性向女性做出这个手势是非常不礼貌的，而女性则很少使用这样的手势指向别人。

需要注意的是，竖起拇指在不同的文化中有着不同的含义，在使用时要小心不要引起误会。在受英国影响的国家里，竖起拇指有着三种含义：第一，可以向路上的车辆竖起拇指表示想要搭便车。第二，表示没问题、不错，与OK手势的意思差不多。第三，突然竖起拇指还有侮辱的性质，意思是"举起双手"或者"不许动"。而在希腊，竖起拇指则是一种骂人的手势，意思是"吃饱了撑的"。因此千万不要在希腊用大拇指称赞他人哦。

地位高的人肢体动作少

一项语言学的研究结果表明，一个人的身份地位、权力和声望与他说话时所使用的语言和词汇有密切的关系。通常情况下，一个人的社会地位越高或者职务越高，他的语言应用能力就相应地更好。而身体语言方面的研究则显示，人们在传递信息和表达情感的时候，他所掌握的词汇量的大小、语言能力的好坏与他使用肢体语言的多少有着必然的关系。这也许与受教育程度有关，身份地位较高的人掌握的词汇量较大，因此可以使用丰富的语言来表达自己的思想。而那些身份地位较低的人由于受到的教育有限，所以在表达时更依赖于肢体语言。因此，人的社会、经济地位越高，他所使用的手势和肢体语言就越少。

一些职位较高的人在公众面前为了显示自己沉稳的风度，就会尽量减少自己的肢体语言，这样做也可以避免过多的肢体动作暴露自己内心的情绪。电影中演员们会将这种现象表现到极致，例如《007》系列电影中的特工詹姆斯·邦德总是一副无动于衷的样子，他的肢体语言少之又少，不管遇到什么样的压力与困难，都能保持镇定自若。哪怕是受到坏人威胁、侮辱，甚至中弹受伤的时候，仍旧面不改色心不跳，保持着泰山压顶我自岿然不动的英雄本色。与此相反，喜剧演员金·凯瑞通常在影视作品中出演一些无权无势、在生活中备受排挤的小人物，为了体现幽默滑稽，他常常会用夸张的肢体动作和面部表情来表现人物内心的活动。

除了身份地位的象征之外，肢体动作少还有一个实际的好处，那就是动得越少暴露得也就越少。例如在面试过程中，如果一个人总是左动右动，不停地移动双脚，手也不知道要往哪儿放，面试官一眼就能看出这个人的紧张和不自信。而沉稳、镇定的肢体动作则可以给人一种自信的感觉。

显示权威的座位安排

在商务活动中，不同的座位安排可以营造出不同的沟通氛围。例如，两个人对坐在桌角比较适合进行轻松而友好的谈话；两个人之间呈九十度夹角的位置则最能体现出双方的合作关系；而两个人面对面坐在一张长方形桌子的两边则是一种对抗性的位置，在职场中这样坐的两个人不是上下级关系就是竞争对手，要么两人内心就都互相排斥。而且这样的位置还能提升身份地位和权威感，体现出强势的意味。

这种位置很容易导致双方发生争执，并容易令人感到紧张。有专家在医生的办公室里做过一项调查，目的是查明医生办公室里办公桌的有无与病人的紧张感之间的关系。结果表明，医生的办公室里摆有办公桌时，只有10％的病人感到放松，而撤去办公桌后，感到放松的病人的比例提高到了35％。可见这种位置对人心理造成的影响。

除此之外，这种位置还与人的身份地位有关。身份地位较高或者职务较高的人比较青睐于选择这种交谈位置，他们喜欢在自己的办公室里面放一张办公桌，在与下属谈话时用桌子把下属和自己隔开。而职务较低的管理者选择这样位置的人较少，而且男性比女性要更喜欢这样的座位摆放方式。至于员工们则更希望上司把办公桌放到屋子的其他地方，而不是横在自己与上司之间，他们认为与上司坐在桌子的两边会更加地紧张，而撤掉桌子之后气氛会变得更加轻松。而且没有桌子的办公室会使上下级的关系显得更加平等，使上级能够更加客观地听取下级工作人员的意见。

这种对抗性的位置容易导致双方的冲突，因为桌子两侧的人各自拥有一半的领域，给人一种势均力敌的感觉。双方都认为自己有权利充分表达自己的观点，而且这样面对面的角度也更便于双方进行直接的眼神交流。在这种情况下想要争取主导地位，显示自己的权威，或者想要营造出一种上下级的从属关系，那么就要争取坐得离桌子更近或者占据更大的空间。例如可以用双手手肘撑在桌面上，表现出一种不容侵犯的权威感，这样就可以强化自己的身份和地位，使对方感觉到压力，更好地控制对方。

值得指出的是，在餐厅等公共场合这种座位并没有对抗的性质。很多人在就餐时认为这样的角度更适合聊天，尤其是关系亲密的人，例如夫妻或者情侣，面对面坐着更利于两人进行眼神的交流。

第十二章
克制不住的烦躁：
成功与失败

胜败的重力原理

生物之所以可以生存在这个世界上，是依赖着重力这个最基本条件，与此同时，重力也是各种生物必须想尽各种办法对抗的第一阻力。这种对抗是多方面的，可以体现在比如站立、投掷、跳跃等反应明显的动作上，也会体现在一些细微的肌肉运动中，比如惊慌错愕、微微一笑、怒发冲冠等等。简单地说，生物要对抗重力就必须是神经意识（不仅仅是思维性意识）和能量这两个必要条件同时存在，缺一不可。

我们对微反应研究也是将这两者合二为一来研究的，这是因为主要研究对象都是不用依赖思维性意识（也就是"想的过程"）就可以作出的一系列相对应的习惯性反应或本能反应。在研究中得出这样一个规律：神经的状态越兴奋，调配需要的能量就越多，相应地就会对重力呈现越明显的反抗；相反，当神经的状态越不兴奋，需要调配的能量也就越少，对重力呈现的反抗能力也就越不明显；一旦神经系统处于抑制的状态，体内的能量也会随之停止补充和迅速地流失，这种情况下身体也无法如神经状态兴奋时那样地反抗重力对身体的吸引，身体的相关部位会出现无力下坠的情况，我们把这个规律称为"重力原理"。

重力原理可以分为两个主要内容，第一个是"想要抵抗重力"，这种抵抗是来源于神经系统有意识的控制。举个例子，为什么一个人昏迷了，就会倒地不起呢？原因就是控制身体平衡和骨骼肌的神经系统没有了意识，处于无意识状态，控制人体站立、平衡状态的骨骼肌失去大脑提供的指令，所以没有办法继续抵抗重力。

重力原理第二个内容是"对抗重力"，要发生这种对抗就需要能量，这能量还要大于等于身体所可以承受的重力。当身体的能量充足，并且还多于身体目前所承受的重量时，就可以做出一些反重力的运动，大的运动就好比高举双手、跳跃等大肢体的运动，小的运动可以是轻轻一笑，或者向上望等小肌肉运动。然而，当身体的能量出现不足时，也会出现一些动作，比如身体向下"垮"掉，做出一些想休息一下的表现，比如蹲、坐、摔倒、趴下或者躺下等大肢体运动，小肌肉运动则体现在躯干呈现弯曲、把头低下、眉毛和脸上的肌肉开始下垂等，这种情况在某种角度上讲还不是运动，而是能量不足被重力吸下去了。在生活中我们也可以随处见到这样的情况，比如一个人在追赶公车，然后赶不上，通常都会停下来，做一个弯腰的动作，再眼睁睁地看着公车离开。

胜利者的姿态

有些场面我们经常看见，比如一次体育比赛，在运动员得知自己获得胜利的时候，会表现出一些动作，比如是高举双手向观众致意，或者是高声啸叫，或者是绕着运动场地奔跑以表达自己胜利的喜悦，这种情况下我们都会觉得这是胜利者习惯性做出的动作。但是，有没有谁去思考一下为什么是这样的表现呢？其实这种需要消耗很多能量去完成的动作，最原始的动力就是为了获得他人更多的关注。

获得胜利肯定是一件值得高兴的事情，从某种意义上来说，胜利是源于积极对待的结果，尽管不一定会引起喜悦的情绪，而胜利者是在因为"胜利"这一件事受到了正面的、积极的刺激之后，才相应地产生了积极的情绪，正是这种积极的情绪把身体内的能量储备大大地调动起来，才会有我们平时经常看到的胜利者的表现。

当一个人在"战斗"中获得胜利，就意味着之后还有更多的收益，这种收益也在很大程度上让胜利者的神经不断受到积极的刺激，尽管在"战斗"的时候会消耗掉身体储备的能力，包括脑力和体力，而在"战斗"结束后胜利者就需要将剩余的能量也释放掉，缓一缓自己在"战斗"状态中那紧张的精神状态，也可以让长期处于兴奋状态的身体平复到正常状态，因为长期的兴奋会让神经系统和循环系统负担过大。

当然，不是所有的"战斗"胜利者都可以表现出如此激昂的状态，因为可能这个"战斗"的过程很艰难，已经耗费了全部的能量，当然也不可能要求他的庆祝动作是激昂奔放了，但胜利的笑容，还是必不可少的。

反重力动作

当大脑神经处于兴奋状态以及有充足能量时，会做出一些大幅度反重力的行为。我们常见的庆祝动作大多就是反重力行为的一种。我们可以用几个例子来证明：

当观众看到运动员打进关键一球时，常常会高举双手，跃起撞胸来庆祝。

生活中人们会相互地高高举起一只手，击掌来庆祝胜利。

运动员获得胜利的时候，会来一个经典的复杂的后空翻跳跃，将内心的无比激动、喜悦幸福感传达出来。

比赛冠军或者获胜运动员会激动地高喊，甚至尽可能爬到最高处或者在比赛场内高举双臂挥动绕圈奔跑呐喊，以胜利的姿态向观众致意。站得越高看到的人越多，绕场奔跑带动的观众越多，就能够引起更多更广的关注，引来全场的目光、赞美与祝贺。

身体上的舒展也可定义为某种程度上比较隐性的"登高"反应。我们在完成某个给我们带来成就感和满足感的工作之后（感觉到一种胜利），就会习惯性地对着窗外那些美好的景色（可以是朝阳、夕阳，也可以是星光、街灯）高举双手，把自己的身体做一个舒展，伸伸懒腰，活动一下疲倦的颈椎和腰椎，放松紧绷的神经，并通过这些动作让自己感受到自豪感和价值感，更会对未来、对明天充满美好的期望和憧憬。

实际上，当我们高举双手来表达胜利的愉悦时，不自觉地整个人的身躯和腿会自然伸直以达到自然身高的极致。除去先天残疾的特殊情况，无法想象当我们驼背腿弯时，如何会高举双手来展示自己。

高声欢呼代表胜利

在得知自己获得胜利的时候，很多人的第一反应肯定是跳起来，高声欢呼，给自己庆祝，也和别人分享自己胜利的喜悦，其实这一连串动作是当一个人获得胜利后会直接做出来的一套固定的组合动作。在博大精深的中文里面，我们将这一连串的行为用一个四字成语表示，那就是"欢呼雀跃"。从行为学上也可以很好地解释为什么获得胜利就会"欢呼雀跃"这一行为，跳起来是我们前面有提过的，是一个经典的反重力行为，而欢呼则是体现出一个胜利者想要获得他人更多的关注和赞美的一种炫耀方式，而且当他人能够向获胜的人表示出关注和赞赏的时候，这个胜利者往往会更加激动，他的满足感也会更加强烈。

这种情况在体育竞赛的时候是经常出现的，特别是奥运会的赛场上，我们都记得 2004 年刘翔获得雅典奥运会 110 栏的冠军后的表现，身披国旗，绕场跑了一周，一边跑一边高声欢呼，而台上的观众也是跟着他的步伐，给予了最热烈的掌声和欢呼声，这个场景就可以最好地解释我们以上的说法。

其实胜利者做出这样的行为除了可以得到别人的关注和赞美外，还有另一个好处，那就是可以调整大量的能量消耗后的呼吸状态，让自己可以从高度的激动中渐渐恢复到正常的状态，将多余的能量用有效的方法释放，平衡生理和心理状态。

胜利者的摇头晃脑

当然，不是每一次获得胜利每个人都会表现出高声这么大幅度的行为状态，在一些特定的情景中，很多人反而会用一些精致的、细微的复杂动作来表达自己当下的喜悦和兴奋感，尽管胜利者有时候会刻意将自己的情绪隐瞒，只用细微的动作代替，但从行为学上看这些往往带有更多的表演特征。

这种用细微动作代替高声欢呼的喜悦感通常表现在女孩子身上更多，当一个女孩子很得意的时候，她不会大声欢呼出来，反而只是面带笑容地将头轻轻地晃动几下（这种晃动不是摇头的，是左右倾斜的），幅度虽然很小，但频率会很高，做出这个动作的时间也很多，往往一秒钟就完成全部。

看起来这个动作细微而且快速，但是要表演好这个动作耗费的能量可不小，往往只有在特定情绪的驱使下，才可以自然而然地表现出这样的动作，很多时候连当事人自己都没有察觉自己的行为动作。

我们用了几个小节来阐述获得胜利之后会做出的行为，可以总结出以下规律：当要做出的动作越大或者行为状态越复杂时，就会消耗越多的能量，这种行为也会要求有更高的神经系统的兴奋程度。所以，那些测谎机器也正是利用这样的心理反应来做出判断，当被测试人在测谎的过程中表现出这样的反应，就可以看出这个人内心的积极情绪是否是真实的，因为单纯利用表演或者伪装的积极情绪，是无法在一瞬间就有这样大的情绪波动的。

成功欺骗后的得意

欺骗怎么是成功呢？唐骏说过这样一句话："你欺骗一个人没有什么大不了的，如果你可以将所有人都欺骗了，那这就是一种能力，也是成功的标志。"从这一句话可以看出，如果可以成功欺骗别人，不管是善意的还是恶意的，做出这个欺骗行为的人内心总是充满得意的。

当一个人可以成功将别人骗倒了，也是会有反应的，但这种行为肯定是细微的，肯定不会如获得胜利那样高呼，更不会明显地表现出来，但也是有微行为反应的，通常的表现就是会快速地眨眼并略带着得意的笑容，或者是点点头就马上转移话题。

很多时候我们会觉得一些人的笑容不真实，甚至很恐怖的时候，多半那个人的笑容就是带有欺骗性的，证明那个人与你交谈的上一个话题已经成功地博得了你的认同了，所以他/她会表现出小小的得意，这也是一种心理状态。这种得意其实也是这个欺骗者隐藏自己的紧张或者不确定而做出的自然反应，因为在做出欺骗之前，欺骗者肯定没有100%的把握，当成功完成一次欺骗后，肯定是要舒缓一口气，至少暗暗地告诉自己："庆幸，没被发现，成功了。"

想一想这种感觉，的确有些后怕，但再好的表演始终是表演，总可以从细小的行为中被判断出来。

失败者的表现

当失败的时候，失去的肯定不只是自己的利益，还有耗费在"战斗"上的能量。

行为学上是这么解释这样的情况的，"战斗"的失败会让人的情绪很失落，神经系统的兴奋程度大大降低，因为担心失败会带来一系列的负面刺激，所以这个时候的神经系统就进入一个压抑状态，循环系统也会做出相应的反应，就是停止提供能量到原来处于战斗的各个器官，此时整个人也会呈现出一种很失落低潮的状态，就是俗称的"蔫了"。

人一旦失去能量就会在几个地方有着明显的变化：比如原本炯炯有神的眼睛，

变得暗淡无神；因为缺少能量，身体就不自觉地受到重力作用的影响，身体会出现明显地下坠趋势，也不能再出现那些对抗重力作用的动作和反应，就连面部的肌肉也会出现松弛、下垂；身体的四肢也开始无法如正常情况下那样昂首向前了，头部也开始向下低头；如果是站着的话，身体会有一个重心降低的趋势，腿部的力量也开始不足，呈现出自然弯曲的状态，甚至会选择坐下来或者蹲下，整个身体开始无法自如地伸展开来，会出现收缩的状态；呼吸方面也变得困难和虚弱，整个人的反应会感觉"慢半拍"。

简而言之，当一个人感觉到失败时，身体的反应会无力去抵抗重力，这也是符合重力原理的。这也可以帮助你来判断一个人的状态，如果他出现以上讲的这些反应或者行为变化，就可以表明这是一个失败者的状态——放弃。

这种失败反应会常常被运用在审犯人身上，连续刺激一个人，使他的精神和能量流失，当他出现上述的反应时，就代表他的心理防线已经崩溃，这个时候让他说出实情就不是难事了。

失败者会长期压抑

一个人在知道自己失败了，做出放弃的行为实际上是一种心理的崩溃，呈现出对这件事已经没有任何的期望的心理状态，这种遭受失败的精神状态表现出来的特点和一个人处于悲伤状态下表现出来的反应是类似的。

所以在判断是失败的状态还是悲伤的状态还是需要对具体的情况分析，推导出当事者的情况，要根据情境和刺激源的不同来分析。

失败者不可怕，最可怕的是那些一直在失败中走不出来的人，那些把自己长期当作失败者的人，这种人是长期处于压抑的状态，而且在自己那个黑暗的圈子一直走不出来，看待很多事情都是消极的。我们可以从一个例子来分析这个问题。

据报道，有一优等生毕业在找工作时多次在面试关遭拒，他就开始觉得自己很失败，学习的东西都没有用，但又不敢把自己找不到工作的事告诉别人，更加不愿意去接触任何人，然后就开始尝试用各种各样的方式来压抑自己的苦恼和不安，他自己也知道陷入无限的苦恼，这样会让自己愈加感到挫败，而这些情绪是挥之不去的，压抑的情绪就像是在自己的周围铺满了地雷，尽管小心翼翼，但还是很害怕和恐惧，最后他走上了楼顶，结束了自己年轻的生命。

这个新闻的内容其实就最好地解释了失败者如果长期压抑自己会有什么不良的后果，有时候失败的人也是控制不了自己的负面情绪的，想积极的时候总会有消极的能量影响着自己，而且愈演愈烈。

怯懦的失败者

怯懦在生活中是经常遇到的，但很多时候怯懦者总说自己运气不好，没有遇到好机会。好比一个人被一个心仪的大企业拒绝之后，到了一家不知名的小企业工作时，他会这么对别人说，在这个小企业工作一点都不亏，因为企业看中自己的能力，而在大企业是肯定没有用武之地的，也不合适。

其实这种人不是能力的问题，是对待自己的工作时，全凭一腔热血，但没有恒心，对于非功利性的投入总觉得不必要，觉得看不到对等的回报，更无法接受失败；一旦出现失败或者不如意的地方，这种人的内心就会充满着负面的情绪，最初的热情也很快散去，甚至会说风凉话，是世态炎凉。怯懦的人在这个高速发展的社会是无法立足的，首先失去的肯定是机会，没有一个人会把重任交给这样的人，这样的人一旦成功肯定是到处讨功劳，而失败了肯定要推脱。

怯懦还有另一个表现，就是"忍"，不管在什么情况下都在忍。因为忍，失去了自己的原则；因为忍，失去了自己的人格；因为忍，最后会使得自己走上绝路。

综上所述，改变怯懦最好的办法就是改变自己，给自己一个准确的定位，调节自己的情绪，尽管一个人的个性要完全改变很难，但换个角度想，不能离成功越来越近，也要求得离失败越来越远。

这样做只能代表你是个失败者

有时候要看一个人会不会有失败的倾向，可以从他/她的站姿看出，当一个人喜欢将两腿与两脚跟都拢紧紧靠在一起，再把自己的双手交叉置于大腿位的两侧，这样的人对人对事对物都是持完美主义的态度，这样的人凡事都要做到完美，一旦有缺陷的话他们会觉得无法忍受，往往做出的行为又是那么不可行；在生活中他们又喜欢夸夸其谈，说的比做的多，缺乏实事求是的精神，做事没有耐心，容易放弃；这类人也不喜欢倾听，一个会议哪怕是短短的十分钟他们都会觉得很厌烦，甚至反感，他们觉得这样是浪费他们的时间，正因为这种心态所表现出来的行为，在现实生活中，这类人容易成为一个失败者。

追求"完美"是人类都有的幻想，但现实生活中这种存在的可能性很低，当你越是在完美一事上纠结，那你会越失望，因为你得到的往往会和想的大不相同；如果总是用严格挑剔的眼光去看待事物，那周围的人受不了，最后自己也会受不了。

换个角度讲，如果总想把自己打造成一个完美主义者，那这个人终将是一个失败者，因为太完美的人生是孤独和寂寞的，与众不同的感觉并不好受。

手插裤兜的人

2011年有一则这样的新闻，美国的副国务卿詹姆斯·斯坦伯格在韩国的一次公开的记者会上发言，但他在发言的时候姿势一直没有动，而左手、右手都一起插在兜里，这样的行为引起了韩国民众的不满，他们认为斯坦伯格不尊重韩国，配不上这个职位。从这样一件事上就可以看出，在很多场合里如果一直把手插到裤兜里，是会引起别人的反感和不满的。

但为什么他要这么做呢？从行为学上讲，他这么做就是不自信的表现，因为总觉得自己的手不知道放哪里才合适，就选择裤兜，因为一旦放进去，别人就看不见了，总觉得这是最安全的一种做法，这种人的个性肯定是比较谨慎又胆子比较小的，任何事情都不会马上做出决定，肯定会多考虑几次，有时候"三思而后行"他都觉得不够；这种人在工作中肯定是条条框框，按章办事，缺乏灵活性，喜欢照旧，总是用同一种方法去看待不同的问题，这种人的心理承受能力也相对较差，如果遭到了突如其来的打击，往往表现出垂头丧气、怨天尤人。

但时下很多年轻人喜欢扮"酷"，一些偶像在一些场合也会做出手插裤兜的动作，年轻人就争相模仿，但模仿的年轻人却往往忽略了这个动作的潜在意思。如果一味地去追求扮"酷"，可能会给人带来错觉，觉得你不尊重别人，或者是一个不自信的人。

一瞬而逝的表情

微表情是骗不了人的，而警方也常常利用微表情破案，很多设计周密的案件的突破口就是一个微小的表情。有这么一个发生在 2005 年的故事，一个名叫迈克尔·怀特的人在电视上呼吁社会帮他找回怀孕的妻子利安娜，他一边哭着，一边对着大家说一定要找到妻子。但 3 天后的怀特再一次出现在电视上，这次他没有哭，他说警方的不作为让他很失望，决定自己去找失踪的妻子，几天过后，怀特真的找到了自己的妻子，是在郊区的一处沟渠，但此时的妻子已经是一具冰冷的尸体。事情并没有因此结束，让人不解的是杀人凶手居然是怀特，他被警方指控谋杀妻子并且被判谋杀罪名成立。

这是为什么呢？这要源于当初怀特在电视上呼吁大家帮他找妻子的录像了，警方从那段录像中发现，怀特悲伤的表情在某个瞬间居然是愤怒和厌恶。警方通过大量的研究发现，人要维持一个正常的表情，是可以持续几秒钟的，但"伪装的脸"的某个时刻还是会出现真实的情感，因为大脑的指令发出是有时间差的，在这个时间差上，真实的表情就会不自觉地浮现出来。

所以微表情也是用来判断他人情绪的好方法之一，再怎么伪装，都有松懈的一刻，只要抓住了这一瞬间，真实的"他"就会出现，演技再好的演员，始终是要做自己的。

失败者的眼神灰暗

人们常说，眼睛是心灵的窗户，你的学识、品性、趣味和情操，从眼睛里就能一览无余。一个敏锐的人，有时候还没张口，就能根据对方那瞬息万变的眼神，知道对方的心事。一般来说，一个人的眼睛应该是亮晶晶的，但是一旦遭遇突如其来的失败，就会马上由明亮转为灰暗。

难道失败了眼神都会变吗？其实也不是的，这个是内心的状态在作祟，当一个人失败了，他肯定会心情不好，会失眠，甚至会没胃口，整个人都充满着负能量。然而，当一个人充满了负能量，他的身体的机能肯定也会随之变化，整个人就看起来是无精打采的，前面我们也说到了眼睛总会在无意识中出卖了你的内心，所以这时候的眼神肯定不会是神采奕奕的。

如果这个失败者昨天一个晚上都处于失眠状态，他的眼睛里充满了血丝，还有大大的黑眼圈，他就不止没有精神这么简单了，而是眼神灰暗。

成功者的手舞足蹈

我们在与人交流沟通时，即使不说话，也可以凭借对方的身体语言来探索他内心的秘密，对方也同样可以通过身体语言了解到我们的真实想法。人们可以在语言上伪装自己，但身体语言却经常会"出卖"他们，因此，解译人们的体语密码，可以更准确地认识自己和了解他人。

一个人获得成功的时候，他多多少少会释放自己的情感，最常见的表现就是会手舞足蹈，因为四肢的反应最明显，我们要看到一个人的心理活动是否是高兴的，很多时候都不需要去问或者看到他的表情，他的四肢就会不自觉地告诉我们了。这是为什么呢？因为当一个人获得成功的时候，脑部就会发出信号给各个器官，告知成功的信号，随着信号的发出，脑部也会释放一些激素，这些是正能量的激素，但身体内充满正能量的因素时，就必须释放出来，如果单纯靠表情、眼神的释放会太慢，所以四肢的活动就会抢在其他器官前面，释放出那些喜悦的能量。

失败的人心不在焉

获取关键信息是成功的一大因素。我们往往发现，失败者通常在谈话过程中不甚用心，他们心不在焉，眼神飘忽不定。事后追问，不能将谈话内容做一个很好的概括。即使能回忆起一些内容，也是无关紧要的一些旁杂之事，不能提取掌握有效信息。这不仅使谈话内容处于停滞状态，也暗示出了他们平日办事会遇到的问题——拖延症。因为心不在焉，掌握的信息不够充足，没有信心、没有勇气立刻着手将想法变为现实。二来，他们有时甚至根本不知道心中所想是什么，没有目标，行动缺乏目的性，取得成功的概率自然降低。

此外，心不在焉还有一个外在表现是记忆力降低。某些人好像在工作或者学习，但心里却考虑其他事情，一心二用结果两方面都没有解决好。还有些人不能静坐多动，不能长时间工作学习；记忆力下降，应该记的东西总记不住，不该记的东西倒记得很清楚等等。这些现象很多人都遇到过，有时感到可笑，但经常为之苦恼，不仅严重地影响了工作、学习和生活，还为他们以后的工作和生活埋下失败的隐患。

相比之下，我们会发现，很多成功人士都是获取了别人没有注意到的信息和商机才取得成功的，他们注意力集中，精力充沛，能够抓住讲话重点。或许他们并不比一般人智商高，但他们时刻准备好接受信息的优势确实让他们超出常人取得了成功。

拍打头部说明走出困境

"以掌击额"，古人在经历一件事情恍然大悟的时候就会有这个举动。时至今日，我们仍会在影视剧和现实生活中看到被困扰了很久，经历一番思考终于大彻大悟的人们拍打自己的额头，表示自己已经明白了事情的脉络。同样，当人们对事物有了新的认识，事态有了新动向、新发展的时候，人们会不自觉地做出这个动作。在会议中或者其他团体中，事情陷入僵局时，如果你看到有人做出了这个动作，这很有可能表明，拨开云雾见青天，事情马上要见分晓了。

这里还要告诉大家一些细节问题，如果这个人拍打的是自己的后脑勺，可能只是说明这是一个非常敬业的人，他在暗示自己要放松下来，开拓思路，集中注意力思考。另外，如果你身边有经常拍打前额的人，这表明他并不畏惧别人知道自己心中的想法，是个光明磊落的人。你也一定早就发现他不分场合不管到哪都是个直肠子，有一说一，从不拐弯抹角。即使会得罪人，这样的人也从不把话憋在心里，总会一吐为快。

这一点在谈判、会议中都是非常有用的小技巧，通过观察别人的小动作，你可以揣测到一些他人的心理，知己知彼，方能百战不殆，通过别人的状态调整自己的行动。记住，拍打头部说明走出困境，如果你的敌人也知道这一点的话，你可以做这个小动作给他一点小压力！

成功者的状态

什么样的人容易获得成功呢？容易获得成功的人有着怎样的性格和生活习惯呢？有相关的调查研究对一些成功人士进行研究，得出他们的一些共性，也许正因为成功者具备这些特点，才比普通人更容易获得成功。

成功者在与他人谈话时，他在说话的时候都会附带一些"动作"，强调他说话的内容重点，比如是在某个词语加重了语气，或者加上手部动作，比如相互拍打掌心、摊开双手、摆动手指等等，而且说话不会反反复复表达一个意思。这种人多是外向型的性格，他们做事果断、雷厉风行、自信心强，习惯于把自己在任何场合都塑造成一个"领袖"人物，经常表现出一种男子汉的气派。

成功者肯定是事业心强的人，他们时刻都是精力充沛的。他们不会错过任何的机会，由于身边的工作机会很多，为了早日实现自己的目标，他们会积极投入身边的所有事情当中，每当完成一件事情他们也不会表现出欢欣雀跃，而是会总结一下经验，继续新的工作。

还有几个有趣的生活态度，就是他们是收到账单之后就立即付款的人，这表明他们是有魄力的，凡事说到做到，拿得起放得下，当机立断，从来不拖泥带水。他们为人真诚坦率，在他的观念中，从来不希望自己欠他人的，倒是可以他人欠自己的。

容易成功的人往往对新鲜事物容易接受，并懂得利用它们为自己服务，总的来讲，他们是脑子转得快的人，很多时候我们都还没反应过来，他们就已经找到解决的方案。

成功者具备的心态

要想获得成功，肯定不是靠着喊口号，说我要努力，我要成功就可以了，也不是一味靠着埋头苦干，往往有一个良好的心态就是获得成功的第一步。我们总结了一些成功者所具备的心态。

一、成就心态

获得成功的人，往往都有一个强烈的成功欲望，也正是这个欲望才会驱使他不断去努力，采取有效的行动来达成自己的目标。

二、积极心态

要想获得成功，必须具备一个积极的心态，只有这样的心态才不会被失败打败，遇到失败的时候也可以很快地振作起来。这种积极的心态往往会促使一个人从问题找到机会，找到方案。如果是带着消极心态的人是找不到好的机会的，反而会在机会里面总是看到问题。就好比两个人同时看窗外的景色，有的人选择看天上的星星，有的人选择看地上的泥土。

三、学习心态

成功的人懂得时刻都要学习，他知道如今的世界是一个飞速发展的社会，如果不时刻充实自己的内涵就会被人超越。可以这么说，你要想成功，想超过千万个甘于平庸的人，那么你就必须不断学习，充实自己。古话说"逆水行舟，不进则退"，人生也是这样的。

四、付出心态

一分耕耘一分收获，你付出多少你就会得到多少。尽管我们从小就听这种话长大，但这要落实到实处的确有难度，但成功的人往往都懂得坚持，无论在什么处境下，都要坚信你付出的越多、你得到的就越多，因为这个世界是公平的。

五、自律心态

你可以在所有的时候欺骗某些人，你也可以在某些时候欺骗所有的人，但你无法在所有的时候欺骗所有的人，成功的人必定是高度严谨自律的人，必定是以高标准要求自己的人。

六、宽容心态

成功的路上都不平坦，你可能遇到各式各样的人，但不一定每个人都是好人。不过成功的人必定是一个大肚的人。正所谓"大肚能容容天下难容之事，开口常笑笑天下可笑之人"，因为可以做到对他人的宽容就是对自己忍耐力的提升，而且也可以让你拥有越来越多的朋友，越来越少的敌人。林肯总统当年就是运用宽容的力量让自己当选美国第 16 任总统的，他的事例也是值得我们学习的。

七、平常心态

"成功"这件事是很多人一生的追求，但也不是追求就一定可以达到。往往那些获得成功的人比普通人更拥有一颗平常心，他们不以物喜，不以己悲，成功的时候不沾沾自喜，失败的时候也不自怨自艾。这个精神是值得我们所有人学习的，也只有这样我们对于成功的追求才不会偏激。

八、感恩心态

我们身边任何一个人都没有义务要帮助我们，而我们每一个人都没有权利要求别人帮助自己。成功除了自己的努力，有时候他人帮助也可以祝我们一臂之力。这个时候我们要对他人的帮助常怀一颗感恩的心，感恩的心也将使我们的成功之路越来越宽，越来越好走。有一句话是大家要共勉的：助人者助己，成功是团队的共赢。

失败者喜欢否认

在我们的精神生活中，往往存在着这样一种倾向，就是会自觉地和不自觉地把主体与客观现实之间所发生的种种问题，尤其是那些对自己不利的、麻烦的问题，用自己能接受的方式加以解释和处理，而这么做的目的就是为了不引起自己更大的痛苦和不安，这在心理学上称为心理防卫机制。简单地来讲，就是当人们遇到不顺利的时候，或者经历失败了，都喜欢否认或者推卸责任。这是因为每个人在处理挫折和紧张情绪时，都在自觉不自觉地运用自我防卫机制，这个防卫的机制也会因为于每个人不同的生活态度及个性特征有着很大的不同，往往是大相径庭的。

总的来说，无论怎么做都是以否认为最终"表现"。会做出这样的行径的原因很简单，因为一旦对这件不顺心的、失败的事情进行否认时，最大的作用就是把已发生的痛苦的事加以"否定"，潜意识里认为这件事情根本没发生过，以躲避心理上的痛苦与挫折感。可以表现这种"否定"的成语也有很多，人们常说"眼不见为净""掩耳盗铃"等就是否认作用的例子，所以这种情况在我们现实生活中也是经常见到的。

失败的时候容易表现出退化

当人们在碰到困难、遭遇挫折的时候，常常会有这样的表现，就是心理活动退回到较早期的水平，会激发自己潜意识里较原始而幼稚的方式面对挫折、失败的情境，这么做的目的就是要获取别人的同情与照顾，使得自己可以尽可能地避免面对现实问题的痛苦，这就是退化作用。就比如大孩子在爸爸妈妈面前像个"小孩一样撒娇"，老人遇到不满时，在家里像小孩一样大哭大闹，这些都是退化的表现。我们经常会看见电视里这么演，在办公室里，有个小女孩没有按时完成工作，然后她对着主管撒一下娇，吐一吐舌头，说："不好意思啦，再给我一次机会。"这种行为就是以"退化"来逃避自己的责任的表现。

吐舌头是一种否定和拒绝的信号

失败者的投影作用

什么是失败者的投影作用？这指的是一个人将自己所不喜欢或不能接受的，而自己身上却具有的性格特点、观点、欲望或态度转移到别人身上，然后说是别人具有这种性格恶习或恶念。这么做的目的就可以在无意识中最大限度地减轻自己的内疚感，而且还可以维护自己的尊严和安全感。所谓"以小人之心，度君子之腹"就是特指投影机制的表现，换个角度想想，中国的古代劳动人民真是充满智慧，用短语就可以将这种行为最完整地表达出来。投影作用的事例我们平时也很多见，比如，我们在学校里，特别不喜欢某一老师，觉得那个老师学识一般，又太蛮横无理，凡是遇到人就告诉他人这个老师如何如何不好，也默认了他人也同样不喜欢这个老师，而往往忽略了自己这么说其实也告诉了别人自己的心不够大度，也表现得分寸不够。

爱做白日梦

　　有这么一种人会经常遭遇失败，是哪一种人呢？就是失败了之后还喜欢做白日梦的人。这指的是一个人遭受挫折、失败之后，就自觉不自觉地陷入一种想象的境界当中，这种想象是脱离现实生活的，然后以这种非现实的方式来降低自己的挫败感和痛苦，经常幻想出一种美好的情景，让自己在幻想中得到精神上的满足。其实适度的幻想是创造的源泉，是我们前进的动力；但如果我们过分依靠幻想，成天在白日梦中寻求满足，则会影响学习和生活，丧失对现实生活的判断力。"白日梦"并不是梦，只是一种不切合实际的幻想，是负面思维的产物，那些失败者不能够坦然面对，而是让自己的思维不断地去幻想，这样的结果是更加糟糕的，会让自己永远不能从失败中走出来，进而离成功越来越远。比如一个人工作能力特别差，自己又不去努力，总在原地踏步，但整天又幻想着自己有一天可以成功，成为大家瞩目的成功人士，你觉得他会成功吗？

隔离信息

　　隔离作用在心理学上指的是失败的个体总是有意无意地想把某些事实从意识境界中隔离出去，不让自己意识到，以免引起精神上的不愉快。

　　有相关的研究表明，当一个人失败的时候，他会对某些消极的词语特别抗拒，比如"名落孙山""败北"这样的词，当他们听到这些词的时候心情就会莫名地沉重和痛苦，所以当失败的时候总有意识回避这些词语，或者回避那些会讨论成败的场合，甚至回避那些获得成功的人。他们会选择尽可能隔离掉这些会干扰到自己心情的信息，以免引起内心的痛苦。这种事情我们在生活中也常见，比如在一场考试里面，有的人的成绩不如意，他那段时间可能会消失在大家的视线里，更不会与大家讨论关于这次考试的任何信息，他这么做就是要隔离掉这些不利自己心情的信息，也算是一种逃避的行为吧。

为自己开脱

　　我们在现实生活中经常可以看到这样的情况，一人看到自己的同事有一副热心肠，而且经常帮助那些生活有困难的同事，赢得了大家的好评，更得到了领导的赏识。而这个人没有帮助他人反而看着这个人不舒服，并且对别人说"这个人总是浪费时间、精力去帮助别人，完全是耽误自己的事，说不定还耽误工作"。他这么做的目的就是为自己的行为开脱，减弱自己的失败感与挫败感。这样的行为常常会发生在一些个人的动机或行为不能达到自己所追求的目标的情景下，为减轻因挫折产生的心理不平衡，维护个人自尊，寻找理由安慰自己，其目的是把自己所作所为尽量有一个最合情合理的解释。其实这种行为可以称为文饰作用，当人一旦习惯性地出现"文饰作用"时，他就是一个安于现状、不思进取的人，尽管他这么做的时候只是想让自己的心里暂时得到平静，避免精神崩溃而已。这种行为是应该被改变的，没有一个人不向往成功，向往被他人赞赏，但如果总是不思进取，遇到问题时不管情况就安慰自己的话，那成功是永远不会出现在你的身边的。

转移视线

当一个人遇到失败的时候，有可能"启动"一种防卫机制——转移。这是当人们对某一对象的情感和愿望无法实现，而自我感觉到有一种挫败感的时候，就会把这种情感转移到其他的对象上面去，这样就可以有效地减轻自己的精神负担。这种情况在生活中也是很常见的，比如一个人在工作上没有得到领导的肯定，这天又被领导叫到办公室臭骂一顿，下班回家的路上，他越想就越不开心，正好在路边遇到一条表情愤怒的狗，尽管他与这条狗没有过节，但当他看见小狗的表情就觉得不高兴，于是抢起路边的石头朝狗猛打，来发泄自己的怨气。

这种表现往往会伤及无辜，就如例子里面的小狗，而这么做的人事后可能会觉得后悔，但在当下觉得这没有什么，甚至觉得可以发泄心中的情绪比任何事情都要好，特别是那些让自己觉得失败的事情，总会让人不自觉地找一些"弱者"来发泄。

反向作用

失败者存在着反向作用，这么做有两种情况，第一种是因为当人们遇到挫折后，往往会尽一切努力去压抑自己的情绪，做出违背自己意愿的行为；第二种是当个体有某些自认为不良的动机或行为时，为了防止这种行为表现出来，就会常常做出反向作用的行为。这里举一个简单的例子来说明这个问题，一个内心有着严重自卑感的人，就会常常做出各种夸张的行为来吸引他人的注意，而当他人否定了他的行为的时候，为了掩饰这种挫败感，就会一笑而过，说只是开玩笑而已。这个时候他的内心肯定是"澎湃的"，因为他更希望的是别人去肯定他，而不是否定，但他又不能表现出自己的情绪，只能做出反向的行为。

第十三章
到底是谁激怒了谁：
愤怒与好斗

愤怒的表情

在人类所有的感官情绪中，愤怒比起别的所有情绪，甚至相比我们认为较为消耗能量的大哭大笑，是对能量需求最大的一种情绪。

人一旦被激怒，全身上下就会明显地协调统一起来，进入备战状态。这时候，身体中储备的能量将伴随着呼吸与血液循环的配合，开始快速地聚集与运输，让身上的每一个细胞都进入激活状态。由于所有的细胞都要激活，所以愤怒的情绪势必需要通过加深呼吸来吸入充分的氧气，用于战斗。愤怒的情绪也会同时引导带动血液循环系统，加速心脏大力收缩，进而提高血液流通的量与速度。伴随着血压的不断升高，作为当事人，会感觉到自己脉搏在强而有力地跳动。

这样的身体反应可以得出两个方面的结论。一方面，由于全身的各种协调都需要消耗大量的能量才能进入战斗状态，所以战斗反应是很难作假的。有些伪装很容易，比如哭，但是愤怒情绪的伪装在几乎所有伪装中是最难的。另一方面，愤怒的情绪一出现就会相当明显，就算尽力去掩饰，别人还是能够看出来。因而当真正愤怒的时候，别人会很容易察觉捕捉到。

愤怒情绪点燃战斗欲望之后，会有非常明显的表现：身体向前驱，头往前伸，压低下巴，两眼发光向上翻直瞪对手，外加愤怒表情，表现为眉头紧皱，眉梢往上扬、眼睑紧绷、鼻孔张合、咀嚼肌紧绷、嘴唇向下并露齿等。这些都表明，自己已经愤怒，而且是在向对手散发出战斗的气息。

能量的充沛使全身的肌肉在神经系统的指引下快速从放松变为紧张备战状态，

这些变化在脖子、手等部位都可以比较容易地观察到。

愤怒者的脖子会变粗

脖子在一定程度上可以反映出一个人的愤怒程度，当你发现一个人的颈部出现肌肉绷得紧紧的、呼吸的力度明显加大的现象，基本上就可以断定，这个人已经很愤怒了。当然，除了这些反应，还有别的一些比较明显的标志。比如，颈部两侧的血管会比平时粗大很多，从表面上看就可以看得出，此时血管里流动的血液要比平常多出很多。这种表现，用我们平时的话说，就是"脸红脖子粗"。

虽然人类在自然界中是最高级的，但是这种愤怒会使脖子变粗的行为并不是人类特有的，在很多生物身上也会出现这种现象。比如眼镜蛇，在它愤怒的时候，也会有和人类类似的反应。眼镜蛇的肋骨有一端是可以活动的，而且蛇的颈部肋骨是比其他部分要长出很多的。当它意识到有其他生物来侵扰自己时，它马上会做出反应，将自己身体的前半部分竖起来。这时候，它颈部的肋骨就会迅速扩张，将蛇皮撑开，使得脖子瞬间变得很粗大，这一点就和人类的反应差不多。眼镜蛇的这种反应，其实就是要表示自己十分愤怒，向敌方发出严重的警告。

综上所述，这种反应其实是自然的身体反应，当身体接收到了脑部发出的信号，就会马上调节自己的身体，加速血液流动或者是改变自己的情绪等。说到这里，还是给大家一个劝告，当看见一个人"脸红脖子粗"的时候，还是尽量远离他，千万不要和他硬碰硬，因为这个时候的他往往不受理智所控制，如果只是单纯的斗斗嘴皮子，还可以收拾场面，因为吵架是脑力活动。一旦将吵架演变成肢体上的冲突，那就不是单纯的脸色变了，可能还会失去血色。

双拳握紧代表愤怒

在风靡一时的电影《古惑仔》里面，我们经常会看到这样的镜头：当双方的对话谈不拢，或者一方挑衅另一方时，对方就会勃然大怒，然后就会握紧拳头冲上去，给那人重重的一拳。这种情节其实并没有太过夸张，而是人最自然的反应。

当一个人处于愤怒、紧张、恐惧等情绪控制下的时候，都会情不自禁地把自己的拳头握紧，这是因为当大脑意识到自己正处于危险的状况下，给身体发送指令，使得我们的身体迅速分泌出"肾上腺素"（"肾上腺素"从医学的角度讲是急救强心的药），"肾上腺素"一旦分泌，就会在体内引起变化，人的运动神经马上就会紧张起来，处于高度警备队状态，而身体里的血液会就向四肢的肌肉流去。这个时候，人就会双拳紧握，甚至会不自觉地寻找手边的武器，如棍棒、石头等，好找到合适的时机去攻击其他人，这种行为的体现其实就是人类最基本的本能反应，它是人类进化过程中产生的自我保护功能。

人一旦处于愤怒状态的时候，除了把拳头握紧外，双腿的肌肉也会处于紧绷的状态，不管这时候的你是站着还是坐着，这也是人的本能反应。但是当我们做出这个本能反应时，也会有一些小小的缺点。因为人体内的血液量是有限的，如果血液迅速流向肌肉，就会引起大脑的供血不足，特别是那些胆小的人。这个时候会出现

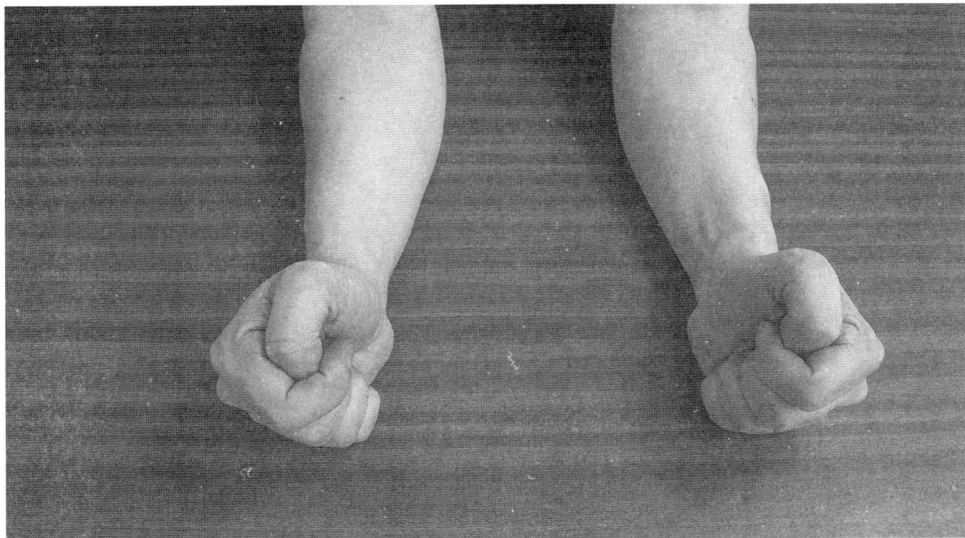

握紧拳头

大脑一片空白，甚至失去理智的情况。就如人当失去理智的时候面对危险也不会逃跑了，双腿还不断颤抖。

眼神犀利也是愤怒的体现

都说眼睛是心灵的窗户，可以表达出人们最真实的情感。说到底，虽然眼睛不能像我们的四肢那样随便摆动，但是眼神也属于肢体语言的一部分。虽然眼睛不能乱动，但是它可以通过眼神的变化，向外界传达信息。除此之外，眼睛还可以跟外界交流信息，也可以通过眼神来传达内心的各种情绪变化。人的眼睛是由几个部分组成的，不仅仅包括我们比较熟悉的眼球，还应该把眉毛上眼睑和下眼睑都计算在内。别看眼睛不大，但是人类神态最直观的表现就在眼睛的这一不大的区域。当你盯着某一物体和坐在窗边发呆的时候，这两种状态下眼睛的神态是截然不同的。

当一个人处于愤怒状态的时候，眼神肯定不会是和蔼的。那会是一种带着进攻性的眼神，怒目而视，犀利无比。这是因为人一旦受到了负面的刺激后，就会产生强烈的愤怒感，然后身体内部的血压也会急剧上升，瞳孔也会随之变化，非常犀利，让人感到非常害怕。很多人都会发现，自己在生气之后，眼睛会变得红红的，这也是血压上升造成的。因为眼睛里面布满了毛细血管，当毛细血管充血时，眼睛自然就会出现红肿的现象了。

愤怒的时候，人身体的能量会突然到达一个高峰值，这种也就是行为学说的较力反应，通常这种反应出现后都希望可以与他人较力，这种较力可以是任意一种来自身体的接触，通俗一点讲就是想开始战斗，可以理解为要打架了；此外还可以是非身体接触式的，这种最简单的反应就是怒视对方，也就是我们说的，带有攻击性的、怒视的眼神。

变得愤怒，呼吸也会剧烈

当我们被别人激怒的时候，总会说"被气得七窍生烟"，这七窍指的是口、两眼、两耳、两鼻孔。这句话就是形容生气到极点了，耳目口鼻好像都要被气得冒烟了。其实这句话只是夸张的说法，人的器官是不会真的"冒烟"的，当人处于生气愤怒的状态的时候，全身的细胞也会随之变得紧张起来，这种紧张直接的后果就是缺氧。如果通过正常的呼吸无法供给足够的氧气，就要靠肺部加快呼吸，来补充氧气，这个时候，就会感觉呼吸明显加重了。

人在愤怒的时候，往往会先采取一定的措施来克制自己，等到实在不能克制的时候，才会爆发出来，就是所谓的"忍无可忍无须再忍"。当人在努力克制的时候，就会通过调整呼吸的频率来缓和一下自己由于愤怒造成的体压上升，最明显的就是呼吸变得急促和剧烈，而且鼻子两翼有扩张，通俗一点来讲就是鼻孔"冒烟"了，甚至会发出"哼"的声音。尽管这声音很短暂，但是还是能够觉察到的。所以，呼吸的变化也可以帮助我们判断一个人是否处于愤怒状态，是愤怒到了什么程度。如果这个人的鼻子的气息很重，那可以推测出他这时候的愤怒情绪很强烈，最好是对他绕道而行。还有一点，这种明显的变化不只是人类有，在其他动物身上也会出现，这是生物的一个表达愤怒的共同特征了。有实验证明，当一个人处于愤怒状态的时候，也许可以在表情上掩饰，但他的呼吸变化是怎么都无法掩饰的。

话又说回来，长期处于愤怒状态，总是要靠加大呼吸来平衡自己的氧气供给，是一种得不偿失的行为，试想一下，长寿的人是怎么说的？保持心态平和最重要。所以在可以的范围内，尽量控制自己的情绪，也就是把自己的愤怒点提高，不要遇到点什么事就激动，这样对自己对他人都好。

愤怒者的语言短促有力

被激怒的人一旦进入战斗状态，就容易冲动，脑子好像已经短路了，缺乏理智，一门心思只关注着如何打败对手，潜意识地忽略周围的环境以及瞬息变化的局势。这是因为，人在进入紧张状态准备战斗的时候，四肢需要大部分的血液，由于血液量是有限的，四肢占用得多了，负责高级功能的大脑自然就会缺少血液与能量，所以大脑就会反应迟钝，甚至无法思考，影响人的正常判断。同样，高级能力除了判断水准降低外，语言能力也会受到影响。

愤怒状态中的人通常都是很少说话或者干脆闭嘴不说话的。战斗一旦开始，话语多为无实际意义而且不需要通过大脑思考的表达的，比如单一的字，或者粗俗的语言（打架时大家常听到骂人的话语就是很好的例子）。因为这个时候，语言已经显得苍白无力，只有用动作才能发泄自己的怒火。

如果战斗的胜利需要借助甚至依赖于语言的情境，此时话语通常表现为非常快速铿锵有力，比如辩论比赛。

愤怒后的挑衅姿态

德国著名诗人歌德有一次到公园散步，但是冤家路窄，他碰到了一位经常抨击自己的人。那人一看是自己的仇人歌德来了，分外眼红，马上抬起下巴，表现出一种十分傲慢的态度，站在歌德面前，一点都不打算让步："我是向来不会给蠢货让路的！"听到对方这蛮横无理、充满挑衅意味的话，歌德表现出了很好的涵养，他并没有生气，而是幽默地说："我倒是正好相反。"说完便让开了路，等那人走过后，自己才过去。

在这个例子里，与歌德狭路相逢的这个人就摆出了一种挑衅的姿态：抬起下巴。他之所以会做出这种动作，就是因为自己的愤怒。很多人在动手打架或者跟别人吵架的时候，都会暴跳如雷，把下巴轻微抬起。这就是一种典型的挑衅姿态，大有一种"我就这么着，你能怎么样"的意味。不过通常来说，这都是在有人拉架的时候，或者自己有着明显优势的时候。如果处于劣势的人做出这个表情，肯定会引来一顿暴揍。除非是不怕挨打的人，否则一般人是不会在这样的情形下作出这种表情的。

除了抬下巴，还有一种比较典型的挑衅姿势，那就是将自己的双腿夸张地敞开。在这种时候，他想要表达的是一种心理安慰的意味，想通过这种肢体的舒张来强化自己的安全感和掌控感。

咬牙切齿的愤怒者

当我们感到十分生气的时候，经常会出现"咬牙切齿"的情况，还有书中这么描写：把一口银牙咬碎。这其实是很常见的，比如，爱与恨都是人之常情，在爱的时候，希望对方也能爱自己，还会担心对方不爱自己了；但是当对方真的不爱自己的时候，就会由爱生恨，会愤怒，会咬牙切齿，会大声质问："你为什么不爱我！"有时候甚至还会做出一些更为疯狂的举动。由此可以看出，人的某些行为，是完全可以体现出愤怒的，咬牙切齿就是其中一种。

有的人也会说："我真是恨得牙痒痒！"那么这是为什么呢？为什么生气的时候就会咬紧牙关？这种情况是世界上所有人都会具有的吗？

其实，口腔也是人体和外界交流的渠道之一，口腔不但用来咀嚼，还可以表示人的悲伤、紧张等情绪。当一个人的生活中出现了紧张、愤怒等情绪的时候，面部的肌肉就会紧张，也会不自觉地咬紧牙关。还有的人因为白天比较紧张，晚上睡觉的时候甚至会磨牙，这会导致睡眠不足、精神萎靡的后果。

在紧张、愤怒的时候咬牙是每个人都会出现的一种正常现象，如果不是很频繁的话，是没什么大碍的。但是如果经常愤怒，经常咬牙，面部的咬肌就会长期处于紧张状态，牙齿组织就会被广泛损耗，面部的肌肉也会酸痛不止，甚至张嘴都成为问题。另外，长期咬牙会让牙齿表面的牙釉质受损，对于冷热酸甜等外界刺激都会比较敏感，会出现牙疼等症状，严重的甚至还会有牙周炎等口腔问题。

要想缓解这种情况，最好就是要放松心情，缓解压力，一旦愤怒了，要学会调整自己的心态，不断深呼吸，放松肌肉。毕竟，愤怒的时候，伤害的会是自己。

没表情不等于没感情

只要是内心有愤怒的情绪，不管自己如何压抑，那股怒火依旧不会消失，至少不会很快消失。尽管很多时候人都要装出一副"没有表情"的表情，但是其内心却是愤怒无比。就好比有的下属对于上司的言行举止看不顺眼，很不赞同，但是为了自己的工作，只能面无表情，暗暗压在心里，不敢怒也不敢言。其实这种内心的不悦和不满，并不会因为自己压抑愤怒的情感而消失。事实上作为下属内心有怒气的话，就算表情伪装得再好，如果仔细观察，脸上还是会有迹象表明他的心里是充满愤怒的。如果在这个时候再逼紧一点，刺激他，他马上就会瞳孔继续放大，面部抽搐。因此，当你碰到这种面部肌肉在抽搐的人时，要照顾到他的情绪，意识到强烈的不满正充斥着他的内心，愤怒的火焰熊熊地在燃烧，此时不能数落他，不能给他难堪，让他下不了台。不然他会很生气，后果很严重。

"没有表情"的表情还有其他两个情况：极端不关心和眼神上的鄙视。但是事实上，这两种同属"没有表情"的表情，隐瞒着的反而可能是牵挂，是思念，是关怀，甚至是深深的眷恋。这种情况对于女性来讲尤其明显，女性会因为顾虑到周围的环境或者其他因素而隐瞒自己的善意或者爱心，害怕真实情感流露后带来的结果而宁愿把思绪都深埋在心里，这和伪装除了用"没有表情"之外，没有其他可以表达。所以有人说，你还以为女生根本不在乎，可是她却已经为你动了心。

两条眉毛竖起来

自古就有很多关于情绪与表情之间关系的经典表达，脸部表情是情绪表达最重要、结合最紧密的一个部分。人们常常是通过脸部的表情来判断对方的情绪以及接收对方传递的信息，是友好的还是对立的，是认同的还是反对的，是正面的还是带着鄙视的。比如我们从小熟读的鲁迅先生的"横眉冷对千夫指"就是经典之一。横眉，是脸部表情，代表着对敌人的轻蔑和漠视，同时向敌人传递着一个信息：自己无所畏惧，坦荡荡赤裸裸地向敌人发出警告。由此可见，眉毛在情感传递方面是非常到位的。这里的"横"字也至关重要，横眉就是怒目而视，加重了语气，把不屈服的精神表露无遗。"横眉冷对"就是以愤恨和轻蔑的态度对待敌人的攻击。试想一下，这句话中的横眉如果换成"扬眉""皱眉""竖眉"，是不是很不恰当？是不是无法表现出这种坚毅的大无畏的战斗情感？答案是很明显。扬眉所传递出来的信息是和谐的，喜悦的，带着兴奋与期待的。皱眉代表的多是矛盾，思绪的纠结，觉得为难，或者是有讨厌、厌烦的情绪。竖眉则表示被激怒的状态，气得眉毛都竖起来了。

所以通过观察对方的眉毛，我们可以感觉到对方的情绪与态度。如果你想知道对方是不是正在生气，甚至处在异常的气恼中或者极端的愤怒中，就观察是否有眉毛倒竖，或者眉角下拉的情况出现吧。

扇动的鼻翼

鼻子也是传达内心真情实感的信号，当我们感到对方"皱起的鼻子"时，我们就会知道，那个人正在表达自己对当前事物感到厌恶；当感到对方"嗤之以鼻"，就会感觉出对方对当前事物的轻蔑；总体上讲，当一个人处于愤怒的时候，鼻孔会不自觉张大、鼻翼也会扇动，尽管鼻子所传达的信息没有眼睛和嘴那么丰富，但我们也可以从鼻子中获得若干身体语言信息。

有相关的心理学研究成果显示，一个人在与他人的交谈时，鼻子不自觉地稍微胀大时，则体现出这个人对他人有所不满，但这时候对这种不满在心中刻意压抑；当一个人的鼻头不断地冒出汗珠时，就可以看出这个人目前的内心是焦躁、紧张的，并且带有少许的不确定感，当你的交易对手表现出这样的行为时，你就可以看出他是很想马上达成协议；如果一个人的鼻子的颜色呈现出泛白，则代表着这个人很害怕，畏缩不前。

在五官里面，人们会通过鼻子来判断这个人的性格。比如，人们会用"雅致的鼻子"来称赞女子，而且我们的审美就是认为带有纽扣形的鼻、翘起的狮子鼻或者上翘的鼻子的女子是最美丽、娇柔的。而有人却认为小鼻子的女子是缺乏好强心或者竞争力的，只适合做一个美丽的花瓶，但这种认为也没有相应的理论根据，只是大家平时的审美而已。

嘴唇紧绷，表示愤怒

嘴唇的变化也和鼻子一样，没有眼神那么多，但嘴唇的变化表现出来的意思就比较明确，不是很欢乐就是很愤怒。张大嘴巴哈哈大笑，那证明这个人心情不错；当一个人紧绷着嘴唇，并且少话，那证明这个人很愤怒、下定决心要对抗到底了。从嘴唇的变化，我们就可以判断一个人心里想传达的信号，比如当一个人嘴部周围肌肉紧紧地缩起来，那可以看出这个人是希望外界不要干涉自己，担心自己上当受骗的情绪。当你发现周围有人紧紧地把自己的上唇绷住，你就可以看出他不想受到他人感情影响或者控制住自己的情感。

愤怒的时候，唇形的变化有很多，在这里重点讲两种，一种是"憋气的嘴唇"，这个唇形并不单纯，因为它带有伪装的成分。这种唇形在各种愤怒的表情中是比较常见的，但是并不是愤怒专属的唇形。有时候，其他的情绪，也会出现这种唇形。而且有时候愤怒的人因为种种外界原因，不能或者不愿表达自己的愤怒，也会用这个表情。

第二种是紧闭嘴唇。这个唇形比第一种要单纯很多，非常直白，就是要明白无误地告诉别人，我愤怒了。这个表情需要用到的肌肉有口轮匝肌、降口角肌和颏肌。

除了这两种表示愤怒的唇形，还有一种唇形也能起到这种效果，但是它与其说是愤怒，不如说是让人恐惧。绷紧卷曲的嘴唇，就是这种唇形。它总是让人感到盛气凌人，或者非常严厉。这种在动物身上出现得比较多，比如一个动物要向别的动物发起进攻的时候，它总是先把牙齿露出来，好威慑对方，保护自己。

愤怒时眼睑也有变化

人们一般都会将眼睑称为眼皮，眼皮位于眼眶的前方，分为上眼皮和下眼皮。眼皮的主要组成部分是皮肤、肌肉和结膜，在眼皮的边缘，还生有睫毛。在人正常视物的情况下，人的整个瞳孔会暴露在外面，眼睑也不会完全盖住眼睛。

要想看出一个人是不是非常愤怒，可以通过对方的眼睑来作出判断。当一个人愤怒的时候，他的眼睑会跟正常状况下的形态有着明显的区别。而且，眼睑的变化会引起一系列的连锁反应，比如虹膜的上缘和下缘露出的部分会更多，露出的眼白也跟以往有所不同。上眼睑的这种明显的弯折，是因为双眉的下压导致的。

所以，如果看到一个人上眼睑提升，下眼睑又绷得很紧，就说明这个人非常愤怒。愤怒的程度和眼睛的大小成正比。如果一个人在批评别人，而且直直地逼视别人，会让对方觉得非常害怕。除了双眼在怒视，还可以双眉下压，嘴唇也紧紧闭起来，这样，愤怒就更加明显了。

当然，愤怒时候的表情还要看当时的情况而定。如果一个人由于当时的情境不能表达自己的愤怒，或者想掩饰自己的愤怒，那他的表情基本上是看不出什么变化的。但是，不要以为这样就看不出他的愤怒了，如果这个人上眼睑上提到露出虹膜上缘的位置，同时下眼睑紧绷；或者是虽然看不出具体的变化，但是身体因为用力地克制而紧绷，都说明他在愤怒。而且，由于需要克制，可能鼻孔会张大，而且喘气声较重。

在头部和眼球没有什么明显的动作的时候，如果上眼睑上提到露出虹膜上缘的位置，而且下眼睑紧绷，这时候就会让人感到这个人的目光十分凌厉，充满怒气。相反，如果上眼睑的肌肉恢复正常，下眼睑也不紧绷。就算脸上还有着双唇紧闭等明显的愤怒特征，也不算是愤怒。

叉腰也表示愤怒

叉腰，顾名思义就是把双手叉在自己的腰间，在小说里经常用"就像两只要斗架的母鸡"来表达这个形象。而我们生活中与这个形象最接近的，就是圆规了。其实这种叉腰的动作在生活中是经常遇到的，好比两个吵得不可开交的冤家，即将上场比赛信心满满的运动员，在更衣室等待鸣锣开战的拳击手等，这些姿势直接传达给我们的是一种抗议、进攻的信息。

在文人笔下，经常用"叉腰的女人"来形容很厉害的女人，让人害怕得厉害，其实这也是女性表达内心愤怒和不满的一种姿势。这么做在表达自己的愤怒的同时，也在增加自己的信任，因为这个动作可以占据更多的空间，也可以让自己的身体看起来更加有气势，让对方觉得自己充满威慑力。这种改变身体的动作提高自己的气势的做法不仅人类会做，其他动物也会。鸟会通过抖动自己的羽毛使自己看起来更加强大，猫狗在搏斗时，会把自己的毛都竖起来彰显气势等。

但在生活中的我们，如果不是真正生气、愤怒的时候，还是少用这个动作为好，因为生活中的我们既不是伟人，也不是T台上的模特，这个姿势很容易让别人误会自己，别人会以为你是火气大，或者是别人冒犯了你，不管怎么讲，这是一个让人感到不适的姿势。

松领子

在一些电影里，我们经常会看到这样的情节：剧中的一个男人看到另一个男人正在和自己心仪的女孩子有说有笑，神态亲密。这时候，如果这个男人不敢上去表达自己的不满，他就会使劲地拉自己的领子，好像有点喘不过气来，想让自己获得更多的氧气。如果他戴着领带，他就会松开自己的领带，当然有时候也会顺手把自己衣领处的扣子解开。如果仔细观察，还会看到他有一些沮丧或者不安的表情。这个动作明白无误地说明，这个人很生气。松开自己的领子，就是为了让自己多呼吸一些新鲜空气，让自己不再那么焦躁。

这种情况在工作中出现得也比较多，比如在开会的时候被领导当众批评了，或者被同事弄得当众下不来台的时候，都会出现这种情况。总的来说，这种动作就是在传递一个信号：我愤怒了。所以，如果你在生活中看到身边的人做出这样的动作，就应该想到他也许是有些愤怒、焦躁不安。如果这种行为是因你而起，那你可要小心了，千万不要再去招惹对方，还是等对方心平气和了再说。如果是你的朋友，你想安慰他，就可以直接问他："你怎么了？有哪里不舒服？"这样既可以缓解他紧张的心情，又可以引导他说出自己的真实意图，以免对方憋在心里，引发不良后果。

愤怒也可以假装

有时候愤怒也不一定用来表达生气不满，这个情绪还会被某些人利用起来，让自己的谎言看起来真实一些。但是说谎就是说谎，尽管说谎者用愤怒来伪装，甚至会加上很多的手部动作和脸部表情，让自己看起来真的气得不得了了。但这些动作无论被表演得多好，还是有破绽的，因为这些动作是刻意"加"上去的，所以会比瞬间的表情慢半拍，而且很机械化，甚至是语气要比动作反应快，看起来很不协调。

这种愤怒其实比真实的愤怒更可怕，俗话说不怕明刀明枪，最怕暗箭乱放。真正的愤怒是把问题解决了、说清楚了就没事了。伪装的愤怒通常都是带着欺骗性的，也是另有目的的。这样的情况我们就要警惕了，当我们捕捉到伪装愤怒的信号时，就应该基本判定刚才说过的话做过的事，不一定是真实的。好比有人说"把我吓死了"或"我气得冒烟了"时是带着明显的表情，或者脸色有明显的变化时，我们才能觉得这种情绪是正常的，如果这个人一边说这番话，而面部的表情却十分淡定时，那肯定他/她在说谎。

总而言之，一个人要把自己的情绪掩盖起来不容易，要将自己本来没有的情绪伪装得多么愤怒更不容易。这些伪装往往逃不过人的眼睛的。

越愤怒双臂抱得越紧

手部的动作也可以反映出一个人的情绪，通常一个人处于愤怒的时候，会将自己的双臂抱得紧紧的，这样做的目的有两个，第一个是尽量克制自己的情绪不要爆发出来，第二个是暗示他人"我很生气了"。

有这样一个故事情景可以很好地解释这个问题。一位正在超市结账的女士准备用信用卡结账，第一次收款员告诉她，输入的密码有误，请她重新输入；第二次输入，收款员还是告诉她密码有误；第三次还是如此；她有一个这样的小动作，就是每次输完密码都会将双手交叉放在胸前，每次她被提示输入的密码错误之后，她会把手臂抱得更紧，双手也抓得更紧了，最后她只能什么东西也不买愤怒地离开。这样的动作信号就是表达着她不断上升的愤怒感和尴尬。

但这种手部动作和前面讲过的双手叉腰要表达的愤怒却有所不同，双手叉腰的愤怒是主动的，随时打架都不会退缩的，会因为对方的行为给予直接的反击；而抱紧双臂的愤怒是被动的，更多的是要掩饰自己内心的不安和无所适从。所以前者的反击可能会在愤怒的当时就马上反击，后者的愤怒的反击可能会隐藏很久才反击，甚至是要"策划"一番再反击，或者自行离开，眼不见为净。

双眉下压表示愤怒

在我们的生活中，有很多人都会出现愤怒的表情，而其中很大部分人的愤怒表情里，都会出现双眉有很明显下压趋势的动作。根据达尔文的调查与研究，人在生活中如果遇到有麻烦的状况，那么他的眉毛就会往下压。如果按照他的这个推测来说的话，眉毛往下压的这个动作在原始时代就已经出现了，但是当时人们只发现，只有当人们在注视困难的时候，为了去减少眩光，他们才会去做下压眉毛的这个动作。

然而自从原始时代以后，人们就在不断发展为在出现任何困难时都会出现下压眉毛的动作。在生活中的确是这样的，每当人们有很多困惑或者很多厌恶的情绪出现的时候，很多人就会出现双眉下压的情况，比如在生活中会有很多学生，他们在为人处世的时候，如果遇到了难题，就会有这种眉毛下压的表现，但是每当他们把难题解决了之后，这种眉毛下压的情况也就跟着他们的心情愉悦从而消失不见了。而且有的时候，每当人们遇到比较难办的事情或者当他们深深地陷入沉思的时候，他们也会出现双眉下压的这个表情。

有新的研究表明，在感知恐惧和愤怒情绪方面，目光交流起到的作用也是不容小觑的。借助功能性磁共振成像技术的帮助，以雷金纳德·亚当斯为首的达特茅斯学院和哈佛大学研究了人们在看到表情愤怒的脸的时候，人们大脑中负责感知潜在威胁的小脑扁桃体会有什么样的反应。经过研究他们发现了人们的一个共同特点，就是在遇到麻烦的时候会做出一个同样的反应，那就是双眉下压。但是，双眉下压并不是愤怒所特有的，想要表示愤怒，还有一个条件要满足，那就是要尽力将自己的眼睛睁到最大。当这两个条件同时满足的时候，才算是真的愤怒。

很明显的愤怒：怒目而视

在正常情况下，人的虹膜是不会完全暴露在外面的，虹膜的上半部分的四分之一左右，是覆盖在眼睑之下的。当然，这说的是在一般情况下，一旦人们的情绪发生了波动，比如愤怒的时候，表情也会随之变化。这个时候，虹膜会大幅度提升，虹膜上半部分的很大一部分就会露出来。虽然这个时候，这层褶皱的重叠会让上睑线因压力而变形，但是我们可以推断，要是没有眉毛下压，上睑就不会紧紧盖住虹膜的上缘，而是会越过虹膜。而且，在愤怒的时候，并不是只有上眼睑有变化，下眼睑也会有变化。在上眼睑提升的时候，因为眼轮匝肌的收缩，下眼睑也会有小幅度地提升。此时，它不但会比之前更直，而且会更加紧。有了这些表情，怒视的力量就大大增加了。

当上眼睑提升到露出虹膜上缘的程度、下眼睑绷紧和双眉下压这三个条件同时满足的时候，就会出现怒目而视的表情，眼睛里好像要喷出火来。

当然，理论和现实还是有一定差距的，上面讨论的是愤怒表情的标准。但是在现实生活中，每个人愤怒的表情都各不相同，不一定非要满足这个标准。

生活中出现这种现象的原因也有很多，比如这是动态的一瞬间，但是刚好抓拍成为一帧，然而这并不是愤怒的终结状态；又比如说行为人虽然愤怒，但是他们心中还是只有一点害怕，所以对别人的进攻的欲望不是特别强。最重要的不是观察眼睛的大小或虹膜暴露的多少，而是要去注意眉毛、眼睑的形态组合。

愤怒的人鼻孔张开

"愤怒"两个字，说起来很简单，但是做起来也没有那么容易。因为在愤怒的时候，需要动用到上唇肌和上唇鼻翼提肌。当然，这两组肌肉动起来的直接后果是提升上唇，但是由于鼻子和嘴唇的位置很近，所以鼻子的形态也会受到影响。这时候，鼻孔会变大，鼻翼的两侧会形成两道深深的沟。另外，受到这几块肌肉的影响，人的脸颊也会稍稍隆起。

很多人都看过美剧《别对我说谎》，也会对其中的一个镜头印象深刻：秃顶、大块头的犯罪嫌疑人听到了莱特曼说到炸弹真正的藏身之处的时候，有了非常典型的愤怒的表情，鼻孔张开，怒目而视。而莱特曼凭借这个表情，就断定炸弹就藏在自己刚才试探性地询问的地方。不过，在编剧看来，这个表情竟然是表示轻蔑，实在是让人觉得大跌眼镜。如果不看上半脸的眉眼形态，只看上唇提起和鼻子两侧的深沟，说轻蔑好像没错。但是如果把上半脸的眉眼形态考虑进去，就不是那么回事了。之所以这么说，是因为愤怒来自于威胁，这个秃头是因为自己的犯罪计划被发现，无法继续实施下去，所以才会愤怒。而在正确答案产生威胁的时候，是不会出现表示否定的轻蔑的。

在愤怒的时候，我们总会用一个词来形容：吹胡子瞪眼。其实这两个动作都是比较明显的。但是由于鼻孔的大小有限，不可能像眼睛一样随意睁大，所以只会有些轻微的张开，如果不仔细观察是看不出来的。

愤怒的人毛发竖直

有很多人在描述自己的恐惧的时候，都会说"寒毛都立起来了"。其实，这种表情并不是恐惧独有的，在一个人愤怒的时候，也会有这种反应。而且这也不是人类独有的，动物也会这样。比如说动物园里的猩猩，在它突然受到惊吓，比如有人突然朝它扔东西，或者有人惹它生气，或者电闪雷鸣的时候，它的毛发就会直立起来。如果一只猩猩发怒了，它的头发就会根根直立，而且会向前突出。

除此之外，它的鼻孔还会大大地张开，还会发出独特的呼喊声，好像是想用自己的喊声来把对方吓跑。猩猩的发怒是很有意思的，因为它并不是所有的毛发都会竖起的，而是只有沿着背部从头颈直到腰间这部分，别的地方是不会竖直的。

在一个人愤怒的时候，他的毛发就会竖立起来。那么，这是什么原因呢？之所以会出现毛发竖立的情形，是因为人身体上的立毛肌收缩。立毛肌附着在每一根毛发的毛囊里，立毛肌一收缩，毛发就竖立起来了。不过很快，这些毛发就会倒伏下去。另外，在人寒冷的时候，立毛肌也会收缩，人的皮肤上会出现鸡皮疙瘩。

怒火中烧，紧闭嘴唇

在一个人非常生气的时候，可能会气得浑身哆嗦，话都说不出来。这时候，如果仔细观察他的面部表情，就会发现，他的两片嘴唇紧紧地抿在一起，就好像一不小心，嘴里就会有什么东西跑出来一样。而这种紧闭嘴唇的动作，确实能够起到"此时无声胜有声"的效果。紧闭嘴唇这个动作看似简单，其实也是由几块肌肉共同完成的。嘴部的形态是由口轮匝肌、降口角肌和颏肌这三束肌肉来决定的，这三束肌肉虽然名称不同，但是作用却是一样的，就是在它们收缩的时候，让嘴唇挤到一起。在这个时候做的是闭嘴的动作，所以用来张开嘴唇的提上唇肌和降下唇肌是不参与收缩的动作的。如果你看到别人在紧紧抿着嘴唇，就说明对方心中现在非常愤怒，知趣的，还是先躲开一些吧。

大吼发泄愤怒

在我们去动物园参观的时候，会发现，如果动物之间发生了战斗的时候，大部分时候它们都会仰天长啸，特别是老虎和狮子这种个头比较大的。这些行为发生在动物身上，其实是很容易理解的，因为它们并不像人一样，接受过教育。但是，这种行为并不是仅仅发生在动物身上的，人在愤怒的时候，也会大吼。虽然人类有着那些社交规则的约束，但是人们在处于愤怒状态的时候，往往会暂时失去理智，也会像动物那样大吼大叫。当然，大吼也不是愤怒的全部，虽然说是君子动口不动手，但是如果人们实在是难掩自己的愤怒，也是有可能动手的。愤怒会带来巨大的能量，如果不及时消耗掉，身体会很难获得平衡。但是，我们从小就被教育要注意自己的言行举止，特别是对于可能给自己带来麻烦的愤怒，人们更是容易掩饰自己的这种愤怒情绪。

憋气表达愤怒

在很多电视中都会出现这样的台词：如果这口气不出，我会被憋死的！在现代社会，人们的愤怒的表现其实是会分场合的。如果一个人心情不好，在面对自己的亲人的时候，也许会一下发泄出来，比如采取大吼、摔东西之类的方式。如果是面对自己的敌人，那么他也许就不会有那么多废话，直接就会动手了。但是在大部分情况下，由于种种条件的限制，人们都不会大吼，当然也不会动手了，他会选择憋一口气。其实，在对峙的时候，憋气和怀中揣着炸弹的效果并没有太大的差别。因为明眼人一看就知道你很愤怒，而且不知道什么时候就会爆发出来。只要事情还没有得到明显的结果，这种潜在的威胁的压力就会一直存在。这种憋气的力量，绝对要超过大声吼叫。其实，有时候有些话说出来就会好过很多，没有必要憋在心里，所谓"气大伤身"，如果能够找个人倾诉一下，放松一下心情。等事情回去了，再回头来看，其实并没有什么大不了的。

厌恶的愤怒：上唇轻微离开下唇

谈到厌恶的愤怒，人们最容易想起这么一幕：美女朱唇轻启，突出一个字："滚！"

有时候，人的上唇会轻轻地抬起，不再紧紧贴着下唇。抬起的上唇和鼻翼两侧的沟纹，可以清楚地表明：我愤怒了。

还有一种愤怒就是大张着嘴巴，并提升上唇。在提升上唇的时候，发生运动的两块肌肉是上唇肌和上唇鼻翼肌。有一点需要说明，这两块肌肉是不可能脱离对方单独行动的，它们总是会同时收缩。它们的不同在于，提上唇肌的时候，有意控制的成分要多一些，而大部分时候，强烈的情绪自发控制，才会导致上唇鼻翼提肌。

但是有一点需要注意，别人虽然在表示厌恶，但是并不一定就是在厌恶你，也许他只是在厌恶他自己。也许他是觉得自己有什么无法完成的目标，或者是想起了自己的某一段伤心事。有时候，虽然对方在表示蔑视，但对象并不一定是你，不过这种情况比较少见。因为在所有的情绪里，愤怒是最容易和厌恶混淆的。而且，经过一段时间之后，厌恶可能会转化为愤怒，而愤怒也有可能会转化为厌恶。

第十四章
我需要你：
安慰与内心不适

轻抚额头可以自我安慰

在很多电视剧里，我们经常会看到这样的场景，当剧中人遇到一些棘手的问题，或者遭遇到一些令人非常尴尬的处境的时候，经常会把手放在额头上，轻轻抚摸，或者轻轻地拍几下额头，而当这些问题被解决的时候，他们经常会一拍额头，以此来表现出自己的欣喜和如释重负。

在日常生活中，当我们需要回应某些消极刺激物的时候，比如遇到很难回答的问题，或者在听到、看到或者想到一些压抑的事情时，都可能会轻轻抚摸自己的额头，这就属于一种安慰行为。我们也有一个成语叫作"眉头一皱，计上心来"，当我们看到一个人皱眉的时候，就是他沉迷于思路之中的时候，而他轻抚额头的时候，就是问题被解决的时候。虽然轻抚额头只是一个事后的动作，并不能对我们解决实际问题起到什么实际的作用，但是，它可以让我们保持冷静。在心情冷静下来之后，才可能是找到解决问题的办法。所以，虽然只是一个小小的安慰动作，但是其作用却不可小觑。

一般来说，男性通常喜欢用较大的力道来抚摸自己的额头，或者捏一下太阳穴，而女性的力道一般比较小，就像是在用手撑着额头。

自我安慰还可以轻轻摸脸颊

在生活中，不管我们是主动还是被动，总是会遇到一些比较紧张的情况，比如说面试，或者是参加一些比较重要的考试。在这些过程中，总是难免会遇到一些较为凌厉的问题，这个时候，我们经常会不自觉地摸一下脸颊，好像是自己脸上有什么东西，或者会鼓起脸颊，然后轻轻地呼出一口气，有一种获得了解脱的感觉，这其实也是一种安慰反应。在人做出这些行为的时候，不但可以让自己原本高速运转的大脑有时间忙中偷闲放松一下，想到更为稳妥的应对方式，还可以暂时转移对方的注意力，让对方不再目光灼灼地盯着你，让你如坐针毡。当对方的注意力稍微转移开的时候，你的心理压力自然也会小一些。当然，这个小动作也不能帮我们解决实际问题，只能起到让自己心里不那么紧张、给自己鼓劲的作用。它可以让紧绷的神经暂时休息一下，让自己稍稍获得一些安慰。一般来说，这种行为在男性身上出现得比较多，如果是女性，除了这个摸脸颊的动作，有时候还会摸一下自己的手臂，或者摸摸自己的珠宝首饰之类的。

哼歌调整紧张的心绪

有一句歌词是这么写的：我想唱又不敢唱，小声哼哼还得四下望望。在日常生活中，我们有时候会看到有的人在旁若无人地唱歌，有的人的声音比较小，还不至于影响别人，但是有的人声音确实很大，甚至会影响到别人的打电话或者交谈。这时候，有的人会对此心生反感，甚至会开口呵斥这些人。其实，这并不是他们有神经病，只是他们为了调整自己的情绪而做出的小动作。

人们在生活中，总是会遇到各种各样的问题，有一些问题是可以轻松地解决的，但是我们并不是超人，总会有一些问题是难以解决的。这时候，人们也会根据自己的喜好做出一些行为，以达到安慰自己的效果。比如说嚼口香糖、暴饮暴食、抽烟、舔舌头等等，这些都是比较细微的安慰动作，虽然看着不怎么起眼，有的甚至细微到不为人察觉，却能见到实效。而前面说到的人们唱歌，其实也是自我安慰的一种。如果让一个人在大庭广众之下唱歌，他可能会感到精神紧张，但是如果是小声哼哼，不要在意别人的眼光，其实也是能起到缓解紧张情绪、放松心情的效果。而且，旁若无人地小声唱歌，还可以让自己心情舒畅，释放压力，对健康也有好处。

调整呼吸，平复不适

有的时候，在遇到一些突发事件，或者在跟别人发生争执的时候，有的人总会气喘吁吁，面红耳赤，用一个成语来形容，就是"脸红脖子粗"。这时候的人有点喘不上来气，看起来好像外界的氧气不够用，而体内憋的气又出不来。这个时候，一定要学会把气吐出来，也把气缓下来。一般来说，人们可以通过深呼吸的办法来调整呼吸，因为深呼吸可以改变体内二氧化碳的水平，使人平静下来。在各种平复情绪的办法中，深呼吸算是最简单的，而且能够起到立竿见影的效果。

因此当你看到对方深呼吸，就能够知道，他可能在压抑自己的情绪，如果是因为你才让对方出现的这种反应，最好还是要小心了，最好先暂时避开与对方的正面接触，免得让对方把一腔怒火发泄到你身上。如果实在觉得火气太大，仅靠深呼吸还远远不够，那还有另外一个办法，就是可以买一瓶吹泡泡用的肥皂水，想要吹出大泡泡，就要从肚子里呼气，这样吹几次以后，就可以平复呼吸了。

玩头发也是自我安慰

所谓"白发三千丈，缘愁似个长"，所谓"三千烦恼丝"，说的就是头发了。在有些人看来，头发实在是很麻烦的一个东西。但是有的人在需要安慰的时候，或者感到有压力的时候，总是喜欢把玩自己的头发，比如给自己编个小辫子，或者说拿头发绕圈，最简单的就是挠头皮了。

一般来说，喜欢玩头发的人都比较健忘，容易受到情绪支配，一旦他们的情绪不稳定的时候，就会做出这样的动作，希望在惶恐的时候可以找到一些安慰。这些动作完全是自发的，在需要安慰的时候，大脑会发出"请安慰我一下吧"的信号，这时候，我们的手就会采取行动，比如玩弄自己的头发，让自己的心情平静下来。这是因为，在玩头发的时候，人的注意力会集中到手上，然后之前让自己惶恐的那些因素也就暂时被忽略了。

吹口哨进行听觉安慰

有的人喜欢吹口哨，而且吹口哨的水平比较高，能够吹出各种悦耳的音调。有时候，吹口哨可以表现出自己的潇洒，也可以表明自己泰然处之的态度。但是有的时候，吹口哨并不是在装酷，其实是在进行自我安慰。比如说在漆黑的夜里，一个人走夜路的时候，听到自己走路的声音，总是会怀疑身后有人在跟踪自己。这时候，如果吹起口哨，可能心里就不会再觉得那么紧张。

还有，在黎明或者黄昏时分，如果一个人行走在陌生的城市，或者走到废弃的走廊的时候，就会努力吹口哨，好给自己壮胆，让自己平静下来。因为人在吹口哨的时候，会把注意力都集中在嘴上，所以就暂时无暇顾及那些让自己不安和烦心的事情。等到口哨吹完了，心情舒畅了，自然也就得到安慰，心里也就不会有那些恐惧或者不安的感觉。

另外，有时候触觉和听觉安慰是可以同时使用的，比如说一边吹口哨，一边用铅笔敲打桌子，或者是用手指打出节拍，或者是脚不自觉地跟着抖起来，这都是触觉安慰。

视线转移：视觉安慰

当人遇到外界刺激的时候，难免会产生一些负面情绪，比如愧疚、心虚之类的。如果是因为面对别人的提问而产生的这些情绪，人就会下意识地从这个提问的人身上移开，看向其他地方。如果是因为看到某些照片之类的而产生负面情绪，也会将视线从照片上面移开。因为如果继续盯着这些看，会导致负面情绪不断积累，会越来越难受。而移开视线之后，就相当于隔断了和这些刺激源的联系，心情也就不会像之前那么紧张。就算视线移开之后，看不到一些金钱、美女之类的让人向往的好东西，但是只要看不到那些令人憎恶的东西，感觉也会好很多。

这就是视觉安慰反应，因为把眼神移开之后，就不会再接触到那些让自己心烦意乱的东西，就会让自己的心情稍稍平复下来。视觉安慰并没有什么规律可言，依每个人的习惯不同而不同，但是每个人做出的动作都有一个共同点，就是会把视线从那些让自己不安的东西上移开。所以，这个反应其实是有两步：第一步是转移视线，第二步才是获得视觉安慰。

一般来说，视觉安慰最典型的反应并不是只有逃避，更是要看到能让自己感到舒适的目标。如果自己身边能有这样的人，比如亲人或者朋友，自然能够起到安慰自己的效果。所以，一旦遇到这种让人不安的时刻，而且身边又恰好有自己的亲人，那总会不自觉地看向对方。

频繁眨眼也是一种视觉安慰

一般来说，人每分钟眨眼的次数大概是 20 次，但是在一个人感受到压力的时候，眨眼的频率会大大增加，甚至可能变成原来的 4～5 倍。比如说，如果一个人在撒谎，或者说他在为一个问题编造答案的时候，他的思维就会高速运转，这时候虽然他可能通过自己的谎言来让自己摆脱困境，但是心理上总是会有一些压力的，这时候，为了让自己获得安慰，他就会频繁眨眼。所以我们要知道，一个人如果快速眨眼，并不是因为他在说谎，而是因为他的压力很大，需要安慰自己。

最彻底的视觉安慰：闭上眼睛

很多人都有过这样的体验：在做过剧烈活动之后，或者在情绪过度激动的时候，总会觉得一股热气冲向头顶，甚至会感到头昏眼花。这个时候，如果能够把眼睛闭上，稍稍休息几分钟，再重新睁开眼睛，就会觉得神清气爽，整个世界好像也明亮了很多。用我们日常生活中的话来说，这个过程就是"闭目养神"。

我们常说"眼不见心不烦"，说的就是闭上眼睛，将"视觉阻断"，这个时候，自己再也不用看到眼前这些让人烦心的事情，就能让自己得到安慰。闭上眼睛是一种非语言行为，一般来说，在我们感觉自己受到威胁的时候，或者遇到自己不喜欢的事情的时候，都会采取这种避免看到自己不想看到的事物的方法来保护大脑。但是由于想要把不想看到的事物搬开不太现实，所以最简单也是最彻底的视觉安慰，就是把眼睛闭上。有时候，我们要是想表达对别人的轻视的时候，可能会把眼睛眯起来，或者干脆闭上眼睛，这些都是用来安慰自己的视觉阻断行为。

按按手指，手部安慰

在表示高人一等的时候，我们可以"指手画脚"，在骂人的时候，我们可以"指桑骂槐"，可见，有时候不用说话，手势完全可以表达我们的感情。当然，手势也会在无意中透露我们的心理信息。

有的人在心理不安、需要安慰的时候，总是会按按自己的手指。一般来说，按手指这个动作是在点钱的时候出现的，如果我们手中有一沓崭新的钞票，正在忙着点钱，那自然不会心情不好。有着多次这种经历的人，就是在手指和点钱之间建立了条件反射式的联系，在有什么不安的事情的时候，就会情不自禁地按按手指。

有位经理正在主持一项重要会议，这时候，秘书送来的一张纸条，他看完之后，情不自禁地按了按自己的手指。果然，这位经理站起来说："各位，我们争取到了××公司金额巨大的合同。"

一般来说，男士在做这个动作的时候，动作幅度比较小，但是对于女士来说，她们通常会因为紧张和不安而在手心渗出很多汗，这时候，为了安慰自己，她们总会拿手帕或者纸巾之类的把手擦干。而对于男士来说，他们一般懒得去拿手帕或者纸巾，就会摩擦裤子，好让自己得到安慰。

摸鼻子可以调整心理不适

在 FBI 对撒谎者的研究中，有一个行为是摸鼻子。在摸鼻子这个小小的动作中，撒谎者就能体会到瞬间的安慰，而且这个动作看似无意，不会让人们把注意力集中到自己的动作上来。这个小动作有点上不得台面，看起来这个人好像是在摸鼻子，其实就是为了盖住嘴巴。

这是因为，人在感到心理不适的时候，鼻子里的血压会升高，鼻子就会膨胀，这时候鼻子的神经末梢就会受到刺激，人就不得不去揉鼻子止痒。西方的研究专家曾经说过：人在紧张的时候，鼻子的勃起肌便会充血肿胀，肿胀后的鼻子就会发痒，人就会搔痒、擦鼻子或者摸鼻子。

但是，"匹诺曹综合征"的说法并不是人人都同意的，至少有两种观点是反对这种说法的。有一种观点认为，人在撒谎的时候，会感到焦虑、不安，担心自己的谎言会被别人识破，而焦虑、不安和担心等情绪都和面部的血液枯竭有关，也就是说，它会导致血管收缩，而不是血管扩张。

另一种观点认为，摸鼻子只是紧张的征兆，而不是说谎的信号。在紧张的时候，总得找些动作来安慰、平复自己，所以才会做一些类似于摸鼻子的小动作。

抚摸下巴可以平复紧张的心情

在我们平常看起来，下巴硬邦邦的，实在是没什么表情可讲。但是如果仔细观察，就会发现，下巴其实也有着细腻的动作表情。但是由于我们平时很少会把注意力放在别人的下巴上，或者是因为下巴的表情太过细腻，所以下巴上的表情才总是被我们忽视。但是这些动作虽然细腻，却有着平复自己紧张心情的作用。比如在很多电视剧中，我们都会看到，有些人在遇到难题的时候，总喜欢用手轻轻地抚摸自己的下巴，或者顺顺自己的胡子，这些小动作，其实都是想让自己获得安慰，平复自己的心情。

拥抱自己，给身体安慰

很多时候，在人们感到寒冷、无助、恐惧、绝望的时候，人们总会需要别人来安慰一下，比如一个轻轻的拥抱。当被别人搂在怀里，听到对方强有力的心跳时，好像无助的自己突然抓住了一棵救命的稻草，心里会莫名地有些心安。

由此可见，拥抱能够起到很好的安慰的效果。但是，有时候，这种不安不想让别人知道，或者周围没有别人，当出现这种一个人面对压力的时候，很多人总是喜欢把双臂交叉，然后用自己的双手反复摩擦自己的肩膀，好像自己很冷，需要通过摩擦来产生点热量，才能温暖自己。在看到别人做出这样的动作的时候，我们首先会想到母亲抱住孩子的场景。这是一种保护性的动作，可以让人的心情平静下来。如果是自己做出这种拥抱自己的动作，我们就可以认为这是一种对自我的安慰，好让自己产生一种安全感，获得内心的宁静。但是如果你看到一个人双手交叉于胸前，身体后倾，下巴上挑，并表现出挑衅的神情，就千万不要觉得这是一种安慰行为了，也许对方正憋着要发泄呢，最好还是敬而远之，以免被当成炮灰。

还有一种情况，就是虽然没有将自己的双手交叉，却用自己的双手牢牢地抱住膝盖。这个动作其实在很多影视剧中也能看到，特别是很多女性角色在受到委屈或者伤害的时候，总会这样蜷缩起来，用自己的双手抱住膝盖，尽量减少自己与外界接触的面积。这是一种非常明显的自我安慰的信号，这表明一个人想要离开当前的位置。如果在跟别人会面的时候，对方做出了这样的动作，就说明他的大脑已经做好了结束此次见面的准备。

一般来说，在这样抱膝的动作之后，紧接着就会出现躯干前倾或身体放低转向椅子一侧的动作。当你注意到对方有这些动作，特别是这个人是你的上司的时候，你就要机灵点，赶紧结束自己的谈话，起身离开，不要在这个人面前晃悠了。

玩弄小物品让自己放松神经

随着经济的发展，人们的生活水平在不断提高，人们身上的小物件也越来越多了，比如手机链、钥匙挂件、项链、首饰之类的。它们不但有装饰的功能，在关键时刻，还可以帮助人们放松神经。

如果看到一个人在不停地把玩自己的钥匙链，说明他有点紧张，想要通过一些小的事情来转移一下自己的注意力。

如果看到一个人在玩弄自己的手机挂件，并不是说明这个人心不在焉，而是说明他此时心中有些紧张，玩弄手机链正是为了平复一下自己的心情。

如果看到一名女性开始把玩自己的项链，就代表着她有点紧张，但不是很严重。但是，如果她把手指伸到了颈窝上，就说明这种紧张已经到了让她焦虑不安的程度了。大部分时候，如果她用一只手盖住自己的颈窝，就会用另一只手来拖住这只手的手肘，以此来缓和自己的压力，或者让自己获得一些安慰。当压力渐渐消失，她盖住自己颈窝的那只手就会放低，并且逐渐放松下来，抓住另一只手。

有的时候，我们会看到一个人手里紧紧握着手机，甚至隔上几分钟就要看一下，好像得了"手机依赖症"，其实这并不是真的手机依赖，只是想找一个东西在安慰自己，如果这时候恰好能有人给自己打电话或者发短信，那就再好不过了。

轻触膝盖，让神经放松

在一家公司的一次由很多经理和销售人员参加的特别会议上，气氛有些紧张。

当总经理对销售人员的业绩提出批评的时候，销售人员个个一言不发，显得无精打采的，坐在那里腿脚交叉，看上去都在发呆，好像连呼吸都放轻了，并且显示出种种表示异议和防御性的身体语言信号。过了一会儿，总经理转移了话题，开始讨论销售人员的绩效问题，这时候，所有的与会者都精神振奋起来，并且调整了坐姿，跷起了二郎腿。

腿部位于人身体的下部，也被称为下肢。由于它所处的位置位于人体的下部，而人们投射的视线的范围有限，所以腿部很难引起重视。但是，腿的面积又很多，几乎占了身体的一半，所以它的存在是不容忽视的，是谁都无可替代的。

你知道我们身体的哪个部位最诚实，可以揭示我们的真正意图吗？也许有人会说是脸，并且这是大部分人都会给出的答案，所以才会有察言观色，所以才会有颐指气使，有的人甚至把脸当成寻找一个人思想的非语言信号时的首选部位。但是正确答案真是让人大吃一惊，并不是脸，而是我们的腿和脚。

那么，为什么我们的腿和脚可以这么精准地反映出我们的情绪呢？早在几百万年前，当人类还没有掌握说话这一技能的时候，人们的腿和脚就已经能快速应对周围的威胁。这种反应是下意识的，甚至无须理性的思考。在有需要时，我们的大脑会迅速做出相应的反应，比如说是要踢向别人，还是要停止动作，或是要逃走。经过人类几千年的进化，这种非常适合我们的生存机制就一直从祖先那里继承了下来，并沿用到今天。其实，这些反应虽然古老，但是很有效，而且在我们的身体里深深地扎下了根。就算到了现在，当我们感觉孤独、害怕、不安的时候，我们的腿和脚依然会做出史前时代的那种反应。最后，如果实在没有别的选择，那就只能进入备战状态了。

轻点足部，放松神经

足部是指膝盖以下的部位，包括"胫"与"足"。一般来说，人们在交流的时候总是会面对面的，而足部离面部是最远的，按理来说是很难被看到的。但是在现实生活中，虽然足部位于人身体的最下端，但是不管是人们走路还是坐下，足部都是很容易被人们看到的，所以，足部动作所传递出的信息也是容易被人们看到的。身体语言学家认为，足可以表达一个人的欲求、个性和人际关系。一个人如果摇动足部，或者用脚尖来拍打地板，这个动作其实是在和抖腿表达同样的意思，都是在说明自己的焦躁不安和不耐烦，或者是为了摆脱自己的紧张感。那么，为什么人们会选择足部来表达自己的烦躁呢？

一般来说，当人处于公共场合的时候，是很容易引起别人的注意的，这个时候，他不会乐意把自己内心的焦躁和不安明白无误地展示给别人，所以他不会用自己的手或者身躯做出较大幅度的动作来引起别人的注意，所以会选择那些距离人的眼睛最远的、最不起眼的部分来表达自己内心的活动。所以，当你看到一个人轻点足尖的时候，并不是说他心不在焉，只是在掩饰自己的不安，想要获得一丝安慰而已。

虽然我们的脚被鞋子牢牢地包裹着，但是它仍然是我们身体中能够最早做出反应的部位。除了在面对各种来自外界的压力和威胁的时候，还有在面对各种情绪的时候，我们的脚都会在第一时间去传递我们的思想、感觉和感情。以"骑马舞"为例，这个风靡全球的舞蹈里面有很多跳跃工作，都是由脚来完成的。

除此之外，我们的很多舞蹈和跳跃动作，其实是对几百万年前人们打猎成功后的庆祝仪式的一种延伸。不管是马赛武士在原地腾空而起来比谁跳得高，还是一对对有情人充满热情的舞蹈，这时候脚传递给我们的是一种幸福感，这一点在全世界几乎都是通用的。

在球类运动中，我们甚至会一起有节奏地跺脚，好让我们的团队知道我们在全力为他们加油。而当一个人紧张或者不安的时候，他的脚会做出类似逃跑的举动，或者会轻轻地点击地面，这些都是为了安慰自己。

在解读身体语言时，很多人都喜欢从较高的部位开始，比如牢牢盯住对方的眼睛，或者仔细观察对方的面部表情，看对方有什么异常没有。诚然，脸是身体的一部分，它可以用来反映我们的心中所想，但是大部分时候，它都会被用来掩盖真实的情绪，或者虚张声势。这时候，如果把注意力集中到对方的脚上，然后逐一向上观察，最后再解读面部表情，这样得出的结果才是比较准确的。你会发现，信任度总是随着目光的上移而减少。

其实仔细想想，我们的面部表情之所以会如此善于欺骗，也是有一定原因的。从小，我们就被大人们这样教育：当我们因为欣喜而做鬼脸的时候，父母会咆哮着告诫我们："不要做出这样的表情！"当我们因为不喜欢某个人而对他不理不睬的时候，父母会告诉我们："至少你当着他的面看起来要高兴一点儿"。当我们因为疼痛或者难过想要大哭的时候，父母会告诉我们："不要当着这么多人哭，丢不丢人。"就这样，我们学会了强颜欢笑，甚至已经习惯了用脸去欺骗、撒谎和伪装。

可见，"察言观色"这件事，说起来简单，做起来的难度却很大。既然这样，不如找一个更加简单的方式，比如看人的脚部。人们的各种情绪，比如兴奋、担忧、衰弱、幸福、厌恶等等，都可以从脚部看出来。

大笑消除你的压抑

据某著名脱口秀主持人建议，心情不好的人可以多做以下几件事：

租一堆喜剧的DVD，让自己开怀大笑。

看一些漫画书，像孩子一样哈哈大笑。

和孩子们一起玩，然后被他们真诚的笑容所感染。

从这些建议可以看出，它们都是为了一个目的，就是要让人笑，最好能够大笑。

有时候，一个人的心里很不安，或者在很难过的时候，看到别人温暖的笑容，就像乌云密布的天空中突然出现了一丝阳光，会让人整个心理都舒服起来，自己心中那些不适的感觉也就会一扫而空。有时候可能由于心理太过紧张，别人费尽心思，也就是能让你勉强一笑，但是你会发现，在这笑过之后，好像心里

哈哈大笑

的不适也没有之前那么强烈了。笑，可以改善人的心情，就算是强迫的，也可以起到同样的效果。

语速加快

在一次电视座谈会上，有位评论家曾经这样说："一个男人如果在外面做了亏心（风流）事，回到家里之后，一定会滔滔不绝地与太太讲话。"这种说法并不是信口开河，而是有一定道理的，因为当一个人心中感到恐惧或者不安的时候，说话的速度就会比平常要快很多，有时候甚至会快得让人听不清，甚至会含混地一带而过。加快速度说一些不必要的事情，是为了排解藏在心底的不安和恐惧。但是，由于说话太快，可能没有足够的时间让自己来获得充分的冷静。所以，说的话通常比较空洞，如果遇到敏感的人，很容易就会看出他内心的不安。

在工作的时候，也常常会出现类似的情况，有的人平日里看起来不言不语，闷头苦干，但是有一天突然变得话多起来，那他内心一定有着不想让人知道的秘密。也许是他做了什么错事，也或者他去向领导打了小报告，总之他心中一定是藏了什么秘密。

在说话的各个因素中，速度是最容易被人察觉出来的，说话速度比较快的人，一般口才都比较好，能言善辩；说话速度比较慢的人，一般来说都较为木讷。这些都是每个人的固有特征，是由个人的性格气质决定的，很难发生改变。所以，通过人的语速的改变，就可以看出一个人心态的改变。有些人平日里能言善辩，有时候却突然支支吾吾，说不出话来，也有的人平日里非常木讷，说话不得要领，却突然开始口若悬河、滔滔不绝，一旦遇到这种情况，我们就应该知道，对方此时可能心里有一些变化，一定要注意观察，防止出现意外。

总的来说，当说话的速度比平时慢的时候，就说明对对方不满，或者对对方有敌意，而如果说话的速度比平时快的时候，就说明自己有缺点或者短处，心中有所愧疚，说话的内容有虚假的。

颈部安慰动作

在所有的安慰行为中，抚摸或者按抚颈部是使用最频繁的，而且也是最有效的。比如说，当一个人坐在电脑前工作了一段时间后，会感到腰酸背痛，这时候，就会用手指按摩或者捏搓脖子后面的区域，或者按摩脖子两侧或下巴正下方喉结上方的部位，以此来缓解自己这个部位的酸痛感。因为脖子这个部位有非常多的神经末梢，通过对这一部位的按摩，可以起到降低心率和血压的效果，进而让自己恢复平静。

一般来说，男性和女性在使用颈部动作来安慰自己的时候，采取的方式是不相同的。男性的这种行为通常会力度比较大，比较显眼。比如，他们会用手抓住或者盖住自己下巴以下的部位，刺激位于那个部位的迷走神经和颈动脉窦，以达到降低心率的目的。这样做还有一个好处，就是会让自己冷静。还有的时候，男性会用自己的拇指和食指轻轻地按抚自己脖子的后侧，或者会校正一下自己的领结。

而女性的安慰行为和男性的有很大不同，有的时候，女性并不会直白地去抚摸自己的颈部来安慰自己。如果她戴着项链，她会抚摸或者把玩自己的项链。如果她没有戴项链，她会用手覆盖她们的颈窝。很多女性在感到压抑、受到威胁、恐惧、心神不定、不适或焦虑时就会用手来摸这些部位。还有一个现象非常有趣，女性在怀孕之后，虽然在遇到突发事件的时候，会不自觉地把手放到颈部，但是最后一刻，她还是会把手放在自己的肚子上，似乎要保护自己的孩子。

突然开始运动

　　一个人独自走在一条僻静的小路上，周围没有什么人，他只能听到自己的脚步声。有时候，这个人会突然加快速度，甚至一路小跑，离开这个太过安静的地方。这个时候，他的突然运动就说明自己心里有些不安，如果此时能有个电话或者短信打破这片寂静，或者附近能有人从身边走过，那他心中的不安就会减轻。所以，当我们看到一个人突然开始运动的时候，就可以推断出这个人心里的感觉。

　　另外，科学家早就发现，运动可以舒缓郁闷，改善坏心情。体育锻炼，特别是一些重复的运动，比如跑步、翻滚、散步、秋千或弹跳之类的，可以在身体内产生让人平静和安慰的化学物质。有的时候，一个人会因为压力过大，而导致歇斯底里，甚至会以头撞墙，这时候，最好让他转而采用一些较为平和的运动方式，比如快走，或者跳有氧舞蹈。

转移注意力

　　在古希腊神话中，有这样一个故事：大力士海格力斯有一次在路上碰到了一个小袋子，静静地躺在一条狭窄的山路上，把路给挡住了。他走过去的时候，顺便踢了小袋子一脚，想要把这路面给清理出来。没想到他踢了一脚，袋子不但没有滚开，反而膨胀了一下，变大了，而且一动不动。海格力斯生气了，上去又"啪啪"踢了它几脚，却发现袋子越踢越大。最后，海格力斯找来一根大棒子，开始打它，打到最后，这个袋子就把这条路给堵死了。

　　这个时候，过来了一个哲人，跟海格力斯说："大力士啊，你不要跟它较劲了。这个袋子的名字叫作'仇恨袋'，仇恨袋的原理就是越摩擦越大。当仇恨出现在你路上的时候，你置之不理，根本不去碰它，它也就这么大了，不会给你造成更大的障碍。等你逐渐走远了，它就被遗忘了。但是，如果你跟它较劲，你越大，它就越大，最后封死你的整条道路。"

　　这个故事适用于仇恨，其实也适用于其他各种负面情绪，比如紧张。如果一个人即将参加一场重要的考试，他可能会紧张，会一直想如果自己无法通过这次考试该怎么办，结果越想越紧张，最好也许真的在考试中失利。有时候，一个人如果太专注于一件事情，并不利于缓解自己的紧张情绪，也不利于让自己寻求安慰，只会让自己越来越紧张。如果能够找到一个可以让自己集中注意力的活动，从而将自己的注意力从烦恼中转移，是减轻紧张程度的有效方法。当他集中注意力做一件事的时候，他就没有时间去想到以前那些不快，如果长时间思考、品味这些，很可能他的紧张水平会上升。

口部安慰动作

接吻是一种古老的示爱方式，但是又十分风行，还是一种甜蜜的享受。它就像世界上的一种通用的语言，可以让世界上的不同民族的人都甘愿去接受。接吻可以给人一种爱情的美感，比如说初涉爱河的情人，只有开始接吻了，才能够真正地体会到爱情的甜蜜。根据现代心理学的研究，93％的女性都渴望自己的情人能够亲吻自己，而男性在面对自己心爱的女子的时候，也喜欢用接吻来表达自己的爱意，所以，接吻是男女之间共同的需求和愿望。除了表达爱意，接吻还伴随着炽热的爱情和一种甜蜜的喜悦，所以，它可以有利于产生愉快、和谐等情绪。

在整个人类的繁衍过程中，接吻一直作为一种遗俗习惯延续至今。西方许多研究人类行为的专家、学者普遍认为，人类的接吻起源于"人类遗俗姿势"。戴斯蒙·英里斯认为，在人类遗俗姿势当中，婴儿吃奶的动作是最重要的，而对亲吻的渴望，其实是渴望重新回到母亲的怀抱。因为吃奶的舒适感给我们留下的印象太过深刻，母亲以一种亲密的方式来让孩子吃奶，让孩子嘴里尝到甜味，最初也感触到柔软的东西，所以，这种印象会一直保存在我们的记忆中。而在以后的生活中，人们总是会对这种甜蜜的感觉念念不忘，并渴望恢复这种亲密的感觉。而婴儿时期的那种甜蜜的形式会以多种伪装后的形式或者角度出现，并延伸出很多口部接吻动作。

咬指甲

安慰行为并不是人类的专利，例如，猫和狗会舔自己或同类，这就是一种安慰。不同的是，人类的安慰方式很多。比如很多人会看到或者想到的孩子吃手指、咬指甲的动作。在我们的印象里，都是幼儿园的小朋友在做吃手指、咬指甲之类的小动作，随着人慢慢长大，就会知道手上有很多细菌，吃手指、咬指甲都不卫生，自然就不吃了。

其实在成年人当中，如果一个人的自信心不足，而且在别人面前感到不知所措的时候，就会咬指甲。这个类似于小孩的动作，一方面有点童真的趣味，另一方面也是想要寻找一点安慰。有的时候，一个人在独处的时候，可能会有些寂寞，这时候就会通过咬指甲来打发时间，有的人甚至会一边咬指甲，一边沉浸在幻想之中。所以当你看到一个人做出咬指甲的动作，或者虽然他没有当着你的面咬指甲，但是指甲有明显的咬过的痕迹，就可以推断出，这个人经常会感到内心不安，需要别人的安慰。但是，有很多人没有注意到这些细微的安慰行为，也意识不到它们在揭示一个人思想和感觉方面的重要意义。这是一种不幸。

咬或舔下唇

有的人的唇部经常会脱皮，好像是缺水，其实仔细观察一下就会发现，他并不是缺水，而是因为他总是咬或者舔自己的嘴唇。在舔完嘴唇之后，嘴唇上的唾液在风干的过程中就会带走一些水分，自然就会出现脱皮的情况。而且由于舔下唇比舔上唇更为方便，更符合我们的习惯，所以下唇"遭殃"的机会要多一些。

其实，当一个人感到压力很大的时候，想要摆脱却又无力摆脱的时候，就会借这个动作来舒缓一下自己紧绷的神经。在整理一些毫无头绪的事情，也会舔着唇来想对策。所以，如果我们看到一个人的唇部脱皮了，就能推断出这个人经常会紧张。另外，如果我们看到一个人用食指及拇指的指尖拨弄双唇，就表示他一面在克服不稳定情绪，一面在寻求解脱。

听音乐

英国曼彻斯特大学的研究表明，听大声的音乐能够活化部分内耳球囊，它们连接与愉快感有关的脑部组织。所以，听听音乐，大声歌唱，或者随着音乐随便摇摆，可以缓解自己的不安。还有研究表明，听音乐可以刺激脑部分泌脑内啡。所以，我们经常能看到街上的人戴着个耳机，一边走一边听，听到高兴的时候还会跟着哼哼两句，好像什么烦恼都烟消云散了。

当然，听音乐也要讲究公德心，不能把自己的幸福建立在别人的痛苦之上，有的人会用自己的手机在公交车上大声放着一些劲歌，自己还扬扬得意，这实在会惹人反感。还有的人喜欢在家里把音响调到最大，仿佛整个世界都只剩下了他的音乐，这实在是会影响邻居们休息，如果想听，可以戴上耳机，或者把声音调得稍微小一些，千万不要给别人造成影响。

抬高音调

有的时候在争吵的时候，人会不自觉地抬高嗓门，或者为了让对方相信连自己都不相信的鬼话时，也会抬高嗓门。比如说一个丈夫在外面做了风流事，被妻子发现了，那么为了掩饰自己的错误，为了为自己辩解，他肯定会提高自己的嗓门。日本一位作曲家曾在杂志上样刊中叙述道："当一个人想反驳对方意见时，最简单的方法，就是抬高嗓门——提高音调。"事实也确实是这样，人总是希望通过提高自己的音调来让自己提高气势，甚至还可以在气势上压倒对方。

一般来说，人音调最高的时候是在幼儿期，这只是任性的一种表现形式，比如说如果想要什么东西又得不到，就会通过提高嗓门甚至大哭来达到自己的目的。但是随着年龄的增长，人的精神结构会逐渐成熟，音调也会相对降低，因为这时候人已经有了抑制"任性"情绪的能力。当然，任何事情都有例外，也有些成人的音调也很高，这种人的心理，就是回到了幼儿期阶段。所以，自己就没有办法控制自己的任性，当然，在这种情况下也是没有办法接受别人的意见的。

比如在那些有女性参加的座谈会上，如果有人对在座的某位女士提出批评，那么被批评的那位女士一定不会默默地接受这些批评，而是会突然发出刺耳的尖叫，并开始连续地反驳，好像是开了机关枪。这种现象会让别的人目瞪口呆，甚至无话可说。

迅速做出反应

在一些比较紧张的场合，比如说在一些辩论、会议之类的场合，我们总会发现有一些人的反应非常迅速，甚至嘴比脑子快，当别人还没有开口的时候，他已经迫不及待地说出了自己的看法。也许他会觉得，这样迅速反应可以给领导或者别人留下自己反应敏捷的好印象，其实有时候恰恰会弄巧成拙。

一般来说，一个真正有自信的人在做一件事的时候会深思熟虑，会考虑很长时间才会给出结论，而且有时候他很会审时度势，会先揣摩别人的意思再开口。等他开口的时候，那一定是考虑得比较完备了，一开口就不同凡响。

相反，如果一个人突然很迅速、很果断地就做出决定，那么他只是为了掩盖自己的没有信心，因为他的没有信心，所以才会不假思索地做出决定，急于展现自己的信心。而这时候说出来的话，一般都不会很完善，很容易让对手找到破绽，反而更没有信心了。

过多的哈欠可以自我安慰

有时，我们会看到某些处于极大的压力状态下的人总是会不停地打哈欠，我们也会好心地让他们多注意休息。其实这时候的他并不是很困，只是他感到有很大的压力，所以身体会自然地出现条件反射，以达到自我安慰的效果。

其实，这时候的哈欠不仅仅是"深呼吸"的一种方式，当人类感到口干舌燥的时候，就可以通过打哈欠将内心的压力传递到身体唾液腺上，这个时候，嘴巴内外结构的伸张就会迫使唾液腺释放出水分，以此来缓解忧虑、不安造成的口干，达到安慰自己的目的。所以，我们以后看到他人或者自己会不自觉地打哈欠时，我们都不要立马归结为没睡好、犯困，很有可能是因为内心有压力，感觉到不安，在进行自我安慰。

其实这样的情况我们生活中很多见，而且把这种情况默认为犯困，当因为内心不安打哈欠之后，就会对着自己的内心或者他人说一句："困了，还是睡一觉吧，醒了再想。"

消除心中的不安会不自觉搓腿

有一种安慰行为会经常被大家忽略，就是当人们想自我安慰时，会不自觉地做出搓腿动作，而且这个动作通常是在桌子下才会完成的，所以经常容易被大家忽略了。在紧张的时候，有的人会感觉坐立难安，而且喜欢把手放在大腿上，不断地揪自己的裤子，甚至会把手在裤子上来回摩擦，以此来缓和自己的情绪。所以，如果看到有人做出这个动作，就可以断定对方一定是非常紧张，情绪不够缓和，所以这可以当成判断对方心思的一个依据。

人们通常在做这个动作的时候，会将一只手（或双手）放在一条腿（或双腿）上，然后双手沿着大腿向下搓至膝盖处。有的人习惯只做一次，但大部分的人还是会反复搓腿，或者按摩腿部。这么做的目的很简单，就是要消除心中的紧张感，达到安慰自己的效果。但往往做出这个行为的人都会辩称，只是要擦干手掌上的汗而已。这种非语言行为更值得我们去好好观察，因为微行为更能有效地反映出一个人是否处于紧张、不安的状态下。

这个搓腿的动作其实对于判断一个人是否处于紧张状态有着重大的意义，因为这个动作对消极事件的反应是十分迅速的。警方也经常凭借微行为对犯罪嫌疑人进行判断。在办案的过程中，警察会注意观察问讯对象是否会时不时出现搓腿部进行自我安慰的动作，并观察这类动作是否会随着问题难度的加深而增加，这个增加是包括动作频率、动作幅度的增加，都说明某个问题可能令问询对象感到不适，或者是因为他已经产生了犯罪意识，或者是因为他正在撒谎，再或者是因为询问者正在逼近一些他不想谈起的话题。尤其是当嫌疑人面对无可抵赖、无法辩解的证据（如看到了自己在犯罪现场留下的证据、照片等）时，他们就会不自觉地做出这种行为。换个角度讲，这种安慰行为通常可以一箭双雕，既能把手心的汗擦干，又能通过触觉上的安抚达到自我安慰的目的。

不仅是犯罪分子在为自己的行为说谎时会做这个动作，而当被询问者对其所需要回答的问题感到忧虑时也会做出这个动作。

自我安慰时会抱紧心爱的玩具

有的人在感觉到紧张不安、想要给自己安慰的时候，就会选择抱紧心爱的玩具，好让它给自己温暖，让自己觉得心安。这个玩具通常是自己平时很依赖的东西，比如女生一般会选择心爱的毛绒玩具，或者抱枕之类的，而男生则会选择喜欢的汽车模型等。不过这个自我安慰的习惯大多都是在幼时养成的，如果在幼时没有养成这个习惯，长大了，想要自我安慰时会找另外的方法。

我们会看到很多宝宝在睡觉的时候，习惯要抱着自己心爱的玩具才能入睡。这个行为从心理学上讲都是有原因的，因为这个孩子内心缺乏安全感，需要从他物来找到心理慰藉，而这些喜欢的玩具等物件就成了孩子的安慰物。这种通过抱紧这些玩具寻找安全感的行为并不会轻易消失，就算长大成人了也会一直延续下去，特别是当一个人感到很无助，又不想与他人分享的时候，就更喜欢采用这样的方式。这种方式虽然看起来有点孩子气，但是可以真切地让人感到获得了安慰，有什么平日里说不出口的话也可以跟它说，这样就不会让自己把事情憋在心里，也不用担心自己的心事会被别人知道。而且就算实在难过，打它几下，它也不会生气。

通过饮食进行自我安慰

有的人平时总会因为减肥或者健康的原因而控制自己的食欲，比如吃饭只吃八分饱。但是也有的时候，我们会发现他们突然一反常态，胡吃海塞，好像一顿要把一辈子的饭都给吃回来。这个时候，千万不要着急开口去劝，也许对方就是在通过食物来安慰自己，我们常说的"化悲愤为食欲""把痛苦溺死在食物中"，指的就是这种情况，更多时候，这个"悲愤"往往只是想进行自我安慰而已。而吃东西为什么有这么大的"魔力"，甚至可以让一个人暂时忘记烦恼，而达到自我安慰的目的呢？

这是因为，当人们进食的时候就会分散本身的注意力，当在享受美食的时候就不会去考虑那些烦恼和忧愁，可以缓解压力。

而达到舒缓情绪最好的食物是甜食，有资料显示，当人的心情不好的时候，体内也必定缺乏营养素。心情的好坏、情绪的高低都与脑力有着相当大的关系，当心烦意乱或者心力交瘁的时候，脑部就最需要糖分补充，以缓解紧张不安的情绪，也就是进行自我安慰。如果这时候吃别的食物，比如脂肪、纤维素等都无法转化为糖分。而一些甜食，比如冰激凌、蛋糕却可以直接转化为糖分，所以吃一些甜食就可以迅速缓解这一症状，在某种程度上满足了脑部的能量需求。此外，当心情不好的时候人体还会缺乏维生素 B，食用甜品、碳水化合物又可以促进 B_1、B_{12} 摄入，以达到对精神上的安慰或者满足。

所以，从这个角度讲，通过饮食进行自我安慰是一个有效的自我安慰方式，特别是对于女孩子来说，既可以享受美食又可以缓解精神压力，一举两得。

最好的安慰是聆听

当朋友遇到不顺心的时候，可能希望别人给予安慰，也许某一天你就需要扮演这样一个"别人"的角色了。安慰别人也是有技巧的，既要让对方觉得舒服，又能让对方积极去面对，还要不能引起对方的反感。聆听也许是最好的办法了，这聆听不代表只是保持沉默，让对方尽情地说，而是仔细听听对方说了什么、没说什么，以及真正想表达的意思；聆听也不是指直接给对方反复说好话或发问，通常这样的聆听只是分享自己的故事，或者是询问对方问题，其实这样不是聆听者该有的姿态。真正的聆听，应该是用我们的眼、耳和心去听对方内心的声音，而且不要立刻去刨根问底事情的前因后果。我们必须愿意把自己的"内心对话"暂时搁下。所谓的"内心对话"，是指聆听对方讲话的同时，会在自己脑海中不自觉形成一个对话，包括动脑筋想着该说什么、如何响应对方的话，或盘算着接下来的话题。

这个时候这些想法都只能想，别说出来，先听对方说的话，这才是最好的安慰，也只有聆听了，才有下一步的安慰行为。

第十五章

三十六计走为上：
逃避与逃离

稍稍吸气代表恐惧不安

心理学家称，内心的情绪一定会有外在表现。人们在得知意外事件的瞬间，或者在观看恐怖电影时，经常会"倒吸一口凉气"，这便是内心恐惧的情感流露。如果你观察得足够仔细，即使老谋深算、极其善于掩饰的人，也都会不自觉地稍稍吸气，即使他的动作幅度非常小。

人之所以在恐惧时会吸气，原因还要归结到人体机能。人们在产生恐惧的心理时，相应地会有身体上的一些反应：下唇被下唇肌下拉，露出下齿，而且恐惧的嘴角向两侧拉开，还会有深呼吸的配合。同时这也是大脑在受到刺激时需要更多氧气加快思维的一个表现。

了解了吸气的原因，我们再来了解一下人在恐惧时的面部表情特征，主要有眉头向中间聚拢、上扬；眼睛睁大；张开嘴等。引起恐惧的事件已经发生，多半可以断定刺激是不利的，眉头自然皱起。眼睛睁大是因为对悲伤的结果还不确定，必须继续收集刺激源的视觉信息。我们这里主要讲到的是嘴巴张开，相比悲伤张开嘴叹气而言，恐惧时人们张开嘴则是吸气。有人吸气动作幅度很大，代表他此时并未设防，并没掩饰自己内心的恐惧情感，当然还有一种情况是事情并没有那么严重，当事人还承受得住；有人吸气动作幅度很小，代表着他可能已经在大脑中进行了高速运转，将这种恐惧迅速消化，同时控制自己面部肌肉，不使外显。同样当然有一种情况是此人承受能力较强，在别人看来是重创，在他看来只是必经的挫折。

当然，有情绪一定代表会有表情；有表情却不一定代表有情绪。一个人静静坐着稍稍吸口气并不能代表他一定就心生恐惧了。我们在通过微表情对他人心理进行判断时还要考察其他方面的因素，例如是否真的有刺激产生。可以说有刺激则会有情绪，有情绪则会有表情。掌握这些技巧的同时还要多做观察，这样才能准确把握，获取真实信息。

姿态微微调整：他很不安

在棋局的对弈中，一个好的棋盘手眼睛不仅要盯住风云暗涌的棋盘，还会不时观察对手的坐姿及表情。很多棋盘手都因此学会了不管遇到什么情况都可以做到面不改色，但是他们忽视了同样能反应内心情感的一个征兆——坐姿。你肯定要问，坐姿也能出卖了他们？是的！心理学家告诉你，姿态微微调整代表着内心的不安。

交叉手臂的姿势常被用来代表否定或拒绝。坐在椅子上，一脚跨在椅背上（翘起一只脚来），往往是在展示自己的优势地位和权威性。如果有人交跨双腿，那就是用腿部语言告诉对方：暂时还不许你进入他的内心世界。即使他这时正说着对你多敬重、多友好之类的话，你最好也别太当真。除了人们因为感觉累了调整姿势之外，人们在表达不同意见、感觉不安的时候都会微微调整姿势，为自己表达观点、在不利的环境中寻找新的支撑和安全感。

人们常说，坐立不安。一个人在内心焦躁或者烦闷不安时，总是不能控制的走走停停，必须在座位上时便表现为不断调整坐姿。可以这样解释：心理上的不舒服会给大脑发出一个信号，大脑并不能判断区别身体和心里，便会调整身体姿势，以求达到舒服的状态。可是这并不能解决问题，所以反应在人身上便是不断地在调整。当人们想抑制这个动作时，只是会减少频率或者降低幅度，除非坐禅入定的大师，很少有人能完全做到心动身不动。

直接后退，想要逃跑

影视剧中经常有这样的桥段，在各种各样的关系中，强势的一方言辞激烈，咄咄逼人，步步紧逼；弱势的一方眼神惶恐，被逼得步步后退。京剧中也经常会出现角色在心灰意冷、伤心失意之际，即使没有人逼迫，也步步后退，呈现出绝望和逃离的负面情感。这些桥段虽然经过了艺术化、戏剧化的处理，但是所运用的心理知识在现实生活中却是很实用、很普遍的。身体上的后退代表着心理上的逃避。

腿部是如何明确地表明我们的心理过程的呢？我们虽然是用脚走路，但身体的其他部位也是参与活动的。走路时挺起胸膛，表明我们的活力、抱负在引导我们前进。我们内心的自我要远远领先于我们的步子。比如那些占据着优势地位的人，抢先是他们生存和表达自我的方式，他们寻求胜利的感觉，他们知道只有积极，有竞争力，才能够成功。只要有一条线，他们总是第一个站在线上的人。他们要步步紧逼，给对手烙上失败的烙印。这里我们讨论的就是这些失败者，他们被逼到悬崖，包括身体和心灵。他们处处后退，在形势和对手的紧逼下产生了想要逃离的想法。心理带动身体，他们的地势越来越不利，以至于脚步不听使唤地向后移动。

如果你的敌人在对峙中开始向后退，那你一定要抓准时机，奋力一击，那时离你成功的时刻就不远了。虽然这种心理战术不是你成功的决定因素，但是确实能帮你更快、更有力地击垮对方，以最小的损失在最短的时间内给对手最致命的打击。

躯干和头后仰代表想要逃离

趋利避害是人类的天性，人们对某件事物保有极大的兴趣时，会身体前倾，靠近以示好感。相反，当人们预感到不利和威胁时，便会后仰表示拒绝和逃离。这一点，人类和动物界并无二异。一只恐惧的小狗面对打向自己的棍子时身体会向后倾斜成一个角度，表示它是抗拒这个打击和不幸的。一般来说，这个动作幅度不会很大，辨别起来没有什么难度。就像人们在面对了一整天复杂的工作时，会想朝椅背上靠一靠，这不仅是想要获得一些脊背上的轻松感，同时也表示着想要脱离眼前的工作。

谁要是害怕抗争，但又必须面对时，他的身体就会往后退。如果肩膀朝后，脚就会暴露在身体的前面。如果同时再收缩胸脯，那就表明：我是不会全力以赴的。这种情况经常发生在会议室中，当会议开的太久人们疲倦了或者议程陷入了僵局，很多人都会手一摊，身子和头部向后仰，这就代表着，会议过程中凝聚起来的集体力量开始涣散，大家想要逃离这烦琐复杂的会议了，主持人这时就要采取一些方法将大家的思路拉回来，讲一些有意思的事情或者正面的振奋人心的消息，重整旗鼓，以保证会议能继续开展下去。

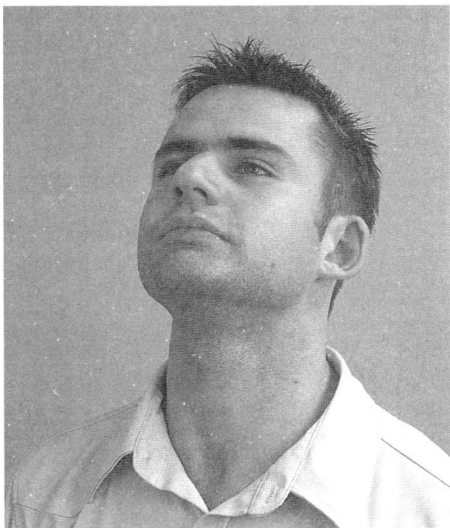

很多销售人员、推销员都深谙此道。所以，知道了这点之后，作为客户，我们在讨

头向后仰

价还价的过程中可以在不经意间后仰身体及头部，这样就能在心理上给对方一个下马威，通过自己的想要逃离和不感兴趣，降低对方手中的筹码，为自己赢得先机。

避开他的视线：视觉逃离

眼睛是心灵的窗户，我们经常根据一个人眼睛的明亮程度来判断此人的纯洁程度，因为眼睛是最能暴露一个人内心活动的身体器官。"眼明心亮""眼疾手快"等等都是在说眼睛是如何反映一个人内心活动的。在谈话过程中，说话时不是直视而是一直避开他人的视线，这是表示：感到疲倦，无意倾听，他心里想的只是"快一点结束该有多好"。遇到这个情况，你应该做的是及早地结束谈话，定一个时间，下次再好好谈。

双方在交谈时，视线难免会相遇，视线相碰的时候，直视对方，绝不避开，这种人的性格，通常是方正之士，待人以诚，绝不要弄什么诡计，是意志坚强、自尊心强的表现。如果对方在此时连忙移开视线，聪明的你该做下面的判断。除了此人性格本身怯弱，从来不敢直视别人视线这一情况外，大概有下面两种情况：他的内心有某种苦衷，或是有意隐瞒什么；急急避开视线，表示担心你发觉到他的心事。

其实，视线斜视是"不想让别人识破本心"的心理在起作用，是一种试图掩饰的内心活动。潜意识中，当你想掩饰一些东西的时候，你就会害怕别人知道你的掩饰，与之而来的心虚和不自信就会逼迫那你的眼睛不去直视谈话人。甚至很多人认为目光转移是撒谎的信号，虽然这有些以偏概全，但这也从一方面反映了避开视线至少是在隐瞒一些心理活动。

恐惧时两手冰凉

并不是所有恐惧心理活动都会导致两手冰凉，这只发生在恐惧到了一定程度之时。手凉的程度取决于事件恐惧程度以及此人心理脆弱程度。心理恐惧表现在机体上，是会产生生理逃跑反应。血液从四肢回流到腿部做好逃跑准备，他的手部首先冰凉。这一点确实有不好辨别之处，因为有的人向来是四肢冰凉的，当然通常这类人也是易恐惧群体。我们在这里探讨的主要是正常手温突然转凉的情况。

人在恐惧时的这种生理反应会将自己的心理活动出卖，当然，很多时候并不方便也没有理由去碰触对方的双手，这时我们可以观察，因为两手冰凉的人会不自觉地双手摩擦做取暖状。

通过这点我们可以大致看出，这除了反映他此时心有不安外，还可判断出此人手部应该是手部发凉，需要热量，因此得出他心生恐惧的判断。

心理咨询师在治疗患者的过程中，遇到患者有心结、因为恐惧等各种原因不能表达自己的情况时，会给患者一个暖手袋或者其他东西让患者首先从手上得到能量，从而增强心理的正能量。所以，面对心生恐惧的朋友，去握住他的双手能很好地抚慰他恐惧的内心。通过手部的热量传递自身正能量，增加抗拒恐惧的砝码，同时宽慰他的内心。

坐姿角度扭转，准备逃跑！

每个人在坐着时都会呈现出不同的姿势，有的人喜欢跷着二郎腿，有的人喜欢双腿并拢，而有的人喜欢两脚交叠，真是各种各样，千奇百怪。不管坐姿如何，都有"稳坐江山"和"坐立不安"这两种状态，这其中的情绪变化很好地解释了"坐姿角度扭转，准备逃跑"这一点。一个"稳坐江山"的人坐姿很稳定，不会经常扭转坐姿。因为心理上占有优势的他们心态稳定，不会有什么波动或者不安需要通过调整坐姿以图找到最舒适的心理站位。

一直以来，关于坐姿并没有一个统一的规矩，因为正确的坐姿取决于情景和功能的要求。不过有一点是可以肯定的：如果一个人满满当当地坐在位置上，身体能灵活运动，但又不是东摇西晃的，那么，他就会给人留下一个好的印象。谁如果老是动个不停，坐不安稳，那么，他的感觉也不会舒服——找不到自己的位置。找不到自己位置的另一面就是他想逃离！

所以，如果你的谈话对象不时调整坐姿，可能你们的谈话内容已经让他有想要逃离的打算，如果你眼够尖发现了这一点，那你要适时对谈话内容和谈话时间做出一些调整了。不然在对方根本听不进的情况下强行灌输自己的思想也是徒劳无功的。

站姿角度扭转，下一步就逃跑！

每个人都有自己习惯的站立姿势，站姿是由一个人的教育、性格和人生经历及最终形成的修养所决定的。不同的站姿可以显示出一个人的性格特征。有人说："站姿是性格的一面镜子。"此话一点不假。我们只要细心观察周围的人，从他们站立的姿势语言去探知其性格心理，也许会有收益的。

除了习惯性站姿能反应一个人性格外，站姿的变化也在反映着此人内心活动的变化。在公开的场合或容易受人注目的场所，如果一个人不愿意把内心的焦躁不安明显地表现在脸上，或者不愿意用手或身躯做出大幅度的动作，那大脑就会选择距离他人眼睛最远的、最不显眼的部位——腿和脚来表达。人在预感到要遭遇他人侵犯或有他人要进入自己的势力圈时，如果对此要表示拒绝或不耐烦时，就会用一种逃离式的扭转站姿来表达。

如果一个人把自己的双脚一开，就说明他离开自己所在的位置，想获得一种解脱。当你在和别人交谈的时候，如果注意到对方正在慢慢地（当然也有可能是突然地）把自己的双脚朝远离你的方向挪动，你知道这是为什么吗？这说明这个人现在有事情要办，可能是想去约会，但是因为与你交谈耽误了时间，所以内心中想要赶紧走。当然，也有可能是因为他不想再听你说话，或者是你在无意中说了什么冒犯了他的话。总之，如果一个人的脚发生转向，就说明他想离开了。

站稳脚跟，就是说，双脚要紧挨地面，即跟地面贴合。和其他所有非语言身体信号一样，我们要把这些微动作置于具体的事件环境中。不排除有一些人本身就有好动的习惯，他们在站立时不能静立、不断改变站立姿态的人，性格急躁、暴烈，身心经常处于紧张的状态，而且不断改变自己的思想观念。在生活方面喜欢接受新的挑战，是一个典型的行动主义者。

从脸色也可以直接读出不安与想逃

人类的表情是最丰富的。生理学认为，人类面部的表情肌，特别是在眼睛与嘴巴周围，十分发达。透过不同的面部表情，可以分析、判断对方的种种心理活动。因为，各种表情的表达，与面部表情肌的活动是息息相关的。

在生意的经营中，我们常听说"要微笑面对顾客"，因为商家的亲和在生意的促成中占有很重要的作用。很多时候不是因为产品的质量或者款式不符合心意，而是因为店家的态度没有说到消费者心坎里去。另外，还有没能呈现出足够或者说是适当的和善。当消费者感觉得到了尊重，心理需求得到了满足，即使还有别的选择，或者产品并不是百分百满意，也很有可能爽快地达成买卖。表情在日常生活中的重要地位可见一斑。

与此相对应，不安与想逃也可以从脸色上直接读出。人只要清醒着，就会持续接收和处理各种信息。情绪用以处理不同的刺激，表情则是人类的另一种交流方式，比语言更真实、更准确。表情是由情绪驱动产生，二者之间有着密不可分的联系。人们常说某某气得脸色发青，涨红了脸，灰头土脸，都是在说脸色是如何反应一个人的内心状态的。表情肌的变化直接反映着内心状态的变化，当一个人不安时，面部肌肉就会僵硬，即使他有所掩饰，也不会逃过心理学家的眼睛。如果你眼神够敏锐，也会注意到其中的细微变化，因此探析对方的心理活动并非难事。

恐惧的直接反应是静止

恐惧，又被称之为畏惧、恐慌、可怖、惊骇、悸惧、焦虑、憎恶、惶然、沮丧、凶示、悚然、震颤、战栗、躁动不安、撕心之痛。任何人被惊吓时都会感到毛骨悚然，任何人都会用各种各样不尽相同的词语来描述自己感受到的恐惧情绪。虽然恐惧是一种单一原始的情绪，我们却有那么多形容它的字眼，不得不说这是一种奇怪的现象。也许所有这些同义反复都是语言学的创造，也许，翻弄我们的脑袋后能够发现那种熟悉而无华的恐惧。

恐惧并不是一种单一的情感，而是一套哺乳动物用以处理威胁的复杂多变的策略。科学家们制作了一个令实验对象可以躺在功能磁共振成像扫描仪中进行的生存主题视频游戏。实验对象由一个处于迷宫中的三角形表示，并可以对之进行操纵。在某一时刻会出现一个圆环。这是一个由 AI 控制并搜寻玩家的虚拟捕食者。如果它抓住了玩家，他们的手背会遭到轻微电击。实验中，前脑网络会使大脑对外部环境的注意力更加敏锐，评估威胁，监控微妙的变化，一有风吹草动则立刻逃离。它的另外一个重要功能是保持中脑部静止，因此被捕食者一开始会以静制动，而不是直接以最快的速度逃跑。

经历过地震等灾难的人们，在回忆惊魂一瞬的时刻，脑海中并未出现什么场景或事件，而是一片空白，然后才是应对措施。这很好地解释了"恐惧的直接反应是静止"这一点。虽然这并不能给我们带来什么实际的帮助，但是更多更深地了解自己还是会在一定程度上有助于危机的应对和化解的。

恐惧会使人最大程度睁开双眼

你会在任何一部经典恐怖片中看到剧中人物在受到刺激和惊吓时瞪大睁圆的双眼，研究表明，人在极度恐惧时会把眼睛睁到最大限度。也就是说，想要知道一个人眼睛最大可以睁到什么程度，那就给他足够的刺激源，使其产生恐惧，恐惧到一定程度时眼睛就会睁到极限。有一种观察恐惧的特殊方法，就是遮挡住脸上的其他部分，只留下眼睛进行观察。探究其生理机能，恐惧时上眼睑试图睁大，同时在眼轮匝肌和皱眉肌对眉毛的反向影响下，虽然还是能看出虹膜的自然暴露程度，但通过一道褶皱改变了眼睑整体形态。

人在恐惧的时候，整个神经系统都在应对随时可能出现的威胁，因此产生高度紧张的情绪，对周围环境变得非常敏感。高度的关注可以通过眼睛睁大的状态表现出来，当然，眼睛睁到极限的条件是刺激源足够恐怖。一切现象都是有其原理的，我们在受到刺激和惊吓后产生恐惧之时，其实大脑已经在第一时刻做出了反应，为了快速接收更多视觉信息，以判断自己是否安全，所以才会睁大双眼。

恐惧的眼部特征和惊讶、愤怒是非常相似的。同样是恐惧情绪引发的表情，眼睛睁得越大，表情看起来就越恐惧。区别在于，在不那么害怕的状态下，比如担忧和不安时，眼睛不会睁得特别大，虹膜上方的眼白不会露出。另外，善于伪装的人会在恐惧时第一时间进行抑制，可能眼睛并没有睁大，但其实他的内心已经产生恐惧了。这时我们就要综合各方面因素进行考量了。在这里想告诉大家的是，眼睛睁大并不是恐惧情绪的必然外在反映，我们在对这点进行判断时，一定要擦亮眼睛，看清对方是否已经经过伪装。

张大嘴巴吸气

人类之所以能站在生物界的顶端是有其各方面原因的，在不断进化的过程中，人类机体早已逐渐适应并发展出了一系列预警机制。在意识到周围有危害或者刺激时，人会张开嘴巴就是其一。究其原因，就是由于人类进化出来的本能，会在第一时间试图执行逃跑方案，需要大量的空气用于能量储备，只用鼻子来不及，在求生本能下，人会张开嘴大口吸入。

有研究表明，当一个人感到非常恐惧的时候，他的上唇会提升，由于颈阔肌的作用，他的嘴角也会向两边大幅度地拉开。这时候，下唇也会做出相应的反应，它不只会随着下颚的垂落而打开，还会被降下唇肌拉长。当然，人的这种反应，并不是只有在恐惧的时候才会出现。

人们所谓的"倒吸了一口凉气"就是这个意思。按照自然界的法则，生物都是趋利避害的，人在意识到紧急情况、危险场面时产生恐惧情绪，继而就是想要逃离。可能是通过驱赶对方逃离自己不适应的环境，可能是自身要逃离不利于自己的处境。

紧张焦虑会导致呼吸不由自主地加快，急促的呼吸会引起一些生理变化，这些变化都是由自我调节的神经系统的反应引起的。这些生理变化，是不能通过意识直接控制的。你能做的最简单、最有效的努力，就是控制呼吸，通过呼吸缓解焦虑。在现实生活中，很多人把张大嘴巴吸气当作减压的一种方式，这也是十分有效的。这个动作可以缓解人类紧张、恐惧的情绪，能够舒缓心情，调整状态，使身体机能处于最佳状态，在紧急情况或重大场面中保持时刻戒备的状态。

发出尖叫声

在热带雨林中，生活着这样一群猴子。它们在树丛间跳来跳去，觅食和嬉戏着。忽然，负责瞭望的猴子发现了远处出现了危险情况，它张大了嘴，发出了奇怪的喊声，那撕心裂肺的声音惊动了整个猴群。猴子们在猴王的带领下焦躁不安地向着另一个方向逃去，以躲避它们的天敌……

在看《动物世界》等科普节目时，我们经常会看到两只争夺地盘的雄狮朝对方咆哮，一方面是为自己示威，另一方面是要通过声音上的震慑驱逐对方。古时作战也有击鼓以壮士气的传统。这一方面说明了尖叫声会舒缓情绪，另一方面说明尖叫时有情绪产生，而这种情绪一定是刺激性的，使人想要逃离的。惊声尖叫一方面是为了缓解内心压力的本能行为，另一方面也是进化积累下来的一种攻击手段——通过高频声音驱赶对手。

在一些战争题材的电视和电影当中，我们经常会看到这样的情节：由于某个人没有说出对方想要的情报，审讯官就会对他上刑。而且这些刑罚五花八门，既有老虎凳辣椒水，又有往手指里塞竹签。这些都是我们能看得到的刑罚，事实上，有很多时候，既看不到又摸不到的声音，也可以被用来行刑。在第二次世界大战期间，如果有间谍不幸落入敌方手里，他们的下场会很悲惨。因为他们有的人会被放到有大喇叭的房间，但是不会接受严刑拷打，而是要听一些"精心准备"的"音乐"。用不了多久，这些意志坚定的间谍就会烦躁不安，大声呻吟，甚至可能会倒在地上抽搐，还有人会因为无法忍受而想撞墙自杀。有很多接受过这种刑罚的人表示，自己宁愿被枪毙，也不愿意接受这种折磨。由此可见，以尖叫声当凶器并不是没有根据的。

人在感到恐惧后的正常反应是：肾上腺素大量释放，机体进入应急状态，心跳加快、血压上升、呼吸加深加快；肌肉（尤其是下肢肌肉）供血量增大，以供逃跑或抵抗；瞳孔扩大、眼睛大张，以接收更多光线；大脑释放多巴胺类物质，精神高度集中，以供迅速判断形势。

人类及类人猿等动物感到恐惧时常会发出尖叫声。对动物的观察表明，群居动物的某一个体看到天敌而发出尖叫后，其同类能根据尖叫的示警迅速逃跑。这种群居保护机制现在依然存在于我们的体内。虽然已经不再是以前的作用了，但它和张大嘴巴吸气一样，对我们日常生活的减压、舒缓情绪方面还是有着很大帮助的。

躯干倾斜就是要逃离

和身体的其他部位一样，我们的躯干在感觉到危险时的第一反应就是逃离。比如，当有东西抛向我们时，我们的边缘系统会向躯干发出立刻躲避的信号。一般来说，这种反应与袭击物体的性质无关，不管是棒球，还是正在行驶中的汽车，只要我们感觉到了，我们就会赶快闪躲。

同样道理，如果一个人站在一个自己打心眼里厌恶的人身边，那他也会做出逃离的动作，比如，他的身体会倾向远离这个人的那一侧。另外，如果双方中的一方感到事情不是很顺利的时候，他会发现，对方会做出一些远离动作，当然，幅度不会太大。研究表明，我们身体前侧部位的器官比较多，比如眼睛、嘴巴等，都集中在前侧。这让它对我们喜欢或者讨厌的人都非常敏感。不管是遇到好的东西还是遇到喜欢的人，它都会倾向它。相反，在遇到坏的东西，或者是我们讨厌的人的时候，就会出现一种"腹侧否决行为"。这时候，我们最直接的反应，就是会转身离开，至少也会换一个姿势。比如说在一些公共场合，或者是宴会上，如果碰到自己不喜欢的人，我们会转身离开，就是这个道理。

女性的躯干保护行为比男性可多得多，尤其是当她们感到不安全、紧张时。为了保护自己的躯干并令自己感到舒适，女性可能会将双臂交叉放于胃部。她们可能还会用一只手臂斜挎胸前，然后用另一只手抓住另一只手臂的手肘，这也是一种壁垒。女性的这两种下意识的行为都是为了保护和隔离自己。

在学校里，女生在走路的时候，总是喜欢把自己的书或者笔记本抱在胸前。特别是在大一新生刚刚入学的时候，这种反应更是明显。当她们慢慢适应这个新环境之后，动作上就会有所改变。比如说，笔记本或者书的位置会由胸前挪到身体的一侧。但是在邻近考试的时候，她们又会恢复之前的把笔记本放在胸前的位置。当然，这个遮挡物也有可能是公文包，或者是钱包。

膝盖发软

有的人在极度恐惧的时候，会吓得走不动路，发现自己腿软了。所谓的腿软，就是膝盖发软，以至于无法带动腿部进行正常的行走活动。那么，膝关节是怎么让人从站立的状态转变为行走的状态呢？一般来说，人在走路的时候，膝关节是处于略微紧张的状态，但是不能太紧张，太过僵直，否则它就起不到让人走路的效果，反而会阻碍人走路。因为它还有一个功能，就是像弹簧一样。

那么，膝盖发软说明了什么呢？这说明一个人非常恐惧，说明他的肉体或者情感上有些虚弱。这时候，身体的其他部位还可以活动，但是丧失了行动或者走路的能力，迈不开步子，这是休克的前兆。当人的情感比较强烈的时候，比如说正处于热恋之中，如果自己的恋人突然出现在自己面前，往往会又惊又喜。

那么，应该怎么去给自己的脚步下个定义呢？有了脚步，自己才能和地面以及环境相连接。大地就是为了承载我们而存在的，我们有权用自己的每一步来让它承受载荷。每个想要有所成就的人，都要让自己脚下的这块土地来承受自己的愿望和需求的重量。我们是用双腿行走的，但是有时候，双腿并不受我们指挥。

那么，为什么我们的双腿会不受指挥呢？这是因为人的种种情绪的影响，比如不够自信，比如太过软弱，比如太过恐惧。有时候，大腿可以传递出这样的信号：这是我的任务，但是我不想干。而且，这种拒绝的情绪还可以感染身体的上半身。

手心潮湿的人内心恐惧

对于男性来说，唯一可以接触到陌生女子的身体的机会，就是握手。通过握手，你就可以通过对方的手来了解对方。如果对方的手心比较干爽，就说明她的性格比较开朗，当然，也有可能是她对你们的这次会面兴趣不大。如果是在相亲的时候出现这种情况，那基本上成功的概率不大。如果对方的手心比较潮湿，就说明她比较内向，也可能是她现在非常紧张或者是害怕。要想知道她到底是紧张还是害怕，可以通过她的眼睛来判断。如果她现在是躲躲闪闪的，就说明她很紧张。如果她的眼睛微闭，那就说明她很害怕。相对来说，男性在这方面的表现会稍微隐蔽一些。因为男性通常都是大大咧咧不拘小节的，对于大部分男性来说，握手就是简单的握手，他们并不会去把很多心思放在握手时对方的手心情况以及情绪上。当然，在遇到一些重要的人物，或者是在一些重要的场合的时候除外。

当然，与别的微表情和微反应一样，手心的表现也不是特定的，需要放到特定的环境中进行具体分析。比如说约会的时候，如果你觉得她的手稍微有点潮湿，就说明她对你有点意思，但是这时候你也不要表错情，因为还有一种可能，就是她非常内向。她接触到异性的手的时候就会紧张，甚至有些恐惧。当然，如果你觉得她的手心干爽，也不要气馁，以为她对你没有意思，还有可能是她比较开朗。

在一些比较重要的场合，比如说审讯犯人，或者是在谈判的时候，也可以用这一点来审视对方的心理。如果他没有说实话，就算他的表面功夫足够到位，但是他的身体，一定会出现某些反应。比如他的手心出汗了，虽然不能就由此断定他做了坏事，但是他至少跟这件事有牵连，还是需要提高警惕。

恐惧时用手护住某个部位

所谓的恐惧，就是人们在感到自己周围有什么无法预料的因素的时候，心理或者生理上出现的一种不知所指的强烈反应，是生物所特有的。从心理学上来说，在一个人想要逃离某种情景却做不到的时候，就容易出现这种情形。

在拳击比赛中，我们经常容易看到，当一方属于弱势，被另一方暴揍的时候，他经常会用手护住自己的脑袋。当一个孕妇发觉自己有危险的时候，总是会用手护住自己的腹部。当一个人感到不安或者恐惧的时候，他总会用手盖住自己的颈窝。之所以会出现这些反应，是因为他们在恐惧，所以会下意识地去护住自己身体上最弱势的部位。之所以会这样，是因为头部是最容易在袭击中受到伤害的部位，而孕妇把手放在腹部上，是为了护住自己的胎儿。在一些恐怖片中，我们经常会看到里面的女主角在遇到危险的时候，经常会用手捂住自己的脖子。而有的人在遇到危险的时候，也会"抱头鼠窜"。

一般来说，人们在恐惧的时候，经常会不自觉地把自己身体上最脆弱的地方盖起来，这样做的目的就是为了保护这个部位。但是有时候，恰好是这样动作，却暴露了自己的弱点。比如说在两个人打架的时候，一方说："你别以为你很强大，我就不信你没有弱点。"这时候，另一方就会不自觉地用手去盖住自己的要害，而对手就可以趁机知道他的弱点在哪里。

逃避时头歪一边，用手托住头

我们面对不愿意接受的残酷现实或者不想见的人、不想做的事的时候，经常会选择逃避。比如深陷单相思或者被迫接受不想要的感情，如果我们无力去控制，我们会逃避。比如不想见的人、不想谈的话题我们会尽量绕开。逃避是一种不去接受的行为，而伴随这种心态的我们常可以看到的姿势就是用手斜托着头，往一边歪，也许即使他看似全神贯注地听你讲话，但其实可能已经在神游，或者是你带给他的信息让他心智上没有勇气面对。为了避免内心的脆弱或者痛苦，他选择一种短暂又急促离开的处理方式。惯用的场面是相亲的聚会，若一方是歪着头用手托着，说明他对对方不是很满意，不想面对。又或者是上司领导安排的职位下调或者对失败的宣判，你可以观察到听到的人都会突然歪着头用手架着。他们用这个动作来表达自己内心的远离、躲藏，暗示现在所发生的会带给他们心理上承受不了的打击或伤害，他们心智上并没有准备好，所以要采取逃避这个行为，让自己的心停留在一切都还没发生的状态。电视上对有严重心理创伤而精神崩溃的人的演绎，经常会让他们一言不发地呆坐在窗前，眼光停留在空气中的某个点，歪着头，用手托着，一动不动地像停留在另外一个世界一样。托着脸的手，给他们的是一种依靠与依赖，就像来自母亲的暖暖安慰，或者是恋人宽阔的肩膀或胸膛，托住头就是希望自己逃到了安全的地方，得到了亲人的安慰，爱人的拥抱。

逃避时按住脸颊、头、头发

书本上对地震时逃生的方法的介绍，就是感觉到地震时双手抱住头部缩成一团。飞机上的逃生手册的插图就是遇到气流，双手抱头。这些都是逃避危险的身体反映。每个人都试过突然发现忘记带钥匙或者钱包、手机等随身物品时，会条件反射的"啊"一下，很自然地用手压了下前额或者双颊，或者拍一拍，就像拍一拍就能弥补一样。相同的情况可能是我们突然想起忘记关灯了，忘记关窗了，也是会做这个动作。总之就是发现了有什么失误的时候，我们都会下意识地去用手按住头。行为学家研究发现，下意识地用双手用力压住双颊，或者按住头，头发，是表示希望得到所爱的人的爱抚与安慰，这个动作让自己的心理产生假象，觉得其实自己是没有忘记的，没有失误，一切都是按照原计划在进行。不管是大人小孩，男女老少，这个动作是最常见的表达希望逃避自己过错的。

逃避时会用指尖拨弄嘴唇

另外一个典型的代表逃避的动作，就是用食指及拇指的指尖触摸嘴唇，甚至开始咬手指关节，咬指甲，一直把指尖咬成锯齿状。这除了是一种逃避的表现，还是一种强迫症患者的行为。当一个人处于一个缺乏安全感的生存环境下，内心对可能发生或者已经发生的事情有极度的不安，觉得接下来发生的事情可能会让自己产生害怕、恐惧，所以当他们试图想克服不安，让自己表现得淡定的时候，就会情不自禁地做指尖拨弄嘴唇这个动作，想借此让自己的心情稍微得到安定，更好地来掩盖逃避自己真实的负面情绪。其实这个行为也是有先天的作用在里面，因为指头是母亲乳头的替代品，当还是婴儿时期的时候，获得安全感最好的办法就是通过吮吸母亲的乳头可以得到安定感，可以稳定大哭大闹的情绪，所以同样的为了稳定情绪让自己不要被恐惧的情绪继续笼罩，就用指头接触嘴唇。孩子会长大成人，但天性是不会随着年龄的增加而消失，只是说在孩童时期，这种行为表现得更多、更明显而已。比如，一个孩子做了一些可能会被大人责备的事情时，就会咬着手指，泪眼汪汪地望着大人，除了想让父母原谅自己之外，也希望逃避被责罚的命运，因为这个动作让他们觉得平静，就像是母亲给的安慰一样。

逃避时会自己紧握双手，或手指交扣

在紧张的时候我们会自己握着自己的手，或握成拳，或是交叉扣着，这个动作透露着自己紧张得想逃避的心情。这两只手一只手代表着自己，另一只手则代表心里最仰慕的人，最希望得到支持的人。在逃避心理产生的时候，这个动作同样地帮助自己逐渐平静下来。伴随这个动作我们会手心冒汗，双手相交扣不停地绞着直到手指发白没有血色，或者是双手僵硬地紧握着。当不想面对发生的事情时，我们都"期待有双强而有力的手给我们安慰，给我们支持与力量"，所以都不自觉地把自己的手握紧，给自己正面的心理暗示。

逃避时会玩弄饰物

在面试的时候，如果被考官问到难题，我们在思考的时候会下意识地摸下项链，摸摸纽扣，或者男士会拉一拉领带，晃一晃手表然后再回答。这个动作的发生预示着问题是面试者比较没把握的，他们害怕回答出来会给面试带来负面的影响。这个也是另一种紧张状态下的逃避心理。当审讯犯人的时候，警察会观察疑犯的小动作，来推测案情。如果疑犯是不自觉地玩弄手表，或者甚至是手铐，那么警察就会怀疑他是坦白，还是只是逃避事实为自己做掩饰。玩弄饰物是表达紧张逃避的一种身体语言。饰物是自己熟悉的东西，通过接触自己熟悉的饰物来忽略自己的紧张情绪，尽量让自己看起来平静。

脸色急速转变代表恐惧，急切想逃避

我们从脸色也可以看出逃避的心理，脸色的急速转变代表着承受到压力，产生了畏惧、恐惧，急切地想逃离。人们常用"脸色大变"来形容一个人情绪的变化，我们会说一个人"面无血色"，也会说脸色苍白得像一张纸，还会说"面红耳赤"。这些表达都很形象地说明了脸色传达着情绪变化，而情绪的变化又是内心感觉最主要的反应。脸色变红代表的是突然想逃避、紧张。人一旦有紧张的情绪，大脑就会本能地发出脑电波，刺激肾上腺分泌肾上腺素，这时会心跳加快，血液快速流动，脸分部着大量的毛细血管，当血液循环加速时，毛细血管就膨胀起来，脸就自然变红了。脸红的程度因人而异，有的人脸部毛细血管较少，即使激动，也不显红。

脸红的另外一个原因还因为视觉的冲击。当心里想着的人，出现在你面前。或者亲眼看到担心的事情发生了，视网膜把眼前图像信息传达给大脑，大脑产生大量与图像有关的信息，思考、过滤不必要的信息，同样原因使腺上素分泌加速，引起心跳速度增加，血液循环增加。大脑运作速度过快，供血量也增加，脸部充血。有的人在人群中会非常不自在，害怕被别人注视，害怕大庭广众下当众出丑，或者是人多的时候不敢讲话，不敢写字，坐立不安，严重的会觉得无法呼吸一样，出现面红耳赤、出汗、心跳、心慌、震颤、呕吐、眩晕等，只有远离人群，才能让他们恢复过来。有的人害怕与人有眼神接触，当有人对视时，会出现对视恐怖，他们中有的知道自己害怕社交，而且会脸红，我们还会称他们为赤面恐怖。还有一种我们称为空间恐惧症，有的人在狭小的空间里，比如电梯，会觉得脸红，心跳加速，无法呼吸，甚至不省人事。他们害怕狭小的空间，通过身体的反映来传达恐惧、想逃离的心理。

空洞的眼神表明很不安

眼睛是心灵的窗户，眼神传达着内心的感觉。我们用成语"目瞪口呆"描述一个人睁大眼睛直盯着前方不动，张着嘴说不出话。用空洞无神的眼神来表达吃惊或害怕而发愣发呆的样子。空洞的眼神就像停留在前方的某一个点上，看似已经游离于现实的状态。这是思绪的逃避，沉溺在另外的一个世界里。当所经历的，或者是眼前的情景让自己不安的时候，通过视觉的转移，造成一种假象，所经历的事情没有发生，或者没有看到不想看的人或物。这类逃避可能是短暂的，也可能是长期的。短暂的情况比如我们说的上课开小差，老师在课堂上讲，可是学生的思绪已经飘到教室外操场上，就是"身在曹营心在汉"的一种逃避。所以老师观察学生是否有认真听讲，首先观察的就是眼神。如果是长期的情况就是受到了严重的心理打击，不想面对事实，是精神病的一种症状。

想逃离时，身体会不自觉抖动

大家都有一种体会，当看到害怕的事物时，毛孔就像突然的张开，头发像竖起来，浑身突然起鸡皮疙瘩，嘴唇发紫，伴随着尖叫，全身都莫名的笼罩着一种恐惧，然后身体会不自觉地颤抖，想要逃离这种危险。比如女生看到害怕的动物——老鼠或者蟑螂，肯定是毛孔迅速扩张伴随尖叫逃之夭夭。又或者是看恐怖片，当恐怖的音乐响起，暗示将有事情发生时，来源于未知的想象会让我们把未知等同于恐惧。一个普通的黑影心理上会去想象并出现恐惧心理，尽管实际上可能那只是一只黑猫，身体对这个猜测的反应会让我们缩成一团，或者找个安全的地方可以依靠，吓得"魂不附体"，感受到威胁。我们还用"毛骨悚然"来概括身体对恐惧的反应。大脑通过传播生物信号，让身体起反应，表达此刻心里正在经历恐惧，而这些让人感觉到不适的生理反应都是希望逃离这种恐惧。恐惧与焦虑都是对危险的情感反映，并都伴随着生理上的感觉。对于周围预料不到的或者无法确定的因素产生的不安，无所适从的心理，是身体生理所有反映的根本原因。电视上警匪片中遇到有绑架的案子，人质都是缩在墙角，如惊弓之鸟，草木皆兵。如果突然有人出现，他肯定是突然就像全身的细胞都准备战斗一样，恐惧到极点，或者不停地打战、抖动着，试图安抚这种紧张，或者希望逃离这种状况。

回忆过去与幻想未来

回忆是一个奇妙的东西，回忆里有着酸甜苦辣，当然，我们都希望只记住美好的那些时刻。但如果一个人总是喜欢回忆美好往事和幻想美好未来的话，都是一种逃避现实的表现。通常会做出这些回忆或者幻想行为的人，都是对目前的生活现状不太满意，或者生活中遇到一些令人痛苦的事等。所以在潜意识中总会回避这些事，不断告诉自己要想其他美好的事来冲击这种负面的情绪。美好的、难忘的往事或者那些对未来美好的憧憬就是"正中下怀"了，这种回忆、幻想是可以在一定程度上缓解自己的心理压力，暂时忘却现实的各种负面影响，但一直逃避现实，最终还是不能解决问题，如果总是不断让自己逃避，最终的结果是更加痛苦地生活着。

那些喜欢通过回忆过去或者幻想未来的人还有几个特点，第一个就是特别念旧，总把"我以前……"摆在嘴边，生怕别人只看见他目前比较不如意的现状而忘记他以前获得过成功；第二个就是空谈理想，总告诉自己或者别人，"我以后肯定会如某某人一样成功，还要超过他"，然后再说出自己那些没有可行性的计划和目标。

其实逃避比面对要辛苦很多，骗别人的话，别人损失的只是对你的信任，而骗自己是让自己痛苦的源泉。有这么一句话要分享，不管生活中遇到什么，都要用一种乐观的态度去面对，不能改变命运，就请改变态度吧。

烦躁时不自觉想逃离

当对特定的事物感到烦躁的时候，人往往就会不自觉地选择逃离，这种情况也可以用一个成语来形容，那就是"眼不见为净"。当然这是一种消极对待问题的办法，但这种逃离是潜意识的，往往是不知不觉，甚至在过后都会反问自己一句，当时我到底是怎么了？

这种情景我们在职场上经常见到，当你对另一个人没有好感时，而另一个人突然"大驾光临"你的办公室时，你就觉得自己要离开，免得与这个人见面，也许你听到了他的脚步声时，内心就不禁会有各种联想，宁愿在他还没到达之前就先行离开，万一是正好两个人四目相对时，那个眼神是游离漂浮的，这也是一个眼神的回避，就是不自觉地逃离。如果是在职场，这种眼神绝对是输三分的表现，而逃避在职场也是大忌，所以又应了那句话，正视才是解决逃避的最好办法。所以为了不输别人三分，在职场上无论遇到什么情况都不要选择逃避，可以是虚心接受，可以是积极应对，还可以寻求帮助。

自我封闭是为了逃避现实

自我封闭是一种环境不适的病态心理现象，在心理学上对自我封闭的定义是指将自己与外界的事情主动进行隔绝，极少或根本没有社交活动，除了必要的工作、学习、购物以外，大部分时间将自己关在家里，不与他人来往。这种人除了对现实持逃避的态度外，还是一个很孤独的人，他们害怕各种社交活动，不喜欢交朋友，甚至觉得有朋友是对自己的一种障碍。因为要逃避而自我封闭的人是一种不能适应环境的病态心理现象。

自我封闭的人也不是天生就喜欢封闭自己，大多是因为在现实的生活里受到了挫折、失败。这些现实生活通常是来源于生活不顺（家庭、婚姻、感情），事业上的挫败（失业、破产）等原因的打击后，精神上受到了强烈的压抑，渐渐对周围的环境失去了认同感和信心，并且心里也越来越敏感，任何的"风吹草动"都会让他的神经绷得紧紧的，不断地选择逃避，于是对各种社交行为出现了抗拒和回避。

既然自我封闭是一种病态的行为，那么理应去调节改善，是病就可以求医，很多的自闭症患者常常也是因为自我封闭开始的。要如何调节这种病态行为呢？最好的办法就是应该及时去医院找心理医生咨询，把自己的内心想法释放出来，医生会找出合理的方法让你摆脱逃避心理，而自己也应该进行自我心理调适。

当对周遭的人失去信任时，就想逃离

众叛亲离的感觉是不好受的，但这种是被动的失去信任，而这种感觉多数时候不会选择逃离，而是选择反击和去追寻原因。但当主动对周围的人失去信任的时候，就不会选择反击了，更多时候是逃离。因为这个时候觉得自己很孤立，也没有一个人可以说得上话，但往往这些说不上话的人你又常常要遇到，甚至有着不少的互动。这种感觉是难受的，面对着那些不信任的人，又无法真正地将他们拒之千里，所以更多时候内心都会有一个声音——逃离。

电影《搜索》的故事就很好诠释了这个主题。女主角因为得知自己患了绝症，所以在搭公车的时候没有给老人让座，这一幕让一个记者拍了下来并作为一条新闻放到了网上。女主角一下子也变成了"话题红人"，走到哪里大家都对她指指点点，不管青红皂白，甚至去住旅店都被老板拒之门外。

女主角的心情本来就很沉重，而因为变成了"话题红人"之后她不堪重负，对周围的一切都失望了，不管是人还是物。她卖掉了房子车子，辞去了工作，来到了一个海边的小屋，为了远离那些纷纷扰扰，更是为了逃离那个扭曲的真实世界，她就在那个小屋度过了自己最后的时光，只留下一个小片子。

电影中的故事是一个极端的事例，而主角把逃离这件事付诸行动，现实中我们很少可以做到像她那样，更多只是在内心呢喃——我要逃离这个世界。

想逃避时，会毫无目的地狂奔

选择毫无目的地狂奔是一种想要身体上的疲劳而替代心理上的疲劳的逃避方式。之所以会选择这个方式是因为现实的压力很大，内心充满的不安、无处释放而不希望去面对。而身体疲劳就会让人无暇顾及心理上的各种状态，达到一个逃避的效果。

这种狂奔为什么是毫无目的的呢？首先是要明白这么一个概念，其实这个没有目的是指方向上没有目的，不知道要跑去哪里，哪里是终点，只是知道要跑到自己觉得累了，跑不动为止；这个狂奔的行为想要的结果是明确的，是为了让身体累，没有精力去思考和面对困境，达到逃避的效果，而这也是最终的目的。

这样的行为我们在现实生活中也经常见到，比如你看见有人一路向着山顶或者海边狂跑，然后边跑边吼，或者高声呼喊，这些声音也没有带任何的词语，跑到累了，那个人也直接躺下，闭着眼睛，不开口也不哭笑。其实这种逃避方式还是比较不错的，尽管跑完当下很累，而就跑到停下来的时候看见的也是一些很空旷自然的景物，也许这个时候你也找到了面对的方法了。

第十六章

说不出却藏不住的痛：
悲伤与痛苦

悲伤源自哪里

悲伤与欢乐一样，是一种十分常见的情绪，很多高等哺乳动物都具备这种情绪，而人类最为显著。悲伤属于人生之常态，无论富贵贫贱，只有化解程度的轻重之分，没有躲过与躲不过之分。使悲伤逆流成河的原因有很多，我们试简要分析之。

据心理学家分析，悲伤是一种负性的基本情绪，常常由生活中的丧失、分离和失败引起，难过、沮丧、失望、消沉、孤独等情绪体验都属于悲伤的范畴。悲伤的程度深浅取决于失去的东西对于悲伤者所认为的价值的大小和重要程度，也依赖于主体的对于情绪的掌控能力和个体特征，以及意识倾向。

人类的悲伤情绪常常源自于经历上的不成功或得不到，如：重要物品的失去，亲友的离去或死亡，婚姻或某种亲属朋友关系的分崩离析，失业、残疾、疾病、精神上的失去或不得，例如荣誉或名誉的失去、梦想受挫、信念崩塌等。但值得注意的是，悲伤这种生物反应又会因个人生活经验与文化背景而有所不同。例如，失去亲人往往会让人觉得悲伤，但这种悲伤程度可能会因具体情况而定，例如寿终正寝的老人去世被称为"白喜事"，这种在中国人看来顺应天命的死亡反倒是一件"喜事"，悲伤的程度自然有所减轻，而白发人送黑发人的悲伤则是痛彻心扉的。也就是说，引发悲伤的事情，其悲伤程度受主客观多方面的影响和限制。

简单来说，与意识主体的主观预期相距越远，其悲伤程度就越深。某种失去来得越突然越猛烈，意识主体就越不愿接受这种情绪，而他沉浸在悲伤之中的时间也就越久。不同程度和不同原因引起的悲伤，其程度和表现方式也不尽相同，主要可以分为哭和沉默两种，尤其是在悲伤程度较深的时候，伪装和隐藏悲伤情绪的难度较大，即便是一些深谙人际交往之道的人们无法也不愿意完全隐藏自己的悲伤情绪，在适合发泄的情况和境遇之下，几乎所有人都会将自己内心的悲伤表现出来。而当意识主体沉浸在悲伤的情绪之中时间过于长久的话，很有可能导致一系列心理甚至是生理的问题，抑郁症就是典型的结果。这同样和引起悲伤的原因、意识主体的主观思想、观念和性格等多方面有关。但是无论怎样，将悲伤发泄出来，是一种减轻悲伤的伤害，排解内心抑郁的好方法。这就警示沉默的伤心人，一定要发泄出来，否则，当悲伤郁结于心，之后悲上加悲，伤而更伤。

悲伤的表情特征

人们在感到悲伤时，由于不同的刺激力度和每个人抑制感情的不同程度，表现出来的悲伤分为很多不同的类型和等级，例如极端悲伤时的号啕大哭，普通的正常哭泣，默默地抽泣，紧闭嘴唇默默地流泪，感到委屈、忧伤等等。在感到极度悲伤时最饱满的痛苦状态下，体现出来的面部表情非常清晰，很容易进行识别。而在其他程度较弱的悲伤反应中，眼睛、眉毛、嘴巴表现出来的变化和特征比较不明显，使他人不容易察觉。

在比较明显的哭泣表情中，由于生理结构的要求，双眼一般都是紧紧闭起的，而且通常情况下哭泣的程度越强烈，双眼闭合的力度也就越大。哭泣时，嘴极有可能张开也有可能是闭合的，但是不论张开或是闭合，嘴角一定是向两边拉伸的。至于张嘴还是闭嘴，在于悲伤的程度和当事人自我抑制的程度。在没有感到悲伤和痛苦时，故意做出闭眼和咧嘴的动作会显得比较刻意，而悲伤时的这种表情会更大而且显得更自然。这是由于内心情绪会使大脑向机体释放很大的能量，从而能够做出自然的生理反应，而伪装出来的表情和动作不可能模仿得一模一样，只有心理或生理真的感到痛苦才能达到自然的反应程度。

在悲伤程度较深的痛苦表情中，包含两个主要的因素：一个是明显的痛苦的面部表情，肌肉发生收缩和痉挛；第二个因素是发出的声音很大，发出很大的声音会增强当事人的悲伤情绪，如果旁边有别人的话，还可以加强情绪的表达效果，但是大声哭喊会加速身体的能量消耗。而成年人在社会生活中，不太可能在日常交往中表露这么强烈的情感，更多的是克制的表情和用理智的语言来表达自己的内心感受，很少有机会能够像儿童那样痛快地大哭一场。因此对大多数成年人来讲，这种最饱满的痛苦出现的很少，通常只会在亲人或所爱之人遭遇不幸时发出这样的哭泣。在其他普通情况下，悲伤都以更为隐晦和克制的方式表现出来，例如一个人默默流泪等等。

眉毛是悲伤表情的标志性特征，不论是充分的痛苦还是平静的悲伤，眉毛都会呈现出不同程度的扭曲：双眉下压，眉头皱起并微微上扬，眉毛在内侧1/3处形成扭曲。甚至在没有眼睛和嘴部变化的平静的面孔中，只要改变眉毛的形态就可以体现出悲伤的感觉。

悲伤时的眼泪可以排毒

人在出生之时便是以哭的状态与世界见面的，在我们还是小孩子的时候，哭的次数还很多，但随着年龄的增长，哭的次数也随之减少了。但哭仍是一种人类情绪的生理表达，在我们的日常生活中十分常见，哭的原因可能有很多种，悲伤可以导致流泪，激动可以导致流泪，喜悦的时候也会出现喜极而泣的情况。哭的种类也有很多，如默默地流泪、低声啜泣、放声痛哭等，这些都与行为主体所处的环境与哭的诱发原因以及主体的性格意识有关。在婴幼儿时期，哭主要是一种传递信号的方式，孩子在无法用语言表达自己的意愿和想法时，就会号啕大哭，以此来表达饿、渴、热、冷、痛、尿床或不舒适、身体不舒服等多种可能性，这时父母就会根据具体情况作出判断。

美国某大学的学者做了一个相关的实验，他对几百名男性和女性进行长时间的跟踪调查，分别研究后发现：在他们伤心难过的时候，痛快地哭过的人，自我感觉尤其是心理的舒适度都比哭之前好了许多，身体的舒适度也有所提高。这位学者更进一步的研究表明，人们在情绪压抑的时候，身体内部会产生某些对人体有害的生物活性成分，而这些成分是可以通过眼泪流出体外的，哭泣后，情绪强度可减低40％。或许很多人认为哭泣是软弱的表现，强者的世界没有眼泪。实际上这是一种误读，适当地流眼泪和哭出声，都在一定情况下起到了积极的发泄作用。

美国生物化学家费雷认为，人在处于极度悲伤的情绪中，强忍泪水不哭，就相当于"慢性自杀"。因为那些不爱哭泣、不愿在人前哭泣的人，没有利用眼泪消除和排解消极情绪的压力，其结果是影响身体健康，甚至促使某些疾病恶化。比如结肠炎、胃溃疡等疾痛就与情绪压抑有关。长期不哭者的男性甚至有可能引发胃溃疡病和精神分裂症。他调查发现，长期不流泪的人，其患病概率比适时流泪的人高出一倍左右。但是哭也要注意把握适度原则，过度的号哭会导致咽喉部位的不适和疲劳，抽泣时也会使呼吸变得不规律从而影响心律的速度，甚至造成心跳不规律。

因此，当一个人处在悲伤之中难以自拔并且泪流满面的时候，你的安慰最好是"适当地哭一哭吧"，而不是"别哭了"。

痛快哭一场

在成人的世界里，痛哭是一种十分少见的情况了。而实际上，痛哭是悲伤情绪最饱满的发泄。当我们还是小孩子的时候，面对一些无法改变却又不愿接受的事情，我们总是会号啕大哭，以此来表现自己内心的不满和无奈。也就是说，我们最朴素的要求得不到满足的时候，痛哭是我们最毫无顾忌的表达。

然而随着年龄的增长，我们受到身边环境和身份地位以及形象等多方面的诸多限制，号哭成为一种奢望。除非是遇见了实在难以承受的事情，在最最亲近的人面前，我们才敢完全地释放自己，放声痛哭起来，这时候，我们常常希望身边有一个可以投入的拥抱，有人能轻轻拍着我们的肩膀，即便是事情依然没有得到解决，这样的发泄对我们来说也足够了。女性哭的次数本身就多于男性，而女性号哭时多是躲在爱人的臂弯之中，所以我们在日常生活中相对更常见女性号哭的景象，而男性的号哭则是非常绝望的表现，是生活完全失去希望的表现，例如，生意失败，一无所有……

在成人的世界里，很少有人像小孩子一样因为束手无策而痛哭，因为成人明白一个更加朴素的道理，痛哭换不来别人的同情和帮助，反而会被投来冷漠甚至是鄙夷的目光。实际上，现实生活的压力常常使得现代人痛苦不堪，这种痛哭并非有具体触发点，而是人情淡漠、信仰缺失的现代社会给予的精神上的空虚和忧虑，例如自己的梦想越来越遥远，当下的生活是自己曾经最厌恶的，生活庸庸碌碌看不到未来等。这些人生的困境在很多时候或许并不会使人哭出声来，但是在一些触发点出现的时候，很多人会难以抑制地痛哭起来，例如，一张照片或一副画面，一首歌或一部电影，一场聚会或一次醉酒，这些往往会让人思绪万千，也往往会勾起很多不堪回首的往事或回忆，在外部环境允许，如一个人在家，或是在可靠的朋友面前，痛哭就有可能爆发。

一个很典型的事例就是，一些在社会之中打拼了很多年，被物欲横流的现实社会磨掉了诸多棱角的即将步入中年的人，在进行了一场以青春为主题的活动中常常会回忆起自己的青春，之前的梦想和心绪以及爱情都已无疾而终，这种痛苦并非痛彻心扉，却常常会引起一场号哭。

婴儿的痛哭

痛哭在孩子的世界里仿佛更加常见，因为这是他们希望事情能够按照自己的方法得到解决而又不是妥协时唯一善用的手段。例如，一个小孩子希望自己能够多吃一些零食而不是饭食，但是这个想法遭到了母亲的反对，他在恳求无效的情况下，常常会选择痛哭来表达抗议，同时也希望博得同情；一个小朋友走在商场里看到自己喜欢的玩具，希望爸爸妈妈买给她，而这个愿望得不到满足的时候，他就会选择痛哭。很多时候，孩子的痛哭会被当作哭闹来看待，这样就会招致大人的烦躁，孩子的愿望则有可能完全落空。相比之下，婴儿的痛哭更容易奏效。

因为婴儿没有语言表达的能力，很多意愿只能通过哭来传达。当他们的身体处在完全舒适的状态之下时，他们会乖乖地躺在襁褓之中做一些简单的伸展四肢或扭转头部的轻微动作。而当他们的身体受到外部的负面刺激或处在不适的状态之中的时候，他们就会选择痛哭来传递信号，这时哭声的大小非常重要，一般情况下，婴儿痛哭时的眼泪并没有很多，他们常常会用尽全身力气，使得号哭的声音达到最高。刚出生的婴儿，助产士清理干净新生儿的口腔内的羊水，倒提着婴儿的双脚，在其背部或是屁股上拍一掌，就会听到嘹亮的哭声，哭声越是洪亮，就越能证明这个孩子身体的健康状况较为良好；如果是早产、难产或是不够健康的婴儿，刚出生时没有哭声的话，则被视为是一种较为危险的信号，需要医生及时采取措施。

婴儿的号哭最常见的是饥饿的信号。因为婴儿饥饿的频率要高于成人，也无法向成人一样做到规律的一日三餐。当他们感受到饥饿，希望喝奶的时候，常常会通过号哭来告诉母亲，这时，如果母亲将自己的乳头或是奶嘴放到宝宝嘴里，这个婴儿就会立刻停止哭泣，开始大口大口地吸吮奶汁。因此，最常见的制止婴儿嚎哭的手段就是用奶嘴或母亲的乳头堵住他的嘴。而当乳头或是奶嘴起不到制止婴儿号哭的作用时，这个婴儿可能是生病或是身体某个部位出现了不舒服的现象，母亲就会对孩子的身体做一个简单的检查，如果还是无效则会选择就医。

婴儿痛哭的表情分析

婴儿在痛哭的时候，双眼紧闭，双眉皱起，这个表情是因为眼轮匝肌和皱眉肌共同收缩造成双眼紧闭、双眉下压的表现结果。这是因为在痛哭的过程中，剧烈呼气和吸气会使得呼吸速度发生改变，同时影响血液循环，眼眶内的毛细血管压力和眶内眼球内压也会随之增加，这就要求眼轮匝肌同时收缩，从而使眼部周围的皮肤紧缩，这样可以缓解眼睛周围肌肉的部分压力，保护眼球。哭的程度越大，肌肉的收缩力度越大。

婴儿痛哭的时候，会伴随着较大的哭声，这就要求他们哭喊的时候较大幅度地咧开嘴部，这时，提上唇肌会自然收缩，向上提升上唇，脸颊也会向上隆起，在鼻翼两侧到嘴角之间形成一道沟壑，称之为"鼻唇沟"。颈阔肌收缩会使得两侧嘴角向两侧拉伸，从而使嘴巴变宽，唇部最大幅度地拉开。同时还需要降口角肌和降下唇肌的收缩，这样才能向下拉低下唇。颏肌收缩可以使下巴肌肉拱起，将下唇中部向上顶起，嘴角向下。这几组肌肉共同作用，才能使嘴唇咧开，形成"咧嘴"的效果，使得唇部的曲线和咧开的形状类似于长方形的轮廓线。

此外，眼轮匝肌的收缩也会在一定程度上提升脸颊的位置，与提上唇肌共同造成脸颊隆起，辅助把上嘴唇向上提升，使得咧嘴的幅度适当加大。这种口型有助于声音的发出和传播，据科学家称，这种口型比其他口型更适合发出具有穿透力的声音，传播得也最远，音量也相对最大，因此号哭的时候，这种表情是最自然的。

另外，因为哭泣的过程中，呼吸并不能保持均匀和平缓，这种现象称之为"呼吸的痉挛状态"。在这种情况下，颏肌和颈阔肌共同负责嘴部形态的频繁改变，形成下颚和下唇的痉挛式运动。这就是我们通常所说的抽噎，这是一种难以控制的呼吸方式，因此对于婴儿来说较为少见。

成人的痛哭

虽然随着年龄的增长，人的痛哭次数在逐渐减少，但是因为悲伤情绪引发的痛哭，其面部的形态与五官位置的变化与婴儿时候的痛哭几乎完全一致。悲伤的情绪能够调动和聚集全身的能量，自发地刺激面部器官尤其是嘴、眼睛等部位的肌肉，使之做出剧烈的运动，从而完成痛哭时候的表情。

与婴儿不同的是，成年人的皮肤不会像婴儿一样细嫩和光滑，因此，在面部器官出现扭曲的时候，面部的皱纹也会随之呈现出来。眼轮匝肌和皱眉肌同时收缩，造成眉毛的自觉下压，眉头间就会出现纵向的皱纹。同时，额肌中部会出现收缩以至于眉头出现轻微的向上提升，眉形的后 2/3 处则会呈现出水平的状态。这种扭曲的眉形在很多表情中都会出现，尤其是在行为主体受到负面情绪的刺激的时候，例如，悲伤、恐惧等。因为悲伤的时候，眼轮匝肌收缩幅度到达极致，因此眉毛扭曲的程度也要高于其他表情中的眉形扭曲程度。

同时，眼轮匝肌的收缩还必定会造成眼睑的闭合，眼角内侧便会由于过度挤压而形成微小的括号型皱纹，眼角外侧的挤压形成单条深纹，也可以称之为鱼尾纹。与婴儿的痛哭表情相同，哭的程度越剧烈，眼部肌肉也会随之收缩得越紧，成人眼部出现的皱纹也就越明显，眼角外侧的鱼尾纹数量也就越多。

提上唇肌收缩使得上唇位置提升的同时，会与眼轮匝肌共同起作用，使脸颊的位置提高，隆起的脸颊与下眼睑相互挤压，造成下眼袋和明显凸起和眼睑下方的凹陷区域的形成，鼻翼两侧也会形成鼻唇沟。此外，位于颈部同时受面部神经支配的颈阔肌收缩，将嘴角向外部两侧偏下方向拉伸，使嘴的水平宽度比平常增加并达到最大极限；这样的拉伸就会使得嘴角与脸颊之间出现挤压，形成法令纹。降口角肌的收缩会使得嘴角向下拉低，同时降下唇肌收缩会将下唇整体下拉，这时，下齿会不自觉地露出。

因为悲伤情绪引起的痛哭表情调动了面部的绝大部分肌肉的收缩，因此很难伪装。伪装之下的很多表情都难以达到肌肉收缩的极限。

悲伤时压抑的痛哭

人们在日常生活中并不容易表现出最标准的痛哭，更常见的是压抑之下的痛哭。人在感到悲伤痛苦而又不想表现出来时，就会出现这样的表情，是一种自我抑制的表现。这种抑制的痛哭一般会双嘴紧闭，嘴角向两旁咧开。除了嘴部的变化，额肌也加强了收缩，眉头向上挑起，由于皱眉肌的收缩导致双眉向中间聚拢，眼轮匝肌的收缩使双眉下沉，眼睛紧闭。在痛苦的时候没有人会大睁着眼睛，即使是受过专业训练的演员，在睁着眼睛时也只能默默流泪，一旦情绪变得激烈，气息加剧，双眼势必会紧跟着闭紧。

充分的痛哭与压抑的痛哭之间的主要区别在于嘴部动作。压抑的哭泣时，闭紧嘴部主要是为了避免发出声音，或者降低哭声的音量。从生理角度讲，闭着嘴哭泣还会减少能量的消耗，从而延长了悲伤的时间。闭着嘴抑制痛哭时，嘴部会发生细微的变化：不再由提上唇肌向上拉扯嘴唇，而是转为由颧小肌控制，这样拉扯嘴部的力度变得温和了许多，所以上唇提升的程度减小；颈阔肌控制着嘴角向外拉伸；降口角肌使嘴角外侧形成钩状纹路，但是没有颈阔肌向外拉扯的力量大；颏肌使下巴上的肌肉变得凹凸不平，并隆起形成球状，并且将下嘴唇向上推到闭合位置。但是下唇由于受到了上唇的阻力，基本上会保持水平，不会向上拱起，因此下唇会显得有一些向外突出。

人在抑制悲伤的情绪时，悲伤的情绪会要求我们张开嘴哭泣，但是人的主观意识又要求嘴唇闭紧不发出声音。结果就会导致嘴唇出现互相冲突的紧张状态，出现一种向内的压力来对抗向外和向上的力量。嘴部由于需要不断转变动作从而保持均衡状态，因此会出现轻微的抖动。

而当哭泣的程度减轻时，面部的表情就会逐渐松弛下来。首先放松的是眼睛周围的肌肉，眼轮匝肌放松下来之后，额肌就会开始收缩，使眉头上挑，额头部位就会出现抬头纹，在皱眉肌的共同作用下使眉毛变得有些扭曲。之后颈阔肌也会松弛，颈阔肌在紧张时会使嘴部看起来像是压抑着即将爆发的痛哭。而平静下来之后，颈阔肌放松，于是嘴部也就恢复到正常的形状。

一张痛哭的嘴

人们常说"这个姑娘笑起来真好看"，"微笑是世界上最美的表情"，但是却没有人会喜欢痛哭的表情。这种想法既是由于情绪的相互影响导致的，也和面部表情的肌肉扭曲所造成的视觉效果有关。在哭泣尤其是痛哭的时候，嘴巴会不自觉地咧开并露出下齿，这种表情本身就是一种面部肌肉的扭曲，的确不能给人以美感，因此很多人处于保持形象的考虑，也不会在公众场合痛哭。

在痛哭的时候，嘴巴的变化特别值得关注。颏肌通过较大程度的收缩将下嘴唇的中部向上推起，下巴部位会随之形成表面凹凸不平的肌肉隆起；这时，下嘴唇中部向上推起的部分将原本可以露出的部分下齿遮住，但此时两侧嘴角还保持着向侧面偏下方向拉伸的状态，因此嘴角部位的下齿又显露出来了，这就造成了下嘴唇曲线呈"W"形。这样的口型，是痛哭表情所特有的。人在放松的状态下，唇部曲线也是自然形成的，因为周边的肌肉没有出现明显的控制和收缩；而当人受到惊讶或惊恐的情绪刺激时，嘴巴会下意识地张开，这时，唇部可能会将牙齿遮住，尤其是下齿，几乎显现不出来；而绝大多数情况下。人的嘴唇是微微闭合着的，因为口腔只能在封闭的场合中积聚水分，长时间张着嘴会让人出现口干舌燥的感觉。

值得注意的是，经过科学家的细致观察，在尽量大幅度地咧嘴的同时，嘴部周边几组肌肉的协同作用会在下唇靠近两侧嘴角 1/4 处，形成一个较为明显的转折角度，使下唇的咧开程度大于上唇，这就形成了一个近似梯形的口型。这个口型是最有利于发出尖利且气息充沛的声音。因此大声喊叫时候的口型与哭喊时的口型十分相似。同时，梯形的口型源于上唇的提升和下唇的下侧方向的拉动，嘴唇会因为拉紧而变薄。

因为在哭喊的时候，嘴部咧开达到了平时很难达到的限度，因此常常在哭喊的过程中会有口水过多地分泌，这也再一次加深了形象的破坏。所以成人很少在公共场合大声痛哭。演员在演痛哭的戏码时，常常需要充分地调动情绪，否则很难将戏码做足，看上去也会显得十分虚假。

眉毛和眼睛表露的悲伤

普通程度的哭泣与痛哭的表情相差不多，两者的差别主要在于眼睛的闭合程度和气息的剧烈程度。悲伤程度一般时，人的眼睛通常是睁开的，但是悲伤时的眼睛与平时有所区别。由于内心难过会使眉毛下压，因此上眼睑的提升会受到抑制，眼皮上会形成细微的褶皱。人在感到恐惧时眼皮上也会出现褶皱，但是与悲伤时相比要更为明显，这一点是睁着眼的恐惧和悲伤表情的主要差别。

除此之外，由于眼轮匝肌发生收缩，并且主要是下部分收缩，会导致下眼睑轻微上提。这就使虹膜被遮住的部分增多，虹膜的上下缘都被遮住了一部分。由于眼睑比平时遮住了更多的眼球，眼神就会显得比较暗淡，失去了平时的光彩，而眼睛中的警觉事情也在瞬间消失。这是由于眼睛张开的幅度减小，使得眼球的黑白对比减弱，而且眼球的反光面减少造成的。

悲伤时眉毛的形状是较为复杂的。悲伤的情绪会导致眼轮匝肌的收缩从而使双眉下沉，但是由于眼睛是睁开的，眉毛又受到向上的相反作用力的拉扯。这就使眉毛先向下压低，然后眉头向上挑起，而且向上提升的幅度要比闭着眼痛哭时更明显，这一点是区分痛苦与普通哭泣的主要标志。即是哭泣程度减弱，但是悲伤的情绪还是会使眉毛保持这种复杂的形状。额肌和皱眉肌一直在进行相反方向的角力，额肌向上提拉眉毛，而皱眉肌则将眉毛向下压。将眉毛向下压的力被额肌的收缩力所中和，从而导致眉头向上挑起，眉头之间形成的垂直皱纹显示出皱眉肌的收缩程度。而在放松状态下，眉毛不会出现这样的形状。额肌和皱眉肌的角力使眉毛呈现出不同的形状，一些人的额肌较为强势，他们的眉毛就会保持水平状态；而有些人的皱眉肌较为强势，则他的眉毛呈现出八字形，或者平时说的"囧字眉"。但相同点在于，悲伤的表情中眉毛都会显示出纠结的样子，而眉头旁边 1/3 处的扭曲程度，体现了内心悲伤的程度。这种眉毛是典型的悲伤表情，可能是由于内心的痛苦被抑制造成的纠结，使眉毛变得扭曲，从而增强了表情的感染力。

这种扭曲的眉形不仅会在痛哭时出现，还存在于任何一种悲伤程度的表情中。有时人在没有感到悲伤时也会出现这样的眉毛，例如在寒冷的冬天，恶劣的天气也会让人们不经意间皱起眉头。在这种情况下，这样的眉毛更多代表了身体上感到的痛苦，而非内心的悲伤。这是由于恶劣的天气和悲伤的情绪都会使人感到无力改变的负面情绪，所以会出现相同的表情。

苦涩的嘴唇

人在感到悲伤难过时通常会将嘴唇紧闭，尤其是压抑的默默流泪。在这样的表情中，由于颧小肌或提上唇肌的控制下，上唇向上提升的程度减小，嘴唇显得比较平直；降口角肌使嘴唇外侧出现皱纹；颏肌使下巴变得凹凸不平。与痛哭的表情类似，嘴角也会在颈阔肌的作用下向两侧咧开，但是变化比较轻微，不像痛哭时的幅度那么明显。颈阔肌的收缩通常出现在哭泣或者将要哭泣的脸上，特别悲伤时颈阔肌的收缩程度较大，而当悲伤程度减弱时，颈阔肌的收缩力度就会变小，嘴角的拉扯也会变轻或者消失。

这样的嘴部形态是典型的悲伤反应，出现在各种不同程度的悲伤表情中。甚至在没有感到悲伤的时

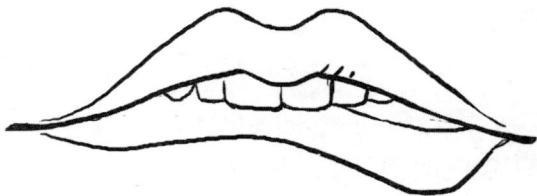

嘴部表情解密内心想法

候也会出现这样的嘴部表情，列如人在吞咽非常苦的中药时，也会瘪起嘴来，这是由于悲伤和苦都使人感到了不适，因此这样的嘴唇被称为"苦涩的瘪嘴"。如果一个人的脸上只出现了苦涩的瘪嘴，而没有其他有关悲伤的表情特征的话，则说明这个人的心里可能有惭愧、辛苦、感到勉强等类似悲伤但是程度较轻的情绪。

瘪嘴也可能是由于对嘴部动作的克制导致的，例如有人憋不住要大笑时，就会将嘴唇紧紧闭起来，嘴唇的紧闭程度和痛哭时抑制哭声的嘴唇看起来差不多。在学校颁奖礼或者公司的表彰大会上经常能看到这样的嘴部表情。在校长或领导向表现优异、成绩突出的学生或员工进行表彰和鼓励时，逐个念到他们的名字，并讲述他们的优秀事迹和所取得的成绩，这时被念到的人就可能会出现由于颏肌收缩而造成的瘪嘴。但是这种场合下的瘪嘴并不是悲伤的表现，而是表示当事人在克制自己兴奋的笑容，使自己不要得意忘形，而是要尽量显得低调谦虚一些，因此这种嘴唇通常会配合着积极的面部表情。这种嘴唇也有可能是获得奖励的人对自己付出的努力和代价感到辛苦和不容易的表示。

有时，用上齿咬着下唇也是一种强忍悲伤的表现，行为人仿佛是在极力克制自己的情绪，避免哭出声来，给身边的人造成影响。而实际上，这种表情具有十分明显的指向性，身边的人看到这样的表情，就能准确地意识到行为人正沉浸在悲伤之中难以自拔。通常情况下，女性更容易做出咬下唇的动作，看上去更加柔弱凄婉，楚楚可怜。男性则表现为咬紧牙关，双唇紧闭。

平静之中隐藏的悲伤

在前文中，我们已经多次提到，成人因为所处的环境、与身边人的关系以及维护形象的考虑，不会选择像小孩子一样非常直接地哭出来。男性尤其明显，为了塑造自己男子汉的勇者形象，眼泪这种软弱和无能的象征是相当被鄙视的，因此几乎和男性很少有接触。但是这并不意味着坚强的人就能躲得过悲伤，只不过他们会选择一种相对不易察觉、更加隐秘的表现方式来表达，比如转移注意力然后强颜欢笑，长时间的沉默不语，或是用吸烟或饮酒来排遣忧愁。

在多数情况下，当悲伤的程度较深，例如亲人或爱人的骤然离世，即便是找到了适当的发泄机会，内心深处的悲伤也还需要长时间的消磨，这对于大多数人来说，都是一种煎熬，因为没有人会一直陪在身边，并且即便是有人能做到长时间的陪伴与安慰，意识主体自身的伤痛也必须由自己来一点点地消化和化解。

因此很多时候，那些经历了重大创伤的人在经过一小段时间的调整和恢复之后，

心情会稍稍平复一些，悲伤的情绪也会暂时隐藏起来，回到正常的生活和工作轨迹上来。但实际上，他并没有走出悲伤的阴影，这种表现只是暂时的平静，而真正的悲伤还深深地隐藏于表面的平静之下。如果细致观察，你会发现，他平时的表情依然是常常紧锁着眉头，嘴角紧闭，几乎没什么笑容，即便是身边的人主动营造轻松欢快的氛围，他的面部表情也是轻微地附和和敷衍。他做任何事情都很难提起激情，这种情况也可以被理解为情绪的低落，因为他不能再肆无忌惮地发泄自己内心的悲伤以影响他人的正常生活安排和心情，但又做不到完全迎合大家的情绪，所以显得闷闷不乐。

如果在日常生活中，我们身边的朋友或同事出现了这种情况，那么我们不必强行地为他制造欢乐氛围，因为他几乎不可能融入其中，与其白费力气，倒不如为他留一片相对安静的个人空间，或是由与他关系亲近的一两个朋友适时陪伴在他身旁，陪他散散步，听他把自己心里的苦闷讲出来，安静地给一些安慰，或是让他进行一次远行，暂时地换一个环境，或许可以让他从悲伤中暂时地走出来，也可以重新审视自己现在的生活，更好地规划未来的生活。

静静的忧伤

在悲伤的程度较轻时，人也许并不会哭出来，而只是默默地表现出忧伤的表情。与痛哭相比，平静的悲伤持续的时间要更长，这是因为痛哭会消耗很大的能量，而默默悲伤所需要的能量较小。但是这种平静的悲伤不利于消极情绪的发泄，痛哭可以发泄一下就缓解了心里的苦闷，而默默悲伤却会长时间影响人的情绪。一个大声痛哭的人止住哭泣之后，脸上紧绷的肌肉就会开始放松，最先放松的是眼部的肌肉，随后是拉扯嘴部的颈阔肌，嘴唇便不再紧绷，最后脸颊放松，下眼睑也松弛下来。程度较低的悲伤中唯一留下来的表情是痛哭扭曲的眉毛和微微噘起的嘴唇，就算嘴唇也恢复了，扭曲的眉毛还是会保留在悲伤的面孔之上。

在平静的悲伤状态下，嘴唇并没有过于明显的表现，只有颏肌和降口肌会轻微的收缩，使嘴唇看上去有些不悦。由于悲伤程度不大，呼吸没有变得很急促，所以嘴唇不会像号啕大哭时那样张开，通常情况下是通过口轮匝肌的收缩使双唇紧紧地闭合。这种紧闭双唇的动作是无意识的克制，是由于人的主观意识想要控制自己的表情，不让他人看出来自己的悲伤。在这种情况之下，口轮匝肌的收缩力度较小，并不会影响到其他部位的表情特征。

人在平静的悲伤时，眼睛表现的比较正常，并没有明显的变化，有可能微微张大，也有可能稍微闭合，总之眼睛并不是平静悲伤的重要表情标志。眉毛则是判断这种情绪的主要特征，这是因为不管在哪种程度的悲伤情绪下，眉毛都会表现出不同程度的扭曲。这种情况下，眉毛的形态较为特别，眼轮匝肌没有进行收缩，因此眉毛并没有向下沉；而额肌的收缩导致眉头轻微上挑，但又由于皱眉肌的作用使整条眉毛向内皱紧，因此眉毛呈现出一种扭曲的纠结的形态。即使一个人脸部的其他部位极力想表现得平静自然，但是这种扭曲的眉毛也会暴露他心底的真实情绪。

现实生活中，很多人会因为微小的事情影响到情绪，从而使得自己的内心产生小小的不愉快，这种不愉快又很难找到倾诉对象，这时行为主体就会尽量掩盖这种不愉快，逃避与其他人的接触，在相对安静的环境或气氛中静静地忧伤。实际上，一个平时很喜欢热闹的人忽然间安静下来，选择独自一人的时候，多半是他的内心产生了不愉快的情绪，使他希望尽快平复下来而避免打扰的表现。

深深的忧虑

当人们为一件事情感到忧虑的时候脸上就会出现忧愁的表情，嘴唇轻微闭紧，眉毛向上提升并且轻微扭曲。闭合的嘴唇表示的是一种克制的情感，而皱眉则显示出内心的压力。在忧虑时眼睛并不会睁大，因为没有什么直接的刺激需要张大眼睛获取信息。在火车站经常能够看到这样的表情，售票口前长长的队伍中人们都在焦急地等待，很多人都会做出掘紧嘴唇的动作，这是由于他们都在担心排到自己时票已经卖光了。

忧虑的面部表情是，眼睑的扩张程度较小，并伴随向上提升的动作，没有闭合的趋势。表情特征比较明显的体现在眉毛和嘴唇上。眉毛向上扬起，眉形轻微扭曲和纠结，这表明内心感受到了压力。嘴唇则闭紧，有的时候甚至将嘴唇抿进去看起来像消失了一样，口轮匝肌的收缩使嘴唇绷紧，降口角肌的收缩导致嘴角处轻微隆起，这也说明内心存在着压力。如果一个人在交谈中眉毛和嘴唇出现这样的紧张状态，则可以说明他心中正承受着压力，并且为某件事情感到担忧和困扰。如果忧虑的程度减轻，则嘴部就会放松，形状会恢复自然。这时只有眉毛和眼睛能够表现出忧虑的形态，眉毛并没有大幅度向上抬高，只是眉头上挑，眉毛基本处于平直状态，但是轻微扭曲。眼睑变得自然了一些，但是上眼睑的位置还是要比平时的状态略高，露出较多的眼珠。

忧虑和悲伤看上去差不多，似乎很难分辨，因为这两种表情中的眉毛形态十分相似。但是人在感到悲伤时，眼睛里不会流露出期待的神色，而往往是暗淡无光的。在机场送别亲友的人经常露出这样的表情，他们在向自己的亲人或好友挥手时会轻皱起眉头并抿起嘴唇，这体现出对远行的人的牵挂与担忧，当然内心一定也会有由于分离而产生的悲伤。或者是当一位求职者满心希望获得某公司的岗位，但却没被聘用，在知道结果的那一刻，他的眼神和表情会有非常明显的变化，那就是满怀希望的目光瞬间变得黯淡下来，这就是说，他的希望破灭了，他对于这件事，已经没有期待了。这两种感情是非常类似，并且经常同时顺承出现。当忧虑的事情变成现实，而结果不是我们想要的那样时，面部就会出现悲伤的表情。

扩大的悲伤情绪

悲伤这种情绪从本质上说，是对不希望发生的消极事件产生的无能为力。除了悲伤以外，还有许多情绪也会产生这样的心境，例如愧疚、苦涩、勉强和不悦等等。愧疚是对自己曾经的行为感到后悔和自责，通常这种行为导致了某种不能改变的负面结果；苦涩是对曾经发生的消极事件的主观感受，虽然事情已经过去了，但是每当想起时心中还是会隐隐作痛；勉强是强迫自己做了并不喜欢的事情，或者在进行艰难取舍之后做出的决定，这种勉强的决定意味着选择一方面，就会失去其他方面的利益，因此也会感到难过；不悦是对某件事或某个人的不喜欢、不认可、不接受，但是与厌恶不同，不悦只是个人的内心感受，并没有表现出排斥的意味。在这几种情绪之下，面部表情都会产生消极的反应，因此会产生类似于悲伤的表情特征。

这几种扩大化的悲伤情绪有一个共同的表情标志，即紧闭的嘴唇。这种瘪嘴的动作主要是由颏肌来控制的，颏肌的收缩导致下唇抬升，由于受到了上唇的阻力，使嘴唇中部呈现平直的状态。而颈阔肌的拉伸使嘴角向外咧开，双唇之间的闭合线也随着拉长。下巴部位的肌肉会变得坑坑洼洼，降口肌的收缩导致嘴角微微下垂，在口轮匝肌的作用下，上下唇紧紧地闭合在一起。

由于这几种情绪程度较轻，因此面部表情的变化也不明显。如果只看眉毛和眼睛，几乎看不出悲伤的表现，但是瘪起的嘴唇却能暴露出内心的消极情绪。遮住脸的上半部分，只露出嘴部的话，通过瘪起的嘴唇可以很明显地看出一个人内心感受到了不适。至于这种情绪到底是愧疚、苦涩、勉强还是不悦，就要通过具体的情境来进行判断了。

其实，在日常生活中，我们常常会遇见这种情况，尤其是在自己亲近的朋友或家人面前，因为没有必要强颜欢笑，所以我们对于表现悲伤情绪完全没有戒备，也会任凭悲伤的表情明显地写在脸上。因为在我们的潜意识里，我们需要身边的人的问候和安慰，也需要倾诉内心的不愉快。这种将悲伤表现出来的情况适用于在熟识的人面前。相反如果我们处在一个相对陌生或是不值得信赖或依靠的环境中，我们会尽量隐藏自己的情绪，让自己看上去更加平静一些，这是一种现代人的自我保护方式，即避免引起他人的注意，从而减少成为目标的可能性。

为自己化解悲伤

一个真正懂得享受生活、享受生命的人往往不是在物质上对自己最优厚的人，而是乐观开朗、能够迅速化解忧愁的人。因为没有人能保证自己一生都处在快乐之中，没有人的生命之舟是一帆风顺的，只有学会善待自己的精神和内心，学会在苦难和悲伤之中寻找希望，才会让自己远离悲伤，才不会让自己生活中的悲伤逆流成河。

现代人在物欲横流、节奏飞快的社会生活中更要学会调节自己的情绪，因为没有人能保证时时刻刻陪在你身边细语安慰，对于悲伤，更不会有人感同身受。只有自己学会尽快走出悲伤，才不会影响今后的生活，也不会给身边的人造成负担。这就需要我们掌握几种重要的情绪调节方法，其中最常见的就是对自己微笑。

我们生活的环境很有可能是冷酷的，尤其是在拼搏奋斗的过程中，很可能没有人分享我们的喜悦，更不会有人和我们分享悲伤，这种情况下，对自己微笑是一种十分奏效的方法。你可以拿出一面镜子，在镜中你首先看到的一定是自己的愁眉苦脸，如果你的面部表情不改变，那么你的愁苦会在无意之中加重，因为镜子中的景象会给你造成一种消极的自我暗示。

但是如果镜子里的你在对镜子外的你微笑，那么你将会接收到一种积极的心理暗示，布满阴霾的心情也会得到些许的改善。因为微笑会传递一种快乐的信号，尽管这种快乐的信号在最初是被你假设出来的，但逐渐地，你会忘记这种假设，而将重点放在信号本身上。

此外，微笑的时候可以牵动面部多块肌肉收缩，可以扩展肺部，从而扩展增大对机体的供氧量，使得身心得到一定程度的放松。调查显示，微笑5分钟相当于进行了45分钟的有氧锻炼。同时微笑还可以传递一种年轻的信号。看着镜子里微笑的自己，你会觉得自己仿佛年轻了几岁，从而对生活又重新充满信心。这也就是我们常说的"笑一笑，十年少"。

除此之外，大声地喊叫也会将自己内心的郁结释放出来。如果你刚刚遭遇了一件令你十分压抑的事情，你可以寻找一个空旷的高台，或是找一天空闲的时间到郊外去爬山，当你独自一人站在高处放声大喊之后，内心会轻松许多。这种情况更加适合于精神受到压抑，碰到一些让人觉得窝火的事情。因为日常的工作生活常常让人觉得压力无限，而大声地喊叫则可以将这些压力和紧张以另外一种形式发泄出来。这对于精神高度紧张、常常出现内心疲劳的现代人来说十分奏效。

在日常生活中遇见不快是十分常见的现象，首先，我们要学会遇事不慌，沉着冷静，将可能出现的损失降到最低，如果结果实在难以挽回，我们就可以试着用自我调节的方式将消极情绪对自我的影响降到最低。

令人厌烦的苦瓜脸

在社交生活中，我们的情绪很容易受到身边的人的影响。如果在一个轻松欢快的气氛中，群体之中有人闷闷不乐，整个群体的气氛也会受到影响。"苦瓜脸"的出现就会产生这样的影响。

生活中常常有些人被称作"苦瓜脸"，他们总是哭丧着脸，嘴角向下耷拉着，眼神中也完全没有兴奋和激动的神色，说话时的语气也是不冷不热，总像是有人得罪了他一样，看上去怒气冲冲的。身边的人总是害怕和他打交道。实际上，"苦瓜脸"的人并不一定是真的不快乐。

首先，有些人的面部骨骼会使得他们在面部表情放松的状态下处在"苦瓜脸"的状态，即使他的内心没有什么不开心的情绪，心里十分平静的时候，也会摆出一副"苦瓜脸"，这是无可奈何的事情。

有这样的一个做婚礼司仪工作的人的案例，他在为新人主持婚礼的时候，神采飞扬，朝气蓬勃，活力四射，语言表达流畅清晰，给人以十分风趣幽默的感觉，非常具有亲和力，但是他却很少接到生意。原来，实际生活中的他是一副典型的"苦瓜脸"模样，总是让人觉得也处在沮丧和不悦之中，在和新人谈具体的细节的时候，他就用这样的一副"苦瓜脸"来说话，这让顾客十分担忧他的主持风格，因此对方常常要求换人，他也因此十分苦恼，因为他并非有意这样的。

实际上，摆脱"苦瓜脸"并非毫无办法，微笑则是最好的方式。在日常的工作和生活中，只要诸位"苦瓜脸"们常常微笑，就能够掩饰苦瓜脸带来的缺憾，让他人感觉到一种轻松和友善，从而为自己增加受欢迎度和其他机会。

而有些人则是因为情绪化太过严重，凡是总是表达在脸上，又常常因为一些鸡毛蒜皮的小事而闷闷不乐，这种"苦瓜脸"则是后天的习惯养成了。这类人常常会真正影响到他人的兴致和群体的气氛。这就是一种令人不快的"苦瓜脸"了。如果你是这样的人，那么就应该注意了。这样的习惯很可能影响你在社交场合中的形象和办事效果，因为没有人喜欢看见这样的表情，也没有会喜欢情绪化十分明显的人。你需要练就一身本领，具备足够的自我调节情绪的能力，在心情受到微小事情影响的时候，能够快速有效地为自己找到更好的转移或化解办法，避免消极的情绪写在脸上，以免给他人的情绪造成负担。

女性的撒手锏

现实生活中的女性常常要比男性更加情绪化，也更加容易将情绪表现出来，尤其是在处理恋爱或婚姻内部问题的时候，女人常常喜欢运用各种男性最怕的手段来达到威胁对方、使对方妥协的目的，最典型的就是我们常常说的"一哭二闹三上吊"。

哭仿佛是女人的天性，女人的眼泪对男性也具有十分的杀伤力。在男性面前，当女人的某种要求得不到满足的时候，她们常常会选择哭泣来博得男性的同情，使男性的心软下来，从而向自己妥协。

女性的哭泣是显示自己软弱无助的重要手段，尤其是嘤嘤而泣的哭，这种梨花带雨般的哭泣动作通常会将女性柔美动人的一面展示出来，她们紧蹙着眉头，脸上挂满泪珠，这会让男性觉得不答应她们的要求就是不怜香惜玉。女人声泪俱下的哭泣也非常具有杀伤力，那种边哭边喊的样子像是她占尽了全世界的道理，而对方则一无是处，她的要求如果还是得不到满足，那男性则是罪该万死了。

女性在显示自己的悲伤的时候，有一种别样的风韵。如果在咖啡馆里看见一位独坐的女性神情忧郁，面容憔悴，低首蹙眉，那么会有人联想到她经历了怎样的遭遇与不幸甚至会有男性主动上前搭讪，询问是否需要帮助；而如果一位女性神采奕奕地坐在那里，则很少有人关注和猜测她的心理，也不会有人主动上前搭讪了。因为在女性无助的时候，男性往往愿意挺身而出，送上帮助和问候，以此显示自己的体贴与关怀，并更多地展示自己身为男性、身为强者所具有的能量和担当。

然而，男性十分害怕女性的吵闹，因为那种叽叽喳喳的感觉会让他们感到十分烦躁，所以如果女性希望自己的另一半满足自己的要求，或是希望对另一半实现全方位的控制的时候，常常会使出这一招，让男性难以招架，从而缴械投降。在恋爱或是婚姻生活中，男性常常扮演息事宁人的角色，他们害怕女性向自己撒泼，更担心出现无休止地吵嚷局面，因此宁愿自己妥协，也不愿意让事态恶化到任由女性哭闹的地步。

寻死觅活则是一种较为低劣的手段，相对于哭闹来说，受教育程度较高的女性几乎不会做出这样幼稚和肤浅的举动。哭闹已经是她们的极限了。如果事情在正常情况下谈不拢的话，哭闹尚且会被拿来一用，如果哭闹还是不能奏效，则表明这件事情没有商量的余地，聪明的女性会选择更加有技术含量的手段来解决，或是干脆放弃。寻死觅活常常是没有什么文化又泼辣难缠的女性惯用的手段，但也会让男性更加无奈，从而无条件妥协。而比较危险的一种情况是，这种极端的举动会招致男性更加的反感，从而使男女之间的关系出现彻底的决裂。

你真的会区分痛哭和大笑吗

人在痛苦的大哭时和开怀大笑的表情有些相似，这两种表情中的呼吸都是痉挛式的，并且伴随着声音的发出，下巴向下垂，嘴角向两旁拉伸，眼睛闭紧，脸颊肌肉绷紧并向上提升。虽然日常生活中大哭还是大笑我们一眼就能认出来，但两者之间的差别其实是由各个部位细微的差别所构成的。

总的来说，痛苦和大笑的表情中眼睛周围的形态不同，嘴部表情也不尽相同，这两点是最为明显的判断标准。具体的区别还有：大笑时前额的肌肉是平滑自然的，而痛哭时额部眉头中间有纵向皱纹和倒 U 形皱纹。大笑时眉毛仅受眼轮匝肌的控制，双眉降低；而痛哭时眉毛同时受到额肌、皱眉肌、眼轮匝肌的作用力，使眉毛整体较为平直，而眉头扭曲并轻微上挑。大笑时上眼睑运动不明显，下眼睑向上闭合，并且下眼睑下方会出现笑纹，眼睑的闭合还会使双眼之间鼻根处出现水平的皱纹；痛哭时上眼睑向下紧闭，而眼皮上的皮肤由于受到眉毛的影响而出现斜线皱纹。大笑时脸颊隆起，皮肤显得光滑而富有光泽；痛苦时脸颊也会隆起，但是看上去暗淡无光。大笑时上唇剧烈提升，露出大部分上齿，法令纹显得深长，嘴角向耳朵的方向咧开；痛哭时上唇提升，鼻翼两侧形成法令纹，嘴角向水平方向咧开。大笑时下唇完全伸展并拉长，嘴唇表面较光滑，露出一部分下齿；痛哭时下唇中部向上推起，使下唇呈现 W 形，只露出嘴角处的牙齿。大笑时下巴是光滑平展的，嘴角下方有沟状皱纹；痛哭时颏肌隆起，使下巴表面变得凹凸不平。

这些五官的表情都是自然的生理反应，需要整体调动面部器官，绝大部分肌肉都处在紧张收缩的状态之中，因此是很难刻意模仿的，这需要充分的情绪调动和渲染，否则就会显现出一种极为单调的表情，从而泄露自己伪装的本质。同时痛哭和大笑的表情需要聚集大量的能量，调动身体其他部位的肌肉和神经共同工作，也就是说，在痛哭和大笑的表情结束后，这些肌肉和神经需要一个缓慢的过程恢复到原位，并不是瞬间收拢的。因此只要我们在现实生活的交际场合中仔细研究这些表情中的细微之处，就可以很轻松地看出哪种表情是真实的，而哪种表情是伪装出来的。

抑郁成灾

有一句古诗说得好，"人生不满百，常怀千岁忧。"尘世中的人们总是逃避不了各种忧愁和苦恼，如果能通过倾诉、转移等方式排解，那当然会得到好的效果，起到积极的作用，但如果意识主体的心理承受能力差，不善于自我化解，这些忧愁和苦恼郁结于心，长此以往就会出现更为严重的后果，影响人体的生理机能，严重的话还有可能危及生命。抑郁症就是一种十分可怕的后果。

抑郁症已经成为目前世界上一种十分常见的心理疾病，据世界卫生组织的统计数据显示，抑郁症已经成为世界第四大疾患，预计到 2020 年，抑郁症的患病率可能会上升至第二位，成为仅次于冠心病的第二大疾病。抑郁症的患病原因可能是多方面的，主要的临床特征就是持续而显著的情绪低落，并且这种情绪上的低沉处境有时并不与其自身的处境相称，严重的抑郁症患者还有可能产生自杀的念头或行为。

在人群中，青年患抑郁症的概率较大，科学上并没有明显的确切的论断。但是抑郁症的发病原因目前可以被分为以下几类：1. 遗传。根据群遗传流行病学的调查研究显示，有抑郁症病史的家族中，其成员患抑郁症的概率会提高，这与其他疾病的遗传机制是一致的。也就是说，与患病者血缘关系愈近，患病概率越高。2. 社会心理。生活中重大的灾难或打击，或是长时间的精神欲求得不到满足，意识主体的消极情绪得不到有效的排解和发泄，常常会引发抑郁症。3. 药物影响。很多药物的副作用就包括导致情绪低落、意志消沉，如一些高血压患者服用的降压药，一些减肥药中也含有能够导致人精神不振、情绪烦躁的成分。4. 某一阶段生活状态的改变也会诱发抑郁症。例如，在高考之前，一些考生由于学习压力和升学压力过大，并且这种压力又难以排解，在长期沉闷的环境的影响之下，抑郁症的发病概率就会增加；再如，产后抑郁症。由于孩子出生以后的生活与产妇之前预想的生活出现了较大的偏差，孩子的喂养方式、分娩前的恐惧、夫妻关系不融洽、婆媳关系不融洽、家庭经济紧张，以及产妇生活环境的忽然封闭、产妇人格较弱或神经质特点、高龄产妇等多种原因造成。

目前，抑郁症只能较多依靠心理控制进行适度的调节，药物治疗和物理治疗存在较大的副作用，并且价格较为昂贵。因此抑郁症不仅会给患者和家庭带来重大的精神压力，也会带来沉重的家庭负担。

现代人如何远离抑郁症

多项调查研究显示，抑郁症已经成为威胁人类健康的重大疾病之一。然而为什么古代没有听说过抑郁症呢，反而在科技、经济、社会、文化高度发达的今天，抑郁症却愈加猖獗了呢？此外，由于抑郁症而自杀的人很多集中在高学历、多从事脑力劳动的群体中，这又是为什么呢？有学者提出，抑郁是进化的需要。

美国伦道夫—梅肯学院心理学系主任凯利·兰伯特教授就谈到，生活舒适易导致抑郁，年轻人更易受困扰。

兰伯特认为，当下高节奏的生活方式虽然在很大程度上使人们的生活变得更为便捷，但是也存在危害心理健康的东西。相反，古人为了生存，必须在恶劣环境下进行艰苦的体力劳动以维持生计，当最基本的生存需求得到满足以后，整个人都会处在放松的状态之中，大脑也会像完成任务一样处在毫无压力的状态之下，神经不必紧张。这也就是古人常说的"知足常乐"。而现在，尤其是高学历的脑力劳动者，其体力劳动非常少，高强度的脑力劳动本身就容易导致大脑神经的高度紧张和疲劳，再没有体力劳动所带来的压力转移，对生活的期望值也越来越高，内心的各种欲求都得不到满足，自然会长期处在不愉快的气氛中。

美国弗吉尼亚联邦大学精神与行为遗传学中心的保罗·安德鲁与安德森·汤姆森教授提出，抑郁的人常会以高度分析性的思考模式，去激烈地反思问题，并持续很长时间。这种思考虽然高产，耗费亦不少，需要大量能量。也就是说，抑郁者常常纠结于某些复杂问题，十分爱钻牛角尖。因此常常陷于痛苦的思考当中，难以自拔。

其实，只要现代人调整自己的生活方式，寻找适当的放松途径，为自己工作生活中的压力找到合理的排泄口，抑郁的情绪就会得到有效的排解。例如，常做一些户外运动，充分感受大自然的魅力，吸收新鲜的空气，会让人感受到远离城市喧嚣的美好；常去旅行可以扩展人的视野和思维，让我们看到不同文化背景和生活方式中的人们也会有不同的寻找快乐的途径；多读书、欣赏美好的艺术品可以净化人的心灵，改善物质与金钱营造的铜臭气氛；多与喜欢的人交流，几个朋友一起做些喜欢做的事情，哪怕只是聊聊天，也会起到放松的效果；遇见不开心的事情要及时地倾诉或是转移开来，尽量避免沉浸在抑郁的气氛中，让抑郁症无懈可击。轻松健康的生活和思维方式可以有效地预防抑郁症，还你一个快乐的人生。

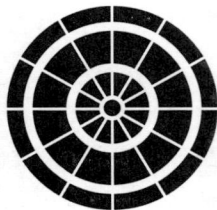

第十七章

居然是这样：
惊讶与意外

真正吃惊的表情不到 1 秒钟

在日常生活中，我们经常能从对方的脸上看到这样一种表情：头微微抬高、眉毛上抬、眼睛骤然睁大等。虽然程度有所不同，但通常，我们都将这类表情称为惊讶。不管对方愿不愿意让我们看到，但不可否认的是，一旦他们的脸上出现了这些反应动作，我们便可以判断，这突如其来的外界刺激必然是他所关心的，却也是没预料到的，这刺激了他的大脑反应神经，瞬间做出了一系列惊讶的表情。

家里养过宠物的朋友肯定有切身的体会，不论是猫还是狗，它们对外界的任何变化都表现得非常敏感。突如其来的声响、陌生的气味甚至阵阵微风落叶，都被它们敏锐的感官所捕获，传入大脑高速运转，判断可能的危险，并付诸后续的行动。这时，动物们往往会出现与人类相似的惊讶反应，它们的头会突然抬高，眼睛睁圆，盯着刺激源的方向，它们的耳朵也会突然竖起，对周围环境警惕戒备。而这个过程却非常短暂，可以说是稍纵即逝，尤其是物竞天择的自然界，这短短 1 秒钟的思考判断有时却是生死的抉择。

人类与动物一样，经过上亿年的进化和角逐，时至今日，人类自身存在的这套神经、肌肉相关的反应机制日渐完善和成熟，反应速度极快，绝对不会超过 1 秒钟！人们在接受外界某种刺激的情况下（通常都是当事人所关注的人、事、物出现了某种意外），我们的大脑可以在短时间内做出反应，神经系统能够调动所有感觉器官，于是面部肌肉群也立刻配合，相应的表情便出现在了我们的脸上。在这瞬间的过程中，神经元及整个神经系统消耗很大，因而身体的其他部位也就相对静止不动，满足大脑的高速运转和精密的计算和判断，以便于指导我们接下来的行动。

超过 1 秒的惊奇表情是装出来的

很多选秀节目都会出现这样的桥段，当主持人宣布最终获奖者的话音刚落，镜头上便会出现一张充满惊讶之情的面孔。他们大多眉毛高扬，眼睛睁得大大的，满眼都是不可置信的神情，嘴巴大张，有的人不禁用手捂住了嘴。这些无疑都是惊讶的表现，可是如果这些表情和动作超过一秒钟，我们就可以得意地对这电视机嘲讽，这些人真是在作秀！

我们之所以这样自信，绝对是有科学根据的。美国心理学家、面部表情研究专家保罗·艾克曼领导的研究小组就做过这样一个实验，他们对 40 名研究对象进行了无伤害的、意外的刺激，并暗中对实验对象的表现进行了录像。之后，研究小组使用 PAL 制式视频对这些录像片段进行了分析，他们选择实验者面部器官改变程度最大、肌肉收缩最明显的状态来计算实验者的惊讶持续时间。他们惊讶地发现，在标准 PAL 制式的视频为 25 帧/秒的情况下，40 名实验者的真正惊讶持续时间仅平均占了 6 帧。

也就是说，当我们收到外界信息源的刺激时，神经系统接收到这一信息开始运作，而面部肌肉也立即开始收缩配合。面部肌肉从一开始收缩至收缩到其最大程度这一段时间极其短暂，仅持续 1/4 秒！当面部肌肉不再收缩时，我们内心的"惊讶"也就随之而去。这也意味着：正常情况下，人们真正能感受到的"惊讶"只有 1/4 秒！可通常，我们"惊讶"的面部表情保持时间却并没有这么短暂，这是因为，这一微妙变化的过程中还有一个最高指挥官——大脑在发挥作用，大脑指挥着我们的面部表情，对外界突如其来的变化做出反馈，把自己的惊讶情绪充分的向外界表达。这也就是我们之所以能在电视上看到那么长时间"惊讶"的原因啦！如果在生活中遇到这样的人，虽然他们可能是个天生的好演员，可是还是要奉劝大家，警惕他们吧！

惊讶时额肌充分收缩

现在我们来分析一下惊讶的面部表情特征。我们可以将因惊讶情绪而产生的这些面部表情分为两大类：饱满的惊讶表情和一般惊讶表情。这种分类依据主要是根据面部表情出现的程度不同而进行的区分。饱满的惊讶表情形态的出现，往往是因为受到了较强烈的外界刺激，面部五官也因此呈现出这些变化：双眉高抬却不狰狞，相对依旧保持原状；眼睛突然大睁，眼白部分也露出较多；嘴巴会随之张开，但嘴唇表皮不会产生变化。大部分的惊讶表情还会伴随一次短暂的吸气，呈现出一种瞬间的停顿状态，这也是一种典型的冻结反应。

这些典型面部表情的出现，主要是由于人受到外界刺激的瞬间，面部肌肉会迅速收缩来配合内心惊讶的情绪出现。当肌肉收缩到最大限度，惊讶情绪也会随即消除。因而，面部的五官变化都与相关的肌肉收缩有关。惊讶情绪产生时，面部出现的双眉高抬的表情特征就是额肌充分收缩的结果，这在饱满的惊讶表情中经常可以看到。并且，眼睛的骤然睁大也与额肌的充分收缩有着密切的关系，在额肌与上睑提肌的相互配合下，上眼皮也会有向上提升的变化，眼睛也因此表现出了睁大的状态。眉毛与眼睛的变化状态是情绪表达的主要载体，惊讶情绪也少不了眉毛和眼睛的共同作用，他们的变化都与额肌的充分收缩息息相关。

惊讶时的眉毛会大幅上扬

人们在表现惊讶情绪时，面部五官便会出现相应的细微变化，呈现特有的状态特征。眉毛大幅上扬就是其中的一种表现，多出现于饱满的惊讶情绪表达中。这主要是由于人脑在应对外界刺激时，面部肌肉群随之进行了收缩，使得五官因此产生了或细微或明显的变化。眉毛大幅上扬的出现与额肌与上睑提肌的收缩都有一定的关系。

前面提到，额肌的充分收缩，使得眉毛可以大幅度的提高，这在人们收到较刺激的外界信息时，表现得尤为明显。在额肌收缩时，面部肌群还有一块重要的肌肉也在运动，这就是上睑提肌。上睑提肌与额肌一起接收到信息，共同进行收缩运动，这就使得眼部也发生了变化，上眼皮在二者相互的作用下与下眼皮距离瞬间有所增大，也因此，调动了额肌的收缩，使得眉毛有了大幅度的抬高。在某种程度上来说，眉毛的抬升是睁眼睛的一种伴随反应，但若没有眉毛的抬升，上眼皮也只能有限提升，无法完成瞪眼睛的动作。

当然，还有另外一种情况，即一般的惊讶表情，通常是由于人们刻意控制隐藏和外界刺激不够有冲击的情况下产生的。在一般的惊讶表情中，只有部分面部肌肉群被调动或未被充分调动，与饱满的惊讶表情相比，面部五官的变化并不十分明显，有时候甚至很难察觉到它们微妙的变化。有时，较轻微的惊讶表情不会令眉毛有大幅的上扬，但与松弛状态下相比较，我们又可以看出眉毛还是有所抬高的。这一点我们必须要说明，大家在平时判断的时候一定要注意细心的观察。

年纪大的人惊讶时前额会产生水平皱纹

细心地你可能会发现，我们的长辈或者年长的上司，一不小心在我们面前流露出惊讶表情时，他们的前额通常会出现几条或隐或现的水平皱纹。有的是本身就有，面露惊讶之色时便加深其纹路，有的平时看不出来，一旦将惊讶表露在脸上便隐隐约约地被我们的眼睛捕捉到了。而相对地，我们的同龄人或者年轻人就很少有这种情况，这是什么原因呢？

首先，随着年龄的增长，新陈代谢不再旺盛，皮肤自身的修护再生功能逐渐退化，基底层新生细胞的生产数量也日益减少。也因此，皮肤表面由死亡细胞组成的角质层也开始变薄，致使皮肤难以抵御电脑辐射、空气中的有害物质、紫外线等侵害，皱纹也因此悄悄地爬上了您的额头。

其次，年轻人的皮肤中蕴含了大量的骨胶原纤维，骨胶原纤维中蕴含了大量的水分，对皮肤起着支撑作用，使皮肤富有弹性又光洁。但这些骨胶原纤维却并非一直保持这样的活性和数量，随着岁月的流逝，它们会逐渐衰减并渐渐丧失活力，我们的皮肤也不会再像年轻时那般水嫩光亮，皮肤渐渐就会变得干枯褶皱了。这也是近来骨胶原美容产品卖得如此好的原因了。

第三点，也是与面部表情变化有关的，我们都知道，在我们内心感受到惊讶情绪时，面部肌肉群便会进行收缩，当收缩到最大程度时，惊讶情绪即刻便会消失。因此，当我们的额肌充分的收缩，其结缔组织的弹性纤维随之拉伸，重复的次数多了，也会造成所谓的表情皱纹。加之年长的人士往往皮肤干燥缺水或本身已经有一些额前皱纹，当他们惊讶情绪产生时，额前出现一些水平皱纹也就不足为奇了。

上眼睑提升，眼睛睁大：居然会这样

在饱满的惊讶表情中，我们可以明显地看到眼睛的变化。我们通常说的睁大眼睛，一般都指的是上下眼睑边缘之间的间隙增大，多表现为上眼睑的提升。但实际上，这一动作也使得眼球更多的部分暴露了出来。因而，我们也可以将其视为惊讶表情形态判断的一个标志。在正常状态下，眼球的虹膜基本暴露在外，虹膜的上缘约1/4的部分被上眼睑所遮盖；而在饱满的惊讶状态下，我们甚至能看到虹膜上缘部分的眼白，并且下眼睑中间会有轻微的颤动。

当人们产生惊讶情绪时，额肌与上睑提肌共同收缩，相互配合，眉毛与眼睛也就有所变化，具体则表现为：上眼睑提升，眼睛睁大，眉毛也会有不同程度的抬升。眉毛的抬升是眼睛睁大的伴随性动作，主要是因为上眼睑的提升需要额肌收缩配合，令睁眼的动作易于完成。眉毛的大幅提升一般在饱满的惊讶表情形态中才能看到，一般的惊讶情绪很难令人们的眉毛有很明显的变化，甚至在一些情况下，几乎看不到眉毛位置的改变。

但眼睛却不是这样，无论多么微小的惊讶或多刻意的隐藏，人们的上眼睑都会有所提升，可以说，眼睛的睁大或者上眼睑的提升是惊讶情绪表情的必要形态特征。这其实是人类为了应对外界突如其来变化的一种本能的反应。惊讶情绪产生的瞬间，伴随着大脑的运转，思考我们接下来该采何种行动。眼睛睁大令眼球增加了暴露在外的部分，以便于吸收更多的光线，看清楚周围环境的变化，这是一种自我保护的行为。同时，这也能获取更多的视觉信息，帮助我们的大脑对当下情况进行分析和判断，进而做出恰当的决策。

瞳孔微微放大：他有些惊恐

在我们感到惊讶时，往往会有一瞬间的静止状态，我们称之为冻结反应。这其实是大脑接收到了外界刺激，并向全身各个部位发出的警示信号。大脑利用这一瞬间要对外界环境进行精密的分析，继而指挥全身做出相应的反应行为。惊讶是个中性词，惊讶之后的反应取决于外界刺激源对人的影响。如果受到积极的外界信息的刺激，惊讶之后可能转化为喜悦的情绪，若受到负面信息的刺激，很可能会产生恐惧、愤怒等情绪。

在恐怖电影中，随着怪物的逼近，男主角也一步一步地向着房屋的角落退去，当他终于退到了墙角，无路可走之时，镜头突然拉近，屏幕上是一张有些狰狞的脸，脸上写满了恐惧！仔细观察我们还能发现，这时人的眼睛上眼睑不再上扬，而有一种倾斜下拉的趋势，如果你注意到他的瞳孔，你会发现，他的瞳孔居然在微微放大。

瞳孔是我们眼球虹膜中心的一个黑色小圆孔，是眼睛吸收外界光源的主要渠道。瞳孔可以根据光的强弱控制改变自己的大小，在光亮的地方他就会变小，在黑暗的地方则会变大。那又是什么在控制着瞳孔的大小呢？原来我们的虹膜中有两组细微的肌肉，瞳孔括约肌和瞳孔开大肌，它们一个负责瞳孔收缩，一个负责瞳孔扩大，一张一弛，配合相得益彰。而这一组肌肉又受到两根神经的控制，其中，瞳孔开大肌受交感神经支配。在剧烈的外来刺激下，会促使交感神经瞬间活跃兴奋，支配瞳孔开大肌放大瞳孔。因而，当人们受到意外的、负面刺激时，可能瞬间从惊讶转而恐惧的情绪，而这时，人的瞳孔也就会微微扩大了。

嘴巴不自觉张开，配合一次快速吸气

惊讶情绪出现时，面部肌群的收缩运动不单单涉及额肌和上睑提肌，五官的变化也不只是眉毛的提升和眼睛的睁大。嘴巴也是面部五官重要的一部分，在人们感到惊讶时，嘴巴也有着自己的反应。

我们还是先来看饱满惊讶程度的面部表情，这对于我们初步学习分析微表情是十分必要的。在饱满的惊讶表情状态下，人们的嘴巴会不自觉地张开，并且，嘴唇表皮也不会有收缩变化，这种状态能保持一段时间。嘴部这一系列的动作还伴随着一个很难被他人察觉的行为——一次快速吸气！

从这一系列的反应来看，嘴部的变化都是"有意为之"的结果，目的则是为了这微妙的"吸气"。人类这种高等动物，在几亿年的进化过程中，早已创造了一套身体调节机制，来应对外界环境突如其来的变化。这种伴随惊讶情绪出现的快速吸气，就是这样一例。快速吸气主要有两个作用：

第一，在惊讶情绪出现时，大脑也要进行精密的运转，对周围环境和后续行为做出某种考量，因此快速吸气可以迅速提供氧气供大脑运行，加速脑部的血液循环。

第二，为后续行动储备能量。人受到外界刺激，产生惊讶情绪时，大脑同时也在分析和考量周围的环境对人是否有威胁，并对下一步行动作出判断和准备。这时，快速地吸一口气不仅对大脑的运转有好处，同时，也为身体提供了必要的能量储备。惊讶情绪过后，可能面对很多情况，人们需要为自己储存必要的能量进行接下来的行动。不管接下来要面对的是惊喜或是悲伤，要抗争或是要逃跑，都要耗费一定的体力。所以，这种快速呼吸是十分必要的，也是自我保护的一种手段。

受到刺激时嘴巴向下轻微张开

在我们的面部表情变化中，嘴唇的作用其实是很大的。我们往往过分关注眉眼对于表情变化的作用，而常常忽视了嘴是如何表达情感的。通常嘴部周围肌肉的收缩，与我们刻意的抵制情绪有关，是一种对外界变化的警惕、防备的生理反应。美国心理学家曾做过这样一个实验：把世界名画《蒙娜丽莎的微笑》的两个复制品摆在一起，找 30 名实验者来感受这两幅画中的蒙娜丽莎的情绪。这两幅画中的一幅不做改动，另一幅用电脑合成技术改变了嘴唇的动作，把蒙娜丽莎的嘴角向下拉。当这两幅画同时出现的时候，就可以看出非常明显的区别：一个在微笑，一个看起来很忧伤。从这个实验中我们就可以发现，嘴部动作的改变，对于我们情感表达之重要。就算是嘴巴不说话，我们内心的"秘密"也会被它给透露出来。嘴唇微开，表示我们对这件事有怀疑、疑问、惊讶；嘴巴大张，表示惊恐；嘴角上扬，表达喜悦之情；嘴角下垂，则为忧伤的反应。

但我们受到外界突如其来的刺激，产生惊讶情绪时，嘴巴会向下轻微张开，特别是在饱满的惊讶表情中呈现得十分明显。嘴部的动作具体一点来说，是在大脑的指挥下，下颚带动下唇向下与上唇分离，并且，嘴角不会向两侧有所拉伸。在人们对外界信息感到惊讶时，嘴部的这种变化其实是为了迅速的吸入空气，为之后进行的反应行动贮藏机动能量的表现。嘴巴向下轻微张开，瞬间使空气被顺利吸入体内，这种方式对身体的能量损耗最少，以维持大脑的正常运转。

惊讶时下巴会微微抬高

在很多时候，我们受到的外界刺激并不是很强烈。只是轻微的刺激，而我们也只是会感到有些意外而已。这时候，面部的表情也不会变化很明显。就会有些尴尬，也只是一点，甚至会基本无表情。在这样的情况下，我们不需要大量的能量，也就不需要明显急促地快速呼吸。因而，嘴部的运动也会有所放松。这个时候，人们为了不让别人看出自己的惊讶，总是会强装镇定，向别人强调"我很正常"。但是，这句话其实是此地无银三百两。这样的反应，其实恰好反映了他们内心的情绪。

一般而言，下巴抬高是一种带侵略性的、挑逗意味的动作，也是一种自恃身份不同与常人，蔑视他人的一种行为。在惊讶情绪后出现的下巴微微高抬的行为，很明显是一种掩饰自己内心情绪的行为。

惊讶的人会深吸一口气

有时，我们受到外界刺激比较强烈，促使我们的肌肉剧烈收缩，面部呈现饱满的惊讶情绪，同时，往往伴随着深吸一口气，并有瞬间屏息的状态，这其实是一种自我保护的本能，也是一种隐晦的冻结反应，也就是我们常说的"倒抽一口气"！

自然界万事万物都遵循着能量守恒规律，我们的身体也一样。我们的每一次呼吸，虽然看起来没有什么特别，却都是在给我们的身体增加"养分"，好让我们的身体系统能够正常运行，我们每一次思考、行动，都与呼吸息息相关。而人们某种情绪的产生，其实是一种能量消耗的过程，因此，在情绪结束后，需要对身体的能量有所补充，呼吸就是其中的一种方式。

美国哥伦比亚大学行为心理研究中心为我们证实，在受到外界刺激后，若准备有所行动，呼吸的幅度和频率便会加剧，为身体储存能量，并且二者呈正比例增加。如果外界刺激比较强烈，需要进行剧烈的后续反应，则呼吸的幅度便会增大，也就是我们常说的要深吸一口气。

因而，在我们出现惊讶情绪时，深吸一口气就是这样一种能量补充的生理反应，目的是进行自我保护，对之后的种种情况做准备。在饱满惊讶表情中经常看到的嘴巴张开，也是为了快速地进行呼吸，但并不是所有的刺激源都会使人产生饱满的惊讶表情，有时人们在惊讶情绪产生之时，并不会张开嘴，即使在这种情况下，人们也会利用鼻子进行吸气，只不过这样便会促使喉部附近的肌肉进行收缩，不如直接张开嘴吸气便利。这虽然是人们可以掩盖自己情绪的一种表现，但无论如何隐藏自己的惊讶，也不会忘了深深地"吸上一口"！

受到惊吓，不自觉提高声音

公司年终总结大会上，总经理正兴致盎然地对过去一年的成绩教训做总结报告，突然，平日里老好人一样的销售部经理突然从座位上起身，在所有人的目光之中走出会场，愤怒地摔门而去。总经理的发言并没有因此而间断，只是讲话的声音稍稍有一些提高。这位领导者良好的心理素质和风度值得学习，不过，他的声音却出卖了他，他还是被销售部经理的行为吓了一跳！

人在受到刺激、产生惊讶情绪时，往往会有这种反应。主要有两种情况：一种可能是当时正在说话，突然受到有效刺激，其他动作还来不及做，声音却有所提高。人在说话时受到了刺激，特别是受到负面刺激时，会产生惊恐、恐惧等情绪，伴随着肌肉收缩，声带也会受到影响，振动频率也会有所增加，声音变大也是很正常的事。特别是人们做事都受惯性的影响，正在说话中的人受到正常惊吓的一瞬间还是会维持说话的状态，只是声调有所改变。第二种情况，正常状态下的人，突然遭受到意外刺激，可能会用怀疑的语气提高声调进行反问，例如"什么？""真的吗？"等短语。这种行为一方面是为自己之后的反应争取时间，同时也是渴望得到外界变化具体信息的一种表现。但不管是哪一种提高声音的行为，都与人们内心惊讶的感觉有着密切的关系。

尖叫是被严重吓到了

人在极度恐惧之下，会发出阵阵尖叫。在遇到意外的负面刺激时，若一个人突然发出了尖叫，那么表明他已经产生了恐惧感，并且是极度恐惧。女孩子似乎特别容易尖叫，特别是在受到惊吓时。几个女孩子在看恐怖电影时，阵阵刺耳的尖叫和抱成一团轻微颤抖的场面是少不了的。文静害羞的女孩子，在面对淘气的小男孩突然扔过来的毛毛虫时也会吓得尖叫。童年的恶作剧似乎总是以尖叫收场。

这种尖叫现象，其实是我们身体在应对外来刺激时的一种附属性条件反射行为，并非惊讶情绪产生后典型的行为特征。人们在受到外界刺激时，惊讶情绪瞬间产生。人体内与情绪有关的肾上腺素迅速增加，神经系统既兴奋又敏感，同时也对人的心理产生了影响，人们通常会感受到较大的压力。而尖叫却可以缓解因肾上腺素激增而带来的巨大压力，使他们的心理负担得以释放，人们的情绪也能有所平复，达到一种相对正常、平和的状态。总之，不论男女，在外界刺激下一旦发出这种尖声惊叫，说明这种刺激源是过于激烈的，会产生负面的情绪。

惊讶的人有时会面部仰天

头部的一些小动作，如点头、摇头、抬头、低头等，都是在我们日常生活中经常出现的。这些头部动作总会和身体其他部位的动作相配合，或者只是单纯的配合我们的话语，做出相应的反应。而丰富的头部动作也有其内在的深意，弄清楚头部的动作反应机制对我们微行为的研究是十分重要的。

头部的动作是我们意见表达的渠道之一。我们同意时会"点头"，不同意时会"摇头"，这在我们儿童时期会表现得更加明显。随着年龄的增长，这些头部动作的幅度会相应地减小，小孩子对于不喜欢的东西会使劲摇头，表达自己的强烈不满，而成年人则不会把头摆动得如此明显。但无论如何，相应的头部动作可以强化我们的意见倾向，增强他人对我们的信赖。

面部朝天的动作也是我们经常看到的头部动作。这个动作也具有价值判断和意见表达的意义，而不同国家的文化中有着不同的象征。在新西兰北部的一些地区，仰头表示的是一种肯定的意见，而在希腊、土耳其等国家，面部朝天则是一种否定的意见表达。不管仰头究竟代表什么意义，必须肯定的是，它是一种思考判断的伴随性动作。因而，我们在受到意外刺激时，必然会进行对外界的分析和思考，该如何应对新的变化。于是，面部朝天的头部动作就伴随着这短暂的思考出现了。

歪过头去注意令人惊讶的事

我们的眼睛总为身体提供信息，捕捉情报。在我们受到外界刺激时，大脑会将我们的身体"冻结"，在这个短短的时间内，大脑必须完成一系列的分析、判断等行为，好对我们的身体发出指令，来应对外界的变化。大脑在这段时间内需要能量的支持，同时也需要更多的信息来协助分析及做出应对反应，而这就需要眼睛的配合。

歪过头去注意刺激源的反应，可能是发生了程度较大的意外刺激，并且这种刺激很可能是当事人感兴趣的事件；还有可能是遭受了强烈的负面刺激的影响。通常会伴随着全身僵直，不能动弹的状态，在不清楚周围世界对自己是否有威胁时，我们的身体是不敢轻易运动的，一来是减少能量的耗损，二来期望尽量减少自己的动作以达到保障自己安全的目的。特别是面对强烈的刺激源，更是如此。

刺激越是强烈，我们所受到的威胁可能越大，大脑就需要更多的信息区判断我们当下的情况。在这种情形下，我们就需要眼睛的配合了。头歪过去注意刺激源，实际上是眼睛去注意刺激源，试图吸收更多的光源，收集到更多有用的信息提供给大脑，配合大脑的需要。也是我们的身体在情况不明朗的困境下，一种本能的反应与自我保护的行为。

惊讶刺激使人流泪

我们经常能够在一些小说中看到这样的文字："听到这个消息之后，他怔住了……然后激动地流下了泪水。"这句话看起来好像有些夸张，但是在现实生活中，这种情况也是会出现的。为了了解这个问题，我们需要分析流泪和流泪的原因。

我们可将流泪分为两种，反射性的流泪及情感性的流泪。反射性的流泪出现得比较多，比如有的人的眼睛比较敏感，甚至在被风吹到的时候都会流泪。这是由个人体质决定的，当然，同样的刺激物对不同的人会有不同的影响，不同的刺激物对同一个人也会有不同的影响。而情感性流泪是由于人受到外界信息刺激，内心产生了某种情绪而导致的流泪。

俄罗斯家庭心理学家纳吉日达·舒尔曼经研究证明，眼泪可以缓解精神负担，并且是效果最好的天然良方。此外，眼泪还有帮助人体排毒的功能。人体内信息传递靠神经，而神经元之间的传递则依靠中枢递质。一旦受到外界的强烈刺激，中枢递质就会增多，当相应的分解酶无法完全分解时，它们就会沉积于体内，久而久之可能引发肠炎、溃疡等病症。而眼泪却可以将这些有害物质带出体外。并且，经科学研究证明，眼泪中还有能改变人体情绪的蛋白质，特别是在因动情而流泪的泪水中，这种蛋白质含量极高。

在一些惊讶情绪之后，少数人会流下眼泪，或是激动或是欣喜，也有可能是因为过于悲痛。其实这些都是我们的身体在做自我调节的措施。外界强烈的刺激，特别是负面刺激，对人心理会有巨大的冲击，会产生对身心十分不利的负面情绪，同时这种刺激还会造成人体内中枢神经递质过多，神经异常兴奋等问题，会危害人的身体健康。惊讶过后的泪水对我们的身体而言其实相当于一剂止痛药，是一种对心理的安抚以及对身心的调整。

有时候惊讶会使人停住所有动作

惊讶情绪产生的瞬间虽然极其短暂，但却是非常复杂的过程。当我们突然受到外界意外刺激时，大脑会首先接到信息，神经系统立即开始工作，促使面部肌肉群开始进行收缩运动，直到这种状态达到极限，这期间，人的内心便会产生惊讶的情绪。大脑在这整个过程中一直在高速工作，一方面，周遭情况的突然变化使人自然地产生一种不安全感，促使人调用各种感官尽量去收集有用的信息，例如眼睛睁大，眼球暴露部分增加；另一方面，大脑还要对之后的情况进行预测和分析，并要在极端的时间里为之后的行动做出决定。

大脑在这极端的时间里所完成的工作量是巨大的，因而需要更多的能量输送，必须要保证大脑的"养料"在此时是充足的。如果外界的刺激源较强烈，大脑需要的能量更多，惊讶情绪的表达就需要全身其他部位的配合来进行。简单地说，就是人在惊讶情绪时，可能会停下所有的动作，直到这种情绪结束。全身其他部位暂时不动，实际上就是将能量全部转移到了大脑，使大脑供血充足，有助于大脑的有效思考和判断。因而，感到惊讶时全身不动的情况是有的，但还是要视外界刺激源的程度而定。

皱眉：严重关注令人惊奇的大事

眉毛是我们五官中的一部分，在微表情的研究中也是重要的分析对象。通常我们都将眉毛和眼睛放在一起进行分析和讨论，但在实际生活中，眉毛的一些细小的变化也能对我们研究人的内心情绪给予明确的提示。

一般来说，人们皱眉有两种情况：一种是遭遇外界刺激时，如强光直射、强烈的负面刺激、意外袭击等，本能的躲避性行为，具体来说就是保护我们的眼睛免遭伤害，这当然还需要眼睛的协调配合；另一种情况为有抵抗意识的防御性行为，看上去是带有侵略性的，但实际上还是以自我保护为主，通常会产生反感、厌恶等情绪。

如果身边突然发生了令人惊奇的大事，我们身体的第一反应还是本能的选择躲避，尽量收缩自己的肢体，减少能量的消耗；同时，鉴于对刺激源信息的匮乏，眼睛就成了收集情报的首选，肩负着重任，不得不睁眼为大脑搜集信息。但是因为外界的刺激源比较剧烈，眼睛会在搜集信息的同时保护自己，比如会皱眉。这种皱眉行为就是眼睛在接受程度较大的外界刺激时的一种逃避性反应。因而，当我们周边人出现这种皱眉的反应时，那可能他的身边突然发生了令他感到惊讶的大事！

惊讶让人变得严肃？

即便是遭受到了同样的刺激，不同的人也会有不同的反应。我们暂且不谈外界刺激源的有效性问题，不同年龄、不同经历、不同的教育背景等因素，会促使我们对惊讶情绪的表达有着自己的选择。为什么有些人在惊讶时会五官狰狞、花容失色，而有些人看上去却成熟稳重、表情严肃，还能微微感受到霸气的王者风范？而那些看上去严肃镇定的人，是不是真的没受到负面刺激的影响？

眉毛高抬、眼睛睁大、嘴部大张等，都是惊讶表情的典型表情形态。通常是发生在出现了极其强烈的刺激之后，在人们的心里产生了强烈的惊讶情绪，表现在面部则是上述的这些饱满惊讶表情。其实，这种饱满的惊讶表情在我们的生活中并不多见，一般会出现这种表情的多是突然受到外界刺激的小孩，或者阅历不深的年轻人。一般来说，随着人们年龄的增长，会越来越多地了解这个世界，一般新奇的事物都不能使人产生巨大的惊讶情绪。并且，我们在与这个社会打交道的过程中也学会了如何保护自己，如何掩饰自己的情绪，不容易被他人一眼看穿。

即使再怎么掩饰自己的情绪，只要仔细观察，也能在面部五官微小的变化中找到一丝端倪。心理学家对比了人们受到不同程度惊吓的面部表情图，发现在中等惊讶程度下，人们的眉毛会微抬，不会有明显的变化；而嘴部甚至会不参与这种情绪反应，维持原状，快速呼吸也由鼻子所取代，由于呼吸的需要，下巴还会微微上抬；只有眼睛还会有睁大的反应。如果真的出现了值得关注的大事，人们在受到惊吓时还会有皱眉的反应，眼睛在睁大的同时也会注视着刺激源，嘴部依旧可以维持不动。这些表情组合起来，确实能让人感受到严肃的气氛。加之，在遭受外界刺激的瞬间，本身就有极短的冻结状态，全身的动作都会相对减少。只要掩饰的好，这些确实很容易被许多人误认为是严肃、镇定的表现。

屏住呼吸：太震惊了

之前我们已经提到呼吸与情绪的能量守恒规律，惊讶情绪会消耗掉一部分的能量，而及时的呼吸却能对能量进行补充，维持大脑的正常运转，为接下来可能的各种行动贮存能量。而一旦外界刺激超出了人们的预期，对突如其来的刺激产生了惧怕和恐惧的情感，我们的呼吸也会随着情况的改变而改变，往往会在瞬间降低呼吸的频率和幅度，或刹那间屏住呼吸。这也是我们所说的呼吸冻结反应。

这种情况的出现，通常是因为我们产生了恐惧的情绪，特别是周遭环境无法令我们进行所期望的行动，被迫维持原状态的情况下。这种"大气也不敢出"的状态，其实是人的一种本能，就是为了保护自己。不论人还是动物，在感到恐惧、自身受到威胁又无能为力时都有这种本能的反应，只是幅度有所不同。

动物在躲避天敌或猎人追捕时往往会减小呼吸幅度或屏息逃过劫难，若呼吸剧烈，很可能会暴露自己的藏身之处，付出生命的代价。我们在恐怖电影中也经常看到这种镜头，主人公在逃避怪物追踪时慌忙躲入暗处，尽量使自己屏息，不被怪物发现。这种对呼吸幅度和频率减小的行为，目的是想尽量隐藏自己，使自己安全。又如，在公司季度业务总结的会议上，领导突然开始批评某员工，言辞激烈。其他没有做错事的员工大多是"大气也不敢出"，全都身体僵直，几乎看不到彼此因呼吸而产生的身体起伏。因为这时大家都知道，这多半是一次杀鸡儆猴的表演！

控制呼吸的深度和频率

我们的身体是一部高智能运转的机体，可以根据外界对我们不同的程度、不同方面的刺激来进行自我调节。呼吸与身体的能量有着密切的联系，不同情绪的产生会对能量有所消耗，而呼吸却正能够在其中起到调节者的作用，在我们遭受外界刺激时，通过控制呼吸的深度和频率，令身体始终保持一种平衡的状态。

当我们受到外界意外信息刺激时，会促使肌肉收缩，产生惊讶的情绪，随之出现典型的惊讶表情形态及动作反应，如眼睛睁大，眉毛抬高，嘴巴张开，身体动作停滞等。同时，当人们感觉到惊讶时，几乎是本能的会快速的吸入一口气，目的在于自我保护，对变化后的环境进行重新审视，决定该采取何种方式进行下一步的行动。这其实就是一种能量的储备和生理本能的补给。

而当外界的刺激突如其来或极其猛烈时，往往会令人们产生负面情绪，我们将这类刺激源称之为负面刺激。人在遭遇到有效的负面刺激时，一般都会产生不同程度的恐惧、惊恐、害怕等情绪，也会产生多种多样的微表情、微行为。而通常，人们第一反应是进行自我保护，这也就涉及对呼吸的控制。与遭遇意外刺激不同，负面刺激的刺激源对人影响更加强烈，产生的情绪也多是负面的，自我保护意识也更强烈，逃避的潜意识也被调动了起来。因此，不同于惊讶的快速呼吸，人们在害怕时，通常会减缓自己的呼吸频率和幅度，甚至会屏息以保证自己的安全。因此，我们分析微表情时，可以将人的呼吸频率、幅度作为辅助材料来进行有效的判断。

你的听众正在不断敲着他的饭盒

敲击在人的行为中有多重含义，可能表示尊敬，可能是厌烦，可能是在思考，也可能是受到惊吓时的一种反应。在茶楼里，在别人为你倒茶后用手轻敲桌面数声，就是一种表示感谢和尊重的举动。

如果你和你的朋友在吃饭时闲谈，你正在说话，你的朋友却正在不断地敲着他的饭盒，这代表了什么意思？首先，这可能是他对谈话内容厌烦的表现。听众不断敲击饭盒并且越来越快，可能是想给你一个信息：他已经对谈话的内容感到了厌倦，希望通过敲击声提醒你。并且连续不断的敲击声也会给说话者一个刺激，使其不能将注意力完全放在谈话内容上。如果这时你换一个话题，听众可能就不再这样连续敲了。还有一种可能，听众对你的谈话内容很感兴趣，并且已经开始让他有所想法，可能是听众正在思考的表现，而此时的击打声往往比较有节奏，这时你最好不要去打断他。还有第三种可能，就是你说的内容刚好是他关心的，并且与他预期中的出现了不同，也就是说，你说的话使他产生了惊讶的情绪。这时的敲击一般会快速而连续，这是听众在受到外界刺激时舒缓压力的一种表现，借敲击饭盒对心理的冲击进行补偿。

当然具体哪种情况还是要根据实际情况具体分析。比如听众的面部表情、手部动作、敲击声是短促还是连贯，是有节奏还是杂乱的，这些都是判断听众情绪的重要标志。如果想要听众接受你的谈话，就要在交谈过程中时刻注意观察，分析听众的情绪，决定是否要换个话题或者继续深入。

受惊，双手盖住脸

在很多时候，人突然间受到了外界的刺激，会不自觉地用双手将自己的脸盖住，似乎不想再去面对刺激源。这种现象十分普遍，看恐怖电影时就经常发生，影片中突如其来的杀戮、怪兽都给我们毫无防备的重重的一击，慌忙用手把脸捂上，不敢再看屏幕。有时突如其来的惊喜也会出现类似的反应，如现场抽中大奖，毫无预兆的浪漫求婚等，当事人都会有这一下意识的举动——将双手盖住脸。

这种举动也是一种本能的躲避性行为。人在遭到外界刺激时本能地会想要逃跑，找个安全的地方先将自己隐藏起来，但迫于现实状况，不可能拔腿就跑，于是，我们的身体就会做出一些躲避性的行为来减缓外界刺激对心理的负面影响。用双手盖住脸就是这样一例，正常状态下的双手在受到惊吓时瞬间盖在脸上，这是一种惊讶情绪产生后本能的身体收缩，为了减少身体可能遭到的伤害。双手盖住脸也为脸增设了一个屏障，使其不必要直接面对刺激源，相当于把自己隐藏了起来。在找不到合适的隐藏点时，我们身体的一部分则担当了这个职能，尽量避免外界刺激的冲击。

这个动作还隐藏了一个暗示性信息。心理学家们经过研究发现，双手盖住脸是一种寻求安慰的表现。因而，在人们感到惊讶时，不管刺激源是积极的还是负面的，在惊讶情绪产生的一瞬间，人的情绪都产生了巨大的波动，需要某种安慰。这个手势就是像其他人发出了"求安抚"的信号。

五指并拢盖住嘴唇，平复受惊情绪

一般情况下，在人们受到惊吓时，会在瞬间进行一次快速呼吸，用以存储能量，支持大脑的有效思考和判断。而快速呼吸的最有效也是最简便的方式就是用嘴呼吸，所以，在人们内心感到惊讶时，常伴随嘴部张开或微张的动作，这也是惊讶表情形态的明显特征。

不知您还记不记得"9·11"事件的新闻报道，整个美国都被震惊了，其他城市中的新闻墙 24 小时滚动播放事件处理的最新情况。不少美国人都全身僵直地站在马路上，一动不动地盯着电视墙，很多人还用自己的五指并拢盖住嘴唇，有些人的眼睛里还含着眼泪。这种五指并拢盖住嘴唇的动作，其实是发生在惊讶情绪之后的，是一种平复人们受惊情绪的安抚性动作。如果遭受了外界的负面刺激，特别是较强的负面刺激，人们通常都会进行一次快速有效的呼吸，因而，嘴部的反应也比较明显。而五指并拢掩盖住嘴唇的行为明显会阻碍吸气，因而，这个动作的发生一般都是在惊讶情绪过后，也就是快速呼吸过后才有的反应。将嘴盖住的直接后果就是只能依靠鼻子呼吸，这种呼吸就是我们经常说的深呼吸。它可以有效地缓解紧张、焦虑、恐惧的心情，也为全身的肌肉运动提供了充足的能量和氧气，让我们的身体和心灵都能相对放松。

本来托腮的手突然张开了手指，太惊讶了

手托腮的举动似乎很常见，尤其是在年轻群体中体现得尤为明显。很多人都说青春期的女孩子爱托腮，其实这并非是少女的专利。一般做出这个姿势的人通常都在自己的世界中神游，或者有心事正在发呆，又或者在想自己的梦中情人，总之，人一般在幻想时总会不自觉地做出双手托腮的动作。心理学家发现，双手托腮的动作也是一种替代性安慰行为。人们把自己的手假想成他人的手对自己进行安慰，让自己继续沉溺于非现实的世界，以弥补内心的空虚和创伤。

本来在幻想中的人一旦受到外界刺激，反应会很明显，即使刺激并不强烈，也会对其情绪产生很大影响。表现在动作上即托腮的手突然间张开了手指，也意味着假想中的手消失了。人正沉溺于自己的世界时，突然被刺激拉回了现实世界，自己正在幻想中的一切都不在了，包括在幻想中那双时刻陪伴的手。手指张开意味着原先那双安慰之手已经不再，而面对这种失去，人本能地想要去抓住和找寻，张开的手指也是一种企图掌握的手势，也透露了试图对幻想世界的不舍之情。再者，这种五指张开的手势也是一种自我防护的本能，在遭遇外界刺激时为自己的脸建起了一道屏障，尽量避免自己的脸受到伤害。

小孩子的两只手放在脑袋两侧，五指全部张开

人的头部倾斜，是一种寻找安全感的征兆。据科学研究表明，人这种行为是从婴儿时期养成的习惯，他们总是试图寻找母亲的手臂，渴望被母亲搂在怀中，枕在母亲的手臂中安静的进入梦乡。于是，小孩子总是习惯性地用头寻找那两条象征安全和温暖的手臂，其实是在寻找安全感。小孩子经常把两只手放在脑袋两侧的行为也是一种假想性的安抚行为，他们幻想着母亲的手臂，并把自己的手臂当作母亲的双臂。很多小孩子在自己单独睡觉时会经常做出这样的举动，并保持这种姿势进入梦乡。小孩子平时想要寻找安全感时也多用这种行为表达他们的内心。

而当他们突然受到外界的刺激时，这种对于安全的幻想便会被打破，他们幻想

出的安全的臂膀也就随之消失，这种对于手臂的依恋也就不复存在，也就不需要再用自己的手臂去充当"安全的港湾"。放弃的标志就是五指全部张开，瞬间肌肉紧绷，并做出防御的姿势。并拢或者松弛状态下的手，突然间五指全部张开，通常是受到惊吓后的反应，我们在研究微行为时，要做到观察到细微之处，手指的变化也不能忽略。手指的动作有时也能透露一个人的心理状态，比如，手指张开并将指尖按在桌面上的行为，是一种绝对自信的表现。

受到负面刺激，做出防御姿态

当人们受到外界负面刺激时，往往会根据周边情况进行分析，视刺激源的威胁程度来决定自身应采取何种行为应对。如果刺激源占据绝对主导地位，对自己安全威胁较大，或双方实力悬殊，完全没能力与之抗衡的情况下，人们往往会采取逃避性的行为回应外界刺激源。比如双手掩面，肢体收缩，全身肌肉僵直并伴有一次短暂的屏息等行为。惊讶过后通常会产生恐惧的情绪。但如果人一旦发现似乎有反抗的可能，或发现对方实力较弱时，人们便会产生厌恶、愤怒的情绪，也会摆出一些防御性的姿势。这并不是为了进攻，因为在惊讶情绪产生时，人们对周边环境是存在疑问的，大脑一般不会做出进攻的指示，要么是逃跑，要么是防御。

当我们受到意外的负面刺激后，从惊讶逐渐转为愤怒，与此同时，我们的身体动作也会发生相应的改变。原本僵直的身体会更加紧绷，下垂的双手会暗暗握拳，似乎有攻击的架势，但实际上还是在自我防卫。双手握拳也是愤怒的典型表现。又如，有些人在受到惊吓之后，眉头紧皱，双臂交叉抱于胸前，这也是典型的愤怒中的防御姿势。这种姿势就好像在自己与外界刺激源之间拉起了一条防护网，划清界限。同时，这种姿势也透露出了对刺激源的反感和厌恶。有的人在双臂交叉时还攥紧了拳头，更加具有攻击性，但一般也不会主动进行攻击，还是以防御为先。

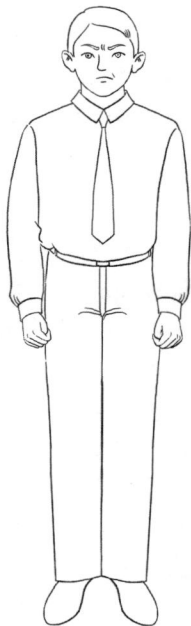

握紧双拳是典型的武装姿势

第十八章

谁在仰视着谁：服从与合作

服从于高高在上的人

在日常生活中，我们总是喜欢对那些"高高在上"的人表示出服从。所谓高高在上的人，生活中可能是指我们的父母，工作中则是上司、客户等。

社会心理学家认为作为自然人的个体之所以会有服从行为，其主要原因有两个：一个是自然个体对于合法权力的服从。在我们约定俗成的观念下，特定的情境，社会会赋予某些社会角色更大的权力，因此导致了另外的一些社会角色有服从于他们的义务。比方说，在学校里，学生应该服从于教师；在医院里，病人应该服从医生等。而在人类反应的各种实验结果表明，越是在陌生的情境下，人们就越容易产生"服从"的意识，这是自我保护意识的表现状态之一。第二个是个人都希望自己身上的责任得到转移。一般情况下，我们对于自己的行为都有自己的责任意识，如果我们不希望造成某种行为的责任落到自己身上，我们主观地认为该行为的主导者不在自己，而在我们所服从的人。因为，我们一旦服从了别人，便会在心理上营造出因执行指挥者的命令而产生该种行为的意识，因此，我们就不需要对这个行为负责，于是服从者的身上便发生了责任转移，使得人们不考虑自己的行为后果。

影响服从的因素很多，概括起来主要有三个方面：第一是命令发出者。命令发出者的权威性高低，他对服从者是否关心、爱护，他是否会对命令执行的过程负责等，都会影响到我们的服从程度。第二是命令的执行者。命令的执行者就是一般意义上的服从者。服从者的执行水平、人格特征以及文化背景等也都会影响到他对命令的服从。第三是环境因素的影响。比如执行过程中是否有人支持自己的拒绝服从行为，周围人的榜样行为怎样，服从者一旦拒绝或执行命令的行为反馈情况如何等，也会影响到服从者的服从行为。

通过上述分析，我们可以看出，服从不是一种嘴皮上的功夫，善于称赞领导的人却未必有很多的甜蜜语言，反而是以自己的行动来贯彻上级的意愿，使被服从者的权威和威信得到认可、维护和巩固，这样，无疑是最聪明的服从，聪明的领导也最喜欢这样的赞美。而作为聪明的下属，一方面要尊重领导的决策和命令，另一方面又要能有分辨地执行领导的决定，只要事情解决得完满，把功劳很大程度上归于领导，这样才能得到领导的赏识和信赖。

有些被服从的人会骄傲

人生在世，我们要做的最主要的事情就是不断提升自己的灵魂，但骄傲的人会认为自己是十全十美的，从而忽视了对自身灵魂提升的重要性。正因如此，骄傲极为有害，它妨碍人去完成人生的主要事业，妨碍人改善自己的生活。在生活中，很多被我们所服从的人会因为其他个体的服从而感到骄傲，例如我们的上司。

在现代职场上，有很多上司非常自负，经常口出豪言壮语："没什么我不知道的，我说的一切都是对的。"这是骄傲上司的其中一种，他们大多会自以为天下没有他们不知道的事。管理学家尤因把这种心理称为"全知全能信念"。其骄傲的表现主要有：总是不耐心听完下属的话、说话时总是听几句就凭感觉下结论，还会用"我都知道了，不用说了"这种话来打断双方谈话等等，这些都是陷入"全知全能谬误"的上司表现。在这样的前提下，即使他们的下属提出了多好的新构想，上司也会以"他不这么认为"为由对这些好建议视若无睹。这种骄傲型的上司堪称是扼杀创意的好手。

另外，还有不少上司，虽然他们自满的程度还没有达到"全知全能"的地步，但也认为至少在公司内部自己算是"第一名"。这种上司觉得一切问题只要自己一出马，就能马到成功，所以总是到处干涉下属的工作。这种干涉完全称不上"美德"，只能勉强将这种上司归纳为"过分自信"罢了。他们认为自己的行为不是在炫耀，而是在向下属传授难能可贵的工作经验。他们坚信这样的传授是下属甘于接受的，也坚信这些活生生的经验之谈能够达到工作项目所需要的最好效果，还会自以为所有的下属都应该认同自己的教导是很有价值的。但这些上司却忘记了大部分下属都把上司的经验之谈当作无谓的说教罢了。

骄傲的人总是喜欢在各种情况下挑剔和教训其他人，缺少对自己情况的客观考虑，但是，骄傲的人由于缺乏对自身的客观评价，也容不下别人对自己评头论足，因此很容易堕进骄傲所设下的陷阱。正如《马太福音》所言："你们中间谁为大，谁就要做你们的佣人；因为凡自高的，必降为卑；而那自卑的，必升为高。"意思是，那些想在别人心目中抬高自己的人，是一定会下降为卑贱之人的，因为那些被人们视为优秀的、聪明的、善良的人，是不需要努力去刻意营造良好形象的，他们本就良好，自然会以身体力行的方式树立起自己的形象。而那自视卑贱的人，以后或将成为高贵的人，因为那些人总是认为自己不够优秀、不够好，因此就会努力去变得更好，更善良，更有智慧。

习惯放下

汶川大地震之后，有的人被埋了几天几夜仍旧能生存下来，并且活得好好的，因为他们会啃书本、喝自己的尿液来维持生命。相反，有的人在地震发生的那一刻起，就已经抱着放弃的念头。事后，有些没有亲身经历过这次灾难的人说："我宁愿放弃生命，也不会咽下这些东西。"其实，绝境说不定什么时候就会到来，也说不定会持续多久。如果想要活下去，就要自然而然地适应环境。

这样的道理，在现实生活也是一样的。

在职场上，企业管理过程中存在的传统"自我意识""推卸责任""踢皮球""利益驱使""职场政治"等等本质意识在很多方面还没有根本改变。面对这样的情况，职工永远捉摸不透领导层的游戏规则，因为这里面还有政治。相比之下，客户显得比较简单，这是关注你的产品问题和生产质量。员工被夹在高层、客户和同事的三明治中间层的总是进退维艰。一方面要讨领导欢心，一方面要对客户负责。领导不高兴了就要往领导面子上贴近，拍拍马屁，客户出问题了业绩考核也会下降，说不定会成为你能否在职场生存下去的关键问题。所以，要想做好工作不容易，要想做好自己那更不容易，在工作中面子问题一定要看透。面子值几个钱？面子能当饭吃？有人说，这是尊严问题，那么，到底什么是尊严呢？尊严是自己给的，面子是别人给的。面子是我们日常交际达到自身目标的一种工具，就像一件物品，没了我们可以再买、再造。但是尊严就不一样了，尊严是一种体现自身价值的心态，很多时候，我们工作上可以为了尊严暂时丢失面子，因为面子是可以靠工作业绩、实力挣回来的，但千万不能为了一时的面子丢了自己的尊严。所以，要想干出成绩，就得忍辱负重、卧薪尝胆。

在生活上，面子对一个男人来说，其重要性是难以取代的，有人说，男人什么都可以丢，就是不能丢了面子，也有人说男人的面子是女人给的，所以女人要学会在各种场合给足男人面子。两个人单独在一起的时候，说什么、做什么都可以，但是在外面，女人一定要学会控制好自己的脾气，不管是在长辈、朋友还是丈夫同事、上司的面前，都要给自己的男人留足面子。因为这是夫妻爱人之间最基本的默契和信任。当然，所谓的本事不只是属于男人，女人照样可以有本事。男人有好妻子，也是男人特别有面子的事。对于好妻子的定义不能一概而论，有的男人喜欢自己的妻子是个女强人，有的男人则愿意妻子是个家庭主妇。但，只要男人对自己的妻子满意，他在一定程度上便会觉得这个妻子让自己很有面子。

达西的傲慢

达西是英国著名作家简·奥斯汀的小说《傲慢与偏见》中的男主人公，他的性格因自身的家庭条件及门第观念造成自视甚高、目中无人、傲慢无礼。但是却初次求爱不成，进而深刻检讨自己，最终改正自己傲慢的态度，成为大家理想的人物形象。达西的性格总的说来有三个层面，即外在的傲慢与内在的爱心以及知错能改的决心。

但在现实社会中，也会存在不少和达西一样，需要我们耐心理解和发现的人物。生活中人们相互之间同样存在着交流的障碍，是我们正确对待自己、处理事物上的绊脚石。因为人和人之间的相处总会有一些小小的摩擦，而这些摩擦，往往就是我们自己内心中所潜藏的弱点或毛病，要和别人能够更愉快地生活，就必须先了解到自己的缺点，并凭借自己的努力消灭这些已知的缺陷；其次就是了解别人的内心，最后再互相深入了解彼此，如此一来，你会发现到社会上每一件人、事、物都是如此美好、光明，更进一步激发出你内心深处的感动，发挥出自己的专长去替这个社会、这个国家、这个世界服务，毕竟我们是万物之长，如果人们不再用心去关怀身边的人，不再去付出自己的一臂之力，那么还有谁要去完成这个任务呢？人类的情感缺陷很多。我们如果想要在人生中创造一番事业，就需要与知识层面、涵养教养、爱情恋人、事业发展等多方面做斗争，这些都需要我们和自己心灵中的种种肤浅想法努力抗衡。在人生中，我们的思维经过了各种误解和长时间的反复认识的过程，才能慢慢地从心灵的内在克服自身生理心理上的各种弱点和毛病，从而使我们自己更加进步、潇洒和自由。归根到底，无论我们是外在傲慢的人，还是真心真诚善待别人的人，只要我们人品正直，追求美德，秉承一颗向往善良的心灵，不私欲、不贪图一时之利欲，追求两心之和谐、相应，运用彼此的智慧，克服心灵上的缺点，就会如愿以偿的。所以从现在开始，我们就应该努力改掉自身的缺点，积极进取，善待他人，打造一个全新的自我，为崭新的将来打拼。

想要合作的诚意

在伊索寓言中有这样一则《太阳和风》的故事：有一天，太阳和风在争论谁更有力量。风说："当然是我，你看下面那位穿着外套的老人，我打赌可以比你更快地使他把外套脱下来。"说着，风开始用力对着老人吹，希望把老人的外套吹下来。但是它越是用劲吹，老人越是把外套裹得更紧。最后，风吹得实在太累了，这时，太阳便从云彩后面走出来，暖洋洋地照在老人身上。没多久，老人就开始擦汗，汗越流越多，于是老人把外套脱了下来。这时，太阳对风说："温和友善永远比激烈狂暴更有效。"

正如寓言阐明的道理一样，与激烈的较劲相比，真诚的对待更有利于解决问题。因此，在双方合作时，表现出我们的诚意，是达成合作的最佳捷径。"小型企业靠人治，中型企业靠制度管理，大型企业靠文化管理。"很多企业在管理的过程中，都把这句话当成座右铭。这句名言的本质是，所有的健康文化，都必须建立在"真诚"的基础上。

诚信，无疑是合作共赢的必然要求。因此，在想与对方达成合作之前，表现你的诚意是最直接的方法。其中最关键的是表达诚意的技巧。

一是要学会"引人以利"，学会换位思考。对方之所以要合作，就是为了追求利益，要让对方注意到本次合作的利益得失。为了说服对方，彰显自身的诚意，要先迎合对方逐利的本能，示之以利，以利来激发对方的兴趣和热情，从而为今后的合作打造良好的基础。

二是"找中要害"，晓之以理动之以情，如果无法满足对方最迫切的要求，不管你的口才有多好，都是没法说动对方的。一旦我们能急对方之所急，在洽谈的过程中努力去发现对方的迫切需要或第一位需要，并提出满足其需要的现实途径，就能使对方在感情上产生"认同感"，不但能好好地体现我们合作的诚意，还能收到事半功倍的效果。所以，在说服过程中，找到对方的"急切点"之后，就能够更好地吸引对方、说服对方。

三是"互惠共赢"，强调合作目标的一致性，得到对方认可。合作洽谈虽然是为了合作，但是双方互有冲突。想要促成合作，就更要强调双方利益的一致性和互惠性，使得双方对这个合作项目都更加满意。

谁服从于谁

现实生活中，服从者与被服从者是相辅相成、相互促进的关系。一般情况下，我们能从以下几个方面看出服从者与被服从者的关系。

一是当下属敢于和上司一同承担责任时，下属具备服从上司的特质。上司也会有上司的难处，他们也会碰到很多始料不及的事情，如果在上司如此需要你的关键时刻，你能够主动站出来，服从上司的安排，为上司解燃眉之急，无疑是你服从上司的最好表现。

二是在服从的过程中彰显自身的才华。并不代表说服从便一定是同质化的，服从的过程中也能抓住机会彰显自己的特色和优势。很多专业技巧性很强的人才及下属会受到上司的特殊礼遇。如果你是一位有专业才能的人才，也想在工作中发挥自己的才华，就更加应该学会认真执行上司交代的任务，不管任务的大小繁简，都以服从并认真的心态去完成，这样，会使你更快地成为上司心目中不可或缺的倚重的对象。

三是不盲目地服从。服从不等于盲从。当我们发现上司的决策有偏差或者可圈可点的时候，应该积极地把自己对决策的想法和建议告诉自己的上司，及时纠正纰漏，忠直进言是必需的。作为下属，不能只是刻板地执行上司的命令，而是要在短时间内对决策的各种执行可能性及预期效果做出考虑，考虑怎样做才能更好地维护公司的利益和自己的利益。当上司知道这一点之后，一定会对你刮目相看。同时，始终要记住一点，那就是你是来协助上司完成经营决策的，而不是来制定决策的。所以，上司的决定不完全符合你的预设想象时，作为员工，都要全心全力去执行上司的决定；在你执行任务时，一旦发现这项决意的确存在错误，那就要尽己所能，让这个错误所造成的损失降到最低限度。

在这个世界上，"没有卑微的工作，只有卑微的工作态度"，个人的发展与团队的发展是有着密切的联系的。一个人要是乐意为企业奉献，那么企业也一样会给予相应的回报。

低头处世，昂首做人

有人说，低头的人没志气，也有人说，低头的人城府深。其实不然，生活上，我们低下的头，可能不过是一个动作表现，但是动作上的低头和心理上的低头还是有区别的。

富兰克林被称为"美国之父",在他年轻的时候,一位老前辈请他到一座低矮的小茅屋中见面。富兰克林到了,他挺起胸膛,大步迈进茅屋,可是一进门,"砰"的一声,富兰克林的额头撞在门框上,顿时红肿了起来,他很疼痛而且很困窘。没想到,老前辈看到他这副样子,非但没有安慰他,反而大笑着说:"很疼吧?你知道吗?这是你今天最大的收获。一个人要想洞察世事,练达人情,就必须时刻记住低头。"事后,富兰克林记住了老前辈的教导。

在我们的生活交际中,也会经常看到一些无论说话还是走路都微微低头的人。这种人之所以低头,不代表他一定是对自己缺乏信心,反而,这只是他自我保护、寻求机会、等待进步的表现。低头并不意味着不把自己不当人看。低头不是流水,不应该越流越低。低头好比一支曲子,如果越唱越低,就会唱不下去。

有个公司招聘员工,门外排着长长的队伍,应聘者逐个走进去接受考试。但是,进去的考生,很快便都哭着跑了出来。因为主考官什么都没问,只是不由分说,凌空劈来一记耳光,之后,主考官问:"这是什么滋味?"自然,那些哭着跑出门去的人都不能得到聘用机会,因为他们是真正低头的人。后来,有个年轻人进去了,同样遭到了主考官劈来的一记耳光。主考官问他:"你感到什么滋味?"年轻人定了定神,马上还给主考官一记同样的耳光,说:"就是这个滋味。"让人们意想不到的是,这个年轻人被录用了。

富兰克林以低头抵达成功,年轻人却以昂头被录用,这说明了低头和昂首的区别。其根本,不在于我们的生理动作,是昂首挺胸,还是低头不语,而在于我们的内在心态。为人处世真正的法则在于能够摆对自己的位置,如果我们是富兰克林,身居要职,我们要学会摆正位置,在心理上低头,看看我们下面的人都在做些什么,用关怀去体恤他们。如果我们是那个年轻人,我们就必须以昂首的心态,面对权威人士的挑战,建立起自身的价值体系。这是"低头处世,昂首做人"的道理,也是我们生活中的必胜法则。

真假拥抱

情侣之间的拥抱,说明这两个人幸福甜蜜;夫妻之间的拥抱,说明这两个人之间理解宽容;朋友之间的拥抱,说明他们之间互相信任;吵架之后的拥抱,说明他们已经原谅了对方;相逢之后的拥抱,代表思念与激动;离别前的拥抱,代表不舍与期待。

拥抱,是我们无声的身本语言,也是最简单直接的表现爱的方式。

想要真正了解一个人,其实很简单,可以从他的言语举止看出来。据心理学家介绍,人与人之间的拥抱姿势与双方关系的体现有很大的关系。然而,不同的文化背景又产生了不同的礼貌和礼仪。比如说,在西方许多发达国家,两个女生见面时拥抱在一起是很常见的现象,夫妻久别重逢时拥抱亲吻也非常自然;但对于阿拉伯、俄国、法国、东欧、地中海沿岸和有些拉丁美洲国家的人,两个男人之间也会拥抱及亲吻双额。阿拉伯人甚至不停地嗅着对方身上散发出的气息。拥抱亲吻的这些差异充分体现了不同民族、不同国家之间不同文化的特色和浓厚的社会文化意义,也是不同民族文化之间深层的差异在身体语言研究这个表层上的具体表现。

那么，面对拥抱，我们到底应该如何区别？以男女拥抱为例，在家庭生活中，男性和女性处于被服从和服从的关系上，那么男性和女性之间的拥抱会有何差别，其拥抱又体现何等关系呢？喜欢从背面环拥女人的男人，一般比较理性，他更注重与爱人之间有精神上的交流，所以女人不用过分期待这样的男人会把"我爱你"这种甜言蜜语经常挂在嘴边，因为这种男人是典型的行动派。如果男人用胳膊拥住女人的肩，表明他很小心，他在观望你的情

紧密的拥抱

绪。这样的男人会很尊重爱人，和这样的男人相处，他将爱人想要的东西一一说出来，不喜欢女人自顾自生闷气，否则只会被他误读为女人讨厌他。相反，如果一个男人喜欢出其不意地一把将女人拉入怀中，让女人的脸贴着他的胸膛，再用他的双臂紧紧拥着女人，其实男人是在告诉自己的女人："我很爱你，相信我，我会给你幸福的！"一旦男人喜欢抱自己的女人枕在他的腿上，这样的男人容易有恋母情结，在情感上比较依赖另一半，情绪上比较多愁善感，更喜欢女生对他说"我爱你"。作为生活中的听众，这样的男人一定是另一半心事的耐心听众。

从拍照站位中找出领导者

要从拍照站位中找出领导者，我们可以首先从了解合照排位的基本原则开始。有座位式的合影安排，第一排一般为座位，第二排及以后各排为站位。第一排领导同志的人数不管是单数还是双数，均按单主位原则排位，排名第一位的领导同志的位置居中，其他领导同志按排名顺序分别安排在其左右两边。安排以站位形式合影的，为表示友好，主人与主宾共同居中，按礼宾次序，以主人居右，主宾居左，主客双方间隔排列，两边位主方人员把边。

如果换到实际操作上，给领导拍照，要注意的地方也很多。首先，在选择拍摄角度方面，我们要选好拍摄角度、拍摄位置，占据最有利的位置。事先要有思想准备，了解清楚哪些领导来，走什么线路，会去什么地方，会出现在什么位置上，而拍摄者又应该在什么位置上才能拍到领导与别人的交流，事先都要有个预案。其次是，选择拍照位置上，如何安排主、次位置的问题。除了要照顾拍摄过程中所牵涉到的方方面面，更重要的是要安排好主次位置，如果是只有一个上级领导来，其他领导都可以不多考虑，将来的领导放在照片第一排中央的主位置上就好，其他的领导都可以放到次要地位或暂时不考虑。但是一旦遇上是多位主要领导同来的情况，就要事先考虑好。遇上情境比较特别难拍的，或者拍摄的人的位置不好的话，又或者靠近相机的人影像会特别大等情况。在这种情况下要懂得取舍，通过取景，把周围一些次要人物都给去掉。先把重要的突出出来，只突出中间的一个人或两个人，然后再拍一张全一点的合影。

还有一种很特殊的情况，就是领导不在中心方位，这时候就要把握好"新闻

点",把想要表现的人物放到这四个交点上或附近,用以突出照片的趣味性。这样,领导虽不是主体位置,但是在趣味点上,同样是照片的主要反映对象。胆子要大,多与领导交流。要尊重领导,但不要怕领导,在不影响领导办事的前提下,适当的时候该开口的要开口。例如领寻站的位置不合适,就要"提醒"一下他拍照站位。

真正的合作建立在尊重与互惠上

合作双方的信任是相互的,只有信任他人才能换来他人的信任,不信任只能导致不被信任。那么,就是说,真正的合作建立在尊重和互惠的基础上。首先,我们要明白,什么是"尊重"。尊重对方的表现有很多。第一要在心理上尊重别人。人的地位虽有高低之分,但人格上却并无贵贱之别。因此在与别人交际、寻求合作的时候,我们要在心理上有尊重别人的想法,才可能做出尊重别人的行动。第二要在态度上尊重别人。在交际过程中要谦虚待人,礼貌待人,注意倾听别人的谈话。在讨论时,对对方提出的要求和方案预设,要实事求是、对事不对人的评论,这也是尊重别人的表现。第三要在礼仪上尊重别人。在社交场合,男方将女方的手捏得太紧,时间过长是对女方的不尊重。参加朋友的宴会而蓬头垢面,不修边幅,是对朋友和宴会不尊重的表现,会让朋友反感,甚至疏远自己。站着与别人交谈而脚不停地颤抖,会使人产生对彼此谈话不耐烦的联想。与上司、长辈或新朋友坐着交谈时不要求正襟危坐,但是也不能跷"二郎腿",甚至上下摆动。因为这也是一种外在傲慢,是不尊重对方的表现。

其次,什么是"互惠"? 互惠,就是处理事情公平合理,不偏袒任何一个人,也不偏袒任何一方,对参与合作的每一个人,都分配出其个人应承担的责任,并保证每一个参与者都可以得到自己应得的利益。这种以公平为基础的合作,能使人们各自的积极性和创造性得到应有的发挥。商场合作上,经常都会以"互惠心理"来促成一致,比方说,合作一方得到了另一方的恩惠,就会产生做点什么来回报对方的心理。好比生活中,一个人帮了我们的忙,我们也会帮他的忙,或者送他礼品、请他吃饭以示回报。如果你想从某人那里得到回报,不妨先付出,让对方产生互惠心理,不得不有所行动。俗话说:"吃人家的嘴短、拿人家的手软。"一个人,一旦接受了别人的好处,占了别人的便宜,再面对别人的请求,就不好拒绝了。所以如果我们有求于人,不妨先给对方好处,让对方先占你的便宜,让他欠你的人情,然后再提出请求。

善意谎言比真话更吸引他人注意

诚信是代表诚实与有信用,而善意的谎言是以为对方好为目的,对别人有好处的谎言。很多人会用诚信与善意的谎言作比,其实二者也不尽相同,因为它们所代表的意义不同。两者并没有什么冲突,因为这个世界本来就是充满谎言的,只不过是看这个谎言是好的还是坏的罢了。既然是好的,我们为何不支持? 善意的谎言对我们大家都有好处,有的时候用善意的谎言可以消除掉尴尬。然而,诚信虽说我们每个人都支持,可是在某些时候却比不上善意的谎言。正如医院中躺着一位奄奄一息的病人，如果你是一位医生，在这种垂危的情况下，你愿意在病人面前告诉他病情十分严重的事实吗？还是选择善良的撒谎，告诉他病情不要紧，只要好好休息，好好调养好心情就好？很多人都会选择后者，因为一旦病人的心理承受能力不高，可能单是"垂危"二字就能要了他的命？病人就不会为了剩下的日子而拼搏了，而是一心以为自己肯定死，倒不如消极应对，因此在这个时候用上善意的谎言是最为恰当的。

前辈们都主张我们要实话实说，但是现今社会上，过分实话实说绝对不是处世为人的唯一规则。很多时候，谎言和真话，我们要分场合、分对象、区别用意来说。好像对着年老色衰、忧心忡忡的老妇人，实话实说难免有点违逆说话取悦老人家的根本目的。作为一个自然人，每个人都会有虚荣心，所以，我们有时候宁可在不伤害自己的前提下，听取别人对我们的赞美，来满足一下自己的虚荣心。

恶意的谎言是为说谎者谋取利益，以强烈的利欲、薄弱的理性，把他人仅作为手段，不惜伤害他人的行为。在某种状态下，本身善良的人"被逼"说出的谎言是善意的，对主体来说，这种谎言是一种友善，一种关心。而心术不正的人，不管如何伪装，如何花言巧语，如何绞尽脑汁为自己恶意的谎言冠上善意的高帽，其所说的谎言都带有恶意目的性。显然，善意的谎言无碍诚信。同时，善意的谎言是美丽的。当我们为了他人的幸福和希望适度地扯一些小谎的时候，谎言即变为理解、尊重和宽容，具有神奇的力量。

因此，对于一些非原则性的事情，善意的谎言比起真实的真话更能拉近彼此的距离，善意的谎言也许更能让一个人感受到你对他的温暖和关注。基本上没有人会因为承蒙虚假的赞美而感到不愉快，或者对对方产生反感，抑或对说出善意谎言的人持有敌意。

永远不用强迫来换取别人的"臣服"

每当与人交谈，只要对某个问题的看法有不同意见时，有人总是会想尽量说服别人，希望别人能接受自己的观点。而且不分场合、不分对象，还不注意方法。这实在不是一种值得保留的品性。人与人之间是平等的，看法不管对错（实际上没有对错）也是平等的，把自己的观点强加给别人的做法是对人的不尊重和不礼貌。

真正的尊重不只表现在口头上的，更要在行动上表现出来。向对方表现尊重不该带有索求，带有索求的尊重是虚伪的尊重，只有不带索求的尊重才是真的尊重。要求别人尊重自己，首先要自己尊重别人。既然是尊重别人，就不该要求别人接受自己的观点，更不应该强迫别人接受自己的观点。即便真的是"为他好"的观点，也不应该强迫他去接受。因为"为他好"的目的，是你希望他认为你好，而这种希望本身就是一种索求。如果他不接受"为他好"的观点，也不要着急，可以让他慢慢地去思索、慢慢地去体会。等他体会出来了，自然就会接受。在他不接受的时候硬要把这个观点强加给他，这种做法说到底不是真在为他好，只能说明自己存在有太多的私心。所以，正确的方法只能是：有不同意见或观点时首先要仔细想想自己的观点是不是真的正确；其次是要自问表述出这个观点和意见是否真的出于善意；最后要平心静气，事情说完了就是完了，至于对方是否接受，我们大可不必放在心上。

人，天生具备一种心理状态，那就是当他拒绝时那种抵触的心理。一旦遇到对方开口说"不"，那么此时，他的身体整个神经末梢都会处在抵触的状态之下，人会因此而倍感紧张，加剧妨碍他对你的意见的接纳。因此，当你与别人交谈的时候，不要先去过分强调你所认同的事情，可以先讨论别人认同的，而你不同的事情，这样会更加容易抹除对方的抵触情况。同时，在交际的过程中，我们也不要总是意图改变别人，因为别人是很难改变的，还是改变自己的思路和接受能力比较快，比较容易。让自己提出的意见变得更加成熟，更加无懈可击，变得不可战胜是最重要的。因为，世界上没有人喜欢接受别人洋洋洒洒的推销，或者是被强迫去做一件自己不认同的事，我们都喜欢按照自己的喜好意愿去做我们想做的事情，因此，永远不要强迫别人做别人不喜欢的事。

给予别人高度的重视

美国人际关系学者莱恩博士在他所著的《精神领域》一书中有这样两段话：一是，"别人的想法和我的想法是一样的。你认为他很重要，他也会认为自己很重要。我们对他人的感情和看法，往往会被他人看得很重。我们所接受的人是有自我调节能力和自我决定能力的肉体组织，不是机器人或机器，因此我们的人际关系也绝不能是冷酷无情和利己的。"二是，"从另一方面来说，人类的精神生活有其特殊的本质，单独一个人无法处理时间和空间，也不能认识人的潜在的能动的本质。个人总是希望得到关心和器重。每个人的思想和行为也是朝着这个方面努力的。我们要互相关心、理解，并努力去改善相互之间的关系。这里不厌其烦地谈论这个问题，其原因，读者自能体会。"

在这个世界上，人们之间的依存关系是不能忽略的，并且，再也没有什么比人更为重要、更为值得尊崇的了。所以，在人际交往中，我们要时刻把别人的重要性牢记在心。如果你能时时记住别人的重要性，即使你不去刻意地讨他人欢心，别人也会渐渐地喜欢你，这是使你获得良好人际关系的基础。相反，如果没有需要给予别人重视的这个心态，即使我们再拼命有意地讨好、奉承别人也是没用。

20世纪90年代，曾经有个妇女致电可口可乐公司，说自己在可口可乐瓶子中发现了一枚别针。当时可乐公司高层马上成立专案小组，到妇女居住点附近的生产工厂巡视，却发现生产工厂一丝不苟，根本没有在瓶中落下别针的可能性。但是高层还是决定高度重视妇女的"不可能的投诉"，亲自到妇女家向妇女道歉，送上一万元美金的精神补偿费，并且诚意要求专车接送，希望妇女到生产工厂进行考察，以保安心。在高层的诚意打动下，妇女去了可口可乐公司的生产工厂考察，结果大为满意，最后，妇女非常诚恳地接受了公司的道歉，并且继续光顾信赖可口可乐。

这次别针事件的完美解决，主要是由于公司高层对妇女反映意见的高度重视。因为，每个人都会自然而然地希望自己和自己的意见得到别人的接纳，起码不被别人所忽略和无视，哪怕只是一个很小的意见和感受，如果对方对自己的感受无动于衷，这样无疑是对当事人的一个大打击。

设身处地为别人思考，是一种心理服从

美国直销皇后玫琳凯有一次参加了一堂销售课程，给她讲课的是一位很权威的销售经理，会后，玫琳凯排了一个多小时的队，只是为了想和经理握手。好不容易轮到玫琳凯和经理面对面交谈了，但那个著名的销售经理竟然没有正眼看玫琳凯，只是一味朝她的肩膀处看去，一心看看队伍还有多长，全然不察觉自己正在和别人握手交谈。这样的经历让玫琳凯备受打击，也得到了启发。此后，玫琳凯在自己产品的宣讲会、公开演讲等场合，形容自己的心情，就是：每当看到很长的人龙，她都会觉得累，但是一旦觉得累了，便回想起当年的情境，想到自己不能和那个经理一样，让等待自己的人失望，于是她便会打起精神，全力以赴。

换位思考是设身处地为他人着想，即想别人所想、理解至上的一种处理人际关系的思考方式。人与人之间要互相理解、信任，并且要学会换位思考，这是人与人之间交往的基础。无论生活中，还是工作上，都要学会互相宽容、理解，多去站在别人的角度上思考。同时，换位思考是人对人的一种心理体验过程。将心比心，设身处地，是达成理解必不可少的心理机制。从客观上来说，它要求我们把自己的内心世界，比如自己的情感体验和思维方式等。跟对方联系起来，换位思考，从而与对方在情感上得到沟通，为增进理解奠定基础。简单说来，所谓的设身处地，就是"如果我是他，我现在站在他的位置，我该怎么做呢？"站在对方的立场考虑问题，你就会发现，你已经变成了他肚子里的蛔虫，他在想什么，他讨厌什么，你都会知道。在各种交往中，你都可以从容应对，要么伸出理解的援手，要么防范对方的恶招。对于围棋高手来讲：对方好点就是我方好点，一旦知道对方出什么招，大概就胜券在握了。所以，设身处地、换位思考地为别人着想，无疑能帮助我们化解交际过程中所遇到的冲突和手段，能够放下自己主观意识去体谅和理解别人，才能使沟通双方达成真正的沟通。

值得一提的是，设身处地、换位思考只宜律己，不宜律他。也就是说，如果我们作为要求的一方，我们应该考虑对方被要求的心态和情境，而不能单纯地认为对方应该站在我们的角度上，乐于接受我们的要求。同样，如果我们作为被要求的一方，应该设身处地地想想到底为何上司会提出这样的要求，而不是总是抱着期望，期望上司能够设身处地地为自己着想，放弃原本的工作要求。

控制局面，让别人从心理上仰望自己

一般来说，两个人在交际沟通的时候，掌控主动权的人会控制住整个局面，而唯有成为控制着局面的人才能让整个交流过程或者谈判过程朝着自己希望的方向发展。因此，无论你是任何职位，哪怕只是一位业务员，都应该学会如何掌控局面。

从心态上讲，要控制好局面，首先我们的心态要从容，不要心理负担过重，这样就不会对局面表现出自己心理的惊慌，态度要开放、开明，对外界有一种接纳，不要排斥。要学会控制好自身，良好熟练地控制自己的气场，让自己的气场随意随心地根据自己的意愿而进退自如的。一旦达到这样的效果，当你遇到对你不友善的强者时，可以根据形势决定是否退后，以采取下一步行动，如果一味让自己言谈的外在表现过分亢奋和进取，容易物极必反，造成局面失控。当遇到这种情况，我们大可以不用那么关注到强势的对方，将一部分注意力注意到别处，关注周围无关紧要的事物，从而使对话氛围和气场产生一些变化，变相使对方控制下的局面遭受破坏。遇到气场比自己强劲的对方时，切忌注意力过度集中在对方身上。其次，是控制对方的气场。但从现实情况上讲，人对自己的控制力都往往不着红心，何况对别人的所谓控制呢？因此，在这里，我们说是以自身的气场影响别人、掌控局面比较符合实际。那么，我们应该怎样利用自身气场影响别人呢。首先我们要认识到没有完的好人坏人，人性里边都有善与恶，这个谁都不用去争辩。我们自己力所能及的，就是在良好地控制自我之后，导致言行领地范围扩大。如果自身的心态和气场调节都能落到实处，那么此时此刻对方的表现一定会有所变化，开始对交际气氛中所产生微妙的变化而感到困惑和恐惧，因此就要趁此机会，调动对方情绪，使其跟随自己的节奏走，至此，强弱对比就会立马颠倒过来。

人的相处过程中，必然强弱有别，有主有次，谁能掌控住局面，谁就能成为事件上的主动方。尤其对于被服从着而言，如果我们想要被仰望，首先要做的，不是急着想别人炫耀自己的长处或者优势，而是学会从自己的气息出发，调节好自身的气场和谈吐，以实际的气质和实力，攻克别人的心理疑虑。如此，自然能够使自己受到别人的重视。

利用"留面子效应"指引别人的顺从性

"留面子效应"也称互惠让步技术，是社会心理学上的一个概念，是指要求者在使用这个技术时，先在开始提出一个几乎总是会被拒绝的极端要求，接着退回到一个更加温和的要求，这个要求是要求者从一开始就预先设计的。通过这种从极端要求到温和请求的程序，可以激发被要求对象做出一个互惠的让步，从最初的较大的要求的拒绝转移到接受较小的要求。要求就是利用人们通常的一个心理，在拒绝了一个较大的要求之后，会通过接受一个较小的要求来作为拒绝的补偿，以让别人感到没有被完全拒绝。

下面是一个利用留面子效立进行市场开拓的案例。一家工厂原来是广东某地的服装生产企业，后来自己创立了一个品牌，准备打开内地市场，奈何产品推出后经销商反应平淡，产品积压。后来一个员工出了个主意：趁当地举办一场全国性服装展览会的时机，邀请了全国一百多家经销商来参展，所有的路费住宿等费用全包。没想到，果然客商纷至沓来。

客户到后，先安排他们参观展览会，然后用两天时间游玩当地的风景名胜。到第四天，把他们集中到厂里召开一个内部交流会。会上 B 厂老总提了一个要求：请大家协助我们在当地开一家品牌的专卖店，并把开店的费用逐项列了出来，大概要十几万元。这下所有的客商都不敢吭声了。B 厂老总见时机已到，马上按计划提出第二个条件：如果大家觉得开专卖店有困难，那就下一步再说，但现在还是先请大家带点货回去试销一下，如果销量好，大家对我们的品牌有信心，我们再谈专卖店的事。在经销商当中早已经安排好的托儿马上表态支持 B 厂的决定，要求订货。这下就把现场气氛带动起来了，众人纷纷响应，一百多万元的服装很快就定完了。这个例子运用的就是给面子效应，开专卖店只不过是个幌子，老总知道没有人会投十几万元冒这个险，所以他随后又把要求降低以给客商一个台阶下。留面子效应在商店销售中也很常见，当一个顾客走进商店，热情的服务员很周到，那个顾客本不想买，但感动于他的热诚，最后还是随便挑了一件价值可能不高的商品。

从众心理对促成合作很有效

在我们的日常生活中，"从众现象"是一种较为典型的社会行为，而之所以会产生这种现象，就是因为"从众心理"。在很多时候，我们也会听到身边的人说"从众"一词。那么到底什么才是从众呢？从众心理的概念及其形成原因又是什么呢？英国著名心理学家麦独孤在1908年所著的《社会心理学引论》一书中提出，人类有11种本能，其中两种本能，"屈从本能"（自卑感）和"群居本能"（孤独感）就是从众心理的根源之一。"从众"并不是人类的专利，在动物界也会出现，比如从羊群和鸟群身上，就能明显地看到这一现象。人类的从众既有由于恐惧孤独而产生的本能成分，也有其社会属性的作用。同时，"从众"的另一种解释是：个体为了适应团体或群体的要求而改变自己的行动和信念的过程。它是指个体在受到团体或媒体的压力下，个人放弃自己的意见而采取与大多数人一致的行为。有时，个体并没有自己的意见，抱着无所谓的态度，跟着大多数人走。有时，个体有自己的看法，但与大多数人或其他所有人的看法都不同，在群体压力下，放弃原先的意见，改变态度和立场。有时，个体只采取了与众人一致的行为，但并没有改变态度，内心里仍然坚持自己的意见。凡此以上的各种情形都可归为"从众"心理的表现。

对于市场经济而言，适当运用良性的从众心理，可以较好地带动产业发展，获取商机，促成行业内调整和合作。例如，在销售人员推销过程中，销售人员应该使用"事先承诺"这条诱因，先是通过鼓励和引导，让顾客对产品做出积极评价，这样顾客听从别人建议的可能性就会大大降低，销售业绩也会提升。对于户外广告设计，应该更多地使用群体规模和地位规则诱发从众心理，如广告中应该出现大量的目标人群，具有说服性的权威人物等等。又比如，现在流行的绿色环保食品发展，就是一个很好的例子。绿色环保和节能都是现在的世界时尚潮流，很多人都会争相购买。正因如此，在合作双方促成协议谈判过程中，亦可以适当地引进商家的从众心理，吸纳所有从众投资的可能性。

但是，有一些不正确、不客观的从众心理，我们必须要从自身意识和认知开始杜绝。比如说炒房热。现在中国炒房子的人多不胜数，大量的民众投入炒楼行业之中，容易衍生出全国各地的地产泡沫，如此一来，便不是正确的使用从众心理了。

拥抱对手使自己站在主导位置

从前有两家商店开在各自的对面，经常对着干，大家都互相看不惯对方，双方打价格战打得连顾客都怕。其中一位店主的朋友前来探访，店主非常苦恼地向朋友解释双方争持不下的原因，在于两家店所卖的东西几乎一样，价格一样，连两个店主的性格都一样。朋友笑了笑，让店主每天早上当众拥抱自己的对手。店主马上骂自己的朋友神经病。朋友说："尽管大方地把你的祝福送给你的对手，有他存在，你才有动力去进步；你的拥抱，是你成功的第一步。"

店主不知道该不该信他，第二天真的当着所有街坊的面，拥抱对手。对方措手不及，不知所以然。接下来的时间，店主也是这样，天天给对方一个拥抱。久而久之，店主这家店的生意好了很多，尽管后来，对方开始还以拥抱，但是为时已晚。因为，街坊们知道，两家店的东西无论是质量还是价格都是相同的，唯一不同的是，首先踏出第一步拥抱对手的店主，他待人宽厚，有一颗善良的心，大气大度，于是街坊们便冲着这个都来光顾这家店了。

我们既不能蔑视对手，也不该轻视自己，因为，对手是和我们拥有同样生命重量的人。当众拥抱对手其实可以让自己站在主动的位置上，正如上述故事中，迈出第一步拥抱对手的那位店主一样，尽管后来，对方也拥抱了，但是已经为时已晚。一旦你采取了主动，不仅能够拖延住对方，让对方困惑你的行为，使对方搞不清你的态度之外，还可以使旁观者困惑，甚至说是，暂时迷惑住旁观者的眼睛。其次，一旦你连对手都能拥抱，那么久而久之就会练就出一种亲和力十足的习惯，让你无论跟任何人相处，都能容人、容事，变得更加豁达。

其实，拥抱对手也不是特别难的事情，只要你有充分的心理准备，就一定能做得到。

低调做人，是服从的表现

《道德经》中称："以其不争，故天下莫能与之争。"不争，并非是一种消极逃避，百事退让；不争其实是一种低调的"争"，是一种"善胜"的"争"，是"天下莫能与之争"的符合天道的"争"。低调是谦卑，学会在适当的时候保持适当的低姿态，绝不是懦弱的表现；而是一种智慧。更加不是低人一等，不是一味地忍让，是一种以退为进的攻伐之术，是一种不争而获的谋略。

首先，在处世姿态上要低调。凡事要平和待人留余地，用平和的心态去对待任何人和事，时机未成熟时，要学会忍耐，懂得分清轻重缓急，大小远近，该舍的就得忍痛割爱，该忍的就得忍，从长计议，从而实现理想，成就大事，创建大业。羽翼未丰时，要懂得让步，低调做人，往往是赢取对手怜惜、不断走向自身强大、为自己争取伸展势力空间，最后又过来使对手屈服的一条有用的妙计。

其次，在心态上要真正地低调。在功成名就时更要保持平常心，以一种责任感，一种办事气魄，一种精益求精的风格和一种执着追求的精神，完成好手头上巨细无遗的所有任务，不论事情大小，不论是多细小的事、单调的事，也要表现自己的最高水平，体现自己的最好风格。这才是心态上低调、做事上高调的最好表现。最后，在言辞上要更加低调、低调、再低调。永远不要揭别人的伤疤，戳比人的痛处，不能拿朋友的缺点开玩笑。不要以为你很熟悉对方，就随意取笑对方的缺点，揭人伤疤。那样就会伤及对方的人格、尊严，违背开玩笑的初衷。说话时，更加要放低说话的姿态，面对别人的赞许恭贺，应谦和有礼、虚心，这样才能显示出自己的君子风度，淡化别人对你的嫉妒心理，维持和谐良好的人际关系。同时，说话时切忌不可伤害他人自尊。

在当今社会与人相处的过程中，凡事处理得稍有不当，就会招致很多麻烦，轻则工作生活不愉快，重则影响职业生涯、家庭幸福。因此无论做人还是做事关键在于把握好度，说白了就是一句话，做人要低调，做事要中庸。遇事遇人，都要从实际出发，从自己所处的境地出发，从日常生活的琐事出发，实事求是，并见机行事。

身处劣势时，示弱能激起他人的怜悯之心

在我们的实际工作或生活中，经常会有一些强者专门欺负弱者，即恃强凌弱。因此，在不影响自身发展的前提下，尤其是当我们处于劣势的时候，适当示弱也许能让对方摸不清你的虚实，降低了对方攻击的有效性。例如，当遇到确实不知事实真相时，我们可以示弱。比如说，在开会时，参加的有工程部、生产部、物料部、人力资源部、模具部等部门，正好讨论到员工数量是否能满足目前生产和工程时，需要人力资源部门的意见时，你作为人力资源部经理应如何应对呢？如果你不了解整个产品的工艺流程，不明白模具部的工位等，你很难给出你的意见，这时你若为着面子，讲出一个数字，其他与会者一定会追问，为什么是这样一个数字呢？其实遇到这种情况想应付过去，也很简单，只要介绍一下目前各部门人力资源状况，然后话锋一转，但由于自己对工艺流程、生产安排及订单具体情况了解不到位，就不发表意见了，希望听听各位的意见，一定为各部门做好支持，这样便可。当自己做错事情的时候，我们需要示弱。当遇实力强过自己的对手时，我们也需要示弱。在职场上，当遇到比自己强的对手时，我们自身一定要保持高度警惕，不轻易表达自己的观点，否则，就会引起对方的强烈驳斥。

既然通过示弱，可以获得生存的空间，我们是不是总是以弱示人呢？其实不然。你不是要永远示弱，而是要佯装愚笨，然后后发制人，其目的在于迷惑和扰乱对方，使对方放松戒备，使对方轻视你，一旦机会成熟，便暗中谋算。因为，成功的智慧在于你是否能很好地掩饰自己的意图，所谓枪打出头鸟，谁亮出自己的王牌，就等于告诉别人自己的王牌是什么，这样会让别人清楚自己的底细，更容易取得胜利。因此，你不要吸引别人的关注，当别人注意力放在你身上的时候，你就扮起被可怜者的角色，让对方对你松懈。

顺从对方能使其安心

顺从是指个体在别人的请求下按照其要求和意愿做事的倾向，在做出顺从行为的时候，人们可能私下同意他人的请求，也可能私下不同意他人的请求，或者没有自己的主意。在现实生活中，我们经常向他人提出这样那样的要求，希望他人能顺从我们的观点与行为，或者收到要求我们顺从的要求。

夏言是明朝嘉靖年间的名臣，学问高，本事大。但是夏言恃才傲物，对于皇上的建议他也多有反驳，皇上心中也暗结芥蒂。后来，夏言多次不满皇上决议而被嘉靖皇帝三次免去了首辅大臣之职。到了夏言第四次入阁辅政之时，他的一位友人前来相劝，劝夏言一改过分刚直的性格，要学会顺从皇上的意思，否则有小人当道，

怕夏言吃亏殿前。没想到，夏言竟以"正确之事，自当遵从，错误之意，岂能轻服"为由，谢绝了好友的劝说。最后，夏言再次出言犯上，被嘉靖皇帝定了死罪。

夏言临死前，才有所醒悟。夏言虽然忠直，其刚直可谓没有多少人能做到。但是，历来的统治者，正如我们的上司和长辈一样，大多数是虚荣心极强的，很多时候忠言逆耳。相反，在朝廷中的小人，毫无违逆，事事逢迎，反而取得了广阔的生存空间。

古今中外，道理都是一样的，从经济角度上讲，顺从心理，伴随着一定的互惠性，互惠规范强调一个人必须对他人给予自己的恩惠予以回报，如果他人给了我们一些好处，我们必须要相应地给他人一些好处。这种规范使得双方在社会交换中的公平性得以保持，但同时也变成了影响他人的一种手段。例如，汽车销售人员在你购买了他们的产品之后，经常会给你送一些礼物；保险销售人员也如此，当他们挨家挨户推销保险的时候，经常会给人们送诸如台历之类的小礼品，他们这样做无非是为了增加人们的顺从愿望。因此，在不抵触个人原则性的前提下，顺从对方起码能使自己的对手安心，尤其是对于上司这类高高在上的人而言。对被服从者的顺从，能够减低其对自身的戒备心，使其安心，我们也就能安心做事和生存了。

嘴上卖乖哄人欢喜是一种保全权术

环顾我们的身边，谁都碰到过那种对领导阿谀奉承、溜须拍马的同事，如果将"拍马屁"等嘴上卖乖哄人的行为，定义为以语言、表情及动作取悦于别人的行为的话，在社会生活中人们或多或少都有"拍别人马屁"或"被别人拍马屁"的经历，因为在现今社会，嘴上卖乖会拍马屁基本上成了一种职场生活上的权术。

"哟哟，经理，这套装穿在您身上，简直就是为您量身打造的嘛，这小翻领配您的脸型，真是再合适不过了，这色彩搭配让您显得年轻了起码十岁，这绝对错不了。"一说起单位一个男同事奉承女上司的事情，朋友就说得眉飞色舞，话语中充满对该男同事的轻蔑和不屑。因为在朋友的心目中，办公室的同事们并不是真正认同那个拍马屁人的想法，认为已人到中年、身体发福的经理并不适合那套装，而那颜色更显出了她的肥胖，但朋友的同事，也是经理手下的一个职员，却能把套装说得与上司搭配得天衣无缝。在私下里，同事们送给这个同事一个外号，叫作"马屁精"。

其实，拍马屁或者嘴皮上卖乖，更多的是人们为了给别人面子，获得人情的一种人际交往策略，也是社会文化现象的浓缩，极具普遍性。一般而言，我们在拍别人马屁时，大多数人心里多少有些别扭，觉得尴尬甚至不好意思；而被人拍马屁的人，初时还能抵制，但一到被拍到了痒处，那就会是一种比"三九皮炎平"更加舒坦的强力药。在职场中摸爬滚打的现代人，几乎每个人都拍过别人马屁，也几乎每个人都被拍过马屁。诸如"你这么年轻就取得这么大的成就！""咱们公司里你是最漂亮的！""你不当领导简直是公司的损失！""你这条领带和西装搭配得太棒了！"等等，这些话我们几乎每天都会听到，只要有人、有利益就有拍马屁。

"拍马屁"听上去并不体面，很多人也不屑为之，但我们不得不承认，这确实是建立职场沟通渠道的有效方式之一。这样的"马屁"在一定程度上是对领导的尊重，对领导的赞美，其实是对他某些行为的一种鼓励。在职场上这也是一种能力，它起到的另外一种作用就是管理上级。但前提条件是，管理者对人有很好的判断能力，能够清楚拍马屁者的真正动机。

把功劳留给大家分享

所谓树大招风，在这个竞争激烈的社会，没有一个上司喜欢自己的下属锋芒毕露，甚至功高盖主。所以，当个安稳的服从者，就必须戒除居功自傲的非分之想。这样才能在合作的机制下，寻求良好的生存环境。

清朝的年羹尧便是一个活生生的例子。他早期仕途一帆风顺，入朝当官，升官非常快，不到十年已经成为朝廷重臣。但是，他在平定西藏乱事的过程中表现非凡，甚至呼声很高，有点喧宾夺主。本来，以他和雍正皇帝的关系，他还是可以平步青云的。但是随着他个人的功绩越来越多，开始变得目中无人，一次他回京的路上，京城内的王公大臣纷纷迎接他，可是他却对那些人视而不见，不屑一顾，引发群臣众议。此后他对雍正皇帝也开始不恭敬，在军中接到雍正的诏令，他没有摆上香案跪下接令，只是随便接接圣旨就算了。这使雍正非常生气，渐渐开始对他暗中谋算，忍无可忍。

最终，年羹尧在雍正的谕令下被迫自杀。

其实啊，功劳是让出来的，尤其在中国，一要讲君臣之道，主次有别；二要讲集体主义。从主次有别的角度上讲，作为下级，我们要多尊重上级的面子和尊严，不要过分强调自身的能力和实干，要学会将功劳让给带领我们的上司，这样是生存下去，不被打压，望得有朝一日能成为领导者，接受下级功劳的首要条件。其次，从集体主义的角度上讲，中国素来讲究儒家思想，讲的是我们不要过分强调个人，而要多强调集体协作，尤其在这个团队合作精神如此重要的年头。当一个广告文案被客户接纳和赞扬的时候，你要学会说这不是你一个人的功劳，是公司团队合作出来的功劳，让功劳给大家分享，这样才能更好地在办公室生存下来，和谐同事之间的关系，也处理好和上司争功的嫌疑。

适度进取，不要永远低头

虽然说，低头是低调的表现，但是人总有昂首的一天，哪怕是服从，根据不同的情况，也总有适度进取的机会。那么我们该如何适度进取呢？首先，我们要打造自身的差异性。任何性质的单位都需要有工作能力、创造业绩、懂得与人相处的员工，因为所有的单位都有明确的职责、所有的领导都有考核指标，即使公务员也有任务要求，有严格的考核体系，只有拥有优秀的员工，才能出现优秀的组织机构。因此，我们首先要明确自己的优势，树立自己和别人不同的差异性，打造自己的含金量和不可取代性。然后，要营造和谐的人际环境。

一般情况下，现在职场上的人际环境由上级、同级、下级、关联部门、客户关系等几个部分组成，在职场上首先要表现出合群性，学会跟随主流思想，不能个性张扬、独树一帜。真诚待人，保持中立立场，不介入任何团派，尤其不能锋芒毕露、居功自傲，要恭俭尽职，不争权夺势。不要在公开场合谈论个人私事，在职场中每个人都是竞争对手，不可轻易地深度交心，最危险的敌人是最亲近的人，尤其是个人隐秘是不可泄露的。

同时，还要与我们上司保持一定的距离，职场不是家庭，上司不会因私交和同情降低对你的工作要求，反而可能因为你和上司套近乎而成为同事们的众矢之的。一位极了解你的上司不会给你带来任何真正的益处，除了对你绝对的控制。最后要做一个忠诚度高的职场工作者。对老板忠诚是必须的，所有的老板都非常看重这点，哪怕是多随便、多随和、多无所谓的老板，其内心深处也很在意员工对自己的忠诚度。表现忠诚的关键是做好每件事，站在领导的角度替他去想。领导需要业绩，团队的成绩就是他的需要。甜言蜜语、溜须拍马没有用，实实在在的支持才能打动他的心。

但同时也要掌握适当的度，愚忠反而有副作用，一是老板会看扁你，把你当成他的奴仆一样呼来喝去；二是同事们讨厌你有拍马屁之嫌。一旦老板失势，你也将随之完结。因此，凡事不卑不亢，坚持实力至上，有尊严地工作，是最适当的尺度。

同时，我们惊人的忍耐力也是忠诚不可或缺的组成元素。一旦认定了事业发展方向、选择跟随这位老板，那么想想他的压力和难处，想想自己哪里做得不够，学会对环境和遭遇忍耐，不要一味想着自身的委屈。因为，上级也有上级的委屈，世界不存在完全自由自在不受拘束的人，你目前所受的委屈，上级也许正以另一种形式的压力承受着，因此，要学会忍耐。

"苦肉计"，能助你制伏疑心大的上司

古语有云："人不自害，受害必真；假真真假，间以得行。童蒙之吉，顺以迅也。"意思是："人们一般不会自我伤害，遭受伤害必然是真实情况；我以假作真，并使敌方信而不疑，离间计就可以实现了。抓住敌人幼稚朴素的心理进行欺弄，就能适应着它那柔弱的性情达到目的。此计是通过自我伤害取信于敌，以便麻痹敌人或进行间谍活动的谋略。"

苦肉计，早在战争中便运用于兵法之中，提起苦肉计，相信大多数人大脑中马上会闪过一条成语：周瑜打黄盖——一个愿打，一个愿挨。赤壁之战时，为了让曹操上当，周瑜决定使用苦肉计。黄盖奋勇当先，于是在军事会议上，黄盖假装与周瑜意见不合，甚至出言甚有轻视之意。于是周瑜下令将黄盖斩首，因为黄盖是有功的老臣，因此诸将苦苦求情，周瑜将处罚改为笞刑，将黄盖打得卧床不起。这正是做给诈降吴营的蔡中蔡和看的，于是阚泽为黄盖献诈降书，蔡中蔡和又恰好将这一假情报传回了曹营，曹操便深信不疑，以至于后来赤壁惨败。其实，苦肉计现在还广泛地见于社会生活的各个领域。在现代职场上利用人们一般揭自己之短的心理，适当揭揭自己无碍大局的短处，更能树立自己的良好形象，就更能取信于别人，为下一步的发展埋下伏笔，所以说，这是非常可取之计。

尤其对于政府机关工作的人们，机关里的关系更加复杂和微妙。与私营机构不同，在企业，在小公司，有本事尽管使出来就是了，只要为公司带来效益，经理就会奖励你、重视你。但是在机关就不一样，一些锋芒毕露的人，不但得不到重视，

反而遭人嫉妒。

　　我们都在职场的夹缝中生存成长，为了生存，逐渐找到了一些类似"苦肉计"一类的微妙途径，一方面，我们要积极表现自己出众的才华，争取机会得到上级领导的认可赏识；另一方面在适当的时机，多揭揭自己的短板和弱点，多在人前承认自己的不足，减少来自周围的嫉妒和障碍。同时，在向大家揭自己短板的同时，还要低调示弱，说希望大家多帮助自己改正缺点，这样就能抚平了自己实力突出给周围的人带来的不平衡。

第十九章

日久生"隐情"：习惯信号

见到强势的异性往往会顺从

　　人与人的相处方法各异，有的人喜欢顺从他人的指挥，有的人却喜欢领导着别人做事。特别是面对着异性，每个人的表现更是不同，往往会与遇到同性时表现大相径庭。

　　有这样一类人，就是他遇到个性强势的异性时，往往表现出无限地顺从他的行动和指挥。这种人在人际交往中更倾向于去讨好和顺从异性，因为他们对强势的异性有着一定的敬畏感，觉得看见他的时候就有一种想被领导的状态，而这样的人不是过于没有自信就是习惯性"被"做决定。如果在婚姻生活中出现一方顺从着另一方的情况，那家里就很可能有一方在家里说话是占绝对地位，多数的夫妻还是"夫唱妇随"的多，那些"妇唱夫随"的情况大家就会觉得这位丈夫太没用、太软弱。

　　弯着腰握手，代表着顺从。一个人的握手姿势经常可以反映出"统治"或者"服从"的姿态。我们会在一些场景看见这样的握手方式。在酒店的门口，主办方接待者在等待领导的到来，当领导的车到达时，接待者就会主动上去帮忙开车门，并且伸出双手，弯着腰与领导握手。这种情况就属于谦恭式的握手，也叫"乞讨式"握手，顺从型握手。这种握手样式就传达了这样一个信息，弯腰握手的人处于被动、劣势的地位。我们举的例子是在起点不平等的情况，贵宾的到来肯定要让贵宾觉得地位高、受尊重。当一个人是在生活中就习惯用这种方式的话，除了代表这个人经常处于被动之外，性格上也比较软弱，容易因为别人的建议改变自己的看法，愿意受对方支配；但他们的优点就是为人比较谦和、平易近人，不会固执偏激。

听人发言往往直视对方的人自我感觉良好

眼睛是心灵的窗户，眼神则可以看得出一个人的内心状态，是紧张还是放松，是害怕还是勇敢。所以，我们也可以从一个人的眼神看出那个人是否处于自我感觉良好的状态。

当有两个人在交流，其中一个人发言，另一个人直视着对方，这种时候就可以看出直视发言者的人是处于一个自我感觉良好的状态，为什么会自我感觉良好呢？因为直视着对方就代表感觉双方的对话是安全的，这时候互相没有形成一个攻击性的状态，所以很放松，看着对方，这样也在某些程度表示对对方发言的尊重和赞同。

而且在自我感觉良好的状态下，这个人除了会直视对方之外，还会在对方发言结束后给予赞同的声音或者是胸有成竹地提出自己的理论，总的来讲这是一个自信的表现。

每当落座时都整理仪容：自我感觉良好

在落座的时候会自觉地整理自己仪容仪表的人，是一个自我感觉良好的人。这种人对自己的形象是很注重的，因为他们觉得良好的仪容仪表可以为自己的整体形象加分，锦上添花。我们经常看见一位气质优雅的女性出席宴会，当她坐下之前会整理一下自己的裙摆或者是衣角，坐下之后还会整理一下自己的头发，放好随身带的包等，以展示自己最佳的形象。

这种情景我们并不常见，但较少地从这样的情景中看出这个人的内心活动，有时候做出这个动作的人都不觉得自己是自我感觉良好，觉得这只是自己一贯的动作而已，从这样的信息中也传达出了这样一个信号，当一个人感觉自我良好的时候都是觉得理所当然的，并不是刻意去完成这些动作。

谈论陷入僵局时玩弄手指代表紧张

警方在审问犯人的时候除了在对话中取得有效证件，一些微行为也是警察破案的线索之一，主要是看这个人有没有说出实情。眼神、手部动作、腿部动作都是不可以放过的细节。我们在一些警匪片中经常可以看见这样的情节：警察与嫌疑犯录口供，但双方的对话陷入僵局，而嫌疑犯没有回答对方的提问或者只是简单地回答，嫌疑犯表现若有所思的表情，不断地玩弄自己的手指。这种情况基本可以判断出，嫌疑犯很紧张，有压力，并且感觉到没有安全感，不断地通过玩弄手指给自己心理暗示，提示自己要淡定和从容，安慰自己目前的状况是可控的，没有那么糟糕，不需要紧张。

这种可以归结为将紧张的情绪转移，这种转移可以转移到话语中，转移到眼神中，或者转移到手部、腿部的活动中。很容易判断，嫌疑犯当不想表达实情的时候肯定不会将这种紧张转移到话语、表情上了；对于他来说，最安全的办法就是转移到那些看起来不太明显的转移中了。

列席会议时抬头倾听：认真顺从的人

开会是每个人都不可避免的，从开会的就座位置到表情神态，都透露着这个人的性格与态度。在一场会议上，假设你是主持者或者领导，就下个月的销售策略提出建议与要求。列席的有的是埋头苦记，有的是眼神呆滞地望着某处，而有另外一个一直抬着头望着你认真地倾听，你会觉得这第 3 个人是你最容易掌控的人，他在传达的是愿意顺从你的信息。行为学家在对列席人员的举止形态的研究也表明，参加会议时会抬头倾听的人是顺从的人。他们觉得开会是展现自己的一个机会，也许有的领导平时很少有机会可以见到，而开会时抬着头倾听领导讲话，可以向领导表达自己的忠诚与服从，而这样，可以直接影响自己的职场竞争力。如果是同级开会的也是如此，抬头倾听别人说话的人在同事中人缘是比较好的，不会与同事针锋相对，有分歧时多数也是会服从别人的意见。这类人觉得不表态，或者是跟着会议领导/讲话者的态度是比较稳妥的明哲保身法。表态时他会先看脸色，别人表示满意的就跟着夸赞几句，别人对讨论的话题有疑惑的，他就跟着摇头，所以久而久之形成的风格，就是认真的抬头倾听每一个说话的人，当没有什么议题需要到意见时，他总是说："没问题，我没意见。"

列席会议时，低头倾听代表没有安全感

低头倾听是与抬头的含义截然相反的，就是参加会议时总是低头倾听的人。他们会入场时，不敢坐在前排，情愿躲在后面角落，即使是坐在第一排，他们也是尽量地低头倾听的。这些是羞涩、胆怯和自卑的行为，带着极度的不安全感。这个情况我们经常可以在新人刚入职参加会议时候观察到。

对于刚入职场的新人来说，这是一个陌生的开会环境，摸清开会的门道很重要，由于不了解公司的情况与氛围，所以开会的时候大多数是低头倾听的，也从不发表自己的意见，新人会担心自己的想法不够成熟，需要再思考，怕得罪人，想尽量保持中立。另外一个情况是谈判的时候，弱势的一方也多数会低头倾听，他们对形势十分清楚，自己是处于下风的，他们对自己的情况坐立不安，感觉到了危机或者威胁，所以选择了低头这一身体语言。看到这样的身体语言的时候，你就可以判断对方要么就是缺乏自信，要么就是已经感觉到了危机，你可以根据自己的需要用其他的身体语言来对应或者化解。

站立时，靠在门廊上的人自我评价很高并且野心勃勃

我们从小就被长辈们灌输了这样一个概念，人要"坐有坐相，站有站相"。当然，这个"相"是怎样的，每个人都有着自己独特的理解，而在现实中我们可以看到各种形态的"站相"的理解都是不一样的，现实生活中大多数人的"站相"都是形态各异的，但这些各异的姿势也可以让我们从中一窥他/她心里的奥秘。

当一个人站立的时候喜欢靠着门廊而站的话，他是一个自我感觉很好的人，并

有着坚强的毅力和强大的野心。这样的人多为领导型的人物，他/她宁愿用一个硬物来给自己当支撑都不愿意靠着别人或者坐下来，证明他是一个可以统揽全局，并且给别人派发任务和指令。这种情况也是出现在女人身上居多，这样的女人多是一个雷厉风行的女强人，是一个可以长期孤军奋战的人，她对自己的事业也是充满着信心和规划，做好了挺身而出的准备，并且给人一种豁达乐观、气宇轩昂、高瞻远瞩的感觉。

摇头晃脑者唯我独尊

在我们的日常生活中，经常可以看到这样的情况，就是有的人会用"摇头"或"点头"的行为来表达自己对某件事情的看法，"点头"表示肯定，而"摇头"表示否定。但这样的分析是基于在正常的情况下进行的，如果一个人长期莫名其妙摇头晃脑的话，也许你也不需要去猜测他的情绪，估计他是一个有病的人。

当排除一个"病人"的情况，单纯从身体语言的角度来看的话，会用"摇头"或"点头"表达自己意见的人是一个自信爆棚、唯我独尊的人。这种人会理所当然地让别人帮他做事情，当别人完成了事情之后很难得到他的赞同，因为他常常不满意别人的做事风格，这种态度是基于他本身有一套自己的理论，让别人帮自己做事情只是为了可以从他人做事的过程中获取某种启发而已。

这种人对事业的执着和大无畏的精神是受到很多人的欣赏和崇拜的，但这种人总是喜欢在各种社交场合中找时机表现自己，因此也会时常遭到别人的厌恶。

拍打头部的后悔心情

有这么一个动作我们经常可以看到，一个人当错过了什么事情或者忘记要做某件事，总会情不自禁地拍打自己的头部，再说"哎，忘记了，太对不起了"之类的话。没错，拍打头部这个动作在绝大多数的情况下想表达的意思，就是在向他人表示很懊悔和自我谴责，因为忘记别人交代给他的事情了，没有完成好。当你问他"我的事情你办好了吗？"如果他还没开口之前就做了这个拍打自己头部的动作，那你也不用继续问下去了，肯定是他忘记了你之前交代给他去做的事情了。

拍打头部表示后悔的心情，但拍打前额和后脑勺又分别代表着不同人的性格。

如果一个人在表示后悔懊恼时是拍打自己前额的人，这种人的性格都是坦率、真诚的，他们心直口快、富有同情心。你从来没必要担心这种人会玩"耍心眼"的伎俩，就算你教他他也不会。因此，如果你想了解一个人的某些小八卦、小秘密时，找这种人准没错。当然，他这种性格不代表他是一个不值得信赖的朋友，相反他们是会为朋友两肋插刀的人，时刻想着朋友。你要记住一点，万一这种人有什么地方得罪你的话，一定要原谅他，因为他绝对不是有意的。

如果一个人在表示后悔懊恼时拍打自己的后脑勺，那么，我们可以很确定的告诉你，这种人是一个不太注重感情的人并且待人苛刻，如果你想选择这样的人当你的朋友的话，你要知道，你身上有某个方面可以供他利用的，不然他也不会当你是朋友。当然，这种人也有很多地方值得你去交往和认识，这种人对事业孜孜追求和勇于开拓的精神是值得大家打心眼里佩服的，而且这种人对新生事物的学习能力特别强。

交谈时抹头发的人问心无愧

有这么一种人，当他与别人面对面交流的时候，总要时不时地抹一抹头发，不管当下是坐着或站着，这个动作总不会忘记做，给人的感觉就是想引起别人对他发型的兴趣一样。其实并不是这样的，这种人不仅是在交谈时会这么做，平时生活中他也不曾忘记这个动作。就算是他独自一个人在家看连续剧，他的手也会隔三岔五地"检查"自己的秀发，生怕头发上沾了什么不好的东西。

这种人的这个小习惯或许你看了会觉得有点不舒服，但有这个习惯的人通常是一个性格鲜明、个性突出的人，他们疾恶如仇，爱憎分明，敢爱敢恨。对他们来说，人生就必须做到问心无愧。当他在公共汽车上遇到小偷，他肯定会上去喝止小偷的行为，如果身体允许的话，会把这个小偷痛打一顿，以表示正义。

听到这里，会不会觉得这种人有勇无谋呢？不会的，这种人一般很善于思考，凡事会考虑后再行动，但有个缺点就是缺乏对家庭的责任感。

这种人的生活也是充满新鲜感和挑战的，对他们来说，生活的喜悦来自于对事业追求的过程。会不会觉得这句话听起来有点绕，难道他们就要过程不要结果吗？的确是的，喜欢拼搏和冒险的人是不在乎事情结果的。成功了，他会说："真开心，要的就是这种刺激的过程。"而当面对失败，他会自我安慰："我问心无愧，因为我已经做了。"

用点头的方式鼓励对方深入思考

我们时常会在一些访谈类节目看到这样的情景，主持人通常都会用唯唯诺诺的应答方式来诱导被访者继续顺着话题滔滔不绝地说下去。最简单的回答方式就是："嗯！说的没错！……"

从这个角度说，一个成功的访问者懂得如何引导被访者回答问题，并能够让他关不住话匣子继续讲下去。

一般访问者除了通过语言来回答问题，还会用身体语言加以补充，多数时候就是用"点头"。两者加起来的作用是对被访者有一个增强信心的作用，而被访者接收到了这样的信息之后也会提高自己的思考和进取心，这时就会讲出更多的话，话匣子就关不了了。

去应聘单位面试的情景，我们大多数人都不会忘记。我们最关注的也是主考官的表情了，当主考官频频点头示意时，作为应征者就会信心大增，也会让自己觉得面试成功的机会也更大。原因是什么呢？因为主考官做出点头的动作也表示"我正在听你说话"或"请继续说"的意思，这种信号一旦传递给应征者，应征者就会觉得"对方已能明白我的话了"或"对方接受我的说法了"，因此内心会很大程度受到鼓励或欣赏，便会滔滔不绝地说下去了；当我们看见主考官极少点头的情形时，应征者就会觉得有点失落，感觉自己面试"没戏"了，因为觉得自己无论说什么都不会引起主考官的注意和兴趣，觉得索然无味也不愿继续说下去，最后会出现相对而无语的情形。

点头不一定是肯定的答复

当主考官对着应征者点头，会在很大程度鼓励了应征者，提高他的思考和进取心。这种积极的效果是相对应征者而言的，但不是所有主考官的点头都是表达肯定的意思，肯定只是点头里面的其中一种意思而已。所以，作为应征者对于主考官的点头还是需要有所判断，不要会错意了。

有一个关于点头方面的实验，结果发现，点头传达的信息不止一种，那点头又传达了哪些信息呢？

首先，也就是我们比较熟悉的"肯定"。当倾听者针对双方的谈话内容或音律对着讲话者做出点头的动作时，就是表示对说话者有某种承诺的允许和好感。

其次，是表示倾听者不耐烦。当倾听者对于一个内容的谈话，在短时间内连续点头超过三次，则表示对于谈话内容不耐烦或者带有否定的意味。

最后，是一个不专心的表现。当倾听者点头的动作与谈话的节奏严重不相符时，则倾听者没有专心在听说话者的说话内容，或者是有事情隐瞒。

歪着脑袋倾听表示聚精会神

有的人在倾听的时候脑袋永远放不正，肯定要歪着脑袋听才觉得舒服。其实这是一种聚精会神倾听的姿态的表现，听得特别入神。这种情况经常出现在听先进事迹报告的现场里，当英雄人物在汇报事迹的时候，说到激动人心的部分，人们就会听得入神，会情不自禁地歪着脑袋，并时不时带有点头的动作。

这种歪着脑袋倾听表示集中精神的情况不仅仅出现在人类身上，其他动物在精神集中的时候也会有相同的表现。

就比如一只三个月的小狗每当看到或听到那些可以吸引它注意力的新鲜的事情（如看见新的狗屋、第一次见到其他动物）的时候，它的头就会不自觉地歪向一边，这个时候就表示它对某种事物产生了极大的兴趣，正集中精神欣赏着、关注着。

眉毛的"动作"所透露的心理信号

当你想起眉毛的作用，你第一个会想起什么？过去的人认为眉毛的主要功用只是防止流下的雨水和汗水滴到眼睛里面去，其实这只是眉毛最基本的生理功能而已。眉毛在人的脸部是一个很神奇的部位，看起来它就是定在那里，其实它的"动作"是很多的。它对于我们表情有一个辅助的作用，那就是可以更加充分地展现人内心深处的情绪变化，传递人内心的真实想法。

所以，每当我们的情绪发生改变，眉毛的形状也会随之发生改变，这种变化我们也称为"眉毛的动作"。眉毛的动作所传达的信号内容是各异的，我们简单介绍几种重要的信号。

（一）低眉

这种眉形是一种带有防护性的动作，想表达的意思就是要保护眼睛免遭外界的伤害。这种情况一般会发生在当人们感觉到正在受到侵略的时候。

（二）皱眉

皱眉可以表达的情绪就有很多，包括惊奇、诧异、错愕、快乐、否定、怀疑、傲慢、无知、希望、疑惑、不了解、恐惧和愤怒等。

很多人对皱眉的第一印象就是凶猛。其实不是的，当一个人皱眉的时候其实表示他第一感觉就是要自卫，而真正凶猛、带有侵略性的脸是一张无所畏惧的脸，他们会表现出瞪眼直视、毫不皱缩的眉；而一个眉头深皱的人，通常都是忧郁的，他们内心的想法是想逃离目前的生活境遇，但又因为某些原因无法做到逃离；一个在大笑的时候同时皱眉的人，则表示这个人的内心有着轻微的惊恐和焦虑，他们想通过笑来掩饰自己的行动，但无论对着什么笑他的内心都是有困扰的，因为他很想退缩。

眉毛上扬的人，表示在怀疑对方

（三）眉毛一条降低、一条上扬

当眉毛两边的形态不一样，一条降低而另一条上扬时，就表达着这个人一边脸显得激越、另一边脸显得很恐惧。当一个人的眉毛斜挑时，这时他肯定是一个怀疑的状态，那条扬起的眉毛就代表一个问号。

（四）打结的眉毛

什么是打结的眉毛呢？一般是指两条眉毛同时处于上扬的状态，并相互趋近。这种眉形想传达的就是这个人有着严重的忧郁，而且目前的烦恼让他觉得无所适从。一些有慢性疼痛的人就会经常表现出这样的眉形。当急性剧痛的人表现的眉形却不是这样，他们表现出来的是低眉而面孔扭曲的反应。

此外，闪动的眉毛代表友善，双眉上扬表示非常欣赏或极度惊讶，眉毛完全抬高表示难以置信，眉头紧锁表示内心深处忧虑或犹豫不决等。

嘴形所透露的喜悦和无奈

嘴巴在身体语言里也扮演着重要的角色，即使没有发出声音也会"说话"，也可以传达信息与情感。

嘴唇紧闭表示和谐宁静、端庄自然。比如司乘人员、空姐，迎宾礼仪人员一般就是嘴唇紧闭，笑不露齿，给人大方端庄的感觉。

嘴唇半开或微微全开则是表示疑问、奇怪、有点惊讶。比如我们看到一些让我们意外的新闻时，会微微张开嘴。

嘴唇呈圆形全开一般表示惊骇。比如我们看恐怖电影或者悬疑电影会不自觉地张开嘴巴用手捂着。在平时与人的交往中，注意不要轻易地出现嘴部动作，除非是为了某种沟通谈判的需要。

嘴角微微上扬，这是善意、礼貌、喜悦的表现。这个身体语言传达的是正面的信息，会让对方感觉到我们的真诚和善意。如果你需要营造和谐的沟通氛围，比如记者招待会、见面会，或者希望交易能成功，请在谈判时记得把嘴角微微上扬。

嘴角向下通常表示的是痛苦悲伤、无可奈何的神情，代表对方的信息让我们产生了负面的情绪。比如学生被告知考试不通过，或者面试者被通知没被录取，通常都会嘴角往下垂。

嘴唇撅着，一般都是表示生气、不满意。比如小朋友想吃糖没获得批准，经常就嘟起嘴巴。比如男女朋友间吵架了，女方一般会嘟着嘴表示不满。注意这种表情一般不要在正式的场合出现，这是对对方不尊重、不礼貌的表现。

嘴唇紧绷，多半是表示愤怒、抗拒或者决心已定。特别是一言不发或者故意发出咳嗽声并借势用手掩住嘴，则是表示掩饰自己内心真实的情感，就是俗话讲的"心里有鬼"，有说谎之嫌。

指尖相碰的姿势所透露的心理信号

"指尖相碰"这个姿势属于自信、有优势感，驾驭能力强，很少使用身体语言的一类人。他们相信这个姿势是表达自己自信的最好方式。

从上下级的相互关系中，我们都可以观察到这个有趣的姿势。它是比较孤立的、简练的姿势，表达一种对局势与环境的把握，自信而且无所不知。领导给下属下达任务时，经理给部下发号施令时，这个姿势很常见。而在一些职业比如会计师、律师、经理之类的人群中尤为常见。

指尖相碰可分为两类：高举姿势和放低姿势。谈话总结和发表意见时通常采取的是高举姿势。而倾听讲话或命令时自然采取放低姿势。尼伦伯格和卡列罗指出，女性一般都采取放低姿势。如果是头往后仰，采取高举姿势时则显示出一种洋洋得意或骄傲自满的样子。

虽然指尖相碰的姿势被认为是传达积极的姿势，但它如果与其他姿势一起结合的话既可以用于积极的方面，也可能用于消极的方面，甚至可能造成误解。例如，推销员向顾客推销产品时，竞选者在演讲时，都可能做出一系列积极的姿势，包括：手掌张开、身体微倾向前、抬头等等。但是推销结束时或演讲结束时，顾客/听众可能采取一种指尖相碰的姿势。

这个时候他们指尖相碰的姿势前有其他的一些积极的姿势，则说明推销员成功的出售了产品也解决了顾客的问题，获得订单。或者是竞选者成功的赢得选民的信任获得职位。另一种情况，如果在指尖相碰前有一些消极的带拒绝态度的姿势（如双臂交叉、双腿交叉、目光转向别处以及许多手碰脸的动作），那就相反的，这位顾客认为产品并不符合他的内心期望与现实需求，销售员没有解决他的问题。或者是竞选者没有成功地在选民中赢得支持。虽然这两种情况下，指尖相碰的姿势都意味着信心。但对推销员或竞选者来说，一个是积极的，一个是消极的。对方在指尖相碰以前的动作是最关键的线索，决定着最后的结果。

搓手的心理信号

我们都习惯搓手，这是传达内心有期待、表达美好愿景的信号。

很多场合我们都可以看到这个身体语言。从谈判到会面，到日常生活，这个动作几乎是最常见的。比如与客户的会面，主题是讨论即将到来的节日促销的细节，在会面接近尾声的时候，如果客人突然很放松地靠在椅背上，大笑着边搓着双手大声喊："方案差不多够好了。"

这样的表现则意味着她用自己的身体语言告诉大家：她期望这次的促销可以大获全胜。

玩扑克或者赌博的人掷骰子前会用手掌搓骰子，表达希望成为赢家的欲望。

或者我们会看到手舞足蹈的推销员跑进销售经理的办公室，搓着手掌说："老板，接下了一笔大单子了！"

主持人会一边搓手掌一边对听众说："有请我们下一位发言人进行精彩演说。"

当一个人跟你说话时急速地搓动手掌，他想跟你说，他可以满足你所期待的结果。比如你打算买房子，房产经纪人听到你描述说后可能会急速地搓着手掌说："我恰好有一处房产符合你的条件。"经纪人言下之意就是他期望你满意这个结果。但是，如果他慢条斯理地搓着手，对你说，他有一处理想的房产，可能会觉得有诈，他可能会占你便宜。于是，推销人员不成文的习惯就是，如果向潜在客户推销时，一定要使用急速的搓手掌姿势，以免顾客产生怀疑。相反地如果是顾客搓着手掌，对推销员说："让我看看你们能够提供些什么？"这表示顾客希望你有他需要的好东西。

生活中最常见的是在公交车站，一个人急速地搓着手掌，那是因为他等车，手冷。

还有一个经典的动作，表示希望得到钱，那就是搓拇指和指尖或者搓拇指和食指，比如推销员常常搓着指尖和拇指，对顾客说："我可以给你打五折。"有人搓着拇指和食指对他的朋友说："借给我点钱吧。"所以一个业务人员在与客户交谈时，不应该有这样的姿势。

双手攥在一起的心理信号

双手紧紧攥在一起似乎是给人信心满满的感觉，因为人们采取这个姿势时，往往笑容满面看起来心情愉悦。但是这是误解，这是一个表示失望或者敌对的姿势。比如当推销员在做产品介绍的时候，边说话边攥着双手直至手指开始变白，仿佛被焊接在了一起，结果人家觉得他很紧张这笔生意没有谈成。又或者当两个敌对者在不能表示公开敌意的场合被迫要交谈时，你会发现他们的双手都是双手攥在一起的。

心理学家尼伦伯格和卡列罗对攥手姿势进行研究后，得出的结论也是一样：这是一种消极失望的姿势。在自己的面前攥手；把攥起的手放在桌子上；如果是坐着，把手放在膝盖上，如果是站着，把手放在大腿前。这些都是属于消极的姿势，与上面推销员的例子所表达的不谋而合。

还有研究进一步表明，手举得越高的人越难对付，好像他心里所筑的墙一样，现在没心情没耐心跟你沟通。想反地，手举得不太高的相对比较好说话，心情相对比较轻松。就是说手举起的高度和他此刻心情好坏有一定的联系。与其他负面姿势一样，如果要继续有效沟通，那么要想办法递递东西之类的使他松开手指，露出手掌，改变敌对的状况。

控制性和屈从性的握手

在正式场合里首次见面时，我们都会用握手来开始与对方的关系。握手时手掌向上和手掌向下这两种姿势有截然不同的含义。这种握手也表达了三种基本态度。有控制性的握手："这个人企图控制我，我要小心点。"有屈从性的握手："我能够控制这个人，他会听我的话。"还有属于平等的握手："我对这个人有好感，我们会愉快地相处。"

握手时手掌向下，翻转手表示控制性。手掌向下握对方的手掌是表示你是这次会面的控制者。行为学家在研究了 50 多个成功的高级经理的行为后表明，他们在商务会面中都是主动地握手，而且还使用了控制性的握手方法。

握手时手掌向上是想跟对方表达你愿意被他控制，这种握手能在见面时传递出自己愿意作为弱势的一方的信息。不过，也有例外的手掌向上并非是顺从，而是有其他原因。比如身体原因，手部患关节炎的人手无力，不得不手掌呈顺从姿势跟你握手。比如职业原因，外科医生、手模特、画家和音乐家等职业的人是靠手工作的，所以为了保护手，在握手时不会用力。

握手的姿势可以给你一些线索，帮助你对握手的人做出一些估计：顺从的人使用顺从的姿势，霸道的人使用比较咄咄逼人的姿势。

"争夺战"经常会在两个不肯退让的人身上，并没有正面对峙，行为也只是象征性的，他们都想让对方的手掌采取顺从的姿势。可以想象这种较量会两手掌都呈垂直姿势，而双方试图营造一个尊敬和融洽的感觉，结果就形成老虎钳似的握手。当父亲给孩子演示"男子汉的握手"，我们往往就会看到这种互相钳着的握手姿势。

双方所传达的态度与握手姿势一样是可以变通的。如果你拒绝对方给的定位想改变，可以尝试改变姿势。当对方给你一个控制性的握手时，你不能靠逼迫对方改变手掌的姿势来改变自己愿意承担的角色，这样会适得其反。有一个简单的办法可能解除对方的"武装"。那就是握手时，左脚向前迈出一步，从对方的右前方进入他的"个人地盘"。现在，你把左腿拉向右腿，完成迂回动作，然后握对方的手，这样他的手就被迫呈顺从姿势了，让你进入对方"个人地盘"，掌握控制权。

手的任务：触摸、指向以及发信号

在男女的非语言交流中，手要肩负起至少三个重要任务：触摸、指引以及发出信号。手势在生活中是除语言外最经常用到的，甚至在对话的时候我们都会借助手势来说明、渲染和停顿等；我们会用手在空气中比画着，或熟练生动或生疏笨拙地模仿各种动作；当我们要开始一个对话或者是想请对方加入一起交流，我们也会用手来辅助表示邀请。手指也有很重要的作用，比如当你把一只手指按在嘴唇上时，就代表希望周围喧闹不已或者是窃窃私语的人能安静下来。这就是指尖所蕴含的力量。

手和手臂能表达很多情感与意愿，或邀请或拒绝或中立不感兴趣。我们习惯用手臂或手搭建起一道封锁线，暗示我们对向我们走来的人或者对方传达的信息兴趣缺乏；我们会用手捂住眼睛，或者干脆闭上眼睛好一会儿，表示不想看到对方；我们还可以双手交叉、拳头或紧握或松开阻隔着我们的身体来防御。

当遇到自己很抗拒、很反惑甚至受到冒犯时，我们会条件反射地用手抓着前臂，绷紧肩膀，抱着自己的腰，或者用一条手臂横在身上摸着另一侧的肩膀或脖子来部分地保护自己。比如在谈判中正在与你交流的人摆出这个姿势，说明你可能对他们有威胁，而他们对你的接近采用像这样的防御姿势，你要接收这个信号并做出改变。试着对他们友好地微笑，或者是给其更大的空间。这时你要适当的改变你对他的姿势和位置，试试跟对方握下手或者递杯水来解除他们的防备。当放下防线，你就要用更积极的、无敌意的身体语言信号去进一步回应，努力让对方的防线完全松懈，帮助你获得谈判的胜利。

强势握手

商务强势握手被称为是 20 世纪 80 年代出现的最伟大最有代表性的强势姿势。有个说法是人们若将手放在一起然后高高地举起，可以显示出更强的力量。最原始的概念是在握手时要将手拧一下，或者尽量呈水平地伸出手而掌心朝下，从而迫使你的对手进入弱势的位置。据说这种握手的方式一跃成为主流被迅速广泛传播然后流传至今。后来比较流行的握手是指你非常用力地握住别人的手，用力到让他人感到痛苦，就像骨头要被捏碎一样。我们常在电视上看到这样的镜头，两个在商场上暗自较量的对手，在社交场合需要握手的时候，会都使暗力想碾碎对方双手可是又面带笑容。这种方式也是展示力量和身份地位的象征。但是很多有幸跟一些有名望的人握手的人都有不一样的体会，这些名门望族中没有一个会通过握碎别人的手来证明他们的权利和地位。

手摸颈后者掩饰情绪

有没有这样的经验：当老师在批评学生时，学生会习惯性地用手摸颈；当别人交代你的事情你忘记了，你会习惯性地摸摸颈后；当你迟到时，你会习惯性地摸摸颈后。可以看出，摸摸颈后这个动作表达的是悔恨或者懊恼的情绪。有个姿势被称为"防卫式的攻击姿态"，就是人们在遇到危险时，常常会不由自主地用手摸摸脑后，心理上觉得脑有手保护着，会有安全的感觉。但是对于防卫式的攻击姿势来说这种防卫是伪装的，因为手最后是放到了颈后，缓解这些被责备责怪后产生的负面情绪，而不是停留放在脑后。比如女性会撩起头发把手伸向后面，来掩饰自己心里的懊恼悔恨，并一副毫不在意的表情。

从穿鞋习惯看女人的心理性格

有这么一句话，要想看出一个女人的生活品味，第一步就是要看她的鞋子。从这句话中我们就可以看出鞋子已经不是单纯用来保护足部了，它还可以诉说出一个人的性格及心事。

1. 喜欢穿凉鞋的女人

当一个女性喜欢穿凉鞋时，证明她对自己是十分有自信的，她喜欢将自己最美丽的一面展现给大家看，因为凉鞋肯定会露出脚趾，至少是要对自己腿部很有自信的人才会选择凉鞋。这种人通常交际圈很广，而且人缘也不错，对异性也充满了兴趣。这种类型的女人通常会对自己的男朋友有很多要求，希望自己的男朋友可以和自己有一致的看法，她个性比较固执，别人不太容易说服她。如果要选择这种女性当对象的话，那就要有耐心了。

2. 喜欢穿高跟包鞋的女人

这种类型的女人比较喜欢思考，是一个智慧型的女人，她的个性成熟大方，对待工作和生活都是兢兢业业、相当尽责的。因为她要想的问题很多，所以对待周围的人、事物也会有比较高的要求，如果周围的人、事物无法满足她的要求时，她的脾气就会变得比较暴躁。所以她选择男朋友时会喜欢坦诚相对的人，并且要大方地对她好、关心她，当她觉得你是一个值得交往的对象时，她会很好地对待你，不会摆架子、故意刁难。

3. 喜欢穿运动及休闲鞋的女人

这种类型的女人表面上看来很容易相处，实际上她是一个戒备心很强的人，她非常会保护自己。看起来好像很容易和男生打成一片，而实际上他只是把这些男生都当成普通的好友一般，反倒是对于心里喜欢的那个他，她会选择保持一定的距离，敬而远之。如果不是她的闺蜜的话，很难看出她的内心想法，因为她时刻在保护自己，其实她的内心有着非常脆弱的情感。

4. 喜欢穿学生样式、造型简单鞋子的女人

这种类型的女人个性是单纯敏感的，因为她有着严谨的家庭教育，所以经常压抑自己的情感。因为这类型的女人从小就被爸妈管得很严，学校、工作场所风气较为保守，她们自然就有这内敛的言行举止，但她们内心是澎湃的，总是希望自己有一些经历，这种女人要谨防单独行动时受骗。

5. 喜欢穿短筒靴子或长筒马靴的女人

这种类型的女人喜欢无拘无束的生活，个性独立，勇于表现自己。通常这种女人很有能力，外表也是很出众的，经常受到异性的青睐。尽管她看起来平易近人，但要成为她的另一半必须才华出众并且了解她的个性，才有可能赢得她的芳心。

6. 喜欢穿厚底鞋、造型特殊鞋子的女人

这种类型的女人是一个追求流行、注意时尚的人，她喜欢成为大家的焦点。外表给人的感觉是大胆，但她的内心是相对内向保守的，因为她对自己的信心不是很足，想要通过大胆的打扮引起大家的注意。如果想要成为她的男朋友就必须多给予她鼓励和肯定，让她更加自信。

从写字的习惯看人

字体扁形的人内心坚定，毅力顽强，外界环境无法轻易地影响他们，他们这种坚定有时候会变成固执，甚至是钻牛角尖。这种人对工作认真负责，条理清楚按照计划行事，但有时太追求计划而变得不灵活，死板僵化，缺乏弹性。

字体比较小的人（常常在 4～5 毫米之间）通常是比较低调的不受别人关注的，谦虚朴素，带着点点羞怯与恭顺，甚至唯唯诺诺，可是对细节很敏感。

字体细小（大小在 2～4 毫米之间）的人心思缜密，有较强的观察力和专注力，办事认真但警戒心很强，也容易被环境影响而改变，太过于在意别人的看法而每一件事情都是小心翼翼的。

字迹细小且越写越往上的人注意力比别人容易集中。字迹细小但越写越往下的人，比较容易摇摆，性格软弱。

字体大（大小在 6～8 毫米之间）的人是好吸引别人眼光的，爱显摆的，做事很快速但是却很莽撞的人，自己想怎么做就怎么做，只想达到自己的目的却不注意细节，非常以自我为中心。

字体垂直的人的指引是实践才能出真知，他们特立独行、理智、逻辑思维强，可以很清楚地根据形势来分析判断决定，而且一旦做出决定后就会贯彻下去，绝不轻易改变。他们很清楚自己的目的，自我控制力强，行事谨慎有节制，对工作都认真尽职，有始有终，可以托付信任，而且对情绪控制得很好。

字体向右倾的人是很积极向上的人，有强烈的主观能动性，不会被困难打倒，独立自主，思想进步，对未来都充满信心，注重精神层面多于物质层面，并渴望自己能在精神领域里有所领悟。很多心理学家、咨询师都是这种人。如果字体向右倾斜并行行向下倾斜，那么他是一个常常自我反省的人，意志比较薄弱，容易被他人掌控。

字体向左倾的人多属于小心谨慎好做自我批评的，他们会很关注自己的需求，自力更生，独立自主。但是对周围环境反应不强烈，他们会压抑自己的情感不流露出来，不容易冲动，不易与人有正面冲突。这类人有敏锐的洞察力，可以帮助别人发现一些细微的东西，是个很好的倾诉对象。

字体中等的人是在什么环境下都能生存的人，能快速地适应改变了的外界环境，同样奉行实践重于理论的宗旨，待人处事都从理性的现实的前提下出发，而且人缘不错，基本都可以与同事相处友好。

字体是圆形的人风格如其字，性格温顺，心地善良，通情达理，情感至上，体贴包容。他们的性格坚韧，对社会上很多东西都觉得可以接受，适应性强，对待朋友采取中庸之道，不会固守己见而与人产生正面冲突，在受质疑的情况下仍可以控制自己的情感与冲动，行事审慎，考虑周全。

从洗澡习惯看你的个性

1. 喜欢饭后洗澡的人颇具领导能力

有的人一定是吃完晚饭才洗澡，属于我们说的"慢性子"。他们觉得洗澡是回味白天的生活沉淀思绪的时刻，只有慢慢地洗，才能充分享受洗澡的乐趣。这个类型的人性格淡定，不会有太大的起伏，我们通常会说这种人是"不以物喜，不以己悲"。

这种人性格很稳，我们在很多领导的身上都可以感受到这种稳与慢，慢条斯理但是很从容淡定。如果你身边有这个类型的同事，那么如果你们是竞争者的话就要小心了，他们都颇具领导能力，目前只是在沉淀，蓄势待发。只是如果你排在他们后面洗澡就要有点耐心了，至少必须等上老半天，而且你怎么催他们都不着急，不会理会。

2. 喜欢饭前洗澡的人做事速战速决

习惯吃晚饭前洗澡的人通常都不爱泡澡，因为这太浪费时间了。他们喜欢速度，追求效率，因为洗澡就是一个任务，马上完成后还有很多的安排更重要，比如：吃饭、看电视甚至看书等等。每一天的生活与每件事他们都先规划好，然后按部就班地一件件完成，不会拖延。

3. 喜欢看完电视后才洗澡的人注重享受

有的人会先做喜欢的事情，而不是先做必须做的事情。他们属于享受至上的人，满足自己的欲望比按照规划来做事情更重要。他们会很随心的先忽略实现规划的程序，只是定个很高的很完美的目标，然后等到事到临头了，才边盘算边做决定去完成。他们反应快，懂得随机应变，目标即使完美到几乎很难达到，但是又不会好高骛远或者浮夸，他们会脚踏实地地去完成而不是只求量不求质。

4. 习惯在上床睡觉之前才洗澡的人是属于审美型

有的人一定必须洗完澡香喷喷的才会钻进被窝。这是很唯美带点自恋情绪，又很爱浪漫很懂得生活的一类人。他们希望拥有美丽的恋情，浪漫到老。他们非常懂得也享受自己跟自己相处，一个人吃饭睡觉逛街甚至旅行，特立独行不习惯群体的生活，特别是抗拒如露营啊、自驾游等需要与别人同眠的活动。他们对美的事物有天生的渴望与追求，属于外貌协会的人，生活方面也是随心随意，不会拘泥于形式。

5. 喜欢早上起床之后才洗澡的人精明干练

喜欢早上醒来先洗澡再开始一天生活的人绝对是效率型的，多为成功人士，精明懂得分配，干练干脆高效率，对数字天生的敏锐，对金融、理财更是很有感觉。做事情前他们会先评估、分析、计划，然后做好完全的准备工作后再开始行动。我们身边的会计师、金融师、理财师，大多数都是这一类人。很多人对他们有误解，觉得他们唯利是图、见钱眼开。可是他们只是对数字与金融敏感，不一定每一个都是只看重金钱和财产的。

6. 习惯跟家人排顺序洗澡的人善于协调

与家人商量后排队洗澡的人是很好一起生活、工作的人，完全是社会型的。天生懂得沟通协调，会调配自己的需要与身边人的需要，不会因为分歧而与别人起冲突，也会接受别人的安排、意见与看法，是很好相处的人。他们不会只想着自己，而且会设身处地地为别人着想，想别人所想，将心比心，体会他人的感受，从不把自己的需要强加在别人身上，与人的相处总是营造一个和谐的氛围。所以他们很适合团体的生活，相当地合群。

第二十章
服饰会"说话"：
服饰信号

从服装颜色看个性心理

每个人喜欢的颜色都不同，为自己选择服装颜色时也会依据自己喜欢的颜色不同而有所偏好。而从人们这些对不同服饰的颜色的偏好上面，也可以看出一个人的个性特点。

喜欢红色的人是热情奔放的人，他/她性格外向、活泼、感情丰富、精力充沛、凡事积极向上。他们说话和做事都很快，而且基本上都是不假思索的。他们喜欢跟别人争论，是行动派。一旦好奇心起来，不管花多少力气，不管付出什么代价，都会努力去满足自己的好奇心。这种人可以用自己的情绪去感染身边的朋友，是一个优秀的鼓动者。但是这种人也有一个明显的性格缺陷，就是没什么耐心，一旦遇到什么事情不合自己的意，马上就会火冒三丈。不过因为他们天性比较乐观，生气也不会持续很久，很快就能恢复平静。

喜欢黄色的人是单纯健康的人，他/她是一个乐天派，做事潇洒，不玩弄心机。黄色给人的感觉就是明亮、健康的。黄色代表丰收，而喜欢穿黄色衣服的人性格比较外向，做事比较洒脱，说话的时候也是心直口快，有什么说什么。这种人不会轻易放弃自己的目标，值得信赖。在和朋友聊天时，他们说得更多的是国家大事，反而对于自己切身利益相关的薪水不太上心。在社交场合他们看起来比较活跃，但是这其中可能藏着深深的孤独。

喜欢绿色的人是成熟稳重的人，向往安稳、舒适的生活。他/她的性情是平和的，但对这个世界充满了希望和信心，就如绿叶一样，代表着春天和希望。绿色是春天万物复苏时候的颜色，充满了生机和活力。而那些喜欢穿绿色衣服的人也跟春天一样，阳光明媚，如同春风拂面。他们的性格比较外向，追求温馨和平静的生活，很少会有不安的时候。他们对任何事情都充满期待，希望任何事情都可以更加美好。他们也喜欢跟朋友们在一起享受那种温暖的感觉。在工作上，他们有着比较强的上进心，对自己满怀信心。但是由于他们不喜欢太露锋芒，所以虽然干劲十足，成果也不错，却很容易被上级忽视掉。

喜欢蓝色的人是严肃、谨慎的人，这样的人冷静，分析力强，蓝色本身就是一种容易让人遐想的色彩。而喜欢穿蓝色衣服的人一般都是心境比较开阔，处变不惊，经常把自己较为平稳的一面展现出来。同时，他们又非常负责，在接受工作之后会凭借自己那丰富的经验和敏锐的洞察力把事情做到极致。在跟朋友和同事相处的时候，他们经常扮演老好人的角色，一旦要有什么矛盾，他们也可以把矛盾化于无形。当然，也不能就此认定他们毫无血性，就连看似波澜不惊的大海都有发怒的时候，更何况是有血有肉的人呢！一旦把他们惹急了，他们就会采取非常漂亮的反击手法，让对手为之深深折服。这种人也有一个缺点，就是在交际能力上有所欠缺，这会影响他们获得更多的知心朋友。

喜欢紫色的人比较多愁善感，有点缺乏自信心，而且容易焦虑。紫色是寒色系，是一种有贵族意味的色彩，这种颜色也象征着权力。一般来说，喜欢紫色服装的人都有艺术家的品位和气质，他们比较聪明，感情也比较丰富，有着敏锐的洞察力，也可以很好地驾驭自己的感情，就算有什么烦恼和忧愁，他们也可以把它轻而易举地化解掉。他们为人做事都比较低调，觉得自己是个平凡的人，不喜欢在众人面前显露自己的个性。所以，这让他们在很多时候看起来有点"闷"，就算遇到了"贵人"也很可能与之擦肩而过。在个人感情方面，他们不太珍惜自己的感情，总觉得自己能够驾驭得了，所以有时会选择放纵。

喜欢灰色的人比较保守，心情比较压抑。他们不喜欢对别人展露自己的感情，而是喜欢把它隐藏起来，这样，别人就无法看出他们心里到底想的是什么。在和人们交往的时候，他们不会太过亲近，总会保持一些距离，所以不会太交心。

喜欢白色的人是一个单纯、有进取心的人，白色是所有颜色中最纯净的色，象征着朴素、纯真。喜欢这种颜色的人也像白纸一样纯净，不会有害人之心，做事比较坦荡。

喜欢黑色的人是一个压抑、消极的人，这种人行事小心，会把自己的真情实感隐藏在心理，但黑色也代表着高贵，可以将任何缺点隐藏起来。

褐色代表着安逸祥和，喜欢褐色的人是喜欢安静、容易满足的人，这样的人没有太多的野心，非常容易知足，所以也会常乐。

喜欢翠绿色的人是比较清高的人，翠绿色给人感觉清爽明快，喜欢这个颜色的人也是喜欢与众不同的人。

喜欢橙色的人比较开朗，活力十足，橙色是一个高亮度的颜色，象征着繁荣与骄傲，让人感到十分温暖。他们热爱大自然，喜欢运动。

喜欢咖啡色的人让人觉得稳定、安全，虽然这种颜色看着比较老气，但是让人觉得表里如一，很有权威，他们外表冷静、内心热情、脚踏实地，但是在情感的表达上多少让人感觉有点木讷。

喜欢茶色衣服的人虽然外表看起来没有什么过人之处，但是内在有着很好的潜质。这种人比较诚实，又有责任感，很容易被别人接受，不过有时候会给人一种不知变通的感觉。

粉色是红与白的结合，既有白的性格特点，又有红的性格特点，算得上是感性与理性相结合。一般来说喜欢粉色的人比较天真、单纯，想让自己呈现出年轻、有朝气的感觉。

从内衣看女人

女性内衣现在早已不止是遮羞的作用了，俨然成了服装的搭配品，对女人来说必不可少，现在的内衣无论在材质、色彩还是款式，都呈现多元化，可以满足不同要求的女人。

你可能会觉得女人挑选一件内衣是一件很小的事，但挑选内衣正好体现了她们的爱好，也暴露了她们的性格和心理特征。

1. 喜欢棉质内衣

这类女人是保持着小女孩心态的女人，不管她们现在年龄如何，是否已为人母，她们还是觉得自己没长大，她们充满活力，喜欢运动。只要自己各方面允许，她们都会努力争取，不会轻言放弃。

2. 喜欢穿紧身尼龙内衣

这类女人性格是开放的，喜欢展示自己曼妙的身体，更喜欢心上人对自己迷人的身段神魂颠倒；这种女人性格直率，对待性爱也是比较开放的，想做的会立马去执行，也喜欢爱人对自己坦诚相待，讨厌欺骗的感觉。

3. 喜欢穿黑色内衣

这类女人是享乐主义者，也许在白天她可以表现得和小猫一样温顺，但到了晚上肯定会把自己狂野的一面展现出来。她们把自己的卧室当作娱乐场所，随心所欲，对情人毫不隐瞒，将最性感和迷人的一面直接地表现出来，并借此积极主动地寻找情感伴侣。

4. 喜欢穿白色内衣

这类女人多是守身如玉型的。她们相当保守和纯洁，哪怕是自己有强烈的性欲也不会表达出来，对此也不太有追求，单纯、恪守妇道就是她们最好的代名词。

5. 不穿内衣

这种女人比较狂野，性格也比较奔放，似乎是很多男人爱慕的对象。

从换鞋频率看一个人的性格

曾有这么一句话说，女人的鞋柜里永远少一双鞋。现实生活中，无论男人女人，都有一部分人很喜欢新鞋，也有一部分人是旧鞋穿坏了再买新鞋。而这两种人的喜好，也代表着两种不同的性格。

那些喜欢将一双鞋穿坏了，再去买一双新鞋的人，多半是思想独立的人，他们知道自己要的是什么，喜欢和不喜欢在心里一直有一个标准；他们重视自己的想法和感受，不会因为别人的言论去轻易改变自己；他们是一个严谨、小心的人，不会贸然行事，往往要深思熟虑之后才会做出决定，而做出的决定他们将全身心投入去执行，并把事情做到最好；他们又是重感情的，对在乎的人是忠诚的，背叛在他的眼中是不可能存在的。

另一部分人是属于"衣柜永远少一双鞋"型的人，这类人思想开放、追求时尚，觉得跟着流行走肯定没有错，时下最流行的东西，自己如果没有的话那是一件很丢人的事。所以这些人行事比较随意、冲动，不大考虑后果。有时候做出的决定只考虑了流行的因素，忽略了自身的实际情况，总的来讲就是缺少周全的考虑，造成顾此失彼。喜欢经常换鞋的人对新鲜事物比较敏感，接受能力比较强，但虚荣心和表现欲也较强。

过分追求服饰打扮的人可能很极端

有的人追求用夸张的造型来哗众取宠，这种极端的造型其实也比较常见。在音乐界，这种人的典型代表莫过于 Ladygaga 了，每次她出场都是以奇装异服示人，时而是外星人，时而是米奇老鼠的头发造型，真是让人目不暇接。不得不说，她的这种风格的确是成功地吸引了全世界的目光，让她永远暴露在闪光灯下。

但是这种喜欢在服饰上追求极端打扮的人，一般来说性格上也是极端冷漠的。这种人生活里面的精力会很大程度地花在打扮自己和挑选服饰上，而且他们还有两种极端的性格，第一种是想最大限度地表现自己，想着用夸张来引起大家的关注，但他们内心又是十分不自信的，生怕自己一旦不够靓丽就会被人遗弃和忽略，所以每次都要极尽妖艳之能事；还有一种就是这种人自我认识有点欠缺，情绪也不稳定，特别是一些人到中年的妇女，极力打扮自己就是为了想获得"青春"，却让人觉得十分吓人，其实这种就是情绪不稳定的表现。

服装不讲究的人可能是自我表现型

有的人对自己的穿着打扮极端的讲究，但生活中也有另一种人，那就是对穿着打扮特别不讲究的人。比如有的人，身上穿着名牌西装，脚上穿着名牌皮鞋，却系着一条非常粗俗的腰带，实在是大煞风景。会表现出这种行为的大多为这两种性格的人：第一种是自我表现型的人，不但不觉得自己这么穿有什么不妥，反而对自己很满意，这种人通常都有自己的兴趣爱好，并对这些兴趣爱好投入了所有精力，不会花太多的时间去选择服饰，也不会理会别人的眼光；另一种就是根本不知道自己的追求是什么，连自己适合什么样子的衣服也不懂，更不要说去追求了。这种人通常反应较为迟钝，做事较为马虎，但为人憨厚正直，对于生活也没有什么具体的目标，得过且过。

一般来说，这种人的特性有点与众不同，对工作比较热情，一旦下定决心要做某一项工作，就会全心全意投入进去，而且这种热情并不是心血来潮式的，而是能做到有始有终。在和这种人接触的时候，一定得注意保持距离，因为这些人在听到任何跟自己不和的言语的时候都会恼羞成怒，甚至出口辱骂。如果实在是避无可避，你就要学会用头脑和手段来和这种人交往。如果你的生活或者工作中有这种人，实在是会让你很头疼，因为这种人爱自我表现，但是真的遇到事情了又会停滞不前，把麻烦都留给你。

穿衣追求合体的人往往是智慧型

很多人虽然衣着华丽，但是十分不搭调，也许上身是名牌西装，下身就穿了一条短裤，也有的人虽然衣着上并没有什么过人之处，但是比较得体，让人看起来也比较舒服。平心而论，一个人得体大方的穿着远比高档但不适合自己的穿着要好得多，从一个人的穿着打扮上，我们很容易就可以看出这个人的品位和性格。一个懂得合体穿着的人，肯定是一个思维方式敏捷、周详的人，他也是一个会冷静思考问题的人，所以当他在购买衣服的时候，会把衣服是否合身、是否能够表现出自己的气质等因素考虑进去。

其实这样的人是聪明人，他懂得运用服饰来给自己的形象加分，因为良好的形象是有利于工作的开展和人情交际的。比如工作时间你要穿职业装，但不同的职业对不同的职业装定义也是不同的，所以在选择职业装的时候应该把自己从事的行业特点考虑进去，加以自己的搭配，才能给人一种大方高雅的感觉。

购买衣服先考虑价格的人比较经济

有的人最喜欢追逐时尚，有什么新品一上市就会马上把它买下，等着享受别人那艳羡的目光。也有的人虽然也比较喜欢那些新款式，却不急于买下，而是喜欢在专柜打折的时候去淘货，买那些性价比最高的东西。一般来说，选择衣服会把价格、性价比当作一个重要条件的人是一个"经济实惠"的人，这种人不会跟风潮流，也不大会买奢侈品，因为他们觉得生活应该选择性价比最高的东西，浮夸的生活一点都不"合算"。既然这件产品以后会打折，那就没有现在高价购入的必要。

从消费的角度讲，这样的人是理性的消费者，不会把自己的钱浪费在一些不太实际的消费上，这一点是值得肯定的，毕竟同样的东西，在打折的时候甚至只需要花原价的一半甚至更低的钱买下，实在是很划算。但这样的人往往是比较抠门的，总是要货比三家、看了又看才决定，在一些情况下，在金钱上过分讲究也会让人觉得反感。

所以任何时候还是适度就好，买衣服的时候选择合适最重要，也不会因为便宜就买了一些自己平时用不上或者不适用的东西，这样更是一种浪费。

把服装看作第一位的人追求审美

有些人认为服装是表达自己审美最好的方式，通过各式各样的服装就可以表达自己的审美，比如有的人就偏好中性风，有的人喜欢英伦风。当一个人把服装看成所有装扮的第一条件时，这个人肯定是一个追求审美的人。而这类人又可以分成两种，一种追求个性美，另一种追求流行美。

追求个性美的人都有一套自己的购衣标准，比如喜欢黑色服装的人，她的衣柜通常都是"黑白配"的，而且会在衣服上彰显自己的个性。而追求流行美的人就对自己购衣没有什么硬性标准了，不管是什么款式、什么价格，只要是目前流行的，就会购买什么，也不太在乎与自己的性格融合起来；甚至明明自己不喜欢，但因为流行的缘故也会购买，并且会马上穿上，告诉他人——我是最时尚的。

慈善家追求的是买衣服这种享受

慈善家其实是一种挺难的职业，在做慈善的时候往往要考虑更多的因素，比如是否得体、能不能为别人带来更大的收益等等。慈善家的衣橱可能装满了各式各样的衣服，但那些衣服不一定是他自己喜欢的，或者最适合他的，在他们看来，买衣服是一个享受的过程，也是帮别人做生意的过程，衣服的价值大大地超过了衣服的本身，因为在买衣服的过程中他们的心灵得到了满足，这一点是他们十分看重的。

从这个角度讲，慈善家不是人人都有资格做的，首先你的经济收入也要达到一个标准，这才能让你在看到衣服的时候眼也不眨地买下来。另外，要想不断地享受买衣服的价值，那么家里的衣橱也要足够大，才能有足够的空间摆放这些衣服。

政治家对服饰要求很高

政治家们通过打扮来与大众们交流是一个很好的方式，因为大众对政治家的关注通常是从他们的服饰开始的，在这一点上，很多人的做法都是十分明智的。本杰明·富兰克林曾说过，政治家的穿着打扮绝对不能忽视，要想赢得大众的支持，就必须通过服饰的颜色来传达政治信息，所以政治家的穿着是身份的标志，在款式和颜色上要特别注意，不同的场合要选择不同的搭配。

比如在官方正式的场合，西装革履是必不可少的，黑、灰、深蓝是最好的选择，可以出彩的地方就是领带或者领结，如果要突出自己，可以稍微在这两个部分的颜色上做一些小小的改变，但如果是"客场作战"的话，还是把出彩的机会给主人家比较好，以免你抢了主人的风头，引起人家不满。

那么，在私下的场合里，政治家应该怎么穿才不会出错呢？那就是在非正式的场合里，也要看起来很专业。在假期里可以穿上细条纹的衬衫，米白色和浅绿色为首选，裤子和腰带则选择蓝色或者棕色，黑色则尽量避免。

穿着朴素的人比较沉着

政府官员和银行职员等，也许是由于职业的关系，大部分都喜欢穿比较朴素的衣服。从表面上看起来，这种人也比较朴实，大部分属于体制顺应型。虽然他们穿着朴素，却又不失豪华。

根据不同的穿衣风格与喜好，我们可以大概了解一个人的性格与行事方式。大多数情况下，习惯穿着简朴素雅的人，性格偏向于稳重、坦然、淡定、沉着。不会浮夸，不会冲动地追求一时意气，待人接物力求真诚热情。这种人会很踏实务实，愿意一步一个脚印地做好每一件事情，不浮躁不急着邀功。无论是工作、学习还是生活，都是勤勤恳恳，谦虚好学。不仅如此，还能够理智客观地分析解决问题。但是如果朴素太过的话就容易缺乏主见，失去主观能动性，软弱地轻易屈服于别人。

如果一个人喜欢穿单色的衣服，或者爱用单色的物品，就说明他有很强的自我意识，性格也比较坚强，任何困难都不会放在心上。一旦遇到问题也不会慌乱，而是善于抓住重点，圆满完成各项任务。简言之，就是这种人在任何行业中都能成为佼佼者，出类拔萃。

例如，一个人经常穿灰色斜纹布衣服，这种衣服从外表看起来就像树木的剖面，是一种自然本色。这个人在穿着这种衣服的时候看起来就比较平静、随和，不会动机不纯，也不会野心勃勃。但是这也表明他并不是一个甘于平庸的人，而是有着深刻的意图和强烈的自信心。

因为这种颜色是本色的，它能说明这个人沉稳、独立、不虚荣的性格，让人觉得他非常质朴。有了这些特点的人就比较容易获得别人的信任，也会容易被重用，独掌大权。因为这种本色与色调鲜明的颜色不同，它可以起到掩饰作用，但是无法掩饰主人强大的内心欲望。

任何事物都有两面性，人也不例外，这种沉稳的人的缺点就是不善交际，没有更深层次的友情，他的成就，完全来自于自己的拼搏。

因为他一心忙于拼搏，对上流社会没什么兴趣，如果让他跟别人有相同的嗜好，他只会觉得会失去自我的本质。因此，这种人心中总是怀有这种不安的因素。如果这些人在工作或者学习或者游玩中遇到了一些事情，不管这些事情有多么小，他都喜欢以自我为中心，不顾及别人的感受，最终总会招致别人的指责，虽然他可能是无心的。

喜欢流行服饰的人

俗话说：人要衣装，佛要金装。还有人说：三分长相，七分打扮。文化名人郭沫若也说过："衣服是文化的表征，衣服是思想的形象。"通过穿着打扮来建立自己的形象，向外界展示自己的魅力。

社会一直在进步发展，潮流与品味也在日趋多样化与个性化，不再有统一的审美观念与评价标准。人们有了更多自由选择的空间和权利来展现自我而不用受大众眼光与潮流的束缚，不用拘泥于形式与框架，不需追随主观不认可的潮流，因此人们所选择的衣着服饰更加体现了个人的喜好与风格。从这一点上个人的性格特征更容易被把握到，从整体的精神面貌、搭配风格上我们可以了解到此人想展示的或者是隐藏着的内心世界、精神状态、追求等。

比如有的人非常喜欢流行服饰，什么流行穿什么，也不管自己喜不喜欢，比如刚有新的款式上市，很快就能在他们身上看到同款的。这种人没有自己的主见，也没有明确的审美观，情绪波动也会比较大。而且他们的判断力较强，决策力也不错，一旦有了目标就会为之付出一切努力，不达目的绝不罢休。

从穿的 T 恤观察对方

T 恤最开始的作用是保暖和吸汗，如今它已变成了一面记录、表达自己想法和情绪的"公告牌"，俨然成为一种流行的夏装。所以一个人会根据自己的性格、爱好选择自己的 T 恤。

喜欢穿简单白色 T 恤的人，多是个性独立，不会轻易向世俗观念低头的人，虽然骨子里带着叛逆，但还不会把自己的个性明显地表现出来。

喜欢穿彩色没有花样的 T 恤的人，多是没有强烈表现欲望的人，他会选择做一个默默无闻的人，接受平凡、普通的人生；他性格较为内敛并富有同情心，会在条件允许下去关心和帮助有需要的人。

喜欢在 T 恤上印上属于自己的 LOGO 的人，多是比较前卫、开放的人，对新鲜事物的接受能力强，但对一些老观念就十分排斥、抗拒；他们个性外向，交际圈很广，对待朋友是热情、真诚的。他们对自己充满了信心，懂得随机应变。

喜欢将喜欢的明星图像印在自己 T 恤的人，多是追星族，对这位明星十分崇拜，并希望自己可以和这位明星一样出色。

喜欢在 T 恤上印上一些幽默的文字的人，多是一位具有幽默感的人，也是一个表现欲望强的人，希望别人可以关注自己。

喜欢将一些建筑物的图案印在 T 恤上的人，多是一个表达自己身份地位的人，并且对这个建筑物有特殊的感情，并想通过此寻求一些志同道合的人。

喜欢穿印有风景图案的 T 恤的人，多是喜欢旅游冒险的人，具有冒险精神，表现欲望也比较强，很想告诉别人自己的想法。这样的人对旅游总是情有独钟的。他们的性格多是外向型的，对新鲜事物的接受能力很强，而且具有一定的冒险精神。这样的人自我表现欲很强，希望把自己所知道的一切都传达给他人。

从手提包发出的信号

从选择手提包的样式也可以看出一个人的性格和偏好，当你遇到一个陌生人，可以先看看他的包，这样有助于你对他的性格有一个最初的判断。

1. 大众化的提包

选择这种包的人多是一个个性不太强的人，他们很多时候会随波逐流，大众选择什么他们就会选择什么，"个性化"很少出现在他的"字典里"，这种人的目光和思想都比较狭窄，人生也不会有太大的发展和成就。

2. 提有个性的提包

选择这种提包的人一般是想表达自己的人，但他的性格也可以分为两种：第一种是个性特别强，喜欢用自己独特的视觉和思路去看问题，这种人我行我素，很少因为别人而改变自己，爱冒险，具有一定的胆识；另一种人不是真正有个性的人，只是想通过这种特别来赢得更多人的关注，有点哗众取宠的感觉，这种人通常是虚荣心也比较强。

3. 公文包

选择公文包的人，除了是工作需要外，也可以看出这个人性格谨慎小心，平时他们很少露出笑容，就算是在说笑的时候也是带着严肃的，而这些人对自己的要求也是相当高的。

4. 小巧精致、不实用的包

会选择这种包的人通常是年轻人，而且涉世不深的居多，如果是一个非常成熟的人还喜欢选择这种包的话，就说明这个人性格是乐观积极的，对未来也是充满期待的。

5. 具民族风情、地方特色的包

选择这种包的人是一个个人主义的人，个性强，往往会有与众不同的思维方式，但这样带来的负面结果就是会与周围的人格格不入，这不利于发展人际关系。

6. 口袋多的包

选择有很多口袋手提包的人，多是一个生活有规律的人，他对每天的安排都是在计划内的，不会轻易改变自己的计划或者冲动做事。

从包内的摆放看人的性格

1. 包内的摆放杂乱无章

如果一个人在找提包内的东西时，需要把全部东西都倒出来才可以找到，那么我们可以判断出这个人生活的杂乱无章，因为他的手提包里的东西也没有按规则摆放的，这个人的做事原则是"无所谓，方便就好"。这类人的性格就是比较马虎，做事不够谨慎，目的也不够明确，但他们对人是亲切、热情的，很容易接触。

因为这种人生活态度比较随意，所以会导致自己在工作上陷入困境，如果领导对待工作是高度认真负责的，会觉得这种人不适合在自己的团队里面。

2. 包内摆放井然有序、层次分明

一个人的提包内的各种东西都被层次分明地摆放着，一旦要用到，他马上可以找出来。证明这种人原则性很强，办事认真可靠，组织能力比较强，经常是活动的召集人。此外，他们还比较自信，因为对生活安排得井井有条，所以他们的生活看起来过得不错。但他们的缺点是太有条理性导致看起来严肃、呆板，有时候会对生活某些细节斤斤计较。

3. 习惯不带包

还有一种人是不带包出门，这种人总的来讲就是责任心不是很强的，因为他们觉得出门带包是一个负担，而他们又不喜欢负责任，所以不带包就是最好的选择。这种人的性格比较懒散，所以把工作交给这类人是比较不放心的。

由手表识对方

时间观念与性格有关，而想了解一个人如何看待时间，我们可以观察其所选戴的手表。这两者关系密切。

有款新电子表，时间是否显示可以通过按键随意控制。戴此款手表的人比较出众。他们独立不受束缚，只做自己愿意做的事情。不轻易流露真实情感，不易接近。

他们神秘并享受着别人给予的猜不透的眼光。

戴液晶显示手表的人生活节俭精打细算。喜欢简捷思想单纯，缺乏空间想象力，但待人接物非常真诚。

戴有闹钟功能手表的人基本都严于律己，平时神经紧绷，虽不是守旧派但却习惯按部就班，通过直接且计划性强的策略取得成功。他们有时会有意地培养自己的责任感，相当有担当，组织领导能力也较强。

戴多时区手表的人多带点不现实。空有聪明的想法却不会付诸实际。逃避责任，做事好高骛远而非持之以恒。

戴经典款式金表的多为注重长远利益的人，看中发展前途而非短期利益。他们会放眼全局，有智慧有高度的统筹规划，往往预见力强，有一定气度与忍耐力，蓄势待发。这种人重义气，重亲情，同甘共苦意志坚强，不轻易低头或者被打倒。

戴怀表的时间观念较强，懂得安排掌控时间，工作休闲合理分配两不误。自制力适应力也很强，懂得调整自己的心态。喜欢怀旧与历史，言谈高雅，注重文化修养。这种人有浪漫情怀，会制造小惊喜，处世耐心重友情。

戴上发条的表的人多较独立，自给自足，亲力亲为。追求快速见效的感觉，比如体力活。在意自己战胜某种挑战后的成就感而且不需要别人过多的关心宠爱。

戴没有数字的表的人抽象化概念较强，表达上比较泛而广，看重观念。喜欢考验别人的智力，不想把事情说透彻。聪明睿智，喜欢益智游戏，不在乎实际事物。

由戒指识对方

作为饰物，戒指与主人性格有某种关联。

对于结婚戒指来说，越大越华丽代表的自我表现欲越强，但如果是紧套在手指上的表示他比较忠诚，反之亦然。

带家族标志的戒指强调的是对家庭的重视与归属感，表明身份，自己是这个家族的一分子。

刻上自己生辰的戒指则是希望吸引别人的关注，同时也关注别人并传递想了解对方的信息。

镶有钻石的戒指经常会被用来吸引别人的注意，佩戴的人常常带点骄傲自满，陶醉在自己的成就中沾沾自喜。

用宝石做装饰的戒指多代表外在的形象。空有外表却没有内涵。佩戴者多为冲动派，想象力丰富而不与实际相结合。

小巧的戒指多代表想象力与创造力。佩戴的人会天马行空地想些不切生活实际的东西，会迫切地跟别人分享自己的感受，生活乐观积极，懂得把握场合表现自己。

手工制作的戒指大多非常独特，代表复杂的工艺和独一无二的设计。钟情这种戒指的人自我表现欲望强烈，会花心思地表达自己，希望得到别人的关注和认可，成为全场的焦点。他们喜欢做别出心裁的事情来树立自己的风格和形象，并且对成事有十足的信心和把握。

至于没戴戒指的人，他们崇尚简单安静的生活，喜欢远离纷扰，生活比较随心随性，只有自然舒适才让他们觉得自由表达各种思绪的欲望得到满足。

戴礼帽的人很绅士

喜欢戴礼帽的人自认为是绅士，希望别人眼中的他成熟稳重有风度。在别人面前会表现出自己热爱传统的一面，比如喜欢古典音乐、欣赏芭蕾舞、看歌剧等，自诩与流行音乐绝缘。对于他自认为该剔除的糟粕，公开地站出来反对那些天理不容的行径。他会欣赏一个穿西装革履的男人和穿套装旗袍的女人。对于追求新颖新潮的人和作风会采取鄙视，甚至漠视的态度，比如吊带背心、超短裙等都是他所不齿的。不止大体，在细节上他也会吹毛求疵，比如皮鞋必须是擦得锃亮的，亮得能当镜子照的。袜子必须是厚实的传统面料，即使是夏天也不会换上透气面料的袜子，更不用说凉鞋和拖鞋了，是绝对不会穿的。

这种人自视清高自命不凡，看什么都不顺眼，自大自恋认为自己是最有能力的人，必须干大事，无论在哪个行业都必须是至少主管级人物，基层工作不屑去做。但是这种过分守旧的心理注定此人缺乏开拓精神，容易看不清环境且执迷不悟，所以工作基本都没有想象中顺利。也正因为他的保守呆板，几乎没有朋友圈。即使对某些人彬彬有礼，也不容易被接受，因为普遍的人会觉得他不真诚，所以他没有很深的有阶级感情的友谊。尽管他有时候会意识到并试图改变一些做法与习惯，但是天生难以表达自己，有时候还适得其反。

爱戴旅游帽的人

旅游帽既不防寒保暖也没有遮阳阻挡紫外线的功能，除了装扮美观外没实际用途。喜欢戴旅游帽的人大多是想透过这种细节装扮来带出某种形象或气质，又或者是通过帽子来掩盖一些他觉得不完美的甚至是有缺陷的东西，属于另有所图，掩饰自己。

从这些特点看，喜欢戴旅游帽的人代表不真实表达自己的人，他们不会选择诚实地回应别人，善于心计算计，对自己有利的东西投机钻营，说话两边倒有时候前后矛盾。因此这种人朋友也不多，真正看得透他的人少之又少，大家基本认识到他很表面的，希望被大家看到的东西而非真实的本意与自我。这种人自恃聪明自以为掌控全局天衣无缝，玩弄别人于股掌，却不知道别人都知道他左右逢源的一套，很明显他高估了自己的智商。别人一早就看出他是不可深交的人，即使面和心也不和，不会与他交心有真正的友情。有时候他也能意识到自己的缺点，知道自己不受欢迎，不被人接受。但是潜意识中自视过高的本性让他无力去改变这种状况。也许在职场上，在有空子可以投机取巧的前提下，这种面面俱到的手段有时候会给他带来不错的效果。但是从长远来说，每次都是同一招，同事与上司迟早会看穿，黔驴技穷时，也就是他山穷水尽的时候了。

戴鸭舌帽的人办事稳妥

鸭舌帽一般是有点年龄的非年轻人的选择。它代表处事稳重，办事稳妥。一般戴鸭舌帽的男人，自己会觉得自己待人接物很客观，从不浮夸，从不根据一时的喜恶判断。这种人处理问题的时候，往往着眼于大局，对于无关紧要的不影响全局的关键性成败的小细节不会放在心上，直接忽略。他们觉得自己很老练，经历过足够的风雨让他们比别人看得更透看得更远，所以在与同事朋友在打交道时，不管对方是老奸巨猾，还是胸无城府、涉世未深，他都喜欢让别人去猜他的心思，狂兜圈子把别人绕得晕头转向不知道他的真实想法。其实这些做法根源于他自我保护意识非常强烈的内心。

他筑起厚厚的心墙来保护自己，不愿让人轻易地走进他的内心世界。这种人防守意识很强但是也不是攻击型的人，他们自我保护，小心翼翼地守护着自己的内心，不会流露出内心的脆弱，不容许别人伤害他，但也基本很少去伤害别人。勤俭节约，很会聚财，相信一分耕耘一分收获，汗水一定会带来硕果。这种人多为白手起家，艰苦创业者，尊重劳动的意义与力量，珍惜自己的劳动回报与财富，都是有计划的消费，从不乱花一分钱。

爱戴彩色帽的人

有的人喜欢鲜艳颜色的搭配。在不同的场合，他会用不同颜色的衣服配不同颜色的帽子。天生就是对色彩比较敏感的人也是色彩搭配的高手，给人感觉衣服配饰搭配新潮入时。他喜欢流行元素，走在潮流的尖端，对于新潮的东西，都迫不及待地去尝试。他希望别人眼中的他生活得多彩多姿精彩无限，尽情享受这人生与生命，敢于尝试新事物，永远走在时代的前列。同时，这种人很怕寂寞，很怕独自一个人。因为他总是精力充沛不甘寂寞，所以他的圈子很多，经常与朋友相邀聚会，尽情享受着一起分享一起相处的乐趣。但是一旦繁华落尽曲终人散各自归家时，无边的失落与空虚就会充斥他的内心。

在工作上，他满满的激情与消极正好是反比例的，所以有些时候，好运是会从天而降的。当他内心充满热情的时候总是斗志满满而且工作效率高，有使不完的精力。可是一旦情绪低落无聊时，内心就会快速被空虚感填满，使他觉得人生缺乏追求，精神生活很缺乏无所依靠。如果这样下去，迟早会把自己淹没在内心的空虚寂寞里。

爱戴圆顶毡帽的人

爱戴圆顶毡帽的人生活中是较少表现自我的人，总给人一副老好人的感觉，当别人发表意见看法时，他也很少加入别人的讨论，就算是有也是附和别人的观点。这种人看起来是没有主张的人，其实也不是，他们只是不想去得罪任何人，只想远离任何非议，就算给人忽略也觉得没有关系。如果一个爱戴鸭舌帽的人就是一个忠厚老实的人，他会努力去奋斗，不会空谈，更不会随便给承诺，但一旦承诺了，他会一生去努力。

但他对于收获有自己执着的观点，他坚信"君子爱财，取之有道"，对不劳而获的不义之财他是绝对不会要的，他觉得没有付出就得到回报是对自己最大的不负责任，所以他工作也是全力以赴的。

而他的朋友圈看似很大，实际上深交的朋友并不多，他认为"道不同不相为谋"，所以他深交的人一定是和自己价值观一样的人。

从随身携带的笔一窥其心

出门带一支笔其实是一个好习惯，但出门带什么笔也可以看出一个人的性格。

1. 带自来水笔

这是一个传统的人，一个深藏不露的人，他看待任何事物都有自己的标准，也是一个会玩心计的人。

2. 带黑色圆珠笔

这是一个细心的人，他在工作上可以把各个细节都关照得很好，但有时候会因为过于细心将简单的问题复杂化。如果他是一个下属，肯定会深得领导喜欢，因为他面面俱到，会留意到别人忽略的地方；如果他是一个领导，下属肯定内心窃窃私语，因为这个领导有时候会因为想"细心"而多此一举。

3. 带廉价圆珠笔

这是一个实在的人，他讲究的是实用而不是外在的美丽。他认为生活应该过得实在，可以做想做的事情，不应该被任何条条框框束缚；他没有把得失看得很重，也没有为未来做一个大计划，只讲究活在当下。

4. 带支铅笔

这是一个相对孤僻的人，他不信任别人，交友不多，而且常常因为自己的孤僻失去朋友。

5. 带名贵笔

这是一个具有强烈虚荣心的人，也是一个严重自卑的人。他带名贵的笔只是想告诉别人，自己有钱、有社会地位。有时候他也不喜欢这支笔，只是大家都说这笔好而已。

从领带打法看男人性格

领带是男人最重要的饰物之一，就好比女人的丝巾一样。一个男人的做事原则和人品也可以从领带的打法中看出。

1. 领带结正合适的人

一个男人可以找到适合自己的领带，证明他是一个自我认识充分的人；就算他长相平平也会给人一种精神抖擞的感觉，这种男人在交际中十分注意自己的表现，会把自己最好的一面展示出来。他懂得打好领带会给自己"加分"，所以他会花时间在这上面，尽量让自己呈现最好的一面；这种人对待工作也是认真负责的，会将大部分精力投入其中。

2. 领带结又小又紧的人

这种男人总给人一种气场不足的感觉，总想用更小的东西体现自己的高大，其实这种做法往往适得其反。这种人对金钱有着强烈的追求，却又对金钱吝啬，有点

"守财奴"；他的气量也狭小，性格较为孤僻，疑心重；生活中他们因为很谨慎，所以话也很少；因为个性的缺点，他的朋友不多，很多时候都是"一个人在战斗"。

3. 领带结又大又松的人

这种男人是富有艺术气息的男人，他把男人的风度翩翩表现得淋漓尽致，但又不会显得矫揉造作，这是他真情流露的表现；他不喜欢拘束的生活，朋友也很多，人情世故也处理得很好，更是懂得如何抓住女人的心。

从领带的颜色认识男人

西装配领带是最好的搭配，但每个人的偏好总是不同的，我们可以从男人的领带中看出他们的想法。

1. 绿色领带

绿色代表着生命和活力，喜欢绿色领带的男人代表他是积极向上的人，对事业也充满信心。

2. 深蓝色领带

这种人对待工作特别关注，事业心很重，但往往只是看中金钱，导致对于事业过于急功近利。

3. 彩色领带

彩色看起来是美好的，但又充满了诱惑和迷离，所以喜欢彩色领带的人往往会功利心较强，对很多事情不能从一而终，目标总是换了一个又一个。

4. 黑色领带

这是一个喜欢黑白分明的人，他们人生观和价值观都是明确的，对自己的追求也是明确的，不会因为诱惑而改变自己。

5. 红色领带

红色代表着热情奔放，积极主动，所以喜欢红色领带的人充满了热情，喜欢成为大家关注的焦点。

6. 黄色领带

黄色代表付出，这种人是勤劳的人，他会给自己设计理想的人生并付诸行动，这种人的性格温和，适合做朋友。

部位打扮反应心理

"部位打扮"，顾名思义，就是特别注重某个部位的打扮。人通常会特别注重自己某个部位的打扮时就是要掩饰其他不自信的部位。比如有的女性对自己的外貌没有自信，就会特意穿上超短裙，让别人注意自己修长的腿部；有的人不满意自己的腿型，就可以化个大浓妆，让别人的眼光只聚集在自己貌美的容颜上。其实这样的做法反而是对自己不自信的表现，这类人总是对自己不足的地方耿耿于怀，然后用各种方法试图去掩盖那些不足，反而给自己造成了严重的心理负担。

其实大不必如此，最自信的人是可以把自己的全部展示出来，因为人与人的相处不仅是看到对方的优点，更是包容彼此的不足。没有一个人是完美的，也许没有姣好的容颜，没有修长的腿，但有一颗真诚的心足矣。

突然变化服装的人想法会发生变化

着装的变化有时候是因为为心想法的变化。比如若有个经常穿固定款式西装的人，某天突然一改往日的成熟路线，穿上了潇洒的夹克，鲜艳的长裤并搭配完全不同颜色的领带，那肯定会引起周围同事的好奇："究竟是什么让他突然风格大变，是发生了什么事吗？"不管是从外表上或者精神上看，风格的突然改变都是内心受到某种刺激的结果。这种刺激让他的想法或者观念发生了若干转化，并希望通过不一样的习惯而有新的动力、灵感或者期待。

比如当一个人情绪不安的时候，他会选都没选胡乱搭配衣服，而且跟平时的爱好习惯大相径庭。平时很端庄，注重外表与细节，突然变得邋邋遢遢。这种变化反映了他们心里寄望生活能有所改变的需求。不再是单一的日复一日的重复，而是充满挑战的工作。

从色调看人

不同的人会钟情于不同色调的衣服，而从他们衣服的色调上，就能看出他们的性格。比如说，经常穿深色衣服的人，通常喜欢把自己包裹起来，与别人的交流很少，性格也比较稳重，碰到事情都不会因一时冲动而方寸大乱。喜欢从长计议，深谋远虑。经常穿浅色衣服的人，个性较为活泼开朗，可以跟别人保持良好的人际关系。经常穿单一色调衣服的人，通常理性多于感性，比较正直。经常穿得花花绿绿的人较为活泼开朗，比较善良，性格单纯、豁达，有着积极向上的生活态度，比较乐观、向上。一般来说这种人都比较聪明，表现为幽默感很强。另外，他们有着很强的自我表现欲望，为了吸引别人的目光，他们会创造一些意外，让人耳目一新，自然也会对他们留下深刻印象。

穿着华丽的人虚荣心强

在现代社会，我们经常会在不同的场合，看到一些人会穿着十分华丽的服装闪亮登场，很是吸引眼球。这个时候，就算他们外表没有表现出来，他们的内心也在为自己的衣着华丽和吸引目光而扬扬自得。别看他们掩饰得很好，其实，要探求他们内心的想法是十分容易的。

一般来说，喜欢穿这种华丽的衣服的人，虚荣心比较强，也有很强的自我表现欲，就是我们通常说的"爱显摆"，还会十分渴望金钱，是典型的物质崇拜者。这些人的自我表现欲是可以理解的，毕竟爱美之心人皆有之，我们无法批判一个人对美的追求。但是任何事情都有一个限度，穿衣服也不例外，如果穿衣服的华丽程度超过了一定的限度，就会成为撩人眼球的奇装异服，甚至成为跳梁小丑，让人贻笑大方。

另外，这种人除了自我表现欲强烈，还经常会有某种歇斯底里的性格。如果他正得意洋洋的时候，发现有人比自己的衣服还要华丽，风头更劲，说不准就会爆发出来了。

衣着讲究与否也能识人

有的人衣着非常讲究，几乎每次在不同的场合看到他，都能看到他正穿着得体的衣服。上班的时候他会穿得比较正式，运动的时候比较休闲，聚会的时候又比较优雅，反正不管什么场合，什么环境，他都会有对应的服装。这说明这个人在生活上比较严谨，对自己的要求较为严格，是一个完美主义者。他有着很强的自主性和独立性，见解独到，判断精确。

还有的人看起来就很邋遢，反正就那么几件衣服，也穿不出个新花样，有时候他要是懒惰了，路过他身边的时候还能闻到一股股味道，不由得想让人绕道而行。一般来说，这种人的逻辑性不强，做事不够严密，但是实力不容小觑。他们充满积极性，对工作比较认真，做事比较负责，对别人也很热情。答应做到的事情就一定会做到，不会虎头蛇尾。但是这种人的缺点就是讨厌别人指出自己的缺点，有着较强的虚荣心。如果被当众指出了缺点，很可能会翻脸，甚至耿耿于怀，要当心他报复你。

从饰品看人

随着时代的发展，各种各样的小饰品也侵入了我们的生活，很多人在选择饰品的时候都会选择那些跟自己的个性相配的，认为这样才可以达到最好的效果。而从这些饰品中，我们也可以看出主人的性格。

以现在生活中非常常见的手机为例，有的人喜欢简单、方便的普通机型，对手机要求不高，这种人比较好交往，个性随和，但是从众心理比较强，很多时候根本不知道自己想要的是什么。他们原则性不强，意志也不是很坚定。有的人对机型没什么特别的要求，能用就行。这种人把工作看得比较重，非常敬业，但是也不会把家庭丢弃不管。有的人对金属外形的机型情有独钟，这种人有着较强的生活适应能力，个性也比较独立，别人很难去琢磨他的性格。还有的人换手机十分频繁，什么样的流行用什么，这种人生活作风放荡不羁，就是图个轻松自在，不喜欢被拘束。

第二十一章

众口难调的美味：
用餐信号

坚强的人偏好冷食

很多人对比如凉拌青瓜、凉拌土豆丝、雪糕、凉菜等冷食情有独钟，一般来说，这样人的性格特点都比较坚强有毅力。由于他们太过坚强，就会让人不太敢靠近，有一堵墙围着的感觉。他们也往往觉得自己足够坚强，不需要被别人了解，所以也不会刻意去表现自己，保持彼此距离对他们来讲比较舒服。但是他们都很喜欢亲近大自热，对大自然有浓郁的兴趣。四川人就比较喜好凉菜，川菜中凉拌菜是比较重要的一部分。四川人比较有个性，这些都与坚强的人偏好冷食的特征不谋而合。还有东北人也一样，东北菜系中也有很多冷食，我们会称东北人为"东北汉子"。他们性格很烈，很刚毅，不造作，坦坦荡荡。电视上经常看到的镜头描述东北的会经常看到一个很彪悍的大汉，有一座小木屋，守着成片的山林，然后吃着凉拌土豆丝，喝着小酒，哼着小调，虽然看起来有点清冷，可是他就像很享受的感觉一样。

爱吃甜食的人往往热情

喜欢吃甜食的人性格往往比较温和，在性格上多属于"黏液质"型。他们为人谨慎，在处世上比较保守，遇事会先深思熟虑，然后再做决定，不愿意冒险。他们吃软不吃硬，爱挑别人的毛病。在地域上，上海、江浙地区的人比较嗜好甜食。江浙菜系大都偏甜，比如糖醋鱼、菊花藕片、酒酿丸子、糯米酒等等，从开胃小菜到主食到饭后的点心，都会带点糖。一说"上海男人"，大家对这四个字所代表的含义都了然于心，顾家、性格温和、顺从、不霸气、会斤斤计较地在市场讨价还价，鸡蛋里挑骨头。这样的"上海好男人"就是甜食滋养出来的。据说，女人若要嫁，就要嫁个"上海郎"，那就完完全全什么都不用操心了。

点菜时大声呼喊的人表现欲强

有的人点菜时会打着手势呼叫服务员，然后又很大声地点菜，吸引别人的注意，这种人的呼喊就是为了表现自己。我们都有这样的经历，餐馆吃饭时如果隔壁桌有个人呼呼喊喊故意很大声，好像是怕别人不知道他点了什么菜一样，对于这种我们会觉得很烦，觉得吵死人了，这样的人很讨厌，觉得他们有点病态。其实我们这么想还真是没有冤枉他们，表现欲太强的人可能有心理偏差，心里有点自卑，对自己认识不够，或者是觉得自己有缺陷但是却没有正视，也缺乏自我情绪调节的能力。比如电视剧中会用暴发户来代表这一类人，他们一夜暴富，财大气粗，然后走进餐馆显摆一下，打着手势召唤着服务员，要这样要那样，然后指着菜单，对着服务员大声地喊出菜名，他们完全都意识不到这种举止的不文明，甚至生怕太小声服务员听不到自己说的内容，这种人性格里代表着喜欢招摇，但他们没有想过自己的行为除了让别人觉得他们很低俗外，没有任何好印象。

点菜速战速决

有的人点菜犹豫不决，把菜单翻来覆去看好几遍都没法决定要点什么。有的人点菜却很干脆，三下五除二就点完餐。点菜的时候速战速决的人是个急性子，不光是点菜，他们做什么事情都很快，不喜欢拖泥带水。也许这个跟他们的工作性质有关系，工作要求让他们养成的习惯是不能有过多地犹豫，时间就是金钱，速度快是后天鞭策出来的。比如那些金融从业人员，分秒必争。又或许他们天生就是觉得时间很紧迫，做什么速度都要快，反应也要很快。但是这种人过于追求速度上的快，却缺乏深思熟虑，有些想法难免过于天真，毕竟他们的逻辑思维能力不强，都是凭自己的第一感觉或者以往的经验来做决定的，通常他们的主观性都很强。他们拥有领导者的特质，也就是果断、勇于做决定，但是果断有时候会变成太主观而且有偏执，只相信自己而不相信别人，太过独断。这些都来源于他们潜意识的竞争心理、好胜心理。"凡事求快""不想落后于人"。

点一大堆菜的人一般心浮气躁

一次点一大桌子菜的人一般都是处在受到刺激后心浮气躁的状态。有的人比较容易冲动，容易被激怒，然后又不会冷静地去思考，而是觉得心里会很烦。这个时候他去吃饭就会这个也来一份，那个也来一份，好像不叫到满满一大桌心里的气就出不完一样。我们还经常听人家会说，被上司气死了，烦死了，想辞职不干了，然后相邀去饱吃一顿才会好受一点，舒缓一下心里的郁闷。或者是被老公气到了，会相邀几个闺蜜去豪吃一顿菜过瘾。会经常这么做的人一般都是选择直接表达想法和情感的人，不会拐弯抹角要小心思，然后又略带点孩子气不按章出牌。这种对待自己不满意的事情容易浮躁的态度，是面对质疑或者失败缺乏"随机应变"的弹性，容易冲动，不会对挫折去分析、去思考，然后再慎重的或者是选择合适的方法去解决。

问一问他人想吃什么

点菜时会问一问别人想吃什么的人对细节比较敏感，懂得灵活变通，懂得要领，个性也比较亲切随和。但是他们虽然看起来很有计划，会咨询别人的意见，可是做决定时却不一定有很深入的想法。如果咨询了别人之后是听取了别人的意见点了同样的菜，那么他的"同调性"会高一点。他会遵从大多数人的意见，内心是希望与别人一样的。不会固执地坚持自己的观点，自己的意愿也会根据别人的建议而改变。但是这种人比较容易摇摆，忠诚度不高，比较难以信赖，他们不喜欢离开现在归属的团体或者朋友圈。但是有另外一种人，他们会在点餐前询问大家的意见，但是也只是问问而已，以表示自己的礼貌，最后点的菜却是和对方提出来的菜不同的。他们就是我们称为会反其道而行、不在乎他人的人，他们只会在乎自己的意愿。

酒后吐真言

酒后的言行举止都为非理性的比较真实，我们称为酒后吐真言。观察一个人酒后的举止，可以摸到一些他的性格特点。

一声不吭倒头就睡型的人非常理智，深知酒后会胡言的后果，自我约束力强，言行都很规矩。

酒后夸夸其谈的人不是举止轻浮的就是性格懦弱的。平时怀才不遇，长期被压迫，借着酒精的力量把心里的郁闷都释放出来，免得把自己憋坏。

借酒闹事，比如言语挑逗甚至动手打架的人自我调节能力极差，好像随时都在临界点，只要轻微的刺激就会爆发一样。他们愤世嫉俗，觉得自己命途坎坷，所有人都亏欠他们许多。

酒后喜欢划拳的是喜欢热闹、害怕孤独的人，即使是在热闹的环境里他们也很容易觉得自己落单了。所以划拳如同酒精一样，能为他们排忧解闷。他们闲不住，总是要找点事情做，喝酒、划拳，要不就是借由工作来让自己不感到寂寞。

喜欢斗酒显示酒量的人通常都是豪爽型的，大大咧咧，不拘小节。他们会抢着付账，不喜欢亏欠别人，更不喜欢占人家的便宜，心胸比较宽广。

喜欢独酌的人经常都郁郁寡欢，他们喜欢一个人静静地喝酒，不用去跟别人应酬，也不喜欢凑热闹。他们不擅长表达自己，也不擅长人际交往，就是喜欢独处。但是这种人是理智型的，是非对错心里都跟明镜一样，就是行为多数比较消极。

酒后爱笑的人乐观充满幽默感，为人随和容易接近。

酒后哭闹的人有严重的自卑感，即使是别人看来已经一帆风顺的生活，在他自己心里还是觉得生活对他不公平，内心充满着绝望与悲观。

付款方式看性格

我们日常生活中衣食住行都跟付钱有关系。行为学家就人们不同付款的方式，对他们的性格进行了小分类，这个也算是生活中我们识人知人、把握人际关系如何处理的小窍门之一。

习惯只用现金付款吃饭的人是保守传统派系，他们不擅长接受新鲜的事物，只有传统的付款方式才能让他们放心，觉得安全。他们即使了解到有其他的方式也不会去尝试，只会偏重于循规蹈矩，困守着旧方式，缺乏冒险的精神。这种人天生缺乏安全感，并觉得自己总是做得不够好，自卑感强烈但又渴望得到别人的认同和肯定。他们无论做任何事情都必须亲自参与，亲力亲为才觉得事情能完成，心里踏实。

喜欢拖欠饭钱的人就是小肚鸡肠的人，喜欢占人家的小便宜，总想着能不能吃饭不给钱。他们觉得别人天生都亏欠他们，合理让他们占便宜，心里缺乏公平的观念，总计算着自己少付出甚至不付出就能尽可能地得到回报。如果他们主动关心别人、帮助别人，代表他们对对方是有所求的。一般的情况下，他们虽不算冷淡，但是也谈不上热情真诚。

有的人吃饭从不拖欠饭钱，账单一到就马上付款。他们代表做事有魄力的一类人，说话算话，干脆果断，拿得起放得下，工作生活中都是说一不二，绝不拖泥带水。

另外有一类人就是喜欢蹭饭的人，总等着别人给自己结账。这类人通常是容易摇摆型，无自己的原则和立场，习惯性地服从和听命于别人，属于被领导的人群。他们责任心不强，可以推就推，不会主动去完成任务，万一遇到问题首要反应就是找理由和借口为自己开脱，在挫折和困难面前，逃得最快、胆怯、退缩。

还有一类人会选择新型非现金支付方式，比如卡类支付、电话支付和网上支付等。他们很容易就能接受和尝试新鲜事物，但是他们依赖性也很强，需要依赖别人或者某一种事物，所以他们也常常会陷入丧失自己的主动权，甚至受制于他人的境地。

吃西餐不同方法的人性格不同

1. 不切、直接用叉子吃的人一般都很有头脑，条理性也很强，善于找方法解决困难。优点小心谨慎，是对事情的把握很到位，任何事情的发生你都可以预见。

2. 刀叉配合一边吃一边切的人作风干脆利落、果断，但是会遇到自以为是的想法太随意，因为缺乏可操作性而弄巧成拙。

3. 把需要切的都切好后再用叉子慢慢享用的人心思非常缜密，做事很有节奏，他们可以很体贴、很细心地照顾别人，觉得这个也是一种享受。他们都是比较简单、心无城府的人，开心与不开心他们都毫不掩饰地流露出来。但是如果碰到有想要的东西无法得到，意愿无法满足的时候，就会立刻变得急躁不安。

4. 有的人不用刀子也不用叉子，切也不切直接拿起来就吃。他们吃饭是为了裹口腹之欲，都属于比较容易冲动的人，往好的方面想就是行动很积极，坏处就是因为太冲动而误事。一旦是他们下定决心要完成的事情，不管对与错，都会不达目的绝对不罢休。

拿筷子的方式体现不同的个性

中国人吃饭都用筷子，这一点西方国家的人很好奇，为什么可以用两条细长的东西夹菜呢？很多老外都对中国人拿筷子一事感觉到很惊奇，当他们来到中国时，肯定会学着拿筷子吃饭。当然，拿筷子是一门技巧，对于中国人来说，天天要用筷子吃饭，拿筷子肯定是不在话下的，但不同的人拿筷子的方式也是不同的，这也体现了人不同的性格特点。

如果一个人拿筷子是用小指与无名指都使劲弯曲握住筷子的话，就说明这个人是一个成熟稳重、有责任感的人，一旦他认准了目标，就会努力去完成。如果你手中有什么重要的任务，他会是不错的人选。

如果一个人拿筷子的时候，小指是翘起来的，这种姿势的人性格比较暴躁，情绪波动大，而且过于敏感，总体来说是一个神经质的人。所以，这种人一般来说不适合做比较重要的工作。此外，这种人的身体还偏虚弱。

如果拿筷子的方式是用食指来支撑筷子的活动的人，是比较任性、坚忍不拔的人，他们有着自己的理想并且对此孜孜不倦地追求，他们偏爱文化艺术，认准了自己的兴趣爱好就不会放弃，这种人比较容易受到青睐。

喜欢站着吃的人温柔

我们经常可以在电视上看到一个画面，某人一下班回到家还戴着帽子，穿着大衣，就冲到冰箱前，因为他感到非常饿，需要立刻吃东西。这时候他总是站在开着门的冰箱前，嘴一边吃东西，手里还在不停地翻看还有没有其他可以吃的。或者你可以看看在你身边有没有这样一种人，他们习惯吃生食或未煮过的东西，比如干啃方便面或火腿肠，咖啡还没泡好就喝，没耐心等需要煮烂的东西，有东西吃直接站着就吃，连坐都不坐，吃饭都是慢不了的，一鼓作气狼吞虎咽吃完，好像没有把吃饭当成一个享受的过程，而是在完成任务。可能是他胃口很好，突然想吃东西，也可能是他很饿很饿，但是这两种情况都同属于站着吃饭的人。这种人温柔、体贴，甚至对朋友很慷慨大方，不会计较小细节，是觉得只要朋友需要就无所谓的那种。尽管有些帮助在其他人看起来不太靠谱，可换成他们来讲，对朋友不需要太过计较。

边煮边吃的人恋家

一边做饭一边吃饭的人，我们最熟悉的肯定是母亲。她们都是奉献型的、无私的。电视剧中总有妈妈在厨房张罗着为家里人做满满一桌饭菜的情景。她会让其他人先吃，然后自己继续在厨房忙碌着下一道菜，如果儿女或者丈夫喊她一起吃饭，她会走到饭桌旁吃一两口，然后又起身去看火。她们很少有机会跟家人一起开始用餐，因为她们需要看着正在做的菜，如果桌子上缺什么，也是她们去拿，一般都是儿女或者丈夫吃饱之后，她们才能安下心来吃饭。母亲们会承担起照顾家里人的责任，做牛做马任劳任怨。实际上，不止母亲、家庭主妇等女性会做这些，有的男性也会如此，他们也愿意为家里人牺牲自己。所以，一边煮饭一边吃饭的人都很顾家，对他们来说，没有什么比家更重要。不管他们所服侍的人是否心存感恩，他们都无怨无悔，甘之如饴。他们会牺牲自己吃饭的时间，会先照顾好家里人，家里人是否吃得开心是他们最关心的一件事情，只要家人好，一切都值得，他们是无私奉献类型的。

边吃边看书的人爱思考

小学课本里有一篇文章，讲的是陈毅元帅小的时候吃糍粑的故事。他一边吃东西一边看书，结果把墨汁给吃到嘴里了。长大之后的陈毅元帅取得的成就是大家有目共睹的。不管这个故事是杜撰的还是确有其事，但是有一点可以肯定：如果一个人喜好一边看书一边思考的话，就代表这个人是一个怀揣着梦想和计划的人。每当他思考的时候他就要不断补充食物，其一，他不想浪费吃饭的时间；其二，吃饭的时候可以带来更多的灵感。这样的人考虑问题总是把经济效益放在第一位的，所以会为了节省时间和精力常常好几件事情同时做。

尽管这样的人是一个有计划的人，但千万别忘了，吃饭可不能三心二意，这样是在增加胃的负担，别因小失大，到时候身体垮了更实现不了梦想。记住：身体是革命的本钱。

边走边吃的人做事没有计划

现在人的生活节奏非常快，我们的身边不乏一些人每天吃饭都和打仗一样，你看见他在吃饭的时候都不是一心吃饭的，大部分时间都是一边走一边吃，随便抓起一个汉堡和一杯饮料，最后再吃一小块蛋糕就当饭后甜点了，看起来很忙碌。其实不然，这种人不是真的很忙，只是他做事没有计划，也没有规律，所以才使得自己的生活变得忙碌，而且杂乱无章。

这种人的性格是冲动的，所以他们的决定带着很多的随意性，所以结果可想而知，往往事与愿违。这种人不善于分配好自己的时间，导致了自己做了很多无用功，别人也不会觉得你的忙碌是多有意义的，纯粹属于瞎忙，还会觉得你根本不懂得如何做好工作，最坏的结果就是让自己的胃受难，因为你边走吃很容易就消化不良了。

边走边吃，看起来很忙碌

吃饭速度快的人性子急

吃饭速度快的人是一个急性子的人，也是一个豪爽刚烈的人。吃饭快只是他急性子的表现之一，其实他是无论遇到什么事情都想很快解决，

很快把它做完。这种类型的人肯定是一个精力旺盛的工作狂，当他决定"开工"的时候，肯定是风风火火，不管发生什么事情都是无法阻止他的，而且不喜欢听一大堆理由和原因来解释问题，只求达到目标，不喜欢过程有多么惊天动地。因为他们只追求结果，常常忘记了去享受成功时刻的喜悦。不过他们也有一个缺点，由于性子太急，有时候别人在交代问题的时候，他只听到问题，就开始想着该怎么去具体行动了，却丝毫没有听进去别人对这个问题的要求之类。等到具体行动的时候，他并不知道对方具体是怎么要求的，又不好意思去问，很有可能就会做一些无用功，甚至费了好大的劲却和对方的要求完全不同。

这种人的喜怒哀乐都会表现在脸上，天生就大大咧咧，不喜欢拖泥带水、直来直去、不喜欢拐弯抹角，所以有很多不错的朋友，深得朋友们的爱戴和拥护，而且他们对待朋友也豪爽，朋友有事肯定是两肋插刀，在所不辞的。

细嚼慢咽的人好享受

从小我们就听长辈们这么说：男孩子吃饭，狼吞虎咽；女孩子吃饭，细嚼慢咽。长辈们的初衷是好的，想把男孩子都培养成一个干脆利落的男子汉，把女孩子培养成温柔、贤淑的大家闺秀。

事实上，不一定是女孩子才会细嚼慢咽，只要是一个喜欢享受生活的人都喜欢细嚼慢咽。细嚼慢咽不但可以享受食物给自己带来的齿颊留香的感觉，还对身体有益。此外，喜欢细嚼慢咽的人还是一个严谨小心的人，他们不做没有把握的事，凡事爱挑剔，所以给人的感觉也是冷酷的。他们有一个特点，就是不随便答应别人一起用餐，而当他答应你一起用餐时，也代表着与你成交了。因为他们喜欢不慌不忙地咀嚼每一口食物，尽情享受着美食的味道，享受着欢乐的时光，所以他们也不会和很多人分享他们这种喜悦。当他们真正把你当成是他们的朋友，你才能享受到这样的待遇。喜欢细嚼慢咽的人相比追求事业上的成就，他们更喜欢享受大自然的恬静优雅，因为他们觉得通往成功的奋斗路是无聊而枯燥的，远远不及享受人生的好。

不过我们从健康的角度来讲，细嚼慢咽是一个健康的饮食方式，不仅可以让胃充分吸收食物的营养，还有助于保持身型和减肥。

喜欢边看电视边吃饭的人比较孤僻

你可以发现一些宅男宅女，喜欢一边吃着泡面一边看着电视剧，并且一个人哈哈大笑或者暗暗忧伤，看到动情处，眼泪都流出来了。从这样的情景里我们就可以得出这样一个结果：宅男宅女喜欢一个人对着电视机吃饭。其实称他们为"宅男宅女"真的是非常贴切，因为他们性格大多都比较冷僻，喜欢一个人孤芳自赏，但这种人是一个负责任的人，坚毅沉稳，并且信守诺言，言行一致。

可能在外人的眼里觉得他们不近人情，因为传统上吃饭时间应该是一家人聚在一起的时候，然后各自分享一天发生的各种喜怒哀乐，当一个人选择一个人看电视吃饭而不和大家谈论，证明他不太喜欢和别人分享他的心情，越是这样他也就越孤独了。

喜油炸食物的人喜欢冒险

从行为学上讲，喜欢油炸食品的人比较独立自主，富有冒险精神，对于成就大事业有着强烈愿望，但他们也有缺点，就是每当受到挫折后就容易垂头丧气，心灰意冷，一蹶不振。

说到油炸食物，肯德基、麦当劳肯定会第一个浮现在你的脑海中，这两个品牌是美国人最得意洋洋的饮食发明了，炸薯条、炸鸡块、炸猪扒。的确，美国人喜欢吃快餐，更是对油炸类的快餐钟爱有加。我们说过喜欢油炸食物的人富有冒险精神，这一点在美国人的身上有着很好的体现，看来，美国人刺激冒险的性格，是和他们的饮食习惯密不可分的。世界上最热衷于各种刺激的户外运动，探险的也是非美国人莫属。

不过，还是建议喜欢吃油炸食物的人少吃为好，虽然油炸食物口感好，营养价值却低，对身体的益处很少。

喜清淡食物的人喜欢交际

喜欢吃清淡食物的人个性也是偏向清淡的，这种类型的人个性随和，容易接近。而且他们也注重人际交往，他们认为朋友越多越好，所以他们善于扩展自己的交际圈，可以用一个句子形容他们，就是"朋友满天下"。但这种人不大喜欢孤军奋战，他们喜欢集体活动，所以他们的独立能力较差，也不适合做领军人物。

为什么说他们不适合做领军人物呢？因为喜食清淡的人新陈代谢往往较慢，所以他们的思维也不会太活跃，对待事情的态度也是只求泰然处之即可，没有一个果断的判断力和统帅才能。比如出家人吃斋，讲究的是内心的修为，性情很平和，可以跟很多人结缘，但是不适合做领导。

不过为了健康着想，还是建议在日常生活中可以选择清淡的饮食习惯，但还是要注意一个平衡的度，过多或者过少的糖分、盐分都可以引起身体的不适，适当的营养也是正确的。

喜欢吃辣的人脾气火暴

当我们在形容辣椒的时候总会说"火红的辣椒"，没错，喜欢吃辣的人也如辣椒一样，性格就是一个"火"字，他们做事风风火火、轰轰烈烈，为人热情似火、豪爽讲义气，脾气也是火暴、泼辣，整体上来讲，他们的性格就是属于"多血质"型。所以你发现你有朋友好吃辣，那你千万不要去招惹他，当他生气的时候会吓到你的，他们会像长老了的朝天椒一般，拿一个放在嘴里嚼嚼时，耳朵都会辣得嗡嗡作响那般对你"轰炸"，直到你害怕认输为止。我国四川地区的人都好吃辣，我们也爱说四川的女人泼辣，总可以管住自己的男人，使他们成为一个"耙耳朵"，其实这也和他们好吃辣有关。

此外，重庆、湖南、贵州、云南这几个地方的人们性格也相对要火暴一些，他们也是好吃辣。这些地方的人们吃辣还有另一个原因，就是因为气候，在那种潮湿寒冷的地方多吃辣可以提高自己御寒的能力，也可以预防风湿疾病。

喜欢吃咸味的人较冷漠

中国人对饮食是很挑剔的，而且味觉又是相当敏锐，酸甜苦辣各有人爱。当然少不了喜欢吃咸味的人了。

通常爱吃咸味的人是一个稳重并且有礼貌的人，他做事是按计划进行的，一旦认准了他就会埋头苦干，但对于人情世故他就处理得不太好，给人感觉有点虚伪。因为咸味的东西就是盐放的多，而盐类又富含了金属元素，包括钾、钠、镁、钙等阳离子，这些金属离子是神经传导中的重要递质，也可以讲，金属离子对理性思维活动的作用是强大的，所以由此看出，如果一个人喜欢一些高盐食物的话，就证明这个人工作是比他人更有条理性和计划性的，但过于理性的人往往会比较冷漠，感性思维也不够。

爱吃咸、口味重的人，往往体内缺碘。但身体摄入盐分又容易得肾脏病、高血压等。所以想要摄取碘质不一定是要吃盐，可以从海苔、海鲜中获得，无论你是喜欢哪种口味的人，都建议你在日常生活选用低盐分的食品为佳。

会吃剩菜的人节俭

给"会吃剩菜的人"下一个标签，你觉得应该是什么？大部分人都会说：节俭。是的，会吃剩菜的人是一个节俭的人，他懂得如何去用好每一分钱，会想方设法把一餐变成两餐，把今天的晚餐变成明天的午餐。这样的人其实是一个很没有安全感的人，总觉得自己受到别人的剥削，而事实上是没有这种剥削的情况出现的。当然会把剩菜"收拾"了的人是从小养成的习惯，因为他们从小就被灌输着不能浪费、要节俭的信条，所以他们把"剩菜"收拾了就是不浪费、不吃亏的表现了。

尽管会节俭是一个好品德，但剩饭菜经常吃也不是个好事。因为剩菜经过长时间的放置，就会产生一些亚硝酸钾等有害物质，这些物质都是对身体有害的，会损害人体消化系统，进而导致胃涨、胃酸、头晕的情况，最严重还可以导致中毒的情况，所以还是建议大家尽可能地不要吃剩菜，就算要节俭也不要拿身体开玩笑。如果你实在舍不得扔了剩菜，一定要把它吃了，那请记得对剩菜进行充分加热，尽可能地减少有害物质的存活。

从喜欢的水果看性格

《黄帝内经》中对饮食制订的基本原则中，水果已经是其中重要的一类：五谷为养，五果为充，五畜为益，五菜为助。这就要求人们在饮食方面对于谷果畜菜几大类食物要均衡摄入，不可偏废，水果不可或缺。水果是人类的好朋友，不同的季节也有不同的时令水果。特别是女性对水果更是钟爱有加，不过对水果的偏好也可以判断一个人的个性与风格。爱吃桃子的人性格很圆滑，八面玲珑，与周围的人关系非常协调，是个善于交际的人，社交也比较活跃，不过对困难的解决能力就相对不高。

梨是令人生机勃勃、精力十足的水果。爱吃梨子的人一般都才华洋溢、精力充沛，认定的事情不会轻言放弃。心地善良、温文有礼、实事求是不浮躁，同时对尺度也拿捏得较好，不会让别人为难。但有时会因为过于保守谨慎而失去良机，也比较顽固，如果能多积极地与外界接触，就可以进一步的充实自己。

爱吃橘子的人内心世界比较丰富，天生的亲和力让你人缘很不错。你很温柔也很体贴，懂得如何协调，即使心里不开心可是脸上也会面带笑容，注重家庭生活也喜欢与三两知己分享交流。但有时候感情太丰富会容易情绪化，让别人难以捉摸，有时候还会因为太好欺负了而吃亏。

爱吃香蕉的人外强内弱，刀子嘴豆腐心，会因为在意别人的评价而多愁善感。研究表明，香蕉有丰富的5—羟色胺物质，能使大脑产生愉悦的感觉，所以多吃香蕉能带给人快乐平和的心情，帮助多愁善感的人驱走心中的烦闷与悲观、烦躁的情绪。因为香蕉的热量高，所以也可增加行动力，但有时候这种冲动会变得莽撞而给他人带来困扰。

爱吃樱桃的人善于理财，但容易感到寂寞。优雅、有锐利的审美观，对时尚有独到的见解，但想的比做的多，因为羞怯，不善于自我推销。在爱情路上，容易表现得比较幼稚。樱桃中铁含量很高，是特别适合女性吃的水果，有补虚养血的功效。美国研究人员还发现吃樱桃能明显减轻疼痛感。

从吃法可了解是否在意别人言行

每个人有每个人的吃法，尽管不同的吃法对身体的影响也不大，好像也不会影响菜肴的美味，但不同吃法的人有不同的性格，也会影响着别人对他的看法。

如果一个明明自己点了一份简餐，但又看着别人的简餐觉得很不错，很想去吃别人的那一份，这种人是一个善变而且没有自信的人，经常做了很多努力，但总觉得自己还是没有满足感，而且很在意别人的一举一动。这种人一旦看见别人比自己优秀的时候就会很自卑，尽管在外人面前还是表现出开朗活泼的一面，但他一旦落单了就很不开心，想不开了。

如果喜欢将好几盘菜从最边缘开始按照顺序，一道一道开吃的人，是一个一旦确定目标就会勇往直前、埋头苦干的人，他不会在意周围人看他的眼光，只求把眼前的工作完成好，一件事没有做完，就绝不会心有旁骛。这样的人适合一个人孤军奋战，因为这样可以发挥他高超的集中力，他不适合同时开展很多项工作了，因为他就是一个一本正经而且固执的人。如果你想让他以广阔的视野看问题，然后做出权衡的判断是比较困难的。

当一个人在吃饭的时候不管三七二十一，马上把自己眼前的吃完，也不管别人的感受和进度的话，这种人就是一个非常自私而且急性子的人，他以自我为中心，没有想过配合别人的节奏，尽管他对待工作上是积极、灵活的，但经常因为过于自我往往造成了别人的困扰。不过这种人也是一个很坚定的人，一旦他下定了决定，就会认真地去执行，而且任何事都不可能动摇他的，他会以一个强硬的态度，去面对那些流言蜚语和批评。

胖瘦与食量

胖的人会很羡慕那些怎么吃都不胖的人，而瘦子却希望可以吃胖一点，不要被人总说"是不是在减肥啊？不要太省了，要多吃点"之类的话。其实，食量的多少只是影响一个人胖瘦的一小部分而已，更多是身体的吸收能力决定胖瘦的，当然你暴饮暴食的话，发胖的概率就比其他人高了。

如果一个胖人经常抱怨："人要肥是喝水都会发胖的。"其实这类人还挺惨的，平时吃得并不多，但就是莫名其妙地发胖，其实这种人是值得交朋友的，因为他们大多是心胸开朗大方，也不拘小节，他们讲究生活的质量，对于他们来说生活质量高低远比事业上的成就更有吸引力，所以他们把钱看得很淡，相当淡泊名利，追求精神上的富裕。

也有一类人，就是干吃不胖，也就是我们常说的"白吃"，尽管对于很多人来说，吃不胖的体质是多好的一个事情，但吃不胖的人是一个个性强势、心思比较杂乱的人，尽管他有着很强的语言表达能力，但经常因语言得罪人，造成与他人结怨，人际交往上不是很好。因为挂心很多的事，但很会使用权谋、工于心计，所以也能拥有事业和财富。

吃肉，暴露出你的野心指数

不知道你有没有经历这样的情景，有一个家伙刚进公司的时候是一点都不起眼，没想到他半年就晋升了，谁都没有想到这个人能够青云直上。如果你时不时遇到这样的事，那你可以关注一下这种人喜欢吃的肉类，因为可以看出他对权利的欲望：

喜好吃牛肉的人是一个野心家，他对事业充满了斗志，期望自己有一天可以平步青云，所以他懂得利用各种方法把人际关系搞好，是八面玲珑的一个人，表面上你肯定会觉得他是一个好人，但他骨子里深藏不露的是那颗向往成功的心。

喜好吃鸡肉的人就不大有野心了，他是一个老实本分、爱钻研的人，不期望自己能干出什么惊天动地的事，只求可以完成自己的本分工作，也不会攀达有权有势的上司。这种人适合从事技术型岗位。

喜好吃羊肉的人是一个有特长的人，对待事业是兢兢业业，人际关系也不错，但不是一个爱出风头的人。他们向往成功，也有野心，就是总差了那么一步，最终达不到目标。

喜好吃猪肉的人是一个自恋的人，这种人个性比较浮躁，往往会高估自己的能力，总觉得自己的能力可以做领导者，自我感觉太良好了，有七分的能力硬是说成是十分，难免引起他人的反感。

喜好吃鸭肉的人，是一个喜欢表现，热衷突出自己能力的人，他一旦有机会总会把自己的能力和水平都表现出来，有时候表现得太明显了反而弄巧成拙，大家总是敷衍着，但不是真心地祝贺和赞赏。

食物改变性格

是不是很难想象通过食物的调整也可以改变性格？其实这是有可能的。美国心理学家夏乌斯博士在《饮食·犯罪·不正当行为》一书中就提到这样一个通过食物改变性格的例子，怪癖少年杰利从小好动，难以管教，9 岁时就被管教所管教过一段时间，11 岁时还因为涉嫌犯罪遭到法庭的传讯。后来专家认为不能让这样一个小孩就变坏了，可以通过糖类食物的控制使其的性格有所改善，果然，通过一阵子的控制，杰利的性格有着明显改善。

所以，当我们发现一个人某一方面的性格不太好，想帮他改善时，我们可以巧妙地调节食物的营养组成，使之可以有所转变。

性格不稳定者：很可能是因为缺钙造成的心神不定，那补钙的步骤就不可缺少了，富含钙质的食物有：牛奶、大豆、苋菜、海带、炒南瓜子、紫菜、木耳、田螺、河蟹、虾米、橙子等。

容易发怒者：当一个人遇到不顺利的事情就容易激动，甚至暴跳如雷的话，那很可能是缺钙和维生素 B，那就应该多吃牛奶、海产品补钙，多吃橙子等水果补充维生素，但要尽量减少盐分及糖分的摄取。

喋喋不休者：一个人整天爱唠叨很可能是他的大脑中缺少维生素 B，那么多吃粗粮，或牛奶加蜂蜜，这是方便又好的方法了。

怕事者：主要是缺少维生素 A、B、C，宜多吃辣椒、笋干、鱼干等。当然也可能因为食酸性食物过量，应多吃瓜果蔬菜。

不善人际交往者：如果一个人属于神经质兼冷漠的话，那他的人际交往肯定是一团糟，建议多饮用蜂蜜加果汁，还可以摄入少量的酒以改善。

消极依赖者：如果是胆小怕事，没有勇气做决定，喜欢跟着别人决定的人就应该多吃含钙和维生素 B_1 比较丰富的食品，并且适当节制甜食。

做事虎头蛇尾者：如果一个人做事总喜欢三分钟热度的话，那这个人很可能缺乏维生素 A 和维生素 C，可以多吃猪、羊、牛、鸡肉、鸡鸭蛋、鸭肝、河蟹、牛奶、羊奶、螺等食物补充维生素 A，还可以多吃红枣、辣椒、猕猴桃、橘子、山楂、油菜、苦瓜、豇豆等补充维生素 C。

焦虑不安者：当觉得整天都处于焦虑状态，但又没有具体的焦虑内容，很可能是缺少钙质和维生素 B，可多吃一些动物性蛋白质进行补充。

餐厅位置与性格

每个人去餐厅吃饭时喜欢选择的位置都不一样，可以通过分析吃饭的位置来看不同的性格特点。

喜欢坐在靠近门口的位置的人比较外向好胜，个性浮躁好与人争论而且必须分出胜负才罢休。他们很好面子，喜欢别人赞赏他们仰望他们，非常在乎别人对自己的看法和评价。如果是负面的反馈，他们会很纠结，常常因此搞得自己很累、压力很大。这种人对工作都比较认真尽职。但是由于他们不太善于掩饰情绪，心里有什么不高兴的脸上马上就表现出来了，别人很容易看穿他们。

1. 餐厅中间的位置

喜欢选择餐厅中间的位置吃饭的人是以自我为中心，习惯指挥和命令别人而完全不顾别人的感受。待人冷漠，对朋友不关心，拒绝所有的劝告和建议，所以朋友跟同事都因为他们这种自大自私、唯我独尊的态度而跟他们保持距离。

2. 靠餐厅窗边的位置

喜欢靠餐厅的窗边吃饭的人属于相对低调的人，不喜欢表示突出自己，平凡无奇。他追求的生活不是忙忙碌碌、轰轰烈烈，而是细水长流、逍遥自在的简单小幸福。他觉得生活不需要有太大的成功，只要安逸舒适就很满足了，所以他们也没有太大的理想与抱负。生活上的他们属于非常平凡的一类人，所以他们也不适合从事竞争太激烈的工作。

3. 靠餐厅角落的位置

习惯坐在餐厅角落的人非常保守和内敛，做事都是深思熟虑后才行动，所以有时候动作不够快，决策能力也不够，缺乏干脆果敢，不适合当领导或者决策者，否则会全盘打乱。这种人比较适合从事配合服从类的工作，比如助手、顾问、副手、助理、幕后事物等等。

4. 靠墙而坐的位置

喜欢靠墙而坐的人对安全感非常重视，心理上需要一个安全区域来保护自己。个性敏感多疑，一点风吹草动就觉得人家在针对他们，有许多无缘无故的担心和顾虑，经常搞得自己心力交瘁而精神崩溃。这种人必须学会正视自己的内心，减少不必要的疑虑和担忧，正确的认识自己能帮助你增强自信心，赶走心中的恐惧。

5. 喜欢面向墙而坐的位置

喜欢面向墙坐的人性格比较孤傲清高，总是冷冷的，不喜欢跟别人打交道，甚至日常的沟通他们也很不喜欢，只愿意把时间花在自己身上，沉陷在自己的小世界中而忽视外界的存在。这种人在现在沟通无处不在的社会比较难生存，更别说成功了。把自己与外界孤立只会让自己越来越孤独。应该必须学会扩宽生活圈子，与多他人保持良好的社会关系，才对他们的人生有所帮助。

盐和性格

人的味觉就是这么奇怪，明明一样的汤，有的人觉得它太咸了，有的人却觉得它太淡了。但对咸味感觉不同的人也有着不同的性格特点。

喜欢比较咸的口感的人是一个相信自己的人，他们深信自己可以控制命运，所以往往很固执，一旦确定了目标是毫不动摇的，会一直努力去实现目标。这样的人还是一个外向型的人，他们喜欢追求新鲜刺激，好奇心也比较强。

不喜欢吃咸的人就是一个没有耐心和韧性的人，他们经常小心翼翼，谨慎行事，最怕有个闪失，因为他们知道自己没有耐心，为了安全起见，所以经常"不作为"。他们内心也是有想法的，但是因为性格的原因所以很少把想法付诸行动。

选择咸味适中的人就是一个比较中庸的人，没有特别大的冲动去做事情，也不会唯唯诺诺，但这种人就很少有突破了，任何事情都是循规蹈矩。

但对于健康来说，盐分摄入适量是最好的，毕竟太咸也没有特别好的口感，而且对身体也不好。

从冰激凌的口味看性格

喜好不同的冰激凌口味代表着不同的个性特点。对各种类型，在择偶上也是很有规律可循的。

1. 爱香草味的人生活丰富多彩，并不像香草这种植物那样平凡和普通。但是与香草一样，很百搭，喜欢交朋友也有很多朋友。他们时不时地会有一些奇奇怪怪的想法，善于表达，爱冒险爱新奇，带点小冲动，是个很浪漫的人。所以他们适合找香草口味的人做伴侣，因为两个人都同样追求浪漫而且善于分享，一定是理想伴侣。如果是爱冒险的，不喜欢生活单一平凡的人应该选可以激发并帮助自己坚定地完成目标的人做伴侣。

2. 爱双层巧克力味的人视社交如生命，无法忍受独居，他们喜欢受人瞩目，永远希望成为大众关注的焦点。演员大多是这种人，生活在聚光灯下毫无压力，活泼、可爱、外向，有着非常戏剧化的夸张气质。如果需要稳定生活的话，你们的最佳伴侣就是能让你有安全感的。

3. 爱草莓加奶油的人，生性腼腆害羞，他们通常对生活感到不知所措，情感强烈而且情绪容易不稳。由于对自己寄予很高的期望，但是自身的想法行为却有着消极的倾向，这种矛盾的性格产生的后果就是对自己的失误责怪不已。他们适合跟选巧克力脆皮的人搭配，因为一个有远大理想和高要求，一个有轻松的生活态度但缺乏目标，肯定会一拍即合。

4. 爱香蕉奶油派的人对身边的人很随和，是个善于倾听的对象，给人轻松、愉快的感觉，所以他们大多人缘很好，招人喜欢。由于他们天生容易相处的性格，几乎所有的人都能成为他们合适的伴侣。

5. 爱巧克力脆皮性格的人心怀远大的理想，他们的字典里没有"失败"和"损失"这两个词，总有着追求与获取的愿望，具有与生俱来的竞争意识。他们适合与能证明自己志向，或者是欣赏他们迷人的天性的人一起生活。

6. 爱核桃味的人对细节很挑剔，不管是对自己还是对别人，都有很高的要求。他们的每分每秒都必须过得有意义不能浪费，待人接物偏执、刻板和严厉。他们不是善于表达自己的人，但是守规矩讲道理，公私分明，务实也讲求效率。他们需要的最佳伴侣就是自己的同类，惺惺相惜，欣赏彼此不俗的品位的人。

从吃饭的坐姿看出一个人的性格

坐姿可以看出一个人的性格，而且从在吃饭时的坐姿看性格更加精确，因为如果单纯坐着，他还可以伪装，但加上吃饭了，一心要做两件事，当然会暴露出自己潜意识的习惯和姿态。

1. 双脚并拢，外倾于一个固定方向

这种人是对自己充满自信的，无论是对待爱情还是工作，都有一套严格的标准来要求自己。对于工作他是全力以赴的，做得比别人好是他的原则；对待爱情，他要求对方要有高雅的言谈举止，要有卓尔不群的品性，要有大方得体的仪表，对于那些泛泛之辈他是看不入眼的。但这种人往往会因为对自己要求太高而活得太累，在爱情上也毫无收获。

2. 跷着二郎腿最常见

如果是一个跷右脚型的人，属于比较内向保守的人，防备心理也比较重，任何事情他都必须通过周全的考虑才会下决定。对爱情有着强烈的渴望，就是缺少抓住爱情的勇气，总是希望有异性主动追求，才有可能堕入爱河。这种坐姿的女性是一个典型的传统女性，端庄贤淑，中规中矩。

反之，如果是个跷左脚型的人，则是一个富有冒险精神的人，勇敢自信，对待工作也是认真勤奋，敢于创新；对待爱情是积极大胆，深得异性的喜欢。

3. 膝盖靠拢，膝盖以下则叉开

有这个坐姿大部分是女性，而且是一个率性而没有心机的女性，心里想什么嘴上就会说什么，整体给人不成熟的感觉。对于爱情更是似懂非懂，也不大留意异性，也许要等待有心人的"开发"吧。

4. 坐时常将脚尖相互交叉

这种坐姿的人是一个相当拘谨含蓄的人，人际交往能力不强，经常在社交场合中出现目瞪口呆、手足无措的窘态。而且这种人安于现状，没有强烈的事业心，只要生活平淡如水就好了。对于爱情，也不是一个会主动争取的人，如果是女性的话，基本就是一个夫唱妇随的本分女子了。但在爱情中容易受骗，经常是让别人不断地伤自己的心。

第二十二章
咸甜还是苦涩：流泪信号

流泪是一种高度进化行为

对于我们来说，哭泣似乎是一种本能。从我们呱呱坠地的第一声强劲的啼哭开始，哭泣和流泪似乎跟我们结下了不解之缘，会追随我们一生。一般来说，哭泣会作为一段小插曲，时不时地在我们日常生活中上演。我们痛苦时会哭，疼痛时会哭，激动时会哭，悲伤时会哭，羞愧时会哭，感动时会哭，甚至连喜悦时也会哭，似乎我们的所有情绪都可以被泪水洗礼。在微行为的研究中，流眼泪究竟是我们的本能反应还是一种后天习得的本领呢？流泪的行为本身，对于我们来说，意味着什么？我们究竟为什么会哭？

在关于流泪的研究中，专家们见仁见智，争论不休，但是至少在一个问题上达到了统一，即与众多智人复杂的行为一样，哭泣流泪的行为也是一种遗传变异的结果。这种遗传变异和"非洲夏娃"的线粒体变异一样，虽然是一种"意外"，但也是自然选择的结果。也就是说，哭泣与流泪的生理机制在某种程度上可以增加人类生存的可能性，为我们提供了更多的选择和机会。一直以进化论作为学术武器的达尔文，早年间曾经对哭泣流泪的行为进行了大胆的推测，在他看来，流泪是某种进化的遗迹。而美国人类学家蒙塔格则认为：流泪是适者生存的结果。对于这个问题，以色列特拉维夫大学进化生物学家厄伦·哈桑也发表了自己的观点，他认为：流泪是一种高度进化行为。这种观点的提出，无疑已经走在了相关研究的前端。

流泪是一种自我保护

优胜劣汰的自然法则促使人们不断地致力于完善自身的各种机能，在这一过程中，人们的某些行为就带有自我保护的象征意义。阿莫茨·扎哈维在经过一系列实验之后得出结论，流泪是一种特殊行为，泪水会模糊人的视线，从而降低人的防卫水平。看起来，这是一种"自杀"行为，不仅将自己的弱点暴露出来，还放弃了自己的防御。但事实上，这种特殊的行为方式对生存是很有好处的，这也就是扎哈维所谓的"妨碍原理"。双眼盈满泪水又是一种"软弱"的表现，这种身体语言又向他人传递着"屈从""求饶""畏惧"等不为人所知的信息，并以此降低他人对自己可能存在的攻击。因而，哭泣也或为了人与人之间高级的非语言交流艺术，通过流泪传递着信息，这在其他生物的交流中是罕见的。其他动物，哪怕是与我们十分相近的猿，其泪水的功能也只是滋润、清洁眼球，不会通过眼泪而表达自己的某些情绪，其他动物更是如此。这也是人类这种高等动物在进化过程中不断进行自我调适的结果，不自觉地利用了"妨碍原理"的有效性，自身生理构成也发生了变化，在泪腺与大脑边缘滋生了新的神经元连接，让流泪的行为与我们的情绪产生直接关联。随之，人类的生存相对于其他生物又多了一层保障，这也是人类能够进化为高等智能生物的原因之一。

流泪的三种形式

除了对外交流与联系的需要，流泪时身体的内部也有相应的运行机制。我们有必要对泪水进行细致的了解。根据流泪的原因，我们可以将流泪分为三种，即习惯性流泪、反射性流泪与情感性流泪。习惯性流泪似乎是最常见的，往往随着我们眨眼睛便会溢出一些泪水，这种泪水的功能就是清洗我们的眼球，是我们身体需要的自然反应，不需要特别的刺激。而反射性的泪水则不同，一般是受到了外界刺激才会产生泪水，是眼球应对外界刺激的一种措施。例如，在暴力行动中经常会用到的"催泪弹"，就是利用刺激性的气体对人们进行侵害。受到催泪弹的刺激，人们会在瞬间出现大量流泪、睁不开眼等反应；又如我们在切洋葱时经常会边切边流泪，也是典型的反射性流泪。

而情感性流泪似乎有点不同，主要是由于人受到强烈外界信息刺激，内心产生了某种情绪而导致了流泪。这就涉及大脑掌管情绪的边缘部分，这种因情绪产生的流泪行为在一定程度上可以被看作是身体的一种自我调节与舒缓。俄罗斯家庭心理学家纳吉日达·舒尔曼在分析了因不同原因而产生的泪水之后发现，情感性泪水中的蛋白质种类比反射性泪水多了 20%～25%，钾含量也高出反射性泪水 4 倍之多。因为直接与人的情绪相联系，情感性泪水中还蕴含了特殊的成分，即人在有压力时才会释放的肾上腺皮质激素及专门控制泪腺上的神经递质受体的催乳素。

人体内信息传递靠神经，而神经元之间的传递则依靠中枢递质。一旦受到外界的强烈刺激，中枢递质就会增多，当相应的分解酶无法完全分解这些多余的中枢递质时，它们就会沉积于体内。这个时候，泪水就充当了"清道夫"的职能，当我们遭受了强烈的外界刺激，产生某种情绪时，相应的一些激素便会骤然增加，对身体健康存有隐患，而泪水适时地出现便能将这些有害物质带出体外，调节体内激素平衡，排除身体毒素，尽量降低外界刺激对我们身心的影响。这也是为什么一些专家一直宣称，眼泪是缓解精神压力的天然良药。

流泪可以平复情绪

美国斯坦福大学的詹姆斯·格罗斯带领其研究小组对人类流泪行为做了一系列研究，他们发现流泪确实有令人平复情绪的作用，哭泣是为了让我们尽快镇定下来。根据被调查者的反馈，这种镇定感居然还"男女有别"，有85％左右的女性在哭过之后，会觉得变得轻松了，而只有70％的男性认为自己激动的情绪有所缓解。但无论如何，通过流泪来缓解情绪对大部分人来讲都是有效的。人们在情绪激动时总会伴随一些紧张的情绪在其中，并会释放一种叫儿茶酚胺的物质。一旦这种因紧张焦虑而产生的化学物质积累到一定程度，会对我们的动脉血管有较大的损伤。因而，随着人类的进化与发展，我们的祖先在面对十分强烈的外界刺激时，逐渐学会了用哭泣来镇定我们的情绪，避免了因为情绪激动而造成的脑血管、血栓等突发性心血管疾病的出现。因而，想哭就哭，用不着忍耐，这也是我们在安慰人时常说的"难过就哭出来吧！"这句话的科学依据。据专家研究称，女性的寿命普遍比男性的寿命长，究其原因，除了生理激素、心理调节、社会压力等多种原因之外，女性天生爱哭流泪也是其中重要的一点，可以及时通过泪水排除体内毒素，释放压力，减轻情绪的强度。

当然，这种用泪水释放情绪的行为也应适时采用，因为哭泣毕竟是一种对强烈外界刺激的应急反应，过度使用此项特权，不仅不会舒缓压力，反而会适得其反。并且，人的肠胃也是不能吸收过多的负面情绪，过度的哭泣和悲伤，会令胃部的运动失调，胃液分泌混乱，如调节不当，可能会出现一系列的胃部疾病。因而，流泪不仅完善了人类身体的调节机制，也维系了人类后代繁衍优化，不得不说是一种高等进化行为。

适当流泪增进朋友间的感情

我们生活在这多元的社会中，面对着纷繁复杂的各色人等，处理着琐碎凌乱的各种事物，也承受着莫名的压力和多变的情绪，一人全部承担和消化总是一件令人无法负荷的事。即使工作再忙的人或职位再高的人也需要一份友情的慰藉。我们时不时会约上三五好友相聚小酌，或相伴郊游踏青远足，或是两人相互倾诉彼此的彷徨与焦虑。往往是这种时候，眼泪便能起到一种神奇的催化作用，适当的流泪会让朋友间的感情更加牢固，人与人的关系更加紧密。

科学研究表明，哭泣是人与人之间进行情感交流的重要手段，而眼泪则在这种交流中充当了极其重要的角色，对我们日常生活中多种多样的交流手段起到了补充性的作用。一般而言，我们最常运用到的交流方式即语言交流，这也是人与人之间最普遍、最便捷的交流方式。在现代社会，社会关系的复杂决定了我们必须使用多种交流手段来处理纷乱的社会关系，这也就促使语言必须同表情、肢体等相互配合，才能充分发挥其交际功能。并且，我们的情感表达也主要在于依赖于面部表情的变化，我们发达的面部表情肌肉群为我们的情感表达提供了强大的支撑，内心不同情绪的产生就会引起面部五官相应的改变。这也就是人们常说的，能"读出"对方的心情的缘由。

但有时这种情感表达不一定是真实的、准确的，人们的自我保护意识会刻意控制面部五官的变化，呈现出与实际内心情感不一致的表情；或者那些善于掩饰自己情绪的人会特意利用这种能力，欺骗他人的感情。情感性流泪也是一种情感表达方式，与一般的面部表情的情感表达不同，眼中流下的眼泪本身就是一种强烈情感刺激的产物，这也就蕴含了强烈的情感信息，是我们内心某种强烈情感的迸发。究其原因，主要是泪腺与大脑中控制情感的边缘系统之间产生了神经元，二者之间的连接也将眼泪和我们的内在情绪紧密地联系在了一起。但也并非每种情绪的产生都能触动泪腺分泌泪水，这与外界刺激及人的承受能力也有诸多联系。

总之，流泪的行为是对我们内心难以抑制的某种感情的特殊表达，是一般的语言表达及肢体表达不能替代的。

眼泪是哭泣的行为中重要的交流元素

美国心理学教授兰道夫·R·科尼利厄斯做了一个有趣的实验：他与他的研究小组收集了不同地区、不同人种、不同性别的人在哭泣中的照片及影视截图，能明显地看出这些照片中的人都在流泪。他们将这些照片全部复制成两份，分为了两组。其中一组照片被拿去处理，将眼泪从图片中删去，其他地方与原图一致。研究小组随机请来了100位实验者，分别将他们单独领进实验室，在研究人员的引导下，分别观看两组照片中相对应的一组照片，即人物动作、背景全部相同，只是一张有眼泪，一张则没有眼泪。每位实验者只看一组这样的照片，并对研究员说出他们分别看到这两张照片时的感受，猜测照片中的人当时内心的情绪。100位实验者全部看完照片后，有93个人能感觉到"流泪照"中的人正在经历着某种痛苦的情绪，多数人能感觉到其中的悲伤情绪。

而对于没有眼泪的照片，大家的反应就各不相同了，有些说能感到惊恐、有些像悲伤的样子，有些则很难看出它们正经历的是什么情绪波动。之后，研究人员又让大家依次单独进入实验室，这次所有人看到的两张照片都是一样的。待所有人看完照片之后，研究人员汇总实验者的感受，发现与之前的情况大致相同。

据此，科尼利厄斯这位哭泣研究专家对眼泪的作用也提出了自己的观点：眼泪是哭泣的行为中重要的交流元素，它是人类种类繁多的交流方式的一种补充，并且，这种补充在生活中是十分有效的。

眼泪可以升华友谊

朋友之间难免有些小摩擦，特别是同住一个宿舍的舍友。不同的生活习惯与不同的成长背景塑造了他们不一样的性格。因为同在一个屋檐下生活，这些来自五湖四海的年轻人必须要收敛自己的锋芒，配合他人的生活习惯，相互体谅才能获得他人的信任和关心，相互成为朋友。在女生宿舍里，舍友之间因为一件小事儿闹得不可开交似乎是常有的事。这种事往往没有谁对谁错，只是双方都不肯让步，从相互争吵、互不理睬，到持续冷战都是有可能的。这种情况下，宿舍的气氛通常会非常压抑，如果有一方受不了，突然哭了，大家也就相当于找到了一个机会坐下来，好好说说话，事情就变得很好解决了。

除了自己独处，在其他场合，我们很难面对真实的自己。但在面对朋友时，我们却能够敞开心扉，彼此吐露自己的真实想法。当工作中遇到挫折时，会与朋友抱怨发泄情绪；当我们失恋时，也会向朋友寻求安慰。就在这样一次又一次的相互倾诉中，两个人的友谊便会得到升华。这其中，也少不了眼泪的点缀。当我们可以在一个人面前毫不顾及形象，一把鼻涕一把泪地号啕大哭时，你所面对的人一定是你非常信任的，或者与你的关系是十分亲密的。通常在这种情况下，我们的眼泪就会发挥它的补充交流作用，在向对方传递着我们内心的情感信号。人在哭时，往往是因为内心产生了较强烈的情绪，身体无法负荷，刺激到了与泪腺相连接的神经元，眼睛才会分泌泪水。

哭泣流泪这个行为本身就会消耗大量的体内能量，因而，人在哭泣时通常也是身心都很脆弱的时候。面对朋友而哭泣流泪，其实是我们将自己最真实的一面暴露了出来，让朋友通过眼泪看到了我们的脆弱。泪水往往能起到打动人心的作用。这样一来，也增加了双方的信任感和依赖感，使得朋友间的情分愈发深厚。当然，与哭泣和流泪相伴的多是负面情绪，因而，即使再难以承受也要学会适可而止，至少你不能总对着同一个朋友哭诉。谁也不想经常性的吸收负面信息，感受到的都是别人的忧愁和悲伤。像这样的朋友，应该谁也不想要吧？

眼泪是情绪化的表现

哭泣流泪总被我们认为是典型的情绪化的表现。确实，眼泪与人的情绪有一定的联系，人在悲伤时会流泪，在心痛时会流泪，在恐惧时会流泪，甚至在高兴时也会流泪。街角突然响起的音乐、咖啡馆外似曾相识的背影，甚至那些忘不掉的琐碎记忆，都会勾起我们内心的某种情愫，让我们无法控制眼中的泪水，宣泄自己内心的情感。然而，眼泪也并不全是因情绪而流，在人类进化早期，眼泪的主要功能并非情感的宣泄与沟通。面对恶劣的自然条件与残酷的生存竞争，人身体各器官、各部位的首要功能是满足人类自身的需要，适应周围环境，继而将外界对自身的威胁降至最低。而且，眼泪中还含有多种化学元素，如溶解酶、补铁系统、乳铁蛋白等，对细菌的滋生也能起到抑制作用。这种功能随着人类的进化，这种生理机制依然保留了下来，如当我们的眼睫毛在自然脱落过程中不慎落入眼睛中，眼睛便会分泌泪水将其冲出。当我们真正遇到强烈的外界刺激时，流泪对我们来说又意味着什么？

流泪代表降低防卫水平

从人类自我保护的生理机制这个角度来看，流泪似乎是一种"累赘"。首先，泪水会令我们的双眼迷蒙，遮挡我们的视线，让我们对外界环境的变化没有一个良好地把握和判断，可能会加剧我们紧张忧虑的情绪，同样也将我们处于更加危险的境地。其次，在遇到外界刺激时，身体本身就需要集中能量进行应对。而哭泣的举动却是一个消耗能量的过程，分散了我们身体应对危机的能量和体力。生物学家在分析人类的眼泪的成分后发现，泪水中含有 0.9％的盐分，盐分是身体所必需的营养物质，是人类能量来源之一。盐分随泪水排出体外，确实是一种对自身能量的削减。并且，我们在哭泣时，心率和排汗量都在增加，也说明了身体在哭泣时是承受着负荷的。眼泪多因强烈的情绪起伏而起，人在情绪激动时，体内会释放大量的激素及一些化学物质，也会有损人的身体健康。

一般而言，人在遭受了强烈的感情冲击时才会流泪，并以此来宣泄自己的情绪。所以假流泪比较少，通常都是真情流露的一种表现，即使是在一定场合要装哭，也要诱发自己心中某种情绪才行。而我们都明白，在对手面前暴露自己情绪的行为是极不明智的，一旦情绪失控流泪，则意味着身心都不能负荷强烈的情绪，身体在迫不得已的情况下已经开始自动调整体内平衡，忽视了外界的异动，自然对外来刺激的防备也会相对减弱。所以，人们在哭泣时，身体会处于一种消耗和排出的状态，不能有效地调动身体的各个部位应对外界的变化，自身的防御能力就会有所下降。这就好比粮草不足的部队，即使有个神勇睿智的将军，也很难组织饥肠辘辘的士兵进行一场有效的防御战。

流泪也因此成了身体防御水平的标志。泪水的决堤意味着情绪的崩溃，也标志着整个身体开始被迫接受外界的胁迫，对外界刺激的抵抗也有所减弱了。这种情况在恋爱初期的情侣之间多有表现。两人因为还处于磨合期，对双方的脾气和秉性还没有完全摸清楚，难免会有争吵，而这种争吵却往往会相当激烈，你一句我一句，双方都不肯放下自尊相互妥协而进行强硬的对峙。其实，这种充满火药味的语言攻击也很容易结束。如果这时男生突然说了句很伤人的话，彻底伤了女朋友的心，令女朋友大为伤心，情绪失控，完全沉浸在自己的悲伤里，便放弃了与男朋友的争吵，放声大哭起来。

在吵架过程中，情侣间的对抗集中在话语上，虽然在情绪上都比较激动，但还没有到情绪崩溃的地步，双方都能针对对方攻击性的说辞进行回击，说话也是经过一定程度的思考的。但两人心理承受能力是不同的，当这种负面的刺激过多，必然会先有一个人不能承受这种负面情绪的影响，触动了与泪腺相连的神经元，眼泪便这样出现了。

由于一方要先处理自己的情绪问题，也就无暇再接应对方的话语攻击，随着哭泣的开始，也就撤销了刚才的言语防卫，激烈的吵架场面也就戛然而止了。这种情况在极度沮丧的人身上也表现得非常明显。眼泪似乎是这类人的必需品，他们一方面在利用眼泪释放他们的悲观情绪，减轻自己的压力和不适，调节身体各方面的平衡。另一方面，他们也在表达他们的无力感，对其所面对的问题已经束手无策、没有解决的途径，只能用这种逃避的方式来应对，整个身体已经处于消极懈怠状态。从上述这些例子中我们都能看出流泪的一种象征意义，它代表了我们身体防御水平的降低。

服从性流泪：你胜利了

俗话说得好，"喜怒哀乐，人之常情。"不同的情绪有不同的表达方式，体现在我们的表情中也各不相同。同样，哭即表达了我们的身体状态，也是我们内心情绪的一种外在展演。即便一个人性格再倔强要强，不肯服输，也难免会有黯然神伤、声泪俱下之时。我们或因往事而涕下沾襟，或因似曾相识的场面而泪流满面，或因深深恩情而热泪盈眶，或因意外之喜而喜极而泣。我们也会在孤独的夜里独自泣泪，一个人默默地舔着自己的心中所伤。

流泪有很多种，原因不同，所包含的情感也不同，有人流泪是为了舒缓过去的痛苦，有人流泪是为了得到他人的同情，有人流泪是为了得到别人的关心，有人流泪是为了保住性命，也有人流泪只是蒙蔽他人的一种手段。总的来说，大部分的流泪都是有目的的，但有一种流泪比较特别，它是牺牲与被迫服从的一种伴随性表现，是对他人胜利的一种承认。

乌骓马的长啸如同闪电般划过深邃的夜空，眼前便是滚滚乌江。身后，千军万马步步逼近，而迎风伫立于乌江岸边的人却一身悲凉。他是"力拔山兮气盖世"的西楚霸王；他是指挥千骑奔腾，铁蹄响彻关山内外的赤血好汉；他是铁盔映冷月，硝烟迷茫中成长起来的铁血壮士，他也是三千青丝绕指柔的多情男儿。但他却终究不是君王，他虽亲手推翻了秦王朝，却不把天下拘于己手；他不懂那个曾经的泗水亭长如海水般的欲望，那些从来就被他不屑的阴谋诡计终将他驳倒。面对乌江，远眺对面的江东父老，他忽然就得到了某种释然，他看到了天下大势已去，自己的三千柔肠已经魂飞魄散，自己理想主义的任性使他再也无颜面对江东父老。于是，英雄末路，在一片楚歌声中，项羽拔剑挥毫，泪刎乌江。项羽的眼泪令人动容，惹得古往今来多少文人骚客称赞，"至今思项羽，不肯过江东"，多少人被这种英雄气概湿红了眼眶。

项羽的这种流泪是典型的服从性流泪。这种情况的出现一般是当事人已经认清了当时的外界形式，迫不得已所作出某种选择后的伴随性行为。项羽在到了乌江岸时已经明白了自己大势已去，天下即将被刘邦握于手中。至于为什么没渡乌江，一来可能是个人性格中的英雄情结不允许他当个抱头逃跑的懦夫，二来可能也是项羽终于明白自己并非帝王之才，逃回故乡也不一定会卷土重来，成就霸业。当然不管是什么原因，项羽一定是深思熟虑之后才作此决定的。这时的流泪，就变成了一种被迫接受现实的象征。眼泪都是饱含情绪的，这时的项羽或许有不甘，或许有悔恨，也可能是伤心和失望，但从他泪水流下的一瞬间，就代表着他对刘邦天下的承认，对他胜利的肯定。

这种情况在体坛赛事中也能遇到，特别是奥运会赛场上这种哭泣，更是稀疏平常。在 2012 年伦敦奥运会羽毛球男单决赛的压轴赛上，老将林丹与李宗伟又一次面临巅峰对决。这可能是李宗伟最后的一届奥运会，而且之前的脚伤才刚好。首局李宗伟领先，一马当先以 21—15 收获了胜利，第二局，林丹奋起直追，杀气乍起，以 21—10 扳回了一局。最后的决胜局，双方比分一直拉不开距离，双方胶着直到 19 平。这时林丹霸气突起，甚至爆粗口发泄自己的情绪，两个大胆的扣杀终于将他推上了胜利的宝座！在观众的欢呼声中，林丹兴奋得满场跑，而另外一边的李宗伟，突然跪地不起，泪水涟涟。林丹与李宗伟是一对伟大的对手，两人在经历两届奥运会的对决后相互都视为珍惜的朋友，对彼此都没有敌意，只有敬意。李宗伟在赛后说："我能做的是尽量让自己不犯错，但没办法，对手比我犯的错还少！"其实李宗伟的球技大家已经有目共睹了，但这就是比赛，不是赢就是输。在比赛已成定局的情况下，李宗伟的泪水中可能有一丝丝不甘，但更多的还是对林丹胜利的接受。

而我们平凡的生活中也有这样的例子。三峡工程的浩大亘古未闻，让我们实现了"高峡出平湖"的水利梦想，但同时它也面临着一个严重的问题——移民。这是困扰全世界水利工程的问题，而根据三峡工程的计划，当三峡蓄水至 175 米水位时，整个库区要移民 120 万人。这是多么庞大的数字，也正因如此，很多专家也说，三峡工程的关键在于移民。而这些移民却在国家利益与个人利益之间做出了高贵的选择，他们含泪拜别了祖先的灵位，收拾好自己的东西，最后再转身看看自己耕种多年的土地。很多人在离开前情不自禁地流泪，因为他们知道这可能是最后一次看到自己的故乡。叶落归根，故土难离，千年的古训萦绕耳边。有些人也许一辈子也不明白什么是"奉献"，但三峡移民却用自己平凡的生命为祖国做出了巨大的牺牲和奉献。

三峡库区的感人事迹不胜枚举，特别是三峡纪录片播出后，引起了国人的广泛关注，很多人都被片中人物的泪水所感染，从他们的泪水中我们能看到对家园的不舍、对故土的依恋，但也能看到他们已经坚定了在国家集体利益面前所做出的选择，决心离开，开始新生活。

求救性流泪：请帮帮我

眼泪释放着人的情感，也是一种情绪表达的特殊途径。哭泣就像是一篇美文，眼泪传递着情绪的密码，让人们可以准确地对其进行解读，我们也很容易辨别出哭泣中的人此时的心情。在我们身体不适时会流出痛苦的泪水，在狂喜时会流出激动的泪水，在沮丧时会流出绝望的泪水，在难过时会流出悲伤的泪水。我们看到感人的场面会流下感动的泪水，看到似曾相识的面孔会悲从中来，欣赏到大自然的奇迹时也会流下惊叹的泪水。这些都是我们的真情流露，是内心最纯粹、最强烈的情感，并非刻意的伪装。而我们也要注意，有些泪水并不是单纯的向他人吐露自己的情感，而是有一定的目的性，希望他人满足自己的某种欲望。

流泪，有时被人解读为一种求救的信号。在电影中，我们经常能看到这样的镜头：歹徒将少女绑架，带到一所空无一人的屋子里，将其捆绑束缚，并堵住她的嘴，使她无法大声喊叫、说话。尽管少女被堵住了嘴，在这种极度的惊恐下，她还是会发出呜咽的哭声，泪水布满脸颊。通常，歹徒听到这种声音会非常厌烦，可能会恐吓或采用暴力手段逼迫少女不再哭泣。但就算是少女勉强止住了哭声，也很难止住眼泪。有的电影中，寻找少女的男主角会循着哭声找到歹徒窝藏之处，解救少女于水火。这些都是电影、电视剧中的经典桥段，往往都是剧情的高潮部分。其实，这种少女的哭声就是一种求救的信号，是身体本能的一种表现。这时候的哭泣和流泪都是为了引起他人的注意，希望得到别人的帮助，包含着迫切改变自己现状的信息。

儿童是这方面的专家，对流泪这种求救信号的使用可以说达到了炉火纯青的境界。家长在教育孩子的时候最忌讳老人在身边，这也是很多家长头疼的问题。儿童似乎天生就知道谁是自己的保护伞，在老人的庇护下往往肆无忌惮地表现着自己，平日里在父母面前不敢做的事情，在家中老人的默许和纵容下都大胆地进行尝试。开始的玩闹家长还能容忍或只是小小地警告，但小孩子却觉得这是父母的默许，当孩子一遍遍地挑战着家长的底线时，家长便不能坐视不管。于是，一些家长会忍不住想要教训一下淘气的小孩子，可是经常是手还没碰到小孩的身体，孩子便"哇"的一声大哭起来。老人们听见之后便急急赶来，斥责家长，并把小孩护在一边。小孩子的这种哭泣是典型的求救信号，并且，这种求救是有明确目标的，他们知道谁会来帮助自己，也知道该用什么方法吸引他们的注意，以达到自己从危险中迅速脱身的目的。小孩子在平时生活中知道爷爷奶奶、外公外婆不会打骂自己，不会教训自己，并且，他们清楚自己的哭声能得到自己想要的，这都是他们日常经验的积累。哭既是一种求救信号，也是一种条件反射，小孩子一看父母高扬的手和愤怒的脸就知道自己大难在即，赶快挤出眼泪，放声大哭，召唤自己的救星！

在一些情境下，当我们遇到困难时，并不知道谁能帮助我们，也不知道该用什么方式去寻求帮助，自身又没有能力使自己脱离困境。本能地会产生一种无力的沮丧感、悲凉感。这时，我们通常会用哭来表达自己此时无奈绝望的情绪。同时，泪水也在向周围的人传递一个信息：我需要帮助！

现如今，微博变成了社会舆论的另一个发泄渠道，每个人都有权利对这个社会发表自己的看法，也有越来越多的人通过这样的途径实现了自己的目标。在这个虚拟的空间里，不认识的人可以相互关注彼此的生活，关注他们内心的情感，人与人之间的交际网络因为这个虚拟的联系而得到扩充，也正因如此，微博寻人、微博帮助的个案也屡见不鲜。

2012年年初，一名中国女留学生因证件未办理齐全而滞留菲律宾机场，被困菲律宾机场长达15个小时。小姑娘坐在入境处无计可施，急得直掉眼泪。好心的网友看到后将小姑娘的遭遇发到微博上，向微博外交小灵通求救。之后微博被大量转载，引起外交小灵通的关注，帮这位留学生联系到了中国驻菲律宾使馆，成功获得了使馆的帮助。这位好心的网友名叫"W"，他在菲律宾首都马尼拉机场准备登机时看到了这位小姑娘。据"W"说，当时这位小姑娘身穿红色大嘴猴卫衣，带黑框眼镜，双目无神，眼泪簌簌地往下掉，愣愣地坐在椅子上，手里还紧紧地攥着手机，让人顿生怜意。于是他过去问了一下情况，原来是这位留学生的护照和证件被机场扣押了，菲律宾当局不让她入境，她向当地的中国使馆求助，但未打通电话，已经在机场15个小时了，手机也快没电了，非常着急。于是，这位网友便替她发了一条求助微博，并@了外交部官方微博"外交小灵通"。在不到两小时的时间里，这条微博被转发了上千次，当然也得到了外交部的重视。这位女留学生最终在外交部的帮助下，解决了困难。

由此，我们可以得出这样一个结论，在我们身处危难中，身体会本能地做出一些反应，这些反应都是向外界的求助信号，流泪就是这种反应之一。不论求助对象是已知的还是未知的，都不影响我们流泪的求助。并且，这种反应机制下是实用且有效地，能满足我们大部分的需求，当然，这在我们的童年时期似乎更为适用。

婴儿流泪代表身体不适

新生儿降生的第一件事，就是用啼哭宣告自己降临人世的信息。哭是人的一种本能，伴随我们从生到死。婴儿的第一声啼哭代表着他们不再依赖母体的胎盘而汲取营养，而是通过自己的肺来呼吸这世界的空气，啼哭与呼吸从一开始就紧密地联系着，若婴儿出生后没有哭的反应，那就意味着他今后恐怕要遭受病痛的折磨了。科学家在研究我们脑结构后发现，哭泣的行为产生于我们的语言与思维之前，即使脑结构不完整，也拥有哭的权利。

对婴儿来说，哭泣与流泪是有区别的。婴儿的哭泣大多是一种"嚎叫"的行为，其目的也很单纯，多是出于生理的需要，例如饥饿、排泄、瞌睡等。这种生理上的要求通常并没有眼泪的参与。而因某种因素导致婴儿产生孤单、烦闷和无聊的情绪时，眼泪便会出现在婴儿的脸上，多数情况下，眼泪也是新生儿身体不适或不舒服的标志。

据伦敦大学行为研究中心的数据表明，新生儿平均一天要哭 2 个小时，而两个月的婴儿哭泣得也最厉害，大约有四分之一的孩子一天会哭 4 个小时，而多半都发生在傍晚到凌晨这段时间。科学家称，婴儿来到世界的第一年是十分重要的，这期间是他们的神经处于生长阶段，所以他们也会哭得相对厉害，他们的很多诉求都是用哭来表达的，包括情感。特别是婴儿出生后的第 5、8、12、15、23、34 及 42 周，他们的表达会更为强烈。

饥饿是婴儿最重要的生理诉求。在婴儿的意识里还没有那么多的追求，但饥饿的反应还是很强烈的，他们需要用哭泣来寻求能量的补充。这时，他们的哭声往往是短促而有力的，又会逐渐急促，较有节奏，伴随着间断性的换气做停顿。俗话说：爱哭的孩子有奶吃。这句话是有一定科学依据的。母亲潜意识里对婴儿的这种哭声异常敏感，特别是母乳喂养的母亲。科学家研究证实，听到婴儿哭声后，母亲大脑内的扣带会和右侧前额叶皮质都处于兴奋状态（这两个部位控制着人类的养育行为），并且，母亲的乳房也会有涨奶的反应。直到婴儿接触到母亲的乳头，吃饱喝足之后，苦恼就结束了。

饿了会哭，吃多了也会哭。如果遇到婴儿腹胀、消化不良等情况，他们也会用哭声来提醒父母，以此来引起注意，二来确实也是对身体不适的一种表达，不论是成年人还是婴儿，一旦哭泣，也就代表了他们身体状态不是很好。而这时的哭泣便会出现眼泪，不单纯只是尖叫。总的来说，身体不适，是婴儿痛哭流泪的主要原因。这在婴儿的日常生活中有多种表现，其中婴儿因为排泄而大哭最为常见，尿布湿了会让婴儿感到难受，如果父母长时间不管，就可能导致细菌入侵，影响婴儿健康。婴儿对自己的排泄似乎也非常在意，他们提醒父母给他们换尿不湿的方式当然也是放声大哭。外界温度过高与过低也会引起这些小生命的不适感，当他们用哭声表达他们对外界的不适应时，家长必须引起注意，观察宝宝的一举一动。如果婴儿躁动不安，并且面色潮红，可能是温度过高或者穿得太多而引起的，这在北方的冬天经常出现。如果婴儿腹部发凉，又浑身发冷，则说明孩子穿得太少。

婴儿哭泣表示烦闷

其实，哭的行为更多是我们情绪的伴随物，眼泪的释放与内心的情感直接相关，这在婴儿的哭泣中也是适用的。婴儿也会有情绪，也会因为情绪不佳而哭泣。婴儿也会感到寂寞和无聊，又因为他们无法用语言表达他们的感觉，只能用哭来表达自己的烦闷。他们渴望父母的陪伴，也渴望在父母的怀中认识这个世界。这时，他们的哭声也很有特点，一开始通常是几声较长的呜咽声，较为缓慢，后来声音会逐渐增加，目的当然是吸引父母注意，希望父母放下手中的工作来抱抱他们，陪他们玩耍、给他们讲故事。

对婴儿的关爱不能只表现在物质基础上，对他们的照顾也不能只局限于吃穿用方面的照顾，家长必须关注他们的精神世界，关注他们的情感。婴儿躺在床上无人理睬，又没有有趣的东西吸引他，当然会感到寂寞无聊，于是希望借助哭泣来吸引父母的注意。而有些父母对这种哭并不买账，经常感到厌烦。所以，年轻的家长还是需要提高自己对儿童行为心理的学习，在生活中要时刻关注孩子的情绪，正确对待婴儿的哭泣，多做一些让婴儿感觉自己是被关注，被关爱的举动，如轻轻地拍，时常抱一抱宝贝，温柔地抚摸等，让宝宝感到自己在精神世界上的富足。

博得同情的泪水

人们有时候需要泪水来掩饰自己的脆弱，征得他人的同情。因为我们都倾向于同情弱者，所以流泪一般不仅不会招来指责，还会获得怜悯和同情，甚至关爱。尤其是当人犯下错误时，为争得别人的原谅，常常会以流泪来博取同情，祈求宽恕。即使是对于那些做错事的人，一旦他先哭了，那受害的人也就有可能原谅他。生活事实也常常证实了这样的结果。而在所有的眼泪当中，弱者的眼泪，如女人的楚楚可怜的眼泪、小孩的嘤嘤啼哭、老人的老泪纵横，常常轻易就激发人们的怜悯和同情之心，让人禁不住为之动容。

女人的眼泪在文学作品或影视剧中往往会得到经典的诠释。张柏芝在《星愿》中的表现，梨花带雨，惹人同情，很多影片的女主人公都采取了同样的艺术处理。《红楼梦》林黛玉一生痴情之泪，常常得到众人尤其是贾宝玉的怜惜。相比之下，武松打嫂时，潘金莲向武松表露出来的楚楚可怜和眼泪，可能更具有怕死和博取同情的意味，而并不一定引起我们的普遍同情。小孩子的眼泪常常与个人成长的家庭环境有关。有些父母的态度过于严厉，大人太凶，一点小事就对孩子疾言厉色，吓坏了孩子，使得孩子成了好哭的"小媳妇"，以博取同情。妈妈抱一抱，就会使他雨转晴而高兴起来。原因在于现在的家长孩子生的少，太过宝贝孩子，怕孩子哭，所以从小只要孩子哭，大人总是满足、妥协，让孩子感觉到用哭来得到想要的或避免惩罚是很有效的。

老人的眼泪则无论何时都让人心酸而怜悯，每当看到养老院孤苦无依的老爷爷、老奶奶一把鼻涕一把泪地数落自己的孩子将自己弃置在这里的时候，我们都会禁不住以同情，甚至也在心里咒骂居然有这么狠心不管爹妈的。那些处于社会边缘和底层的穿不起衣、看不起病、上不起学，每天为生计烦恼的社会弱者，他们的眼泪无时无刻不在引起我们的同情。

不轻弹的男儿泪

女人泪能动人心肠，男人泪的影响也不能小觑，哭上几回便也能换来良臣猛将，哭过几次也能换来江山王朝。俗语有言，刘备的江山——哭出来的！我国四大名著之一的《三国演义》中，刘备这一响当当的男子汉大丈夫却特别爱哭，全书中写到刘备的"哭"不下三十次，甚为精彩。

小说中对刘备哭的描摹或浓墨重彩，或一笔带过，很多时候都能博得读者同情而共同感伤，但也因此，很多人评论刘备的哭都是有目的的。也确实，刘备会为求才而哭，于是桃园三结义，张飞、关羽左膀右臂，一生效力于身前；也为兄弟而哭，于是赵云单刀救幼主，一世赤胆忠心；亦为天下百姓哭，于是当阳百姓皆悄然涕下誓死相随。虽然泪水涟涟的男儿形象难免被后世诟病，但不可否认的是，刘备的每次流泪都能达到自己的目的，你不能不信服眼泪的力量。

刘备善于用人，一直将笼络人才、招贤纳士放在自己政策的首位，这确实为其建功立业奠定了坚实的基础。最经典的三顾茅庐，劝诸葛亮出山的桥段，刘备也不忘施展自己的哭技，表现了自己的一腔热血，成功博取了诸葛亮的同情，一代奇才终于同意出山，归入刘备麾下。《三国演义》第三十八回，"三顾茅庐"中写道："玄德泣曰：'先生不出，如苍生何？'言毕，泪沾袍袖，衣襟尽湿。孔明见其意甚诚，乃曰：'将军既不相弃，愿效犬马之劳。'"于是，刘备就这样用自己的泪水换来了一代名相。看似荒唐，实则于情于理，堂堂君王不惜三顾茅庐，泪湿衣袍只为求才，这样的举动有哪位臣子再忍心拒绝呢？诸葛亮纵使再乐于耕种，疲于应世，希望隐居于田园，也禁不住这英雄凄凄泪满襟，于是，诸葛亮舍弃了茅庐，跟随刘备一生颠沛流离，鞠躬尽瘁，也终成霸业。

阻碍他人的攻击

人类的进化是逐步的，在这漫长的过程中，身体的一些反应机制被舍弃，另一些则完整地保留了下来，并且不断完善，增添了新的功能。这主要取决于这种生理机制是否适应自然的变化，是否能保证人类的生存安全。人类在自然中生存，也遵守着自然的法则，促使我们的身体不断提高这适应自然的能力，不断调整和改进我们的生理机制，以适应自然的选择，避免被淘汰的命运，最终站在了生物链的顶端。流泪的行为就是一个典型的例子，流泪本身只是一种眼睛受到刺激的条件反射性行为，而眼泪最早也只是为清晰和润滑眼球而分泌的一种有效液体，眼球中含有一种叫溶菌酶的抗生素，可以清理眼球上因暴露在空气中而滋生的细菌。人从海洋走向陆地，逐渐开始了社会生活，不只是靠简单的协作就能保证生存，社会交流越来越成为人生活的重中之重。随着人类群体沟通与交流的需要，流泪与情绪发生了联系，眼泪开始发挥其情感功能，眼泪时常承担着我们语言所不能表达的情感和要求，这也拉近了人与人之间的距离，维系了人的社会交往。而流泪也是自身防御水平降低的一个标志，这似乎就出现了一个极大的矛盾。人类为什么还要保留这种暴露自己弱点的"累赘"行为呢？

以色列特拉维夫大学生物学家阿莫茨·扎哈维在 1975 年提出了一个理论猜想，被人们称之为"妨碍理论"。这扎哈维分析了多种动物的行为后发现，如同人在危机时会流泪一样，自然界中也有很多动物会有类似的"累赘"行为，例如，羚羊在被猎豹追捕过程中，会突然用力向空中跳跃，划出几道美丽的弧线。猫在受到威胁时，会将身体弓起，摆出很不自然的形态，这似乎也不利于逃脱，更不利于进攻。这些看似不利于生存的行为，在扎哈维的解释中都是合理的，并且这些行为还会为动物们争取宝贵的生存机会。

据扎哈维推测，这些"累赘"的行为从表面上看确实是浪费体力的，但实际上，这些特殊的行为与我们的眼泪一样，都是某种信息的承载体，向对方发出明显的警示信号，其实际目的是分散对手的注意力。羚羊的跳跃是需要很大体力的，突然的跳跃虽然是一种卸下防御的表现，但却也向猎豹显示了自己的保留"技能"。这对于猎豹来说也是一个意外的刺激，它必然会有一个重新考量的过程，虽然有可能继续进攻，但也可能被这"技能"吓到，转而攻击其他相对弱小的动物了。这时间虽然短暂，但也为羚羊增加了生存的机会。

同样，我们的流泪行为，也可以用"妨碍原理"进行解释。我们在流泪过程中确实会耗损体内一部分能量，并且，泪水还会模糊我们的视线，在遭受意外刺激时眼睛不能有效地吸收外界信息，从而降低我们的防御水平，我们很可能会为此付出代价。但在这一过程中，眼泪也会向对方传递着自我保护的信号。眼泪是强烈情感的动态表达，一般很难伪装。因此，眼泪实际上是我们可以让对方看到我们情绪的一个标志，让对方感到泪水中所包含的那种真实的情感，把自己脆弱的一面展示给对方看，希望获得对方的同情和谅解，让对方卸下心中的顾虑，降低对自己的威胁。另外，对手在看到一张哭泣流泪的悲伤面孔时，情不自禁地会产生恻隐之心，可能会重新考虑自己的进一步行动，或许就放弃了先前的计划。这就是眼泪的力量！虽然哭泣流泪降低了我们对外界刺激的抵抗和防御能力，但却可以让我们重新回到安全的环境中，避免可能存在的伤害。

其实，这种例子在我们日常生活中经常能够遇到：

在一家外贸公司，一位女业务员在工作中出现了一些失误，失掉了一单生意，以致影响了团队整体业绩。主管知道了这件事，当着整个团队成员的面斥责了这位女业务员。这位主管平时有点大男子主义，做事雷厉风行，对下属也相当严格。估计是情绪有点激动，难以控制，于是越说越严厉，甚至有些挖苦讽刺。大家都看到这位业务员的脸越来越红，头也越来越低，终于，一滴眼泪流了出来。主管刚好看到了这位业务员落泪，突然就止住了嘴，怔怔地看了一下这位业务员。连忙让大家都散了，并小心地对业务员道歉。

在这个案例中，女业务员成功地用自己的泪水打动了这位高高在上的主管，使自己避免了更多的批评和抨击，为自己创造了安全的环境。对这位主管来说，女业务员的眼泪在向他传达着非语言所能道明的情感，让他意识到自己的行为可能对他人会造成什么影响，他在短时间内便会思考这种训导的方式对下属是不是合适，会不会让他们产生过多的消极情绪而影响工作效率，或者刚才自己是不是太冲动了一点，要不要换个说话方式等问题。在这里，眼泪就成了避免情感性伤害的防御工具。

在经典童话故事《白雪公主》中也出现了这样的桥段：恶毒的皇后嫉妒心作祟，痛恨白雪公主的美貌，想要将她置于死地。皇后找来了衷心为皇室的仆人，让他将白雪公主带到森林里去将她杀死，并交代他必须拿白雪公主的心回来复命。白雪公主得知能出去玩非常高兴，在森林里像只快乐的小鸟般跳跃欢呼，直到他突然看到了仆人拔出了雪亮的刀，且慢慢地向她逼近。白雪公主意识到自己的危险后转身向森林深处慌忙逃跑，仆人在后面穷追不舍，无奈白雪公主最终没了力气，绊倒在地，这时仆人也步步逼近。白雪公主累得再也爬不起来了，这时她也看到了仆人的刀尖。白雪公主明白了自己的处境，在极度惊恐下，开始伤心的抽泣，请求仆人不要杀她。仆人看到了她满脸的泪水，突然就产生了怜悯之心，他决定不杀白雪公主，并把她一个人留在了森林里。仆人放走白雪公主后，突然想起要向皇后复命，便杀死了一头狼，把它的心挖出来回去呈给了皇后。

白雪公主在知道自己性命不保时的流泪，首先是一种恐惧的情绪宣泄；其次，也是一种放弃抵抗的表现，她知道自己不是仆人的对手，很难有活命的机会。但这时的流泪却也是在进行最后的"反击"，赢得了猎人的同情，让他改变了主意，也保住了白雪公主的性命，有效地抵御了本该承受的攻击和侵害。

类似这样的案例还有很多．我们在惊叹流泪之余，不免进行新的思考。眼泪是一种情感交流的辅助性工具，它在一些情境下可以代替语言向对方传达信息，表达自己难以言说的情绪，使得人与人之间的情感交流上升到一个更高的层面。也正因如此，我们才能在危急时刻用眼泪向对方表露我们的要求，在自身状态低迷时也有可能反转，阻止对方的进攻，让自己转危为安。

令人信任的脆弱

从古至今，哭泣常常被认为是脆弱的象征，就有了"男儿有泪不轻弹"，也有了"流血流汗不流泪"。而女人就不一样，她们一直被认为是"水做的骨肉"，流泪好像是天经地义的事情，甚至在某个朝代某个时期，美女的形象就要求清泪两行，"行动处似弱柳扶风"，"人比黄花瘦"还要"梨花一枝春带雨"。多少英雄过不了美人关，又有多少英雄，醉倒在这"情人泪"中，揉碎了心肠。

女人的眼泪就这样成了天然的武器，用眼泪向男人传递着自己内心的脆弱和无助。这种脆弱在对方看来却是真实可信的，不容外人质疑。电视剧《孝庄秘史》中，在皇太极驾崩之际，朝廷一度混乱，大玉儿为了自保也为了自己的儿子，秘密约了多尔衮见面。两人消除误解，互诉衷肠，大玉儿说起了现在朝堂上的杀机，担心孤儿寡母的性命不保，悲恸之初，便颤抖地抽泣，一双杏眼顿时迷蒙。于是这一哭唤回了多尔衮的情分，一哭改变了一个重臣叛乱的逆心，一哭便让多尔衮把整个大清江山做礼物交付到了她的手中。孝庄的眼泪出现得恰到好处，单纯地晓之以理，动之以情肯定不会让老奸巨猾的多尔衮信服，眼泪所表现出的脆弱却是最好的凭证，让他彻底地相信了这个女人。这时候，泪水多包含的不再是简单的情绪，而是将自己的柔弱一览无余地呈现在世人面前。

一说到哭，很多人便会想到林黛玉。在宝玉眼中，她是"娴静似娇花照水，行动如弱柳扶风，心较比干多一窍，病如西子胜三分"的病态美人，她从小就身体不好，药不离身，本来就柔弱的体质又因天生敏感多疑的性格而时常流泪哭泣。

黛玉的哭是门艺术，她可以哭得人肝肠寸断，可以哭得看客悲从中来，和她一起感伤。垂泪中的她娇躯轻颤，啜泣之声却丝丝扣入人心，令人顿生怜意。在《红楼梦》第二十九回中，里面有一段描写宝黛二人争吵的场面，其中又见黛玉的哭："只见黛玉涨红了脸，一行啼哭，一行气凑，一行是泪，一行是汗，不胜怯弱。宝玉见了这般，又自己后悔：'方才不该和她较证，这会子她这样光景，我又替不了她。'心里想着，也由不得滴下泪来了。"曹雪芹的这一段描写把林黛玉病中的哭表现得淋漓尽致，千古之看客似乎能身临其境地感受到那种令人心疼的脆弱。古往今来，再挑剔的文人也没怀疑过黛玉的哭是否真情流露，是否虚伪做作，可见这眼泪的说服力。

毫不伪装的脆弱

在我们流泪的过程中，我们的脆弱也确实不是装的。在身体机能的运行过程中，哭泣是十分浪费能量和体力的行为，人体一部分盐及营养物质会被排出体外，这本身对身体来说就是一种损失，会让人产生无力感。并且，泪水皆因情动而流，情绪的释放也会耗损大脑的养分，并且这会让我们的注意力不能集中，不能集中思考。单纯从我们的生理机能角度来说，我们在哭泣的过程中确实是身心疲惫的，整个身体处于一种低迷的状态下，肢体动作也相对缓慢无力。而同时，这种哭泣流泪的方式更加深了他人对这种身体状态的解读，随眼泪流露出来的多是我们内心的无力感，在情绪和身体的双重作用下，这种"脆弱"自然也是令人信服的。

其实，黛玉啼哭中带的病态和脆弱也并不是单纯地靠眼泪来表现的，这也需要面部表情的配合，才能充分地传递内心脆弱的信息。因而，我们有必要认真分析一下哭的面部表情特征。如果必须用哭来显示自己的脆弱，必然是有什么事情没有满足内心所欲，心生悲伤，又希望用眼泪赚取别人的怜悯，继而满足自己的要求。

正常情况下，这种内心的悲伤情绪通常比较强烈，继而引起神经兴奋，眼部和嘴部的肌肉群开始剧烈活动，泪腺也被触动。呈现出的面部表情也多是饱满的悲伤表情：眉头紧皱并且下压，眉毛之间形成纵向皱纹；眼睛一般呈紧闭状态，眼角与鼻梁之间也会挤出皱纹，这种皱纹的深浅程度与哭泣的程度成正比，而眼角也会形成一些鱼尾纹，这个也依个人肤质年龄而定；同时，嘴部的肌肉群也会有连带性反应，提上唇肌有所收缩，而降口角肌与降下唇肌共同收缩，以至上唇提升，嘴角也会向两侧拉伸，同时下唇下拉，嘴巴张开；由于脸颊整体的抬升，嘴角又同时向两侧拉伸，法令纹也会加深。在哭的表情中，嘴部的动作变化很大，可能张开也可能闭着，由于自我抑制和刻意的控制，或者是受到外界刺激的程度比较小，我们在哭的时候也许会闭着嘴，这也是很常见的一种哭泣的表情特征。

但无论如何，嘴角必然会向两侧拉伸，刻意的伪装所做的咧嘴动作，幅度没有真实咧嘴程度大，力度也不够到位，而且还要讲究五官之间的协调与配合，只要仔细观察，还是能够很容易分辨出来的，因而，我们才说，装哭真的很考验一个人的演技，这种因情绪而生的生理反应模仿起来是很困难的，它的一系列动作反应，较其他表情来说要复杂得多。

哭泣的等级

哭泣可依刺激源程度与个人控制能力而分几个等级：失声痛哭、正常哭、啜泣、默默地流泪等。而每种悲伤的表情也有所不同。以饱满的悲伤状态下哭的表情形态最为典型，但这并不常见，一般都是发生了与之相关的重大的悲剧之后才可能有的，如亲人离世、与爱侣天人两隔、国破家亡等。我们通常见到的哭泣多是抑制性的哭泣，像闭着嘴抽泣、默默地流泪等都属于这种情况。这种刻意控制自己悲恸的哭看起来却更令人心痛，从他们轻轻颤抖的身躯中透露出浓浓的悲凉气氛，这种脆弱中甚至透着些许委屈，连哭也不能痛快哭，这是何等的残忍！

哭泣的效力因素：旁边站着谁

成人以后，我们哭泣的原因变多了，哭泣不可避免地混入了情感的因素，而哭泣所携带的信息，远不只身体不适或生理需求那么简单了。哭泣是连接你与你的家人、朋友、对手，甚至敌人之间沟通的纽带，它这一变化并不意味着生理机制不再起作用，而是说哭泣已经与大脑的高级功能以及越来越微妙的情感有了更深的联系，也与你相处的对象产生了密不可分的关系。对于我们来说，眼泪便传递出你同周遭的人之间强烈而真实的感情。

往往在经历同一件令人痛苦的事时，你会泪如雨下，泣不成声，或是强忍泪水，平复情绪，很多时候是取决于你身旁的人是谁。一场升学考试结束以后，考生议论纷纷，有些同学甚至会沉不住气就抽噎了起来。一旦同学之间互相讨论，想到好不容易准备的考试就这么砸了，升学的希望有可能就这样破灭，大家怎么还可能淡定自若，最可能出现的情况便是同病相怜的两人为自己的前途抱头痛哭；有趣的是，如果在抽噎阶段，面对的是执教老师时，同学很有可能会控制住自己的情绪，迅速用手抹去含在眼眶中的泪花。这就是因为学生与学生之间是平等的关系，遇到伤心事时，能更容易地产生感同身受的同一性情绪；而老师则通常都是威严的象征，难受的情绪被对权威的恐惧替代了。

自然界中，任何系统面临周遭压力时，都会努力维持原来的平衡状态。这种状态既不能太热也不能太冷，既不能太过活跃也不能太过迟缓，这便是有名的金发姑娘定律。如果环境破坏了平衡，把状态推向一个极端，系统就会努力找回平衡尽快恢复常态。不论是一片森林，还是一个人、一条鱼都会寻找适合自己的环境。这是最原始的需求，可能也是解释我们面对不同的人，哭泣的程度不同的原因所在。

在陌生人面前很容易流泪

人们通常认为，面对熟悉亲切的人，会比较容易大哭一场，消除悲伤情绪。可是，美国心理学家的试验恰恰得出了相反的结论。据德国《图片报》报道，美国心理学家魏恩德给 50 名互不相识的妇女放映了一部悲剧影片，然后对她们进行心理测试。结果，在观看影片过程中哭泣的妇女要远远比看完电影后，大家相互交流感受时再哭泣的妇女要少。因此，心理学家认为，哭泣的对象并不仅限于身边认识的人，在陌生人面前的抽噎恸哭也许才是真正脱下伪装多时的面具、卸下心防的一味良药。魏恩德认为："我们在亲友面前总是强装笑脸，避免让他们担忧，但这种强迫性行为是痛苦的，而在陌生人面前毫无顾忌地大哭一场往往会得到意想不到的矫正作用。"

"你有多久没流泪了？"德国的一家网站曾经对上千名网民调查过这个问题。调查结果显示，有 74％的人表示自己一年多没有哭过。而这其中，更有 4.3％的人竟然说自己在长达 5 年的时间内从没流过泪。有一位女网友说："我经常会感到心里委屈，但是我怎么也哭不出来，努力很久都没有，我好像已经丧失了这种能力。"为了帮助那些"丧失哭泣能力"的人将自己内心的苦痛转化成晶莹的泪珠，释放自己的压力，一种集体式的"哭泣游戏"在欧美风靡起来：在美国，每到周末，人们就会成群结队地来到特殊的俱乐部，尽情地流下泪水。一间 18 世纪风格的小木屋，摆放着鲜花，吱吱呀呀的木桌椅，在昏黄的烛光下，大家围成一圈，又或者三三两两地结成对子，互相倾吐自己内心的悲伤，一同分享着珍贵的眼泪。"总会有那么多难堪的事是没法告诉家人和朋友的，却可以向陌生人倾诉。在这里，我觉得非常放松，泪水就自然而然地流出来了，"俱乐部的一位成员是这么解释的，"我们不会提供俱乐部成员的真实信息，大家离开俱乐部以后，一点交集都没有，这里就是我心灵的最后一片救赎地。"

第二十三章

对你有意思：
表白信号

对方在体现灵活有力的肩膀

　　人体的肩部的构造非常神奇，在不同的情境下，肩膀也会不自觉地做出一些符合当时心情的细微动作。例如，你见过一个人心情很沮丧，脸色阴沉，明显很不开心，但是肩膀还在不停地晃动或者抖动的情况吗？你见过一个人兴高采烈的时候，肩膀是自然下垂，整个身体呈现出很垮的姿势吗？没有吧。我相信，大家在日常生活中都没有见过这么表达自己情绪的人，这也就是肩膀可以暗示情绪的奇特功能。

　　所以，当两个人在一起时，你可以适当地注意一下对方的肩部动作，看看他/她在跟你聊天的时候，是哪种情绪比较多，如果对方在交谈时总会时不时地扭动肩膀、耸肩或是做一些很轻松又略带撒娇意味的小动作，那么他/她很有可能是很喜欢也很享受这段时间的谈话或是相处的。如果对方是异性的话，也许还会对你有意思哦！

　　不知道大家有没有发现，其实一个人的肩膀是否可以自在的活动，可以透露出这个人现在的精神状态是否处在一个比较紧张的状态，如果心情太拘谨的话，身体语言也是会不自觉地受到限制的，肩膀自然也不会自然地摆动了。所以，肩膀是个可以"说话"的神奇结构，有时候，如果你能够掌握好肩膀的动态，就有可能会掌握住自己的幸福哦！

　　因此，在约会的时候，女性如果想表明自己对对方的好感又不好意思开口直说的话，可以穿一些小露肩膀的衣服，比如无袖上衣或者是无袖连衣裙，这样不但可以充分地展现灵活的肩部动作，还可以展示自己雪白光滑的肌肤，为自己的形象加分。另外，不要以为只有女性的肩部可以说话哦，男性也是一样的，所以男性在日常健身时，不要只注意锻炼手臂与腹肌的部分，还要多多加强对肩部肌肉的锻炼，让你的肩膀也更加吸引别人的注意！

喜欢他就模仿他

当你喜欢一个人的时候，总会想要和他/她有很多相似之处，仿佛这样做你们俩之间的距离就更近了一步。事实上，不只人类会在故意或不经意中模仿自己喜欢的人，动物们也会通过模仿来向异性表达自己对对方的好感，来博得对方的青睐，可见，由喜欢而引起的模仿行为在生活中是很常见的。因为这种微行为在生物界非常普遍，所以有人类学家将这种有趣的行为命名为"嗜同神经行为"。

在约会的时候，尤其是吃饭时，如果你发现你吃一口什么，他就跟着吃一口什么；你看看窗外，他也看看窗外；你喝了口汽水，他也跟着喝了口汽水……那很有可能就是他要向你表白的前兆或是预示哦。其实这种行为并不难理解，当他模仿你的一言一行的时候，就会在潜意识中把自己当成是你，好像这样你就会更加容易在你们之间找到共同点，也就更容易让你对他产生那种熟悉的亲切感。有了亲切感，那么你就会对他放下一些多余的防备或是省掉了一些烦琐的了解过程，感觉你们很有相似之处，毕竟两个相像的人在一起是一件比较容易的事。

事实上，不只是将要表白或是对你有好感的人会有意无意地模仿你的行为，就算是已经成为情侣的人，也总是会模仿对方的思想或是行为，两个人在一起的时候是这样，两个人没在一起的时候，其中一个可能会回想起俩人在一起的场景并不断模仿，还会发出会心的微笑。情侣装就是一个很好的例子，两个人穿着相似或是一样的服装穿梭在人群中，仿佛这样就可以缩短两个人心灵之间的差距，让人感觉更加亲密。而且情侣装还有一个效果，就是告诉别人：我身边这个人有主了，不要对他/她有什么想法，这样也能给自己和爱人减少一些麻烦。

因此，在你们约会之前，如果你早早做足功课，根据对方的穿衣风格和习惯来选择自己的衣服，或者如果能够跟他/她身边的朋友打好招呼，让其充当"间谍"，来告诉你，你的爱人今天穿的是什么，你就可以穿与之搭配的衣服，这样会让对方觉得你们之间非常有默契，还可以让你们的感情在不知不觉中默默升温哦。

同样，如果你发现你身边的某个人总是有意无意地模仿着你的一举一动，说明他/她对你也有好感，但是你也不要贸然去问人家喜不喜欢你，万一弄巧成拙就不好了，最好是先揣测一下对方的心意。如果你也对他/她有好感，那就不要让这个大好的机会白白溜走，抓紧时间，去享受两个人的甜蜜生活吧！

展露温暖的微笑

微笑是一件厉害的武器，在大家都高兴的时候，微笑可以让人的心情更加愉悦。就算在大家都不高兴的时候，微笑也可以化解怒气，就像阴沉沉的天空中洒下的阳光，总能战无不胜。微笑是有温度的，当你看见一个人对你微笑的时候，心里总是会有一种暖洋洋的感觉，你也会不自觉地微笑起来，这就是微笑的魔力。所以在爱情关系里面，微笑也是必不可少的表达工具。当然，微笑也是分为很多种的，不同类型的微笑也代表着不一样的情感，不一样的对象。

在面对心仪的异性时，所展露出来的微笑是最美丽的，不矫揉不造作，只是单纯的由于内心的幸福感和荷尔蒙的作用所展现出来的。这时候，你的眼角会出现细微的鱼尾纹，眼睛也好像要眯成一条线一样，然后颧骨周围的肌肉会自然地收缩，带动嘴角上扬，形成最温暖的微笑，这种抽象又具体的表达微笑，可能会让人产生一种陌生感，觉得只不过是简单的微笑而已，没有必要搞得这么复杂。再仔细一想，自己好像从来没有遇到过这么"科学"的微笑，但是如果你真的见到了这种可以让人感觉到幸福的微笑，就会自然而然地明白这种描述，这就是表达着浓浓爱意的微笑。

在对方向你展示温暖微笑的时候，就相当于把自己最美的一面展示给了你，他希望在你心中自己永远都保持着积极正面的形象，好像有了他，你的周围就会多了一份欢乐一样，当你发现了他这点可爱，也许你对他的看法就会有所改变，甚至大幅提高，比如从不错晋升为挺好的，比如从人好晋升为性格好。由此可见，微笑虽然是非常简单的一个动作，却有着巨大的魔力。别人在向你微笑的时候，除了想将自己最可爱的一面展现给你之外，其实还有别的想法，就是希望可以将自己这种积极向上的情绪传染给你，希望你在跟他相处的每一分每一秒中，你的心情都像他的微笑一样美好。

微笑是世界上最美好的语言，虽然它没有声音，也并不豪迈，更不会动人心魄，只是淡淡的一笔，但却足以温暖人的内心，驱散人们心里的阴霾。所以要珍惜身边这个无时无刻不对你微笑的人，因为他希望在你看见他微笑的时候，心里也可以开出一朵灿烂的花。有的时候喜欢一个人就是这样的，可能不奢望对方有一天也可以喜欢上自己，却总是希望对方的生活可以因为自己的存在而产生一些不同，哪怕只有一点点，一些可以使对方更快乐的因素。所以想要表白成功的人，千万不要吝啬自己的微笑哦！

与你在一起时总表示心情愉悦

在你的身边，有没有那么一个人，好像他在你面前从来都没有伤心、失望、难过的时候？好像他从来都是开开心心的？好像他从来都不会觉得疲惫，从来都不会抱怨？时间久了，久到你以为可能他天生就是个乐天派的时候，突然有一天你发现他心情郁闷地抽着一根烟，或是表情沮丧，或者是郁郁寡欢，你的心里就会有一个疑问：他也会不开心？

是的，他会不开心，每个人都会不开心，之前他也有过不开心，只是你没有发现，而你之所以没有发现，是因为对方不想让你发现。他只想让你看到他永远笑容满面的样子，看到他精力充沛的样子。这么做的原因有很多：可能他不想让你因为他的不开心或是疲惫担心，可能他想保持在你心目中永远阳光帅气的形象，可能他想在你的生命中一直以一个正面的形象出现……这么多的可能，可能都是出于一个原因，那就是他喜欢你。而且如果他真的喜欢你的话，和你交谈也许是他这一天中最开心的事情，那他心情愉悦也就自然是应该的了。也有可能你遇到他的时候正是他心情不好的时候，而你的突然出现就像一道亮光一样划破了他的阴霾，那种负面的情绪都会因为你的一句"在干吗"或是"待会去吃饭啊"给完全销毁，不要质疑，被暗恋的你就是有这种神奇的魔力，从这点就可以看出你在他心目中的重要地位。不论是上面的哪种情况，都逃脱不了一种情况——他对你有意思。

其实仔细想想，这种心情愉悦对于你来说，何尝不是一种温馨的存在。可能你自己并不知道，你在每次看见他这么开心地跟你在一起时，你的心情也会不知不觉地开心起来。可能本来痛苦的加班会因为他的夜宵和他的乐天而有种另类的美好，你甚至已经不再痛恨加班，而是对它有了些隐隐的期许。所以如果你发现一个人在跟你相处时，总是很开心，心情总是很愉悦，那么很可能过不了多久，你就要收到一份表白。

快速眨眼：表现得很可爱

眼睛是人们心灵的窗户，别看这"窗户"很小，作用可是不得不让人重视。有时候，眼睛的一个小动作就可以表现出很多含义哦，比如眼睛向下瞥就是看不起或是不满意的意思，眼睛突然睁大表示惊奇。那如果是快速地眨眼睛呢？想象一下，如果现在有一个小女孩就站在你面前，快速地眨着她的小眼睛，你会不会觉得她很可爱呢？当然会啦。其实人们生活中眨眼的频率通常是每分钟 20 次左右，但如果这个人的情绪处于高度活跃状态的时候，眨眼的频率就会加快。

不仅仅小女孩的快速眨眼可以给人一种可爱的感觉，任何人在快速眨眼的时候，这种可爱的感觉都是普遍存在的。当你喜欢一个人的时候，自然就总是会想让对方看见你可爱的一面，可爱的表达方式有很多种，而快速眨眼就是其中很典型也是很常见的一种。如果一个异性的朋友总是会通过这种方式有意无意地向你放电的话，那基本上就可以确定他/她对你有意思了，如果你也对对方有意思，女性可以表示出娇羞的样子，男性可以勇敢地直视对方，这样对方也能够明白你的心意。

所以快速眨眼也不失为是一种好的、直截了当的传递爱意的方法，因为在对方朝你快速眨眼的时候，他的眼睛可能会因为视觉效果差的关系而显得更大一些，睫毛也会更长一些，看着自然也就会更动人一些，这副动人的模样如果深深地刻画在了你心里，那么对方想要展示自己可爱一面的目的也就达到了。如果你的身边就有这种情况发生的话，那你基本上就可以为下一步举动提早做出准备了！当然，快速眨眼也可能会给人两种感觉，第一种就是像小女孩那样很可爱和招人喜欢，但另一种可能就正好相反，会让人觉得做作、不舒服。如果你对他还并没有那方面的心思，不如扭过头去，假装没看见，然后再找个机会暗示一下，其实你只把他当成好朋友的。因为一般来说对方接下来都会开始采取一些行动了，如果看到你没这个意思，对方也许就会停止，你们也会避免尴尬。到那时如果你对他也比较有心思的话，不如就借这个机会顺水推舟，促成一件大好姻缘。

凝视对方可以增进感情

在一些电影里，为了表示两个人的愤怒，经常用非常夸张的表现手法，比如在两个人的眼神之间弄出一道"电流"，还冒着火星子。当然，这只是夸张手法，不过在有感情的异性之间，眼神的交汇确实可以产生一种电流，让男女双方都陷入一场混乱的电场中。在这种"电场"中，眼中的对方会比平时看着更有吸引力、更迷人，这就是眼神的力量，古人说"含情脉脉"，就是这个意思了。这时候的凝视，真的能够起到"此时无声胜有声"的效果。所以如果能够做到时不时地用关切的眼神注视着对方，就会产生意想不到的效果。当你在一个人的眼睛中看见自己的反射影时，是一种很奇妙的感觉，而眼睛又像是心灵的窗户，所以你在他的眼睛中看到自己，就仿佛感觉他的心里也有自己一样。

所以说凝视可以增进你们之间的感情是完全有可能的，而且在眼神凝视的时候，人们通常都会很容易幻想到与对方在一起时的美好画面，仿佛在对方的棕色的瞳孔中可以看到自己的未来一样，眼神和眼神的交流在某种程度上就是心与心之间的交流。而且通常人们总会喜欢在对方的眼神中寻找诚实与认真，如果你可以将你内心的真实想法透过凝视时的眼神传递出去，绝对会有意想不到的效果。

如果你发现身边有一个人喜欢用眼神注视你，那么很有可能他喜欢你，你要做的就是进一步的确认，当你发现他又在盯着你看的时候，你可以小幅度地瞥他一眼，辨认出他是用哪种眼神注视你的，如果是很深情，或是看着你眼神好像有点幻想什么的那种，那他很有可能就是对你有意思了！而且对方在凝视你的时候，心里肯定也是希望你是有所回应的，他也希望可以在你的眼神中找到自己的影子，"我说我的眼里只有你"绝对可以增加内心的幸福感，所以如果你的心中真的也有他，那你完全可以大胆地直视对方，让对方知道你对他也是有好感的，双方就可以为这段感情的开始做些准备了。

看她的时候她会羞涩

一般来说，男人的神经比较大条，有时候你盯着他看他也没什么反应。而女人就比较细腻，很容易会发现有人在看自己。所以羞涩这种情况发生在女生身上的可能性比较大，但对于一些性格比较内向或是腼腆的男性来说，也是有可能发生的。

在人与人工作交流的日常生活中，眼神的交流是必不可少的，有的时候眼神交流的作用还会远远地大于说话与肢体语言的作用。比如古代那些宫女太监什么的，主子一个眼神，他们就知道主子的意思。而现在，眼神也可以很明白地表露对方的意思。如果你身边有一位女性，在跟你说话的时候很少或者是基本上从不看着你，甚至有时候会刻意躲避你的眼神，这时你可能会以为她对人没有基本的礼貌，更或者你可能会怀疑：难道她讨厌我吗？

如果这样想，你可是大大地冤枉她了呢。因为你会发现，她跟别人在一起的时候总是谈笑自若，好像只有在和你交流的时候才会出现刚才那种情况：拘谨、不自在，而跟别人相处时会自然得多，轻松得多。所以她并不是不懂眼神交流的基本礼貌，那是为什么呢？很大一部分原因是因为她喜欢你哦！男人和女人的思维运转模式是不一样的，当一个男生遇到自己心仪的女生时，大多都会比较主动地采取措施，而女生则会由于天生的腼腆而习惯性地处于被动的状态，这个时候害羞肯定是难免的。而且女生在害羞时的脸红也会特别的可爱，特别容易让男人动心，其实现在性格还这么腼腆的女生已经很少见了，如果遇到了还是应该好好珍惜吧，既然看到你会不好意思，会脸红，就证明你在她心里是很重要的存在。

所以如果你发现哪个女生跟你说话的时候不看着你，而是四处张望或是低头不语，而当你们的眼神有交集的时候，她又会迅速地转移目光，好像慌慌张张地在找什么一样，那八九不离十，她就是看上你了！又由于性格腼腆，不好意思说明，才会使自己处在一个比较尴尬的处境，而且往往这种女生都是没有什么恋爱经验的女生，在对你的喜欢之中大多还有些崇拜的成分，所以不要再木头脑袋地把人家的真心当成是讨厌了，这种羞涩其实是很容易看出来的，当然前提是在你足够细心的情况下。

距离控制：你可以靠近我

在现实交往中，我们不难发现，好像每个人都有一个安全的保护距离，在国外被称为"personal space"，也就是个人空间的意思。换句话来说，就是当一个人与你的距离太近时，不管这个人跟你关系多好多密切，一旦超过了某个距离，就会让你产生一种不自在、想逃避的想法，就好像他涉及你的底线与隐私一样。所以在人与人的日常交往中，没有必要变成"狗皮膏药"，死死地粘住人家，否则很可能适得其反，保持适当的距离也许会更有利于促成事情的发展。那如果对方向你发出"你可以靠近点"或是"你可以离我再近一点"的信号时，又是什么意思呢？

这种距离尺度缩小的原因可能就是他对你有意思哦，上面已经提到了个人空间的问题，如果在这种前提下对方还是想要你们俩之间的距离近一点，或再近一点，就说明他很欢迎你去参观他的"空间"，去探索他的世界，他希望你可以从多方面地了解他，进而对他也有所好感。例如你们是同事，本来工作上面的交集就比较少，所以平时也是很少来往的那种，但是你突然发现这个人最近总是会以各种名目接近你，比如工作上面唯一的那点可以交叉的事情、对于一些软件的请教，并且在这种情况发生的时候，他都会主动缩近你们之间的距离，好似不经意，但如果把中间的时间差省略的话，就会发现在开始交流与结束谈话的时候，你们之间的距离已经缩小了大大的一段了，只不过是你自己没有感觉而已。而且在距离足够近的时候还会自然而然地产生一种暧昧气息，这也许就是他想要的，在这种距离与气氛下，能够脸红心跳是很正常的反应，当然也是意料之中的好结果。

所以看一个人面对你时对距离的控制程度，也可以知道这个人对你的防备程度，如果真的有一位异性朋友喜欢你离他很近很近，不要觉得他很奇怪、很冒昧，你可以多观察一下他和别人接触的时候是不是也会这样，如果他对别人表现正常，也维持在一定安全距离之内，而只有在与你相处的时候才会有"特殊待遇"的话，基本上就可以确定他喜欢你了。而且这种人的侵略性会比较强一些，因为他在让你接近他、试图了解他的圈子的同时，也在接近你、试图去对你的圈子有更多的了解，这种行为是双方的，一般情况下对升温感情还是比较有效的。

爱屋及乌是一种爱

所谓爱其屋，及其屋上之乌，在爱一个人的时候，他的全部，他的好、他的坏、与他有关的任何东西，都会不由自主地通通接受，这就是爱的神奇力量，所以你也很有可能在爱他的过程中爱上他的生活、他的习惯与他的爱。甚至是在别人眼中的那些缺点，也会被你理解为可爱或者淘气，因为当你的心思都放在他身上的时候，他的一切都会是你关注的对象，你不会放过任何一个可以与他接触、与他交流的机会。

比如，一次不期而遇让你看见你心仪的他正在带着他的宠物小狗散步，你就总是会忍不住走上前去，做出很喜欢、很关心那只小狗的样子，甚至让人觉得那就是你的狗，或许在路人看来，那只小宠物就是你们这对小情侣一起养的一样，这就会给你的心理带来很大的满足感。再比如他最近很迷一部影视作品，你就也会像发了疯一样地喜欢上这部作品，然后从这部电影或电视剧中边看边品尝着他的喜好，而且他下次再兴奋地谈起时，你就可以一同加入激烈的讨论了，就好像在周围的人看来，你们俩有很多相似的地方，总是有很多话可以聊一样。

所以如果你发现你身边有这么一个人，好像很喜欢你的书、你的包、你的狗，很喜欢你喜欢的一切，并且总能跟你找到你喜欢的话题，就好像他把你的生活当成自己的生活一样，一般人在这个时候都会觉得有个这么相似或者是志趣相投的朋友真好，我喜欢什么他都喜欢，但除了这点，你是不是也应该想到其实他是对你有意思的呢？而他之所以会对你喜欢的有兴趣或者了如指掌，都是他爱屋及乌的表现。

因爱而恨也是一种爱

每个人表达"喜欢"的方式都不一样，所以世界上才会有千千万万种表白的方法。在你的生活中有没有这种人，跟别人的关系都特别好，说说笑笑，显得特别容易相处、特别开朗，但是只有在面对你的时候，总是会找你的茬、挑你的刺，就好像跟你天生八字不合，看你什么都不顺眼一样。这个时候，你会想，这个家伙是不是脑子进水了，为什么时时、事事都要针对我？真是一朵奇葩，不过，你不妨再多想想他为什么要这么做。

换做那个人是你，在什么情况下，你会把对一个人的讨厌表现得那么明显，恨不得对方比谁都知道自己对他的反感？答案就是在你需要对方知道你讨厌他的时候，但你为什么希望他知道呢？因为你想让他关注你的一言一行，那你为什么想要他关注你呢？因为你对他有意思，你很关注他，所以你也希望他可以关注你，而且讨厌、嫌弃、挑刺都有个巨大的前提，就是了解，如果你总是可以挑出他的毛病，那就说明你已经对他有着很充分的了解了，而这种了解的动力就是因为你喜欢上他了。

所以，如果你的身边真的出现一个跟上面描述很符合的人，请先不要武断地判断他讨厌你、看不上你，所以才会事事针对你。仔细想一想，一个人可以挑出你那么多毛病也是一个大工程，挺不容易的事，如果不是因为看上你，又何必费那么大的力气找你的不是呢，你们之间又不存在什么利益纠纷冲突之类的事情。而且人类的通性就是对与自己意见不合的人特别关注，所以你可能也不难发现，在你纠结为什么他讨厌你的同时，你的目光也已经渐渐地被他吸引过去了，所以有的时候因爱生恨不失为是一个表达爱意的好办法。

想要一起旅行或度假

假期的时候有人结伴同行总是最好不过的了，如果能够和喜欢的人一起出行的话，那这个假期也就更加地 perfect 了。所以如果有人邀请你和他一起去旅行或者是度假的话，多半就是他对你有意思哦，不然好好想一想，如果一个人看到另一个人就来气，恨不得除之而后快，又怎么会跟他一起出去玩呢，这样不但会浪费自己的时间，也会浪费自己的感情，更重要的是让自己憋气。

一起在陌生的地方旅行还可以增近彼此之间的感情，因为那种感觉就好像是在一片孤独荒芜的小岛上，周围没有认识的人与物，对身边的一切都是不熟悉的，唯一可以依赖的就是你身边的那个他，这个时候仿佛你们两个就是相依为命的一样，用膝盖想都会知道这样可以让两个人的关系更进一步。有的时候"旅行"只是一个出行的代名词而已，叫它"长约会"，也没什么不可以。而且在旅行的过程中还会改变彼此之间的印象哦，想一想，你们平时只是在办公室里偶尔见个面、打个招呼，或者聚餐的时候一起吃顿饭，大概也就仅此而已吧。但是一起去旅行就不一样啦，你们可能从早上刚起床到晚上睡觉之前的这段时间里都在一起，这么多的时间去了解一个人的脾气、性格是足够了的，幻想一下，看着心仪的他早上睁着朦胧的睡眼吃早饭，难道不是一件很有趣的事吗？

所以，如果有人提议想要和你一起旅行的话，可能他不只是把你当作一个单纯的好朋友，可能他是想要更多地了解你，也想让你更多地了解他，增加你们单独相处的机会，让你可以慢慢地发现他的好，喜欢上他。所以当收到邀请的时候，不要傻傻地只当作是出去玩哦，这还可能是一段美好的爱情的开端呢。

在你面前哭泣

俗话说"男儿有泪不轻弹"，不知道是因为雄激素的原因还是人类自古流传下来的文化，现实生活中的男性朋友们真的很少掉眼泪，至少在别人面前很少，谁知道在家里四处无人的时候情感会不会通过眼泪得到宣泄呢？但是有一点是可以确定的，那就是，如果一个男人在你面前掉眼泪，就说明在他心里你占有很重要的分量，是一个很值得信任的人，试想一下，如果一个异性充分得到你的信赖，在你的心中占有很重要的地位，那么你对他的感觉也肯定不一般。

一个男人在你面前哭的时候，就代表他对你卸下了内心的防备，在他的思想观念里，你就是他的"圈子"里的一部分，他信任你，他相信你不会因为他的哭泣而嘲笑他、看不起他或是对他产生什么消极的印象。如果一个在你看来是个普通朋友的异性，有一天突然在你面前放声大哭或是小声抽泣的时候，不要用惊讶的眼神看着他，这样会让他更加受伤，你要做的就是尽你所能安慰他，毕竟他不是见到每个人都可以卸下防备吐露真心的。这个时候如果你对他也有感觉的话，不妨把安慰当成是一个机会，一个可以让你们俩更加了解，关系更加亲密的机会。

如果你的另一半选择在你面前哭泣，就说明在他心中你们俩的关系可能已经不仅仅是情侣那么简单了，这个时候的爱情也不再是单纯的爱情，而是正在向亲情转化，他希望有一天你可以成为他的后盾，他在外面拼搏后的港湾，他内心的支柱。也许这种微妙的转变已经在他的心中酝酿很久了，也许他已经把你当成老婆的最佳人选了，你们的美好未来也即将到来了，随时做好迎接幸福的准备吧。

主页的常客

在现在这个科技高速发展的时代，网络对人们来说也不再是什么陌生的事物了，每个人的生活都与网络有着密不可分的联系，网购、网上交费、转账等，已经走进了千家万户。借此，很多多功能的软件也随即被应用开发出来了，QQ、Facebook、微博、人人……而每个生活在当下的人，为了赶上所谓的时尚潮流，都争相注册，关注着发生在自己身边或者别人身边的大大小小的事物，由此，各式各样彰显自我的个人主页便悄无声息地产生了。

每个人的个人主页总会有一栏写着"最近访客"，这是用来告诉你最近谁进了你的主页，谁关注了你生活所留下的痕迹。有一天你会突然发现：咦？这个人怎么又来访问我了呢？不管是你的 QQ、微博还是人人，总能时常看见他的影子。你以为可能是因为大家志趣相投吧，所以你喜欢的东西，他恰巧也喜欢，如果你真的这么想，我只能说你的大脑结构真的是太简单了！你就没有想过这会是他用来表达爱意的一种信号？你难道就没有想过他这么关注你是因为他对你有意思？会不会经过我这么一说，你就突然也有所醒悟了：还真是，最近他总是出现在我的页面上，也不说话。这样一想，就是了。

在网络时代里，很多人都喜欢把自己的心情或者感悟写在网上。在你的主页里，对方可以通过观看你的状态，来想象你最近经历了什么事情；可以知道你最近的心情怎么样；可以通过你的分享与转发知道你的兴趣爱好；可以通过知道别人对你的评论来更了解你整个为人和你周围的朋友圈子，比如，如果你最近上传了一张吃火锅的照片，对方可能就会知道你的饮食喜好；如果你发了一条状态"扬州好漂亮啊"，那对方就会知道你是怎么度过闲暇时间的了。一个小小的主页可以反映你这么多信息，难怪喜欢上你的人会整天关注你呢！所以如果你的"最近访客"里真的有这样一号人物的话，要随时做好被人家告白的准备哦！

频繁的短信

随着社会的不断发展，手机似乎已经成为人们随身必备的电子产品。确实，手机给我们的生活带来了极大的便利，当然，给表白也带来了便利。

有的人喜欢发短信，有的人却嫌麻烦，有什么事打个电话，一句话就能说清楚了。其实，发条短信与直接打个电话的感觉还是不一样的，似乎短信总会比电话多那么几丝暧昧的信息，而且在打电话的时候，有的人一紧张就会出现口吃的情况，但是换作是发短信就会大大地减少尴尬与紧张感。就算一不小心打错字了，还可以删掉重来，但是要是说错了话，就很难收回了。所以在通常情况下，一些难以启齿的话通过短信的方式表达出来也不失为是一种不错的选择。

"干吗呢？""刚刚看见一只小狗狗，好可爱哦""今天天气可真冷啊"……类似这种没有营养的短信相信大家都有收到过，如果只是偶尔的话，只能说明你那个朋友在那个时候比较无聊，只是想找个人说几句话而已。但如果你经常收到这样的短信，而且总是出自一个人之手的话，你就该想到，可能他当时的感觉就不只是无聊那么简单。你想想，他干吗总是只给你发这种没有营养的短信呢？难道他就是故意想要打扰你的生活？当然不是了，如果细心的话，就会发现，他给你发的短信看似是完全没内容的，但实际上是对他这一天生活的简单剪影，比如吃饭啊、学习啊、工作啊，他希望通过这些短信可以让你更加了解他，更加关注他，并从他向你描述的内容中找到自己感兴趣的东西，从而对他也产生兴趣。

所以经常给你发一些可有可无的短信，并不是说明这个人很无聊，也许更多的是因为他不论在干什么的时候都能想到你，什么都想要在第一时间找你倾诉。所以当你再收到这种短信的时候，不要只回一个"哦"或者是"呵呵"之类的话，这样可能会伤害到他的感情，最起码他并不是想打扰你的生活，只是在默默表达自己爱意的一种方式。

邀请参加婚礼

婚礼在人们的印象中是浪漫幸福的象征，在那样一种特殊的环境氛围下，每一个人都会想到自己的感情生活与爱情规划，这个时候如果你的身边出现了一个把你照顾得无微不至而且外在条件也很不错的人，即使在这之前你对他完全没有那种想法，在这种特殊的时刻，也会不自觉地把对方列入自己的考虑范畴之内，这就是婚礼的独特。

一个人在向你提出和他一起参加婚礼的时候，也是带着这种心情与期待的。有男女朋友的人看见别人喜结连理的时候，难免自己的心中也会有所悸动，难免会想到自己有一天也在神父的面前宣誓照顾和被照顾一生一世的神圣时刻；单身的人在这种充满幸福感的时刻，任何"单身最大"的想法都有可能会在顷刻间化为乌有，那些平时觉得"单身自由"或是感觉"恋爱麻烦"的人，在这个时刻应该都会觉得"其实有个爱人，结个婚也挺好的"，有这种想法的人基本上都到了适婚年龄了，这个时候就是既有对的时间又有对的感觉，唯一缺少的就是一个对的人，这个时候陪在身旁的你就当然会被考虑在内了。

所以，**邀请喜欢的人一起参加婚礼是一个比较聪明的办法**，有时可能根本都不需要你做什么，在参加婚礼的过程中对方的心里自然而然就会产生这种想法，当然前提是对方答应与你一起参加这场婚礼。另外，在参加婚礼的时候，肯定是要向别人做介绍的，如果对方不反对，你大可以说："这是我的朋友。"至于到底是什么样的朋友，大家看到你都带来参加婚礼了，自然也是心知肚明。如果你现在的另一半向你发出这种邀请，那你们的好日子也就不远了，因为在他心里已经有了想和你共进礼堂的想法，所以这个时候就应该要考虑考虑你们共同拥有的未来了，在关键时刻做好关键决策。

喝醉后的电话

每个人在喝醉了之后的表现都会不一样，有的会大笑，有的会大哭，有的还会惹是生非，但除了这些以外，还有一类人在醉酒的时候思绪会比平时更加清晰明朗，而且对某个人的思念也会表现得更加明显，一般这个时候他会鼓起勇气，拿起电话，拨起早就背得滚瓜烂熟却一直没有勇气拨出去的那个号码，然后乱七八糟说着自己都不知道是什么的东西，再匆匆地挂掉，留下电话那头的一片茫然。

其实这种电话几乎每个人都打过，在意识介于清醒与不清醒的状态的时候，尽管身边有着朋友的陪伴，但是内心还是会感觉到孤单、无助，这个时候你就会特别希望得到自己心里面那个他或是她的关心。而且"酒壮怂人胆"这句话并不是没有道理的，在爱情面前，每个人都会变成痴痴傻傻的"尿人"，尤其是在喝醉酒的时候，你会在潜意识里允许自己的行为脱线一次，然后，电话就拨通了。

但是你所有的勇气都会在电话接听，听到对方的一声"喂"之后就瞬间灰飞烟灭，于是你便又恢复了平时的紧张、结巴、语无伦次、前言不搭后语……你会觉得自己的表现实在是太糟糕了，如果不是电话还通着，可能你早就已经钻到地缝里去了。相信这种感觉所有的人都会理解，但是一旦你变成了接到电话的那一方时，你的思维就好像总是会打了个结，怎么都不会往他是因为喜欢你的这方面考虑，所以如果下次你再接到这种听着乱七八糟，而且明显像是有点喝醉了的

从醉酒后的巨变看穿他的真实性格

电话时，也许你就应该认识到，在他的心目中，你的关心比什么都重要。

分享喜悦

幼儿园里的小男孩如果喜欢上了一个小女孩，就会把自己的糖果和玩具与她分享，享受跟她一起玩的美好感觉。经历了成长的岁月，男孩变成男人，他们以为自己长大了，但是在他们心里，这个习惯其实一直都没有变。

当一个男人心里有你的时候，必然会想要把他最在乎、最喜欢的东西与你分享。这种分享不单指升职加薪一类，更多的是别人不能明白与了解的、专属于你们两个人的快乐。

在成长的过程中，男人其实只是把他们幼稚的一面隐藏了起来。既然是隐藏，那么就是说，幼稚还是大多数男人所共有的特质，只不过是不会轻易表现出来而已。只有在喜欢的女人面前，这种特质才不经意地流露出来，比如说他可能喜欢收集玩

具模型，可能喜欢吃甜品，就像小时候一样。但是社会要求男人要成熟，有担当，在众人面前他就不得不收起自己的这一面。但是在心爱的女人面前，他会希望你了解他的全部，他会希望你喜欢他的那些不为人知的小爱好，所以，他会表现出自己幼稚的一面。

原始社会虽然已经过去了，男人这个物种完成了一步步的进化，但相比于女人，终究还是一种简单直接的动物，会用最简单的方法表达他对你的爱意。他自以为已经做得很明显了，但是女人还在想，他怎么还不主动点来表白，要让我等多久？其实女人不妨主动一点，新时代的女性就要敢爱敢恨。

如果一个男人，对你分享他的喜悦，而且只是对你，那么不要怀疑了，这是一个十分明显的信号。

无处不在的巧遇

当一个男人喜欢上你，就会时常想见到你。有种明知不可为而为之的冲动。男人又是一个爱面子的动物，他不好意思直接约你，就会想办法制造一次又一次的巧遇。

当你和某位男士，总是不期而遇，一天中频率在三次以上的时候，那么你就要小心了，因为要么是他喜欢上你了，要么就是你已经变成了他的猎物。要怎么来区分这两者的区别，这个问题说简单可以很简单，但是因为需要综合考虑的因素很多，所以又比较复杂。

首先，要判断这个男人是出于什么目的。现在的女人也可以在事业上做得风生水起，有些事业上的合作，为了谈成生意，对方会无所不用其极，所以有利益牵扯的男人，出局。现今时代，什么样的男人都会觉得自己是情圣，处处留情。这种男人深谙女人爱浪漫这件事，制造偶遇不过是想泡你，而且分手了就会怪什么有缘无分，说些不痛不痒的话，所以情种，出局。一个值得去爱的好男人应该身家清白，与前女友泾渭分明，不与女同事暧昧不清，不寻花问柳。如果一个老实男人，肯为了你，制造这些不期而遇的小浪漫，那还等什么呢？

无数次的巧遇已经是一种信号了，不要再犹豫，不妨大胆地给些回应，这样一段感情才可能往下一步进行。前世的 500 次回眸才换得今世的一次相遇，不要再犹豫了，不然肩膀都磨破了，你们还是没法在一起。

小惊喜、小礼物

以前生活水平比较低的时候，能够填饱肚子就很不错了，所以一年之中好像只有过年的时候才会像模像样地过，别的都是马马虎虎。而今生活水平提高了，我们每年有数不尽的节日，不管是西方的，还是东方的，似乎人们总是不肯放过任何可以庆祝、可以给生活放松压力的机会。过节了，小礼物总是必不可少的。那么，你有没有经常收到一个人的小礼物呢？就是好像不管是什么节日他都会找到机会、找到借口把给你准备的礼物送出去。如果你身边是真的有这样的一个人，那么恭喜你，他是对你有意思了！

不同的礼物可以代表不同的含义，比如一个杯子就可以代表"一辈子"，一条围巾就可以表示"温暖"或者是"我想绑住你"等等，这种小礼物看似不起眼，但可都是经过买礼物的人精挑细选才选中的呢，所以不要轻易地觉得一个礼物没意思。身边有没有一个人好像从没问过你想要什么礼物，只是会在过节的当天给你一个电话，问你在哪里，直接把准备好的东西拿给你，有的时候还没来得及等你说"谢谢"他就已经离开了，就好像送你礼物与你无关一样，就像那句话说的："我喜欢你，与你无关。"

如果是这样的方式，那他的性格可能比较腼腆，但是在面对你的时候，他没法以正常的语气说出他想要说的话，可能在送你礼物之前就已经想好了千言万语，只是由于不好意思表达，也许他把他想要说的话都蕴含在了这一份份小小的礼物里。

平安夜时会有一个苹果，圣诞节时会有一个小礼物，新年、元旦、情人节……都会有收不完的小礼物，有的甚至连重阳节都不想放过，他好像总是会有说不完的理由，让你根本无法拒绝他的礼物。对方希望你每次看到礼物的时候都会想到他，都会念着他的好，希望有一天你可以看出他的心意，然后在下一次接受礼物时说的不只是"谢谢"。

热情与冷漠的集合体

感情本来就是一件很纠结的事情，有心思的那个人有时弄不清楚自己的想法是件很正常的事情，所以在不同的心境下，喜欢一个人的表现就可能不同，甚至可能是截然相反的。如果一个人对你特别热情，跟你在一起的时候好像显得特别开心，但是有的时候又会躲得离你远远的，这时候估计你已经摸不到头脑了，难道那个人讨厌我？那为什么上次一起聊天的时候还那么积极呢？好像怎么都解释不清对方的行为似的。

其实感情的纠结不仅仅是当事人心里的纠结，有的时候这种纠结会通过日常的行为表现出来。如果他今天本来心情就很好，看见你的时候心情就会变得更好，这种情况下他的态度通常就会比较明朗，对你也相当地积极；如果他今天心情不佳，看见你之后就会不知道怎么开始与你的对话，似乎什么都想说，但似乎又什么都说不出来又懒得说。但其实有的时候他就是单纯地不想理你，因为你的举动对他心情的影响太大了点，对方难免偶尔会想过一个波澜不惊的下午，这时最简单的方法就是离你远点。

所以，对你忽近忽远也是一种喜欢你、对你有意思的信号，不过这种人之所以会有这样的表现，有两种可能，第一种是他太在乎你的感受了，所以接触到涉及你的事情的时候就会变得很敏感、很善变。另一种情况你就应该小心了，也许对方是一个情场高手，这一招可能是他使出的"欲擒故纵"之计，想要让你习惯上他对你的热情之后，再用冷淡来吸引你的目光，所以身在棋局的你一定要分辨清楚自己是处在哪种情况之下的。不过不管怎样，爱情有的时候是的确需要一些小手段的，就看你自己怎么对待了。

不经意的触碰

这种微行为通常是女人用来表达爱意的方式，如果一个男人也用这种触碰的方式向对方表明好感的话，可能会在浪漫歌的爱情故事还没有发生之前就把对方吓着了，毕竟男人的这种肢体主动总会给女人留下不太靠谱的印象。女人这种不经意触碰的行为并不是很明显的，只有在你很细心的时候才能发现。

每个女人在心里都会有一个把别人隔离在外面的安全距离，如果她对你有好感的话，她会在心里面想要离你近一点，想要让你与别人不同，这个时候如果你没有发现她对你的感觉，你是不会有所行动的，既然你没有表现，女人通常就会给你一种你应该有所行动的信号，这时她会装作有意无意地触碰你，比如拉着你的衣角、轻轻地打你一下、摸一下你的头发……很多这种小动作其实就是她向你传递的情感的信号，她想让你知道她希望你们之间的距离可以比现在更近一些，也就是你们的关系可以更近一步。

如果你足够敏锐就可以发现这些小信号，不过你也要看看这个女人是不是同时会对很多男人都这样，因为如果这种"不经意"的小触碰经常发生在不同人身上的话，那么可能这个女人的生活作风就是这个样子的，这种情况下还是不要误会的好。但如果她只对你一个人产生这种"好奇"的话，那你基本就可以确定，她是对你有意思了。而且毕竟女人的脸皮比较薄，她们的主动还是需要很大的勇气的，对于她来说这可能已经是最明显的暗示了，如果你还没有及时地认识到这种情感表达，那你很可能就会错过这段缘分了。

收买你的朋友

不知道从什么时候开始，你总会从周围朋友的口中听到一个人的名字，而那个人好像这段时间与你朋友的交往也显得密切很多，你甚至都会奇怪他们的感情什么时候变得这么好的？好像原来就只是普通朋友见面打个招呼的程度啊，怎么突然好像变得很熟络的样子呢？太多的疑问出现在你的脑海中，看着他们相谈甚欢的样子，你实在是迷惑得很。

其实这有什么好疑惑的呢？你只是当局者迷而已，原因其实很简单，就是那个人对你有意思了。仔细想想，近期身边的朋友是不是总会跟你提起他？是不是总是会当着你的面说着他的好话？是不是有时也会装作不经意的样子说出"你们俩如果在一起的话应该也不错"的这种话？情况都已经这么明显了，相信是个正常人都会知道那个人是什么意思了吧。如果还有人问如果他真的喜欢我的话，接近我朋友有什么用呢？这个你就不懂了吧。

在追求爱情的过程中，朋友的态度是很关键的环节。如果对方与你朋友达成了良好的共识，让你朋友相信了你们在一起你会很幸福的话，你的朋友肯定会尽力帮他的。首先，他可以和你的朋友交换你最近的心情动态，知道你对他真实的看法，了解你的喜好，并且在你对他有误会的时候会有人站出来替他辟谣。所以当一个人想要追求你的时候，讨好你的朋友是一种有百利而无一害的聪明做法。而且如果你是一个女人的话，通常女人的思想与决定都会很容易受到周围人的影响，所以如果她的朋友被你成功地"收买"了，那几乎这段感情就已经有了一半的可能了。

所以，如果你发现最近好像朋友们的嘴里都总会出现一个人的名字，好像又都是在说那个人的好话，而且好像都是只说给你听的，不用怀疑，这些都是那个人在你背后做的功课。看在他这么用心的份上，还是好好考虑一下你们的关系吧。

昵称的内涵

"猪头""小白""傻子"，你最近是不是经常为这种来历莫名其妙的称呼感到困窘呢？以前从来都没有人这么叫过你，怎么会突然就冒出来这么多没内容的昵称？而且好像给你起这么多昵称的全都是那一个人，貌似他对做这件事很乐此不疲一样。你有没有想过在什么情况下一个人会给你起各种各样的昵称呢？

答案很简单，那就是在他不希望对于你来说自己和别人一样的时候，换句话说，就是在他喜欢你的时候。你身边的朋友都叫着你的名字或者那些早已传得滚瓜烂熟的外号，对于一个喜欢你的人来说，他希望自己可以与别人有所区别，就算只是称呼这件小事他也是很在乎的。而且叫你不同的昵称，不但可以把自己与别人区别开来，还会被其他人当作是一种亲昵的行为，让别人以为你们俩之间好像发生过什么故事一样，这时对方心里就会产生一种满足感与优越感，也就是昵称背后的小故事。

所以，当你被一个人叫着各式各样摸不着头脑的称呼时，要清楚地知道他这样做的原因，如果你对他没有那方面心思的话，或许直接告诉他你不喜欢这样被称呼会更好。但如果你也很享受这种过程，并且对他也有好感的话，不如也尝试着给他起一个小昵称试试，看看对方在被你这样称呼的时候是什么反应，这样也好更加确定对方的心意，如果对方的反应先是一愣，之后就是傻笑或者是满脸幸福满足地答应时，那基本上就可以确定他对你有意思了，不仅如此，这样做还可以方便递进你们的情感，既然这样何乐而不为呢？

莫名的醋意

生活中总会有各种莫名其妙的事情发生，比如怎么他今天又莫名其妙地不说话了呢？刚刚还在这，怎么突然就莫名其妙地消失了呢？本来你和他在路上说说笑笑地走着，交流、聊天好像都很愉快，这时对面或是身后突然一个异性朋友叫住了你，然后你们停下来笑嘻嘻地说了几句话，话的内容不重要，关键是你们两个的交谈看似很开心，之后你们再告别，回到了各自的位置上，你突然发现，身边那个刚刚还给你讲冷笑话的人突然之间变得只字不语，莫名其妙地沉默起来了，或是等你转过头发现刚刚还和你聊得天南海北的他突然间不知道跑到哪里去了，无影无踪。

这种事情是经常发生的，就是明明之前什么都是好好的，然后跟别人说了话或者开了什么玩笑之后，气氛就突然变得冷漠或是尴尬了。当你事后问对方当时到底怎么了或是为什么突然消失了的时候，他总是会用那种看似无关紧要的理由搪塞你，比如"突然想起来还有事要做""就是一天下来有点累，不想说话了"，这样的理由也把你搞得哑口无言，仿佛这一切真的来得莫名其妙、毫无原因、毫无预兆一样。

但任何事情都是有原因的，只不过是那个人想不想说的问题，如果是上面那种情况就不要再怪人家莫名其妙了，因为每个人的感情世界都是莫名其妙的。什么，这跟他的感情世界有什么关系啊？如果你非得这样问，那就只能明明白白地跟你讲清楚：他对你有意思！他的莫名其妙是因为他在吃醋！

这次状况会不会看起来就明朗很多了呢，他喜欢你，那一切就都说得清了。因为他喜欢你，所以看见你同其他异性说话心里才会不舒服，才会不想说话，才会想要躲你躲得远远的；因为他喜欢你，才会那么关注你和别人的交谈；因为他喜欢你，才不想告诉你他当时的表现是在小气地吃醋。所以当你身边再有这种"莫名其妙"发生的时候，一定要先把情况弄清楚，再考虑要不要纠结哦。

试探性的表演

身边一个平时玩得很好的朋友，你以为你对他已经了解得够充分了，他好像就是那种老实、踏实、朴实的人，但是不知道最近到底这个人是怎么了，明明是一个很简单的人，可是却在和其他的女人搞暧昧，而且好像还总是在眉来眼去的时候朝你瞟那么几眼，搞得你浑身不舒服，他到底是怎么想的啊，怎么会突然变成这样呢？于是你去向你们俩共同的朋友询问他最近的情况，可是好像其他人都不知道他的这回事，都没有听说过的样子，"没有啊，他怎么会像你说的那样呢""是你想多了吧"……其他人全部都是类似的回答，难道真的是自己的幻觉吗？

当然不是的，既然看见了就应该相信自己的眼睛，虽然自己的眼睛有的时候也会欺骗你，但是在这么简单且明显的事情上还是不需要有那么多疑惑的——他喜欢你，这件事可能你是最后一个知道的吧。可是他喜欢你为什么还要在你面前和别的女人纠缠不清呢？那是因为他希望知道你对他的感觉，他想要看看在他与其他女人有情况的时候你是什么反应，会不会在意、会不会吃醋、会不会转头就走或是狠狠地瞪他一眼……所以你才会在他搞暧昧的时候看见他向你投来的飘忽不定的眼神，因为那才是他这些行为的真正目的。

当然那么在意你看法的前提就是他喜欢你，对你有意思，但估计能使出这种小办法的人好像并不是你印象中的那么简单、那么淳朴，所以可能你还需要再对他有更多的了解，虽然你这个时候知道了他对你的想法，可是想要在一起的话，人品还是很重要的，所以进一步的考察是很关键的一步。当然如果你面对他与其他女人的挑逗没有任何小激动的感觉，那要不要进一步考察就没有那么重要了。

关心你的家人

在你给家人打电话的时候，身边的那个他突然插了一嘴："叔叔阿姨好！我是××的好朋友，我有时间就去看看你们啊。"你难免会觉得奇怪，干吗突然对我爹妈那么积极啊，没什么事去看他们干吗？如果你真的这么问的话，他肯定会说"这样不是有礼貌嘛"，也就是说你问了也等于白问，这种问题仔细想想就会明白了。

突然向你父母打招呼是因为想要让他们两位老人家知道有他这么一号人，在他们心中先留下一个有礼貌的好形象，而且现在的父母都为自己儿女的终身大事日日夜夜地担忧，每次打电话都会问问有没有什么情况，有没有合适的人选，这时你身边的他一声礼貌的问候，无疑就是在往枪口上撞的感觉，至少对于你来说是个枪口，对他来说可能就是个难得的机会。这么做不仅仅可以在你父母面前保持一个良好的印象，还可以在下次跟你见面的时候又多了一个可以聊的话题，比如"最近你爸妈怎么样啊？身体还健康吗？"等等。

所以你身边的某个人如果突然开始关心起你的家人，而且好像还表现得很积极的样子，那你就应该留意一下他最近对待你的态度是不是与从前有所变化了，是更好了还是更细腻了，或者是其他的改变，然后再根据他的表现来决定你下一步的打算，其实用这种方式来暗示对你的爱意的人，在人品上应该还是不错的，至少他在很多方面会考虑到父母的存在，所以当然如果你的家人真的有跟你再提起他的时候，不妨和他们说说对方的情况，也许过来人可以给你传授一些以往的经验也说不定。

关于你的高效率

无意中在网上看见一个很好吃的小吃店，但是照片上并没有附上地址，这时你轻轻地叹了一口气，旁边的一个人就过来问你怎么了，你就跟他说了你刚刚的小遗憾，于是这件事情就过去了。等到第二天你们再见面的时候，他什么都没说，径直走到你身边，递给了你一张小纸条，"这是昨天那家店的地址。"这时你瞪大了眼睛，已经过去一天，而且自己只是随口一说，这件事连你自己都已经忘了，可是他竟然还记得，而且才第二天就给你找来了你想要的东西，真是高效率啊！

其实你回过头来想想，这好像不是他的第一次高效率了，好像以前就发生过很多次，几乎每次你有什么事情的时候，都是他出面帮你很快就解决了，而在你要说感谢的时候，他通常只会淡淡地说："没事，只是碰巧而已。"然后你就欣然地接受了，也没多想什么，因为他说是碰巧的嘛。但时间久了总会有一件事会突然让你发觉怎么他的碰巧这么多啊，其实在这之前你早应该意识到那么多的碰巧帮你解决问题的内涵就是喜欢你。

正是因为他喜欢你，把你说过的任何一句话都看得特别重要，就算有的时候只是你的随口一说，他都会看得很认真。其实这种人是很难得的，有的时候你的事比他自己的都还要重要，这就是真的会把你放在心上的那种人，会用自己能做的一切去对你好，也许他对你的感觉已经超越了有意思、喜欢这种表面的程度了。所以这种"好人"是应该好好珍惜的，就算你对他一点感觉都没有，也一定要善待这个朋友，因为他把你看得那么重要；如果你对他有感觉的话，同样好好珍惜，也许好好珍惜他就是在好好珍惜你的幸福。

在一起的小玩笑

已经当了很多年的好朋友了，不管遇到什么事都会有想要分享的心情，最初别人都会误会你们两个的关系非同寻常，或是把你们俩当成很般配的一对，但时间久了，大家也就都习惯了——你们俩真的就是好朋友。你已经不知道从什么时候开始，他总会跟你开一些小玩笑，比如，"哎，要是你实在嫁不出去，我就只好英勇就义了，其实我也不错哦！"或者是"要是到 30 岁我们都没找到合适的人，那我就跟你凑合凑合吧"，开始他说的时候，你会用那种鄙视又带点认真的表情看着他，基本上这段对话都是以"我开玩笑的"来收尾的。于是在他经常开的玩笑的感染下，你终于也有一天跟他开起了玩笑，"好啊！"虽然只是两个字，但是他的表情在这个时刻就会出卖他心底的秘密，那种愣了一下，然后意味深长地看着你说："就这么说定了。"也许你们根本都不用等到 30 岁以后了，因为他现在就已经喜欢上你了。

其实他所谓的"小玩笑"真的并不是只是玩笑话那么简单，他的每句玩笑话都带着几分认真。只是，他怕你被他说的话吓到，气氛瞬间跌到冰点，然后慢慢地远离他，所以有的时候真心话不得不被包裹上谎言的外衣，才能有勇气说给别人听，就好像愚人节是很多真心人告白的日子。而且这种小玩笑也是一种试探，想知道你对这种"以后"的看法是怎样的。所以如果你也有勇气把这份马拉松式的友情转化为另一种幸福的爱情，那不如就把这个人列入你的考虑范围之内吧，至少他对你很了解，对你很关心，现在又对你很上心，说不定会有幸福。

超常的活跃

最近有没有一个人总是在你身边绕来绕去，好像你到哪里都会看到他，而且他并不是以安静的形式存在的，反而像一个多动儿一样超级活跃，讲笑话、唱歌、大笑，好像只要有他的地方就会马上变得热闹起来，而恰巧的是，这种热闹总能让你赶上，可时间久了你会发现这并不是恰巧，而是他只在有你的地方才会变得这么超常活跃。

这就是他对你有意思的一种信号！在你周围表现得这么活跃，目的就是想要多多吸引你的目光，让你更加关注他，或许你会喜欢他这样的幽默、这样的热闹，他恨不得将自己全部的好都一次性地展现在你眼前，所以活跃"过度"也是可以理解的。不过这种方法一般人会有两种看法，一种是觉得这个人好像有点傻，而另一种就是觉得这个人好可爱啊。不知道作为当事人的你是怎样的想法，如果是前者的话，可能对方还要再下一番心思才能把你虏获，如果他这样你都觉得可爱的话，不如现在就承认了吧，其实你对他也是有好感的，既然他主动走出了这一步，不如就顺着台阶走下去，看看一直走下去会是什么结果。

有一点你最好还是要先搞清楚的，对方本身就是这么一个比较热闹的性格，还是说"正常"的时候性格其实是有一点闷的，只不过是因为想要引起你的注意才会突然变得活泼的，说不定以后在一起之后，他就不会再这么"失常"了，那时的他会是活跃的还是沉闷的就要你自己先去了解一下了，免得你喜欢的只不过是那个"失常"了的他。

第二十四章

爱情渐升温：浪漫信号

公共场合的颊吻

在西方人的观念之中，吻可以作为一种社交礼仪，也可以作为表达爱意的一种方式。在不同国家，在一个会面的场景之中，两个人见面会握手、鞠躬、行合十礼或是互相亲吻等等。对于西方国家的人来说，他们更多的是会选择互相亲吻的方式，这其中涵括了亲吻女士手背或是颊吻等不同的表达行为。

在法国，一个男人亲吻另一位男性朋友也是一种正常的社交行为，所以一旦见到这种情景的时候，千万不要大惊小怪，以为人家有断袖之癖什么的，其实这只是法国人的一种礼仪而已。在聚会上，家人或是朋友见面时也会彼此亲吻对方的脸颊，以表示对对方的问候。还有一种我们在电影中经常看见的镜头，男主人公看到女主人公的时候，会轻轻鞠躬，托起对方的手，并轻轻在手背上吻一下，以此表示自己的谦逊和对女士的一种绅士礼仪。

但是随着世界交流方式的改变，人们之间的交往变得更加地开放、更加地快捷，而认识朋友的渠道也更加地广泛，人们接触的范围也越来越开阔，这也让不同文化、不同国籍的人成为了好朋友。

在一次聚会上，有法国人、俄罗斯人、美国人、印度人，这位法国人远远地就看到了自己的美国好友，许久未见的好友重逢，当然是异常兴奋。于是，法国人与美国人相互拥抱，脸颊相碰，表示问候。而印度人来到这个环境的时候，却没有采取这种方式的问候。

这种问候方式，在西方世界里是普遍存在的，而在东方人的观念之中，吻在大多数的情况下，更多的是作为一种性行为的一部分而存在的。在公共场合的接吻或是简单的吻别，多会引来别人注视的目光。

令人心动的唇吻

何谓唇吻？相恋中的男女总是喜欢用一些浪漫的动作来表达自己对对方的爱恋，表达自己内心的热情。有时候，情到深处，好像单纯的语言没有办法来表达自己的爱意了，这时候，吻就可以解决这个问题，一个轻轻的吻，抵得上千言万语。所以，这也正是世界上众多的男男女女对于爱情追捧的关键之所在。正是这种欲拒还迎、浪漫非常的感觉让人们的心理更加地年轻，也让人们受到生理激素的作用，内心无不舒畅。

随着时代的进步，人由原始时候对于食物、安全追捧的阶段慢慢过渡到衣食无忧的阶段，人们的追求也没有止步不前，而是相应地也发生了变化。与此同时，人们身体中的一些部位的作用，其重要程度、被人们关注的程度也发生了一个顺序的重新排列。原始世界里，人们对于体能的追求远远胜过了今天，而今天，人们对于眼睛、眉毛、指甲、嘴唇的护理更是原始社会的人所不能想象的。

比如嘴唇，这是人们的面部器官中最为灵活，同时也是利用功能最多的一个部位。随着人们审美倾向的变化，人们对于嘴唇的审美、实用功能也随着人们心理而产生了变化。但是作为男女传递感情的一种媒介，这种最为基本的功能却没有发生改变。

那么人们为什么对于嘴唇会这么倾注情感呢？嘴唇的柔软，让人联想到了爱情之中的温柔甜蜜；嘴唇的温度可以让人感受到对方的热情；相应地，男女双方在接吻的过程之中，嘴巴因为欢喜而牵扯起来的嘴唇弧度、动作，也可以让对方在最短的时间、最短的距离感受到自己的情意，也让男女双方对于双方的反应了如指掌，从而使彼此的情感更加合拍。

在感情的层次上，唇吻这种含蓄、温柔的动作，可以使双方的感情沉淀下来，内心变得安心、享受此刻的心情。在这种层次渐进的感觉之中，让这段美好的时间永远停驻在一个人的感觉"储物箱"中。

法式接吻的较量

当面对自己喜欢的异性的时候，我们的内心就会激起对内心接触或是占有的渴望，此时，唇部和嘴就会对其他食物的感知力变得异常敏感。所以，亲吻就变成了彼此表达爱意的一种最常见的方式，同时也是最富有情感性的身体语言。当相爱的恋人接吻的时候，接吻的质量、接吻的方式有的时候能够决定两个人未来的关系是否稳定。如果两个人深情款款，那亲吻的时候自然也是有化不开的柔情，如果两个人的吻只是草草了事，也许你该检查一下你们之间的感情了。

在相处之中，假如对方总是在无意识地抚摸自己的嘴唇，或许双唇做着一些动作，他要么是想要对你表白，要么就是想要与你接吻。所以，仔细观察你的恋人，或许，你此刻的主动会燃起他的热情。

当两人的嘴唇接触，并且想要更进一步的时候，恋人的双唇就会慢慢地为这种探索做出反应。她的嘴唇会慢慢地轻启开来，会让两个人嘴唇的接触面积更大一点。同时这也暗示了你拥有了更进一步的权利。这时候的两个人嘴唇都微微打开，彼此的气息开始混合，这样对方的气息、对方的唾液都能够被你轻而易举地感知到了。当两个人的舌头交织在一起的时候，双方可以清楚地感受到对方的呼吸，感受到对方的温度。这时候的两个人在这种混合之中，更容易让双方的感情递增了。

此时的男性会更加地"霸道"，他们迅速地压迫对方的嘴唇，将他们的舌头深入到对方的口中，霸占着眼前的这个女人。当然，女性对于舌吻的举动不会这么的激烈，她们更倾向于温柔地进行着一切。所以对于男性来讲，有些时候不要鲁莽，从女士的嘴唇反应看她们期望的态度，从而达到一种更加和谐的状态。

当然，如果要进行舌吻的话，有几个需要注意的地方。首先要保证你的牙齿是干净的，因为对方的舌头在你的嘴里探索的时候，可不想碰到一些饭菜的余渣。其次，要保证口腔气味清新，毕竟没有人对口臭情有独钟。所以，要想化解这些尴尬，可以在口袋里揣点口香糖，或者放点糖果什么的。

吻恋人的耳朵：俘虏你的心

耳朵，在我们寻常的观念之中只有"听"这个作用，似乎与接吻并没多大的关系。其实不然，耳朵作为头部的一个重要组织，事实上却是非常敏感的。我们的耳朵是离着我们的大脑最近的地方，在恋人耳边私语，会让对方觉得十分地甜蜜。一方面是因为对方温柔的甜言蜜语，而另一方面也与耳朵上分布的神经有一定的关系。轻轻吻恋人的耳朵，就像是咬一块心爱的小东西，在你的恋人耳边低语，这样的举动，都会令双方的感情瞬间升温。

耳朵其实也可以看作是一种私密器官，因为在大多数的情况之下，没有人会凑到你的耳边来说话，因为这已经进入了一个人的私密个人空间。如果一个陌生人突然离你这么近，你肯定会心生警惕或者反感，但是恋人之间就不同了。而且，耳朵在头部相对靠后一点的位置，所以，一旦能够在异性耳朵旁低语的人，一定是关系非常密切的恋人，他们在思想上认可了对方的存在。

女性的耳朵总是显得小巧玲珑的，而且也多喜欢在自己的耳朵上装饰一些好看的饰品，由此可见，女性对于耳朵也是非常关注的。当你抚摸她的小耳朵的时候，她的心里已经是非常地开心，一方面是因为你的关爱，而另一方面也是对自己耳朵形状的一种自信。所以，女人总是喜欢恋人去亲吻自己耳朵的，这不但满足了她的心理需求，还刺激了她的生理反应。

从女生的心理看来，当一个男人亲吻她的耳朵的时候，往往是对她的重视。大多数人的耳朵总是一个很敏感的器官，当被温润的嘴巴吻住的时候，这种温暖舒适的感觉，更会刺激一个人的心理产生对面前这个人的依赖。轻咬、温柔地舔舐都不失为绝妙的方法，耳朵本就是女性身体的敏感区域，在这种高超的技巧的刺激下，对方必将成为你的俘虏。另外，如果女生想俘获对方的心，可以在耳后喷一些香水，注意气味不要太浓，若有若无就可以，这样一定会让对方为你着迷。

专注吻对方

接吻的时候最怕什么？男生最怕女生会突然问东问西，本来营造得好好的气氛，一下子被打破了，两个人再也没有接吻的欲望了。因为在男生看来，这不但中断了气氛，而且接吻的时候，女生一点都不专心，将他的热情置于何地了？由此可见，男生有的时候会有点小气的，特别是感觉自己没有被重视的时候。

而女生又是非常敏感的，如果她感觉接吻的时候，男生没有专心，而是对自己的热情三心二意，她也势必会将这个情绪上升到形而上的问题上去。你是不是不爱我了？你是不是喜欢上别的女生了？你为什么敷衍我？女生总是爱胡思乱想，这些是永远都存在的问题，同样也是困扰男生的永远存在的问题。

小 A 和小 B 是公司的同事，两个人恋爱已经有一个多月的时间了，但是小 A 最近总是不开心，因为她觉得自己的男朋友小 B 已经不爱自己了。因为两个人接吻的次数越来越少了，即便是接吻的时候，小 B 有的时候也显得非常不耐烦，好像单纯是为了完成任务，而不是二人的感情使然。这样的改变让小 A 非常的苦恼，但是由于女孩天生比较腼腆，她也不好意思开口问小 B 为什么与自己接吻的次数越来越少了，只能自己狐疑、揣测。其实，天性活泼可爱的小 A 没注意到，自己在与小 B 接吻的过程之中，总是爱问一些无关紧要的问题。她的活泼伶俐反倒是用错了地方了。

所以说，在接吻的过程之中，专心地"服务"于对方，不但可以让自己乐享其中，还可以避免产生不好的情绪。毕竟，在接吻的时候，对方总是希望自己可以从对方那里获取热情的反应，可以让对方认可自己的感受。而不是像亲吻一块木头一样，一点温度和情绪都没有。

接吻的过程之中，脑子排除那些与眼前无关的事物，更重要的是要在一个不会被打扰的环境之中。此刻的脑子里，只消想着恋人的样子，恋人的眉毛、眼睛、耳朵、嘴唇等等，热情地回应着对方的感情，整个夜晚都会充满浪漫、甜蜜的回忆。

接吻前先擦去唇膏：表示珍惜

大部分的男同胞都经历过这种情况，本来满怀着激情去与女友亲密一番，结果却吃到了很多的唇膏、唇油，满嘴的化妆品味道。相信大部分的女性朋友也经历过以下这种情况，本来想打扮得美美的，好让男友以欣赏的眼光赞美自己在脸上的艺术杰作，但是从男友的反映来看，他好像并不怎么开心。

为此，两人都在心底里有些不愉快，从而埋下了恋爱阴影。归根结底，都是因为女士涂抹在嘴上的化妆品。其实，对于大多数的男性朋友来说，当他们对自己的爱人表达爱意的时候，并不希望接触到的是对方涂抹到嘴巴上厚厚的唇膏。这些唇膏被自己吃到嘴巴里后，会产生一种很奇怪的味道，当然这种化学产品的味道，并不会给他们带来爱人的甜蜜，相反地，只会对这段接吻留下不好的印象。

男人有的时候也会吹毛求疵，会因为接吻的不舒服而丧失了一天的好心情，更会因为一嘴的化妆品的味道而不舒服。聪明的女人也知道化学产品的味道，所以她们在与自己的恋人接吻之前，总是避免涂抹唇膏，或是擦拭干净，而让对方感受到的是自己唇部所散发出来的热情。

但是很多女性涂抹唇膏保护自己的嘴唇已经成了习惯，而接吻时间或是地点总是不在她们的意料之中的。也不可能每次在接吻之前的前几秒从包里掏出一张纸，对男友说道，我先擦掉唇膏，你先等一下。一次、两次还好，经常这样的话，估计男友都会觉得无趣了。在面对这种情况的时候，你应该如何巧妙的避免呢？如何才能让对方知道自己的珍惜，同时也避免自己的这种尴尬呢？

或许，你可以时不时地采取一些小手段，变化着花样让男方主动帮你抹掉唇膏。不要忘了，撒娇永远是女人最强有力的武器，特别是当一位男士想要对你表达爱意的时候，你的撒娇在他眼里，是可爱、可贵的。

热吻的升级

如果把一场接吻过程看成一场足球赛的话，会有开场、上半场、中场、下半场，最后的一决胜负，或是点球决定胜负。而在这场充满了热烈气氛的足球赛事之中，热吻无疑是在足球比赛进行得如火如荼的时候。在这个时候，足球场的观众、足球队员对这个球场慢慢地熟悉了，气氛也慢慢地被激烈的比拼带动了起来，解说员的热情也随着比赛而一步步地升温，观众也因为比分的一次次改变而情绪激动，场面似乎异常热烈。

接吻中的热吻又何尝不是如此。相爱的两个人因为彼此的情投意合，想要让彼此的关系更加地融洽，接触对方身体的渴望也愈发的强烈，而最为敏感的嘴唇成为当仁不让的桥梁。

男女双方渴望对方的疼爱，渴望对方的激情，嘴唇慢慢地彼此接触，舌头、唾液、气息彼此交缠在了一起，尽情地表达着自己对于对方的爱慕。但是在热情之中，激烈的感情难免会显得苍白，同样地，热烈的感情也不会保持太久。所以，对于热吻的一种巧妙把握，也是将彼此的情感、身体接触推到另一个层次的不二法宝。

不要单纯地去霸占对方的嘴唇，在这个时候，眉毛、眼睛、鼻头都是你可以分享爱意的场所，而且对于这些地方的关爱，慢慢地将自己的嘴唇走遍她脸部的每个部位。会让女方有一种被疼爱的感觉，会让她在心理上对你完全地敞开，这个时候，再让自己慢慢移到她的唇部，毋庸置疑，她的热情回应会达到你理想之中的效果。

男士的手，紧紧握住女方的脸，将自己的热情全部倾注到对方的嘴唇之上。在这种霸道的侵占、传递爱意的途经上，相信没有一个女生想要拒之于千里、无动于衷的。

吻的挑逗

与恋人接吻的时候，总期待那么一点情调，也期待恋人能够采取一些主动的手段让接吻更加富有激情。每一次的接吻，都会给人非常美好的享受，那么作为一位合格的恋人，或许你应该知道，如何挑逗对方而让接吻的过程更加温馨。

作为性爱开始前的一种有效手段，吻的技巧往往决定了两个人接下来的性生活的质量。一次充满了爱意的接吻过程，会让双方在慢慢升温的过程之中，完全投入到这个氛围之中，相反地，如果接吻的过程不融洽，也往往会导致接下来的一切不会愉快。

女性在性爱的前期，总是喜欢由恋人慢慢地带入一种情景之中。当然有的时候强烈的性爱反倒会让女性觉得刺激，但是在大多数的情况之下，女性的身体反应并没有那么迅速。所以接吻过程之中的心情，往往起到了关键性的作用。

作为一个新时代的女性来说，恋爱的地位已经远远不是原来社会的被动地位。很多女性朋友的性意识都已经觉醒，而且会随着年龄的增长，慢慢地找到了适合自己表达爱意的方式。对于接吻过程之中的技巧，很多女性也开始接受，开始学习这种取悦恋人的技巧。

三十六计之中有以退为进，那么在激吻的过程之中，这种方法是不是也很有效果呢？答案当然是肯定的。接吻的双方将自己的思想全身心地投入到彼此的结合之中，此时的女士如果巧妙地离开对方，这让男性反倒有了一种采取进一步措施的想法，所以这时候反倒让男性更加主动。

当然，也可以适时地给对方造成一些不痛不痒的痛感，切记不要伤害了对方。这样不但不会造成伤害，而且这样的微痛感会让对方在心理有一种委屈感，会在你身上攫取这种回报。从而让彼此的接吻更加地和谐、融洽，充满了小打小闹的小情趣。

眉毛会说话

当一个人非常高兴的时候，兴奋的表情是可以通过眼睛、眉毛表现出来的，这就是我们平时所说的"眉飞色舞"。隐忍的人，自以为可以很聪明地隐藏自己的喜、怒、哀、乐，殊不知，这些细微的表情变化，在他们的脸部还是会留下蛛丝马迹，让人有迹可循的。

作为一种难以虚假表现的——情绪，无论是在什么时间、什么地点，都是很容易让人喜"闻"乐"见"。眉毛高挑的人，在生活之中往往是雷厉风行的人，做事风格干净利索。而当一个人异常兴奋的时候，她的眉毛也呈现出高扬的姿态。高兴、兴奋的时候，眉毛会高扬，这其中既表现了自己积极、欢乐，更像是对对方的一种赞美："见到你是多么高兴的一件事情啊！"任何人遇到这种发自内心的赞美，都会有种受宠若惊的舒适感。

而眉毛不自觉地紧绷，可以想见，此时这个人的心情不好，心头一定有些棘手的事情困扰着他。如果你有事情有求于他的话，一定会遭到敷衍或是拒绝，更甚者会让人扫地出门。所以此时此刻，选择换一个时间、场合来说自己的请求，会让自己事半功倍的。

男女双方求爱的过程之中也要注意眉毛的语言。对于一位爱女朋友的男性来讲，他心里非常在乎她，所以有时候一些自己心里的不愉快反倒不好言说。此时此刻，作为一位善解人意的女人来说，一定要善于察言观色，尽力为男朋友排忧解难，让对方对自己的能力刮目相看。

魅惑的目光

生活中有这样的一群女性，她们不用费尽口舌就可以获得异性的青睐，她们被别人称为"妖孽"，被很多的女人羡慕着、嫉妒着。那么她们究竟是靠什么获得这么多追求者的目光呢？

仔细观察的人会发现，这些拥有很多追求者的人，有的时候并非都是美若天仙，或是在人堆里数一数二的美人儿。但是她们却拥有同一个特点，就是拥有一双魅惑的眼睛，即是我们平时所说的电眼。在和异性谈话的时候，只需要这种无声的语言，就可以把自己的感情表现出来，这当然要比露骨的语言更让男人受用。

回过头来想想，为什么你的身边没有一只蝴蝶？为什么你身边那个其貌不扬的女人却每天都有男人发来暧昧的短信。或许你会对这种情景嗤之以鼻，但是同样身为女人，你难道不想展露自己女人的能力和魅力吗？相信大多数的女人都希望自己会成为别人眼中的焦点。毕竟女人只有被人欣赏，才会越来越美的。

沉默的女人总是给人以别样的风韵，而沉默却不断流露出女性感觉的女人，才是男人心中真正渴求的梦中人。这便是所谓的此时无声胜有声。她的眼睛会微笑，会对你表达出她对你有意思，会对男人表示认同与认可。而且，当一位异性对你眨眼睛或是时不时地看你一眼的时候，你就可以判断出，她或是他对你产生兴趣了，这便是一种无声的暗示。

这就是一种眼神的交流，在恋爱的过程中，语言有的时候在感情面前便会显得很苍白。就像千篇一律的"我爱你"，已经被很多的人视为一种没有新鲜感的表达爱意的方式，而且在这种空洞的语言里，男人或是女人总是没有办法从对方那里得到充分的爱意。

在这个时候，何不采取一种无声的方式，用一种魅惑的眼神，将自己的爱意充分集中在这一双眼睛里，含情脉脉地注视着自己的爱人。相信无论是男人或是女人，都会陶醉在这双充满爱意的眼睛里而不可自拔的。

暗恋者的目光

很多时候，我们总感觉一个同自己说说笑笑的异性怪怪的，这种怪并非是行为举止上的怪异，而是你不知道从哪里说起的"怪"。当遇到这种情况的时候，不妨仔细地看一下对方的眼睛，看看这双对你有所期待的暗恋者的眼睛。

研究发现，当一位女性暗恋一位男性的时候，她总是会努力表现出自己无所谓的姿态。比如，在与对方交谈的过程之中，她偶尔会表现出一副"傲慢"的姿态，比如看了你一眼之后，便装作把自己的目光移向了别处，眼神游移又没有固定的目标，而后表现出一副无所谓的姿态，其实这里边的语言就是"我在你面前觉得很不好意思，在你面前我会很害羞"。特别是这位女性平时对你表现出自大的关心的时候，这往往与她独立的性格有着很大的关系。对于这样的女性来说，暗恋者是对她们最贴切的称呼。这只是她们想要吸引你的注意，却又担心被你看穿了心思的缘故。

大多数时候，我们对自己喜欢的异性总是保持着期待的心情。相反地这种期待也让一个人小心、谨慎，怕自己稍不留意泄漏了自己的感情，而让对方远离自己。所以总是谨小慎微地让自己的动作"保守"，这也让很多被暗恋的人无从察觉。有的时候甚至会让一段感情远去，却是让人唏嘘不已。

另一方面，暗恋者的眼神里总是充满着爱意的，而这些也正是热恋中的男女所缺少的一种情调。随着感情的升温，两人之间越来越熟悉，但是之间浪漫的含羞热情却越来越少了，也让双方觉得感情也越来越平淡。这个时候，不妨把自己定义为一个暗恋者，以暗恋时候热情的目光去欣赏你的爱人，而这种感情也是对方能够感受到的。

眼睛不自觉睁大

我们有一句俗语，当形容一个女孩子机灵的时候，总会说她的眼睛扑闪扑闪的，就像是会说话一样。当然这是形容一个女孩子的灵动，但是从另一个角度我们也可以看到，我们的眼睛也是一个很好的表达手段、表达途径。

遇到喜欢的异性的时候，即便你抑制了自己表达喜欢的语言，让自己的肢体动作不至于那么明显，但是你却很难控制住自己的眼睛。这双心灵的窗户在不知不觉之间，已经把你的想法泄漏了。面对喜欢的人，我们的心情总是非常地好，当然这个心理反映在脸上就是容光焕发，你的眼睛也会因为高兴而睁大了许多，这是潜意识的一种展示自己的方式，是让自己有更大视角空间的不自觉意识，同时也是吸引对方的一种无意识行动。

一个人面对不感兴趣的东西的时候，眼睑会不自觉地闭合，眼神也是暗淡无光的。在电影中通常有这种镜头，一位备受追捧的漂亮女生，身边围了很多的追求者，但是她的眼神却是没精打采的，眼睑也是微微合着，似乎是不想看到眼前的事物一样。此刻，她心爱的男士出现了，她的眼睛不自觉地睁大了，眼睛里也有了光彩，就在这一刻，她开始热情地和身边的男士交谈，但是眼神却不自觉地瞟向她所喜欢的男士。

女性多是情感性主导的群体，所以喜怒总是喜欢露于色，这样也让她们的心思变得外露，而且动作、表情也是非常丰富多彩。所以，面对喜欢的事物的时候，也会让人一眼就看出了她的心思。而对于聪明的男士来讲，他们看到女性的这些变化，便可以洞晓一个女人对自己的心思，从而选择是进，还是退，以免落入一个麻烦圈子里。

"主动"的模仿动作

在一个场合之中，是否是相爱的恋人或是恩爱的夫妻，总是能够被细心的人发觉到，从而注意到了自己的言谈举止。这样的人往往是最受到聚会活动欢迎的，因为他们清楚要适时地给别人留下二人空间，不让自己过分地参加到他们私密的小空间里。

研究发现，大多数相爱的人总是会自觉或是不自觉地培养一些与对方极为相似的动作。这其中有吃饭的习惯性动作，或是脸部细微表情的一些变化，有的时候连与人交谈的方式都会出现相似之处，有的时候还会同时夹住一块菜，或是同时拿起一杯饮料。

对于恋人来说，他们想要维护一种长期的关系，想要建立一个属于两人共同拥有的私密空间。所以在这种心理原因的主导之下，相似性动作建立起来的默契感就变成了他们潜意识之中的一种追求。他们看到对方的行动，会不自觉地模仿，或是在长时间的接触之中，形成了一种条件性的反射行为。不论是自觉还是长期性的习惯性动作培养起来的，这都让他们建立起了这个空间，而这个才是最终的目的。

当你想要观察一个人对你是否感兴趣的时候，不妨改变一下自己的坐姿，看看对方是否会跟随着你做出同样的变化。当出现你预料的改变的时候，说明对方一直在注意你的行动。对于大多数的女性朋友来说，总是希望考验自己的男友是否忠诚于自己。在了解了这个模仿的恋爱心理之后，你不需要再让你的男友再回答"落水之后，先救他妈妈还是你"的问题，也不需要让男友立一个全心全意爱你一个人的誓言，这些表面性的语言并非代表了他真实的想法。此时，不妨改变一下自己的姿势或是拿起一杯饮料，看看对方是否跟随着你做出同样的改变。

"斜"眼瞟人不一定是无视

在西方的观念之中，两个人交流的时候，要目光接触，才可以体现两个人的内心坦然，在东方传统的文化观念里，在谈话过程之中的直接接触反倒显得不礼貌了。而东方人在久而久之相处、交往、交际的过程之中，练就了十足的隐藏自己眼神的功力，也可以称之为含蓄。

在一个公共的空间里，来了一位十分漂亮的女士，所有人的目光都被这个女士吸引了，有的人投去了欣赏的目光，有的人投去了嫉妒的目光，但是有的年轻的男士却对这位女士视若无睹，并且很快将自己的目光移到了别处。其实，在我们交往的过程之中，如果一个人对一个人产生了兴趣，一般并不会把自己的目光放在那个人身上太久。他会很快地转移自己的目光，让人以为自己没有非分的想法。其实，恰恰是这种反常的举动，把他们内心的真实想法出卖了。

当面对年轻漂亮的女性的时候，很多男人对于这些欣赏性的事物总是有着很大的兴趣的，但是为了避免让自己的形象遭到别人的非议，他反倒会极力地压抑自己的情绪，进而做出反常的举动。但是如果对她有着很大的兴趣，有的时候会采取偷偷斜视的办法的。

当我们看到这种行为的时候，难免会觉得好笑，甚至会觉得这些男人是有些孩子气的。其实，这些都是情有可原的，出于内心的一种好奇心，但是又要受到社会道德的制约，这就让这些男士难免会竭力地采取一种措施，可以满足自己对对方样貌的好奇心。所以，斜视成了他们的不二之选。

这样的做法，在女性之中也是经常可以遇见的。女性相对男性来说，要受到更大的道德观念的压抑，所以她们面对自己感兴趣的人，总是要受到这样或是那样想法的牵绊。从女性心里来说，直视一名陌生的男人，是需要一定勇气的，何况是面对自己感兴趣的异性呢？所以，当一个人露出这种反常的举动的时候，不要觉得他或是她做事情鬼鬼祟祟的，任何人都会遇到这种情况。一旦你遇到这种事情的时候，你就能够感同身受了。

眼神与手的动作配合

从生理的角度来讲，在日常生活中，女人的肢体动作要比男人多很多，这与性格或是社会责任有很大的关系。所以在很多女人的身上，她肢体的一些动作，相应地就对应了她内心的一种想法，她想要表达的一种态度或是感情。而当动作与手部动作结合的时候，这种想法就表现得更加明显了。

在一场演讲之中，只看见演讲者在演讲之前先用眼睛扫视一下四周，这种眼神起到了组织与控制的作用，在场的观众也受到了这种眼神的作用，开始把自己的精神聚集在演讲者的身上，而身为演讲者的人，在台上对周围的环境有了了解之后，便开始了自己气势磅礴的演讲。演讲的过程之中，他的嗓音、手势与眼睛里迸发的情感一气呵成，在场人员都被其气势所震慑。当出现冷场的时候，他的眼神又会变得极具鼓动性，手势也开始变得很有力量，在这种双重作用之下，会场的气氛又会被推上一个新的高潮。

同样地，在恋爱之中，具有鼓励性的眼神和表达爱意的动作，同样会令恋爱的感觉增色不少。根据调查显示，大多数的人总是希望在两人相处的时候，恋人能够用充满爱意的眼神看着自己，同时用手温柔地抚摸自己的脸颊或是别的身体部位，都会让当时的氛围充满浪漫的感觉。而这对于女人来说，更是一种温柔的撒手锏。

心思灵动的人，眼神会比较灵活，同时她的手部动作也会非常频繁，整体给人一种活泼、欢快的感觉，而一旦她的手势动作与眼神情感不相符合的时候，就可以看出，此时她的内心有一些想法，心情非常低落。作为爱人，在这个时候，要适时地调节一下这种低沉的气氛，只有这样，当初那个活泼好动的她才会真正地开心。而女人总是希望能够找到一个了解自己内心想法的男人，通过这次行动，你在她心目中的位置，当然会更加重要，更利于两个人之间关系的和谐发展。

手部的邀请姿势

每天我们都会看到我们熟悉的双手，但是渐渐地我们也忽视了这双手的灵活性、机动性和语言属性。我们的双手一方面可以帮助我们完成一些事情，同时也可以辅助我们表达我们的感情。科学数据表示，我们的双手对于振幅只有 0.00002 毫米的振动都能够感觉到。

而且在我们日常生活的交流之中，我们经常会运用到我们的手部姿势，有的时候，还可以用我们的手代替千言万语。在一个心爱的人面前，一个彼此默契的手势会让两人一整天都很幸福，一个简单的手部动作，可以让人知道你内心的爱意。聋哑人就是通过他们的手势，表达了他们的生活，展现了他们的喜怒哀乐，同时也让我们看到了另一个温暖的世界。

在大多数的情况下，人们的手总是在意识的支配下做出一些不被人所注意的一些手势。它会无意识地进行一些心理语言的描述，比如，她想邀请你去她家里去坐一下，但是又由于羞涩而讷于开口。这时候，如果你看到了她有些不舍的表情，再稍微留意一下她手部的细微的动作变化，可以发现，其实，她是很想邀请你去做客的。

作为一个男士，如果此时你主动提出，"难道你不想请我去坐一会儿吗？"既不失风雅，又避免自己被拒绝处于一种尴尬的局面。在这种聪明的"领悟"之中，你们的关系或许可以更上一层楼了。所以，恋爱的机会总是为那些聪明的人所准备的。

现代关于人的手势研究的书目如雨后春笋般络绎不绝，这正是因为我们的手，作为肢体之中最灵活、最敏感的部位，从这里，我们可以窥探到一个人的内心世界。

张开双臂拥抱

在平时的生活中，你是如何表达你的热情的？很多人说，自己会笑盈盈地去和对方谈笑风生，有些人也会说，自己尽可能表现得礼貌周到，也有一些人认为，一个简单的拥抱就可以代替这些繁冗的语言和礼节程序。

分别一段时间的恋人，再次相见的时候，会不自觉地张开自己的双臂拥抱恋人，在这个时候，只需要一个简单的拥抱就可以表达自己所有的思念。恋爱的时候，吵架在所难免，这个时候，话说的越多、解释的越多反倒会让对方情绪更加不稳定，这个时候，一个简单的拥抱，就可以让你的恋人情绪暂时镇定下来，同时也会让她感受到你的爱意。

拥抱对于人类来说，不单是一种社交行为，在日常的生活之中，拥抱充当着更加有意义的传递爱意的工具。人在某些情景之下，由于情绪而引起的身体的恐慌，在言语的安慰下倒不会显示出多大的作用，反倒一个简单的拥抱会让对方的身体镇定下来，在彼此的温度作用下，感受到你的存在，感受到你的情意。

而在行为学之中，当一个人对你张开双臂的时候，这时候他的心思也是对你敞开的。她的内心已经接受了你的存在，而你的存在也让她的内心有了安全感。恋爱中的人，敞开怀抱拥抱对方，不但是表达爱意的一种方式，更是对双方关系存在的一种认可。当一个男人或是女人主动拥抱你的时候，这表示，她或是他已经把你融进了自己的生活与心理。这种心理层面上的暗示，对于恋爱的双方也是一种最容易被认可的语言形式。

裸露双足

在西方的观念之中，当一个女孩在男孩面前脱掉脚上的鞋子的时候，通常是一种性暗示，此时的男女双方心领神会。但是在中国的传统观念的主导之下，如果一个女人在男人面前脱掉自己的鞋子，在害羞心理作祟的情况下，往往会让两个人尴尬。所以，当这个动作出现的时候，要谨慎处理。

《倚天屠龙记》里，相识之初，张无忌因为看到赵敏的双足而害羞，同时赵敏也因为自己的双足被张无忌握住，本来大大咧咧的性格的她也脸红心跳了。要知道，这样的情节不是单单出现在电视银屏上的，在日常的生活之中，女性的双足在一个封闭的空间被异性看到或是握住，都会产生紧张感、脸红、心跳，甚至会因此而对对方产生好感。

可见，双足对于恋爱中的男女也是极具暗示性的。甚至于一些极具喜剧效果的挑逗场景，也是缘于女人的一双足。在电影中，一位性感十足的女杀手为了要达到自己的一些目的，而在餐桌下边，将自己的一双脚裸露出来，在男人的腿部摩挲。这位男士于是心领神会，对这位女士的暗示也受用。

这不单单是可以用在电影中的，对于日常生活中的恋爱男女来说，也完全可以利用这种技巧来增加生活的情趣。女人的足部对于男性来讲，也是一个性感部位。而作为女性来讲，要学会利用这种优势，不要被害羞所束缚，要学会绽放自己身为女人自我的魅力。女人可以在男人的眼中更富魅力，而男人也会由此看到了自己恋人的性感的另一面，对女人更是关爱倍加。施展一下这种对生活百益而无一害的小情趣，何乐而不为呢？

站姿有点慵懒

在恋爱的过程之中，很多女生或是男生对于自己恋人慵懒的站姿很是反感，于是就会采取一些过激的言辞，以至于让对方的内心非常灰心，以为对方对自己的一些放松下自然的心态难以接受。这种事情在恋爱中，可以说是屡见不鲜。

小 A 和小 B 是大学里的一对恋人。小 A 是一个性格很随和的女孩子，这个性格也是当初吸引小 B 的优点。但是随着两个人交往时间久了，小 A 对男友小 B 的依赖也越来越强，而且她的心理也慢慢地松懈了下来，一直认为她随和的性格才是吸引小 B 的所在。

所以，在两人约会的时候，小 A 的装束开始不再精挑细选，不再在出门之前的两个小时就在考虑要穿什么衣服。而她的身体站姿也因为性格的原因，显得有些随意、放松了下来。刚开始小 B 对小 A 的这种变化有所发现，也偶尔提醒她要注意一下自己的站姿，要挺拔、精神起来。但是小 A 却没有在意，久而久之，小 B 对小 A 发火了。这件事情，对小 A 的打击非常大。

其实，在处理这件事情的时候，小 B 确实对于这件事情过于苛责，或许他应该从另一个方面来看待这件事情。对于不同的女生来说，并非只是女为悦己者容才是一种真心喜欢，对于一些性格的女生来说，面对一个自己爱的人，她的心理防线会放松下来，或许会体现在她的站姿、服饰装扮开始生活化，与你相处的时候也慢慢地放松。

当面对这种情况的时候，不要一味地从单方面去看待这个事情，或许，你应该认识到，这个才是你喜欢的本相，而这一点也才是恋人真正吸引你的地方。不要因为自己的妄自揣测而失去了自己最爱的人。

我们在日常生活中的习惯性动作，都是长时间积累下来的个性语言。所以，当对方的站姿显示得有些慵懒的时候，他或许是累了，她或许是心理防线没有了，这其实都是爱的语言。有些时候，不要过分地苛责，用多一些欣赏的、理解的眼光去看待自己的爱人，你会发现自己的苛责所造成的伤害是多么无知。

身体方向的偏向

行为心理学上对于人的肢体语言有很多的研究，其中，一个关于身体整体语言也有一段很精彩的理解："当一个人对你有很浓厚的兴趣的时候，他的身体会不由自主地靠近你。这种现象就跟蜜蜂会在花朵的吸引下，去停靠在花朵上一样。"顾名思义，蜜蜂对于花蜜有着生理上的追求性，同样，一位男士对于心爱的女士，也会如飞蛾扑火般奋勇追击。但是当一切还处在模糊的状态的时候，他的身体也会不自觉地偏向自己的目标。

原始的男性特征让男人仍然保留了发现目标、主动出击、捕获狩猎的习性，而在文明的时代里，男性把这种品性也带到了自己的恋爱生活之中。在这个"捕获"的过程之中，男人一旦决定了目标，会不自觉地将自己的身体朝向着那个方向，密切地关注着她的一举一动，并且对"猎物"的变化，也会做出自己相应的调整变化。

身体不自觉偏向，这个习惯性的动作行为是我们日常生活不断积累而形成的，是在经历了各种人情世故之后形成的一种身体语言，比如当你不喜欢一个人的时候，即便你不得不和这个人有所交集，但是你的潜意识已经指引着你的身体偏离了这个人所在的方向，会不自觉地产生想要离开的身体行走意识。

然而当一个人对你有兴趣的时候，她也会不自觉地向着你的方向移动身体，从这里也可以发现，为什么恋爱中的人在聚会的时候，总爱腻在一起，这是意识中主导的身体的爱好倾向，也让恋爱中的人身体总是倾向于朝向自己的恋人。

在一个陌生的环境里，一群人在聊天，突然一声巨响，所有的人都受到了惊吓。时间定格在这一个瞬间，你可以看到所有人惊慌失措的表情，当然，在这个时候，有的人采取自卫的手势，有的人依偎在了一起，这时候，你可以观察那些依偎在一起的人。在这个场景之中，相互偎依在一起的人都是熟悉或是对对方心仪的人，由此我们也可以发现，当遇到危险的情况的时候，我们的潜意识总是带领着我们的身体到达一个自己所认为的安全地带。

交叉腿缠绕方向

在与别人谈话的时候，为了调整自己的坐姿或是缓解自己的情绪，总是不自觉地去调整一下自己的身体姿势，而这其中，两条腿的姿势的相互交换频率就显得多了。我们有一句话叫言多必失，但是动作多了，同样也会反映一个人的心理活动。有的时候，人的身体动作要比一个人的嘴巴更真实。

在一场聚会之中，众多人都在一起谈笑风生，仔细观察，你就可以发现一些人腿部交叉的变化。随着聚会氛围的"温度"慢慢升高，很多人的心情也开始慢慢地放松，由原来紧绷的神经慢慢地放松了下来，这时候，你的腿部就开始"说话了"。

女性的双腿开始缠绕，这是女性所特有的一种姿势，而且这种姿势是男性很难做到的一种姿势。两条腿缠绕交叉在一起，是一种非常自爱的标志，同时也是女性非常自信的一种表现方法。让女性的曲线美更加完美地展示在别人的面前，同时，也增添了女性身上的一种妩媚的性感。

采用这种坐姿的女性，在心理上是要展示自己的一种魅力，由此可以看出，要么她是一种性格极为突出的女性，要么就是对自己旁边的异性有兴趣，这也是一种暧昧却不失涵养的暗示。不论在哪个国家，社会都要求女性具有一种含蓄、典雅、知性的美，特别是在聚会之下，除了服装打扮要得体之外，更重要的是一个人的身体姿态更要符合既定的规范。所以，当一位淑女在面对自己心爱的男子的时候，既要保留住自己得体的姿态，又要表露自己的心声，在这里，坐姿、腿部的小动作就是一个非常隐秘却不失风范的不二选择了。

而对于男性来讲，当他的一只脚的踝关节放在另一条腿的膝盖上的时候，可以看出，此时的他是在向女性表达一种男人味，这是男性的一种原始的被追捧的需求。这时候的女性不要对这个动作产生反感的情绪，此时的默然在男性的眼中看来是一种认可的态度，或许就是从这一刻，让男性觉得，你真是一个善解人意、温柔的好姑娘。

抚摸皮肤

恋爱中，恋人之间的相互抚摸无疑是表达爱意最重要的一种方式。

这其中有两个方面的暗示性意义。首先是自己不自觉地摸自己的皮肤，其次是触摸别人的肌肤。对于后者来说，众所周知，这种抚摸皮肤的动作，很具有暗示性，通常也是热恋之中的男女一直存在的一种亲密关系。

那么对于前者，却是我们并不怎么了解的。自己抚摸自己的皮肤，会有什么样的含义呢？通常，当某人对一个人发生兴趣的时候，就会希望对方可以对自己有同样的反应，继而会希望自己可以被对方做出自己希望的动作，从而下意识地自己会采取一些行动。比如，在看一场感人的电影的时候，当人们发现对方吸引自己时，就会下意识地做出希望对方做出同类别的动作。

在一般性的场合之中，或许这种暗示性的动作并不是太明显，但是如果细心的话仍旧会发现其中的秘密。在和自己的恋人对话的时候，往往会不自觉地抚摸自己的皮肤。可不要忽视掉这个小动作，由此可以看出对方对你身体的一些需求，说明她想要被你抚摸，此时的她并没有注意你在说些什么或是想要表达什么，她只是在遵循她的一些心理需求，想要得到你的一些安慰。

其中，抚摸腿部的肌肤就是一种很明显的暗示，也是最为常见的一种方法。在谈话的过程之中，对方似乎是心不在焉地抚摸着自己的腿部，而这其中她所要表示的语言就是：我对你抱有很大的兴趣，在我眼里，你是一个很有魅力的人。

其次，很多女性总是喜欢在交谈的过程之中抚摸自己胳膊周围的皮肤。这是一种很常见的现象，以至于所有的人认为这只是一种习惯性的动作而已，其实不然。当一个人的手不知不觉地放到自己的另一只胳膊上的时候，这是一种防护性的潜意识行动，表示她此刻在心理仍对你有一种陌生感。

再者，恋爱中的人，假如她把手搭在了另一只手上，却说明了她对你是怀有兴趣的，希望能与你有手部的接触。此时的你，假如霸道一点拉住她的手，岂不是成全了她做小女人的心思吗？这个动作所带给她的安全感会让这段关系更加和谐。

指尖摩挲头发

当恋人手穿过你的头发的时候，你会作何反应？很多人都会说，有一种被宠爱的感觉。这是什么原因呢？我们的头皮组织有很多的神经组织，而这里也是靠近大脑最近的地方。当恋人轻轻抚摸你的头发的时候，身体的感觉会告诉人，这是一种表达爱意的方式。而且女人素来对自己的头发很是在意，在头发上所下的功夫也是非常多，比如烫发、染色等等，这些都是爱美、吸引注意力的一种方式。古埃及时期，上流社会的女性时兴佩戴巨大的假发，而且上边还有很多的装饰，这种发饰就是在宣示着一位女性独特的存在。

对于男性而言，女性的头发也是非常具有吸引力的，同时也是男性表达自己爱意之时最想要抚摸的地方。当一个男人有权利去抚摸一个女人的头发的时候，这也宣示了他的一种所独有的特权。在这种爱抚之中，同时也会让男人的心理在这个过程之中产生慢慢的变化。况且，男人对于自己手掌的力量很是自信，这对于任何男人来说都是需要被认可的。所以，当他用他的手来宣示这种所有权的时候，更会激发内心的一种原始男人的战斗力，在这种作用之下，他保护女人的欲望会更加强烈。

而对于女性来说，头发是一种心理层面的性感带，当被抚摸的时候，即便在有所洞晓的情况下，仍旧会有一种猝不及防的感觉，反倒让女性有种"受宠若惊"的喜悦之情。这种感觉会让女性在两人交流的过程中，由心理产生一种舒适感。所以，对于一些敏感的女性来说，被自己的男友抚摸头发就会感到男友的宠溺之情。

同样地，男人的头部有的时候也是需要女人的抚摸的。随着社会压力的增大，男人肩头所担负的责任也越来越多。而对童年时候母亲的疼爱就会更加怀念，所以，通常他的爱人就填补了这个角色。大多数的男人总会喜欢自己心爱之人抚摸自己的头部，这在男人看来，是一种充满了爱意的举动。很多女人都表示，每当自己抚摸自己爱人的头部的时候，他总是表现得更加热情，脾气也更加温柔了，这便是他的心理得到满足后的最诚挚的表现。

胸部语言

胸部，是女人一个很重要的部位，它不但是女性的生理象征，而且是个人魅力的象征。古往今来，多少女人为了自己的胸部做出了各种各样的保养或是保护措施，因为这是作为女人的一种很重要的特征，而在当代这个开放的社会之中，胸部有的时候，还能充当女性的武器。

当然，在这里也蕴含着女性心理的语言。在我们的周围，随着年龄的增长，越来越多的人会关爱自己的胸部形状、健康等等，更有很多的医院或是胸垫一类的出现，帮助女人把自己的线条突出的更完美。所以，对于胸部，对于女人，我们可以看出，这里其实也蕴含着一定的行为语言的。

走在大街上，为什么有的女人会勇敢地凸显自己的线条，而有的女人则显得对这里漠不关心呢？其实，世界上没有一个女人不关心自己的胸部，而是自己的性格让这种关爱内敛或是外露的区别而已。

有的女人走起路来昂首阔步、挺胸抬头，走在路上，似乎想要将所有的目光都收到自己的身上来。这样气场十足的女人毋庸置疑，是一些个性十足、内心十分自信的女人，她们对于自己女性部位的关爱，总是倾注了很多的心血，所以，对于自己的身材，也是引以为傲的。而这类群体，也多以新时代的女性为主，追求个性独立，追求自己的生活理念，大胆而前卫。

但是有的女人走起路来，却显得不那么自信。对于这类的女性来说，她们是一些思想保守，或是一些害羞的女人。对于这类群体来说，在社会交往之中，往往处于被动的一种地位，不会积极主动地去争取，这类人的性格也往往是多愁善感的，总是认为等待就是最好的选择。

所以，对于这个具有暗示性的身体语言部位，一旦女人对一个男人产生兴趣，她的意识会主动地想要男性的目光集中到自己身上。此刻，挺起自己的胸部，表现出一种自信，对于很多女人来说，都是下意识采取的第一行动。

不要忽视吞咽动作

在我们通常的观念之中，认为我们的吞咽动作，只是食物从口腔进入胃部的整个过程，是一种生理上的反射、进食活动。当然这是一个方面，但是如果在生活中仔细观察的话，一个人面对突然情况、面对自己喜欢的东西的时候，也会产生这种吞咽的动作。这到底是因为什么呢？

人在不进食之外，吞咽动作有外界的刺激的结果，也有可能是因为扁桃体肿大和喉咙起泡而引起的喉咙里的不舒适感，当然也可以从另外一个方面来解释。由于外界的一些刺激，比如气味，你面对一盘美食的时候，即便没有吃，人有时候也会有吞咽动作；即便是面对自己喜欢的人时，偶尔也会产生不自觉的吞咽动作。从这里不仅可以暗示心理的一种紧张、愉快，还可以看出他会像去拿食物一样，会采取下一步的动作。

在恋爱的过程里，在两人的相处之中，你是否注意过恋人无意识的吞咽动作。作为一个有心人，不要忽视这个简单的吞咽动作，这其中也许可以让你看到恋人的心理期待。当然，在大多数的情况之下，当我们在面对恋人的吞咽动作的时候，会产生一些不舒服的感觉，这种不舒服的感觉让你无所适从。就像打哈欠会传染一样，吞咽动作有的时候也会传染，在这种尴尬的情况之下，你想逃避开这种情况，但是也知道这样会让自己的爱人感觉到很不舒服。

这个时候，你就要学会改变、适应这种情况，或许你可以试着去帮助恋人缓解一下这个习惯性的紧张习惯。两个人在相处的过程之中，并不是你让对方感到紧张，就是一种爱的方式了。相反，这是一种很幼稚的想法。一段正常的恋爱关系，应该是彼此适应的非常融洽，双方在一种和谐的状态之中。对方因为紧张这段关系，而产生的一系列的身体反应，应该要善待，看到其中积极的一方面，不要一味地逃避对方的一些"身体语言"。

从私人距离到亲密距离

每个人都有一个心理上的空间定义，正如我们所了解的社交距离、亲密距离等等。对于一个恋爱关系来说，我们总是一步步地走进对方的世界，这个世界不单单是一个携手、拥抱的距离，更是走进对方的心里，对于恋爱关系来说，后者是至关重要的。

那么怎么看出你在他的心中是否有一个很重要的位置呢？相信这也是很多年轻人最关心的一个问题，那么本小节就从一个身体距离说明一个心理距离的寓意、象征。

爱情之中的两个人，总是希望能够再靠近一点，但是对于一些情况来说，哪怕只有一厘米的差距，在情况不明朗的时候，过分的侵入对方的距离反而让对方感觉不舒服。回想一下你的恋爱过程，在有些时候是不是因为不懂得对方要求，而进入对方的距离范围引起了尴尬。

所以，学会观察对方对你的距离要求，随机应变，在对方想要进一步的私密距离的时候，不要忽视，巧妙地抓住这次机会，让两人的距离更加亲密。

但是对于私密距离而言，和文化差异也有着很大的关系，这里的差异主要是指其所在的生长环境，包括人口情况、文化传统、群体的道德观念等等。已经有很多例子验证了因为不知道空间定义的差距而发生的许多尴尬的情况。

一对年轻夫妇从丹麦移居到了芝加哥，并且参加了当地的一家俱乐部。这本应该是件非常高兴的事情，但是在几个星期之后，俱乐部里一些年轻的女性会员就反映，这名丹麦来的男士对她们有无礼的行为，但是这名男士却反驳说，因为她们对他有一些性暗示。其实，这一切都只是因为个人空间距离定义的差异而引起的误会。所以说，了解不同国家的空间距离里的差异，对于人际交往过程中，也是至关重要的。

一般的亲密距离是 23～25 厘米，一些国家对这个距离的定义更小。对于美国人来说，一般的亲密距离是 46 厘米，而丹麦人却保持着 20～25 厘米的距离传统，所以在交往的过程中，势必会引起一些不必要的误会。

所以说，在恋爱之中，男女双方不单要注意身体方面的空间距离，更要在掌握了这种距离艺术之后，在它的帮助下，进一步拉近双方的心理距离。

男人摸自己的脖子

在我们通常的观念之中，人们总是认为当一个人无意识地抚摸自己的脖子的时候，是因为说谎引起的紧张、恐慌，抚摸脖子这个动作是为了降低心理的紧张情绪。所以对于恋爱中的男女来说，当一个女人看到自己的男友跟自己交流的时候，无意识地抚摸了自己的脖子，便理所当然地认为对方在欺骗自己。其实，这是一个很大的误区，甚至会因此对于一段恋爱产生阴影。

在我们的脖子周围有很多的神经末梢，当一个人紧张的时候，这种感觉会随着神经控制他的身体，这个时候，人们会无意识地去镇定自己的情绪。按摩颈部，这样就可以舒缓一下神经末梢控制的紧张情绪，可以降低血压、缓解心跳速度。

大多数的时候，对于一个男人来讲，他完全不可能像一个女人一样，让自己的肢体语言非常灵活，当他产生紧张情绪的时候，通常手就是他缓解紧张情绪的唯一途径。一、这个动作幅度不张扬；二、在缓解紧张的同时，还让人不易察觉。而紧张情绪的起因，并不是只有对你说谎才引起的，对于一个男人来说，当一个对于他很重要的事情发生的时候，才会让他产生不能自已的紧张感。

在这个时候，即便他意识中很渴望去抑制这种紧张感，但是身体语言往往却很难控制。一个男人暗恋一个女孩很长时间，终于鼓足了勇气要对这个

从不同的小动作看出不同的心思

女孩表达，内心非常紧张。邀请了女孩出来，准备好了要说的话，但是自己紧张的情绪还是不能够自制，他会不自觉地抚摸自己的耳垂或是脖子。女孩看到男孩子这样窘迫的状态的时候，也大概得知了面前这个男孩的心思了。女孩微微一笑，对这个男孩子表示理解。

有的时候，对于聪明的女孩子来说，从男孩的一些小动作就可以看出他的心思。所以，想要得知男人心，想要获得幸福，你就要学会从这些男性的小动作之中，了解到他的想法，成为他肚子里的"蛔虫"。

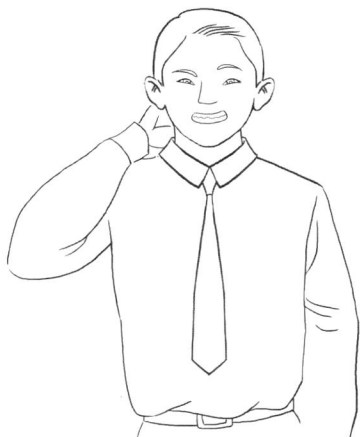

女人低头的心理暗示

在中国传统文化的熏染下，主张女性的三从四德，这种文化思想主导之下，加之几千年的封建家庭的思想打压，使得女性在心理上就处于一种服从的弱势，而在男女性关系的地位之中，也是处于一种被动的地位。所以一旦想要采取主动态度的时候，就沿袭下来了一种含蓄的请求。

久而久之，对于中国的男人来说，在内心中，也有对含蓄女人的一种需求。所以，为了市场应运而生的女人含蓄技巧，开始被女人运用得炉火纯青。什么时候需要一个女人保持什么样的含蓄态度，而含蓄态度如何表现的自然而不矫揉造作，都是这些聪明女人的必备技巧。低头颔首，不但会给人一种谦虚、含蓄的美，而且从这种姿态之中，更能让女人的眼神动作表达得淋漓尽致，彰显出一种女性所特有的韵味美。

恋爱中的男女，经过长时间的接触彼此都很熟悉了，而女人的心态也慢慢地放松下来，不像初相识时候的害羞、不好意思了。但是对于聪明的女人来说，她们深谙，处于任何阶段的男人，都还是喜欢在自己面前害羞的女人，这一方面可以体现自己的阳刚之气，而另一方面，也可以看到自己的女人害羞的一面，同时更增添了女人的娇媚之气。

对于任何一个女人来说，当面对自己喜欢的异性的时候，她总会有些含羞的动作，而不自觉的低头就是一个很明显的标志。这种文化传统对于女性来说，是表达

自己心有所属的一种肢体语言，同时，也认为这是对男人表示歆慕、表现自己魅力的一种小手段。

所以，善于利用自己身体的女人总是聪明的，而含羞、迎合男人的心理需求的女人则生活的会更加幸福。而对于那些大大咧咧的女性来说，有些则会获得幸福，有些则没有。从这里我们可以得知，那些拥有属于自己的幸福的性格大大咧咧的女人来说，她们就能够不用付出地获得这些吗？答案当然是否定的。对于这些聪明的女人，其实，她们也是善于运用自己小心思的"含羞"女人。

多说甜言蜜语

很多人都会感觉，恋爱的时候说太多的甜言蜜语会让人"腻"得不行，所以能不说的时候就尽量不说，特别是对男性朋友而言。说甜言蜜语在他们看来，真的是一种很让人为难的事情，殊不知，对于女性来说，耳朵里听到的对她们的感情会起到很大的推动作用。

但是在两个人浓情蜜意的时候，男性喜欢说一些赞美对方的话。这反倒让女性觉得男性非常过分，认为他们是为了进一步的行动才信口雌黄或是欺骗她的。其实，在两人身体接触的过程之中，男性说一些诸如"你真性感""你怎么这么漂亮"的话，是发自内心的一种期待，同时也希望女性能够对自己的赞美做出身体上的一些反应。所以在这个时候，女性何不从心里认同、接受这种男性表达爱意的方式，让两人的性生活更加和谐呢？

在生活接触之中，多说些甜言蜜语对于恋爱关系的维系非常重要。小 A 和小 B 谈恋爱已经有 5 年的时间了，经过 5 年多的相处，两人的关系慢慢地稳定了下来，对彼此也已经非常了解。但是两人之间的感情却趋于平淡，不似恋爱之初那么浓情蜜意了，两人总有点心不在焉的意思，但是又深知彼此之间是相爱的。有一次，小 A 在上网的时候看到，恋爱时间过长的情侣，可以经常对彼此说些甜言蜜语，可以让彼此之间的感情永远保持新鲜感。

所以，小 A 采取了这个方法，她开始不经意地对小 B 说些赞美的话，而平时工作压力很大的小 B，在刚开始听到小 A 对他的赞美的时候，还有些受宠若惊，但是就是这样的一句赞美，反倒让彼此之间似乎又重新找到了当初相识的感觉。所以在不知不觉之间，小 B 也开始对小 A 说一些甜言蜜语，现在的两人，每天脸上都洋溢着幸福的笑脸，感情不但稳定，而且生活更加甜蜜了，这真是让周围的人羡慕不已。

由此可见，当我们吝啬自己的语言的时候，我们收获的只有平淡的无聊。但是当我们动用我们的语言，让我们的生活充满甜言蜜语，我们的生活会在这些催化剂的作用下，变成另外一番甜蜜的风景。

闻香识得女人心

电影《闻香识女人》相信大家再熟悉不过了。聪明的男人从一个女人所使用的香水就可以判断这是位什么性格的女人，然而再根据所使用的香水的牌子、价格推测她所居住的地方。当然，这是电影夸大一个人聪明所需要的手段，在我们日常的生活之中，这种人才还是少之又少的。

但是作为一位合格的男朋友来讲，或许，你真该注意女朋友身上今天所换的香水的味道了。不同的香水味道，代表了一个女人不同的心情，正如她今天的衣服一样。少女所用的香水、恋爱中女人所用的香水、成熟女性所用的香水味道，这之间有着很大的差别，而这一些差别就可以判断出一位女性的职业、性格等等。花香型女人温和、可爱，果木型女人善良、沉稳，当然这其中还可以根据气味的淡雅分辨她所属的薪资阶级。如果说衣服可以掩盖一个女性的消费水平的话，那么香水往往会将她的价码标识清楚。

但是即便如此，大多数女性对于香水的痴恋还是一如既往。这其中缘由一方面是因为爱美的天性，而另一方面是为了吸引异性。女性的香水味道在男性的嗅觉之间发生作用的时候，一种身高、体型的错觉就会在男性的感觉神经器官产生，从而对女性的体重认知也相应产生误差。对于这个误差来讲，女性可以视为福利了，因为，花香型的香水对于男性来说，会自觉将女性的体重"减少"12磅。

气味对于人类来讲，就像是吃饭一样必不可少，清新的空气会让人神清气爽，温馨的香气会让恋人心肠百转千回。由此可见，世界上有女人的地方，就一定会有香水的味道。

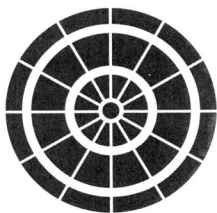

第二十五章
我们结婚吧：
求婚信号

当电话的内容深入家庭生活时

　　热恋中的男女都爱煲"电话粥"，但过了热恋期，打电话的频率就会下降，这种除了有事、平时的例行问候的电话外，走入平淡期的情侣就不大喜欢"煲粥"了。但事情总会在特定的阶段发生转机，比如，其中有一方想步入婚姻生活了。

　　这句话应该怎么理解呢？当有一方想步入婚姻生活时，就很想与自己的恋人分享生活中的琐事，包括自己的家庭里的事，一旦有什么事情要做选择时，会立马打电话给自己的恋人。比如会问起自己的恋人"今天应该如何给父母安排一个郊游""家里要换家具，应该挑选什么款式好？"而且这种电话的频率会很高，毕竟家庭琐事是做不完的，这也是双方互相依赖的表现，这种打电话的内容和时机就和热恋时的"电话粥"差别很大了，也许可能一通电话就很久，但内容绝对不是互相赞美，口头表达"爱你爱我"，而是更多的讨论实际的家庭生活内容。

　　对于女生来说，当你的恋人开始和你打电话讨论家里的事情，那证明他把你已经融入他的家庭生活了，你成为他生活的一部分，也许很快他就会向你求婚了。

把他的一切都告诉你，还在哥们面前提起你

　　男人最怕的是什么？没有面子！所以作为情侣，男人肯定会表现出自己最完美的一面给恋人看，甚至连"放屁"都要等恋人不在的时候才放。

　　当一个男人可以把自己的一切与你分享，不管是高兴的事，还是丢人的事，并且不怕在你的面前出糗的时候，而且当你听了他的分享之后，给他一些建议，有时

候是赞赏有加，有时候会是一些忠言逆耳，他都一并听了下去，并且调整自己。这个时刻作为女方的你就可以确定一件事了，这个男人是深爱你的，并把你当成亲人一般，完全不介意在你眼中变得不完美，因为不完美的他才是最真实的他，他要让你知道他的一切，好与坏。

此外，当他敢在自己的哥们面前大方地提起你，把你介绍给他们认识，并且聚会的时候也带上你，证明他也希望你在接受他的同时，接受他的好朋友。因为有这么一个道理：人以群分，物以类聚。他也希望你多了解他与朋友们的那些志同道合，这样才可以让你们以后的生活更加美满。毋庸置疑，已经想到以后的生活了，求婚的时间就不再遥远。

喜欢上你的兴趣爱好

恋爱的开始，往往是从外貌开始的，但是经过一段时间的深入了解之后，也许会发现，彼此的兴趣爱好有着相当大的不同。这些不同可能会在相处中慢慢被磨平，当然也有可能因为兴趣爱好的原因而让两个人"分道扬镳"。

但接受彼此的兴趣爱好的"等级"只够恋爱，还达不到走进婚姻殿堂的级别。当对方可以喜欢上你的兴趣爱好了，证明你们双方可以走到婚姻的殿堂了。我们经常在一些偶像剧中看到，一些甜蜜的夫妻可以在闲暇的时候一起玩机动游戏，打一场 CS 或者是 DOTA，在游戏的过程中，他们也许会因为一个动作双方争论了一会儿，但这种争论并不会影响彼此的感情，更像是一种相互的交流。对双方来说游戏的胜负并不重要，重要的是他们可以喜欢上彼此的兴趣爱好，并且使之成为自己的兴趣爱好，只有这样的爱情才够资格谈婚姻，也才可能拥有长久的婚姻。

生活细节上更乐意提供帮助

热恋中的人不管多甜蜜，家务上总是分工很清楚，一般都是各顾各的，生活习惯可以不一致。但是如果他突然在你做饭的时候打打下手，洗洗菜，吃完饭后开始帮你收拾碗筷，洗碗，或者帮你晾衣服，开始参与你生活的琐碎，这是他在向你证明他可以做一个好丈夫，可以分担家头细务，更可以承担起一个家庭的责任。

如果她平时不做家务，然后去你家突然帮你叠衣服，收拾房间，扫地倒垃圾，说明她在向你证明她生活上可以照顾你，已经准备好了与你共同生活。双方都试图在向彼此的生活习惯靠近，希望通过一些小的生活改变，来传达出希望关系更稳定的信息。家庭的生活就是锅碗瓢盆、柴米油盐、彼此的理解与体谅。这些是双方开始把生活细节也作为平时沟通的一部分的迹象。

婚姻生活与恋爱有着天差地别。恋爱时，不想洗碗就上饭馆，不想洗杯子就选择一次性餐具。但婚姻是经营的过程，没有那么多可以选择一次性的，更多的时候是面对生活琐事，如果可以在生活习惯上融合成一体，这样才可能促成一段美满的婚姻。

他最近对工作上的成就有些吹牛

你们的关系中他很少主动说起单位的事情，但是如果他最近频频跟你讲工作上的细节，比如最近接到了一个大项目得到一笔奖金，或者成功通过了绩效考核得到上级的好评有望晋升，甚至是他冲过了重重关卡，终于竞争上岗得到了一个很好的职位。一向不说工作的他突然多次强调而且有些吹嘘夸大，那么他是在传递信号，他有坚固的事业基础，收入稳定，经济充裕，有好工作，好工资，好信誉，他有结婚的条件。或许你有自己的事业，可以很好地照顾自己，但是男人的本性是想让你知道他们能给你更好的生活，有能力照顾你一辈子，给你幸福。所以当他想结婚的时候，会向自己的女朋友频繁地甚至有些夸大地滔滔不绝地说工作上的成就，为的就是让自己的女朋友感觉自己有足够的能力承担起作为一个丈夫的责任。

当男人这么说的时候，作为女人，不应该去打击他们，说他们无端夸夸其谈自己的成就，是不是想炫耀什么。应该做冷静的判断，也许他是在为向你求婚做铺垫。如果你在这个时候去打击他，那就等于要把自己的婚姻破坏掉了。

他的表现就像你们刚开始约会那样殷勤

如果你们爱情长跑了很多年，彼此已经习惯了彼此，熟悉得就像左手握右手，感情生活也归于平淡。吃饭都是挑经济实惠的，看电影也是看特价场或者是在家看家庭影院，生日、情人节，这些特殊的日子也没有花心思去庆祝。然而这几个星期他表现出异乎寻常的殷勤，就像刚开始恋爱一样：带你去刚开始约会时去过的高级餐厅吃烛光晚餐，给你送花，吃完饭到海边散步看星星，种种和你浪漫的约会，制造小小惊喜，只因他想让你感受到他对你的爱随着时光流逝有增无减，你们甜蜜依然。这些安排是他们求婚前的预演，带着小小的兴奋，花点小心思，耍点甜蜜的手段，让你感觉到浓情蜜意，然后求婚就水到渠成了。

有这么一句话，爱情是需要保温的，需要花心思经营的，尽管生活和工作的压力会让人有时候无暇东顾去制造各种爱情的浪漫，但当一个男人想结婚的时候，他肯定是充满激情和爱意的，甚至会超越刚追求你的时候。换个角度讲，哪个女人不希望自己的男朋友给自己制造一次浪漫的求婚呢？

他最近经常向你提看似无关紧要的小问题

想花心思求婚的男人大多都希望自己的求婚有意义，终生难忘有特色。所以当他有结婚的念头时，他会开始计划地点，计划时间，什么时机是最好的，这就需要他去发掘一些细节。所以他会开始问你一些零碎的小问题，看似漫不经心地突然想到一个问题，比如问你："咦，如果是紫色跟蓝色你更喜欢什么颜色？"或者是跟你讨论一个话题，喜欢的花，喜欢去的地方，童年有什么难忘的开心的事情。总之就像是装自然的话到嘴边的问起·无关紧要的，杂碎的小问题。其实这些问题都是因为他在收集信息，然后做一个完美的计划，要如何给你一场浪漫的求婚，给你带来人生最大的惊喜，让你记住生命中的这一刻，以后给你们的孩子的孩子的孩子，一代代的讲爷爷跟奶奶的故事。

曾经在电影里看过这样一句话：如果我的男朋友可以给我一个惊喜的求婚，我会感动到当场晕过去，而且我期望他单膝下跪给我戴上戒指。这句话就印证了一个事，女人都期望一次浪漫的求婚，而懂得哄女人的男人是知道这一点的。

突然很关心某个细节

求婚的日子常是有迹可循的，你可以感觉到他的紧张与反常。即使他知道你绝对会点头答应，但是他还是会害怕自己计划好的一切会有闪失。如果是选择在某个地方求婚，他会很紧张你们是否能如时到达那里，即使那个地方你们已经去过千百次了。如果吃饭时他坚持要你点小蛋糕做甜点，说不定戒指就在小蛋糕里呢。又或者他不止一次地跟你确定行程，周末是否有安排，即使周末你们向来都是一起度过。所以当他表现有点反常，但是又只是在小环节上特别地上心，那么可能这个小环节关系到他的计划能否顺利进行。

如果你的男朋友有那么几天，突然对你的行踪那么紧张，每个小细节他都要反复确定好几次，你可不要觉得他怎么变得婆婆妈妈了，他是不是"更年期"来了，这个时候的你肯定要冷静了，不要去反击他的行为，说不定他正在策划一场完美、浪漫的求婚。

和你谈论别人的未来

聪明的、会选的男人都喜欢有主见、诚实、善良、用心的女孩，他们想结婚是因为觉得伴侣能让自己成为一个成熟的男人，所以结婚最大的意义是组成一个新的家庭，也使他们变得更好。

一个成熟的男人会想告诉自己的恋人，现在、未来的计划，也会希望双方可以给彼此的生命带来蜕变，将自己的所有给到彼此。也许婚姻生活要学习的是自我牺牲与妥协的真正含义。但这些话题如果要两个人面对面直接讨论，如果女方完全没有心理准备的情况下，说不定会把女方吓跑。但是如果讨论同一个朋友圈里共同认识的情侣的未来，就会让话题变得比较轻松，彼此也会聊得开，也可以适时地暗示表达自己希望成为更好的男人，并且暗示你就是那个可以促使这种蜕变的人。

未来也许是一个很近又很远的话题，婚姻的生活里往往是在实践着各种计划，如果总是从自己的角度出发也许只看到眼前的自己，停下来看一看别人，会找到更好的方式。所以一个男人懂得选择以这种方式与自己的女朋友交流，他绝对是一个做事有规划、有前瞻性的人，这种男人是值得女人把一辈子都交给他的。

他想要和你共度节假日——不管是去哪儿

如果他突然改变生活节奏，放弃平时与朋友聊天聚会的假期突然约你共渡二人世界，或者从孩童时代就养成的周末打球的习惯突然变成陪你同朋友聚会，甚至是重要家庭团聚的传统节日，愿意陪你和你家人喝早茶消遣；就连平时最看重的长假，也选择是跟你一同外出旅游。他花越来越多的时间跟你在一起，就连时间表都开始变得跟过去大大地不同，这些都意味着他希望用每一个今天为未来创造回忆，希望和你共同建立新的习惯、新的生活方式，他希望回忆里有你们两个人共同的身影。

那些结婚好多年的夫妻，每年都有旅游计划，并且有一张夫妻的合影，等到金婚的时候，一张张照片也串成一个浪漫的爱情故事。当你看到这里，是不是会打心眼里羡慕，如果你的回答是肯定的，那么就把自己的节假日都留给他吧，不管去到哪里，记得要留下你们甜蜜的笑容，等到老去再拿出来，那时候就是该别人羡慕你的时候了。

不再提以前的罗曼史

现代的爱情故事里，要与初恋结婚的故事并不多了，更多是曾经经历过感情生活的两个人走到了一起，进入婚姻。当两个人相处的初期，难免会遇到摩擦，甚至会把现在的恋人与前任做比较。如果两个人出现争吵的情况，往往会口不择言，说出一些不该说的话，比如"我以前的男朋友（女朋友）不是这么对我的，他/她没有你这么……"，这种话说出去的后果是多严重，可想而知。轻则冷战好几天，重则面临分手。

但一对可以走入婚姻的情侣是不会再提起以前的各种恋爱史的，包括以往感情里的人和事，因为过去的就是过去了，现在应该把握和珍惜的是眼前的这个人，以前的人纵然有千般好，也不是可以一个携手白头的人。也只有彻底地忘记过去的美好与伤痛，才可能建筑美好的婚姻生活。当双方已经开始认可对方的性格、爱好，并且把对方的一切看成是美好的，包容一切的缺点。尤其是男人，只有他做到了这一步，他接下来的求婚才有意义。

单膝下跪求婚

当一个男人做出这样的动作，他的意思是非常明确的，就是向你求婚。为什么单膝下跪就是代表着一个男人向心爱的女人求婚呢？

这个动作起源于西方，这与西方人天生好决斗的性格有关，在古代往往要争夺一个女人，是要经历一场决斗的，胜利的那个男人在杀死自己的情敌后，右手把剑尖触地驻起，右膝单腿跪在地面，再将自己的左手按在左膝盖上，深情地向心爱的女人说："我赢了，你归我了。"这时候女人就会充满甜蜜的笑容投入到这个男人的怀中。尽管当代的求婚不再需要决斗，但单膝下跪的行为一直延续下来，很多男士会选择这个动作向心爱的女人表达自己的爱意，同时求婚的时候还会带上鲜花和戒指。

要说求爱的信号，没有哪一个比这个更加直接了，如果自己的男朋友向自己下跪求婚的时候，千万不要被吓到，还要想清楚自己是不是要嫁给他，应该给他一个明确的答复。

提出共同养一只宠物

如果他是一个平时不太喜欢猫猫狗狗的人，而你却对猫狗情有独钟，在恋爱的时候他甚至不大喜欢你总是把喜欢小宠物的话题摆在嘴边。

但如果某天他突然提出共同养一只小狗，甚至是突然带着一只可爱的小狗出现在你面前，给你一个大大的惊喜，这个行为就表明在他的潜意识里是觉得你们该成立一个家庭了，他希望有共同属于你们的东西，而选择你喜欢的宠物就是美好生活的一个开始。通过养宠物来建立彼此更紧密的联系，通过共同喂养宠物，看着这只宠物一天天长大，带着它去体检，带着它去郊游，你们的生活因为宠物而有了更多的同步，有了共同承担的责任与牵挂。当你发现他的这个改变，从一个侧面也正在向你说明，也许彼此有不同的兴趣，可是他正在努力的向你靠近，你感兴趣的他也在学习了解其中的乐趣，你喜欢的他也在寻找感觉。很快你们之间的联系就不止一只小猫小狗，而是彼此组成一个家庭，家庭生活也会让你们两个人有更多的共同话题和兴趣爱好。

邀请你参加他家庭的重要事件

如果当另一半会不断邀请你参加他家里的家庭节日，比如是他/她家里人的生日，或者是集体出游活动都会叫上你，那么证明他/她想让你在他们的"全家福"中占上一席位置，因为如果一个人不想把对方看成是以后结婚的对象，是不会轻易让自己的恋人认识自己的家人或是朋友的。因为让家人认识、了解自己的恋人，也代表着想让自己的家人接受自己的恋人。中国有一句古话说的好"丑媳妇始终要见公婆"，所以把这个"始终"提前到各种家庭聚会里，是一个不错的方式。

如果你要参加自己恋人的家庭聚会，也只需要表现出自然、大方的一面即可，因为做好自己最重要，就算你装得再好，也有一天要暴露。不如就把自己的真实一面展示给大家看，这样大家才可以对你有一个最正确的认识。其实参加这种家庭聚会也不必太过紧张，他们都不是要批判你而来的；你应该高兴，因为你的恋人已经想把你们的关系进一步发展到了婚姻关系了，要让你融入他们的家庭氛围里面。

突然关心在意你的喜好

结婚前的生活总是有很多的选择，彼此有不同的喜好，可以选择迁就或者不迁就。丰富多彩的选择本身就是生活的调味品。当他突然关心你的喜好，甚至是把自己的喜好退居二线时，他心里已经开始有声音在告诉他，生活可以有其他的选择，虽然这可能意味着长久的妥协，但是他愿意为你去改变。

最完美的生活就是要有品质地活着，在长眠地下之前好好地去享受一切，而另一半带给你的

爱好垂钓的人与世无争

是全新的生活和想法。也许本来你喜欢的是刺激的户外运动，攀岩、漂流，可是对方却喜欢比较安静的林中散步、河边垂钓。本来是完全没有交集的兴趣爱好，但当对方提出要陪你去运动，或者是观战、加油助威的时候，就意味着他开始对自己和你的生活有了权衡，他想成为你生活的一部分而且用实际行动告诉你，他可以妥协，即使是需要花费更多的金钱或者时间他都愿意，因为他想与你共度一生，所以他知道自己要如何选择。

与你生活在一起

对于一个男人来说，没有什么事情比让他承诺放弃多年的小窝更可以表达对自己恋人的爱意了。这种"承诺"代表着他已经想要组成另一个家了。证明他们已经成熟了，已经可以不再依赖那个小窝而活，可以真正承担起作为一个男人、一个丈夫要做的事情，不再是在父母的庇护下生活。

对于大多数男人来说，同居可以算得上是结婚的彩排，如果他已经把结婚提上议事日程的话，那么作为一个懂得男人心的女人，也要明白是时候给他一点红利了。

此外，当一个男人乐意和你一起分享自己的私密空间，他一定觉得你有做一个好妻子的潜质，而且你是一个可以与他共度一生的人，因为他愿意把自己的喜怒哀乐与你分享，并且与你渡过每一个日出日落。

不过有的男人在表达自己的情感时很含蓄，作为恋人的你要分清楚他的用意，千万不要把他想一起生活，当成是他抠门，想分担房租而已。

极力邀请你听音乐会或者舞会

如果他是内敛的人，极力要带你去听音乐会或者参加舞会，那么他可能想用音乐的力量或者肢体语言来表现自己的存在，让你收到他求爱的讯息。

我们天生对响亮的声音敏感，因为我们的听觉不由自主地会对其产生警觉。音乐会联系人的思维，让我们不自觉地想要随着节奏运动。所以，热恋的情侣听音乐会，会觉得心灵相通，在音乐里找到彼此。我们常用"高山流水遇知音"这个千古绝唱来诠释这个共鸣。吸引异性对任何物种都是一样，意在表现自己的存在。动物世界里常介绍蜥蜴在树枝上摆动脑袋点头，一边吐出红色的舌头，这是吸引异性蜥蜴的注意。更常见的就是院子里的公鸡踱着步子，高昂着脑袋，晃动头上红艳的鸡冠，把胸膛挺得高高的，不停斗动身上的彩色羽毛，在自己的领地里来回巡走，发出嘹亮的叫声吸引母鸡的注意。所以如果他带你参加舞会，他希望借着翩翩起舞这些瞬息万变的肢体动作跟你表达他的爱意。这种表现自己的行为是由潜意识引导的，我们在音乐中起舞，尽情地摇晃脑袋、触摸别人的身体、抱住喜欢的人转圈，这些表现自己的行为跟蜥蜴、公鸡是一样的。这是典型的求爱信号。舞蹈中重复的动作，声音和触觉，是协调的，有节奏的。在希腊神话中，两性的激情运动也被认为是一种舞蹈。所以音乐会与舞会是听觉与视觉上的暗示与表现。

突然改变穿衣习惯，在你面前打扮入时

平时的他都是朴素的上衣牛仔裤，如果最近你们约会他都开始选择鲜艳色彩、款式潮流的衣服，那他可能正在计划一场求婚，衣着风格的改变是想让你更容易被他吸引。我们会很自然地被风格新奇、着装艳丽的人吸引。在灯红酒绿的酒吧中，男人女人都会尽量的打扮自己，吸引异性的眼光，性感的紧身裤、吊带背心、超短裙，夸张的搭配，全身上下色彩斑斓。事实证明特别绚丽的彩色更刺激，因为那些明亮的颜色会让人下意识地想要去触碰。比如我们看到金黄色的向日葵，我们会不由自主地情绪高涨、开心。所以打扮鲜艳入时是求爱的一个信号，就像孔雀开屏一样，七彩的羽毛就像一把艳丽的扇子，就是求偶的信号。讲究的衣着就像动作一样，向对方传达自己很特别的信息。所以当他的衣服突然颜色变靓丽了，衣服上的线条、图案变多了，让我们的视觉中枢不自觉地产生兴趣，当这些在我们面前展示时，他是希望吸引眼球，勾起你的好奇心，让自己接下来的求爱中脱颖而出。

幻想拥有一个爱的结晶

无论男女，结婚生子是一个人生必备的过程，而繁衍后代也是婚姻生活中一项重要的"任务"，当为人父母才称得上真正的成人。对于男人来说，真正不需要依赖是从做父亲开始，因为只有这时候的男人才真正承担起责任，他需要给孩子树立一个父亲的榜样，需要给家庭生活带来一份安全感，也许只有这个时候，他的肩膀就要变得足够宽广，撑起整个家。

当一个男人对着自己的女朋友说："我们是时候有一个孩子了。"随之对着以后的生活、孩子的教育等内容，进行幻想憧憬计划一番时，就可以充分表明他想成家了。有一些含蓄的男人会用想要一个孩子的话题引出求婚，因为他觉得婚姻是水到渠成的事情，并不需要太多的铺垫，而孩子是你们爱情的延伸，从爱情到亲情的纽带。

不自觉地节省开销

当一对恋人对生活开始变得精打细算起来，不再购买一些非生活必需品，甚至开始憧憬自己的婚礼应该怎么布置，婚纱照应该怎么拍时，就证明他/她对婚姻的美好生活有了期待和憧憬，他们心中也有一个声音"我想结婚了"，通常这样的心态是双方同步的，两个人一起对生活开始有了计划，这样的时候最适合组成一个家庭了。

这种想结婚的信号是比较多见，比如舍弃了一个月一次的浪漫烛光晚餐，改成两个人上菜市场采购，做一顿简单、健康的家常菜；女生改掉了一个月一次给自己的衣柜填"装备"，改成时不时给家里填一些生活用品；比如不再经常去影院看大片，而是喜欢两个人窝在沙发上看电影……种种的信号，代表着他们想结婚了，这时候的男生应该懂得怎么做了，买戒指吧，给女朋友一个惊喜，她一定会答应的。

带你到特殊的场所

有一种名为"园丁鸟"的澳大利亚小鸟，在求爱的季节里，雄鸟会先用树枝搭建一个爱的"小屋"，四壁通风，玲珑精致，吸引雌鸟来小屋接受雄鸟的爱意。这个小屋有很多的装饰，比如蜗牛的贝壳、小石子、羽毛、花朵，总之是它们能找到的任何的饰物，甚至是人造的比如小扣子、玻璃片，尽量让小屋变得奇特，才能让雌鸟心甘情愿的进来。鸟儿都懂得搭建爱的私人空间，用与众不同的手段去吸引异性的目光。

其实人类也一样，营造一个固定的求爱场所，就可以拉近彼此交流的距离。如果他带你去吃烛光晚餐，没有一如既往地坐在大厅，而是提前订好了一个主题小包厢；或者如果他说要过两个人的周末，没有一如既往地待在家里看电影，而是带你去度假小屋放松一下……这些行为都有可能是求爱的信息，因为他希望通过筑造一个属于两个人的特殊地方来表达自己的爱意，这个场所既能让你感到浓浓的爱意，又能让求婚的情节顺理成章，给彼此的未来留下美好的回忆。

现代的人都很懂得浪漫，也有很多求婚的创意公司，如果你是一个男生，很苦恼没有找到一个"特殊"的求婚场所，赶快上网找一个这样的公司，他们会帮助你，会让你有一个让女朋友惊喜的求婚过程。

主动邀请你去参加最好朋友的婚礼

如果他带你参加朋友的婚礼，而且这个朋友还是你不熟悉的，那么就代表他内心是有想法的。因为他选择在这样的场合把你带进他的朋友圈中，除了跟朋友宣告彼此关系外，还在透露一个信息，他不会希望只是随便与哪个女孩分享，你是最特别的那一个，你是最吸引他的那一个，你是他想共度一生的那一个。他的行为代表着他希望你们在别人眼中也是成双成对的，潜意识里他已经把你当成另一半，并希望带给你同样的讯息。如果是带你参加他最好朋友的婚礼，那意义就更深一层了。密友是他在乎的人，志同道合，一起分享过无数的经历，看着密友走婚礼红地毯是个很隆重的场合，他带着你出现，更加证明他已经认定你就是陪伴他走下去的那个人，见密友，也几乎等同于见他的家里人，他希望你知道，他是非常认真地对待你。在那个场合里会遇到不少朋友，当然也少不了被调侃，或玩笑或真心地问道："什么时候轮到你们啊""这样看来，你们俩是下一个吗""接下来就到你们了"，其实他的内心是希望跟你一起听到这些话的，而且你的存在让他看起来很兴奋，甚至有点欢呼雀跃，预知你们俩一起走上红地毯指日可待了。

也可以这么说，他是想参考一下别人的婚礼，然后暗示一下你，可以为自己的婚礼考虑了，你就是下一个美丽的新娘。我们总说"女人心海底针"，想结婚的男人的心也是"海底针"，他的行为总是让你觉得惊喜。

经常冒出像"我们的孩子"这样的词

如果他突然会说，我们的孩子以后要当医生，我们的孩子以后一定不要参加过多的补习，我们的孩子不能太早地谈恋爱之类的话，那么信息很明显，他希望跟你结婚，因为婚姻可以建立一个自己血脉的平台。虽然现代社会的人思想比较开放，容忍度也越来越高，从技术层面讲，不需要结婚也可以拥有一个家庭，也可以拥有孩子与血脉。但是结婚仍然是最基本的建立家庭的方式。而有一个孩子，是男性最男子气概的表现，也是很多男人想要的从婚姻里得到的体验。实际上大多数男人，都不愿意主动建立一个家庭，可能光想想他们都会觉得结婚后的日子不好过，直到他们遇到生命中那个人，那个让他心甘情愿地甚至是期待结婚的人。然后一起开始筑造一个最稳定、最安全的环境。所以如果他说一些如"我不会让我们的孩子那么粗鲁"或者"我们的孩子以后一定不能这样"类似看起来微不足道的话，那么意味着他不仅仅是在设想了，他在期盼这个场景的发生，也许当他自己意识到这个想法时都会吓一跳。

开始挑选戒指

逛首饰店是很多男人讨厌的事情，因为他们受不了那么多款式的首饰，看起来很像，其实细看又很不一样。很多时候他们觉得逛戒指是一件让人头疼的事情。但凡事总有例外的情况，当一个男人突然间去逛首饰店，不仅悉心地比较每一款戒指，从款式到尺寸再到品牌。思考着自己的女朋友喜欢怎样的款式，是碎钻组成型、单钻型还是花朵图案型的，也许挑选戒指要花上不少时间，但这时候的男人都显得特别有耐心，一边挑选一边还洋溢着幸福的笑容，对于女人来说，这个时候的男人是最有魅力的，也让人觉得最有安全感的。

一想就明白，没有一个男人没事会去买戒指，莫非要给自己戴着玩？当然他是要去求婚用的。作为女生，当你的男朋友不断问你："你戒指戴多大的尺寸呀？""你喜欢什么品牌的戒指呀？""你喜欢怎样款式的戒指呀？"这个时候你就大概可以知道他想要干吗了，他肯定不是心血来潮一问而已，他下一步的行动就是想和你求婚了。

带你去浪漫的有关地老天荒的地方旅游

大自然是爱的催化剂，环境会给人制造更特别的感觉。如果你们计划的旅行目的地是象征着爱情长长久久的目的地，那么他可能很快就会向你求婚了哦。他希望可以通过环境让你感觉到他的向往和期待。比如美国阿拉斯加是结婚圣地，如果他提出要去那旅游，也许是给你制造小惊喜哦。又或者是我们经常说的"天涯海角"——海南的三亚，他带你去那里是否暗示希望你们的爱情海枯石烂呢？远离城市，远离原来的生活，像制造一个童话一样，带你去感受天荒地老。在大自然中谈情说爱，比在大城市中更加浪漫。灯红酒绿的城市充满了很多的诱惑，霓虹灯、大型广告、刺耳的音乐，让我们对别人的行为和语言都产生了抵触，反应迟钝，好像缺少了彼此成为唯一的感觉。人类对蓝天碧水的喜爱是一种天性，少女们忘不了法国普罗旺斯的薰衣草，情侣们想要在意大利威尼斯的桥下一吻定情，希腊的爱琴海又是无数人梦想的爱情天堂。我们常说，风花雪月，城市总是给人冰冷的感觉。所以他带你离开城市，在自然中享受恋爱的时光，在绿水高山中，你们就是彼此的唯一。

外出一定不会忘记给你买礼物

热恋中的男女朋友习惯在各种节日互相送礼物，生日、纪念日、圣诞节、情人节……都会精心准备一番，并且提早准备好，生怕某个节日忘记送礼物都会让自己的恋人不高兴。但作为"资深"的恋人，不是在节日才会送礼物。他/她会在看到觉得适合对方的都会买回来，出差的时候会在当地买一点特色的小礼物，尽管可能并不是非常贵重的礼物，也不是会让恋人感到多么惊喜，可能就是一点小吃、饰品或者是明信片而已，但是他/她总是不会忘记对方，是潜意识中的，不需要因为某个节日而精心准备，这个小小的举动也足以让对方感受到他/她在自己心中的地位有多高。

当双方表达对对方的爱已经不需要那些惊喜和刺激，只需要自然地流露时，那么他们已经适合成为夫妻了。对于喜欢把婚姻看成是水到渠成的男人，他们不会花很多心思准备很多精彩的节目和礼物，但他会把另一半时刻放在心里。这种男人也许不会来个求婚仪式，但他会突然在某一天说："明天我们去登记吧。"

送你一瓶香水

如果你没有用香水的习惯，但是热恋中的他突然送你一瓶香水，而这个含义就是他希望通过体香跟你表达爱意或者暗示你需要你借香味跟他表达爱意，营造彼此的安全感。香水代表着无声要求别人注意。他想直接跟你传达一个信息，希望彼此的关注更加密切，关系能够进一步发展。

我们的大脑对嗅觉很敏感，人的嗅觉中枢在扁桃体后，而扁桃体是一种起源于早期鱼类的原始刺激中枢，从嗅觉细胞中接受刺激，所以它带来的情感也强烈、直接和快速。

但要送香水也不是随便送一瓶即可，如果选一瓶古龙水，那你也许就会弄巧成拙了。要送香水，恋爱中的女人也是有讲究的，最好是选择香味为花香或者水果香的香水，因为有实验证明，这时候的女人对花香特别的敏感，也对花香钟爱有加，收到花香味的香水就犹如收到一大束鲜花一般。

关于经济他突然变得非常有责任心

这是一个经济突飞猛进的时代，不只男人，女人也可以有经济基础，因此男人的压力会更大，觉得如果经济收入跟不上自己女人的购买欲望，或者支付不了房价，他们会感觉到挫败感，没有自信心。

如果他开始关心自己的收入，开始跟你讨论自己的储蓄账户，在金钱方面透露的信息是有计划的，甚至还跟你说到养老金等，那他可能是想跟你说，他可以安定下来了，在经济上可以负一定的责任，不需要你风餐露宿。他不会担心自己给不了你想要的生活状态，也不怕被拒绝，经济责任心是构筑一个家庭的稳定因素之一。他跟你的讨论会很坦白，不会遮遮掩掩，因为他觉得你是善解人意的好女孩而不是拜金女，他可以放心地跟你分享自己的计划，跟你谈论家里关于钱的事情。

谈话间总是不自觉地以"我们"为开头

你、我、他是生活中经常用到的人称代词，细心的人不难发现，"你和我"和"我们"的含义还是不一样的，"你和我"给人的感觉就是两个单独存在的个体，彼此之间是可以完全没有关系的，而"我们"看似与"我和你"差不多，但实质上是把"我"和"你"这两个分离的个体在语言的艺术上结合在了一起，形成了一个共有的名词——"我们"。

当一个人对你有意思的时候，他会时不时地说出"我们"这样的词，好像把"我们"挂在了嘴边。"我们的周末""我们的晚餐"……这些"我们的"就在无形之中把你们两个人的"财产"划为了共有的性质，这样在讨论事情的时候，感觉双方是一起存在的，在心理上也可以把两个人的距离拉近一些。还有的人会提议说"不如我们一起养一只小狗吧"，这个时候你不要单纯地只因为喜欢小动物就轻易接受，因为两个人一起养的宠物在某种程度上来说就像是你们俩的"孩子"一样，你们需要一起关心它的健康和基本情况，需要一起照顾它，这样你们就会有更多时间在一起，也会有说不完的话题。

这个信号多来自于男性，就是在谈话间总会不自觉地以"我们"为开头，这种信号不仅是与恋人在聊天的时候会出现，与家人、好朋友聊天的时候也会不自觉地把"我和女朋友"变成"我们"。因为他们默认了大家都同意了"他和女朋友"的关系，也默认了他们会成为夫妻，并且这个时间不会太远了。这个时候就代表他的意识中已经将恋人视为结婚的对象了，而且想法是十分坚定的。因为大部分男人如果不是很坚定地想娶自己的恋人为妻的话，他不会轻易地讨论到这个话题上来，更不会潜意识里把"我们"这个词说出来，他们深深地知道，这个"我们"代表的责任有多重大。

男人表达爱的方式和女人有着很大的不同，女人可能"我们"这个词只是众多表达与恋人的称呼之一，因为女人天生就喜欢找安全感，她觉得这么说会让自己有更多的安全感，也想希望借此得到自己男朋友的重视，表示自己的诚意。而男人更多地会觉得这个"我们"是一种责任。因此，当你听到男朋友已经把"我们"挂在嘴边的话，你就暗地窃喜吧，他很快就要和你求婚啦。

对你的小缺点变得更加宽容

有人说：白头偕老这件事其实和爱情无关，只不过是忍耐。按这个说法，那么忍耐是一种爱，一种修炼，所以，那个真正爱你的人，其实就是愿意一直忍耐你各种缺点、脾气的人。

女人任性、耍小脾气是常有的事情，年轻人常常也会因为那些鸡毛蒜皮的小事导致女方发脾气，最后男方忍受不了，走到了爱情的尽头。但一对可以长久的恋人是不会把对方的脾气、缺点当忍受看待，而是去接受它、宽容他。当一个男人不再对恋人的个性吹毛求疵，而是对恋人的小缺点频频默许甚至是有些溺爱，这就证明他是在进一步地理解、接受对方；也证明男女双方之间的相处越来越成熟，更加了解彼此的脾气与喜好，也更加了解彼此的底线与不足，所以自己是不会轻易去触犯对方的底线，更不会去试图改变，而是选择接受、包容。

同样地，男人会把所有的好与不好都展现在你面前，同时也希望当你感受到他的宽容的时候，明白到他的用心，对他更加地信任与坦白。如果一个男人不是下定决心要和一个女人一起走到最后，他根本不需要对你表示出这种宽容与溺爱，也只有面对心爱的人才会付出如此的耐心。不管你信还是不信，当面对自己想白头偕老的人，无论是男人还是女人，都会不以为然的纵容你所有的习惯，而婚姻生活恰恰需要这样的包容作为基础。

频繁地提出分享的建议

刚开始热恋的人身上都还有单身留下来的习惯，不习惯有人分享，或者应该这么说，不想让对方知道自己也有拿不定主意的时候。

如果恋爱一段时间后他有越来越多的期待分享的建议，比如用同一个杯子，刷你的牙刷，账户密码都开始共享，盖同一个被子，一同养一只猫，甚至是开联名的银行账户，甚至帮你的信用卡还钱。这些都是他希望你们能够成为同一体的潜意识驱使完成的。他改变着自己的习惯与观念，把一个人，慢慢地变成两个人，潜移默化，给自己、给你传达共同生活的信息。

这种分享也不止局限在生活的细节，包括大事的决定也会慢慢习惯分享，比如买楼、买车，毕竟两个人的智慧比一个人多。而这种分享也代表双方在金钱上会有融合，如果没有意思成为夫妻，也没有人会这么做，亲兄弟也要明算账了，更何况只是男女朋友。

突然开始跟你讨论银行存款问题

应该这么讲，男人都是爱面子的，就好比他们在恋爱的时候可能会为了给女朋友买一份贵重的礼物，私底下自己却要省吃俭用半个月，吃泡面、饿肚子，但是他绝对不会告诉女朋友这个事情。而男人通常是不会愿意在女人面前表达自己的收入是多少，每个月的开支够不够，或者银行的存款有多少，甚至是生活中任何压力等沉重的话题，他们会把这一切自己默默地承受。一旦他们愿意和自己女朋友谈论"钱"的事情，并愿意与其讨论理财计划，或者是应该如何分配自己每个月的薪水等等，就证明他已经在开始计划婚后的生活了。

有人说过婚前的男人花钱可能会没有计划，但婚后的男人会突然变得"抠门"了，他花每一分钱都要前思后想，而且更喜欢看着存款本里的数字不断增加，这是因为他们成熟了，知道了自己在婚姻里面要承担的责任，所以对于一个开始讨论银行存款问题的男人来说，他肯定想结婚了。

带你频频参加很多已婚朋友的聚会

他带你进入他的朋友圈，而且都是成双成对的聚会，不是已婚的就是准备结婚的。一起出去玩，一起聊天，甚至一起计划朋友的婚礼，是要西式还是中式，婚纱照怎么拍，怎样招呼亲戚朋友，讨论这些细节，就像你们是在安排你们自己的婚礼一样，做一个预演。这些行为不只因为他不想孤单一个人，还因为他希望你明白，这就是他想要的生活，而且这种生活只有你能给。如果这个朋友是他最好的朋友，那更是对你身份的认同。如果都是成双成对的聚会，他收到这些邀请时，是什么心情？他有没有跟你抱怨过，已婚朋友"两对约会"，他不再想一个人参加了。当他的社交圈中绝大多数的人都已经结婚后，他肯定会觉得总是自己一个人有点怪异，可能会远离这种场合了。如果有你，频频地一起参加，那么相信很快，你们就是这个圈子里面的一对准新人了。

他暗示他的生物钟在滴答作响

男人也会担心他们的年龄，觉得身体里滴答作响的生物钟也是在走着，所以他们觉得结婚也是长寿的秘诀之一，他们担心自己成为家里的老头，一把年纪身体开始不受控制，担心给不了你安全感。这个担心也是有道理的，有相关的研究表明快乐的已婚男人比单身男士活得更久。而在加州大学的一个研究就认为单身男士患传染病的概率是已婚人士的 4 倍多，而患上心脏病的概率比结婚人士多四成。意外死亡更是结婚人士的 2 倍。其他研究表明，单身男性死亡率更是比已婚男人高 250%。如果他总在说自己老了啊，怕未来宝宝嫌爸爸老，说自己的孩子必须在自己退休前就完成学业，经济可以独立，说明他想安定下来了，并与你一起开始新的婚姻生活，他更希望在最身强力壮的时候能够照顾你，能够给这个家奠定坚实的基础。

频繁地想安定下来

他也许很喜欢玩，喜欢跟不同的朋友一起聚会，参加不同的派对，每天生活都安排得满满的，和三五个好友看球赛、旅游，这些活动有很多都是属于单身生活的。如果他突然带你参与了这些活动，可能是突然发现单身生活变得无趣，每晚回到家里，看到的是空空无人的房间，黑黑的窗户，自己开门，静得只听到自己的喘气声、心跳声，甚至蚊子飞过都可以听到声音。这一切都开始让他觉得不安，迫切地想逃离，因为这种孤独和漂泊感让他觉得不自在。他就会想开始改变这种漂泊的状态，想安定下来，希望每天回到家你帮他开门，家里有温暖的饭菜，有个等他吃饭的人。所以当感觉到他频繁地想安定下来的状态时，他可能很快就跟你提议，我们结婚吧，这样才可以共同生活一辈子。

所以说，有过往的男人并不可怕，也许精彩过了才会想着安定生活的美好，也许经历过才会更懂得珍惜眼前的爱人。

他在你面前哭泣

如果你们一起看温情泛滥的电影，或者经历了一些悲伤的事情，他在你面前流泪了，卸下了自己男子汉式的"什么也伤害不到我"的盔甲，在你面前流露出了脆弱无助的一面，你千万不要认为他这是胆小鬼或者是不够坚强，其实这时候的他是在做最真实的自己，他觉得在你的面前可以自然地放松的情绪，他不需要努力地隐藏低落的情绪，或者表现出窘迫。而这也意味着他希望自己人生的冷冷暖暖、起起落落，都有你在身边陪伴，他觉得你是给他安全的那个人，可以带给他安慰，也想确信当你看到他脆弱的一面的时候，你会保持冷静，而他也可以不必时时都摆出大男人的样子。

这时候的男人是彻底卸下了坚强的盔甲，而通常他是认定了你，毕竟任何人都不想让太多的人，特别是女人，看见自己的脆弱。这种感觉就犹如很多女人不愿意男人看见自己素颜的样子。

不停地表达你就是那个最特别的人

也许彼此有过很多的感情经历，但是来来去去的人只是为了给你生命中上一课，之前的过往都是云烟，都是学习恋爱、学习理解、学习相处的过程。如果他一再地强调你就是他生命中最特别的人，而且是明确地表达，"你弥补了我生命中所有的遗憾，让我的感情世界更加的丰富，为我的生活带来火花，让我感觉到了生命的意义。"如果他对你说过类似的话，那么他已经在心理上准备好要跟你结婚，共度一生了，你就是他命中注定的爱人，你具备所有他要的优秀品质，给予了他最美好的感受。他觉得结婚可以使他更幸福，给他一种稳定和支持的环境，为他人生其他方面也能够获得成功打下基础。

澳大利亚大学也有研究支持这一想法，已婚男人比单身男人更加幸福。报告中已婚男人的幸福指数比单身男人高 135％。这是一个惊人的对比。人到了结婚的年龄，都会本能地发出一种渴望被爱的信号。就跟无线信号差不多，当有管辖权的信号接收单位收到信号后，会反馈指引信号，两个发射台发射的相同的信号，通常信号越强越容易被接收。当他不停地向你传达出这个信号，是在潜移默化地表达，信号越强，追求的人越积极。同理，渴望被爱的一方越大方，信号越强。

把你的家人当成自己的家人

你们一直都是两个人的约会，平常小情侣的吃饭，看电影逛街，二人世界。突然他开始了解你的家人，话题不再是关于两个人，是你的家人，最近怎样，身体怎样，喜欢什么，不喜欢什么。他希望了解多一点的信息。如果他还不认识你的家人，他会提出要登门拜访。如果他已经认识你的家人，他会更加想融入你的生活，对你的家人嘘寒问暖，定期打电话问候，关心衣食住行，寻找机会尽可能多地相处。约你的家人一起去爬山郊游，短途旅行，对你好，对你至亲的人更好。他希望跟你的家庭有更多的交流，甚至创造机会多让两家人相处，他明白两个人要成为爱人容易，但是组成家庭确很不容易。一辈子的相守不能只靠爱情，还需要其他更多的东西。老公不是一种身份，更多的是一种责任。老婆也不是一种摆设或昵称，而是一种守护。婚姻不是两个人的事情，而是两个家庭的事情。所以当他越来越想融入你的生活，想把两个人的交往变成两家人的你来我往时，他想成家了，想了解你的家人。成为情侣或许只需要爱情，但是成为家人，却是建立在彼此了解的基础上，需要两个人共同努力。他频频地了解你的家人，就是想证明给你，你就是那个他想一直陪着走下去的那个人。

频频与你谈心，谈人生，谈理想

交谈是相爱的双方增进感情的主要途径。愉悦的交谈能为相爱的两个人创造一处特别的世界，关于共同的未来，彼此的追求。在交谈的过程中，双方通过眼神的交流，嘴唇、眉毛、手势等身体动作来发出积极的信号。对方如果脸色泛红、眉毛高高扬起、嘴唇翕张、回眸一笑，会让自己备受鼓舞。愉悦的笑声、点头赞同和轻快的语气都传达暗示着两个人通过交谈进一步互相吸引、信任、依赖，从而在感情上走得更远。虽然语言是交谈中主要的部分，时机、语调、语速，姿态都很重要，特别是眼神，一定要看着对方。如果你们的话题不光是进一步的了解，更是在测试验证对方的情商、智商和对待生命、对待生活的态度，看看是否与自己有共鸣，那么你们的交谈就是求爱中比较深入的环节了。如果对方的答案与期望值相符，那求婚的日子也就更近了。在面对面的交谈过程中，双方肢体语言、面部表情都一览无遗，一切情绪都无处可藏。这就像是猴子和大猩猩用抚摸配偶的皮毛来表达喜爱一样。而强调语气的短语，就是为了传达渴望亲近的信号。比如"嗯哼""好的""是的""你知道的"这些话。

等到关系需要进入到更深层次的时候，谈话本身的内容也许已经不重要了，感情的交流更加重要。他更希望频频的谈话可以建立彼此交流的模式。不只是了解你的人生观、价值观，还希望彼此交流的模式是积极的。

制订很多长远计划，而且每一个都有你

他有着强烈的想和你一起度过一生的欲望，无论他在什么地方，他都希望你日夜能陪伴着他，他无法想象没有你的生活会是怎么样。他会和你憧憬婚后的生活，每天一觉醒来，枕边都有一个人微笑着看着你，或者是满足地沉睡着。跟你一起过周末，一起做饭，一起和朋友聚会，一起去旅游享受生活，更会跟你分享很多很长远的计划，每一个都有你。要在哪里置业，房子的装修想要什么风格，将来如何教育孩子，定值教育基金，然后等孩子长大后，找个地方，慢慢变老，回味年轻时候的时光，还有这一路的分甘同味。你必须为一段爱情做承诺时，一切其实都已结束；当你必须为一段婚姻做承诺时，一切才刚开始。制订共同的长远的计划，是给婚姻的一种承诺。而你就是他生命当中的一部分。

频频试探你是否真的懂他

你们相处已经有一段时间了，他突然变现得像刚认识那样，会聊很多的话题，关于个人隐私之外的兴趣爱好、生活方式，就像在确认什么一样。一些人对自己的爱情非常自信，因为他们对自己的需求很明确，相信自己的判断力。可是有的人却不是，他们缺乏安全感，往往需要一些确定，而这些行为是他正在向你求婚这件事做思想斗争呢。他担心恋爱蒙蔽了双眼，你们彼此把确定当作是个性，当作"酷"。他担心如果你们结婚后这些缺点根本就藏不住，以前的小脾气婚后发展成小矛盾。所以他在结婚前必须好好认识清楚这个他决定要共度一生的人，而且要确定你懂他，愿意容忍他的一些缺点。

有人说："承受不了感情上的委屈，哪来倾心的感情呢？"所以试探就是他们沟通的一个方式。当然了沟通是双向的，两个人要尽量站在对方的立场去看问题，不能没有自己的原则，也不能太固执，要换位去思考。不要把试探看成是不信任，如果有不信任，那也是他对他自己缺乏信心，至少他是觉得你就是结婚的对象，才会选择这样一种沟通的方式。作为女孩子也不要觉得自己的男朋友为什么总要试探自己，是对自己不够信任还是另有目的。想共度一生的话就试着好好去沟通吧，如果这一切顺利发展，你们的婚期也就不远了。

经常借物传情

他送你越来越多小东西，几乎都遍布你的房间了。从椅子、抱枕、坐垫，到牙刷、水杯、相框、手机架、挂饰，甚至是雨伞、钥匙扣、衣服，首饰……他用这些小物件来入侵到你的私人空间，或许还会"故意偶然地"把他的东西留在你的空间里。这些没有生命的对象在这个空间里就是代表他，代表他心中渴望的小使者，被他派到对方的空间，希望吸引你的注意。他送你的纪念品、信件、花卉、礼物，是他的象征。他想把他的一部分跟你一起待在房间里，即使他还没有到过你家，进去过你的房间，但是他的照片被放在你卧室的床头。

这就意味着他想通过借物表达他自己的情感，暗示你跟他有关系。如果他把东西"不小心遗落"在你家，是在表达他并不愿意离去，还想再来，为日后回来提供了一个很好的借口，其实这些借物传情通常是无意识的，是两个人空间对接的纽带。

如果一个男人把他的大衣披在他的女人身上，帮她御寒，送她回家并"故意"忘记拿回大衣，那就是象征在精神上表明彼此有着某种密切的关系。你私人空间里与他有关的小对象越多，他希望与你的纽带更多，他送你的礼物可能会越来越贵，最后会把钻戒送到你手中，直接跟你宣誓想拥有你。我们经常可以看到这样的情景，女孩子经常会把自己男朋友送的礼物拍照，然后发到网上与他人分享，每每这个时候女孩子都会特别地高兴。这样的事不仅男生会觉得开心，女生也会乐意接受，所以这样的方式来表达爱情是不错的，不仅仅是求婚的时候才用到。

与你分享他最私密的事，为你娓娓道来

也许你不是他的初恋，你有点小小的介意，没有在最好的时光里遇上他，知道他有过去之后，你心里开始不安，有点担心，怕你只是替身，而你们之间都是建立在他的过去之上的，他爱的不是你。他察觉到你这个情绪后不是选择逃避，或者是质疑你，而是与你分享他的过去，把你想知道的，他觉得应该跟你说的都娓娓道来，借此表明自己的过去并不是刻意隐瞒，而是那一段好的、坏的爱情已经是过去式，已经画上一个句号了。如果现在你对他有疑问，是很正常的，可是他没有办法抹掉已经发生过的一切，但他愿意把一切都与你分享，希望他的坦白能证明给你他对你是认真的，你不是他的过去，但你是他的现在与未来，他不希望有一天你从其他途径听到关于他的过去，也不愿意当其他朋友在谈及他的过去时，你一点都不知情，也无法做出回应，更不能接受你在听到这一切时是尴尬难堪的。

其实一个男人可以做到如此坦荡时，你就要相信他了，如果他不是有心跟你走到老，他不需要对你坦白，因为你也只是未来的"过去"而已。其实当他对你坦诚的时候你应该暗暗窃喜才是，说不定解开这个结后，他就会带着十分的诚意与漂亮的戒指来到你面前，请求进一步与你确定关系，成为令人羡慕的夫妻。

不会主动打探你的过去

有看过一对即将踏入婚姻殿堂的情侣，给人感觉比别人更加稳重与有默契，但又不知道为什么，后来在交谈中了解到他们都有过一段不愉快的婚姻生活，但是彼此认识的时候都不知道对方有着这样的过往，只是单身的两个人相互吸引、了解，到最后走到一起。当双方确定恋爱关系的时候，双方都主动坦白自己的过去，没有一丝隐瞒，但是他们从没想过要去打探对方，要去查对方的底细，止步于彼此的坦诚，对他们来说对彼此的这种尊重与信任让他们的感情更加的稳固，对彼此有绝对的信任，关注现在。一个想要和你结婚的人不会过问你过去的情况，更不会私下四处打探你的隐私，你的现在与未来对他来讲才是最重要的。不管你的过去是怎样，是美好的还是悲伤的，他都想当一个视你如宝贝的男人，为你遮风挡雨，不再让你受委屈。他选择和你在一起，就不介意你什么样的过去，也觉得没有必要打探求证。他也在跟你证明他可以容忍你的小脾气、体贴你，他可以照顾你、溺爱你，就像你是他的小宠物一样，他给你一个窝，让你以后都不必担心受怕，即使有偶尔的坏情绪他都可以帮你赶走，他对你来讲是特别的，不一样的，让你有永远的安全感。

有时候不禁会感慨，什么时候会遇到这么一个人，如果遇到了肯定会毫不犹豫地嫁了，这种想法是没有错，当一个男人如此待你，他肯定会想你成为他最美丽、最幸福的新娘。

慢慢地从男朋友的角色转换成老公的角色

双方从认识、了解、暗恋、表白到开始约会、热恋，再到谈婚论嫁，心里的定位与行为都是在逐渐变化的。当你观察到男友的行为正在慢慢地进入老公的角色的时候，那么应该他有计划要跟你结婚了。比如刚开始恋爱时，你们是 AA，或者都是很经济实惠的拍拖。但是慢慢地，他在交往的时候不会让你花一分钱，不会再跟你AA，而是开始让你觉得他在经济上是可以满足你的，而且他也已经开始进入一起生活的状态。又比如也许刚认识的时候，他只是约会的时候接送你，可是现在他会希望每天接送你上下班，也绝对不会让你一个人独自回家，独自走夜路。那表示他开始把你纳入他的保护范围了，照顾你已经不单是约会的时候，在生活的方方面面，他都希望能尽量的体贴。又或许刚开始你们只是打个电话发个短信，现在他越来越黏人，跟你有说不完的话，每天都会时不时跟你打个电话发个短信，或者一起午饭，见面没说完的话，回家还要在电话里聊到手机没电，然后道晚安、睡觉。你们生活交叠的时间和空间越来越多，就像是很快要同步了一样。这些小行为的改变，也是他心里的改变，从前的喜欢，到深爱，到许你一世的相伴，行为的习惯都是不一样的。观察到这些点点滴滴的转变，你就可以做好心理准备，他很快就会迫不及待地向你求婚了。

对你的外表的肯定

从古到今，我们都说：女为悦己者容。女人本来就比男人更注重外表。恋爱中的女人总是脸色红润，神采飞扬，更加注重自己的打扮和形象。可是彼此的关系从热恋期到结婚，再到习惯彼此，然后到激情磨灭在柴米油盐中，抚养儿女，经营一份感情一个家庭，10 年、20 年、40 年，再靓丽的容颜都会老去，皱纹迟早会爬上鬓角，曾经的丽人也会在岁月的车轮里蹉跎。女人都担心如果有一天自己容颜不再，身边的那一位是否仍然不离不弃。如果他总暗示你说："即使你没有靓丽的外表，但是你就是我要找的人。我可能也会秃顶，啤酒肚，双下巴。说不定到时我们更般配。"那么他已经决定了要同你一起慢慢地老去，而容颜不是让他有这个决定的主要因素，他只想做个大大咧咧为你添衣，叮嘱你要吃多点，不要贪漂亮只爱风度不要温度的男人。时间也许并不残忍，但是对他来讲，如果真实与美丽两者必须选一个的话，那他希望留下的是真实。即使衰老了，但身边有你的陪伴，就已经足够。

第二十六章
群体的反应差异：性别信号

她戴着戒指：对爱情的态度

　　一般我们都认为，戒指是爱情、婚姻的象征，它虽然只是小小的一个物件，却代表着无限的情谊。但你知道吗？现在戒指饰品受到很多女孩的喜爱，女孩们常将戒指戴在不同的手指上，以表达她们对爱情的不同态度。

　　我们大家都清楚，戴在女孩左手无名指上的戒指代表已经结婚了，它在暗示其他的男性，这个女孩已经名花有主了，请你敬而远之吧！

　　戴在大拇指上的戒指就像古代帝王手上戴的扳指，是权力的象征，代表至高无上的王权。现代的女孩将戒指戴在这个手指上当然不是为了象征权力，而是表现她们的女权主义。这样的女孩一般比较个性，有主见，她们不希望受到爱情的禁锢，而是希望在爱情中起主导作用，由自己来主宰自己的未来。

　　戴在食指上的戒指则表示这个女孩目前还是单身，同样单身的男性可以勇敢追求哦。将戒指戴在食指的女孩是希望自己能获得异性的青睐，她们渴望爱情，可是还没有遇到生命中的真命天子，她们是爱情的守望者。

　　戴在中指的戒指则是订婚的意思。中指与无名指紧紧相挨，订婚也只与结婚有一字之差。中指上带着戒指的女孩已经站在了婚姻的门槛，她们一边享受着爱情的美好，一边憧憬着婚姻的幸福。

　　戴在小指的戒指则是女权主义者的象征。这样的女孩独立自主，她们可能需要爱情的滋润，但暂时还不需要一个异性来依靠。她们可以自己活得很好，爱情也只是她们日常生活中的调剂品。即使她爱着你，你也不可能说服她和你一起走进婚姻殿堂。追求这样的女孩，你需要考虑清楚，她可能不会轻易与你结婚。

当然，我们也经常看到许多女孩手上戴着不止一个戒指。她们将手指装饰得满满当当，其实只是在掩饰她们内心的不安全感。她们用这种夸张的装饰，表现她们对爱情的不在乎，其实她们内心却在一直渴望着幸福，但却又没有勇气去大胆地表现出来。

知道了戒指戴在不同手指上的含义，你就可以通过戴戒指的方式来了解一个女孩的爱情观了。在追求一个女孩之前，一定要看清楚她的爱情观哦！

女孩在你面前怎么搭车

搭车可以说是女性的一个特权。在深夜的街上，或者车流很少的乡间野外，而你又要去很远的地方，可是出租车却根本没有，这时候，搭车就成了女孩解决问题的最好办法。当然这时候要注意安全，不要搭上黑车。

一千个女人就有一千种搭车方式，她在你面前怎么搭车，则反映了女人的性格特点。经过分析，女人的搭车方式一般有以下几种：

柔弱型。男人都有大男子主义，他们天生愿意保护弱小。在无人的街道，一个柔弱的女孩拦住你的车，用可怜兮兮的声音问："大哥，可以载我一程吗？我家太远了，现在又打不到车。"说完还用泪汪汪的大眼睛看着你，你怎么办？只好让她上车喽！这样的女孩一般是深谙男人内心的，她们虽然外表柔弱，但却能以柔克刚，达到自己的目的。

妩媚型。这招也可以称为美人计，既然称为美人计当然不是所有人都能用的，这是美女的专利。这个方法虽然几乎百战百胜，但也经常会有遭到搭讪的风险。用这招的女孩可是相当自信的，她们善于利用自己的外貌优势，能认清现实，但也很容易为自己带来不必要的麻烦，需要谨慎使用。

有急事型。这种女孩属于风风火火类型，她不跟你废话，拦下你的车，打开车门就进去，在你还没反应过来时就大声报出她的目的地，完全把你当成私人司机。她往往会给人压迫感，可能并不是有意，但周围的人总觉得她太强势，其实她只是习惯了把一分钟掰成两分钟用，觉得有一种使命感一直在催促着她。

理所当然型。她搭你的车却像你搭她的车一样，还不给你好脸色看。她与上面的那种女孩还不一样，她的性格很多人不能接受。这种女孩不是强势，只是让人觉得天生就欠了她的，你为她做什么都是应该的，你不要指望能获得一句感谢。

实事求是型。她要搭你的车的时候，会向你详细说明她为什么要搭车，还会告诉你，她不会给你带来任何麻烦，只是因为现在打不到车了，她才麻烦你的。这样的女孩你可能会觉得有点啰唆，但相处久了，她能给你踏实的感觉。她做所有事都有理由，你永远不会觉得难以接受。

看透女人的性格：吸烟的姿势

别说吸烟是男人的专利，吸烟的女人同样具有魅力。你可能不知道，女人的吸烟姿势其实反映了她们为人处世的态度。看女人用什么样的姿势抽烟，就可以知道她们的性格。

喜欢将香烟叼在嘴角，烟头微微向上的类型。这类女性通常对自己正在从事的某项工作成竹在胸。她们认为自己是有能力的，即使前面的路上布满荆棘，她们都不会害怕，不会退缩，面对挑战就是她们对待生活的态度。可是，她们却容易自我，不太在意他人想法，有时候得罪别人在所难免，所以她们不那么善于处理人际关系，在其他人眼中她们比较清高，独来独往和自由自在是她们的追求，不喜欢受到拘束。

夹烟时喜欢将小指扬起的类型。她们敏感，有些神经质，但她们却爱憎分明，性格柔弱，很有女人的韵味。她们大都是完美主义者，也因此而缺乏自信。这类女性还容易发怒，不太能控制自己的情绪。

吸烟姿势，是他鲜明个性的表现

喜欢将手夹在离烟头位置较近的人。她们也是敏感类型的，但她们又很细腻、注意细节，比较在意他人的想法。这类女性做事稳重，虽然有些内向，但谨慎、考虑周全。同时，她们还有比较高的艺术品位。

喜欢将手夹在烟中央位置的人。这类女性能随遇而安，适应各种环境的变化，且她们待人亲切，总给人安全的感觉。但她们又太随和，不轻易提出自己的意见，即使对什么不满意她们也不会讲出来，很慎重。

抽烟时身体会无意识做些小动作的人。这类总是动个不停的女性，一般具有广泛的爱好，不太注重他人的观点，她们喜欢挑战各种生活，不喜欢一成不变，一潭死水的生活会把她们逼疯的。

喜欢吸半口吐半口的人。这类女性一般把吸烟当成感情的寄托。她们感情专一，不会为外界环境所改变。她们通常比较怀旧，直觉敏锐，内心丰富，但又不会对别人诉说，因此她们会觉得比较孤独。

喜欢一整口吸下去，再吐烟圈的人。她们通常比较幽默，具有自己的主见，说到做到。她们追求精神与物质的双重满足，对生活要求较高，她们一般不会满足于现状，会积极工作，以获得自己理想的职位。

女性怎么吸烟也许是个人的爱好，但气质、优雅是体现在举手投足间的，即使是在吸烟时，也可以从中窥见一个女人的性格与内涵，只要你愿意细心去观察。

她有外遇了：一眼就能看出来

你下班回家，是不是发现你妻子在开心地哼着歌，可是你想来想去也不知道最近有什么值得这么高兴的事。当你关心地问一句："什么事这么开心呀？"她却瞟你一眼，马上回答道"没什么事"，就不再理睬你。

你很困惑，她到底是怎么了？这时候只有一个可能，那就是她在除你以外的人那里获得了更多的快乐，你已经不再是她的那个唯一。你是时候要准备做好迎战

"情敌"的准备了，因为她很有可能有了外遇。

女人有外遇的原因不外乎是因为家庭生活不幸福、丈夫不够体贴、生活工作压力过大等等，她们需要一个人来慰藉自己。可是当这些要求不能在家庭生活中得到满足时，她们就转而去寻找一个可以带给她们快乐的男人。

细心的男人们其实完全可以从女人日常生活的蛛丝马迹中找到她们是否外遇的信息。当女人突然变得爱发脾气，动不动就抱怨丈夫，对家庭、孩子也不再像以前热心，这时候你就得小心了，她可能找到知己了。

但是当你还发现她变得爱扮扮，经常对着镜子"孤芳自赏"，也不再关心你在干什么，下了班也不会准时回家，那么她有外遇了！

不要以为你的妻子会无缘无故地快乐；不要以为她会有那么多的应酬，可以抛下家庭和孩子；更不要以为她昨天还在对你大呼小叫，今天却穿着新衣服对你温声细语。这些改变只是因为她有外遇了。

妻子从外面回来，你拿过她的包，说："回来了，快过来吃饭吧。"可是她却只是懒懒地说一句："在公司吃过了。"一次是这样，两次是这样，每次都是这样，你也发现有问题了吧？没错，你再看她的眼神，是不是神采飞扬？再看她的嘴角，是不是总含着笑意？现在你还能说服自己相信她真的只是在公司吃了一顿饭吗？

要判断她是不是有外遇并不难，我们不是很提倡跟踪调查，所以有一个很简单的办法，可以帮你快速判断她是不是还忠诚于你。带她去吃一顿烛光晚餐，不一定是去酒店，在家里也行，除非你有做好这顿饭的信心。

在浪漫的烛光中，深情地望着她，如果她不是心不在焉、不以为意地糊弄掉这顿饭，而是表现得感动异常，那么她不是演技太好，就是你误会她了。

女友和陌生人的搭话显示其忠诚度

想知道女朋友对你会不会忠诚吗？很简单，你只要注意观察她与陌生人搭讪的方式就可以发现其中的奥秘。

一般我们与陌生人搭讪时，除了有礼貌地微笑和说出搭讪目的外，我们是不会做出过多的其他身体语言的。所以，你如果看到你的女友在与陌生人交谈时，不断地做出将头发、咬嘴唇等小动作时，她可能是在暗示别人，我对你感兴趣。

如果你的女友在与别人搭讪时不喜欢亲昵的举动，那么说明她具有比较强的自我保护意识，不会轻易允许别人进入她的私人领地。这样的女孩不会轻易接受一个人走入她的感情，她比较保守、怀旧，一旦认定一个人就不会随便改变，你不用担心她会对你不忠，除非你先做了对不起她的事情。

如果你的女友在大街上问路时，很豪迈地拍着别的男人肩膀，就算你在身边，她还是亲热地问："大哥，请问××地怎么走呀？"问完还不忘抛个媚眼，走了几步再回头摆个手告别。这时你可要重视起来啦！别认为她们只是比较热情，也别觉得这只是在大街上的一面之缘，可这往往就是你的女友对你发出不忠的信号。这样的女人比较自来熟，她的身边也肯定不缺少男人，想要她对你忠心可不是件容易的事情。

但是还有这样一种女人，她搭讪时对你表现得也是相当热情，她们也会叫陌生男子"大哥"，但她们绝不会有任何亲昵的动作。她们总是与别人保持着适当的距离，你不会觉得她冷冰冰，总是拒人于千里之外，但你也不会轻易地以为她对你是不同的。有个这样的女友你可能会经常吃醋，你觉得她对别人也是一样好。但你误会她们了，她们对别人好的定义是不一样的，有礼貌地对待别人是她们从小就受到的教育，但你对她来说绝对是独一无二的，你完全不用担心她的忠诚度。

你的女友怎么搭讪？你仔细观察了吗？

从男人的体型看性格

虽然随着年龄增长和男女性别差异，人的体型会发生很大变化，但德国的精神医学家葛雷其玛经研究后发现，男性的体型与他们的性格还是息息相关的。

属于肥胖型的男人，一般个性外向，拥有灵活的社交手腕。他们具有优秀的社交能力，人际关系协调，拥有丰富的人脉，能快速准确地获得自己想要的各种信息。他们比较适合在以人际关系为主的岗位上发挥长处。但他们的缺点是遇事比较懈怠，不能积极完成工作，特别是遇到比较棘手的问题。他们这种工作态度经常会让他们的工作伙伴为难，对他产生不满的情绪。但这种人对自己比较好，他们永远不会伤害自己。

属于肌肉发达型的男人，行动力比较强，在工作中他们积极努力，很容易获得同事和上司的青睐。但他们内心对权力的渴望也比别人强烈，如果有人对他们的升迁造成威胁，他们会不惜使用诡计。同时，他们对别人的要求也很高，如果他是个领导者，那么他的下属将会非常辛苦。这个类型的男人事业心很强，他不允许别人在工作中三心二意。他也非常有魄力，在工作中，对自己的敌人，他从不心软，对自己的朋友，他也从不留情，某种程度上来说，他有点铁面无情。

而属于瘦削型的男人比较神经质。他们的性格敏感、纤细，容易给别人留下斤斤计较的印象。这种男人特别喜欢反省自身，但也正是由于经常的反思，他们总是容易找到自身的不足，从而产生不自信的感觉。他们做事经常畏首畏尾，害怕失败，所以经常想法很多，但行动力不足。他们还具有强烈的好奇心，且对事物变化反应敏锐，对任何事都有探究到底的决心。因此，如果他们在合适的岗位上，就能干出一番成绩来，但如果他们消极怠工，那职场生涯也就不会有什么转机了。

所以，我们经常会看到，同一个行业的男人几乎拥有差不多的体型，这也是人以群分，物以类聚的结果吧，又或者相同性格的人倾向于选择相同的岗位。

他情人节送的礼物

每个女孩都期待着能从爱人那里收到一份称心如意的情人节礼物，但并不是每个男孩送的礼物都能讨得女孩欢心的。送什么样的礼物给女孩子，除了男孩子的心意外，还与他们的性格有关。

有些女孩子总是抱怨她们的男朋友，送的东西都没有价值，只能用两次就不知道扔到哪个角落了。就像我一个女性朋友收到男朋友送给她的情人节礼物是一个精美的发卡，虽然花了不少钱，但朋友是个素雅的姑娘，从不戴这些花花绿绿的东西。

于是她只是为了安慰男朋友戴了几次，然后就不得不藏在首饰盒深处了。

女孩子都是喜欢浪漫的动物，她们不需要男朋友送的东西有多实用，只要这件礼物能体现你的心意、你的爱，对她们来说，就是最好的礼物了。这就是为什么女孩们宁愿要一朵很快就凋萎的花，也不要你送一双保暖的拖鞋。

但是那些务实的男孩子们是无法了解女孩这些想法的。他们只想在情人节送给他们亲爱的姑娘一件贴心的礼物，手套也行，围巾也行。在他们眼里，送一束花还不如给女孩买一堆零食来得实在。这样的男生虽然不浪漫，但绝对可靠，他一切都以恋人的实际需要为目的，绝不会让恋人受伤，他是个好男人。

当然也有些爱情高手，他们总能讨得女孩的开心。他们情人节带女孩去看雪，去逛街，即使一分钱不花，也能让女孩子开心不已。女孩子一般对这些招特别没有抵抗力。但这样的男孩子，女孩子还是要当心点，不是说他们不好，只是这样的男孩子不一定能够脚踏实地，给女孩子真正的幸福。但也有很多浪漫的男孩子也是务实肯干的，所以还是要区别对待。

他在情人节送了你什么礼物不重要，重要的是他对你的心意和诚意，以及他心中能够带给你幸福的责任感。

大男子主义

每个女人都爱逛街，每个男人也都有大男子主义。虽然男女平等，但男人在社会上的地位也是女人无法取代的，男人希望表现出他们的强势，他们的威严，特别是在自己的亲人和下属面前。他企图让他们明白，自己是有能力为他们负责的。其实，这种大男子主义也是一种爱的表现。

在父母面前，男人总是会被当成孩子，不管他已经长成几岁，能力有多强。但这时候男人往往想承担起一家之主的责任，让辛劳了一辈子的老人安享晚年。可做了一辈子家长的老人难免还是要为孩子操心，于是他们就大男子主义爆发，为家里的大事做决定，不允许自己的父母再管东管西。他们的这种独断专行是出于责任和爱。

对待情人或妻子，男人们最容易表现出大男子主义来。他们会因为爱，而限制爱人做很多事，还会强迫她们接受一些她们本不喜欢的。不管这样的目的是什么，他们的爱人往往会不愿意接受这种充满禁锢的爱。这时候的大男子主义并不可取，再亲密的两个人都需要有独立的空间，男人不能用大男子主义来系住自己的爱人。

当然，在家庭里，男人承担起了养家糊口、照顾妻儿的责任，这时他们完全建立起一个新家，更大的责任需要他们承担，这时的他们特别容易大男子主义。

在孩子面前，没有几个父亲是不表现出大男子主义的。孩子是个全新的生命，他们对一切还都充满敬畏。父亲们这时也特别希望在他们面前树立高大威猛的形象，让自己的孩子尊敬崇拜。父亲特别重视自己在孩子心目中的地位，因此在孩子面前表现出大男子主义几乎是每个父亲都做过的事。

男人喜欢在下属面前表现出经验丰富的样子，因为他们需要下属的配合和服从，所以有时候他们就不得不大男子主义一点，专断一点。一个没有威信的上司是领导不了一个团队的，因此大男子主义对自己的下属来说是必须有的。

大男子主义当然不尽然全是对的，那些唯我独尊的想法就大错特错，我们广大的女性同胞可以口诛笔伐。不过，有时候男人缺乏那么点大男子主义也就没有吸引力了，所以，还是要纵容适当的大男子主义。

从不流泪的他

"男儿有泪不轻弹"，自古戒律就告诉我们男人不能轻易流眼泪。但男人不流泪，他们怎么表现自己的悲伤难过？他们又为什么不能流泪呢？

在中国古代的社会制度中，男人一直是强者，他们担负着家国的责任，肩上压着的是千斤重担。流血不流泪，为了家庭和国家，他们不能表现出任何脆弱，否则失去的就是家庭的信心和国家的支柱。

中国的教育对男孩子从小的教育就是要坚强，遇到再多困难也不能哭泣。在这样的环境氛围中长大，男人已经很不习惯去哭泣。哭泣的男人也被当成软弱的象征，被社会所唾弃，所以男人渐渐练成了铁人，不再会流泪。

常常有很多女人抱怨男人喜欢喝酒，她们都表示不能理解这种行为。其实这都是有原因的。女人遇到麻烦可以在家里偷偷流眼泪，也可以找个人尽情倾诉，但男人却不能享受这项特权。他们心里有再多的苦闷，也只能把眼泪咽到肚子里，唯有借酒浇愁，排解苦闷。

从不流泪的男人不是足够坚强，而是他们要用自己的双肩担起责任，他们不允许自己用眼泪来换得同情，来让家人难过。男人的眼泪是流在心里的。他们经常表现出坚不可摧的样子，给自己的家人信心。他们同女人一样会伤心、会累，但他们不能像女人一样找个地方藏起来疗伤，总之，社会好像不允许软弱属于男人。

但如今时移世易，女人顶起来半边天，男人早已经不用顶起整个天下，他们也可以表现出他们的脆弱，他们有了悲伤也可以尽情哭泣。没有人会因此而责怪他们，也没有人会因此而看不起他们，但男人还是不会流泪了。

不会流泪的男人仍然是国家和家庭的支柱，我们敬佩他们的坚强，体谅他们的艰辛。

他的穿衣颜色暴露了性格

虽然男人的衣橱里不会像女人一样，永远缺一件衣服。但男人的穿衣品味却能体现他们的性格特点。

那些在公共场合总是穿着黑色衣服的人，要么是性格比较酷的男人，否则就会给人以不善于交际的感觉，或者是用黑色来掩饰自己内心的不安和恐惧。但一般出席比较严肃的正式场合时，男士们多以黑色西服为主，这是因为黑色也代表了隐忍、坚强和独立，正式场合穿黑色就会显得理性、稳重。

而我们平时经常见到一些高层喜欢着深蓝色服装，这也是有原因的。优秀的决策者需要时刻保持着清醒，而深蓝色就能让大家时刻保持清醒，有助于思维缜密。穿深色服饰的人同样会让感觉比较沉静、理智。但他们一般也比较自负，不易接受他人的意见。

常穿白色衣服的人也都有点洁癖，他们也都是追求完美的人。爱穿白衣服的男人其实很害怕寂寞，很需要被爱，但他们却害怕受伤，所以有时候他们是胆怯的。他们特别希望成为众人眼中的焦点，但不喜欢没有理由的客套。

一个常穿绿色衣服的人，则个性谦虚平实，不爱与人争论，很受朋友的欢迎。这类人最大的特色就是和善、可亲，而且他们对于自己不喜欢的人也不会刻意地排斥或疏远。他们有强烈的道德感，个性爽直，平时话不多，可是一旦遇到投缘的对象，他们又有点"人来疯"的样子，他们非常喜欢与别人聊天，这类人是优秀的教育人才。他们常常会给自己设定标准，但很多时候却不能完成，不过他们从不介意，他们的人生准则就是不给自己太多压力。

常把紫色衣服穿在身上的人，观察力和领悟力都很高。不错的文化素质和涵养是他们的特点，但他们又有些自视清高，对于不属于同一领域或和他不是一个档次的人或事情，往往会表现出不屑的态度，容易让周围的人觉得他们矫揉造作，对他们的行为感到不自在，所幸他们并不容易被外界所影响。

爱穿粉色衣服的男生很自恋，因为对自己很有信心的人才会在大众之下表现自己的与众不同。这样的男生一般也会比较阳光，善于照顾别人，内心柔软。他们比较关心周围的人，重感情，对感情全心投入。

什么样的性格就会选择什么颜色的衣服，仔细观察他的衣服，你就可以知道他的性格了。尝试一下吧！

从口红颜色看她的生活

想要了解女人，却苦于没有办法？看她的口红就可以初见端倪了。据调查显示，大多数的女性所涂口红的颜色会与她们的心情相对应。

曾经有人做过调查，一般充满自信的女人喜欢涂红色的口红，亮红色则代表女性有较好的职业发展前景，而暗红色的口红则暗示女人比较性感，涂淡红色则给人甜蜜的感觉，这个女人目前应该婚姻幸福。

一般爱情美满的女人比较热衷于淡粉色、珊瑚红色、亮泽色等比较明朗的颜色，这与她们的生活状态是相同的。她们的生活每天充满积极向上的力量，每天的生活都温暖而快乐，当然需要这些温馨的颜色来告诉别人了。

而事业成功的女人比较钟爱一些大气的亮色，像紫红色、亮红色或裸唇等。她们的生活虽然也称心如意，但不是沉浸在爱情里的那种小幸福。她们的快乐来自于自身努力后的收获，来自于对自己的认可。自信的女人最漂亮，所以她们有时候只用裸唇就可以表现出自信、大方、快乐的感觉。口红对她们来说，不是提升她们的魅力，只是用来衬托她们的魅力。

失业或事业不成功的女性也比较喜欢淡粉色。淡粉色在开心的女人看来是幸福的颜色，可对于事业不成功的女人来说，这种颜色不会太耀眼，可以将她们藏在人群里，也将她们的不成功掩藏起来，这时候的她们是极度缺乏自信的。看到涂粉红口红的女人，你还得看看她嘴角的弧度，是上翘还是下弯呢？

性感的女人钟情于暗红色、紫红色，还有桃红色的口红。这些口红充满诱惑的味道，口红在女人的唇上招摇，也就在男人的心里招摇，烈焰红唇，说的就是这个。

性感的女人对自己的外在条件很自信，所以她们敢于去大胆地表现自己，让自己的美尽情绽放。

特别自信的女人也喜欢选择暗红色和紫红色。她们的自信不只是源于外表，还有自己的内心。她们不但敢于表现自己外在的美丽，还由内而外散发着知性的美，这是什么颜色的口红都不能表现的，但自信的女人却用口红来装点自身的色彩。

特别不快乐的女人还会选择紫红色。她们用黯淡的色彩来搭配黯淡的心情，心不快乐，就不美丽，唇上再美丽也无济于事呀！

口红的颜色综合反映了女人的自信感、幸福感和成功感，心态不同，自然会选择不同颜色的口红。看看你的女性朋友用什么颜色的口红吧！

从喝酒看男人的人品

自古男人就与酒有着剪不断的缘分。这种散发着独特香味的液体，总是对男人充满了诱惑。不同的男人喜欢不同的酒，对酒的喜好也就反映了男人的品位。

喜欢喝啤酒的男人是个具有大众气质的人，他可以成为任何人的朋友，也容易让他的朋友获得快乐。他们具有服务精神，朋友们都对他充满好感。他是热情、快乐的，与他交往的人很容易受到感染。

喜欢鸡尾酒的男人是新新人类。他们玩乐心比较重，善于创造快乐或者伤感的氛围。如果他们并不太重视鸡尾酒的名字，那么他们很可能比较怀旧，感情容易受伤，也容易被环境影响，是个没有主见和不会照顾人的男人。

喜欢威士忌的男生是真正喜欢喝酒的人，他们比较现实，凡事都以实用为标准，性格开朗，憎恶分明，不会在异性面前装腔作势，也不会刻意讨好异性。这种男人虽然现实，但绝不小气，相反，他们大方、慷慨，但由于是非分明的个性，他们非常容易得罪人。

喜欢烧酒的男人是个积极生活的人，不论是对待工作还是玩乐。他们非常直率，没有心机，虽然时常表现出大男人的样子，但他们实际上还是单纯的小男孩。他们交友广泛，富有活力，但缺点是你永远不要指望他能为你保住秘密。

喜欢葡萄酒的男人是追求时尚的人，他们走在时代的前列，乐于接受新新事物。喜欢葡萄酒的男人一般都比较有情调、有品位，约会时他们会像绅士一样为女士拉开椅子。这样的男人见识广泛，并且懂得享受生活。

喜欢香槟酒的男人则比较挑剔，他们对生活、对伴侣的要求都很高，华丽、高贵的事物是他们的追求。而且他们不会安于平凡，总是在追求不一样的东西。要成为他们的朋友不是件简单的事，如果你的身份普通，那么你就必须品味非凡。

而不喝酒的男人往往比较儒雅，心思缜密。他们情感细腻，散发着独特的魅力，吸引很多人与他交往。他对待异性比较随和，而对待爱人比较忠诚，并且品位不凡，是现代女人眼中的模范丈夫。

男人与酒永远是相互依存的，男人离不开酒，就算是不喝酒的男人也少不了与酒打交道。男人在与酒的交往中自然就将人的品行传递给了酒，所以酒也就有了人的品格。看看你的那个他喜欢什么酒吧。

她用什么声音对你说话

人的说话声音往往能反映他在交谈对象面前的情绪和心态，所以想知道女人在面前扮演什么角色，就看她用什么语气对你说话吧。

如果女人面对你说话时吞吞吐吐，欲说还休，那就要分两种情况了：一种就是她有事情隐瞒你，或者对你比较愧疚，因此在言语中不知该如何表达，所以才会吞吞吐吐。而另一种情况则是她暗恋你，面对你紧张不安，又害怕你从她的话语中发现蛛丝马迹，所以愈发的紧张。

如果女人面对你说话时喜欢时常歪着嘴角，那么她现在对你说的话可能有夸大成分，且这样的女人通常爱慕虚荣，比较做作，她们与你谈话只是倾诉的需要，并不真正是要与你交谈，你这时可以完全保持缄默。

而那些说话声音比较小的女性则比较内向，为人谨慎，比较内敛。如果语调不平稳，还反映出她们内心的胆怯。这时可能是你给了她们太大的压力，她们在你面前比较自卑。这样的人一般境遇不会太好，对生活也比较悲观。

你的女朋友在对你说话时声音则会轻柔而甜腻，还有些撒娇的意味。这种声音也是轻的，但与内心的轻声不同，这种声音发自内心，充满爱意，而不是压迫感。

你的女领导在面对你时说话就沉稳有力，且语速适中。这是因为她在你面前是充满自信和控制欲的，富有勇气。她很容易就会给你留下成熟稳健自信的形象，有利于她在你的心目中树立起威信来。

而与你有嫌隙的人对你说起话来肯定尖利刺耳。面对你时她们的心情自然好不到哪里去，说话的语气自然就不能四平八稳。如果只是一般朋友这样说话，那么这个人就会性格古怪，不能很好把握自己的言行举止，难以给别人留下好印象。

如果女性的声音听起来像男声，那么这个女性的性格一般也会男性化，直率豪爽。这样的女性一般比较讨女孩子喜欢，因为她们自主独立，很照顾自己的朋友。

声音是人与人交往的重要途径，充满感情的声音会让人感受到你想传达的信息，所以，你想留下好的印象，就好好控制你与别人说话的声音吧。

她的笑容意义非凡

是不是还在苦心琢磨她对你那回眸一笑到底是什么意思呢？不要着急，我们现在来仔细探讨一下她的笑容体现了她什么性格。

经常有男孩子说，他看到哪个女孩回过头来冲他笑了。可却不见这个女孩有任何与他认识的迹象，弄得他百思不得其解。其实，这没什么疑惑的，因为女孩子的笑可是分很多种的，在你还不了解的情况下，可不能妄然就下结论，觉得女孩是对你有好感。

如何分辨愉快的笑和虚假或尴尬的笑呢？只要观察她的笑容就可以知道了。

笑容爽朗的女孩一般我们都认为她性格比较豪放，但其实她们内心却非常小心谨慎，不会轻易在陌生人面前露出真心的大笑的。但在尴尬的场合下，这样的笑会让别人觉得意图不轨，让当事人紧张。这时如果不是真心的笑的话，她的笑声会终止的很不自然，并且笑完后脸上很难会留下残留的笑意，反而会有一丝尴尬。

笑起来嘴角上扬的女孩子看起来甜美可爱，但其实她们野心很大。笑容是女孩子的撒手锏，有了甜美的笑容，也能无往而不利呢。半边嘴角上扬的笑则表示充满自信，但对一切都感到无所谓。如果她是假笑，而你又揭穿她，她会突然脸红。

而平常就嘴角上扬的女孩子是爱笑的人，她们性格活泼开朗，个性直率，乐于与人交往。常被人认为善良热情，因此能交往到很多朋友。但她们也有喜怒无常的时候，对待友情也不能够专一。她们爱恨分明，想笑就笑，不开心也会表现出来，她们一般不愿意假笑来掩饰，这也是她们得罪人的地方。

抿着嘴笑的女孩子一般会让人认为她比较自我，有着凌驾于他人的优越感。她们不太注重他人的感受，而且还把这种不在乎表现出来了。她们的笑容会给人做作、不舒服的感觉。她的笑怎么都感觉很假，别人也不会费心琢磨那到底是不是假笑啦。

那些经常捂着嘴笑的女孩儿性格比较内向，她们非常注意自己的形象，在异性面前表现得很矜持。她们并不是爱笑的人，如果没有真的值得笑的事，她们会很矜持，又怎么会去装作好笑呢？

真心的笑容让人如沐春风，她的笑容到底意义如何，只能你自己慢慢去体会啦。

在你的镜头下她的拍照姿势

翻看与她出去玩时候拍的照片，你是不是发现她都有一些固定的姿势？其实，很多人无论在什么背景下，都会摆出类似的姿势，如果不是刻意为之，那么这些照片就能反映出照片中人当时的地位和心理状态。

在她对你充满信任时，在镜头下的姿势就会非常放松，经常会在嘴角自然而然露出舒心的笑容，身体的摆放也比较轻松，手自然下垂或做出各种姿势，而不会做出像双手抱胸、微握拳等防御性强的动作。

如果对着你的镜头她不但姿态自然放松，还会做出一些俏皮可爱的小动作，那么她肯定把你当成了她很亲近的人。只要这些动作不是刻意做出，你在她的心目中已经被当成家人一样的，她不会在你面前做作不自然，而是从内而外透露着放松。

但是你看到镜头下的女孩子是将头偏向一边，笑容僵硬，那你就要注意了，这个女孩在你面前已经感觉到尴尬了。可能她觉得跟你的关系并没有那么好，可你却要求为她拍照，她不好意思拒绝，才无奈做了你镜头下的模特。这时候你就该反思一下，是不是你的要求唐突了，或者你的要求让她面临了什么尴尬境地。

而那种双手叉腰的女孩，则非常大方。她跟你的交情或许并没有那么深，但她丝毫不介意将自己的美丽记录在你的相机中，换句话说，这个女孩非常自信。她们或许是你的女上司，或许是事业顺利的同事，总之，在你面前她们愿意展现出来的是对自身的满意。

还有很多女孩子，你一要求为她拍照，她就赶快找个东西在身边倚靠着才肯拍，这个倚靠物可以是一扇门，一棵树，也可以是一个人。这样的女孩子缺乏自信，让她自己置身在镜头中，她会感到心慌。还有可能是她对你不够信任，找个东西作为倚靠才可以带给她足够的安全感，其实潜意识里也是为自己找好退路。

照片里的姿势可以解读她对你的态度，因为拍照时人会将注意力集中在镜头上，对自身的情绪就不会再有强烈的意识。人无法在无意识的情况下掩饰好对面前这个人的态度，于是就自然而然在她的肢体动作和面部表情中表现出来了。

接电话与爱情观

很多正在憧憬爱情，或者即将迈入婚姻殿堂的人，都不知道自己的另一半到底怎么看待爱情的。其实，有个很简单的方法就可以帮助你知道另一半的爱情观，那就是观察他/她接电话的方式。

双手握住话筒。这种人比较敏感，容易胡思乱想，做事难以集中精力，不能果断做出决定。在爱情中，他们也不够坚定，容易受到另一半的影响，遇到事情就总会担心另一半对自己不够真心。对这种人需要给予安全感，让他感受到一直被爱着。

单手握话筒，另一只手玩电话线。这个类型的另一半是个比较浪漫的人，他们有着丰富的内心世界，也容易沉浸在自己的世界里，对他的爱人依赖性很强，害怕孤独寂寞。他的情人需要经常在他的身边，听他倾诉。他们受不了自己的爱人一整天都没有任何音讯，就算你不在他们身边，也要打个电话安慰他们容易孤单的心。

握住电话下部。这样的恋人属于敢作敢为型的，他们做事干脆，喜欢挑战，对待爱情也拿得起放得下。他们喜欢上一个人就会勇敢追求，如果两个人不合适，他们也会果断放弃。因此谈恋爱的时候，他们会表现得有点独断，这也正是他们爱你的表现，当然想要改变这点也不是件容易的事。

握住话筒中间。这类型的人比较理性，性格温顺，对爱人和感情都不会强求，会一味迁就他的爱人，是一个好伴侣。即使你们之间遇到不和，他也会静下心来，想办法去解决，不会让爱人受伤，也不会自怨自艾。在恋爱中，他们大多数时候都肯迁就伴侣，不会咄咄逼人，女性偏向小鸟依人类型，男性则偏向书生型。

握住话筒上端。这类型的人比较自我，经常我行我素，而且是个受情绪影响特别大的人，当他不开心的时候，就容易大发脾气，不会去考虑爱人的感受。因此在与爱人相处中，一发生摩擦或争吵，他们就会咄咄逼人，不愿礼让，更别说向他们的爱人低头认错了，这样的个性，往往使恋爱的对方束手无策。

喜欢用肩或头夹住话筒。这类型的人一般比较忙碌，他们不习惯停下来，凡事亲力亲为已经成为他的原则。在恋爱中也一样，他们喜欢始终占据主导，让对方对自己服从，与他交往不能太较真才行。

从眼神中读懂你

眼神在人际交往中占据着你想象不到的重要地位。我们先来讲一个故事吧。

有一家商店经常在夜晚发生偷窃行为，店主想了很多办法都没有遏制住这种现象。无奈之下，他求助于一位画家。于是画家帮他画了一幅皱着眉的大眼睛，挂在商店的门口，果然偷窃行为有所收敛。虽然是假的眼神，但对于偷窃的人依然起到了威慑的作用，可见眼神对人的影响是很大的。

我们谈话时，如果对方眼神不看向自己，我们就会感觉对方对我们不感兴趣，从而产生沮丧的感觉。但如果对方一直盯着我们看，我们又会觉得是不是自己什么地方说错了，心里会发毛。因此，表示真诚而没有侵犯意味的眼神，使双方偶尔眼神交会，便于心灵沟通。

但是女人之间的眼神交流又具有不同的意义。当女人听了你的问话后，长久地凝视你，那说明她不想就这个话题继续谈下去。与男人相比，女人如果想要隐瞒事实，她会花更长的时间来凝视你，而男人却容易目光闪烁。

人的眼神活动方式也反映了人的内心活动。初次见面时，双方都会对对方打量一番，一般先移开眼神的那个人，在以后的交往中都显示出来比较弱势。当我们心里有愧，或者有所隐瞒时，眼神也会不敢长时间对视。

而在对待异性这件事上，如果面对异性，只望上一眼，便故意将眼神移开，这样的人一般都是对对方比较感兴趣。特别是女性，她如果这样看一个男性，那么她对这个男性肯定有好感，觉得他值得尊敬。

我们都喜欢与自己熟悉的人有眼神交谈，但如果在大街上遇到陌生人，我们绝不会将眼神投向别人。就像我们等车或排队时，总是眼睛四处瞟，而不会定在某一个人的身上。我们这样做是为了避免同不认识的人在眼神上相交。

眼睛是心灵的窗户，我们可以从一个人的眼睛中看出一个人的善恶，看出一个人的真诚与否，所以眼神的作用不可小觑。要读懂一个人，你不妨先从读懂他的眼神开始吧。

他在对你说谎吗

我们怎么去判断一个男人有没有在对你说谎呢？看过美剧"*Lie to Me*"（《别对我撒谎》）的人都知道，人说谎时会有很多平时不会出现的表情和话语，你完全可以此判断他是不是在对你说谎。

当他说话时你要盯着他的眼睛看，如果他眼神闪烁，总是看向旁边，那你就可以怀疑他在说谎。这时也仅仅是怀疑而已，如果他是个右撇子，碰巧他又总将眼神移向右边，这就说明他很可能在对你说谎。这个方法现在很多人都不认同，但如果他说谎了，就肯定有与平时不一样的表现。

我们都认为人说谎时不敢看着对方眼睛，所以有的人说谎是为了掩饰，就会更加认真地看着你的眼睛，他试图用眼神去暗示你他没有说谎。但也正是由于这过于真诚的凝视，反而让别人发现他的不正常。当然，凝视的时间久了就会导致眼睛干涩，因此说谎的人也会频繁地眨眼来湿润眼睛，这时也就泄露了天机。

大多数人说谎的时候，会本能地把自己置身事外，用更多的强调来证明自己的清白。如出差的妻子问昨晚宿醉的丈夫是不是又喝酒了，丈夫肯定会反反复复强调没有，他不是说"没有"，而是说"怎么会呢？我肯定不会去喝酒的呀。老婆你放心，我肯定不会去喝酒"。说完还掩饰地笑几声。你问一个朋友借钱，如果他只是抱歉地告诉你最近手头有点紧，那他八成就是没钱借给你；而他如果说完没钱，又一再解释他前阵子花了很多钱，现在吃饭都快没钱了，工资又不发等等，如果他不是真的这么爱抱怨，那他就是不想借给你。

我们一般人对才发生的事情记忆比较连贯，而对很久之前的事情却总是记不太清楚。而说谎者却能向你详详细细描述很久之前发生的事，甚至当时的细节，这是为什么呢？因为他们为了让描述更容易让人相信，就将事情讲得面面俱到，而且他们会早早就将事情在脑海中构思好。但他们这样反而暴露了自己，一般人对一件事情的记忆并不会那么详细，也没有这么多的细节描述。

所以要判断他有没有在对你说谎，就看看他的表现是不是反常，保证一击就中。

握手方式与男人性格

握手这种礼仪由西方传入中国，已经成为同事朋友见面寒暄的方式。每个人的握手方式都不尽相同，而用什么方式握手与这个人的性格密切相关。你是用哪种方式握手的人？

不少男士都觉得握手就是项可有可无的礼仪，他们就不认真对待，在与人握手的时候就蜻蜓点水似的，轻轻一握，给人以慵懒的感觉。这往往会让女士们觉得他缺少热情，待人也不够热情。当然，还有一种握手方式也是力度很轻，但他却是认真对待，这样的男人一般会认为他比较谦和、洒脱。

还有些男士力气很大，生怕自己的热情无法传达给对方，于是他们握手的时候力气就很大，紧紧抓住对方的手，与他握手的人只能忍着不喊痛。这样的男人往往对自己比较自信，且精力充沛。他比较适合做一个领导者，但有时候再独断专行也要考虑一下对方的意见。

握手的时候，双手并用的男人会给对方留下真诚亲切的感觉。这种男人一般心地比较善良，待人真诚，爱憎分明。他们对待朋友热忱温厚，不计得失，往往能得到朋友们的拥戴。在工作中，虽然他不会用威信来压制下属，但下属会真心地追随他。

你是不是也遇到过这种人？你热情地伸出手，他却犹犹豫豫不情愿似的伸出他的手。这个类型的男人不愿意与别人握手，因为他们内向、保守、胆怯，不敢轻易对别人表达好感。但他们一旦付出感情就会一心一意，绝不背叛，是个对感情要求极高的男人。

与双手并用的人不同，有的男人握手时并不与对方手指有过多接触，他们只是轻轻捏住对方掌心。这样的男人心思比较细腻，容易激动，敏感多情，但他们也并没有坏心思，只是有些多疑的性格让别人觉得无法信赖，但他们富有同情心，算是弥补了不足。

男人为了表示对对方的热情和好感，握手时往往会抓住对方的手久久不放开，但这招可不能对女性朋友使用，否则可能会被别人误会为图谋不轨。但这类男性一般感情丰富，喜欢与人交流，对待友谊忠贞不渝。

而乐观的男人在与人握手时依然显得活泼快乐，他们喜欢上下摇摆的握手方式。他们对人热情，对生活充满信心，乐观开朗，很容易获得其他人的好感。别人也很容易从他身上获得信心，他也总是给人很值得依赖的感觉，与他相处是件很愉快的事情。

握手与性格联系如此紧密，下次握手时你是不是得注意握手方式了呢？

让人着迷的女性气质

爱美之心人皆有之，女人更是将美丽当作终生的事业而为之奋斗。美丽是女人一笔不可多得的财富，很多人会花很多钱来让自己变得更加有魅力。但女人的美丽不能只靠外在的美丽来维持，因为年华终会老去，而只有内在的气质才能伴随女人一生。

外在的美丽可以用钱来打造，可内在的气质却是千金不换的。那女人要怎么来提升自己的气质呢？气质是体现在言谈举止之间的，要想获得优雅的气质，必须经过全方位的修炼，这不是一个月两个月可以完成的。

有气质的女人，是她内在的品德修养与博大胸怀自然散发出来的。要想做个气质美女，就要让自己的精神境界升华，而不能只在外在上下功夫。只有从举止到涵养都大方得体才是真正的气质。男人不会喜欢只有外在美的粗俗美女，气质美才最吸引他们。

气质虽然有先天的因素，但后天的培养更重要。那么怎么修炼良好气质呢？

想要拥有良好的气质，首先自己要能接受自己，要能接受自己的外貌，自己的家庭，自己的出生等，一个连自己都不能接受的人怎么能做到对待别人淡定从容呢？

接受自己只是第一步，如果对别人漠不关心，那也只是个自我的女人，并不能赢得他人的喜爱。要知道，懂得关心、体谅他人的女性才是美丽的。

仪态美好也是气质的一部分，这样的女性让人觉得自信满满、印象深刻。在与人交谈时，记得适当运用你的幽默感，幽默是最能拉近陌生人之间距离的，做一个让人欢迎的女性，有利于气质的培养。

有气质的女性是很坦率的，她们不会害怕将自己的情绪暴露给别人。如果老是压抑自己的情绪，表现得太冷漠，会让别人不敢轻易靠近，自然不会受到别人的喜爱。

气质美女不代表自己可以搞定所有事情，她们还善于向朋友求助，当然她们也乐于为朋友提供力所能及的帮助，这种互助既能有效解决问题，又能增进朋友间的感情。

真正的气质不是斤斤计较，也不会自视清高，她们落落大方，待人亲和，总会给人如沐春风的感觉。她们也不会自作聪明，她们非常谦和，自尊自信，敢于表现自己，但绝不夸大自己。她们虽然注重内在的修养，但也不会忽视外表，她们会在不同场合穿得体的衣服，做合适的打扮。

做一个气质美人，要看好书，听好音乐，做好自己。

女人逛街带着什么

逛街是女人的天性，但逛街的女人永远不会什么都不带就出门。男人觉得永远都理解不了，女人为什么一定要带着那么多东西才愿意出门。

我有一个闺蜜，逛街时总要带一个很大的包包，里面装着各种东西，很多东西是无论她逛多少次街都不会用到的，但她依然乐此不疲。说了她多少次，让她不要带这么多东西，既受累又没有用，但她还是习惯性地都带上，她说不带着就没有安全感。

女人真的是这样，她们随时随地都需要一点东西给心一个寄托。她们最喜欢热闹，也最害怕孤独，所以逛街时她们必须带着自己喜欢的东西，特别是当她们自己一个人的时候，她们会更加没有安全感。

逛街时一定要带着 MP3 札的女人，是害怕寂寞的人。逛街期间免不了等候的时间，这短短的时间她们也不能忍受，必须要有一样东西来供她们消遣时光，MP3 就是最好的选择。等候的时候，戴上耳机听个歌，就可以免除不少寂寞。

逛街时总是不忘带本书的女人，是文化气息比较浓厚的女人。她们总觉得时间不能被浪费，吃饭的时候翻一翻书本，心也会很快就安静下来了，在书中她们可以暂时安放一下心灵。这样的女人也是一个注重精神和内在的人，有知识、有智慧。

还有的女人逛街时一定会带着化妆袋，上卫生间时必定要对着镜子补补妆。这样的女人对自己的容貌很在意，但却并不自信。她们很注意自己在陌生人面前的形象，即使逛街时也不能让自己的面貌出现一点瑕疵。她们多少有一点完美主义，但她们的不安全感也最强烈，特别守旧，害怕未知的变化。

手机现在已经是女人的逛街必备品了。可是有的女人就算走在大街上，也一直低着头摆弄着手机，很多男人不理解她们这样逛街的意义在哪里。女人也是重感情的生物，没有人与她一同分享逛街时的感受，对她们来说非常痛苦，而通过手机这个便携设备，她可以随时与人分享。说到底，这还是因为女人有颗害怕寂寞的心。

女人的包里装满东西，其实是为了填满心里的空虚。即使在人来人往的大街上，女人也会觉得寂寞，除非有熟悉的东西或人陪伴在身边。

女人怎样选择伴侣

女人的一生要做出很多抉择，而为自己选一个可以依靠一生的伴侣尤为重要。女人选择伴侣时，标准不一，但还是有很多共通的地方。

女人在不同阶段选择伴侣的标准也大不相同。当女人还处在女孩阶段时，她们比较容易冲动，她们倾向于跟着自己的感觉走。这时候她们选择伴侣不会过多考虑他的家庭、工作，以及未来约生活问题，而是出于对美好爱情的追求，不顾一切顺从自己的情感。

等女人成熟后，她们选择伴侣就会现实得多。虽然她们也会尊重自己的感情，但她们会考虑双方的性格是否合适，对方的家庭背景、工资水平等也是她们会考虑的重要条件。这时候她们对伴侣的要求会相当严格、苛刻，并且经济方面会成为择偶的主要因素，而她们的爱情等条件就退居第二位了。

女性择偶时会偏向于选择经济实力比自己强的男性，因为她们会比男性更先考虑结婚后的生活。女性一般都不想结婚后生活得太累，她们不想靠自己去获得一家子的生活需求。所以，选择嫁给一个有钱的男人就成了她们的不二选择。

女性择偶时除了金钱、房子、车子这些现实而具体的条件外，对男人的挑选她们通常也非常严格。对于女人来说，男人的相貌、性格、气质、品行都是她们考核的项目，而男人通常只在意女性的容貌和身材。女性一般都希望自己的爱人有事业心、性格温和、待人真诚，而且有幽默感、有担当。女人还特别在乎与伴侣在精神上的交流，因此一个没有共同语言的男人是绝对入不了她们法眼的，除非他非常有钱。有些人说，女人其实不是在找老公，而是在找一个可以陪自己一辈子的老爸。

与男人相比，女人对伴侣的要求确实够苛刻，甚至已经脱离现实，但她们都渴望在婚姻中被呵护，这些要求都是建立在有安全感的基础上。她们没有办法一辈子都掌握住男人的心，所以就规定了各种各样的外在条件，以此来增加在婚姻中的安全感。同时，女人又都是虚荣的生物，一个各方面条件都很好的男人可以让她在闺蜜面前赚足面子。

当然，并不是条件越好的男人越好，女性不能将自己的择偶条件定得太苛刻，否则高不成低不就，白白浪费了自己的青春。选择伴侣还是适合自己的最好。

男人是不是真的喜欢埋单

与男人出去约会，吃完饭后，经常是男性抢着埋单；一大群人聚完餐，男人们也是个个争着抢着埋单。男人是不是真的这么喜欢埋单呢？

当然不是这样。但你要想看清一个男人对一个女人的感情，则在他埋单时还是可以找到一定规律的。

男人埋单的态度会随着他与约会的女性的感情状态发生变化。如果男人正在追求一个女性，那么他在她面前埋单时会表现得非常慷慨，甚至连账单都不看一眼。但如果他开始留意账单，但不会对此有什么抱怨就付账，那么这个女人他已经追到手了。而当他与这个女人的感情已经稳定发展后，他就会露出真面目，显出世俗的一面来。这时他会抱怨账单的收费，并且吝啬于那一点小费。但是当他结婚后，经济大权就落到了妻子手中，这时候，埋单的任务就已经轮不到他来完成了。

而女人也会从男人埋单的过程来判断自己在他心目中的地位。如果男人在她面前表现得很大方，完全不会抱怨她点的菜太多或太贵，那么女人就会觉得男人很大方，对自己很宠溺。但男人如果并不愿意太浪费，虽然他愿意埋单，也不会获得女性的好感，特别是在第一次约会时。但当你看到一男一女争着埋单时，就可以断定他们绝对不是情侣了。

女人没有更好的办法来评价男人，她们就只能从男人是否愿意为她花钱来判断男人对她的感情。因此，男人与女人出去约会绝对不能太小气。虽然恋爱是两个人在精神上的爱慕，但没有哪段感情是离得开物质的，所以男人在这时候一定要主动埋单。可能这只是小事，但在女孩眼里，这却能反映一个男人的品行和对她的在意程度。

虽然现在已经讲究男女平等，出去吃饭"AA制"也越来越受推崇，但男性还是习惯于主动去埋单。女性在这时也不应该固执地去坚持"AA"，不然反而会觉得你不给男人面子。女性可以在男人为自己埋单后送一件小礼物，这样女性既不会觉得欠了他，又不伤害彼此的感情。

随着社会发展，女性的自主意识日渐强烈，她们可以与男人一样挣钱养家，甚至比男人的成就更高。但她们还是乐意享受男人为她们埋单时的幸福感，所以，男人一定要将埋单进行到底。

异性怎样表现好感

我们一般见到一个感觉良妤的异性时就会想要去了解他，这时候你就需要向他表现出适当的友好，免得人家觉得你是意图不轨。

一个异性如果对你有好感，那他会怎样表现呢？

他会突然对你的各个方面都表现出极大的兴趣，对你的日常生活、学习情况、家庭成员等，就算是小小的一仵事也会关心异常。这时候他还想向你介绍自己的朋友、家人，希望你能融入他的生活圈子。遇到事情时，他会向你征求意见，即使你并不能提供有用的建议，他也愿意听你说些什么。

在听到别人谈论你时，他会表现得很活跃，积极加入讨论，希望从别人口中尽可能地了解你。而且在别人面前，他总是忍不住夸奖你，而不愿意提起你的缺点。每次旅游或出差，他总不会忘记给你带份礼物，也永远都会在各个节日为你精心准备一份礼物。

当然你感受到的也不全是甜蜜。他会开始关注你的异性好友，并在言语中干涉你们的交往，特别是你如果与某个异性走得较近，他可能就会无缘无故地生气。但当你生气时，他又会紧张不安，找各种方法讨好你。

对于性格内向的人，他会在你面前大大咧咧，似乎总有说不完的话。他也在尽力学着怎么逗你开心，但却不敢轻易冒犯你，这时候他已经爱上你了。

如果他经常约你出去玩，芐找各种借口为你买吃的，买礼物。虽然有时候他总跟你唱反调，但天冷时他就提醒你穿衣，会操心你有没有好好吃饭，有没有好好睡觉，甚至会关心你父母、亲人的喜好。

异性之间的好感很微妙，它的到来和离开似乎都没有征兆，我们可能只是因为某个人的一句话，或者是一个眼神，就突然觉得这个人很可爱，于是就萌发想要进一步交往的念头。这种感情我们现在只能用荷尔蒙来解释，但我们知道，这绝不只是荷尔蒙分泌过多的原因，我们的好感是来自于内心深处。

我们对异性的好感都是来自于自己的感觉，这种感觉同朋友、父母之间的好感都不同，但却也是一种难得的缘分。大概也正是因为难得，所以很多人会为这份好感奋不顾身。在人群中能遇到那个有好感的人并不容易，所以，我们每个人都要珍惜。

男人与女人虽然有诸多不同，但在那一瞬的好感后，他们就可以彼此接纳、彼此体谅。

第二十七章

地面无声的言语：
走姿信号

昂首挺胸彰显气势的走姿

有的人走路的时候会抬头挺胸，雄赳赳气昂昂，迈开大步向前走，他们觉得这个姿势是自己气魄和力量的表现，只有自信骄傲，昂首阔步，才能彰显出自己的气场有多么强大，自有一股威仪压人的模样。当然，凡事有利必有弊，这种姿势也无可避免地会带给旁人一种高高在上的感觉。

另外，这种人凡事都以自我为中心，好妄自尊大，清高孤傲，不屑跟别人交往，别人自然也不会想用热脸来贴冷屁股，所以这种人的人情比较淡漠。他们也很有自知之明，凡事只相信自己，无法接受别人的意见，不会轻易向别人伸出援手，也不会轻易地寻求别人的支持帮助，即使是对他自己完全无法解决的事情也是一样，他们宁愿选择孤军奋战。他们反应快、思绪敏捷，逻辑思维清晰，做事有条有理，而且比较全面，组织能力强，对目标明确，以统御力见称。

在仪容仪表方面，他们对自己的要求非常高，务必时刻让自己保持最完美的形象，从整体搭配到细节都力求做到完美无缺、无懈可击。弱点方面，他们大都有点羞怯懦弱，缺少坚强的毅力。很多时候，他们都有着宏伟的目标，但是由于不够坚强，很有可能在遇到困难的时候半途而废，所以很少能够成功。

看似放荡的走姿

一般来说，放荡的走姿大多会出现在女性身上，人们对那些扭着屁股走路、招摇的女性往往第一印象并不好，觉得她们行为比较随便、不够端庄，甚至会因此产生很多不好的联想，比如觉得她们很轻浮、生活作风不正派等，其实，这只是人们的偏见而已。如果能够有深入的接触，人们就会发现，其实有这种走姿的人待人待事一般都非常坦荡，不会遮遮掩掩，装神秘摆架子，也不会扭捏作态。一般来说，这种人都很无私、热情、诚恳，容易相处，本性善良，心无城府。她们往往不喜欢算计，也追求人与人之间比较真实简单的相处。

虽然人们在生活中遇到这种人的时候总是会戴着有色眼镜去看她们，其实这种女人通常会在社会场合里受到大家的欢迎，是整个场合里的中心人物，除了她们曼妙的走姿吸引了大家的眼球外，她们随和的个性也为自己加分不少，如果要给她们一个代名词，那"交际花"是最适合不过的了。

锋芒太露摇摆不定的走姿

有的人走路的时候习惯左右摇摆，而不是一直往前走。一般来说，这种人都很高调，喜欢成为人群中的焦点，时时都想要表示出自己比其他人优越，希望大家都来关注他、仰视他，并且非常享受那种高高在上的感觉。想要展示自己好的一面本来也无可厚非，但是由于他们太过高调或者锋芒太露，有时候光顾着展示自己，却忽略了别人的感受，甚至为了凸显自己而抢了别人的风头，这往往会招致对方的厌烦。就算对方没有直接表现出来，但是心里也是有所忌讳的。

由于这种人有一种希望自己时时可以压倒别人的心理，这会导致别人疏远他们，不愿意跟他们交朋友，更不愿意跟他们交心。所以这会让他们没什么好人缘，甚至会比较孤独。

代表信念的步伐——整齐的走姿

有的人走路步伐很整齐，如同军队出操一样，双手会有规则性地摆动，脚步沉稳有力，一步一个脚印，非常有规律，看起来与平常人走路区别非常大，而且很怪异，但是他们自己却并不认为这有什么特别的，甚至觉得只有这样走路才自然，才能代表他们的钢铁一样的信念和意志。他们是意志力非常强的一类人，对内心的信念与想法有非常执着的坚持与贯彻力，一旦决定了要做的事情，无论是工作上还是生活上，任何环境或者事物等外界条件都无法改变他们，或者是对他们有一丁点的影响，他们对于事业的那一份执着也是平常人或者其他类型的人所无法比拟的。

如果他们工作晋升到成为领导级别人物的时候，一般都是独裁型的，不容许任何人对他的任何决定表示质疑，他不会听取别人的意见，甚至有的时候这种独裁会演变成固执，像一头蛮牛一样坚持着，直到最原始最初的个人目标或者理想实现为止。

步伐急促的人讲效率

这种人是典型的行动主义者，他们大多数充满精力、精明能干，敢于向现实生活进行各种挑战，并且勇于承担责任；但他们的个性比较急躁，有时会冲动，潜意识里总觉得时间很紧迫，得加紧完成工作才行。他们有着过人的适应能力，凡事讲求效率，从不拖泥带水等。如果你的下属里有这样的人，应该努力发现他们的优点，如果你去让他给你完成某项工作，他一定会在最短的时间里完成，但是是否让人满意就有待观察了，所以在安排任务的时候，最好给他安排一个伙伴，两个人协作着来，就能够两全其美了。另外，从工作性质上来说，这种人从事营销业务类的工作会比较好。

这种人对待朋友是真诚的，很多人愿把他们作为可靠的朋友。他们对待恋人也是忠诚的，由于他们性格的原因，他们会非常直接，喜欢和不喜欢都会马上给予回应，不会拖拖拉拉，拖泥带水。

身体微倾，看上去走路不稳的走姿

有的人走路的时候习惯把上半身微微向前倾，看起来像是因为走得太过急促，整个人马上就要倒下去，重心不稳，所以需要向前倾来保持平衡一样，但是实际却不是如此，这只是他们走路的一种习惯。他们给人的感觉一般比较温柔腼腆，不太习惯于表达自己内心的感受，更不用说与人分享了，大部分时候他们都是内向安静的。

如果是在聚会上遇到他们，你会发现他们大部分时间都是坐在角落里，默默地注视着周围的人。就算见到潇洒英俊的男性或者靓丽抢眼的女性，他们也只会脸红心跳不知所措，绝对没有勇气去主动跟大家交流互动的。如果在朋友们的起哄下勉强让他上去搭讪，他甚至会羞涩地跑掉。他们为人很谦虚，彬彬有礼，非常注重自身的修养，所以男性是"温文尔雅"，女性则多属于"大家闺秀"。他们语言都比较朴实，不会油腔滑调、花言巧语，在别人眼中甚至会有些木讷，所以能够走进他们内心世界的人不多。一旦有人能够和他们交上朋友，就会发现对于友情他们都非常珍惜，尽管平时不苟言笑，但是却是对人很真诚，可以是至死不渝的友人。相对其他类型的人，他们是比较脆弱、容易受到伤害的一群人。甚至是当他们受到伤害的时候，都选择逃避，自己暗暗地舔舐伤口，让自己平复下来，而不是去找朋友或者跟旁人诉苦、倾诉。

踏着憨厚的内八字步的走姿

有一种走姿是脚呈内八字形的走路，也就是人们俗称的有罗圈腿的人走路的姿势。这些人走起路来略显滑稽可笑，他们总是笑呵呵的，一副老实巴交的样子，给别人一种憨憨的感觉，也踏实厚道。但是在这憨实的外表下却是一颗不安分的心。他们非常注重生活中点滴的细节，不管是什么事情，他们都喜欢按部就班、对号入座地完成，严格遵守着自己的计划表。一旦出现了突发事件而无法按照自己的习惯或者规划进行时，就会马上阵脚大乱、手足无措，不知道如何应对。特别是当他拥有一定权利的时候，成为聚光灯下众人焦点的他会觉得浑身不自在，无所适从，并开始烦躁不堪，没有办法应对这种突然到来的压力。他们很会照顾别人，如果别人遇到了什么麻烦，需要向他们求助，他们绝对不会推脱，绝对会全力以赴。而且，在向别人伸出援手之后，他们是绝对不会放在心上，或者等待对方回报的。

在现实生活里，多是一些青春的小女孩喜欢走路内八字，给人一种无知、天真可爱的感觉。让男生忍不住要去保护她们，这个走姿多少也符合那个年纪的特征了。如果是一个成年男子走路呈内八字的话就不太好了，给人一种"娘"的感觉，这样也就会影响别人对他的整体印象了。

侵略性的外八字走姿

前面我们讲了走路内八字的人外表憨厚，却有一颗不安分的心。而走路时呈外八字的人性格就和内八字的人截然不同。走路外八字的人是一个具有侵略性的人，他们擅长在别人不知不觉中将他人的东西占为己有。这种人走起路来用力而急躁，脚下生风，生怕错过眼前那些可以占为己有的"好东西"。

如果你的身边有这样的朋友的话，可要小心看好自己的东西了，免得一个不经意，就变成他的了。这种人不管做什么事情都很积极，不会唯唯诺诺，勇于承担起责任；应变能力强，凡事可以快刀斩乱麻。

当你犹豫不决、做不了决定的时候，问一问他的意见，马上就会有答案了。因为他们可以给朋友意见建议，而且大部分时间都可以让这个意见迅速解决朋友的困扰，所以人缘不错，常能自动打开人际关系上的困局。

在日常生活中，我们较为常见的是男性走路外八字，女性走路外八字的比较少见，这其中有很多原因，比如说女性走路外八字看起来不够优雅，还有就是现实生活中充满侵略味道的女性也不多见。

神经不健全、步伐凌乱的走姿

有的人走路的时候步伐凌乱无规律，左右摇晃，时而大步时而小步，时而直线时而曲线，有时候甚至会自己踩到自己的脚。在别人看来，好像是喝多了，醉醺醺的走路摇摇摆摆。一般来说，这种人多数神经不太健全，做事没有章法，想到一出是一出，很有可能会给别人来个措手不及。从性格上来讲，这种人通常会缺乏忠诚度，目无尊长，一旦出现利益的冲突，他们很可能会为了利益而背叛身边的人，甚至会不惜牺牲亲人的利益。时间久了，众叛亲离，甚至会遭遇破产的命运。最形象的例子就是败家子。电视里常看到这样的镜头，古代家底深厚的少爷，每天无所事事，就知道吃喝玩乐散尽家财，变着花样跟家里伸手要钱，甚至为了自己的利益不惜牺牲家里人的利益。这些二世祖一般都不得善终。

走路常回头的走姿心胸狭窄

有的人总是一边走路一边不停地往回看，好像后面有谁在跟着自己，他们的眼神漂移，不时望向身后，而不是正常的直视正前方。没有理由的，不是被跟踪追尾，也不是有事情发生，他们就是这种习惯必须频频回头，走两三步就往回望下，然后继续往前走。正如走路的风格一样，这种人心理比较不健康，很容易就觉得别人不信任他们，在挑战他们的权威，而且喜欢攀比，看到别人的什么好东西，自己就得有更好的。

除此之外，他们还有点小肚鸡肠，如果别人做了点什么不好的事情，他们会斤斤计较很久。他们都很多疑，人生字典里好像没有"相信"这两个字，惯于猜忌身边的人和事，心胸狭窄，一看到别人比自己好就会心生嫉妒，对别人冷嘲热讽。但是，他们并不会自己努力来超越别人，而只是会嘲讽别人，说别人坏话。有时候一些很简单的事情，比如请他们吃饭，或者送他们点东西，会因为他们的疑神疑鬼而变得异常复杂。这种性格当然让他们几乎都没有固定的关系网，人际关系几乎是零。另外，他们还非常爱以自我为中心，爱表现自己，缺乏团队精神。就连普通的相处都无法和谐，还时不时会闹出人事纠纷，影响工作进度，所以这种人几乎是不受欢迎的。

懒散的拖着鞋子走路的走姿

一般在我们的印象里，只有那些有急事来不及提上鞋子的人才会拖着鞋子走路，而且不会持续很长时间，走几步就会调整到正常的走姿。但是在现实生活中，有的人走路确实很拖拉，一边走，一边还要用鞋跟拖磨着地，发出刷刷的声音，通过观察他们的鞋跟你就可以发现，这类人的共性就是鞋跟的磨损都比较严重，左右边不平行。这种走姿表现出的是懒散，缺少组织纪律性，不积极的生活态度。他们不喜欢变化，总是安于现状，不希望有任何改变，一旦有所改变，他们就无所适从了。于是他们宁愿不要改变，他们也大多碌碌无为，命运好像没有给他们过人之处，但是也没有比别人差多少，主要是本身不求上进、不思进取。

精神衰弱的走姿

有的人走路非常没有精神，软弱无力，步伐飘浮，表情呆滞，看起来好像没有睡醒，一副在梦游的样子。即使他是身材魁梧的人，可是用这种病快快的精神状态走路，人们也完全感觉不到他的阳刚之气，只会觉得他非常懦弱的感觉，没有一点气场，一点小小的挫折或打击就可以打倒他。所谓相由心生，从面容上看起来没什么精神，实际上他的心理承受能力也是如此，不堪一击。遇到一点小小的打击都能让他颓废很久，好像是正好为自己的懦弱找到了借口，他会一直沉浸在这种感觉里面，不会主动去摆脱。也许他不是生来就是这样的，是因为有些童年的阴影、情感创伤他觉得自己被遗弃了，生活没有希望了，但是他不想去做改变。另外，他的抗压能力比较弱，如果有心理创伤，会主动或者被动地放纵它，所以很难愈合。

大步向前的走姿

不同于小快步走路的人，有的人走路习惯踱着大方步，看似优哉游哉，但是却精神饱满，呈直线前进。我们在电视剧中经常可以看到这样的镜头，独裁者迈着大步子对着大家发号施令，司令员在地图前面大步来回指挥战斗，旧社会的码头大亨跨着大方步站在高处对着工人激情的演讲。

有一首歌里还有这么一句：妹妹你大胆地往前走啊！这些人都有一个共同的性格特点，那就是独立心强，强势，不容许被质疑。他们一般都有着较高的社会地位，大部分都处于领导位置。但是他们也有共同的缺点，就是把事业看得重过一切，家庭反而被放到了次要的位置上，如果跟这样的人结婚，很可能就要承担保姆的角色，照顾家里的一切，想要让他伸手帮忙是不太可能的。总之，这种人不太顾家。

抬右肩走路的走姿

古今中外，抬右肩走路都是权威主义者的特征。

比如古代的官吏，巡视着全场的士兵的时候都是抬着右肩走路的。比如林肯，美国历史上最著名的总统。他的朋友对他早期走路姿势的评价就是："永远低着头，犹如丧家之犬一般。"正如我们上面分析过的那类总是低头走路的那类人，他们命运坎坷，遇到无数的打击，精神濒临崩溃，甚至已经患有神经衰弱等疾病。实际上林肯总统也是，19 世纪 30 年代，林肯生意失败，次年参加州立法委员竞选失败，再重新尝试做生意继续失败，其后妻子撒手人寰，留下他一个人。

短短几年，这一系列的变改，让林肯几乎崩溃，而后更被确诊为神经衰弱。如果是一般的人，在面对这接踵而至的打击，很有可能就一蹶不振了。但是林肯之所以是林肯，自然有其过人之处。在受到这一连串的打击之后，林肯仍是坚持不懈，并最终当选美国第 16 任总统而且名垂千古。据说他后来走路的姿势与之前大不相同。

走路风格是内心世界的一面镜子，走路的气势也影响着一个人的命途。公关专家在研究行为时发现成功人士的走姿都有惊人的相似，步伐大，步履干练有力，眼睛平视正前方，精神饱满。所以如果你觉得自己命途坎坷，或者运气不好，可以先从改变走路的姿势开始，为自己带来正能量。

步履矫健的人比较精明

这种类型的人是精明能干的人，他们不会好高骛远地"做梦"，他们只会考虑现实的实际情况做事，所以这种类型的人比较容易获得事业上的成功。从走姿来看，他们步履矫健，精力充沛，看着就很有感染力，面对工作的时候他们会三思而后行，有可行性、可操作性的事他们才会去做，如果看起来没什么可行性，不管这件事情看起来多么诱人，做成之后会有多么丰厚的回报，他们也会不为所动。他们拒绝做"空想家"，在他们眼中，踏实肯干才是成功的唯一方法。

面对生活，他们也是脚踏实地，一步一个脚印前进，他们喜欢细水长流，而不喜欢大风大浪。在为人处世上，他们重情重义，遵守诺言，有着"君子一言，驷马难追"的魄力；而且他们也有自己的主见和判断力，不管别人说得多么天花乱坠，他们也不会轻易地听信，是一个值得交往的人。

健步如飞的人比较急躁

一个走路健步如飞的人个性也比较急躁，特别是在遇到紧急情况的时候，他们更是会不顾一切快速前行，甚至会一溜小跑，就像屁股后面着了火似的，冲红灯、不走人行道、翻越护栏这样的事对他来说是常做的。其实他们有这样的走姿也是和他的性格有关系的，他们个性比较急躁，没有耐心，通俗地讲就是一个"急性子"，他们做事的时候是很讲究效率的，肯定不会拖泥带水。如果遇到自己能做的事情，他肯定不会推辞，会痛快地答应下来，并且会利落地做完。如果是超出自己能力范围之外的事情，他们也会去尽力一试。他们充满着活力，并且是正直的人，面对挑战时他们也会勇往直前。但有时候由于过于讲究效率，就会导致有时候的决定过于草率，缺少必要的细致。所以，在遇到自己能力范围之外的事情的时候，最好能够果断地拒绝，以免给自己带来困扰，也给别人误事。

走路慌张的人比较能干

患有焦虑症的女性走路的时候就会慌慌张张，她们以小碎步的快走代替"大步流星"，而且经常会改换走路的方向，从她们的改变方向就可以看出，她们此时的心情也是焦虑的。如果一个男人走路的姿势也是这样的话，那么就可以判断出，这个人个性比较阴柔，喜欢"鸡蛋里挑骨头"。

无论男人女人，凡是走路比较焦虑的人都是典型的行动主义者，他们充满着活力，精明能干，勇于接受现实生活中各种各样的挑战。一旦接到什么任务，他们肯定会立刻开始。如果他是你的下属，你会觉得这样的人很难管，因为他们不好对付，他们往往会不管你的警告，我行我素，按着自己的方法去工作；但他们又可以按时按量地完成你交代的工作，甚至有可能会提前完成，而且如果发生错误，也是勇于承担责任的。通常你遇到这样的下属的话，你会又爱又恨。当你有一位这样的下属，你应该了解他们，因为他们适应能力强，凡事也讲究效率，所以充分发挥他们的优点，这样他们也可以成为你的好帮手。如果你有这样的一位上司，那可能你会比较痛苦，因为他比较心急，而且总是喜欢拿自己的标准去衡量别人，做事也比较急躁，所以你的任务会比较重。

这种类型的人也很适合当朋友，他们会乐意帮你，也不会出卖朋友。但他们可能生活没有太多的闲情逸致，可能饭后散步对他们来说都是一件奢侈的事情。

步伐平缓的人守承诺

当你看到一个人走路的速度较为缓慢，但看起来又像是慢跑（这种跑步的速度是控制在低速的），你就可以判断出他是一个守承诺、不会好高骛远的人（老年人也会有这样的走姿，但是考虑到他们的年龄和身体状况，老年人就不列入判断的范围了）。人们常把有这种走姿的人说成像"生怕踩死蚂蚁"的东郭先生一样的人，他们无论在什么情况下都是一副慢腾腾的样子，或许你站在他旁边已经着急得和"热锅上的蚂蚁"一样，但他的表现还是不紧不慢的，可以说他们是典型的慢性子。这样的人做事都是不急不躁的，做事肯定是要"三思而后行"，如果要他们在仓促下做决定，他们宁愿选择沉默，而他们对自己也很了解，知道自己有几斤几两，他们也绝对没有想过"癞蛤蟆想吃天鹅肉"这样的事情。

他们对待事业也是认真负责的，可以靠着自己的实力一步一个脚印向上走，如果他们有机会得到晋升的话，你一定要相信他是靠着自己的实力和认真负责的态度获得了成功，因为他们是不会走关系、靠后台上位的人。

他们对待朋友也是重情义、守承诺的，他们是最讨厌别人说谎的，因为他们觉得朋友就是要交心，自己对别人付出了真心，自然也要换来别人的真心，如果换来谎言的话，还不如是陌生人。他们对待撒谎的人也是很"绝"的，一旦发现有人说谎，那么一辈子都不可能再当朋友了，所以如果你喜欢说谎的话，千万不要和这种人做朋友，以免最后落得尴尬的竟地。但他们还有一个小缺点，就是不大信任别人，他们一定要"眼见为实"，所以有时候给人觉得这个人在最初交往时带着一层隔膜。

走路躬身俯首的人缺乏自信

当你在路上看见一个弓着身子俯首前行的人，如果你仔细观察，就会发现这个人脸上的表情也是不自信的，充满着犹豫和不安。没错，这样的人就是自信心不足的人，他们只喜欢平静的生活，不喜欢做冒险的事，缺乏一定的胆识与气魄；但他们个性谦虚谨慎，不喜欢华而不实的人、事、物，在人际交往中，肯定是冷静沉默的那个人。如果不到万不得已，他们也很少表达自己的看法。在别人看来，他对任何事都没有特别的兴趣，好像对任何人和事物都非常冷淡，其实我们都错怪了他们了，他们并不是待人冷漠，只是不擅长表达自己而已。由于他的这种个性，他的知己也不多，但凡是当成朋友的人他都会十分重视彼此的友谊，会为对方赴汤蹈火、两肋插刀，所以这种人适合深交。

走路翩翩若舞的人善于社交

走路翩翩若舞的是女人居多，她们走起路来是扭动着腰肢，看起来花枝招展，婀娜多姿。对于男人来说，这样的女人看起来是性感迷人、风情万种让男人不自觉会为其着迷，想要与她们接近。的确，这样的女人大多是社交高手，她们热情似火，对人善良随和，所以她的朋友圈也很广而且很多。现代的大多数人都觉得这样的女人妩媚、迷人，走路的风格将女性曼妙的身材展示得淋漓尽致，也体现了当代女性的风采和气质。但是也有人不太喜欢有这样走姿的女人，一般是思想比较守旧或者从小家教很严，不苟言笑的人会不喜欢这个类型的女性，因为这样的走姿也让人觉得她是刻意想要勾引他人，看起来十分放荡和轻佻。对于这种走姿的看法是见仁见智的，或许在特定的场合里这样走姿的女人是放荡轻佻的，该怎么看待还是取决自己的心理。

手足协调的人严于律己

一个人如果在走路的时候手部和脚部都很协调的话，就证明这个人对自己的要求是很高的，并且不允许自己出任何差错，他的精神时刻处于高度集中的状态，他在乎自己的言行举止，希望自己的一举一动都可以成为别人的榜样；这样的人比较适合做组织、协调的工作，因为他足够严谨，意志力坚强、组织能力强，让他策划一个活动是绝对没有问题的。这样的人对于生命是很珍惜的，对于定下的目标，他会孜孜不倦地追求，不会因为别人的一两句话或者外部环境的变化而放弃自己的理想，可以这么说，他会为了实现自己的目标不惜一切。这样的人也有缺点，轻的我们会说他强迫症，一言一行都必须顺从自己的意愿。严重的常常会让周围的人敬而远之，因为他们总是会因为太过坚决而做出武断的决定，说一不二。

手足不协调的人生性多疑

如果一个人走路的时候双手摆动和双足行进不互相协调，而且步伐也是时而长时而短，就说明这是一个生性多疑的人，而且他们的走姿也让人觉得很不舒服。因为这种人多疑的个性，所以他们做任何事都是小心谨慎的，做一个决定往往是要诸多考虑，瞻前顾后，有时候好不容易等他们做出决定，可能已经错过了最好的时机。另外，虽然他们做事的时候要经过认真的思考，但是他们做出的决定多数时候是为了减少自己应负担的责任，并不是为了整体的利益。这样的人是一个责任感不强的人，做事情往往也是虎头蛇尾，有时会为了逃避责任突然"消失"了。所以要让这种人办事也应该慎重考虑，或者应该做好万全的准备，因为他可能会随时"消失"，并留下一个烂摊子，让你无法收拾。

走路上半身不动的人不爱交际

当你看到一个人走起路来上半身基本可以保持不动，也没有双手自然左右前后挥摆的动作，但腿部却很用力而且十分步伐急促时，你就可以判断出这个人很不喜欢交际。在他们眼中，人际交往是一件浪费时间、浪费精力的事，是那些闲的无聊的人才会做，对于自己这种忙于正事的人来说，是肯定不会在这个方面浪费时间的，而且他们觉得交际不会给他们带来任何的好处或者收益，交际带来的都是不正当的或者有后果与代价的收获。但他们又是高智慧的人，内敛、观察力强，总可以在无声无息之间给人意外的惊喜，每每做出这样的事情时，都会引起大家的纷纷议论，在某些程度上来看，他们有时会过于保守和虚伪，所以他们的人际圈不广，好朋友也比较少，不过这个对他们来讲无伤大雅。

走路落地有声的人志向远大

有着远大志向的人通常走路都是昂首挺胸的，脚步也是落地有声的，而且他们的步伐速度也是偏快，留给人的印象也不错，赏心悦目，让人感觉这是一个充满斗志、精神焕发的人。比如精英白领，或者是企业高层，这样走路散发出来的气场是很震慑人的，好像掌控了一切运筹帷幄。这种人通常有着远大的理想，对自己的未来有一个完整的计划，知道哪一步该做些什么，并为之不断奋斗。他们的人生目标很明确，懂得为未来打算，希望通过今天的不断努力获得更好的生活，一步步达到梦想的彼岸。他们也是理智的人，处乱不惊，即使遇到突发情况也能够控制住自己的情绪，不会鲁莽行事。这种人适合做情侣或者另一半，因为他们对待爱人是热情如火并且重感情的。所以，如果你身边有这样一位异性，一定不要轻易错过哦。

走路文质彬彬的人沉着冷静

文质彬彬又沉着冷静的人走起路来是不疾不缓的，双手自然轻松向下摆动，给人感觉很有文化，有教养与气质。当他们遇到问题时不会一下子就惊慌，也是会冷静地对待，不会轻易地大动干戈，哪怕就是着火了，也很难看到他们惊慌失措的样子；但他们也有缺点，那就是胆小怕事，在没遇到事情的时候可能比较大义凛然，看起来像天塌下来都不怕，但是一遇到事情就暴露出本性了，会逃避闪躲，能不出头就不出头。

另外，他们心中也没有坚定的目标和理想，也比较没有原则，对待工作和生活也是得过且过，只求可以安稳地过日子即可，属于极容易对生活满足的人，生活不要有太大的波澜就可以。所以他们给人的感觉就是不思进取，总是在原地踏步，不够创新和突破；如果一个女人走路的姿势是这种的话，那么她应该是属于大家闺秀或者贤妻良母类型的。

走路犹疑缓慢的人性格软弱

如果一个人走路看起来总是很犹豫，很慢，就可以看出这个人生性比较软弱，做事犹豫不决。他们在走路的时候总觉得自己陷在沼泽中，前路困难重重，不知道如何往前迈，他们总觉得前进的时候有阻碍，所以他们习惯性看见有困难就退缩，甚至还没有困难他们就自己胡思乱想给很多的假设后干脆就放弃了。他们这种人做事情总会考虑再三，冒险的事情是绝对不会做的，宁愿比别人晚做选择，也不喜欢张扬和出风头，总是三思而后行。这种人有时候会因为浪费太多时间在做选择上面，或者因纠结一些无伤大雅的小细节而错失良机了。但这种人很适合做朋友，为人坦率，胸无城府，对待朋友是真诚又珍惜，与此同时，他们会很慎重地择友，不会呼朋唤友，也不喜欢五湖四海皆兄弟。他们交朋友的风格跟做选择一样，总是思考再思考后再决定。宁愿走得慢，也要走得方向对。

走路慢悠悠的人缺乏进取心

如果一个人走路比较慢，就可以看出，他的生活节奏也比较慢。都说大城市的人走路很快，因为他们的生活工作都很忙碌，快是为了给自己争取更多的时间，尽可能做多一点事情。所以如果一个人走路优哉游哉的话，那么可以看得出他的进取心肯定不强，因为当今的社会大部分的人生活节奏都是很快，所以这样的人生活大多是无所事事、游手好闲的，也没有自己的事业和目标。每天的生活都很固定，突发的事情很少。这种人性格也是比较迟缓的，对生活得过且过，觉得顺其自然就好，所以对自己的行为也是放任自流的，外人看起来总觉得这样的人成不了事，因为在他的身上看不出任何奋斗的痕迹。不管多紧急的事情，到了他那里都是可以慢慢来的，好像在他们的世界里就没有快这个词。

走路左摇右摆的人故弄玄虚

有这么一种人，走起路来就习惯性左右摇摆，乍看起来一副弱不禁风的样子，让人担心一阵风吹来，他就会被风吹跑了。其实这样的人不是真正的弱不禁风，他实实在在是一个"影帝"，他做人就是喜好故弄玄虚，很多时候他就是什么都不是，却要摆出一副卓尔不群的气势，凡是遇到问题的时候他肯定不会主动去解决的，能推给别人的他绝对不会自己去承担，而那些无法转移给别人的他会尽量耗着，最好就是不了了之。尽管他经常对不起别人，也没有做出真正的贡献，但他是绝对不允许别人做出半点对不起他的事。这种人的性格奸诈虚伪，最喜欢阿谀奉承他人，他渴望成功，但由于这种个性上的不足，反而容易导致工作、爱情和生活上的失败，甚至是颗粒无收。

走路不安静的人

一个人走路不安静的话，那么他平时也不是一个安静的人，可以这么说除了睡着的那一刻，他没有一刻是消停的，总是要闹出一点声音他才觉得舒服，才有存在感，要不就浑身不自在。他的个性活泼开朗，思想单纯，平时也是喜欢窜上窜下，而大家也会不由自主去关注他；他喜欢凑热闹，最喜欢很多朋友打成一片，呼朋唤友，嘻哈玩笑，因为他害怕孤独寂寞，但与别人相处的时候经常口若悬河，评古论今，有时候周围的人觉得都插不上话了，如果可以全部人都围着他听他讲话，那他也不介意；他也喜欢户外的活动，最喜欢到大自然中享受一番。这样的人热衷着自己的事业，也不求名不求利，安分守己，但他做事总是丢三落四，就像一个粗心的顽皮鬼一样，总是让人觉得让他去办事很不放心。

自控能力强的人爱踱方步

我们在抗日的电视剧里会看到这样的镜头，伟人们在思考问题时总爱踱方步，让他停下步伐的时候，问题就迎刃而解了。其实喜欢踱方步的人是一个理性、自控能力强的人，而他们往往也可以成大事。他们做事情时小心谨慎，贸然的决定他们是不会做的，言谈举止也都会表现得温文尔雅，粗俗不堪这个词是绝对不会出现在他身上。在别人面前，他们都会让自己的理性和自控力充分地展现，从而受到了别人的尊重，但一个人独处的时候他又是十分压抑的。爱踱方步的人也对自己的体态有着严格的要求，当他出现中年发福、秃顶的话，他就会很紧张。因为这样的人有着过人的自控能力，所以他的待人处事也是严格把握着一个度，多数时候是点到即止，不会因为一个人或者一件事情陷得太深，所以他很少因为人、事使自己的情绪变动特别大。

脚不着地的走姿

不知道大家平时有没有留意到这样的人，即走路像在飘，脚浮浮的像没有着地，软弱无力，看起来很轻浮的人。这种人待人处事的风格也正如他们走路的姿势一样，一点都不踏实，能应付就应付，不是虎头蛇尾，就是马虎的草草了事，从不安分扎实地做事情。有这种走姿的人给别人的印象也很一般，通常都没人敢和这样的人深交，至少"踏实"这个词就没有在他身上出现过。而他自己也经常做一些让自己名誉扫地的事情。

这种人的感情生活也不太如意，常和情侣闹纠纷；就算是已婚人士，也经常是夫妻感情不和。听到这里，有这样走姿的人都会颤抖了一下，真怕自己以后在感情上有这样的悲剧，没错，既然担心以后有这样不幸的感情，那就应该趁早把这个走路习惯改了吧。

挺肚阔步的人神采奕奕

有的人走路喜欢把肚子挺得高高的，不是说这个人的肚子大，而这个人走路的时候挺高肚子，而前进的速度也不快，一步一步向前踱着。他们觉得这样走路"很有范"，让人看起来是"气宇轩昂，精神奕奕"。在古装剧里的大官也经常这么走路，而现代社会中有不少领导也喜欢这么走路。世界上多苦多难的事情他们都能解决，即使屡战屡败他们也不会低头，会一直坚持战斗到最后成功，更多时候他们会认为"失败是成功之母"，只有经历失败才会更加珍惜成功。这种人在单位里是受到青睐的，因为把"重建"的工作交给他们肯定没错，无论遇到多少困难，或者经历多少次失败，他们还是会坚持不懈，直到圆满完成任务。

说到这里，肯定会有不少人马上就学着这样的步伐走几步，看看自己有没有"领导相"，其实走姿是潜移默化中形成的，也许不在其位不谋其责，不到那个层次还真的走不出来。

走路神色仓皇的人漂浮不定

有这样一种人，走起路来慌慌张张的，神色诡异，一边走一边东张西望，从来都没有淡定的神情出现过，旁人也无法预测他们想干什么，甚至他们自己都不知道自己想要干什么。这种人是心思很漂浮不定的人，注意力任何时候都无法集中，他们脸上的表情其实就是他们内心的想法，他们自己都不知道为什么，也不知道自己在担心什么。这种人的意志不够坚定，往往容易受到周围的因素而改变自己的主意，不知道什么时候要果断，什么时候要改变，有点像一条道走到黑的人。这种人你也不能指望他们在事业上有多大的作为，就算你让他们来统筹下，或者预测下局势，他们都不会给你一个答案，结果只有让你更加失望，他们绝对是不善于把握全局的人，更多时候他们也不是一个可以成功的人。

不断回头的多疑

有的人总是一边走路一边不停地往回看，没有理由的，不是被跟踪追尾，也不是有事情发生，他们就是这种习惯必须频频回头，走两三步就往回望下，然后继续走。这种走路的姿态比较常见在小偷或者跟踪者的身上，跟他们搭边的不是鬼鬼祟祟就是鼠头鼠眼。电视里还常出现私家侦探或者是巡捕之类的，职业性质常年要跟踪的人也是会这么走路。正如走路的风格一样，他们都很多疑，字典里没有相信这两个字，很简单的事情会因为他们的疑神疑鬼而变得异常复杂。天生就有无中生有的本领，善于把完全没有关联的事情捕风捉影的快速联系起来。这种性格当然让他们几乎都没有固定的关系网，人际关系几乎是零又缺乏团队精神。就连普通的相处都无法和谐，还时不时会闹出人事纠纷影响工作进度。但是对于他们来讲，人际关系并不是人生所必需的东西，他们并不看重。

走路混乱型的人不负责任

有一种人走路很混乱，很不安分。他双足双手经常不均匀地挥动，步伐也时而大时而小，频率也很复杂。当别人走在这种人附近时，总会觉得走着走着很不舒服，可能会突然刹车等他多走几步；或者跟着跟着他就离你很远了，要小跑上去；又或者可能会被他不小心打到手、踩到脚。这种走姿的人性格是健忘的，而且生性多疑，他走路的节奏如此不稳定也源于他的性格特点，也许走着走着他就在想别的事情了。这种人也不适合当领导者，因为他们做事情不负责任，总会留下一个烂摊子给别人收拾。

走路观望型的人无大志

路上的行人匆匆，有人疾步前行，有人停下等待，有人左顾右盼，各式各样。但那些行走迟钝的人你留意到了吗？这种人的步伐不快，但眼睛却不是盯着前面，而是左观右望，闪闪缩缩，就好像刚做了亏心事一样。通常这样的人是一个胸无大志、贪小便宜的人，他们左顾右盼是想看看有没有什么地方可以让自己赚点便宜，或者是刚赚了点便宜不想别人知道。这种人在生活中也不善交朋友，为人处世的水平不高，当然朋友也不会多；他们喜欢一个人的生活，因为他们不想与任何人分享；对待工作更是得过且过，效率很低，"干一番事业"的想法从未出现在他们的脑海里。

当你遇到这样的人时，你千万不要去问他们的意见，更不要试图让他们变得热情起来，这应该不是他们的个性，他们也不会给出你期望的状态来，所以你遇到这样的人时，更多时候还是把他们当成一个"过客"就好。

走路作态型的人装腔作势

在古装戏里，我们经常可以看到这样的女人，走路就像随风杨柳一样，左摇右摆，前顾后顾，而她们大多扮演着什么样子的角色呢？可能是心怀鬼胎的客栈老板娘，可能是青楼里招揽客人的老鸨。而她们的特点是什么呢？装腔作势、心怀鬼胎、善于谄媚。她们做的任何事你都不能指望她给你按质按量完成，只求她们不败你一刀你就"阿弥陀佛"了。此外，她们还是一个气量狭隘奸诈的人。

现实生活中也是有这样的人存在的，当你发现周围有这样的人，那就千万不要与他有过多的交情，泛泛之交就可以了。就算他赞美你也好，贬低你也好，你笑笑而过就好了，不必太当真，如果和他们较真的话，你就输了。更不能指望他们为你办事了，他们绝对不会做"杨白劳"的事。

走路吊脚型的人狡猾

怎么样的走姿可以成为吊脚型呢？那就是一个人走路的步姿轻佻，身躯飘浮不定，看上去就感觉他整个脚掌都没有完整落地。这样的走姿无论在什么情况下都给人一个感觉——"不靠谱"。无论他做什么事、说什么话大家都持怀疑的态度，甚至觉得这种人不能承担重任。也许我们经常看到一个喝醉酒的人走路就会变得轻佻、飘浮，那还是不靠谱吗？当然了，酒后说的话有谁又会当真呢？从这个角度讲也是不靠谱的表现。

在生活中有这样走姿的人是一个聪明又狡猾的人，但他们经常把聪明用在了错的地方，他们无论什么情绪下都会表现得淡定，也就是我们说的"皮笑肉不笑"型的人。还有一点要记住，最好不要请求他们帮忙，就算他们肯帮你，也不会白帮忙的，他们会索要高昂的代价。

走路速度较快，五指伸得笔直的人严肃认真

走路速度较快，五指伸得笔直的人是一个严肃认真的人，对他们来说"一言既出，驷马难追"，所以他们对行为举止是很谨慎的，一旦说了就要去做，并且要做好。他们的观念是"只要是想办成的事情，就一定会努力去达到目标"。无论是对待生活还是工作，他们都是按着这个准则来做人做事的，并且对自己的要求很高，遵规守纪，甚至给人一种过于清高的感觉，与其他人有距离感。当然，一个人对待生活、工作的态度是如此，对待爱情肯定也是这样的，所以他们用这种态度去对待爱情则显得太正经了一点，这样的风格也让恋人觉得很难放松，特别是对女孩子来说，爱情应该是浪漫甜蜜的，总是用一个准则去处理爱情问题未免显得太刻板了。

走路速度一般，手掌自然握成拳状的人正义

当一个人走路的速度适中，不慢不急，双手下垂并自然握成拳状的人是一个富有正义感的人，他们有着很强的行动力，一旦确定目标他们就会立马去做，最讨厌

拖泥带水或纸上谈兵，在生活中他们也看不起那些做事拖拉的人。换成在古时候，他们就是一个可以为乡民出头的人，内心充满正义，不畏惧权势，敢于仗义执言，对那些老弱病残他们是全力去帮助的，所以很深入人心。这种人也是富有爱心的，他们很热衷做义工做善事。对于爱情，他们是勇于表达自己的真情实感的，对于异性他们也喜欢那些个性豪爽、富有爱心的人。但这种人在感情上就比较传统，不会弄出很多花样来取得女生的欢心，他们的付出是实实在在的；他们不会介入不明不白的感情纠葛中，就感情问题而言，属于理智胜于感情的类型。对于那些喜欢追求稳定、安全感的女生来说，这样的男人是最适合不过了。

走路常将一只手或两手同时插进口袋的人心思细

我们经常可以在一些韩剧中看到，很多高大威猛、潇洒的公子哥都会走路时一只手或两手同时插进口袋，当他们出现的时候都可以引得一般痴情的女生看得出神入化。其实这样的情景不仅出现在电视里，现实中也有很多为这类人潇洒的外表而着迷的异性，因为他们表现出来的气场完全可以将人迷倒，帅气中带着几分忧郁，那些追逐者也正是因为被他们自然流露的忧郁气质吸引。但这类人尽管有着洒脱不羁的外表，但内心也有着细腻的一面，遇到感情的时候经常表现得多愁善感，他们是一个很重感情又很懂情的人，所以他们感情生活也是很丰富的，一生里有很多风花雪月的故事。

走路速度较慢的人有主见

当一个人走路的速度比较慢，而且双手自己下垂、五指自然微微弯曲时，你就大致可以判断出这个人是一个严格自律的人，但他对待朋友、同事或亲人却是十分宽宏大量。尽管有时候给人感觉这个人的性格懦弱、胆怯。其实不然，他只是不太计较别人对他的看法，但他的内心绝对是一个有主见、有思想，能成大业的人。对待爱情，他不太看重外貌、家庭背景，而是注重双方在精神上的共鸣，喜欢稳定而持久的爱情。在他的眼中，平淡似水、忠贞不渝才是最美丽的爱情，这种人最吸引异性的地方就是和蔼可亲，没有距离感。

如果你想成为他的另一半，除了要接受他走路很慢之外，还要接受他追求平淡的人生，如果你们的习惯和追求都一样的话，那就最完美了。

"仰脸老婆低头汉"般的走姿的人心眼多

"仰脸老婆低头汉"的意思是当一个男人总是低着头走路，或者一个女人抬着下巴仰着脸走路的情形。如果你走在路上看见这样的人的话，奉劝你，尽量远离他们，有多远就多远，千万不要去招惹他们，他们绝对不是好惹的，除非你走路的姿态也是这样的，而且还要比他们头低得更低，或仰脸仰得更高。

为什么这么说呢？因为一般有这样走路姿势的人心眼都比别人要多，而且耍心机对他们来说就和家常便饭一样，别说一个不小心就会落入他们的圈套了，就算你很小心，也许你都不是他的对手，所以看到这样的人经过，还是躲得远远的为妙。而心机多的人为什么男人和女人的走姿有这么大的不同呢？原因很简单，男人在大多数时候总喜欢隐藏着自己的"实力"，等待着"一鸣惊人"的那一刻；而女人相反，只想在任何场合里都暗示别人——我是一个有心机的人，你绝对惹不起。

走路时双手反背于背后，这会给人以傲慢、呆板之感

我们常常在一些古代的小说里看到这样的情景，古代教书先生在授课的时候都是这么做的：摇头晃脑，双手在背后反握，慢慢踱着方步，对着弟子说教。电视剧里老干部的角色，经常都是在庭院里踱着步，双手反握在背后，要不就是一边踱步一边反手在背后训示着下属。这些形象的刻画都不约而同地透露一个信息：走路的时候把两手放在背后，是傲慢、呆板的人。他们觉得自己比别人优越、清高，所以都是目中无人，双手架在背后让他们自我感觉良好。但是实际上他们苦守着传统，不会变通、死板，即使是错了也还是一直往前冲不愿意承认。

尾随其后、指指点点，被视为"侵犯人权"

有的人喜欢跟在别人后面走路，鬼鬼祟祟或是一言不发行"注目礼"或是指指点点，一边走路一边打量着对方，这是非常不礼貌甚至是被认为侵犯了别人隐私权或者有人身侮辱之嫌的行为。我们看得最多的就是那些三姑六婆，喜欢八卦的人。这种人天生就喜欢打探别人的隐私，或者是自以为是的捕风捉影，然后就是滔滔不绝的添油加醋地传播出去。所以遇到这种人，最好不要太多接近，因为他们是信不过的，也无法保守秘密。他们询问绝对不是关心你，是纯属打探，然后满足自己的好奇心而已。

换个角度讲，如果你自己是这样的人的话，那还是请你收一收自己的好奇心吧，八卦的东西别人说了你才听，没完没了地打探就显得你不够尊重别人了。

含胸走路的人没有自信

含胸走路这个姿势是一个不健康的姿势，而且看起来整个人也很没有精神。其实很多时候那些含胸走路的人都没有发觉自己是这么走的，只是潜意识就有了这种姿态了。这种人通常是比较没有自信的，每当想藏起自己的自卑时就下意识的缩胸。这种人除了不自信，还不够干脆，要做一件事情往往要犹豫很久。

前面说到含胸走路不健康，这又是为什么呢？因为当一个人做出含胸的动作时，肺部的舒展空间就会被"挤压"，这时，人的呼吸也会变得短促，直接影响了心肺功效。久而久之，这种走路姿势的人呼吸是很浅的，常常是气息还没有进肺就被慌忙吐出来了，导致身体的重组供氧。

其实含胸走路这个习惯是可以纠正的，第一步就是提高自己的自信心，告诉自己并不差于别人，要说是差了，那就是没有一个精神抖擞的走姿。

走路玩弄手指的人不专心

走路时会玩弄自己手指的人，是一个做事不专心、无所事事的人。走路其实就是一个必须专心的行为，万一你不小心被撞了那是得不偿失。而这种人在走路的时候还要玩自己的手指，可见他是一个三心二意的人，做事情精神常常不集中，所以他们也不适合独自承担重任，因为他们不专心常常不能如期完成任务，在事业上也难成大事。或许他们根本也不在乎事业上的成败，因为他们不看重这个，只顾着可以开心、自由就好了。总的来说，这个人的眼光看得不够远。

如果一定要对这种走姿进行评价的话，大家还是无法给出赞同的建议，首先走路不专心，就很可能给自己带来危险，路上的交通状况有多复杂大家是知道的，而且这样的人给他人的印象也一般，既然弊大于利，为何不改掉它呢？

贴着墙走路的人缺乏安全感

有时候你会发现有一些人这么走路，明明道路很宽敞，周围没什么人，也没有障碍物，但他们就是不走在大道上，偏偏硬是要贴着墙或者栏杆走。很多人都觉得这样的走路方式莫名其妙，那他们为什么要这么做呢？其实这是一个人缺乏安全感的表现。因为他们觉得走在路上就会有路人不停地盯着他们看，所以他们觉得很害怕，浑身不舒服，很想找一个东西当"靠山"，所以墙、栏杆就是最好的选择了。通常这样的人性格里带着几分胆怯，你要想让他果断做主，那比登天还难，还不如帮他做决定算了。他们对待爱情也是很被动，是女孩子的话还不打紧，如果是一个男孩子的话，那要等他主动去追女孩子可能性就太小了，因为他自己都找不到安全感，何况要给女孩子安全感呢？

成年的同性行走时勾肩搭背、搂搂抱抱

我们看见路上有两个成年的同性一起走，而且是勾肩搭背、搂搂抱抱时，我们每个人的内心都有着不同的看法。当然，在不同状况下所呈现出这样的行为，内涵也是不同的，我们得分开来看待。

当我们在球场边看见两个酣畅淋漓的男生勾肩搭背一起走，一边喝着饮料一边讨论着刚才的比赛时，我们可以确定，这两个人是好朋友，是一起比赛的队友，而且关系挺不错。

当我们在路上看见两个搂搂抱抱的同性在逛街，我们多少会怀疑他们的关系，心想着他们是不是同性恋？也许可以从他们的衣着来判断，如果他们的衣着明显表达着"一男一女"的话（比如有一方女的打扮得男性化，或者两个男的都很中性化），那么他们80%是"拉拉"或者"基友"。

除去我们讲的第一种情况外，其他的会出现同性之间搂抱、勾肩搭背的情况，都证明他们没有安全感，特别是对异性失去安全感。

边走边摸头发的人自恋

一边走路一边摸自己头发的情况多出现在青春期的少男少女身上，因为这个时候的人开始注重自己的形象，也开始萌生了对异性的好感。这个时候的少男少女们在走路的时候就会不断摸自己的头发，生怕迎面的风会把自己的秀发弄乱了；或者是遇到异性都会不自觉地摸自己的头发，以此来吸引他人的注意。其实这都是一个想吸引他人的做法，摸头发的动作不一定要走路才可以做，坐着站着都可以。但有一点，连走路都喜欢摸自己头发的人是相当自恋的人，也证明这个人对自己的外貌充满信心，相信通过自己的动作肯定可以吸引到他人的注意和好感。

当我们在路上看见这样的人，有时候会觉得很奇怪，甚至觉得时不时就摸头发的动作稍微不雅。所以在这里劝告大家，如果你有这样的习惯，可能在有些时候要管住自己的手，不要乱摸，也许你觉得自己是自恋，但别人看起来很不舒服。

走路不走直线的人霸道

我们常用霸道来形容螃蟹，说他们横着走。实际上也有人是这么走路的，他们以为整条路都是自己的，想怎么走就怎么走，时而左边时而右边，也不管是否突然转向会撞到别人。人家都是上行方向的，他就偏偏是下行方向。这种人行事夸张，不顾别人感受和需要，只顾自己的喜好，跟螃蟹一样横向霸道。有时候会狐假虎威，拿着鸡毛当令箭。如果工作上遇到这种人是同事，要小心与他们相处，他们也许会觉得占你的便宜是理所当然的事情，或者总是要你替他分担工作。这种人眼中的爱情是唯我独尊的，容不得另一半对自己有意见，当然，他也不会听取另一半的意见，甚至问都不会问，因为在他的眼中，自己的决定就是最后的决定。如果你的另一半是这样的人，那么你就要考虑你自己能不能受得了了。

走路时嘴里喜欢含着食物的人好动

有的人走路嘴里必须一边吃东西，要不就觉得浑身不自在。这些人都比较好动，坐不住。要不就是性格比较叛逆的，或者是泼辣的。比如我们经常看到一边走路一边嚼着口香糖的年轻人，他们用这种方式来表示自己很有活力，内心不希望被束缚，特别是叛逆期的青少年，走在路上不是嚼着口香糖，就是一边喝着汽水，甚至是咬着香烟。还有一种人喜欢一边走路一边吃东西，就是我们西南的川妹子，都喜欢手捧瓜子，边走边嗑。她们大大咧咧的，泼辣、豪放，实际上性子也是很少有静得下来的。

这种人在生活中也处处表现出自己的活力，可以是策划一个晚会，可以是组织一次旅游，总之他/她停不下来，也不想停下来。对待工作他们满腔热情，但是往往热情之余缺少必要的计划，他们做的很多事情的结果总与预期的有距离。对待感情也是如此，经常有很多点子让另一半惊喜，但有时候没有考虑到对方的情绪，把惊喜变成惊吓。

走路说话的人爱唠叨

我们常常可以在一些连续剧里面看到这样的镜头，大妈上菜市场的时候碰到熟人，两个人一边走一边说，从油盐酱醋到婆媳关系，再到生儿育女，常常是走过头了还不知道。当然，我们现实生活中也常常可以遇到这样的人，不只是大妈喜欢边走边说，年轻人也有。而不管什么年纪，喜欢边走边说的人通常都是一个唠叨的人。一个简单的问题，他们可以反反复复和你讲，更可以从不同角度、用不同方式。每当听到他们的唠叨，旁人都是受不了的，恨不得马上逃离或者将他的嘴封上。

唠叨是他们这种人的个性，所以他们做起事情来也喜欢按着"唠叨法则"进行，反反复复，做事情很没有效率，但讲的永远比做的快，所以这种人也不是一个容易成功的人，往往做家庭主妇或者家庭煮男比较合适。

走路时将脚抬得很高的人自视过高

如果一个人走路的姿势是把脚抬得很高，一副神气十足的样子，那我们可以用一个成语来形容他——趾高气扬。通常这样的人都是一个自视过高、骄傲自满、傲视别人的人。任何时候他们都表现得得意忘形，而觉得别人总是不如自己。

而"趾高气扬"这个成语是出自《左传·桓公十三年》："楚屈瑕伐罗，斗伯比送之，还，谓甚御曰：'莫敖必败，举趾高，心不固矣。'"《史记·管偃列传》也载："拥大盖，策驷马，意气扬扬，甚自得也。"翻译过来的意思大概是这样，在公元前701年春，楚国掌管军政的莫敖屈瑕率军到郧国的城邑，与郧、随、蓼等诸侯国的联军作战。但因为对方的盟国很多，无论从实力上还是气势上都压住了楚国，在他准备增派军队时将军斗廉告诉他，虽然地方有很多盟国，但他们人心不齐，只要打败郧国，整个盟国就会分崩离析。屈瑕听从了斗廉的建议，果然获得了战争的胜利，这也是历史上有名的"蒲骚之战"。

之后，屈瑕就开始骄傲自满起来，把别人的功劳都算在自己的身上，以常胜将军自居，从此也不把任何敌人放眼里。后来他再一次奔赴战场，送行的大夫斗伯比返回时对驭手说："屈瑕这次出征要吃败仗的，你看他那副趾高气扬的样子，肯定不能冷静地、正确地指挥作战了。"果不其然，当敌人整军待发的时候，屈瑕居然不做任何准备，结果当然是吃了败仗了。

这个典故很好地解释了这个成语，也把有这种走姿的人用了一个最贴合实际的解释。所以这种走路"趾高气扬"的人，不是一个好相处的人，更不是一个会成功的人。

不同的职业有不同的走姿

从走路习惯可以推断出一个人所从事的工作或者生活的环境，他的工作氛围、工作要求、生活经历或习惯练就了他们走路的风格。

比如工作氛围影响走路的，最常见的例子就是海员、水手、船长，他们长期在颠簸的船上行走，为了保持平衡，脚会呈外八字形，所以到了岸上这个习惯也是不自觉的。

　　工作要求影响走路姿势的例子就是军人，他们即使穿着便服，也是走方步，因为工作的氛围让他们无时无刻都以军人的身份走路。警务人员也是，走路都是散发一种与别人不一样的气场。还有模特，即使不是在 T 型台走秀，生活中他们走路也是比别人要精神许多。因为成长环境或生活经历而影响走路习惯的比如舞蹈演员走起路来都很飘逸的，身轻如燕。比如武术教练，走路如风，步伐有力，神清气爽。

　　因为生活环境而养成的走路习惯主要是由地理环境造成的。如果你看到一个人在城市里平坦的街道上走路的时候仍然把脚抬得高高的，每一步都好像高得有点突然踩空的感觉，你可以推断这个人可能是从山区来的，走惯了山路走不惯平坦的路。如果你在小村庄里看到一个人每走一步都小心翼翼的，好像很怕一不小心就摔倒的样子，时不时被绊一下然后三步一摇的保持平衡，那么他可能刚从城里来，还走不习惯山区的路。

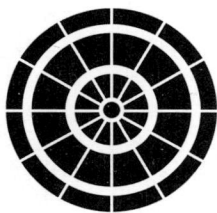

第二十八章
不觉泄露了自己：
睡姿信号

潜意识的身体语言

中国古代有这么一个传说，刘伯温肯一辈子为朱元璋卖命的原因是：刘伯温看过朱元璋的睡姿，朱元璋的睡姿是"龙形凤姿"，据说，拥有这种睡姿的人必定可以成就一番大事业，刘伯温根据这种睡姿判断出朱元璋必定会飞黄腾达，所以才会如此死心塌地地跟着朱元璋。朱元璋也曾用狂妄的诗句形容自己的睡姿："天为帐幕地为毡，日月星辰伴我眠，夜深不敢长伸脚，恐把山河一脚穿。"

虽然这个故事并不长，但是我们足以从中看出，中国人是十分讲究"相"的，从一个睡姿都可以判断出一个人的性格特点。其实这并不是迷信，而是有一定的科学依据的，一些身体语言研究专家和精神分析专家也是认同这个"睡姿看出性格"的观点，他们认为，一个人一生中有30％的时间都处于睡眠状态，而这个状态是最放松的状态，在身体和精神都最放松的时候，人的潜意识就会自觉不自觉地浮现出来，这也反映了一个人的性格、深层意识。此外，相关研究数据显示，一个人的睡姿具有反应本人身体状态的作用，身体有哪个部位有病或者虚弱等，都可以通过睡姿看出来。例如，一个人肠胃不好的话，就会习惯性把手放在肚子上并蜷缩着身体睡觉。

但有一点要注意，看睡姿应该看沉睡阶段的，因为在浅睡的时候会做较频繁的翻身动作，如果只随机选择其中一件，就会造成判断错误；而人在沉睡时，一个睡姿可以维持数小时，这个时候来进行判断，结果才会相对准确一些。

漫不经心的侧卧者

有的人睡觉的时候喜欢侧卧着身子，很自然地把脚、小腿、膝盖和脚踝等部位完全叠放一起。拥有这种睡姿的人看重工作与生活的一致性，对于各种关系的处理很到位，力求在二者之间实现一种平衡。他们的人际关系比较广，反应时间短，懂得调节，比如在发现别人的期望和自己的行为习惯有矛盾的时候，他们会及时调整自己，按照别人的要求来行事，以此来获得别人的赞同和认可。不要就此认为这种人属于墙头草，摇摆不定，他们只不过是属于在自己接受的范围内去做的调整而已。

有的人睡觉的时候喜欢身子靠右侧卧着睡，研究表明，这种人的生活规律性较强，时间观念也很强，

侧卧

准时准点地完成任务，绝对不会找任何借口拖延。但是他们也有一个缺点，就是他们会过分地留意细节，认为细节比全局更重要，往往在细节上纠结，有时候会因为细节而忽视了全局。有些工作比如实验室做研究、项目做学术分析等比较需要这种性格的人。另外，由于心脏位于我们身体的右侧，这种右侧卧睡的方式会压迫心脏，所以最好在睡觉时能够调整睡姿，减轻心脏负担。

自恋往往独睡

一个独自睡觉的人往往非常自恋，他们喜欢享受孤独的感觉，一个人生活，一个人工作，一个人旅游，反正做什么事情都是独来独往的。这种人是完完全全的独行者，在他们看来，私人空间就是自己的王国，必不可少且神圣不可冒犯，这个空间完全是属于自己的，不用与任何人分享，不管这个人跟自己关系多好，就算是最亲密的人也不该试图进入这个领地，否则很可能会翻脸。孤独是自己最亲密可靠的伙伴，在他们的成长历程中，已经习惯了孤独伴随自己左右，习惯了自己跟自己倾诉，自己来解决一切事情，而非求助他人，习惯了一个人面对问题，独立解决一切困难。他们只相信自己的力量，迷恋自己，凡事亲力亲为，而不习惯咨询别人，或者依赖别人的帮忙。如果有别人关心他们并试图提出帮助的情况出现，他们也不会反感或者认为被侵犯，更不会觉得对方在挑衅，他们只会觉得别人的关心是打扰了他们的私人领地，而他们只是想自己把握自己的生活与工作。

感性者的裸睡

喜欢裸睡的人是感性、向往自由的人。当他休息的时候，他会脱光自己的衣服，就代表他想放松一下被束缚的身体，享受轻盈、自在的感觉。

我们可以从这样的行为看出，这个人是一个感性的人，他会靠自己的感觉去做

出判断，好比认识新朋友时，他/她不是从客观的角度出发去看待这个人，而是全靠"眼缘"去结识这个人，结果可想而知，很多时候，眼睛传达的信息并不正确，所以他/她在人际交往上常常遭遇失败。

其实这种感性的性格也给他/她带来不少"麻烦"，比如，在工作中会常常遭到别人的指责，说他感情用事，缺乏判断力。但他/她并不会把这种批评放在心上，而是会坚持自己的选择，按自己的方法做事。他/她觉得，人生就应该充满乐趣，凡事随心就好，太多理性的考虑会变成一种负担。

靠边睡：强力的捍卫者

有一些人的睡姿看起来让人很难理解，不管是睡多大的床，他们总是要靠着床边睡，而且是紧紧地抱着自己。从这种睡姿就可以看出，这种人是非常缺乏安全感的，他们的警惕性很高，对什么事情都怀有戒心。在遇到事情的时候，他们不会感情用事，而往往可以理性地看待问题。另外，他们情绪控制的能力也特别强，当有情绪需要宣泄时，他总会找到合适的理由说服自己，将这种情绪打压下去，再继续面对生活。这样的人忍受力很强，没有到达一个爆发点，他们都不会发怒、反击的。但是，如果达到了这个爆发点，那就很难说了，所以，尽量不要去招惹他们。

其实这种人由于总是要压制自己的情绪，所以生活得很累，就连睡眠休息的时间也是时刻处于警惕状态的，所以这样的人通常会失眠，睡眠质量不高，严重的话需要靠药物来治疗。

喜欢躺在床的对角线上的人比较武断

如果一个人喜欢躺在床的对角线上的话，就说明他是一个比较霸道、武断的人。因为如果采取这样的睡姿，那差不多就是把整个床都给占了，容不下别人。这也证明这个人在生活中也是如此，做事风风火火，雷厉风行，可以快刀斩乱麻，但喜欢以自我为中心，不喜欢倾听别人的意见，更不会向他人妥协；如果他是领导的话，喜欢领导别人做事情，绝对不允许下属有反对的声音；他的权力欲望很强，一旦有当领导的机会他就绝不会放手，更不会与别人分享，他喜欢的就是那种独一无二的感觉。

这样睡姿的人算是没有安全感的人，但与靠边睡的人有所不同，靠边睡的人是生怕别人打扰到自己的空间，而对角线躺在床上的人是生怕自己占据的空间不够大时，别人会侵袭自己，所以尽量先占据着，让别人没有机会靠近自己，更没有机会侵袭自己。

婴儿般睡姿

我们经常可以在电视里看见这样的镜头，小孩入睡时会抱着心爱的玩具，父母要等孩子熟睡之后才把玩具拿掉，再抚摸一下小孩的脸，露出一副慈爱的眼神。其实小孩会抱紧心爱的玩具就代表他们希望得到保护，因为自己还未成熟、独立意识较差，希望可以有另外的人能够给自己安全感。其实这种睡姿并不是小孩特有的，一些成熟的人也会这样，当他深睡的时候，会将自己的身体和双腿弯曲，并向一面侧卧，而且会紧紧抱着一个物品，可以是枕头也可以是玩具。这样的人给人的感觉就像长不大的小孩，做事不够稳重，遇到挫折的时候会不堪一击，甚至会选择放弃。他不会去冒险做任何事；他依赖他人，如果让他自己独立完成一件事情时，他会显得手忙脚乱，毫无头绪，遇到陌生人或者陌生的环境的时候，他都会表现得十分恐惧；这种人的责任心也不强，缺乏有效的思辨能力，往往遇到困难就逃避或者问题推给其他人。

自我防卫意识强烈：四肢交叉

如果一个人在睡觉时总是把自己的双臂双腿交叉起来，就说明他很可能是一个带有强烈的自我防卫意识的人，这种人为人比较冷漠，对谁都是不冷不热的，拒人于千里之外，不喜欢主动去靠近别人，更不希望别人走进自己的世界。这种人往往是脆弱的人，之所以会对所有人都摆出一副冷若冰霜的样子，就是因为害怕受到别人的伤害。与其在受到别人的劣害之后痛哭流涕，索性就不与别人过多的交流，把自己的真情实感都隐藏起来。

一般来说，这种人的人际交往能力比较差，因为长期的压抑和冷漠，导致渐渐丧失了与他人沟通的能力，在人际关系上就比较淡漠。如果你仔细观察，就会发现这种人基本没有什么朋友，终习把自己包裹起来，活在自己的世界里。

俯卧的人自信满满

采取俯卧式睡姿的人，多是一个充满自信心的人，而且个人能力十分突出。在多数情况下，他都有自己的想法，知道自己应该怎么做，要得到什么，并且很好地把握自己的优缺点，以及如何在适合的场合下把自己的优点充分地展示出来，赢得大家的认同；他也知道自己的缺点在哪里，但他并不觉得自己需要改变这种缺点，因为他觉得人应该知足常乐，不要太过强求为好。这种人随机应变的能力很强，常常对自己进行调整，控制情绪的能力也很强，常常把自己的情绪控制得很好，大部分人是看不出他的破绽的；这种人也是个坚持不懈的人，对于自己定下来的目标一定会努力去做，绝对不会轻言放弃，不管事情是简单还是困难，他都是用最自信的态度去做好。

这种人的交际圈很广，因为他将人情世故这本"书"读得很透，他基本没有敌人，知道遇什么人说什么话，是一个很好的倾听者，更多时候会懂得用一些大家感兴趣的话题让自己参与到整个谈话中，甚至成为众人瞩目的焦点，所以大家也很喜欢和这种人做朋友。

这种人在工作上的表现也是不错的，因为他们对自己的定位准确，知道自己想要什么，所以做起事来也可以很圆满，既不会好高骛远，也不会自怨自艾，而是会一步一步去实现自己的梦想。

呆板的人脚踝交叉

人的睡姿是各种各样的，而不同的睡姿也显示出人的不同性格，比如从有的睡姿就可以看出这个人性格非常活泼，或者从有的睡姿就可以看出一个人性格非常呆板。一个在睡觉时候喜欢侧卧，并且脚踝相交叉的人，就是一个性格呆板、木讷的人。在生活中，他总是一成不变，按部就班，更不会想到创新之类的；在工作中，他比较少思考，对于什么工作都是一视同仁，不会想做出改变。对于晋升更觉得是水到渠成的事，"争取"对他来说就是不实际的事情。面对人情世故，他很少主动和别人搭话，就算是别人主动挑起话题，他也是一问一答，如果别人不问，他不会主动开口，这会让人感觉很难相处，所以这种人的人际关系会比较紧张；这种人很容易就急躁，但只是"急"而已，而不思考如何去解决问题。

跪卧的人可能失眠

在我们看来，跪着睡觉其实是一个很不舒服的姿势，而且这种姿势也很不雅观，但偏偏就是有人选择这种入睡的方式。不管是白天的小寐，还是晚上的睡觉，他们都是跪着睡。一般来说，拥有这种睡姿的人平时在生活中过得也不舒服，生活压力比较大，时刻处于紧张的状态下，所以这种人也是容易失眠的人。总的来讲，跪着睡觉的人是惧怕黑夜的，他们宁愿采用这样不舒服的姿势来度过漫漫长夜，就是为了期待白天快点到来，好让自己可以尽快回到正常的生活。

其实这种睡姿已经能够反映一种病态的睡眠状态了，如果发现自己有这种睡眠姿势的话，应该尽快调整自己的生活节奏，看看是不是自己因为生活得太紧张或者是有什么心理问题导致失眠，害怕黑夜的到来，如果有必要的话，应该求助心理医生。

单脚放床外的人精力充沛

在睡眠的时候，人们一般都是寻找最舒适的姿势以达到全身放松的状态，让身心都得到休息。但是有一种睡觉姿态不但不会让人放松，反而比较容易使人疲劳，那就是把两只脚都放在床外的姿势。选择这种方式睡觉的人大多生活节奏都比较紧凑，工作安排得满满当当，忙得四脚朝天，缺少休息放松的时间，他们把大部分的精力都贡献给了事业。不要以为他们就会疲于工作，其实，这种人生活质量很高，积极、乐观、向上，像小小的向日葵一样，永远生机勃勃，向着阳光微笑。他们大多数时间都是精神饱满、精力充沛的，他们对一切事物充满着激情，活泼爱笑，待人热情、亲和力高，所以他们的朋友很多，圈子很大。跟他们在一起的时候，你很少会觉得累或者颓废。这些人实力跟能力都是受到高度肯定，可以因为高效率的生活而有时间同时参与许多的活动，而且很多事情因为有了他们的参与就能够更容易圆满地完成。

脸朝下的人防卫心理强

有的人睡觉的姿势是脸朝下，把头深埋在自己两臂间，弓起膝盖缩到胸部下方，背部朝外，像一只虾一样弓着一动也不动。这个姿势代表着一种心理上的自我保护法，是属于无意的防卫机制的。习惯采用这种姿势睡觉的人缺乏安全感，时刻处在自我保护中，社会适应能力较弱，防守心理意识很强，好像神经时刻都在紧绷着，时刻准备着出击。他们的自主意识强烈，经常可以留意到自己的需要，并知道怎么做才更适合自己。因此就算周围有很多不同的声音试图影响他们的决策，他们也不为所动，坚守自己内心的选择，很少违背自己的意愿去听从他人的吩咐和摆布，即使是面对强权，他们也不会妥协，而是会一如既往地维护自己的想法与利益。如果遇到强迫的情况，他们更是会毫不犹豫地采取必要的措施来保护自己、维护自己的权益。

坐着睡的人规律性强

有一种睡姿比较奇怪，说起来我们在生活中看到的机会不多，但是它确实是存在的，那就是双手自然搭在身上或是自然垂在两旁，坐在椅子上两脚伸直就直接进入梦乡。按说这种睡姿我们在客车或者火车上看到的比较多，但是其实在生活中，有的人习惯于采用这一睡姿，当然这属于极少数人。这种人时刻保持高度警惕，仿佛危险瞬间就会发生一样，精神绷得像一根随时会断的弦，全身的细胞都高度紧张。他们的生活节奏飞快，但是仔细观察就会发现，其实他们的生活都很有规律，每天都在像陀螺一样不停转动着，但是又有相似的轨迹。他们的工作、生活、社交、喜好就跟已经有计划安排好一样按部就班，平静地没有一丝波澜。他们很怕生活有什么变化，更不会随意主动去改变习惯。自然而然的，这样有规律的生活就像给自己上了发条，调好了生物钟，让身体跟思维方式在面对不同的事情时都可以如同条件反射一般，迅速找到规律，习惯性反应来处理。

睡觉握拳的人意思多多

如果一个人在睡觉时都握着拳头的话，就说明这个人睡觉睡得很不安稳，就是我们常说的"心里有事儿"，看起来就是随时准备应战的状态，但握着拳头还不只是代表这一个意思。比如一个人把握紧的拳头放在自己身体下面或者塞到枕头里，就代表这个人是在刻意隐瞒自己的情绪，尽管心中的情绪很大，很想爆发，但出于各种原因，潜意识里告诉自己，一定要把它隐藏起来；另外，如果一个人是侧身睡觉或者是仰躺着，握紧的拳头是向外的，则代表这个人潜意识里很不满，很想向人示威，把自己的情绪宣泄出来。

当一个人握拳睡觉时，很容易会惊醒，而且当醒过来的时候还会发现自己十分疲倦，如果发现自己突然醒过来，而且又感觉到疲惫的话，最好是坐起来，或者定定神再继续睡。

仰卧的人不怕得罪人

喜欢仰卧姿势睡觉的人，是一个独立的、有胆量的人，他自我感觉良好，性格豪爽、仗义，不畏权势，也不怕得罪人。这种人作为朋友的话是值得深交的，因为他很珍惜人与人之间的友谊，而且乐于助人，在朋友需要的时候他都会毫不犹豫伸出双手，所以他的朋友很多，也容易赢得大家的好评，成为大家眼中的好人。

他做事的风格就是不喜欢兜圈子，心直口快，就算是自己的上司，遇到不合理的事情，他也会据理力争，毫无惧色。尽管有时候太过直白会得罪人，但因为他自己不记仇，不会对别人的错误耿耿于怀，别人自然也会很快原谅他。

他对待朋友是诚心诚意的，不带一点目的，也会把最真的自己表现出来。与别人交往时，别人很快就可以把他的优点缺点看出来，他相信，人与人的交往必须是坦率的，这是人际关系的基础。他最讨厌虚伪和爱说谎的人，他不会与这样的人交朋友，当发现周围有人这么做，他会当场与之绝交。

总的来说，仰躺着睡觉的人是一个敢作敢当的人，敢于面对自己，敢于面对别人。

从不同的侧睡姿势看出一个人的特点

每个人的睡姿都很不同，仅侧睡姿势就有好几种，每一种都有各自的特点：

1. 侧睡——躺在胳膊上

与身体蜷缩睡姿的人不一样，躺在胳膊上侧睡的人是一个诚实可爱、温文尔雅的人。诚然，真诚待人是好事，但是不能一味地追求完美而不去面对瑕疵。对于这些人来说，他们应该多给自己一点信心，多多鼓励自己，然后就会发现错误其实并不如想象中那样可怕，接受不完美，接受每一个挫折，这些都是成长的印记，经历过风雨后的幸福来得更加美满。

2. 侧睡——躺在一边

躺在一边侧睡的人是一个非常自信的人，在面对工作和生活中的所有事情时，他们都会坚持到底，努力去克服一切困难，对于这样的人来说，不管做什么事情都会成功。另外，这种枕着臂膀侧睡的姿势也暗示着有这样睡姿的人将会变成一个有权有势有钱的人。

3. 侧睡——蜷缩着身体

蜷缩着身体侧睡的人经常感到有压迫感，觉得周围不安全，觉得别人都对自己居心不良。这样的人比较自私，很容易嫉妒别人，产生报复心理。在这样的人身边一定要小心翼翼的，做什么事都要照顾到他的情绪和脾气，以免一不小心引得他大发雷霆。

4. 侧睡——弯曲一只膝盖

弯曲着一只膝盖侧睡的人很容易大惊小怪，什么事情都很难引起他的兴趣。牢骚跟抱怨都经常挂在嘴边，觉得什么事情都是自己在吃亏，别人在占便宜。这种人容易紧张，神经长期紧绷基本可以是他的代名词了。有时候别人只是在无意中做出一个小小的举动，都会引起他的过度反应，有时候甚至咄咄逼人，不分出个高下决不罢休，让人觉得不可理喻。对于这种人来说，生活其实并没有他们想象中的那么复杂，如果他们能够学着先思考后反应，放轻松，就会觉得一切都远比自己想象中简单。

不同的仰睡姿势有不同的性格

1. 四肢呈大字形平躺

一千个人有一千种脾气，一万个人有一万种模样，睡觉姿势也是一个道理，而从各种不同的睡姿我们还能窥探出这个人的大概性格。有的人睡相很好，如同白雪公主、睡美人一般优雅动人，任谁看见都会忍不住想上前偷亲一下；而有的人则极富气势，摊成大字形的睡相，在古代，这种睡姿可是被称作皇帝相的；此外，还有人睡觉的时候竟然如时钟一般旋转，隔一段时间前去看他，都能发现他的头部永远都处于不同的方位。

这类人睡觉时喜欢仰面朝天，手脚张得很开。若是根据咱老祖宗的五行说法，这便是典型的"木形"。拥有这一睡相的人大多心无一物，对外界没有戒备心理，属于非常天真烂漫的类型。他们的内心如同孩童一般，将世界的好全部看在眼里记在心里，遇见不好的事、不好的人也很快便能遗忘，比如，路上有人向他借钱，他爽快地借与，结果发现自己其实被骗了，虽心里难免有些难受，但不久之后，这件事便会消散于无形，再遇上借钱的，他还是会慷慨相借。他的心无杂念，心怀天真，其睡相中完全将这样的意识表露了出来。也只有持着这样心境的人，才能拥有如此放松的"大字形"睡相。"大字形"睡相还能保护心脏和肝

如此放松的"大字型"睡相

脏不受压迫，且手脚张开的姿态，更是有助于血液循环。在众多睡相中，大字型仰睡可以说是血液流通得最好的。

鲁迅先生在描写长妈妈的时候，就说她喜欢"大"字形睡姿。一般来说，喜欢这种睡姿的人是一个热情、真诚的人，他向往自由，也喜欢追求美。但这种人身上还有另外一个缺点，就是好"八卦"，在别人看来，他就是一个地道的"长舌妇"。这一点可不好，无论男人女人，都必须管住自己的嘴；而且这种人多爱花钱，尽管赚钱能力很强，但有点挥霍无度。所以，虽然有时候看起来他们收入不菲，却总是攒不下钱。

2. 双臂枕在后脑勺

这种人是智慧型的，有着高智商和良好的学习能力，但有时候会有很多别人难以理解的奇思妙想，看起来毫无根据，难免给人留下"异想天开"的印象。但这种人往往觉得是有可行性的。这种人还是一个顾家的人，如果选择结婚对象，这种人

可是很好的考虑对象。

3. 交叉跷着二郎腿

睡觉的时候交叉跷着二郎腿的人是一个自恋狂，对自己的一切很满意，觉得自己无可挑剔，但是对别人却不是很满意，总是觉得别人这也不顺眼那也不顺眼。他们对待生活的模式也是一成不变的，不希望目前的状态有所改变，总是觉得这样就挺好的了，实质是害怕改变，因为一旦改变，自己将无所适从。一旦遇到问题时，他们并不会积极主动地去想办法解决，而是下意识就想逃避。虽然有时候如果他们尽力的话，问题完全可以解决，但是他们还是要逃避，有时候自己的能力就会被这种逃避给埋没了。

4. 四肢贴着身体

有一个睡姿看起来很奇怪，就是将四肢紧紧地贴着身体，从这个动作看起来，这是一个很紧张的人。其实这个动作，就是代表着这个人身心都很紧张，因为自己总是沉沦在过去的不美好里面，总觉得打击和失败一直环绕着自己，没有办法找一个人分享，更没有办法去找到宣泄的方式。这种人在生活里是寂寞、孤僻的；同时也是优柔寡断、犹豫不前的，换个角度来说，这种人的不愉快怪不得别人，更多的是自己造成的，并不是别人强加在他身上的，因为他给人的感觉就是对生活、对未来不再充满希望了。

将棉被从头盖到脚的人

喜欢将棉被从头盖到脚的人是一个两面人，而且大家完全不能想象他内外的差异是如此的大，这种人会在公共场合表现得非常得体，让众人觉得这是一个大方高雅、文质彬彬的人；但是这种人的内心深处是软弱与害羞的，他们很怕遇到困难，因为当他们遇到困难时，总是自己默默地承受痛苦和烦恼，哪怕自己再难受，也不愿意开口寻求帮助。

其实不管是谁，要过着两面人的生活，肯定会觉得这是一种难忍的煎熬。一个人总是做着两个人，更多的时候并不是做着自己，还生怕被别人看穿了，还要不断磨炼自己的"演技"，常常以假乱真，甚至自己都不知道什么时候才可以做真实的自己。当他们选择把棉被从头盖到脚这个动作就表达了他们的心理状态，就是想着暂时逃避外人眼中的自己，让内心的那个自己出来透透气，放松一下。

恬静的睡姿

恬静的睡姿就是大家平常理解的安静怡然的睡姿，深层睡眠状态。一般来说，采取这种睡姿的人在睡着之后呼吸都会比较顺畅，很少会有翻身的动作，也不会有磨牙或者说梦话之类的动作。从面部看起来，他们睡得非常安静、甜美、安详，看起来就睡得很香。一般来说，有着这种睡姿的人的运气不错，不管是在日常的工作还是生活中，都可以得到别人的帮助，这对他们自身的发展很有好处，极容易取得较大的进步。特别是对于有这种睡姿的女性来说，由于她们的"美容觉"睡得比较好，所以皮肤会很不错。此外，她们往往天生丽质，很有可能会嫁入豪门。

另外，有这种睡姿的人一般睡眠质量比较高，身体也就会比较健康，自身有着很高的免疫力，受到疾病侵扰的可能性就比较小，所以这是一种最健康的睡姿。

开口而睡

有些人在睡觉的时候喜欢把嘴巴大张着，呼呼大睡，这也就是所谓的"开口而睡"。人在不舒适的环境中也会有张口睡觉的现象，比如坐长途车打瞌睡有时候自己都无意识嘴巴是张着的就睡了。

在相学中，这种睡姿被认为是容易招致疾病的，正所谓"病从口入"，张着嘴巴睡觉，空气中的一些污染物和病毒之类的很可能就会被吸入体内。所以跟一般人相比，这种人受到疾病侵扰的可能性会更大，他们自身的免疫力也会有所破损。所以，最好改变这种睡姿，而且还要增加营养的摄入量，只有提高了自身的免疫力，才能有效地防止疾病。从性格上来说，这种人比较向往浪漫，往往在面对现实的时候有些手足无措的感觉。看起来他们好像只适合于幻想，他们可以做一些小事，但是不敢承担压力大的责任。做事情的时候有点焦躁，急于求成，耐性与毅力有所欠缺，所以通常不会取得很大的成绩。

咬牙而睡

这里说的咬牙而睡和闭口而睡还是有区别的，闭口而睡只是闭着嘴巴而已，咬牙而睡指的是在睡眠的时候牙齿紧咬的情况，如果咬得实在很厉害，还会出现腮部紧胀的情况。一般来说，这种人的性格都比较暴躁，现实中因为争斗和暴力而伤害到自己的可能性比较大，所以，有这样睡姿的人白天更要远离争斗和暴力事件，以免成为争斗或者街头暴力的牺牲品。另外，不管是在工作还是日常生活中，都要谨慎小心，注意自己的言行，心平气和地面对所有的问题，千万不能热衷于用暴力解决一切问题。被激怒的时候学着想一想，先冷静下，再做回应。从性格上来说，他们嗜好收集物品。如果是遇到自己热衷的物品，他们会为之付出所有的热情，甚至可以做到废寝忘食，有时候，他们甚至会不惜一切手段来达到自己的目的，不达目的是不会罢休的。

睡中开眼

所谓的睡中开眼，就是在完全进入睡眠状态之后，双眼还会微微睁开的情况。据说曹操睡觉的时候眼睛就是睁着的，这件事情的真与假我们不得而知，不过确实是有人睁着眼睛睡觉的，也许我们中的某些人就是这样的，只不过是不自知而已。在别人看来，有这样睡姿的人是似睡未睡，说是睡着了吧，可是他的眼睛是睁开的，要是说他没睡着吧，他对别人的动作或者语言又完全没有反应，实在是比较奇怪的一种睡姿。如果你发现自己或者自己的朋友是这样的睡姿，一定要注意自己日常的出行。因为从相学上来说，有这种睡姿的人在出行时遇到危险的可能性比较大。所以，在出行的时候一定要小心又小心，特别是对驾车的朋友来说，更是要注意这一点。

另外，由于有这种睡姿的人的面相已经说明了潜在的危险，所以，千万不要在酒后驾车或者疲劳驾驶，否则会让出事的可能性大大增加。一般来说这种人在目前环境下命运不是很顺，有点忧思过度，神经也比较敏感。由于考虑的事情太多，很可能会神经衰弱，平时经常与家人朋友有这样那样的小矛盾。

睡中乱语

有人说，如果听到别人在睡梦中说梦话，可以趁机问对方的银行卡密码，一般都能得到真实的回答。当然，这只是玩笑之谈，不过在睡梦中说话的确实大有人在。用通俗一点的话来说，睡中乱语就是在入睡之后说一些稀奇古怪的梦话。一般来说，睡觉的时候大脑是在休息的，而说梦话的人一般都会脑子还在转，所以他们的睡眠质量不高。由于睡眠质量不好，他们在工作和生活中也就显得有些无精打采，也就很难取得突出的成绩。另外，从相学中来看，有这种睡眠的人一般比较胆小、懦弱，害怕惹事上身。在跟人交往的时候往往也硬不起来，而是有点低声下气，让人看起来觉得他非常窝囊。这么看来，也许是因为有很多话不敢说，才只能在梦中说的吧。不管怎么说，这种人一定先要树立起自己的信心，这样才能走向成功。这种人往往有很多心事，却没有可以倾诉的地方，所以个性就比较孤僻。喜欢独来独往，不喜欢结交朋友，也不喜欢跟别人分享自己的心事，总是喜欢一个人承担所有的事情。

上床就困

借用宋丹丹小品里的一句话：没心没肺的人睡眠质量都高，说的大概就是这种上床就困的人了。其实所谓的"上床就困"也很好理解，也就是上床后很快就进入了梦乡，有时候甚至是头刚沾到枕头就睡过去了，我们还会用"倒头就睡"来形容。除了入睡比较快，这种人睡得也比较沉，而且早上还爱赖床，是起床困难户，可能要两三个闹钟才爬得起来。一般来说，这种人比较固执，在一些事情上总是喜欢按照自己的看法来，非常顽固。不管别人怎么说都说不动，就算别人提出的是良言，他心底明知道是对的，也依然充耳不闻，一意孤行。这种做法其实并不利于个人的发展，做独行侠的后果往往是冷暖自知。如果想改变现状，就得做到海纳百川，积极改善人际关系，听听不同的意见和声音，让自己行事更靠谱。

睡觉爱翻身

如果总是保持同一个睡眠姿势，一晚上睡下来肯定会腰酸背痛的，所以人们在睡眠中总会不自觉地改变自己的睡眠姿势。不过这改变的次数也是有个限度的，不然一晚上不用睡觉，光翻身了。比如说爱翻身睡的人，他们在睡觉的时候总是有翻身的动作，在别人看来，虽然他们在睡觉，但是睡得不舒服，也不踏实。一般来说，经常翻身会造成在性格、情绪上出现较大的波动，甚至在工作和生活中无法控制自己的情绪。

另外，这种人的性格有点急躁，而且缺乏耐性，容易虎头蛇尾。在接下一件事情的时候可能做得很好，但是最后却草草了事，没有常性。所以这种人是很难做到稳中求胜的。对于这种人来说，最好可以多做一些能够平复自己情绪的事情，比如茶道、书法之类的，防止自己的情绪出现太大的波动。另外，还有一种说法，认为这种人一生都会辗转迁徙，居无定所。

少睡

首先要解释一点，就是"少睡"，少睡并不是睡眠的时间太少，或者是因为忙于工作和学习而少睡。如果每天的睡眠时间在6～8小时之间，就可以算少睡了。一般来说，每个人都应该保持每天8小时的睡眠。但是有的人确实不需要睡这么多，如果能够长期保持少睡而又能够精力充沛、动力十足，而不会恹恹欲睡、毫无活力的话，就说明这种人才思敏捷，可以准确把握自己的工作动向。在生活和工作中也就能少走一些弯路，在面对事情的时候也可以理智分析，不会有不知所措的感觉。比如乔布斯，据说他在每天早上会早起，而在早上9：30之前，他已经把一天中要处理的所有事情都处理完了。虽然我们没有那样的野心要成为乔布斯那样的人，但是如果能够养成少睡的习惯，时间长了，必然能在工作中崭露头角，使得自己的工作保持上升的态势，所以能够取得骄人的成绩，成为别人的榜样。

多睡

一般来说每天保持8个小时的睡眠时间就足以让身心得到充分的休息，但是有的人每天的睡眠时间却在10小时以上。而且虽然睡的时间已经够多了，但是在醒来的时候还是疲惫不堪、困乏，仿佛没有休息好。此外还有一点，就是这种状态不是一天两天，而是持续很长时间，成了一种习惯。如果满足这几条，就说明是"多睡"。对于有这种睡眠习惯的人来说，每天好像都没有睡醒，昏昏沉沉的，大脑不够清醒。这样在做起事来的时候就给人一种不能全身心投入的感觉。

从性格上来说，这种人有点不够自信，畏畏缩缩，而且做起事来也是要顾忌这个顾忌那个，没有雷厉风行的感觉。所以，有这种睡姿的人要想获得长远的发展，一定要提高自己的自信心，而且如果有可能的话，最好尽量改正这习惯。毕竟一天的时间只有那么24个小时，花在睡眠上的时间多了，那花在工作和学习上的时间就会相应减少。就算再跟别人付出同样的努力，也很难超越别人。

公主型睡姿

有的人在睡觉的时候喜欢轻轻地垫着枕头睡觉，或者用手撑着头斜卧着或者半卧在靠背上，这种睡姿被称为"公主型"睡姿，很甜美很贵妇的感觉，远远看去像睡美人。拥有这种睡姿的人的性格也如同公主一样，比较娇气，说话总是娇滴滴的，轻声细语，一副柔弱的样子。他们喜欢追随新潮流，不管是吃的还是用的，总是要走在潮流的最前头，有时候带着一点做作，同睡姿一样，行事风格也有点奇异，想标新立异，如果能够因此而让人羡慕，对他们来说是再好不过的了。但是不一定她们就有"公主病"，做事推推拖拖只会给人麻烦但是又成不了大事，相反地，这种人心思比较缜密，做起事来比较周全，在动手之前就会安排好一切，想好一切对策，做起事来也不会手忙脚乱的，而是井井有条，非常讨人喜欢。

睡时头部从枕头一直往下溜的人

当一个人睡觉的时候发现头部总爱从枕头上一直往下溜时，而且是当事人毫无意识到情况下，证明这个人目前的心理状态是烦躁的，而且他对待任何的人、事、物都是十分悲观和消极的。而且在这种情况下还不去寻找排忧解难的方法，也不向他人求助，只会一个人静静地在角落里冥思苦想，这种类型的人通常是内向胆小的。这种人总不喜欢去求助别人，但他内心最希望时刻有人在他身边，并且是主动关心他，不需要等他开口就知道他有什么心事。

如果是夫妻一起生活，发现对方有这样的睡姿，作为伴侣应该做那个主动开导者，主动去关心他，不要让对方把悲观、烦躁都带进睡梦中，这样的睡眠质量不高，而且还会让第二天的精神状态欠佳。

手臂向前方伸直侧躺

把手臂伸向躯体前方，侧躺，就像在被别人追赶，或者在追赶别人。据统计，有 25％的人在睡觉时会采取这种睡姿。这表明这个人比较好强，比较上进，渴望获得更多，并愿意去为了自己的目标竭尽全力。不管面对什么样的挑战，他们都会积极应对。而且，他们对自己要求极为严格，总会要求自己向好的一面发展，一旦觉得自己做得不够好，总是会严厉地批评自己，绝对不会纵容自己。通常来说，他们比较乐观，遇到事情总是会往好的一面考虑，觉得一定会取得好的结果，但是一旦遇到挫折，就会马上选择放弃。对于这些人来说，凡事不要贸然地做决定，应该先估计一下自己的实力，根据自己的实力确定自己的目标。不要把目标定成无

手臂伸向躯体前方

法实现的幻想，否则是无论如何都无法成功的，只会白白浪费时间。

手臂外伸抓住枕头

有这样一种人，他们在睡觉的时候一定要面部朝下，双臂外伸，还会牢牢地抓住枕头，或者抱着被子，好像在睡梦里也有一种不安全的感觉，必须寻找一个依赖。以这种姿势睡觉的人，醒来后会感到非常焦虑。这种人总会觉得自己身边的大事小事层出不穷，好像有点无力招架的感觉，只能勉强继续人生的旅程。在做事情的时

候，这些人也有点缺乏信心，好像无法掌控自己手边的事情，总有无法控制的突发情况。而且在睡觉的时候他们也在想今天有没有什么事情没有做完，睡醒之后还会像昨天有什么事情没有做完。这种做法不但让自己身心疲惫，而且效率很低，总不能享受生活。所以，有这种睡姿的人最好学会做事情的时候一步一步来，列好计划，控制每天的进度，把自己的命运掌握在自己手里。

树干型睡姿

所谓的"树干型睡姿"，就是在睡觉的时候身体会偏向一侧，双臂向下伸展，完全贴在身上，就像一根木头那般睡觉。一般来说，有这种睡姿的人的个性是外向、开朗、大大咧咧的，特别喜欢与他人交往。为人比较随和，不会斤斤计较，把帮助别人作为自己一生的乐事来对待。当他接触到一个新的群体的时候，总是很快就能融入进去，并且在很短的时间内就能体现出自己的号召力与领导才能，成为一个群体的主干与被依靠的对象，总体来说，这种人还是很好的朋友人选，有他在的场合肯定不会有"闷"这一说的，他会把气氛调动起来。但是他们也有一个缺点，就是太过天真，容易相信别人，那就极容易上当受骗，这一点是应该注意的。还有，如果长时间保持这样的睡姿，会影响血液循环，所以在睡觉的时候最好多变换一下姿势。

思念型睡姿

据统计，在所有人中，采取思念型睡姿的人占到13％，所谓的"思念型睡姿"，就是身体偏向一侧，双手往外伸展，跟身体形成直角，就像小孩子在渴望大人的拥抱的时候做出的动作一样，似乎在渴望什么东西。这类型的人性格外向，开朗大方，很喜欢跟别人交往，也很容易就能融进别人的小圈子。但是他们的性格有点多疑，而且说话可能会比较尖刻，可能由于某种原因而比较偏激、愤世嫉俗。一般来说，他们是不会轻易做出决定的，但是一旦他们做了决定，就会坚持到底，轻易不会更改。另外，这种姿势睡久了也会伤害到自己的身体的，因为这样的睡姿可能会压到心脏等器官，很可能会引发心血管方面的问题，还可能会造成夜间磨牙，所以为了自己的健康着想，最好还是要改变一下自己的睡姿，虽然他有个很动听的名字。

士兵型睡姿

在我们的印象里，士兵们都是中规中矩的，绝对服从命令，我们看到的士兵通常也都是立正的姿势。大概有8％的人在睡觉的时候的睡姿是"士兵型"的，就是完全仰面平躺，把两手紧贴在身体两侧。一般来说，采取这样睡姿的人性格比较内向，比较保守，平日里言语不多，说话比较谨慎，一般不会对事情发表评论。这些人喜欢安静，不喜欢到人多、嘈杂的地方，对自己要求也比较严格，对于各种标准都会严格执行，并养成遵守标准的习惯。时间长了，他们可能就不再满足于严格要求自己，可能还会严格要求别人。但是，这种睡姿有一个坏处，除了身体没有完全放松，在睡眠中得到休息，还可能引发呼吸方面的问题，还会容易导致很大的鼾声，影响别人睡觉，所以最好还是改变一下，免得与你同房的人受不了你而离开你。

自由落体型睡姿

所谓的自由落体睡姿，就是俯卧在床上，双手抱枕，脸睡着睡着会偏向一侧。采取这种睡姿的人不多，大概在 7% 左右。一般来说这种人比较紧张，活泼好动，几乎没什么忌讳的事情。他们的目光不是很深远，做事没有什么预见性，所以会稍显鲁莽。这种人通常都喜欢热闹，但是心里却可能有些神经质，做一些平常人无法理解但是又无伤大雅的事情，然后就会很开心。他们的脸皮比较薄，也不喜欢极端的处境。通常在面对别人的批评的时候，他们可以耐心听着，但是做不到虚心接受。他们觉得听是一种尊重，但是接受不接受取决于他们自己。从这种睡姿本身来说，对消化有好处，但是会引起颈部不适，第二天醒来可能会感觉没有休息好，很累，所以最好在睡觉时变换一下姿势。

像猫一般缩成一团睡觉的人

有人在睡觉的时候不喜欢伸展开，而是喜欢缩成一团，就像一只慵懒的小猫，有这种睡姿的人通常是遇事犹豫不决，优柔寡断。尽管他们对现实生活十分不满意，但却没有去改变，对自己的未来毫无规划，他们最经常做的事情就是躲在暖暖的被窝里胡思乱想一通，却从来不会想付诸实践。总的来说，这种人是缺乏精力的，并且时常露出一副劳苦的神情，而这也暗示出他们最近的生活不如意，正为着三餐而四处奔波，这类型的人大多肠胃、内分泌都有问题。

既然这种睡姿听起来坏处这么多，那有没有办法改善呢？其实这种睡姿的人是可以改善的，并不是一个长期的习惯，只要改变对生活的看法和态度，把现实的不满化成创造未来的动力，那睡觉也可以睡的更加安稳和自在，不再需要如小猫一样蜷缩着。

如鸵鸟一般趴着睡觉的人

采用这个姿势睡觉的人并不多，因为事实上这种个性的人也不多。大家都知道，鸵鸟在遇到危险的时候总是会把头埋在沙子里，把屁股留在外面，觉得这样危险就不会来。采用这样的睡觉姿势的人为的就是要与这个世界隔绝，可以逃避就尽量逃避，他们已经失去了奋斗的意志，更不要谈什么理想和追求了。他们对自己的堕落已经司空见惯了，而自私自利的小市民心理更是早已经养成的习惯。他们工作上、生活上都无法有担当，一遇到自己可能无法承受的东西，就逃得远远的，而不理后果怎样。这就是我们常说的"鸵鸟心态"。

如果你发现自己身边有这样的人，请记得帮他树立正确的人生观和价值观，让他明白困难不是逃避就可以解决的，有些责任是该去承担的。但如果他依然无法被你打动的话，那请自动远离他，或者千万不要被他影响了。

睡着后常踢被子的人

睡觉常"不老实"，爱踢被子的人，就是一个活泼个性、崇尚自由的人。他们很懂得人际交往，在面对任何年龄层、任何阶层的人的时候，他们都可以找到话题说，天南地北地聊，绝对不是枯燥无味的重复，单从这一点上讲，真的不得不佩服他们的能力。但这种人因为喜欢无拘无束的生活，所以也缺乏自制力，有时候会冲动行事，不管场合与对象只要是气头上时就说出一些不该说的话。这种人作为朋友还是不错的，他们经常是大大咧咧，就算遇到双方意见不合的情况，他们可能会一气之下就说了伤别人心的话，但当你跟他们讲通道理时他们很快会意识到自己的错误，也会立马道歉，而且是真心诚意的道歉，所以当你遇到这样性格的朋友，记得要原谅他们。他们的脾气来得快去得也快，明白事理，很容易沟通。

睡觉打鼾的人

从医学的角度上讲，睡觉打鼾往往健康有问题。打鼾是因为这个人的呼吸通道：鼻、鼻咽和口咽部以及通道中的软腭、舌根部因为各种原因导致了狭窄、阻塞，进而使得人的呼吸气流不畅，因为鼻部受呼吸气流的撞击、震动、摩擦咽部的皱襞及分泌物，才会形成"呼呼"的鼻鼾声。还有一种是"睡中气吼"，就是人在完全熟睡之后出现的呼吸粗大短促的现象，就像狮子在怒吼一般。如果是这种程度的就有可能有大病的困扰。睡眠不好，身体容易越来越差。睡觉爱打鼾的人也有他们特有的性格。这种人通常是一个光明磊落的人，为人坦荡，所以他们时常显出胸有成竹的神情，这种人也很容易相处。但他们也有着自己明显的缺点，就是不能接受别人的意见和批评，当别人对他们的看法持不同意见的时候，他们会不高兴，甚至会显得有些不讲道理，容易暴躁，急于求成，在为人处世的时候往往会因为一些小的错误而导致自身的失败，所以，对这些人来说，一定要注意防微杜渐。

睡觉时不断做梦并且呻吟的人

我们都说做梦的内容是和真实世界相反的，梦里的自己是与白天大相径庭的，甚至会做一些白天不敢做的事，比如杀人放火、比如做超人。其实也有几分道理，因为做梦是一种潜意识的反映。会做梦并且带有呻吟声的情况就表明，这时的身体已经太劳累了，得不到很好的调养与休息，很有可能是因为有某件心事没有妥善地解决而导致精力损耗过多。

其实做梦也是有好处的，主要有以下几个：第一个就是放松自己，消除疲劳；第二个是整理信息，带来顿悟；第三个是调节心理。当你突然从梦中醒来也不必太过惊慌，因为做梦里面的内容并不会影响睡眠，而每个人每天都会做梦，但我们记住的一般都是处在浅睡期的梦。还有一点就是做梦有时候能够反映出一个人的健康情况以及生理需求。当然，当一个意识不到在做梦的时候那是最佳的睡眠质量。当一个人觉得自己在梦里不断奔跑的时候，就证明腿部处于紧张的状态，没有休息好，很可能是白天想事情太多了，心理压力过大，这时候就应该调整一下自己，充分放松再入睡，这样才可以充分休息好。

睡觉时流口水的人

若是你平日睡觉的时候，时不时会流口水的话，这可能不是一个好的现象。我们的老祖宗认为，这是子女缘薄的表现，或许一生没有儿女，又或许是儿女早逝，白发人送黑发人，大多没有子女可以奉终。若是以科学的角度来看待的话，这类人消化器官多数比较衰弱，尤其是胃部，需多加注意；此外，若是口腔卫生不良，或是有炎症，或是积存食物残渣，同样会增加唾液分泌，睡觉会流口水，需及早处理，否则长期下来很可能会导致牙石增多，引发牙龈炎症，乃至牙龈出血。要想减轻症状，这类人需养成优良的饮食习惯，饭后切忌马上就寝，晚饭不宜吃得过多，过于油腻或黏糯等难以消化的食物也最好少吃；当然了，健康的习惯，如饭后漱口、睡前刷牙同样有助减轻口腔内炎症。

睡觉时手脚经常动的人

如果你睡觉的时候，总是会下意识地动手动脚的话，那么你大概属于这么一类人：你相对内向，思想也比较保守，若非必须，你总喜欢一个人待在家里，或看书，或上网，或听听音乐，就算是出外运动，也会选择跑步一类的可以独立完成的项目。所以，你与他人之间的接触非常之少，因此也少有朋友，学生时代玩到一起的朋友因为少联系而慢慢疏远，工作上的同事你又认为只不过是合作关系而不愿认真去深交，因为不爱出门，也就别谈认识新的朋友了。你口口声声说一个人的生活怡然自得，可内心却时常感到寂寞而且无助。平日里工作辛苦压力大，或是生活上遇到什么不开心的事，全都无人可以诉说，苦闷的情绪堆积于心里，在睡梦中运动手脚，是你用来发泄辛苦和孤独的一种途径。

睡觉时呼吸声调均匀的人

睡觉时所发出的呼吸声调若是均匀有致，这说明这类人身心健康，很少会生病，更不会有什么暗病。他们有着随意的个性，认为人生就是一个随时行乐的过程，该享受就要享受，他们讨厌按部就班，不喜欢太多的方向规划，他们只希望好好地将今天这杯乐酒一饮而尽，明天的事情留待明天再去安排再去担忧。他们拿得起放得下，逝去不可得之物便会说明自己放下，不因失去而烦心。拿感情来说，若是两个人已经走到了分手边缘，眼看着也不会有转机的话，那么他们便会潇洒放下，祝福对方而后头也不回地离开，所以他们很少会为烦恼所牵绊。而让人羡慕的是，这样随遇而安的人总是可以得到命运的青睐，人生上也算是过得顺风顺水，不会遇上特别大的挫折，是个相当有福气的人呢。

睡觉时双手握成拳头的人

如果你在睡觉的时候，总是无意识地双手握紧拳头，那么你便属于这样一类人，为人非常忠诚，待朋友、待爱情一心一意，绝不会做出令人伤心的背叛之事。同时，你还吃苦耐劳，遇到难办的事，愿意自己吃点苦头把它给扛下来，对不公平的人事，或是遇见不开心的事，你也有足够的忍耐力，将不满的情绪消化于心理，不轻易与别人发生冲突。做事有恒心，只要这件事一天没有完结，你都会尽自己的能力将它做到最好。若是与伴侣相隔两地，需耐心相守，这对你来说也绝不是难题，因为你的异地恋最终一定能守得云开，修成正果。你有一些小固执，但这绝不是坏事，因为你认理不认亲，只要是自己觉得是可行的，是合理的，那么，任谁再怎么巧舌如簧地游说，你也不会改变自己的这个主张，且还能好好将自己的想法贯彻到底，让别人看到你的成绩而对你刮目相看。

睡觉时脸庞带着微笑的人

睡觉的时候，脸庞上依然挂着微笑的这类人大多心地善良，同情弱小，永远都会先为别人考虑，有好处也总会记挂着别人，性格温柔，与别人说话总是柔声细语，声音的热度正好，令听的人感觉非常舒服。为人坦坦荡荡，不喜欢钩心斗角，若某件事确实需要与人斗心才可达成的话，或许他们便会选择放弃。不管是工作还是生活，他们处事的方法全都极富条理，东西永远整理得井井有条，待办的事情依照轻重缓急排好，记录在备忘录上提醒自己。他们也从来不做亏心事，不对的事情一概不会去触碰。他们也不会让自己后悔，凡事都尽心尽力去做好，不给自己留一丝遗憾。他们的人缘不厚不薄正好，拿捏着准确的度，与君子与小人都能好好相处，为朋友也愿意去牺牲去付出，这让他们收获了广大的人心，被认为是有福气的人。

方火形的睡姿

这一类人在睡觉的时候，喜欢挺直双脚，或呈八字形展开，伸开一只脚，曲起另一只脚，两手时不时上下移动一下。惯用这一睡姿的人性情十分急躁，一点小事便能让他风急火燎一般，有时候甚至会开始破口大骂。不过，尽管性子急，他们的为人却非常耿直，有什么说什么，不会拐弯抹角地冷言冷语，或是背后放冷箭。他们缺乏耐心，无法冷静地等待，总是希望任务一出马上就能做完。他们的热情来得快去得也快，交了新朋友之后，频繁地联系、约会，但一段时间之后，别人便会发现他竟然消失了，也不太爱去聚会，这些全都归于其性格。他们的三分钟热度同样还反应于工作之中，他们渴望得到表现的机会，机会一旦到来，他们确实兴奋不已，也信誓旦旦绝对会好好完成任务，只是，一旦这项目的战线拖得过长，超乎其想象的时候，他们可能便会变得懈怠，变得得过且过，最后只一心盼望项目快点终结，当初的信念早被遗忘。

土形睡姿

这一睡姿指的是将手置于胸前，弯起两只手臂，或者弯起两只脚。喜欢这种睡姿的人多数性情较为忧郁，不开朗，将世界看得很灰，认为所有的事情都在走下坡路，自己就像被上天遗弃一般，好运气从来就未曾降临头上。他们不太喜欢与人交往，总是将自己困在自己的世界里面，任凭自己变得越来越灰心。其实，这样的心理状态是不利于身体健康的，大可试着多与人交往，与人沟通，将内心的不快向别人倾诉，也让别人的阳光气息感染自己，或许便能发现这世界其实不是自己想的那么糟糕呢。

若从命理学来说，这样的睡姿，看上去就好比在吹气一般。有老话说，若是人在睡觉的时候不停地吹气的话，他不出七年，必然会死去。这话乍听很为人耸听，但也有着一定的依据。这样的睡姿其实也是宿便堆积的结果。众所周知，这并不利于健康，引起如直肠炎、肛裂、痔等病症；便秘时，粪便潴留，有害物质倒吸收很可能引发胃肠神经功能紊乱，导致食欲不振，腹部胀满，口苦，肛门排气多等。若想清除宿便，饮食应增加粗质蔬菜和水果等含植物纤维素较多的食物，适量摄入粗糙多渣的杂粮。

金形睡姿

这一睡相指的是将两手置于头上，双脚呈弯曲状的。这一类人有着极好的金钱运，似乎不用太过努力，钱财便会自动向自己滚过来，生活中鲜有拮据的时候，这常常让周围的人艳羡不已。这一类人同时还热衷于理论，说的时候道理一套一套，逻辑很好，只不过欠缺了些相应的执行力，常给别人感觉说的比做的好听多了。他们并不太喜欢搞人情关系，讨厌客套，像圣诞节不熟悉的人为了套关系相互送礼这一类事情他们是绝对鄙视的。但面对十分相熟的朋友时，他们也乐于随性送些小礼物。

这类人的消化器官非常的衰弱，常常出现便秘，肚子胀，肠胃消化差，下半身脂肪囤积，腿肿等等。如果想改善消化，首先要保持良好的情绪，在生活方面也要多加注意，形成良好的生活规律，早睡早起，尽量不熬夜，定时进食，运动后切忌立即进餐，饭后至少需隔 1 小时后才可以进行剧烈运动；戒烟禁酒，不吃过分辛辣或是油炸的食物，多进食水果、蔬菜等纤维食物。

水形睡姿

这类人睡觉习惯仰天而睡，且喜欢双手交叠置于胸部之上，只有这样，才能让自己安心入睡。这一睡姿的人，表面看上去十分柔和，没有激烈的言语，也很少出现大幅度的动作，如同一杯温和的白开水。可是，若你有机会窥探其内心，便能发现他们的内心竟与其表象背道而驰，他们心中有着自己的好和恶，也有着清晰的底线，不同的事情有着截然不同的表现，看似恬淡的外表之下，藏着一颗激烈的保护心理底线的心。不过，这类人做噩梦的频率大多较别人多，时常会从梦中大汗淋漓地惊醒过来。这是因为他们放在胸部的手压迫到心脏了，身体所产生的不适感觉会影响他们梦中的内容。举个例子，梦中遭遇危险，要拔足狂奔，可是不管怎么努力就是迈不出步子，这是因为事实上你正在睡觉，你的腿脚根本就没有动，所以梦里才会感觉跑不动。同样的道理，如果将手放在胸前，会致使出现胸闷、被压迫的感觉，它反映入梦中，很容易被想象成一些紧张、危险的情况，也就是我们所说的噩梦。所以，建议这类人还是要试着摆脱手置于胸部的习惯，让睡眠变得更健康。

睡觉时候喜欢俯卧的人

喜欢俯卧睡姿的人大多心里积压着无形的压力，却苦于无法宣泄，身边并没有可以完全信赖的人倾诉，也没人能够帮助自己，所以，他们喜欢趴着睡。调查显示，采用这种睡姿的人中女性占了多数，小孩子亦有不少。究其原因，他们只是渴望一份肌肤触摸，渴望一份安全感。他们大多成长于单亲家庭中，或是自己的父母终日忙于工作，无暇与孩子进行心理上的沟通，他们觉得自己的感受被完全忽视了。女性多渴求幸福的感情，但又无法得到理想的爱情，因而内心空虚。当然了，这份不安的感觉也可能是出于友情的缺憾。如果希望改变这样的心理状态，大可试着转移自己的注意力，找点自己感兴趣的事情去做，多进行室外活动，使自己有阳光般的心情。只要长久坚持下来，改变自己的心理和习惯，变得心理独立也不是不可以的。

若从医学角度来说，这样的睡姿有助排出口腔异物，而俯卧同时还是一种治疗疾病的办法，于腰椎不好的人有一定的好处。但是，需要注意的是，这一睡姿会压迫人的心脏和肺部，使得呼吸无法顺畅进行，压迫肠腔，减少回心血量，所以不建议患有心脏病、高血压、脑血栓的人选择这一睡姿。若实在一时半会无法调整，建议有趴睡习惯的人于肚子下方垫上一个抱枕，这可以帮助人体减轻不适感。

第二十九章
职场的察言观色：
领导信号

领导的眼神

都说眼睛是心灵的窗户，我们在与人交往的时候，看着对方的眼睛是为了表示尊重。但是在职场上，很少有人能特别大方而淡定地看着领导的眼睛。领导的这扇"窗户"其实并不是有多可怕，这只是人们对于比自己职位高、富有的人的一种几乎是条件反射的类似于自卑感的身体反应。就好像平凡的你被邀请去一幢富丽堂皇的别墅做客，你在看到别墅的外表的那一刻便产生了一种"啊，我哪里不如别墅主人"的想法，于是进到别墅里面也会变得小心翼翼，最起码会谨慎很多。同理，领导的职位比你高，这是他已有的外在的光环，所以你首先就知道"他是领导，比我位高权重"，所以你在面对他的时候，会很自然地用略低微的姿态，这代表对领导地位的肯定与你对领导的尊重。

然而，眼睛里所能传达的信息是其他面部表情与肢体语言所不能比的。面部表情与肢体语言都是相对而言很好控制的，甚至连最能直接反映心情的语音语调都可以有很好的伪装，但眼睛不行。眼睛是与心连在一起的，心里怎么想的，眼睛会先于大脑的反应而抢先将情绪表达出来。所以尽管我们对于领导有崇敬有畏惧，也应该及时地注意到领导的眼神变化。及时了解到领导的情绪，有助于在与领导交流的过程中，发现自己所处的情势，采取相对合适的方式表达自己的想法。

最常见的是在向领导做汇报时，领导总会有很多种不同的眼神。不看你，是觉得你不够分量令他抬眼；从上往下看你，说明他在你这有绝对的优越感；眼神四处飘，或者在做别的事，表示他心不在焉，根本没有听你在讲什么；坦率地看着你，是说他觉得你不错，他很喜欢；目光灼灼地盯着你，代表他在观察你以获得更多的信息……当你准确地捕捉到这些细节时，你就可以更加从容地面对你的领导了。

领导的个人素质透出能力

一般来说，夸奖一位领导能力强，不单单是指个人能力，更多的是指他的管理能力。身为一个领导，自己亲自把事情做好不重要，领导一个团队共同将一项任务完成好才是重点，否则大家都是员工了，还需要什么掌控全局的领导？

一个领导的管理能力好体现在职员都听从他的安排，各司其职，井然有序地按部就班地执行任务。可是职员凭什么要听领导的话？你真的以为仅仅是因为"领导"这个职称一定位高权重所以必须听从吗？不要忘了我们可不是资本主义社会。职员会听话，一方面是因为领导的话是正确的，另一方面也因为领导个人魅力足够大，职员们愿意去听从他的指挥。个人魅力并非不重要，也有一些例子是虽然领导的方针正确，但因为人缘不好，职员们不会心甘情愿地为他办事。而个人魅力这种东西，就像气质一样，无法立刻拥有，只能经过长时间沉淀而成，这全凭个人平时的素质修养的提升。

个人素质可以通过读书来养成。这里的"书"并不是指狭义的专业内容，而是包括了天文地理、人文社科等各个方面的知识。一个人看过的东西多了，了解的范围广了，思想也会随着发生变化。在积累这些知识的同时，他也能慢慢拥有开阔的眼界与宽广的胸襟，慢慢懂得要怎么面对生活中的各种事物才是最能令所有人舒适的。

个人素质沉淀下来反映到人本身，得到的便是个人魅力。当领导有了很优秀的个人魅力，收服人心就成了很 easy 的事情，他已经掌握了如何让他人心甘情愿地为他工作的技巧。如果你的领导让你觉得他很好很强大，那么恭喜你，他的个人素质一定很高。你可以放心地在他手下工作，而不用担心有那些"上司不爽随便找人撒气"等类似的可笑事件发生。

领导的城府很深

人说"伴君如伴虎"。这句话在古代常用来形容皇帝与大臣之间的相处模式，是说陪伴君王就像陪伴老虎一样，君威难测，随时都可能有杀身之祸。这充分说明了掌权的大人物心思难猜，喜怒无常。

在现代，用这句话来形容职场中的上下级关系依然合适。领导之所以令人敬畏，不只是因为他的职位比你高，而是因为其本身给人的印象通常是城府很深的，好像总是在计划着什么的样子。对方好像总是在打你的主意，你的什么情况都在对方的掌控之中，对方只要想就能把你怎么样的这种感觉，实在是不太好。

举个例子，当你进领导办公室汇报工作时，领导总用一种考量的眼光看你，给你一种无形的压迫感，于是你紧张起来，生怕说错或做错了什么惹得领导不高兴，战战兢兢地讲完之后，领导再甩出一句意味深长的话让你猜不出什么用意……你是不是快要崩溃了？领导这到底是什么意思？行还是不行啊？每当这个时候，你是不是都会觉得领导的城府太深了，在想什么计划着什么别人都完全看不出来？

其实领导确实是在想着什么，他们的脑子里一定在快速地转着，但不一定就是有什么心机。只要你不是领导特别针对的人，他完全没有理由对你耍什么心机，看起来城府很深其实只是思考得很深沉。身为领导一定要想得比一般职员多很多，要想到很多方面力求全面，以更好地完成工作指标，否则会出现很多意料之外的问题，到时再应对便会手忙脚乱甚至根本解决不了。领导必须要多想一点，未雨绸缪，以防止这种情况出现。

而当职员们看到领导每件事都想得如此之多时就会觉得似乎领导城府很深、心机很重，其实这只是他身为领导工作的一部分，并不需要特别在意。

领导就爱摆架子

你是不是觉得每个领导都特别爱摆臭架子？跟你说话时总用那种命令的语气，端着架子，时刻提醒着你，你是在跟领导讲话。这种现象无疑会引起员工的反感。大家都是人，虽说你是我的领导，但你最起码要拿我当我人看，而不是只会工作的机器。

我相信，很多遇到蛮横的领导的员工都有过这样的想法。但是你有没有想过，有时候领导摆架子也会是一件很无奈的事情？

在上大学的时候，一定参加过社团吧？就算没有，也曾经见过那些社团负责人是怎样开会或者分配任务的吧？在学校里，就算是社团的领导，对于那些新进来的小孩儿来说，也不过就是学长学姐，而所谓的"学长""学姐"们，除了比他们多吃了几年食堂饭之外什么都不算。所以身为学长学姐的社团负责人，一定不能用企业领导般的命令的口气对他们说话，不仅治不住他们，还会使他们直接撂挑子走人。

但是在真正的企业中，怀柔政策真的有用吗？

尤其社会发展到现在这个阶段，第一拨 90 后已经上岗，个性如此之强的他们肯定不会像以前的新人那样，面对领导恭恭敬敬甚至唯唯诺诺。领导温和一点他们就会以为领导很好说话甚至很好欺负，然后做出很多令领导为难甚至反感的行为。为了避免这种现象，很多领导都要拿出一点领导的威严来管住他们。这个时候威严就有用了，因为公司不是社团，不是想来就来、想走就走的地方。

所以有很多时候，领导们很爱摆架子也是很无奈的。他们也会想和下属亲近一点，但又不敢，害怕真的管不住，到时就晚了。那么就在一开始拿出点气势，明确地告诉他们我是领导，你要听从我的管理。这样不夹带私人感情正是工作所需要的态度。

不要觉得领导摆架子有什么特别的意义，很简单的，这是正常现象。他不是针对某个人或者其他什么，只是工作需要罢了。

领导中意的服饰品牌

每个品牌都有它们自己的故事以及自己的风格。特别是那些享誉全球的著名设计师设计的作品，每一件都承载了他们的思想与情感。看懂了一件衣服就像看懂了设计师的那一段故事，那一段感情。

领导们的经济能力一定不是我们这些小职员们可以比的，然而这不是说他们就一定喜欢买那些被普通人称为"奢侈品"的大品牌。每个人喜欢一个品牌，都有一定的原因。绝大部分的原因与服饰本身的设计当然离不开关系。正装、休闲装、混搭风、英伦风、严肃的、浮夸的……各种各样的穿衣风格、搭配元素，一条领带或者一条手链，都能塑造出一个不同气质的人。从这些日常穿着中便可以察觉到领导是哪一种性格或者类型的人。比如男性领导总是被要求穿正装打领带，而领带正是最能体现一个男人的个性的配饰。如果领导穿的西装并不是很死板的款型，领带也偏向亮色，这说明领导的年纪一定不大，最起码心理年龄不大，他或许本身就是活泼的性格，也或许是个有些轻浮的人，总之是给人不够稳重的印象。

但这只是其中一个方面。另一个不可忽视的理由，便是每个品牌背后蕴含的意义。当人有了一定的社会地位的时候，他们便会有意识地寻找与自己身份相符的相关物品，这样才能将自己更满意的样子呈现在身边的人，包括上级及下属的眼中。大家都知道，印象分是人们对另一个人做出评价时的重要影响因素，也许它不刻意，但它一定存在。所以从领导呈现出来的自我的样子，我们可以看出领导的某些喜好，这样有利于我们在职场中与领导更好地相处，而不至于踩到雷区而不自知。

领导的偶像

提到偶像，不要只想到现在娱乐圈内光彩熠熠的众多"星星"。不论是哪一个圈子，金融圈也好、文学圈也好，每一个人都有可能成为别人的偶像。

偶像的力量是不可忽视的。如果恰好你的领导有一位非常喜欢非常崇拜的偶像，你一定要好好了解一下这位偶像的背景，也要分析一下他是在哪些方面吸引了你的领导。

崇拜偶像就像暗恋一个人。喜欢他，便想要变成他。他吸引你的那一点一定是你所不具备的特性，也许在性格方面，也许是丰富的人生阅历，也许是经历磨炼而来的处事手腕。总之他的身上一定有你想要为之奋斗然后达到的目标。

领导也是普通人，喜欢一个人的理由也不会特殊到哪里去，所以你可以对比一下你的领导与你领导的偶像，看看他们的共同点在哪里，差异又在哪里。当你对领导的偶像有了很深刻的认识时，你甚至会发现你的领导正在慢慢地变成他的偶像那样的人，小到说话方式，大到为人处世。因为喜欢他，便想要变成他。你就可以像一个先知一样，预知领导在面对一些问题时会采取的态度，然后调整自己的工作状况，以更好地融在整个团队里。

从另一方面说，了解领导的偶像也会对你本身有积极的影响。你可以看看领导的偶像能不能成为你的榜样，进而变成让自己学习他的优点，完善自我。当你的领导发现你拥有和他的偶像相同的特质时，他会对你多加一些关注的，这无形之中就为自己争取到了更多的机会。甚至如果你的领导发现你们拥有了同样的思想理念、同样的奋斗目标，在未来的某一天，你们也许会成为关系非常亲近的伙伴，这样你不只获得了很好的工作，还找到了一个可以与之共同努力的知音。

领导的笑容

在你还是小孩子的时候，有没有经历过你喜欢的大人对你笑一下你便开心一整天这样的事？

其实在企业中，领导应是处在受人尊崇敬爱的地位的。在新进职员的眼中，他们在面对领导时，就像一个小孩子，而领导就是那位被喜欢的大人。每个新人都会希望受到领导的喜欢与赏识，如果领导对他们笑一下，那真是给了他们莫大的信心与鼓励。他们会因此信心倍增，更加努力认真地完成工作任务，这就增加了工作效率与工作质量，对团队是很有利的。

但是很遗憾，我们发现企业中很少有领导会经常露出那样如沐春风的笑容。他们似乎有一个非官方的共识，便是要严肃，不能笑。所以我们看到的领导基本上都是一样的威严或者面无表情。想在他们脸上看到如此亲民的表情，简直太难了。就算我们从很远的地方就向领导露出了灿烂的笑容，在从身边经过的时候，他也许只会以一个轻轻的点头回应你算作打招呼，更有甚者只是看你一眼就继续走过去了。如果遇到这种情况，请你在郁闷之后打起精神告诉自己，要继续努力到领导对你露出欣慰的微笑。因为那是一个领导们的共同规律，你没得话说。

可如果你遇到的是一个经常笑的领导，也一定不要放松警惕，因为领导们的笑，意义绝没有那么简单。在职场上混迹多年的他们，笑容早已被练成了自己真实情绪的保护色。他们开心时在笑，生气时在笑，难过时在笑，什么时候都会笑。但是你要学会的，是从这些看似相同的笑容中，找到领导真实的情绪。比如领导在笑时双颊肌肉及眼角自然提起，眼睛微微眯起，这说明他是真的高兴；而嘴角上提但面部肌肉及眼角都没有明显的动作时，说明领导在"皮笑肉不笑"，这时你要好好想想在刚刚的情境中，有什么是会触及领导情绪波动的点，再看一下领导的眼色，你会更清楚领导在想什么。

领导拍拍你的肩膀

美国的心理学硕士邓肯说过：1.2米是人与人之间的安全距离。除非是特别熟悉亲近的人或者非常信赖的人，否则无论是说话交流还是其他交往，越过这个距离都会让人产生不安全感。

由此可见，不熟的同级的人之间尚会保持这1.2米的距离，更何况是领导与下属之间。如果不是特别必要，领导不会主动去碰触一个陌生的下属。不过我们经常能看到领导拍拍下属的肩膀。"被领导拍肩膀"这件事似乎已经成了一个是否被领导赏识的一个关键性标志。的确，当你工作做得很好，领导很满意，他会选择拍拍你的肩膀以示鼓励。这种亲近的行为，便是肯定了你的存在，肯定了你的成绩。他就是在对你说："要继续努力，你还有很大的提升空间，我看好你。"但是如果无缘无故地，领导看到你，拍了一下你的肩膀，你就不要多想了。领导没有那么多的时间是在私下观察你然后发现你的默默努力，然后来表示鼓励。这就是他的一时兴起，选择了这个方式对你打了个招呼而已。然而还有一种拍肩膀表达的就是与之前完全相反的意思了，那就是从正面或者上面拍。这个动作充分显示了领导在面对你时的高傲感，这是他对于你的不屑与看不上，向你显示权利的同时也发出了挑衅的信号，明确地告诉了你"你不行""你比不上我"。

你可以将"领导拍我的肩膀"作为工作目标，但是要注意就算领导真的因为你工作做得好拍了你的肩膀，也不要因此而得意忘形，好像自己真的加薪或者升职了一样对别人炫耀显摆。其实这根本没什么特别的意思，这个行为并不是代表领导会真的给予你什么实质性的奖励。对于这种事，放平常心对待就好。

领导常用的手势

人与人之间的交流不只是语言，还有很多非语言方式，例如肢体动作——主要表现为手势。人们在说话的时候，总是习惯配合着很多手上的动作来进一步解释说明自己话语中的意思。讲话中的手势，应该都是真实感情的自然表露，不矫揉造作，这样才会起到让语言更有说服力的作用。注意到这些细节，有助于理解领导言语中的意思。

当然最为人们熟知的是，伸出一个大拇指，其他手指回握，这代表夸奖与肯定；一只手或两只手平摊，掌心向下从上向下轻轻压几下，这代表和缓、稳定、安静，如果你正在说话，那最好闭上嘴巴认真看着领导；抬起手，掌心向你，这代表暂停和停止，如果你正在做汇报，也请停下吧；经常用食指指向对方（这个动作的本身就是很不礼貌的），这代表这类领导有赤裸裸的优越感与争强好斗的心态；在演讲时总是伸出一根食指指天，这代表这类领导对自己有很强的自信心，也有很明确的奋斗目标；手掌伸平掌心向下，斜劈出去，这代表做事果断和坚决……

而有一些特殊情况，例如领导在打电话或者有旁人在场不方便与你讲话时，会对你打出一些手势，告诉你该做什么、怎么做，这时就需要你及时读懂领导的暗语，正确地做出反应。如果出了错，领导怪罪下来，这就是你自己的问题了。听起来很冤？确实很冤！但是在职场上，领导需要你与他有这样的默契，他觉得他表达得够清楚了，而你拆了他的台他便有了理由让你承担这个后果，所以就算是为了自己也要好好观察领导的手势的意思。

领导在打电话

除非是真正在职场上摸爬滚打成了精的老油条们，一般的领导在打电话时的语音语调与面部表情还是会透露出很多当时的情绪信息的。

如果你想知道领导给你打电话时，不掺情绪的话语里究竟是个什么情绪，这就需要你平常对领导的多多观察了。如果领导的面部表情没有变化，那么就听他语气里有没有情绪波动、语速有没有变快或者变缓、音调较平常有没有更高亢或者更低沉；如果声音平平无奇，那就观察他的面部表情有没有改变、眼神有没有晃动、身体有没有下意识地做出某些动作。观察时间久了你总能总结出一套经验，以应对将来领导也许会打给你的电话，这会让你在电话的那一头心里有一点底，而不至于慌慌张张地出糗或者犯错。

而通过领导打电话时的用词方式与态度，也能判断出领导是在给哪类人打电话。给家里人打电话会温馨一点，语气平缓，态度积极，带着商量或撒娇的口气等；给他的上司打电话会更恭敬，用语相对书面化，表达的条理清晰；给下属打电话也许正在生气，口气急躁，态度相对不客气，有显示权利的口吻在里面，也许很高兴，声音柔和了些，受心情影响，声线也会相对变得更有磁性。

多多观察领导在打电话时的习惯反应与习惯用语，可以让你更加了解你的领导是个怎么样的人。情绪经常有波动变化，说明是外显型领导，容易把情绪显示出来；面部没有什么表情但眼神经常浮动，声音较平常更加低沉，说明是很有城府的领导，不外露，心机重。像这样观察总结下来，你还会惧怕你的领导捉摸不定的情绪吗？

领导与秘书的关系

秘书是什么？在我们所熟知的企业范围中的秘书是专门为领导服务的，他/她要掌握速记、打字、安排日程、会议、订机票、订酒店等包括工作及生活两方面的技能。秘书属于企业内勤人员，他与领导是一种有别于同事的特殊关系。他们之间的关系较其他人要亲近得多，因为领导总有很多烦琐的事情需要秘书去整理、去安排。秘书的日常任务便是安排好领导交代的一切事物。

在某种意义上来讲，秘书是专属于领导的一类人物。这种类似从属的关系，一个不小心便会生出很多问题，尤其在异性的领导与秘书之间为甚。

在一个人的生命中，是很难有一个完全从属于你的人的。但是领导与秘书之间打破了这样的规律。试问一个人完全属于你，你说什么他听什么，禁得住这样的诱惑而不产生别的想法的人有几个？如果有机会可以观察一下你的领导和其异性秘书之间的行为与气场，你会发现很多事情。

嗯，或许你会说这太八卦了，但是从正面的角度来说，这是另一个了解领导的途径。不要戴着有色眼镜去想这件事，让我们本身也纯洁一点。其实并不是所有的领导与秘书之间都会出现私人问题，要相信社会道德的力量，出现问题的仍是少数。秘书是最能接近领导私生活的人，从领导对秘书的态度中我们可以看出的是领导更加真实、更加私下的性格，这有利于你确定怎样能与领导更快地亲近起来，让他对你多一分印象，多一分了解，然后重视你的工作能力，给你更多的表现机会，最后为你带来更好的工作环境和更快的升职机会。

领导的领导来了

"欺软怕硬"这个词你们一定听说过，它的释义是欺负软弱的，害怕强硬的。那么借代到职场上，来形容那种对他的领导一种态度、对他的下属又是一种态度的两面三刀的领导，是再合适不过的了。

领导的领导就是那个硬——职位硬、权力硬、资本硬。在人家眼里，他也就相当于一个小职员，所以他要小心翼翼地，陪着、哄着，力求在他的领导面前留下一个好印象。可是他忘了他所有的这种阿谀奉承的行为全部被他的下属看在眼里，这是一件多么悲哀的事啊！身为一个领导，居然让自己手底下的人看到自己这么卑微的行为！然而"欺软怕硬"这个行为并不是别人鄙视他他就能改过来的，因为鄙视他的那个"别人"正是他眼中的"软"——职位低、权力小、资本少。在他看来，这种"软"根本就没资格鄙视他，他只会超级不屑地说一句"他懂什么"，然后心安理得地继续欺软怕硬着。

这样的领导一般都有自私自利、骄傲自大的毛病，认为自己做的一定是对的，好像自己深谙职场之道，领导应该给予奖赏一般。但是我们都明白，真正明理的高层最瞧不起的也恰恰是这种人。一个不能善待下属的领导绝不是一个好领导，他无法带领整个团队继续走下去。

什么样的领导才是高层想看到的呢？那一定是正派的，有担当的，责任心强的，能善待员工的，以工作为重不只会阿谀奉承的。高层们想看到的是一个有潜力有能力去撑起一片天的左膀右臂，而不是只会溜须拍马做表面功夫其实一点实事都无法完成的"面子工程"。

从领导对其上司的态度，你们一定能看出他是否是一个正派的人、一个可以相信可以追随的人。真正的好领导并不多见，当你很荣幸的有了这样一位优秀的领导时，也请你好好锻炼自己，努力成长为你领导的左膀右臂，不要辜负了幸运之神对你的眷顾。

领导喜欢走出办公室"视察"

一般来说，领导都有一个自己单独的办公室。有什么需要打一下内线电话，一句话，所有事情都能解决，根本不用起身走动。这样一来，他们便有了更多的时间去处理繁忙的业务。如果领导并不是繁忙得根本无法去别的地方活动一下，但还是只"闷"在自己的办公室里，这能说明领导是一个比较自我的人，忙的时候自己忙业务，不忙的时候在自己的空间里做些自己的事。

但还有一种领导是很喜欢从自己的办公室里走出来，到大家中间活动一圈的。遇到这种领导，你就会很小心地提防领导会不会从自己身后经过，发现自己没有在认真地工作；在偷懒溜号的时候心里也是悬着的，害怕领导发现然后被罚。所以看出效果了吗？领导时不时地出来"视察"一方面是起了监督作用，他要督促员工们不要消极怠工，影响整体的工作效率与工作氛围。而另一方面有人想到吗？领导每天待在自己那个也许大点儿也许小点儿的办公室里，一个人，是很孤独的。这个孤独并不是没有人陪伴的那种，工作场所不需要那么私人的情绪。但一个好的领导，不只是个人能力要强，他的管理能力甚至比个人能力更重要。领导要带领一个团队，就必须能收服人心，而收服人心，势必要与员工关系融洽。但他每天在自己的办公室里不出去见见别人，又怎么能谈得上关系融洽呢？双方建立感情的基础便是多多交流，于是领导喜欢走出办公室，他是要趁着"视察"的机会想跟你们多亲近亲近。

所以不要惧怕领导的视察。当然，前提是你没有因为出现了消极怠工的行为而觉得心虚。在工作的时候就要好好工作，就像你还是个学生时，老师家长们都跟你说要好好学习一样。这就是所谓的"在其位，谋其事"。不要偷懒，然后你会发现领导的"视察"是一件很可爱的行为。

领导的个人性格

一个人的性格的形成，与其先天基因有关，与其后天影响也密不可分。一个人的家庭环境、成长环境都决定了这个人性格形成的方向。当一个人性格基本形成时，那么他在生活、工作上的处事方式都会带上他自己的个人色彩。如果这个人的社会地位够高，他还会进而影响到他所接触到的人的处事方式。

"什么样的将带什么样的兵。"这句古语就完整地诠释了一个领导对于其工作团队的影响力。一个好的领导，一个得人心的领导，是有能力并且有资本让与其共事的人追随其脚步，团结一致的。随和的领导带领的一定是一个温馨的环境，大家互帮互助其乐融融，会有小摩擦，但不会有钩心斗角；严肃的领导会使得整个办公室的气氛相对紧张一些，这是他们对于工作严谨认真的工作方式所致，神经高度紧张可以使办公室的整体效率提高，但也要注意不能紧张过度，会使职员们的心理压力过大，造成不好的影响；激进的领导所带领的团队也许是最上进的，他们会有比较高的野心，不满足于现状，而致力于追求更高层次的完美，这对于提高个人能力无疑是很有帮助的，但这相应的也会埋下内部暗潮涌动的因子，好的方向是良性竞争，但走歪了便成了恶性的双面行为——人前相亲相爱，人后恶意中伤。

在职场中，为了自保——或者应该说为了更好地处在那个环境里，职员们应该先了解一下领导的性格，他平常所习惯的处事方式，以免触到逆鳞或者遇到问题时找不到好的解决方法而使自己有所不必要的损失。在职场只能是职员们慢慢地去磨合自己以习惯领导，而不会是领导来适应每一个职员，所以抓住领导性格里面的重点，便能让自己在未来的工作中减少很多麻烦。

领导喜欢的称呼方式

领导们不同的个人性格会导致整个办公室的办公氛围大不相同。而领导们不同的个人性格也会使他们有自己的一套与人相处的方式。从"称呼"这个小方面来说，也是很有讲究的。

有一类领导本身就很严肃，在他们眼中工作就是工作，要严肃认真，所以他们给人的感觉就是一板一眼，通常这一类的领导喜欢别人以职位作为称呼，例如"×总""经理"。而遇到本身性格就很不拘小节的领导，对于他们的称呼可以更充满人情味一点儿，例如"×哥"。这种"哥哥""姐姐"的称呼在很多企业中都是很吃得开的，不仅可以对领导在年龄或者身份上表示尊重，还暗含了一点撒娇的意味，能更快的拉近双方的距离，增进感情。

另外一种称呼技巧是"投其所好"。对于"豪放派"来说，他们最喜欢的一定不是死板的职称，或许你可以试着叫他"头儿"或者"老大"；对于海归派来说，他们在国外工作生活的那段时间里，多多少少都必定会受到西式行为的影响，对这样的领导可以叫他"boss"或直称其英文名。如果你是新人，觉得这样有些不尊重领导，可以在英文名后面加上"哥"或者"姐"字。

不过如何称呼还是要因人而异，就算是那些被通用的也还是要小心为好。有些三十多岁的女性领导，还是单身，看着年龄不老，平常还特别注意保养，她们就很不喜欢别人叫她们"姐"这种暴露年龄的称呼。对于这种有特别在乎的方面的领导还是要小心一点，否则一个不注意就可能引起对方的不爽。

听懂领导的暗语

身在职场，我们不得不学会的一件事就是"听懂暗语"。

很多职场新人都会犯一个同样的通病——总是很单纯地听对方的话，很单纯地实行话所显示的表面的意思。就好像一个广告设计新人，他完成手里的设计文案以后，拿给领导看。领导颇有深意地看了他一眼说："你有问问别人的看法吗？"他感到很疑惑，他觉得只要完成任务就好了，为什么要先问问别人的意见？可是他还是问了。于是一个关系比较好的同事好心告诉他："领导这么说是因为他对你的设计不满意，你还真问了呀？"直到后来他才反应过来，类似于这种话，其背后所暗含的意思绝对不是"认为可行"，而是为了不想伤你的面子在委婉地告诉你"这绝对不行"。

在职场中，有很多时候，领导们说的话都不能只简简单单的听见表层含义，那其中更深层的含义才是领导们所希望你听出来的。

又例如在一个小组任务中，你的能力很强，总是处处严格要求自己，在团队中绝对是做得很多，较其他人非常出彩的人物。于是考核时，你的业务量也是最高的。这时领导对你说："你的个人表现很突出。"你认为这是夸奖你吗？应该是的吧？领导者不是承认我的能力强了吗？可是亲爱的朋友你别忘了，这是一个小组任务。在小组任务中最重要的个人技能便是团队合作，所以得到领导这样的评价，你还是要好好想一想领导的用意。所以你在今后的工作中，一定要注意你的行为，懂得收敛锋芒，懂得与他人合作。"枪打出头鸟"，这句俗语可不是说说而已。如果你的行为过于显眼，你不只会引起共事伙伴的反感，也许还会导致领导的提防以至于疏远。

领导的禁区

去菜市场买菜，人们会习惯性的杀价，即惯性使然，遇到可以砍价的东西势必要砍。一件衣服进价 200 块卖 700 块，你再怎么砍老板也不会 150 块钱就卖给你，老板要算自己的成本费：运费、劳务费左加右加 280 块，你再怎么砍老板也不会 150 块钱就卖给你，赔本没的赚谁会卖。一般情况下，280 块钱就是老板的底线。你打得太狠，触犯了底线，那么交易矢败。众所周知，老虎是肉食动物，凡是和肉食扯上关系，就被人们扣上凶残的帽子。俗话说，老虎屁股摸不得，屁股是老虎的禁区，触犯了后果不堪设想。

我们平时人与人之间的交流亦然，对于自己的朋友，大家都会在相处中慢慢熟悉，这个人的底线在哪，禁区是什么，甚至是了如指掌。往往在说话时都会有所保留。不小心触犯到朋友的禁区，或许只是生气，哄哄道个歉就过去了。

但是对于上级领导就没那么简单了。领导并不是我们的朋友，可以小打小闹，勾肩搭背，互开玩笑。不小心触犯了也不是道歉吃饭就 OK，再后亲密如常。或许领导最反感员工做事拖拉，迟到早退。而你恰恰爱迟到，又经常奉承今日事明日做。

那你想老板怎么会喜欢这样的员工？对你的印象首先减分，又怎么会另眼相看于你。而与你恰恰相反，上班打卡从不迟到，工作效率高，做事兢兢业业，想要得到上级的赏识不是比你容易得多。老师都喜欢好学生，人们都喜欢欣赏美女帅哥，这是投其所好的结果。总会有人在感叹，奈何千里马混于世，伯乐何在？机遇是其一，但更重要的还是你是不是千里马，具有千里马的资本，符合伯乐相马的要求。你若能熟识领导的禁区而做得很好，怎能不让领导眼前一亮，慧眼识人才。还会感慨怀才不遇、壮志难酬吗？投领导所好了，才能在公司生存下去，失业了还谈何晋升。识得 boss 的禁区，在适者生存的基础上再想办法脱颖而出吧。

领导的办公桌告诉你

曾经有人问，去一个人家里看他家干净与否要看哪？你猜厕所、墙角旮旯还是餐具？有一个精辟的回答是看他家的抹布。的确，桌子柜子干不干净看的只是表面，一块干的抹布同样可以擦干净柜子，但那不是真的干净。若你看到他家抹布油光锃亮的，还有心情有勇气去吃他家的饭吗？有些老人都有这样一个习惯，炒菜之前炒锅里都有水，他们习惯拿抹布去擦干。年轻人都是等锅热了耗干水再去做菜，老人眼里却认为那是浪费煤气资源。这样你懂了吗？此时抹布不干净你还有食欲否？

一个人在外看上去干干净净、大大方方的，但你能就此判断他生活的习惯好坏与否吗？答案是否定的！或许家里乱七八糟的，也或者如本人井然有序。看穿着能看出一个人的品位，看穿着能看出一个人的性格，但是看穿着不能看出这个人的真实习惯，这一切都是片面的，或许是错觉呢。如若看到一个人的家，根据他的生活习惯去看他的工作，甚至为人处事，是不是更有说服力。

看领导的办公桌能得到许多你意想不到的收获。待办事项即行事表井然有序，安排得满满当当，领导都是很忙的。找领导有事是要预约的，这是礼貌也是对领导的尊重，让领导甚至秘书对你即便不会加分但绝对不会减分的。若行事表上出现"接女儿下课""结婚纪念日""给老婆生日礼物"等等，看到这些字眼领导在你心中是否有了一个家庭事业兼顾的好男人形象。办公桌上的各种文件堆积如山，和文件分轻重缓急分门别类的整理查看批阅，你更喜欢哪种风格？这同样类似于电脑桌面的各种文件整理。不只是领导，每个人都应该尽可能的丰富自己的知识阅历，高尔基说过"书籍是人类进步的阶梯"。在领导的办公桌上都是各种经济刊物、管理书籍，你的心中对自己上司是否有一种油然而生的仰慕之情。如若是娱乐杂志？不健康刊物呢？看办公桌是不是收获不小，这些你可曾注意过呢？

领导的工作习惯透出心理

一滴露珠可以反射整个太阳的光辉，一件小事可以看出一个人的修养，一个人的工作习惯可以透出这个人的心理。如今科技不断发展，多媒体教学已经是主导授课方式。一些老教师习惯写黑板板书，或许有人认为这是不懂得与时俱进，或者学习能力下降不能掌握新科技。或许这是一方面，但更多的是工作习惯使然，一个既定的思维模式使之认为板书授课学生学习更容易吸收。哪一天突然这位老师用多媒体教学了，但是手法生疏，是不是就能认为该老师开始接受新的想法，是的，根据他的习惯或者习惯改变就可以得出这个结论。年轻一代的老师大家下意识认为以多媒体授课为主，如果一个年轻老师板书授课，你必定会有所触动。年轻有为，工作态度端正，工作习惯好。当他开始用多媒体授课时，你只会想老师们都开始懒了而不去考虑多媒体授课的好处。从不同的人不同的工作习惯我们会读出很多。

一份文件牵涉到 N 个人的工作，领导习惯今日事今日毕，带动一个团队做事的习惯也倾向高效率的好习惯。如果一份文件本该领导上午开会说明，员工再开始工作，一旦领导没安排好或者工作习惯就是拖拉，该工作就顺势延后，负责该项目的员工也没办法进行接下来的程序。一个项目的效率几个项目的效率 N 个项目的效率，从而影响公司的效率、口碑，直接结果就是公司经济效益，这即是所谓的"蝴蝶效应"。一个领导的工作习惯和员工和部门和公司息息相关。

学会从领导的工作习惯分析领导心理。领导经常视察说明什么，监督工作为主，防止员工开小差其次。掌握领导视察习惯一方面方便员工在领导面前表现，另一方面又提高了工作效率。如果一个领导开会习惯让大家主动讲一下对这个项目的了解和解决问题的观点，然后大家再继续开会进行研讨。如果你能在大家面面相觑的情况下，对该项目侃侃而谈，观点到位，想不脱颖而出也是不容易的吧。这样一个工作习惯是不是就带动了员工的积极性，并在一定程度上给员工表现的机会呢。一切都只是例子只为说明，要学会分析并掌握领导的办事风格、工作习惯。领导的工作习惯带动整个部门、整个组织的工作运行。学会从领导的工作习惯看事，你也好办事。

领导是美女

美与丑，善与恶，人人心中都有一把标尺。内在美，外在美都是美，你的外在是祖露在太阳光下的，内在美只有熟悉的人经过长时间的相处才会慢慢发现。但是你不得不承认，走在路上回头率高的还是帅哥美女。美女是用来欣赏的，内在美是用来培养的，所以谁都不必羡慕嫉妒恨。美女或者沉鱼落雁或者闭月羞花，总之美女都是美的，而且美女都是爱美的，爱欣赏自己的美、欣赏别人的美、欣赏别人欣赏自己的美。爱美之心人皆有之。不只是美女，平时我们买了件新衣服，换了个新包包，或者化了个新妆是不是希望看到人们惊艳的目光，然后小得瑟小满足一下。身边也不乏整天耗在淘宝上的妹妹，整天拿个镜子瞎照的妹妹，微博上加一些日韩衣柜、爱美的女人等等。美女是不是会更在意这些呢，答案也是肯定的。三五知己小聚可以交流一下爱美臭美的经验，促进促进感情。但是和你的老板你的领导你还敢吗？

遇到美女领导的时候，必定就不能按常理出牌了。知己知彼，方能百战百胜。能做到领导位置靠的是美貌？还是才貌双全的白骨精？当今社会也不乏前者，但你还能肆无忌惮的去和自己的上司大谈阔论交流爱美经验，若是吃那一套还好，但是人家本身就是美女，弄得自讨没趣你又何苦。投其所好只是没有科学保证的所谓捷径。神马都是浮云，能力才是王道。没有前者后者之说，只有有了强硬的能力，才有炫耀的资本。让领导欣赏你的投机取巧，欣赏你的所谓捷径，那是天方夜谭。只有靠能力吸引领导的目光才是真正的本事，是给别人也是给自己最具说服力的理由。首先掌握自己职务所需的素质和能力，根据部门工作性质和工作需要不断改进自己，就等着金子发光那一天，让领导把你在沙子中淘出来吧。

关注领导的微博

在这个网络高速发展的社会，QQ、人人、微博等空间已经成为大家交流必不可少的工具。认识的不认识的，网络可以分秒间拉近你我的距离。想要了解一个人的近况，去他的空间逛逛吧，他的工作、他的生活一切尽在动态中。想要知道他的兴趣爱好，去微博看看他的关注，有人关注明星，有人关注口才，有人关注学英语，有人是婚纱控，有人还在心理疗伤。心里话还是靠广播告诉你我他。根据一个人的动态，可以分析他的性格、心情和心理。

若想更深一步地了解你的领导，网络就是必不可少的了。若是作为一个领导这些交流工具一个都没有，那一定是落伍了。对于社会中的精英，精英中的奇葩就避而不谈了。关注领导的微博、人人，关注领导的动态。一个喜欢什么都不关注，什么都不发表的领导，微博对他只是摆设；一个人若是整天发发牢骚，沉浸在自己世界之中，岂不成了"闭关锁国"，谈何进步，而且这个人的心灵也是脆弱不堪一击的；若是把每天开心的、不开心的、工作上的、生活上的一切与大家分享，怎么不让人感到温馨。偶尔几张萌宠乐逗的图片，让人感觉这个领导亲切风趣。若是把关注的一些书籍、人生等话题广播给大家，丰富自己知识的同时给大家也带来方便，这样的领导不就是学识渊博、平易近人型的嘛。如若领导习惯性的鼓励评论员工动态并给予建设性意见，与这样一个经验丰富的领导做朋友是我们修来的福分必须珍惜，遇到这样的朋友那更是可遇不可求的难得。言而总之，关注领导微博空间，分析领导性格，对你的工作和处事会有很大帮助。

领导如何对待家人

我们对于领导本身可以观察的方面毕竟还是有限的，这时候可以不妨从领导的家人出发试试看。领导毕竟不同于我们这些卑微的工薪一族，整天还为了房贷烦恼，买件衣服都得想想是不是扣去柴米油盐酱醋茶后还有挥霍的富余，当人的物质生活得到满足时，继而再去追求是什么？这个很容易想的，买彩票中了五百万你会怎样用这笔钱呢？对于把钱捐给希望小学的一类大公无私的人我会为孩子们感到幸运，因为这个世界还有爱；有的人会选择放松，在这个压力山大的社会，之前的生活一直是为了生计在拼死拼活，没有时间好好享受生活，借此正好能去弥补自己的遗憾；有人选择奢侈和肆无忌惮的挥霍，都说男人有钱之后就变坏了，学人家包二奶，养情人。一个温柔贤淑的妻子，一双乖巧懂事的儿女，成熟稳重爱家的男主人，一个令人向往的温馨幸福的家庭。当男人有了钱若还记得家里娇妻和儿女，鬓角早已银白的父母，时时刻刻把老婆儿女挂在嘴边放在心上，这样的男人在家里是个好男人，在工作中必然也是一个平易近人、体贴下属的好领导。

中央电视台有一个很具启发性的公益广告。大过节的，老母亲做了一桌的佳肴，无可厚非，那些一定是儿女们平时最喜欢吃的。当饭菜从热气腾腾变凉母亲在沙发上打盹时，接到了电话，本来说好回家吃饭的儿女不能回来了。一句对不起怎么能弥补老母亲孤独受伤的心呢？父母的一生都在为子女而活，老了老了怎能还让父母挂心呢？都说一个人和家人在一起时才是最放松的状态，在公司、在外面你怎么就知道这个人不是一个有着高超演技的好演员呢？如果碰到生活中的领导，你要相信那才是领导真实的一面。父母妻儿的生日、结婚纪念日、父亲节、母亲节、中秋节……过节时你的领导是怎样的状态？欣喜挂念还是不痛不痒？注意观察一下，从领导对待家人的态度也可以得到你想要的。

领导如何看待加班加点

工作有轻重缓急之分，不可能每天都能把一项工作完美地告一段落，第二天再开始新的一项任务，所以偶尔加班加点是工作需要，也是保证工作效率的需要。作为一个领导，合理地看待加班加点是很有必要的。虽然加班加点都有补贴，但并不是每个人都愿意放弃休息时间争取那点少得可怜的加班费，要知道恋人的约会、孩子的呼唤远远比这个更有吸引力。领导是如何看待加班本身，又如何对待员工对加班的不满呢？

领导对于加班有三种情况：一是领导自己加班（工作量小的情况下），把员工未完成的工作告一段落，减少人力财力的损失，提高该项目的工作效率，也给大家一个体贴员工的好印象。经常加班的领导大家下意识地会认为这是一个对工作极度负责，事业心强的领导。二是工作需要，员工需要加班，领导没有必要留下的情况下，却选择留下陪大家一起加班，适时地对员工的小犒劳有没有增加领导的亲民体贴感。再工作不排除是拿人手软吃人嘴短的认命，但更多的还是心甘情愿心满意足的被收买后的舒坦。当然这也是你在领导面前一个难得的表现机会，可以好好利用。第三种情况也是存在最多的情况，员工加班，没有领导，怨声载道。在此种情况下，领导很成功地树立了一个领导形象，把领导和员工的界线划分的相当清楚，员工负责工作，领导负责安排工作，员工就是给领导干活的。

从领导如何看待加班加点，可以看清这是怎样一个领导。但另一方面也告诉在岗的领导们，从如此小事上你也可以收买人心，树立形象。

领导的左膀右臂

诸葛亮《出师表》中有言"亲贤臣，远小人，此先汉所以兴隆也；亲小人，远贤臣，此后汉所以倾颓也"。后主刘禅过于亲近宦官黄皓，而黄皓结党营私，最终导致朝政败坏国家倾颓，蜀汉的灭亡不能完全说是黄皓导致的，后主刘禅的治世不当亲近小人有不可推脱的责任。一个人的成功与失败，与他身边的人息息相关。所以判断一个人的成功与否，也可以从他的左膀右臂得到启发。

一个领导身边总会有几个红人。若是一个人面对领导阿谀奉承，对待工作插科打诨，面对员工又是狐假虎威、狗仗人势，这样一个人却深得领导心怎能不让人气愤。这样的领导一是极度缺乏自信，需要人来时时刻刻抬举才有自豪感，二是奸佞不分看人不准，如果带领的团队凝聚力和能力不强，早晚会关门大吉；若是队伍强壮，谨希望有更合适的领导取代并带领这个团队更上一层楼。若是这位红人拥有说服性的办事能力和工作实力，是否就能说明领导教导有方呢？我认为是不能的。有的人在公司里、在部门里一直受领导表彰，奖金不断，但唯独让人困惑的是职位迟迟得不到晋升。那是说明他已经被他的领导当枪使了，遇到一个精明却没有浑厚实力的领导早就应该擦亮眼睛了。若是一个人为人处世很成功，工作勤勤恳恳但政绩一般，却得到领导的重用，这样的领导善用人才，能够做到人尽其才，不以能力区分高低，这个领导本身必定是能力强、人品好的。

物以类聚，人以群分，狐朋狗友在一起既可以是志同道合，也可能是灯红酒绿，纸醉金迷的臭味相同。认识领导可以看他最亲近的手下，但也告诫领导们擦亮慧眼才能识得人才。

领导训话

人非圣贤孰能无过。在公司里大大小小的或轻或重的，大家都会犯错。上班迟到了，拿错了开会用的文件，打印的东西突然不见了，丢三落四的毛病又犯了，主任找你有事偏偏忘记了……不能说运气是好或坏，恰恰犯错的时候被领导撞见了，情况会有以下几种：

"xxx，怎么最近总是看你犯错呢，自己注意啊"，领导当着一个部门的面说出了责怪的话，当事人必定感觉很丢份，虽然自己有错，但怎么就摊上这么一个不给人面子的领导。说是"走自己的路，让别人说去吧"，但能有几人不去在乎别人的眼光呢？其实如果领导扫一眼以示下次注意，只有当事人知道，也能起到相应的效果，同时还能赢得员工的尊重，这个的确是心理战术。

"xxx，是不是最近状态不好，注意休息啊"，领导一句关怀的话，让人倍感亲切，还会回一句"谢谢领导关心"并且一天都打鸡血似的工作。而且在部门也会引起蝴蝶效应，大家甚至忽略谁犯错了，直接转向咱领导真是平易近人，够体贴。

更多情况下，领导会选择视而不见，可能认为这种错误很多人都会犯不去在意，或者在心里记下一笔你的小纰漏。只要员工自己注意不去多想，下次拿其他的来弥补，这些都不是问题的。

有一种领导或许扮演了人力资源部门的角色，对员工近期的工作进行考察总结，哪些需要改进，哪些值得表扬，并提出一些建设性意见。自己的直属领导对员工的评价往往比人力部门更具有针对性和可行性，领导的意见必须值得学习。这样的领导又怎能不让人尊敬。

任何事都有两面性，在教给你如何据此分析领导为人的同时，交给领导心理战术，如何更能深得人心。

领导的咖啡香烟

暂且不谈咖啡香烟的危害，只从习惯和品味出发。我能数出的一些香烟品牌：利群、玉溪、红塔山、中华、娇子、小熊猫、云烟、红河等。咖啡品牌：雀巢咖啡、麦斯威尔等。

有的领导觉得自己也没什么爱好，高尔夫球是上层人玩的，况且自己也没有时间，打篮球、踢足球自己已经过了年轻时代也算了，咖啡、香烟不但能承受还能提升自己的品位，让人一看也提升层次，有范儿啊。不知道什么好与不好，贵的就是好的，香烟只抽熊猫，喝咖啡只去星巴克。另外一种情况，哥抽的不是烟，是寂寞。

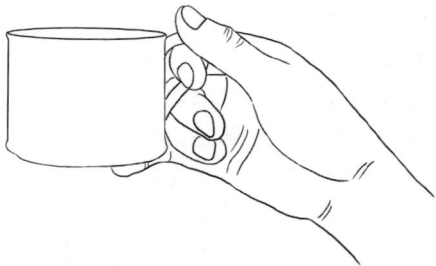

喜欢喝咖啡的人有极强的时间观念

有的人咖啡、香烟，不看贵贱只是喜欢，没有成瘾，只是偶尔感受一下，懂得品味，不盲目随波逐流。专注于一种品牌，是一种习惯也是一种人生态度。这种人自信，做事专注，有骄傲的资本。有的人各种咖啡香烟都无所谓，没挑没选。这种人随意，没有定性，没有主见。观察领导的习惯又是哪一种呢。

二手烟的危害更大，公共场合是禁止吸烟的，一般公司都有休息室、吸烟室。上班时突然忍不住了，去待一会抽根烟。若是不小心撞上领导了，或许是尴尬的吧。或者在领导办公室闻到了熟悉的香烟味，你知道懂得就好了。若是认识到香烟有危害，清清楚楚地知道该戒掉，试着去戒却总是戒不掉，那是缺乏自制力的表现。吸烟可以提神，但是不可以成瘾。能保证在一定合适的量那也是成功的。部门开会的时候，领导说，大家休息五分钟稍后继续，留给大家去喝个水，喝杯咖啡，解解烟瘾，这也是一种为他人着想。并不是说吸烟就是不好的，也并没有完全否定吸烟的人。只是一种从咖啡、香烟的习惯看人罢了。

年终总结时候的领导

学生每逢期中期末考试，都是最头疼的时候，是对这一时期学习情况的审查。员工的季度考核是对自己这一阶段工作的总结，直接关乎的是自己的进步。而对于领导的年度总结远远大于学生和员工的头疼。年度总结的工作是复杂烦琐的，其中涵盖的是这一年部门的各个项目的收益和分析，给公司带来的总收益，以及与去年同期相比的进步与否。根据年终总结时的领导的状态可以判断这一年领导的成功与否，从而间接证明了领导的能力。

考试有准备的同学总是会昂首挺胸，一副胸有成竹的模样。有自信的领导也是神采奕奕、精神焕发的样子。信心十足的样子是十分富有魅力的。最直接的表现就是领导对部分员工各种表彰奖励，还有厚厚的年终奖金。

当领导的表现是神情沮丧、萎靡不振，看谁都是不顺眼，各种吹毛求疵，怨声载道，想必是在领导的领导那碰了钉子，触了霉头。开会时对在场的员工挨个批评指责，不分对错，这样的领导仿佛脆弱不堪，连累了职工，也给下属烙下了不堪打击的印记。其实胜败乃兵家常事，没有事情是一帆风顺的。开会时对员工们应该夸奖指责并重，找出问题所在，大家共同改进，越挫越勇，众志成城。这才是一个领导该有的度量、该有的范儿。

一个缺乏自信的领导在等待结果时表现的是焦躁不安。最终结果成功了欣喜若狂，开始张罗表彰大会与大家共享劳动成果，其实那是平时努力的必然结果。面对失败或许是沮丧一蹶不振，或许是认真检讨从头再来，但两者都证实了一点，该领导不够自信。

一个人面对大事件时的精神面貌最能反映他的心理，年度总结时的领导最能表露出他的心理强度。

领导如何对待员工聚餐

一个部门总会有大大小小的聚餐，或是自发组织的或是部门公费，又或是领导请客。原因也有很多，王姐过生日，小李拿本月奖金最多，大家促进一下感情等等。聚餐免不了喝酒花钱，甚至会影响第二天的工作。领导对此的态度，决定这种风气是否盛行，那领导一般会怎样看待员工聚餐呢？赞成或者反对，参与或者旁观？从领导的看法和做法看领导的处事。

过生日、拿奖金都是高兴的事，但为此请客吃饭却是得不偿失的。有两种领导，一是开会严重指责请客吃饭的做法，不加阻拦则恶风盛行，应付酒场频率高，长此以往影响工作，浪费财力，这是领导必须参与进行制止的；二是进行说明拿奖金是自己努力应得的，请客吃饭就免了，请喝下午茶代替。过生日大家量力而行，不要形成不良风气，或者征求大家意见予以解决。明显第一种领导专制独裁，第二种领导采取民主制更得民心。

对于聚餐参与问题，员工即便出于礼貌也会邀请领导参加的。但毕竟是上下级关系，领导若是有请必到，员工未免放不开，一顿饭吃的宾主不欢而散。此时领导给人的印象并不是与民同乐，反而有种不识趣的意味。但也不能鉴于这种原因而一次不去，让员工以为这是故意摆架子或者看不起人。偶尔参与员工聚餐的领导，喝几杯酒后适时离场既是对员工的尊重，也赢得民心。在部门某个项目收益颇丰，值得一庆时，领导请客，收拢人心的同时也与大家促进感情。应该大方的时候，就不要被说成铁公鸡领导。懂得进退的领导总是值得大家尊重和推崇的。

领导在酒场上

不否认现在很多生意都是在酒场上谈出来的，很多交情都是在酒场上喝出来的，有句话描述得很确切，也是酒场上常说的一句"一切尽在酒杯中"。在此有三种场合：生意场、部门聚餐、陪领导的领导。

在生意场上，切莫贪杯，不忘初衷。最终目的是要签合同，领导最后一定要是清醒状态，一般领导要把握自己的量，觉得自己差不多时应示意属下挡下酒，然后开始牵引到合同问题上去。其实喝酒只是走个过程，合同之前彼此双方已经确定利益关系了。当领导喝酒正酣迟迟没有发出信号时，你要见机行事，挡酒或者耳语征求下领导意见，洽谈合同。酒场上需要的就是酒量和应对，是一种表现和发挥口才的机会。

部门聚餐，作为领导讲几句总结性祝贺的话，然后大家随意。喝酒套交情，跟领导多聊聊，平时在部门没有机会面对面聊天，此时要把握机会。领导身上一定有许多需要学习的地方，多注意观察，切莫贪杯。若是领导喝高了，那是被员工灌醉的，情有可原。但是员工喝醉了，就是不懂事贪杯的表现。酒品不好还丢脸，得不偿失啊。

陪领导的领导喝酒，其实和上述情况也有异曲同工之处。切莫贪杯，观察领导是怎么和领导相处的，适时学习之后学以致用。在酒场上要机灵毕竟自己只是打酱油的，添酒加菜要注意细节，让领导看到也认为你谨慎细心。

领导参加的酒场必定比你多，能有机会和领导一起最重要的还是学习，量力而行，你的首要任务还是照顾自己的领导，注意不要酒驾，酒驾危害大，安全最重要。

领导的人际关系

大学报志愿，有个孩子问我现在什么专业好就业，我当时回答他说，都不好就业，你去问你爸，你家在哪方面有人，然后去选专业，那就是最好的专业。不得不承认在这个权钱人主导的社会，人际关系是不可或缺的。人际关系即人脉，大概可以分为三种：家人、朋友、朋友的朋友。

家人永远是我们最坚强的后盾，遇事首先想到的还是家。走在哪都是漂泊无依靠，唯有家才是最温暖的港湾。失业了、就业难回家爸妈给你想办法，哪个表哥在相关部门工作问一下，哪个表姐也问一下。儿子该找对象了，去哪找？七大姑八大姨地喊，到处张罗张罗，然后就是接二连三的相亲。家人的人际关系又是一个网，而且是最可信的人脉。

朋友是第二大门路，有几个搞动物营养的老师和自己的师兄弟合作，有的加工饲料，有的养殖提供畜禽，老师们作饲料配方，利用科研经费彼此合作，共同致富构成一个稳定的圈子。朋友是用来相互合作的。部门领导的生意合作对象都是朋友，也或者就有以前的同学。朋友之间平时相互走动，偶尔出来聚一下增进感情，有需要的时候，相互合作，稳定可靠。

朋友少没关系，必须要出生入死、两肋插刀、肝胆相照，但要相互信任。朋友的朋友即为二度人脉，通过朋友作为中介，相互合作。慢慢地朋友的朋友也将变为朋友，亲密伙伴，在共同合作获得经济利益的基础上，得到更多的三度人脉，拓展到更广阔的领域，朋友满天下，生意满天下。再转变为二度人脉甚至一度人脉，直至桃李满天下。

根据领导的人际关系，学习领导处理人际关系，终有其用武之地。

下属给领导丢面子了

看一个人的修养如何，要看他遇事能否沉着冷静处变不惊。曾热播的《麻辣女兵》中有这么一段，警犬太子参加比赛预赛，王小帅跟同级吹嘘自己的太子多行多棒，当汤小米把断桥的距离从2米调宽到3米时，他慌得骂汤小米，马大风在太子上高墙时口令时间不对，重试一次，王小帅又捏了一把汗，左轮掉坑里时他懵了，狗过关了，人进去了，三个徒弟给他丢脸了，却又长脸了，因为太子过关了。面对一个个变故，王小帅的表现只能说是平常人的反应，几乎是处变不惊的反义词最恰当不过的体现。这里没有批判没有鄙视，因为电视要的效果和本段讲的重点不同，故不能相提并论。

　　我想说的是作为一个部门领导怎能是一般人。从哪跌倒就得从哪爬起来，事情发生变故时首先想到的不能是丢脸了，要是失败了怎么办。应该去想现在需要做什么才能补救。假设，在一次年度总结大会上，由员工进行介绍总结的演讲。PPT 上有一个漏洞，大家都发现了，演讲者却未察觉，全场哄堂大笑。此时是对演讲者还有该演讲者领导的一个考验。若演讲者没有及时应对愣在那里，试想领导只感到丢面子什么都不顾了，那就注定失败了，作为领导应示意其不必在乎继续演讲。

　　另一种情况是，演讲者随机应变，继续演讲顺利结束，最后由领导加以说明，成功挽回面子。或者演讲时发现错误及时申明改正。各种情况综合起来，既是对领导的考验，也是对员工的随机应变的考验，若是成功应对了，无论哪一方都会得到应有的钦佩和瞩目。塞翁失马焉知非福，反败为胜才是最大的胜利。

第三十章

高雅的上流社会：
礼仪信号

拍照是一门礼仪学问

我们经常在一些新闻里看见这样的镜头，当明星出行各类颁奖礼或者是晚宴时都会经过一条红地毯，主办方也会热情邀请嘉宾到一个硕大的主题背景墙前拍照留念。这"拍照留念"绝不仅仅是留念，对于嘉宾来说，展现出自己最好的一面至关重要，女士要拍得曼妙多姿，男士要拍得帅气逼人。所以，拍照是参加宴会的第一场硬仗，只许成功不许失败。

我们把学习怎样在镜头前摆出最佳姿势作为社交礼仪的第一课。如果你是宴会派对的新人，可能会手足无措，因为周围经常会围绕着宴会老手（明星、贵妇），他们那个自然的姿态不断地刺激你仅存的一点点自信心。摆出"V"字的幼稚造型会让人觉得不够档次，双手自然下垂又会举得通俗、不够高雅，动作太大又显得人不够贵气、不够时尚。那么应该怎么做呢？如果你没有把握成为闪亮的女主角，那就要选择小动作的"基本款"拍照动作，双手稍微叉腰或者双手握着手拿包置于腰下，挺直腰板，给个自然大方的微笑即可。如果真要比较俏皮一些，顶多加个小小的勾腿。

打招呼体现素养

当进入宴会现场，而你又是一个人出席的，你第一件事肯定是寻找认识的人。找人的时候你会遇到第二个社交礼仪——与他人打招呼。

当你发现了一个目标（认识的人）无论他是离你很远还是离你很近，都不能大声地喊出对方的名字，应当慢慢地走到对方的身边，但还有一点要注意，就是不能用手重重地拍对方的肩膀或拉扯对方，这样会吓到对方或者让人觉得你不够礼貌。一般来说，如果双方是比较熟悉的朋友就可以选择轻轻地抱一下、碰一下脸颊（千万不要选择深情的拥抱，因为这样弄到彼此身上礼服的装饰）。如果是两位女士打招呼，也不要出现夸张的姿势，比如大声地使用一些象声词，如"哇""啊""咿"；比如踱着急促的小碎步或者击掌；这些都是不高贵、不大气的表现，除了让人觉得你的素养不够外，还会使得主办方觉得没面子，所以在宴会上应当尽量避免。

聊天的内容要讲究

我们常常会看到这样一个对话场景：在一个高档的聚会里，有两个同乡用自己的方言在叽里咕噜说着，他们脸上的表情是乐得不行，但同桌的人根本不能插上话，脸上也露出不愉快的表情。毫无疑问，能够在他乡遇故知是人生一大喜事，遇到可以说同样方言的人当然会有一种亲切感了。那么在公开的社交场合里，能不能用方言与同乡交谈、联系感情呢？答案也许会让你失望，那就是不能。我们都知道，社交场合是拓展人际关系的最佳舞台，通过社交场合你可以认识到不同生活背景的朋友，并可以通过交流来丰富心灵、拓展视野。所以在这种情况下，每个人都要扮演一块吸引力强的"磁铁"，尽量地吸引更多的人、被别人吸引，达到交谈的共鸣。如果在一个宴会上，有一个人用一种你完全听不懂的语言和你说话，你会不会感觉到自己不被尊重呢？所以相同的道理，你用方言和别人说话，别人也会有同样的感觉。如果还是用方言讨论隐私的话题，那更是严重触犯了国际礼仪的禁忌。但也不是方言就无用武之地了，只是要看在什么场合。如果是同乡会聚餐，那讲方言就是所向无敌了，不仅有助于凝聚力，还可以拉近大家的距离，说说又何妨。但是在公开的聚会场合，还是要尊重大家的习惯，使用通用的语言。如果你是一个新晋的白领就更应该融入大家的氛围中，不要在团体中孤立别人，不然到头来是自己被孤立了。

要学会应对尴尬

有时候的宴会气氛是热闹的，比如是一些派对，会遇到这样一个尴尬的情节：有一个陌生的面孔突然跑过来与你打招呼，但你却怎么想也想不起这个人怎么称呼，把自己的处境弄得很尴尬。这时候的你应该会是怎么做？是顿时涨红了脸不知所措，还是直接问他怎么称呼？想想这两种办法都适合。

其实要应对这样的尴尬场面第一步就是要保持冷静，眼神中万万不可流露出不认识对方的神情，因为让对方觉得你这个人很不懂得社交礼仪。其实还是有不少技巧性的交流方式，可以帮助自己恢复对对方的记忆。

通常有三招：第一招就是"好像上次和你见面的时候，头发没有这么短吧？"当你把似问非问的语句抛给对方时，对方大多数时候会自报家门地回答你："是啊，你说上次××派对上的我是吗？"第二招就是将身边的朋友介绍给这个面孔熟悉的陌生人，这样他们双方肯定会进行自我介绍，你自然而然地知道他的名字了。最后一招就是利用互留手机号码的方式，可以说："咦，上次我们见面没有留彼此的联系方式啊。"然后主动递出名片，他肯定会回递他的名片，这样你也得到了想知道的信息了。

香槟应该怎么喝

参加一些派对式的宴会，现场就会有服务生准备好一些香槟、果汁等饮料，在会场里面随时提供给有需要的宾客。如果你是现场的宾客，想喝一杯饮料，这时候你需要注意些什么礼仪呢？

如果服务员在离你很远的位置，而你又觉得口渴，这时候你千万不能大声地叫他，尽量忍一忍，等服务员走到你这边的位置，实在忍不住了，你可以选择委婉地走上前去。一般来说，这些派对、宴会的服务员是经过专门训练的，他们所走的路线也是事先安排好的，绝不会有疏忽遗漏的角落，所以不是在不可以忍受的情况下，还是少安勿躁，等服务员询问你："小姐，需要来杯香槟吗？"这时候再优雅地伸出手来拿饮料。

接过的手势也不能马虎，绝对不能用整个手抓住杯壁，正确的办法是用纤细的手指轻轻地捏着杯柄，这样不仅可以展现你的优雅气质，也不会因为手的温度破坏了香槟原本的口味，在上流社会的派对里，这个小细节也是充分体现出一个女人的社交礼仪。

此外，在喝香槟时还有一个小细节需要注意，参加派对的女士肯定会化妆，而涂抹的唇油或唇蜜很容易沾到杯子的杯口，在杯口上留下口红印是一个颇为不雅的行为，有个小技巧可以帮你化解这一难题。就是利用舌尖瞄准需要下口的位置，轻轻地舔一下，然后再喝一口香槟，你就会发觉杯口上的口红印不那么明显了。另外还有一点需要注意，必须要控制酒量，千万不能因为喝高了而让自己失态，这样先前的优雅就白费了。

选择小食需要礼仪

通常一个派对上除了会有服务员提供一些饮料以外，还会提供一些精致的一口小食，通常是小甜点或者小开胃菜，一口一件。在吃这些一口小吃时也是有讲究的。我们经常在一些喜剧里看见的路人甲闯入宴会现场，哪里有小食哪里就有他的身影，抱着盘子大口大口地吃精致小食，甚至吃到饱然后到正餐了却频频打嗝，这样的场面是绝对不允许出现的，狂吃快吃挑着吃会显得你很没有礼貌。首先，我们应当认识到派对上提供的这些精致小吃并不是为了填饱肚子的，而是让宾客在喝酒前先垫一垫肚子，不至于马上喝醉，就像开胃菜一样，小食只是派对上一个必不可少的环节，所以贪吃的事情切莫发生。

当服务员端着品种纷繁的小食走到你面前时，你也不要马上愣在那里，摆出一副饿得发晕的姿态，你要迅速决定你选择哪一个再下手，一次拿一个，千万不要站在那里东挑西拣，这样会使自己失礼。小食也要挑选容易吃的，不沾手的，越小口越好，以防别人要跟你说话你嘴里却还有东西。

与人群保持 1.5 米距离

为什么与人群的距离是 1.5 米，而不是 1 米或者 2 米呢？且看下边这个例子。

有这样一个实验：心理学家在一个大阅览室里，选择了一位独坐的读者，心理学家就拿着椅子坐在他（她）的旁边，整个进行了 80 人次。结果证明一个问题，没有一个读者可以容忍一个陌生人紧挨着坐在自己的旁边。当心理学家坐在他们的旁边，有不少人会默默地移到别处坐下，甚至有人直接地问："你要干什么？"

这个实验很好地说明了个人际距离的问题，即人与人之间需要保持一定的空间距离，这个空间最好是在 1.5 米，即使最亲密的人之间也是一样。当你身处一个社交场所，你不可能选择与他人紧紧地抱在一起，或者是勾肩搭背。因为这样的行为在别人的眼中是不礼貌、不够高贵的。在正式的场合里，要表示自己的感情可以是握手、轻轻地拥抱或者是敬酒都可以，而这些行为的前提就是要保持适当的距离。所谓距离产生美，这不仅是一种社交的礼仪，也是一种处世之道。

保持独立精神

在社交的场合里，如果你没有一点个性，那会被所有人忽略，如果你的个性太过夸张，也会让所有人对你的印象打折扣。那这个"个性"的度应该如何拿捏才最恰当？

在出席社交的场合之前，你就要给自己一个明确的定位，先给自己贴上个性的标签，当然这些标签是正面的，包括庄重内敛的气质、谨慎的态度、有涵养的风度、高贵以及能赢得别人尊重的各种优良品质，还有一条非常重要的标签就是——独立精神。因为你去到一个社交场合，你不可能永远不表态，永远只是点头哈腰的那一个，你与别人交流时也需要表达自己的意见和建议。作为一个有涵养的社交高手来说，懂得把自己的个性适当的表达才是社交礼仪的精髓。

这种个性并不是哗众取宠的夸张行径，是真正可以展现个人特色的东西，比如选择一款合适的香水，不是香奈儿的 NO.5 知名度高，你就必须跟着用，而是你要找出一款能够体现出你品位的香水，可以辅助你散发出你独特的气质。应该这么说，每个人都有属于自己的独特味道，找到"最适合你的"那种味道才是关键的因素。

不要一个人待着

即便你的内心是一个喜欢"孤独求败"的人，但当你出席各种社交场合的时候绝对不能表露出你这种"孤傲"。因为社交场合永远不是为了那些想远离世俗的人而设的。

当然，你在一个人的时候可以想着拒人千里之外也无妨，但在社交场合里，该如何表现还是有它自己的"游戏规则"的，就算你有一千个一万个不愿意，在这样的场合里，你还要扮好一名"演员"，尽量把自己天赋异秉的一面展现出来，比如打扮的光鲜、风度翩翩、言谈举止气质不凡等。你要知道，一个人在这个社会生存，他不可能孤立的，在社交场合出现的频率也在一定程度上决定你纵横向发展的半径。这个理论是人们从古至今遵循着的，在16世纪的伦敦和17世纪的法国，要实现自己的野心，最直接的办法就是经常出现在宫廷里。而美国当代著名作家戈尔·维达也曾这么说过："千万别错过一个可以风流的机会，也千万别错过一个可以上电视的机会。"

在一场真正的宴会里，重要的部分绝对不是看各种歌舞节目和享受美食，更多的是人际交往，当宴会邀请的宾客都到齐了，你该看见的人都露面了，也代表这场宴会可以结束了，其他的安排都只是为这次宴会做辅助而已。如果你受邀一场宴会，出席的其他人都比自己更富有或更加声名显赫，那么你的姓名与名声也会随之鹊起。

着装要凸显个性又不失礼仪

出席社交场合，着装问题是每个人都关心的事，很多时候提前好几天就已经准备好"装备"了。没错，因为正确的着装不仅可以让人更加高贵，更可以看出一个人的品位。如果你抱着"一穿惊人"的念头而让自己的打扮变得夸张怪异的话，那你就不要出席了，因为并不会给你带来多大的好处，反而会让你成为社交场所里为众人观赏的"火鸡"。影视明星可以通过奇装异服制造时尚效果，或者将其称为所谓的"个性"，但那是在特定场合的需要，在正式的宴会还是得尽量选择不刺眼的颜色和不引人注目的装饰品，因为这样的搭配可以解决有关服装问题的任何疑问，会让你显得庄重、高贵。

作为一个出席各种社交场合的人，在选择衣着上理应追求既可体现优雅又能赢得尊重的形象，在选择衣服前要先确定这次宴会、派对的主题，再挑选搭配的服饰。就好比讲究的家庭中家具的格调应该和窗帘相匹配、杯子应该与杯垫对花。简单地说，男士穿着西服套装，女士选择晚礼服永远不会出错，对于男士而言，穿一双干净并能表现你身价的皮鞋是非常重要的，廉价带污渍的鞋子就放柜子里吧，免得主人家觉得你不重视他们的宴请。

事先准备好要讲的笑话

一个幽默的人总是可以受到大家欢迎的，但幽默不是低俗、不入流的。在你展示你的幽默的同时要确保不会破坏在座诸人的情绪，而且还有一个关键的前提就是保持自身的优雅。

有这么一个"幽默"的小故事。前总统小布什就是一个"不拘小节"而又容易出现口误的人。在2001年7月，他到访英国拜见英女王时开了一个"幽默"的玩笑，让严谨著称的白金汉宫很不高兴。小布什在晚宴上居然给英国女王乱取绰号，并且当着众人的面喊女王为"QE2"，即"伊丽莎白二世"的缩写，这么一喊让在场的英国女王顿时尴尬不已，不知如何应对；此外，小布什还将查尔斯王子称为"呆伯"，这是在笑话查尔斯王子的招风耳，尽管小布什认为自己的"笑话"是在展示自己的幽默感，但这一行为引起了女王的不满，但又无法表现出来。

从这个故事我们看出，小布什想用自己的幽默缓解气氛的办法显然不奏效，因为他没有抓住英国人的性格，把自己在美国的作风带到了英国，当然是事倍功半了。所以我们在出席社交场合要展示自己的幽默时，第一步要摸清这个场合里大家的兴趣爱好，只能在恰当时候表现，免得让别人觉得你这个人没有分寸。事先准备好一些类似于外交辞令的万能答案和一些风趣、幽默的笑话应对场面，是很有必要，除了可以化解一些尴尬外，也可以加深别人对你的印象，但有一点还是要把握，就是拿捏分寸，千万别太"幽默"了。

不要放纵自己的情欲

在一些宴会、派对上的男男女女都有这么一个共性，那就是"郎才女貌"，这是理所当然的，我们说过出席这样的社交场合绝对不能随便，不然也是有失礼仪的。在酒精的作用下，人的眼睛就会说谎也会不自觉，但在社交礼仪里有一个潜规则——曼妙的女子或者是帅气的男子都只能看，不能摸，永远不要在酒会上放纵自己的情欲，要享受这个社交的过程，而不是把美女相伴当作真正的乐趣。

如何在社交场合上把控自己的欲望？比尔·克林顿这样的男人一度也曾对禁欲有过深刻的理解。这番话是他在 1992 年初次竞选总统时被《纽约时报》采访中说的，当时一名记者问他成功的政治生涯应该具备什么准则。他一共回答了六条准则，其中的第二条就是关于禁欲的问题。他这么说："如果你打算及时行乐，那我建议你最好改从事别的职业。"

尽管西方一些高级的社交宴会或者派对里，把引诱坐在旁边的人当作是一种礼貌范围内的游戏，但这种游戏也不是随便就可以玩的，当遇到这样的引诱，最好的办法就是用"社交式微笑"回应，这样足够表达你温婉坚定以及内心的热切。再礼貌地交换彼此的名片，而非热情注视的目光，就算是双方互有好感，也不应出于一时的感情冲动，就马上从桌子旁边逃走。

真诚待人最宝贵

在社交场里，大家都会展示出最完美的自己，但这个完美是需要真诚的，你的穿着可以精心打扮，但你表露出来的性格和态度绝对不能"装"。在宴会上"装"是最不招人待见的，因为大家去到那里的目的除了相聚，还有相互沟通，如果你要"装"，那代表你根本不想融入大家的氛围里，男的可能会被人说成"傻帽"，女的则可能直接变为"木头花瓶"，这样做既吸引不了大家的目光，还会让大家对你的印象大打折扣。而且很多时候，"装"和傻是没有一个明确的界限的，也许你自己根本不知道你的行为在别人看来是傻还是"装"的时候，别人已经将你归类了。

既然"装"会招人反感，那么保持真诚的态度就是展示个人魅力最好的办法，一个人的内在气质是最宝贵的，每个人都有属于自己你独到的闪光点，千万不要埋没了它，一个真正懂得与他人相处的人，绝不会因场合或对象的变化而放弃自己的内在特质而盲目地迎合、随从别人，或者是"装"出一副什么都不知道的样子，将人拒之千里，那样效果可能会适得其反。

当然，真诚待人不仅在社交场合需要如此，在任何场合里它都适用。记住一点，如果"装"可以成事的话，那也不会有这么一句歇后语："鼻子里插大葱——装相（象）。"

任何场合都要淡定自若

在任何社交场合里，淡定自若都是必需的，千万不要把自己弄得如刘姥姥初进大观园一般，看见什么都像看见外星人一样惊恐。特别是对于女士来说，要吸引到男士的目光，正确的表情应该是：一点傲慢，又略带一点好笑；赞美一切，又鄙夷一切。从来不表现出惊奇和慌张。

有几点需要注意，第一个是千万别因为过分地看，导致让自己发呆愣在那里。你要知道你眼前的一切值得一看的东西都已经见过了，这并不是第一次见过，而是很多很多次。当你持着这种态度的时候，就可以对这些事物推迟判断：可以是表示赞成，也可以是表示沉默。而且这种时候的沉默，不一定代表默认，更多的是洞察一切，而且将这种态度表现在书面或口头上的时候，可以为你排除任何异议。

第二个是不要说太多话，因为言多必失，也容易给人造成不够严谨的印象，虽然这些社交场合就是来让大家交流的，但要把握好一个度，需要适可而止。正如很多事情一样，要知道什么时候该听别人讲话，也要知道什么时候该轮到自己讲。千万不要认为没有把全部话都说出来就是一种遗憾，因为在谈话中，中间的路总是最好的。设想一下，有一位西装革履、仪表不凡的男士坐在你的身边，本来大家对他的印象都不错，但当他开始侃侃而谈，就如一个"话痨"似的没有停下来的时候，而且说话的内容都是一些日常琐事，没有重点也没有值得关注的点时，你还会对他的印象美好吗？答案是肯定的，在座的人都会对他的印象大打折扣了。

最后一点就是说话的时候应该多考虑几次，在这种社交场合下，多数情况是没有人提醒我们说话时应该怎么说，而这些考虑也只能靠自己，几乎所有在谈话中出现的失误或错误都是由于没有认真考虑或缺乏考虑造成的。要怎么判断自己的话有没有引起他人的反感呢？很简单，你只要仔细看一下大家的反应，如果大家的表情看起来都略带难色的话，你就应该立马停住了。一般情况下，那些话多的人是一个想象力丰富的人，这样的人会让宴会的气氛调动起来，但也很可能给人造成"不可靠"的印象。当然一直沉默也会让人觉得你不够合群，所以拿捏好这个度要全靠自己的敏锐。

饿是不礼貌的

很多人都觉得在宴会上吃饭是一个头痛的问题，吃一点小吃都有诸多规矩要讲究，吃饭更是不能马虎怠慢了。那能不能选择不吃，饿着呢？直接告诉你：饿肚子是最低级的境界。当你身处上流的社交宴会上，与上流人士共同进餐时，一定要忘记那些营养常识，并记住这样一个规则：如果你保持饥饿状态就代表着需要，而向他人暗示自己需要是一件不光彩的事情。

所以，出席这样的宴会时，点菜就变成了微型创作艺术，你的点餐肯定是一个最精致的食谱，重点不是吃了什么，吃了多少，而是你已经"吃了"，享受了这些美食。也许一份乌莓酱、一个鸡蛋、一小瓶矿泉水、一小片吐司面包就是一个高档的美食搭配了。

在很多人看来，这份食谱既吃不饱，又带着几分对食物的"不尊重"，但如果你出席的是一个上流社会的宴会，千万要让自己忘记这个观点，因为在他们的世界里，这种饮食习惯才可以体现出他们的矜持与不同，这也算是上流人士的通病吧。有这么一个情节，基督山伯爵从来不碰餐桌上那些数不胜数的珍馐美味，更多的时候他只是看着他的客人在不客气地享用那些世界奇珍，从而得到了满足感。从这个角度上讲，如果一个客人在那里囫囵吞枣的话，主人就权当看笑话了。

坐姿讲究分寸

女士们肯定会把自己打扮得光鲜亮丽去参加宴会，但这身宴会行头肯定不是简单的套装，通常都是一件高贵的礼服，而参加宴会难免要坐下，这时候就会出现一些情况了。通常"坐着"这个步骤是女人们最担心的，因为怕这身高贵的礼服坐下去，站起来后却变得皱皱巴巴。为了避免出现这样有失身份的情况发生，女士们坐下时应该用手轻轻地压一下或撸一下礼服裙摆的后面。目的是让自己坐下之后，裙摆可以处于完全平整的状态。当然，坐的位置也是要讲究的，只能坐椅子的三分位置，而且臀部一定要安分地待在一个地方，时不时来回移动是一个不雅的表现。

另外，除了坐下的时候需要技巧之外，当坐定下来，双腿的摆放位置也是有讲究的，正确的摆放方式是将双腿交叉，小腿呈一边倾斜的姿势，要注意到是小腿交叉的时候一定不能用力过度，如果把小腿上多余的赘肉挤出来就不雅观了。

派对聊天内容不可小视

一些上流社会时不时会主题派对，邀请自己的好友参加，这种派对不仅是个秀场，更多的还是一个轻松、休闲的场所。通常是想借这样的派对放松心情，也达到与朋友近距离交流的目的。所以在这种类型的派对上，聊天的内容应当讲究，千万不可在这种派对上谈工作，否则你就犯了禁忌了，有可能下一次派对嘉宾名单上就没有你了。在这种派对上，聊天的内容应当以生活化为主，比如"你最近做什么运动？""有去哪里旅游吗？""等会儿要不要去吃点东西？"无论什么话题只要可以让大家都心情放松就好了，那些比较沉重或深入的话题还是得等到正式的会晤场合再说，特别是不要去问主人家最近工作得如何了，有可能主人家就是因为工作上不顺心，想找一班朋友一起放松心情，被你这么一问，什么心情都没有了。

男士着装要求

出席社交宴会，有一道重要的"工序"就是选择礼服，对于男士来说，通常都是选择晚礼服。而晚礼服的门道很多，从款式上分就有单排扣和双排扣；从领型分也有尖领、丝瓜领及一般西装领等。但无论你要选择哪种款式，出席宴会的西装一定要选择领子是丝光缎面，裤管两侧也必须有两条丝缎饰带，再搭配上丝光提花质料的礼服马甲，如果不搭配马甲则必须使用与领结同材质做成的礼服腰封围在裤腰间，这样的穿着才算得上是绅士。

穿着男士晚礼服的原则，礼服搭配专用的竖领衬衫，再打黑领结，而且衬衫的颜色也有讲究，一定要簇新和非常雪白的，目的就是为了与礼服的颜色形成明显的对比。西服面料的颜色除了传统的黑色之外，银灰、白色、枣红及黑灰丝光织纹的各种礼服面料都是经常被选用的颜色。如果要严格的话，还要配上袖扣、礼帽、手套和光面的礼服鞋。但后面列举的几种配饰在现代社会已经没有这么讲究了。

英国的顶级裁缝们认为，一个男性要正确穿好一套西装，就必须要尊重西装的起源。要将一套小礼服穿的绅士，关键在于能不能将它的休闲感控制得宜，必须将自己的感情深藏不露才行。

男士邀舞礼仪

到一个社交舞会，交谊舞是其中的一个必备环节，交谊舞不仅可以体现出活力、青春和朝气，又是一种最适合异性交流的社交方式，对促进双方友谊和联络感情有着重大的作用。所以，对一个讵意社交礼仪的人来说，交谊舞是一门必修课。舞会一般有这样的规则，即使男女双方互不相识，但只要是出席同一场舞会，都可以主动邀请别人共舞，而通常主动邀请的一方是男士。对于男士来说，正确的邀舞礼仪会让自己增色不少。

邀舞时，男士应该迈着庄重的步伐走到女士面前，弯腰鞠躬的同时，轻声微笑着说："想请您跳个舞，可以吗？"弯腰的幅度保持在15°左右为宜，过分了也让人觉得不够庄重，不够优雅。如果是想邀请一位素不相识的女士跳舞时，必须先确定她是否是和男友一起出席舞会的，如果有，那么就不宜去邀请了，免得引起双方不必要的误会。

在正常的情况下，可以两个女士同舞，但不能两个男士同舞。在西方国家的观念中，两个女士同舞代表着她们在现场没有男伴；而两个男士同舞，则代表他们不想向在场的女士邀舞，这是对在场的女士极大的不尊重，也有同性恋之嫌。当我们看见两位女士在舞池内旋转起舞时，两位男士才可采取同舞的方式，走到她们身边，然后共同向她们邀舞，进而组合成两对男女共舞。

男士在邀舞的时候应该彬彬有礼，谦恭自然，而受邀的女士也表现出落落大方，不能紧张和做作。如果是女士主动邀请男士共舞，男士一般不可以拒绝，当音乐结束后，男士还应主动将这位女士送到其座位上，等待女方落座后，说一声："谢谢！"方可离去。最大的禁忌是双方共舞结束后，不予理睬。不论是男士或女士，如果是一个人坐在远离人群的地方，那就不要去邀舞了，通常这个时候去邀舞很可能会被拒绝；但如果是坐在一群人的中间，则可以邀请跳舞。在舞会上，女士也不应该随意拒绝邀请。如女士已经接受了别人的邀请在先，就应该婉言解释："对不起，已经有人邀请我跳了，下一个曲子再和您跳吧！"如想拒绝这位男士的邀请，也应该委婉谢绝，可以这么说："对不起，我累了，想休息一下。"或者说："我不大会跳，真对不起。"

作为女士，如果已经婉言谢绝别人的邀请后，切莫在一曲未终时，再与别的男士共舞。当女士拒绝一位男士的邀请后，下一曲这位男士再次前来邀请，一般的情况下都不应该再拒绝了。但无论是在什么情况下，女士都不能说出类似"我不认识你，不跟你跳"的话，这样会显得你很没有礼貌。

如果是夫妻一起跳舞，跳过一曲之后，如果有其他男士前来向夫人邀舞时，应按礼节促请夫人接受，绝不能代替夫人回绝对方的邀请，这会显得这位丈夫没有礼貌。

女士派对着装要求

说到衣着，每个要参加派对的女士都会轻拍自己的额头，再说出一句："这绝对是一个大工程。"的确，对于女士来说，参加派对的着装除了要展现自己的高贵大方外，还要能吸引住男士的眼光。因此，女士派对的着装要求则比较多样化，可以是一条拖地长裙，可以是一条紧身短裙，颜色的选择也比较多，主要还是要与派对的主题相符合。而女士的着装配件是不可以随便的，往往是这些小细节的装饰让一个女士大放异彩。可以穿戴自己名贵的珠宝首饰，但是也不能过多，以合理的搭配为主，一条名贵的项链，一对高档的耳环，一个珍贵的手部饰品，都是不错的选择，通过适量的饰品搭配就可以表现一个女士的品位和地位以及身份。

此外，还有几个细节需要注意，第一是切忌浓妆艳抹，因为高雅的派对里不需要"火鸡女郎"，这样不仅会拉低了你的身份，更会让主办方丢脸。第二是香水不可以过浓，以清淡为主，如果不好把握则不喷香水为佳。因为宴会通常都在室内举行，香水的味道过浓会引起其他人的不适；如果是一些正式的宴会一般以进餐品食为主，过浓的香味会改变其他人对食物的欣赏，影响大家的食欲。

最后一个要求，无论你的穿着是多么高贵优雅，你的行为举止要与之搭配，不然的话别人会认为你这个人是"混"进来的，不上档次，从而也会把你"归类"了。

握手的礼仪

无论你身处怎样的社交场合，握手是一个不可或缺的礼节，如何握手也是一门学问。

一、握手的次序

1. 男女之间握手。男士务必等女士先伸出手后才可以握手。如果女士没有打算握手或者不伸手，男士只需要向对方点头致意或微微鞠躬致意即可。而女士在男女初次见面时，可以选择不和男士握手，只是点头致意即可。

2. 宾客之间握手。作为主人向客人先伸出手是必需的、礼貌的步骤。在宴会、宾馆或机场接待宾客，当客人到达时，不论客人是男士还是女士，女主人都应该主动先伸出手。男主人也可以先伸出手，以表示对客人的热情欢迎。作为客人，告辞的时候应首先伸出手来与主人相握，在此表示的是"再见"之意。

3. 长幼之间握手。作为后辈，一般要等年长的先伸手，而且和长辈及年长的人握手，后辈都要起立趋前握手，并要脱下手套，以表示对其尊敬。

4. 上下级之间握手。还是以主人先伸出手为佳，公众的场合下级要等上级先伸出手。

5. 一个人与多人握手。如果是一个人需要与多人握手，则要讲究先后顺序，一般遵从先尊而卑（即先年长者后年幼者），先长辈而晚辈，先女士后男士，先老师后学生，先上级后下级，先已婚者后未婚者，先职位、身份高者后职位、身份低者。

二、握手的方式

1. 姿势。为了表示礼貌，与别人握手时一定要站着，上身略前倾；右手手臂前伸，肘关节屈；张开拇指，四指并拢。

2. 神态。与人握手时眼神应专注，表达出自己的热情、友好。脸上应该带着微笑，目视对方双眼，并且口道问候。如果在握手时表现得漫不经心的话，别人就会觉得你不尊重他，你是一个傲慢冷淡的人。当别人主动伸手与你握手的时候，是不能拒绝的；或者一边握手，一边东张西望，甚至忙于跟其他人打招呼，这些行为都是对他人极大的不尊重。

3. 力度。握手时用力应适度，恰到好处，让人感到你是真诚的，如果用力过轻（如手指轻轻一碰，刚刚握到就离开，或是懒懒地慢慢地相握），就会让对方觉得你是在随便应付，与之握手时一个不得已的行为，会使得他人感到不悦。一般来说，握手时候力度大一点是表示热情，男人之间可以握的较紧，甚至另一只手也握上。也有是握住对方的手大幅度上下摆动；或者握手时，左手握住对方胳膊肘、小臂甚至肩膀等；这些也是表示热情的握手。但有一点要注意，就算是热情，也不要握得太使劲，让对方感到疼痛就不要了；当然男人之间的握手也不要显得过于柔弱，不像个男子汉。特别是异性之间的握手，要保持一定的力度，轻握是很不礼貌的，尤其是男性应该显得热情、大方。

4. 时间。握手的时间过长过短都是不礼貌的表现，通常的时长是握紧后打过招呼即松开，大概3～5秒。但如果是久不见的故友或者是敬慕已久而初次见面、至爱亲朋依依惜别，衷心感谢难以表达等场合，握手时间就可以相对长一些，才可能紧握不放。在一些公开的场合，如列队迎接外宾，握手的时间一般较短。

握手的禁忌

握手的方式、力度、时间都有着相应的礼仪，那么关于"握手"也有属于它的禁忌，特别要遵循不同国家、宗教信仰的风俗习惯。在与阿拉伯人、印度人打交道时要牢记，千万不要用左手与他握手，因为在他们看来，左手是不干净的。与基督教信徒握手时，要避免两人握手时与另外两人相握的手形成交叉状，因为这种交叉看起来就如十字架，虔诚的基督教信徒认为这样的握手很不吉利的。

还有一些通俗的握手禁忌。比如注意与他人握手的时候要把手套、墨镜、帽子都脱下来，而且要遵守秩序，依次而行，争先恐后会让人觉得你不够礼貌。切莫在握手时将另外一只手插在衣袋里，或者是另外一只手还拿着其他东西没有放下来，这样的行为会让对方认为你不尊重他。

美国著名盲人女作家海伦·凯勒曾说过这么一句话："握手，无言胜有言。有的人拒人千里，握着冷冰冰的手指，就像和凛冽的北风握手。有些人的手却充满阳光，握住你使你感到温暖。"这句话就说明了，握手不仅仅是代表礼貌和寒暄，更可以看出彼此的心。

握手的意义其实很多，比如刚见面的新朋友，握手可以增加对方对你的好感；在官方场合握手，则表示你的尊重；与故友道别时的握手，则表达着对对方的不舍。

接受名片需要讲究方法

在社交场合里，难免会遇到陌生的朋友，在双方自我介绍后，通常都会互相留名片。"名片"的这一个环节也是有讲究的，无论是递名片还是接名片。如果是单方面递名片的话，无论是递名片还是接名片，都应该用双手接；如果是双方同时交换名片，则应该用右手递，左手接，并且在接过对方的名片后要点头表示谢意，最好再说上几句真诚的话，比如"幸会"之类的客气话，并认真地看一遍名片上的相关信息，尽量将对方的姓名、职务（称）轻声读出来，这样不仅可以强化自己的记忆，也是表达对对方尊重。

当这些步骤做完，就要妥善收好名片了，如果你随身带有名片夹，就应该放入名片夹里；如果没有带名片夹，就应该把名片放进上衣口袋里，或者可以暂时摆在桌面显眼的位置上，千万不要在名片上放任何物品，以免让对方误会你不够尊重他。

敬酒礼仪

有很多社交场合需要用酒来增加气氛，那就有敬酒这一个环节来。如何敬酒才是最合理、最显得尊重他人的呢？

在中餐的场合里，在与对方干杯前，可以象征性地相互碰一下酒杯，碰杯的时候，自己的酒杯不能高于对方的酒杯，以此表示对地方的尊敬。如果是围桌的话，不方便走到对方跟前，也可以采用酒杯杯底轻碰桌面，这种方式也可以表示和对方碰杯。如果主人亲自敬酒干杯后，要求回敬主人，和他再干一杯。

一般情况下，敬酒的顺序也是有讲究的，以年龄大小、职位高低、宾主身份为先后顺序。当你要去敬酒的时候，一定要考虑好敬酒的顺序，分清主次。如果要和不熟悉的人敬酒，也要先打听好对方的身份或是留意别人对他的称号，避免敬酒的时候出错造成尴尬或伤害彼此的感情。即使你有求于席上的某位客人，当然要对他倍加恭敬，但同一桌上有更高身份或年长的人，也要先给尊长者敬酒再给这位客人敬酒，这样才不会使大家很难为情。

也不是所有人都可以喝酒，比如因为生活习惯或健康等原因不适合饮酒，别人给你敬酒的时候，你也不能表现得不理不睬，应该委托亲友、晚辈、部下代喝或者以饮料、茶水代替。如果你是敬酒人，对方表明不适合喝酒，在对方请人代酒或用饮料代替时，应充分体谅对方，不要让对方非喝不可，更不要好奇地"打破砂锅问到底"是什么原因不喝酒。切记，在公开的场合里问别人的隐私是相当不礼貌的事情。

西餐的敬酒方式和中餐有所不同，西餐一般都是用香槟来敬酒、干杯的酒。而且，只是单纯地敬酒，并没有劝酒这一说。而且他们的敬酒而不真正碰杯，更不能越过自己身边的人和相距较远的人敬酒干杯，特别是交叉干杯。

西方社交场合的拥抱礼仪

拥抱礼仪在中国还不多见，但在一些欧美国家十分流行，官方会见场合、熟人、亲友之间经常借拥抱表达亲密感情的一种礼节。在西方国家，见面或告别时都会互相拥抱，表达对对方的尊重和友好，而在拥抱礼也伴随着亲吻礼进行。西方国家的观念里，拥抱和握手一样是重要的问候礼仪。拥抱不仅适用与人们日常交际中，很多国家政府首脑外交场合中也会采取拥抱表示彼此的友谊。随着对外交往的深入，我们与外国的朋友打交道的机会也越来越多，所以也要学会行拥抱礼。

正确行拥抱礼的姿势是：两人相对站立，上身稍稍前倾，右臂偏上、左臂偏下，右手拥抱着对方的左肩部位，左手环拥对方的右腰部位，双方的头部及上身向一侧相互拥抱。拥抱一共三个回合，首先要向对方左侧拥抱，再向对方右侧拥抱，最后再一次向对方左侧拥抱。

西方国家的拥抱礼虽然大同小异，但还是有细微的区别。在拉美大部分国家，他们比较习惯用热烈的拥抱紧紧拥抱对方，并在对方肩背上热情地拍打，这才显示出彼此的热情，在墨西哥也习惯这样的拥抱礼。哥伦比亚和阿根廷就没有这么热烈了，拥抱就和握手一样普遍，见面与分别时都会礼貌地拥抱。在欧洲一部分国家，如意大利、希腊、西班牙，人们也会行使一些礼貌性的拥抱礼节。但商务交往中，第一次见面还是以握手为主，但第二次见面时迎接的礼节才可能是拥抱礼。在俄罗斯，男性好友见面会先来一轮紧紧握手，然后紧紧拥抱。

然而，大多数北美国家的人对拥抱礼是持否定态度的，尤其男性。他们觉得拥抱是一种太过亲密、出乎意料的行为，会让双方都感觉不适。在我国，除了外事活动以外，普通的社交场合一般也没有行拥抱礼。当然，我们在行拥抱礼的时候要先了解对方的风俗习惯，如果对方国家没有这个风俗，也就不要"画蛇添足"了。

致意的礼节

致意是一种问候、尊敬的礼节，它是用非语言方式表示问候，也是最常用的一种社交礼节。通常用于相识的人或还没有深交的人在公共场合或间距较远时表达对彼此的心意。在致意的时候应该带着微笑，和蔼可亲，让对方觉得你是诚心诚意的。如果是脸上毫无表情或精神萎靡不振，那对方就会觉得你是在敷衍他。

致意的方式有很多，微笑、点头、举手、欠身、起立、脱帽等都是一个不错的方式。

1. 微笑致意

微笑是一个万能的表情，这种致意方式适用与相识者或只有一面之交者，如果双方处于同一地点，但彼此距离较近又不适宜进行交谈或无法交谈的场合。微笑致意可以不需要附带其他动作，只要两唇轻轻示意，也不用出声，就可表达友善之意。如果可以在微笑加入点头示意，那么效果会更好。

2. 点头致意

点头（也称颔首礼）是一种常用致意方法，它适用于在一些公众场合与熟人相遇又不便交谈时使用，或者是在同一场合多次见面、路遇熟人时等情景，点头时应该带着笑容，眼睛要看对方，如果是戴着帽子的话就不适合选择行点头礼，或者应该把帽子先摘下来。

3. 举手致意

举手致意适用的情景和点头致意的差不多，是一种与距离较远的熟人一种打招呼的形式。正确的做法是：举起自己的右臂，向前方伸直，右手掌心要向对方，拇指叉开，四指并拢，轻轻向左右摆动一两下就可以了，幅度不宜过大。

4. 欠身致意

欠身致意是指身体上部分微微一躬，同时点头，是一种恭敬的致意礼节，多使用于对长辈或自己尊敬的人致意。运用这种致意方式时，身子不要过于弯曲。

5. 起立致意

在较正式的场合里，如果有长者、尊者要到来或离去时，在场者其他人就要起立表示致意。等待来访者坐下之后，自己才可以坐下；如果是长者、尊者离去，也要等他们离开后才可以坐下。

6. 脱帽致意

脱帽致意是在戴帽子进入他人屋里、与人交谈、路遇熟人、行其他见面礼、进入娱乐场所、奏国歌、升降国旗等情形下做的一种礼节，脱帽致意应微微颔首欠身，用距离对方稍远的那只手脱帽，将其置于大约与肩平行的位置，以使姿势看起来优雅大方，同时便于与对方有着眼神的交流。脱帽致意时，不要坐着，另一只手也不能插在口袋里。

亲吻的礼节

亲吻与拥抱一样，是一些国家在官方会见时问候礼节的一部分。亲吻礼在正常的情况下不是独立行使的，常常与拥抱礼同时采用。一般是双方见面时既拥抱，又亲吻。在地中海的国家比较流行亲吻礼。如意大利、西班牙、法国、希腊、葡萄牙这些盛行握手礼的国家，也喜欢在社交场合以亲吻开始，又以亲吻结束。

浪漫的法国人当仁不让地成为欧洲最喜欢行亲吻礼的国家。尽管他们也普遍行使握手礼。法国人似乎可以每时每刻都在亲吻，可以是在脸上、手上，甚至在飞机上。每当男女见面时，一定有亲吻，而且是左右亲吻一次，双方离别时也要左右再亲吻一次，以表示再见。社交场合，亲吻礼伴随着拥抱礼一起进行。在室内男女相见时，也要行吻手礼。这时候，女士应主动伸出手来并且手掌向下，男士也要向前轻拉女士手指，在其手背上亲吻。有些场合，飞吻也是可以被接受的。法国还被认为是深吻的发源地，"法国式

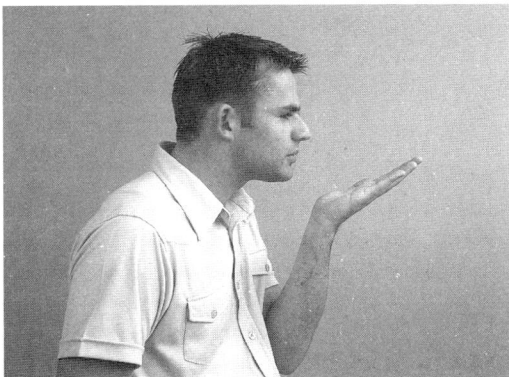

离开亲密的朋友或家人，可能会给对方一个飞吻

的热吻"也是成为一个标志。而雕塑家罗丹《吻》的雕塑闻名于世，也是在巴黎创作完成的；在一些国家，亲吻的热烈程度是与双方的熟悉程度与性别来决定的。不过，另外一些国家则不然，他们把亲吻礼当作是人与人之间的问候而已，不需要考虑性别与熟悉程度，亲吻即表示问候。

而在英国、德国和北欧国家，亲吻就显得保守，只能是双方都很熟悉的女士之间及男女之间进行。但在中东国家，如阿联酋、沙特等国家，即使男士之间见面也会多次在彼此的脸颊上亲吻。

不同国家和地区的亲吻次数也有差

在见面和分别的时候，家人和朋友可能亲吻彼此的脸颊

异，比如斯堪的那维亚人只亲吻一次；法国人喜欢左右脸颊各一次。而荷兰人和比利时人一般得三次。而且双方关系不同，行礼时亲吻的部位也不相同，比如长辈对晚辈多吻额头，晚辈对长辈可吻面颊，同辈之间、同性可贴面颊，异性可吻面颊。但嘴对嘴的接吻只能出现在夫妻之间或恋人之间。

亲吻礼也是有其禁忌的，比如行亲吻礼的时候不能发出声音，或者将唾液弄到对方的脸上。如果你到其他国家做一个有礼貌的访问者，就要先了解其当地的风俗习惯，接受当地特有的问候方式，如果他们不习惯亲吻，你也不要贸然去亲吻他人；如果他们喜欢以此表示欢迎，你也不要过于抗拒。

日本人的礼仪

日本人在见面时一般采用互致的问候方式，他们会脱帽鞠躬，稍微低头，眼睛朝下，以表示尊敬和诚恳。如果双方是第一次见面，一般不握手，只是互相鞠躬，互换名片即可。在行礼的时候应该双手平摊膝前，这样也表示向对方问候。如果你没有带名片就应该自我介绍姓名、工作单位和职务。如是老朋友或比较熟悉的人，就应该主动伸手，如果可以还可拥抱一下。如果是异性相遇，女方主动伸出手了就表示可以握手，但要记得把握好握手的力度，遇到年长的人也是这样的要求。

日本人十分重视礼节，一些家庭主妇可以每日鞠躬无数次，对待丈夫是温柔体贴，极守妇道，对丈夫很尊重。日本人平时见面问候的语言也是很客气，比如"您早""您好""请休息""再见""晚安""拜托您了""对不起""请多关照""失陪了"等等。

而在日本"先生"不是随便可以用上的，就狭义而言，这个称呼是专门指教育者（教授、讲师、教员、师傅）和医生；就广义而言，是指那些德高望重的长者、国家与地方领导人及有特殊技术才能的尊称。即使是被他人称为"先生"，也应表现出受之有愧的感觉，否则别人会觉得你高傲、自大。对于普通的人，一般都没有相互称呼"先生"，只要在其姓名后加上职称即可，等于我们通常称呼"小林"或"老孙"一样。

日本人讲话也分敬体、简体两种语言，但两种语言是不可以搭配一起用的，只能选择一种，二者不可混淆。但对客人、长者、上司讲话都用敬语，否则便被认为是不尊重对方。

此外，日本人很忌讳绿色，他们认为绿色是一种不祥的颜色；还忌讳梅花图案，他们觉得这种花是一种不祥之花；赠送礼物给他人也忌讳"9"字。

泰国的礼仪

泰国人见面时通常是双手合十于胸前，稍稍低头，以表示问候。合十也分三种情况：如果是小辈见长辈时，应当把双手举得较高，一般到前额为佳；如果是平辈相见则只需要举到鼻子高度；而长辈对小辈还礼只需要到胸前为止。总的来说，当双手举得越高，就表示越尊敬对方。如果是别人向你合十致意，你也理应要合十回敬对方，不然就是一种失礼的表现。现在的泰国，政府官员和知识分子有时也握手问好，但男女之间见面还是不握手，只行合十礼。

在泰国人的眼中，头部是人最神圣的部位，如果随意摸别人的头被认为是莫大的无礼。泰国小孩的头只可以让国王、高僧和父母摸。别人坐时，切忌将东西抬过他人的头顶。

泰国人对手部的行为也有不少讲究。比如递送东西给别人必须用右手传递，而在正式场合里必须用双手奉上东西，如果是用左手递东西的话会被认为是不尊重他，在鄙视他。但在不得已的情形下使用左手时，要对别人说"请原谅，左手"。如果是后辈给长辈递东西时，则需要用双手，长辈接东西就可用一只手。在泰国人的观念里，认为右手是干净的，左手是肮脏的。如果要给别人东西使用"抛"这个东西是不被允许的。

此外，他们对坐姿也有着自己的规定：坐下时跷腿的话就会被认为不礼貌，把鞋底对着别人则意为要将别人踩在脚下，这是一种带有侮辱性的举止；而妇女在坐下时必须要双腿并拢，不然就是没有教养的表现，妇女走过别人面前，也必须弓着身子，表示歉意。就餐也有特定的礼仪，则按照辈分入座，喝酒吃菜都由长者先动手，之后其他人才可以动手。

泰国人的姓名顺序与中国人的是不一样的，他们是名字在前，姓氏在后，相互称呼的时候也会在名字前加上一个称呼。称呼成年男人常在名字前面加"乃"（意为"先生"），这个"乃"字是代表尊称的意思，也表示男性。称呼成年妇女常在名字前加"娘"字（意即："夫人"、"女士"）。而泰国人在称呼时一般只简称名字，口头表达时，不论男女一般在名字前加"坤"字，表示亲切。我们经常在电视上看见的泰国电视，总以为他们喜欢用"坤"字做名字，其实不是的，"坤"后面才是他们的名字，而坤只是尊称而已。

印度的礼节

印度是一个人口、民族众多的国家，宗教信仰也各异，包括婆罗门教（即印度教）、基督教、锡克教、佛教等。大部分印度人是信奉婆罗门教，他们有着深刻的等级观念。

印度人对"牛"有着特殊的情感，牛在印度是象征着神圣，他们把牛称为"圣牛"，牛奶更是代表着圣洁之物。所以印度人不喝牛奶，也不用牛皮鞋和牛皮箱。印度教徒在饮食上有很多讲究，最忌讳在同一食盘里取食，而且大部分的印度教徒是素食主义者。一般说来，等级越高，荤食越少，只有等级较低的教徒才吃荤（羊肉）；印度教徒在吃饭的时候一般都用右手，就连拿食物或敬茶、递取别人东西时都不能用左手；印度人喜欢喝茶，一般不喝酒，而且茶大部分是奶茶。他们喝茶的方式很特别，是把茶盛在盘子里，用舌头舔饮。

在印度，合十礼是被公认的问候方式

印度人见面的礼节是双手合十，而任何男性对妇女不可以主动握手。印度人交谈中有一个很特别的礼节，与我们的观念完全相反。如赞同对方的意见时是将头向左摇动，而不同意时才是点头。

印度人会把玫瑰花环献给贵宾，在宾主相互问好后就会把花环套在客人的脖子上，花环大小也是有讲究的，一般是献给贵宾的就选用粗大、长度过膝的花环，而给一般客人的花环则仅及胸前。

印度人的姓名顺序与泰国人一样是名字在前，姓氏在后。印度女人在结婚后会改丈夫的姓。在印度，男人通常只称呼姓，不称呼名；女人通常则只称呼名，而没有姓。

各国的送礼习俗

送礼物是可以表示对他人的尊重和友谊，但礼物要怎么送，也是要遵循各国的风俗习惯。

1. 德国：送礼要讲究外包装

德国人对礼物的包装是否精美格外注意，包括包装袋颜色、图案等，如果你只是精心挑选了礼物而不注重包装的话，也会引起德国人的不满。在德国，玫瑰花只能送给情人，而其他人是不可以随便送玫瑰花的。德国人喜欢应邀参加各种郊游，但这个邀请的主人家应该在出发前需要做好细致周到的安排，让客人度过一个愉快、轻松的郊游时光。

2. 阿拉伯国家：初次见面不能送礼物

阿拉伯人有个奇特的习俗，如果你初次见面就送人礼物的话就会被视为行贿。此外，用过的物品和酒不能送人；特别不能送礼物给有商务来往的商务伙伴的妻子，更不可询问他们的家居情况。如果你去阿拉伯人家做客的话，千万不能总是盯住一件东西看，那样主人会认为你想要这件东西，他们一定会要你收下这件东西，否则心里会对你表示不满。

3. 法国：送花别捆扎

法国人比较少送礼，一般选在重逢才会送礼。挑选的礼品要表示出对法国主人的智慧的赞美。如果法国人邀请你去他家用餐时，你又想带点礼物表示感谢，最好送几枝不捆扎的鲜花。

4. 日本：礼物是一定要送的

日本人对礼仪是很讲究的，他们也有送礼的习俗。日本人特别喜欢中国的丝绸、名酒及中药，对一些奢侈品也特别喜欢，但对有狐獾图案的东西比较反感，在他们眼中狐狸是代表贪婪，而獾则代表狡诈，所以这些图案的礼物少送。如果你是到普通百姓家做客，送花当礼物也是有讲究的，只能 15 片花瓣的菊花，皇家徽章才有 16 瓣的菊花。

5. 英国：讨厌有公司标记的礼品

英国人很讲究外表，那些有着公司标志的东西英国人是不大喜欢的，如果由公司送出的礼物，最好是以老板和私人名义。而且英国人送礼都不会花很高价格去送礼物，主要是投其所好就好了，大多数的英国人喜欢高级巧克力、名酒和鲜花等。送礼时机英国人也是有讲究的，尽量选择在晚餐后或者看完电影之后再送。

6. 美国：送礼，当面打开

美国人一般来说不随便送礼，如果不是在节日的话，他们收到礼物的时候会觉得难为情，如果正好他们没有东西可以当回礼的，他们更会觉得如此。但是逢节日、生日、婚礼或探视病人时，送礼还是免不了的。

美国人一般会在圣诞节互相送礼物，天真烂漫的孩子们会在圣诞节当天收到礼物，他们觉得这个新奇玩具是圣诞老人送的，所以美国的小孩特别喜欢过圣诞节。而成年人之间常送些书籍、文具、巧克力糖或盆景等。在美国，礼物通常都是用花纸包好，再系上丝带。按照美国传统，圣诞节的前夕还有个"白圣诞节"，在这天人们就会用白纸包好礼物，送给附近的穷人。

此外，美国人把单数看作是吉利的象征，他们有时只送三个梨也感到很高兴，这一点就有异于中国人讲究的成双成对。美国人收到礼物，一定要马上打开，并且要当着送礼人的面欣赏或品尝礼物，并立即向送礼者表示感谢，如果你送礼给美国人，就不要惊讶于他当场打开礼物。美国人对于礼物包装也比较讲究，有可能礼物并不是很贵重，但这个包装的外表肯定精美华丽，有可能是礼物用着好几层精美的包装纸，但里面只是几颗巧克力糖而已。

7. 俄罗斯：千万别送钱

俄罗斯人对送礼和收礼都十分讲究。他们十分忌讳别人送钱，因为送钱对他们来说是一种侮辱人格的行为。但他们又特别喜欢那些"外国货"，比如送点糖果、烟酒、服饰等，他们都会很高兴。还有一点要注意，俄罗斯人认为送花要送单数朵，双数是不吉利的。

8. 荷兰：少送食品

荷兰人习惯吃生的食品，但他们又很忌讳别人送生冷的食品，在他们看来这是一种不尊重人的表现。而且在送礼物时一定要用纸制品包好。如果受邀到荷兰人家做客，千万不能对女主人过于热情。在男女同上楼梯时，他们讲究男士在前，女士在后，这个礼节恰好与大多数国家相反。

向外国人送花的禁忌

有时候鲜花是很好的一种表示感谢和尊重的礼物，我们常常会为表示感谢主人的盛情，送些鲜花以致谢意，但花也是不能乱送的，否则会犯忌，因为不同的花在不同的国家表示不同的意思。

在西方国家，给中年人送花千万不能送小朵的花，因为他们认为小朵花就是不成熟的表现，而年轻人则不能送大朵的鲜花。

在印度和欧洲国家，玫瑰和白色百合花不是给情人的，而是送死者的最虔诚悼念品。

在拉丁美洲，菊花是千万不能送的，因为他们觉得人死了才可以送菊花，菊花是一种"妖花"。而在意大利、西班牙、德国、法国、比利时等国，也不能送，因为菊花象征着悲哀和痛苦。

在巴西，看望病人不能送有浓烈香气的花，而绛紫的花主要是用于葬礼。

在墨西哥和法国，忌讳黄色的花，他们认为这是不吉利和不忠诚的。

在德国，不能送人郁金香，因为他们认为郁金香是"无情之花"，一旦送人郁金香就代表着要与他们绝交。

在俄罗斯等国家，鲜花只能送单数，因为双数是代表不吉祥。

在罗马尼亚，他们的国人对鲜花的颜色没有讲究，不过在一般的情况下送花只能送单不送双。过生日时则例外，如果是应邀参加生日酒会，带上两枝鲜花放在餐桌上，那是可以深受主人家的欢迎的。

第三十一章

购物泄露了性格：
血拼信号

爱买鞋子的人追求完美

爱买鞋子的人一般情况下是一个致力于追求完美的人，对事情比较挑剔，有很严格的要求，做事情严谨。喜欢不断地去追求一种完美的境界，这是爱买鞋子的人好的一方面，但是爱买鞋子的人心灵上却是比较孤独的，会感觉到寂寞，常常感觉不到别人对自己的关爱和呵护，总是以为身边的人没有太关注自己，没有太关心自己，所以十分渴望得到别人的爱和关怀，对别人的关怀和爱需要特别的多。爱买鞋子的人在爱情的道路上显得比较花心，总是不停地在谈恋爱，不停地去追求，给人一种有点喜新厌旧的感觉。爱买鞋子的人喜欢去追求不同的事物和不同的人，通过这种方式来获得更好的新鲜感，这样子能从不同的人身上得到恋爱的新鲜感觉，缓解自己心灵的孤独，这一切都源于对周围缺少关爱感。如果能稍微地改一下自己的这一个缺点的话，会获得比较大的成功。

爱买手袋的人好奇心强

爱买手袋的人是一个拥有强大好奇心的人，并且好奇心是相当强盛，对一切新鲜的事物都有着强烈的好奇感，什么事情都会感兴趣。对自己感兴趣、有好奇心的事情，一定会打破砂锅问到底，给人一种不死不休的感觉。但是爱买手袋的人也是一个喜欢去学习喜欢探讨的人，这也应该是好奇心在作怪，爱买手袋的人总是在不停息地去追求各种各样的消息，以此来获得更多的资讯和知识，来充实自己。他总是在不断地去追求新的知识，为自己的大脑进行不停歇的充电，以获得更强大的满足感。所以这样子的人一般都是一个博学多才、有着深厚知识能力的人。而在爱情的道路上，他的恋爱对象一般都是那种有着深厚学识并且头脑特别灵活的人，这样子他们俩是相当的般配，会在爱情的道路上走得越来越久。如果你还是单身，可以考虑找这样的人做自己的情侣。

爱买手表的人喜欢表现

爱买手表的人是一种特别喜欢表现的人，爱买手表的人一般都非常注重自己的面子，对待别人对自己的表现的看法相当在意。这种人，喜欢不断地去极力表现自己，获得别人的关注。但是值得肯定的一点就是，爱买手表的人一般都是做事很踏实、很认真的人，常常踏踏实实地做事，追求一种踏实，不会去梦想一步登天、做一些空中楼阁的事情。他们喜欢按部就班地去完成自己的任务，每件事都会做得很好。

在爱情方面，爱买手表的人会显得很稳重的，追求一种踏实稳定的感情，对待感情很认真也很谨慎，一般不会轻易地去恋爱，但是一旦认准了，就会全力以赴，认认真真地去恋爱，全身心地投入到恋爱当中。这种感情会是细水长流的感情，比较稳定，很平淡但是很稳定，是一种稳定波澜不惊的平淡爱情。

爱买眼镜的人我行我素

爱买眼镜的人是一个我行我素的人，对待事情有自己的想法，有主心骨，不会随着别人的意见而轻易改变，不会去人云亦云，随波逐流，轻易地去改变自己的一套想法做法。并且这种人一般而言都是做事认真严谨的人，对事情追求一种完美的做法，对待事情是很认真的，不会去容许任何的错误和瑕疵的出现，追求一种完美的境界。所以爱买眼镜的人一般来说做事情都会让人很放心，因为他们完成的事情都会让人感到满意，所以别人对爱买眼镜的人做事情是很放心很信任的。

在爱情的道路上，爱买眼镜的人是一个以自我为中心的人，喜欢自己爱的人围绕着自己转，以自己为中心，什么事情都要自己去做主导，这是比较让人无奈的事情。但是这并不是缺点，对于恋爱双方而言，有一个老大是很好的事情，至少不用对方去操心，因为这些事情你都会做完，并且做得很好。

凝望型的人工作积极

喜欢经常去逛街逛店铺的人，对所有的新产品表现出很大的兴趣，新产品会对自己有很大的吸引力，但是却没有注意究竟是去买什么，买哪一种，老是在这上面纠结，给人一种优柔寡断的感觉。他们不会很果断地去选择自己到底喜欢哪一种，但是这种人有很大的优点，就是对待他人是非常热情的，而且有很大的能力去做事情，工作起来很有热情很有活力，并且积极肯干，对于新鲜的事物是很感兴趣的，表现出一种津津乐道的感觉。但是因为这样的人有一个缺点，就是心胸有点狭窄，对有的事情会有点斤斤计较，给人一种小气的感觉。这样的缺点会阻碍他们的进一步发展，所以要尽可能地去改变这个缺点，才能有更好更大的发展。这种缺点改变了的话，这种人的作为是不可估量的。

打探型的人精打细算

打探型的人总是善于精打细算，他们在购买物品的时候总会善于去淘一些物美价廉的物品，总是在时不时地精打细算，哪里降价了，哪里搞活动了，哪里促销了，这种人绝对会得到第一手资料的，然后马不停蹄地赶过去进行疯狂的采购。这种人更适合勤俭持家，是一个很好的家庭成员，婚后绝对能够每天都省下一大笔资金，一年下来绝对是一笔巨款。周围的朋友如果想要买一些便宜货的时候，可以向他进行打听，绝对会有让朋友意想不到的惊喜。到时候这种优点会一览无余地表现在朋友的眼前，增加朋友对你的感叹力。但是值得说的一点就是，要注意自己不要总是在精打细算，时不时地适当放纵一下，多注重一下品味的选取，这样子会更加的完美，既能减少开支，又能提高品位，这样你就会是一个十足的购物达人和时尚达人了。

冲动型的人为人热情

冲动型的人为人热情，头脑简单易发热，个性本来就是直爽热情的，对待他人是用心热情的交流，所以朋友圈子很大，人缘很好。买东西只凭自己的感觉，看到自己感兴趣的、喜欢的东西，就会毫不犹豫地直接买回家，任何时间、任何地点只要碰到自己感兴趣的感到喜欢的，就会第一时间去买下来放在家里，只要是有机会，就不会放弃买东西。冲动型的人一般都是挥金如土，购物时会头脑发热，一时冲动，挥金如土固然是很惬意，但是最后却有可能和不节制的大胖子一样，变得痴肥却又营养不良。因为大多数的物品都是你一时头脑发热所购买的，所以很多都是没有用的，根本用不到，每到月底前都会花得光光的，所以你要有所改变有所节制，要去应付日常生活所需，就必须要用理智来克服情绪上的冲动，避免一时冲动花完了钱买不到实用的东西。改变了这一点，那么你就会是一个十分热情招人喜欢又会勤俭持家的人了。

投资型的人缺乏变化

投资型的人总是一个样子一成不变，缺乏相应的变化，这种人做事情总是提前做好准备，一般都会有备而来的。就拿上街购物来说，投资型的人总会先定好要去买哪种东西，哪种样式的东西，然后上街就直接去冲着这种东西奔去，买完立马走人。所以这种人的目标性很强，这种人的衣服总是可以穿得很久但是却是一成不变，总是一个款式，缺乏变化，周围的朋友或许总是羡慕他从头到脚都是早早计划好的，不用去购物的时候左看右看浪费时间。但是这样子目标感太强会失去一些乐趣的，不妨多出去逛逛，不要设置一些预定目标，跟随本心去做，尽量把自己的生活变得多样化些，这样才能使自己的生活变得更加丰富多彩，充满乐趣，不会和以前那么单调，所以试试吧，这样子你会收获意想不到的惊奇的。

因品牌不具知名度而后悔的人

因品牌不具知名度而后悔的人，一般都是需要受到别人的尊重，有着强烈的自尊心的人，他需要借助一些品牌来提升自己的能力、地位和知名度，和自己的身份相符合。总是在追求高品位，虽然这样子使得你的品位不断升高，但是同时也带来一些问题，比如高品位带来的高消费使得你的钱包慢慢地扁下去了，品位高使得你不自觉地就成了高消费者，如果你还是一味地去追求金钱满足的消费，用来提升自己的地位和知名度的话，给你一个建议就是在工作上要倍加努力，更加积极的表现，这样子才能更加引起别人的关注，使得自己的能力得到锻炼，自己的地位也会慢慢地在周围的圈子里得到提高，才能博得别人的重视，这样绝对比你在追求高品位的物质上面强很多的。

因价钱太贵而后悔的人

有的时候会有很多人因为购买的东西价钱太贵而后悔，这种人平日里有着很好的金钱观，很擅长于理财，但是有的时候会犯很小的错误导致后悔失去机会，生活当中的很多烦琐小事会引诱你无法专心地工作，导致错误的发生，没有一心一意地去专心经营自己的事业。现在的你需要学会坚持，避免外界的干扰，专心致志做自己所需要去做的工作，全身心地投入其中，这样才能有所成就。其实此时你应该有所改变，要慢慢地去提升你自己的专业技术，这样才能使自己有真正的谋生能力。慢慢地有了自己的事业，赚到了很多的钱之后，才能做一个快乐的理财之人，才不会因为价钱太贵而后悔。加油吧，坚持下去，多在工作上努力，提升自己的专业技能，给自己多充电，这样才能成功。

因样式或颜色不喜欢而后悔的人

有的人平日里去购买一些普普通通的东西，买了之后也会有后悔的时候。例如有的时候你去买一件衣服，明明在试穿的时候是感觉很合适的，但是当你在回去的路上或者回到家里之后再拿出衣服仔细看的时候，你会慢慢地感觉到不合适，慢慢地犯起嘀咕来，感觉这不好那不好的，心里慢慢地开始有了后悔的感觉。比如说这样的领子样式怎么能好看呢，袖子也不咋的，刚才我怎么就能看上眼呢，真后悔，你让我以后怎么能穿出去见人，后悔啊。

本来那件衣服还是可以的，算是好的，但是当你心里有了后悔的心态之后，会觉得这件衣服越来越不顺眼，慢慢地你就会越来越后悔。最后，你在家里穿上之后，面对着镜子里穿着这件衣服的自己，你会越看越不好看，越看越后悔，最后会觉得这件衣服就是一件垃圾，根本就不能穿，所以最终慢慢地后悔了，想要去退货了。

于是心中后悔买这个东西，你毅然决然地转身拿起衣服坐上公交车奔向了购买衣服的商场，然后坚决果断地退货了，原因只是你越看越不顺眼。然后又重新去选取自己喜欢的类型，然后坐车回家，浪费时间精力。其实退掉的衣服不比现在的差，只是你的心态问题。

这样的小例子在生活中很常见，很普通，这种小事无关紧要的，你买错了看着不顺眼了可以换的，可以再去重新选一件，后悔了还可以改变。但是如果有的时候你生活当中其他的一些事情出现这种状况，那你怎么办呢？生活当中的许多事情和商场里买衣服买东西是截然不同的。

举个例子说，你谈恋爱，刚开始很喜欢对方，然后慢慢地发现其中的缺点，然后慢慢地心生不满，然后逐步地开始后悔，你可以换一次两次的对象，但是如果你和在商场里买衣服一样随随便便地退还挑选，那能行吗？所以要尽可能地改变这一个缺点，才会在以后的生活中不犯或者尽量少犯这样的错误。

有时候女人因为情绪的改变在其他的事情上常常不会去理性的思考，不去从实际的角度想办法，总是习惯于不停地抱怨，这是没有用的。遇到这样的事情的时候，最好是根据实际情况想出办法，提出真正有建设性的意见，不要老是去抱怨这里抱怨那里，不要总是觉得错误都是别人引起的，认为自己是唯一正确的，要辩证地看待一切，不要以为否定他人，把自己排除在外。

这样的人经常会不由自主地去挑剔别人的做法，更有甚者会开口骂人，通常情况下会表现出要求很高很严格的样子，但是却因为事情太多导致没有足够的心思去思考解决问题，导致事情越变越糟。这里给这样的人一点小小的建议，可以适当地选择一下，有所改变，需要别人常常给你一些意见，要认真虚心地对待，当别人的意见提出后，要认真地思考，好的方面利用，不好的方面去掉，你真正需要的就是提升你自己的品位，然后做出自己的决定，自己要有主心骨，不要受别人意见的影响。

因尺寸大小不合适而后悔的人

因尺寸大小不合适而后悔的人一般都是马马虎虎的性格，这样的人一般都会傻头傻脑，乐呵呵的，所以这样的人善于结交朋友，使得人缘越来越好，周围的朋友圈子越来越大，这种人喜欢自由自在地生活，喜欢轻松愉快没有拘束，不喜欢被别人强烈地管教，有的时候异想天开地去做一些惊人的决定，对新鲜事物的好奇心很重，对很多事情都表现出很大的好奇心和兴趣。这种人呢，一般都很大胆，没有畏惧的东西，不过唯一的缺点就是粗心，这和你的性格很符合，马马虎虎的，你现在需要改掉你的这个缺点，真正需要时训练成为一个胆大心细的人才。目前还是很粗心的，改掉这个粗心的缺点会是一个更加完美的人才的。

陪情人购物判断性格从小事可预测感情发展

有的时候从两个人一起购物的表现可以很好地判断性格，从一些小事当中可以预测感情的发展，这是毋庸置疑的。举个例子说明一下，我有一个很要好的朋友，他和妻子的感情是很好的，整天算是形影不离，到哪里去都要两个人一起。但是在去街上购物这个事情上，他们几乎不是一起的。两个人出去只不过是去买一双鞋子而已，但是自己的妻子需要用一天或者一下午的时间去购买一双鞋子，看完这双看那双，总是在不停地挑选鞋子，总是没有她中意的。挑到好的鞋子也会去不断地比价讲价，明明知道讲很久也只能得到很小的让利，可是依旧会是不亦乐乎地进行着这项工作。在一旁的朋友只能干坐着等待。

刚开始的时候还能忍受，可是慢慢地结婚之后依旧是这样子，所以实在受不了，就跟妻子摊牌了，妻子也很快答应以后上街不用朋友陪了。现在妻子去购物他就待在家里。

这种现象是很普遍的，并不只是朋友的妻子去购物会出现这种东挑西选的现象，很多女人都是如此的做法。通过调查显示，很多的女人是不喜欢和丈夫或者情人去购物的，因为他们不习惯这样，但这并不表明妻子对你的感情在变。

男人和女人的购物行为是很不一样的，通常情况下男人都是有着强烈的动机，比如说想买一条皮带，会直接到百货公司去购买，交单挑选然后直接付款，很果断。但是女人通常会除了功能性的选择之外，还夹杂着心里、社交和自我认同等方面的动机，她们总是在不断地观望，把购物当作是一种生活的休闲活动。喜欢乐在其中，对看到的东西和志同道合的姐妹一起讨论。她们用购物来满足自己的内心需要，用来改变自己的心情。

女性在购买物品时，通常情况下会存在自我认同的感觉，希望借用购物来表达自己的品位，从一定的角度来看，女性通常情况下会因为东挑西拣、讨价还价的同时，会购买一些并不是很需要的东西。

很多人都认为男女之间的行为差异是来自于狩猎时代，因为那个时候男人只是负责打猎，而女人则负责去到处搜寻小物件。

这种只是片面的说法，不必去追寻这种差异的原因。"陪情人购物，不但能看出他的个性，还能预测你的未来命运"这是《彼得原理》当中对男人最重要的一句忠告。

女王型购物狂

对于女王型的购物狂来说，购物消费是一种潜意识的仪式性的活动，想要一开始就能很简单的改变她们那种购物狂的行为是不可取的，要慢慢地去改变她们，比如让她们客观地记录她们每个月的购物行为，让她们自己去发现自己所存在的问题，这样会比较容易让她们接受。

对于自动取款机而言，她也不会告诉你你的钱花在哪里了，只能告诉你花了多少钱。对于女王型的购物狂而言，自助取款机就是她们的教母，会在她们心情到位进行购物时提供充足的保障，让她们可以很爽快地进行消费。

说一点就是，当她们无论用什么方式去记录自己的消费的时候，会很快地发现自己所存在的这种问题，致使她们很快地就能够从这个购物狂的泥潭中拔出脚来，认识到了她们的问题之后会重新进行定位，重新掌控自己的财富，也就会重新开始一种生活方式，不会再深陷购物狂的泥潭之中。

对于女王型购物狂要建立一个消费计划，消费计划就是对每天每月的购物预期做一个合理的计划，主要是计划一下自己在一个月的时间里需要去购买哪些东西，根据这个计划进行购物，然后一个月之后再对照计划看差别在哪里，这样慢慢地就会改变自己的购物狂习惯，这和她们之前的那种消费习惯的区别在于有了计划性原则，不会再漫无目的地进行各种购物，见什么好买什么，控制了她们的奢侈型消费。

把手提包当成购物袋的人办事很讲效率

有的人购物的时候会把手提包当成自己的购物袋，这种类型的人一般都是希望能寻找到捷径去办自己的事情，通常情况下这种类型的人办事效率是很高的，总是在最短的时间里用最少的付出、最少的精力去把事情做到最好，在他们的心中最讲究的就是做事的效率，这是他们做事情的一个准则。但是缺点就是做起事情来虽然是追求效率，但是有的时候做事的方式却又显得杂乱无章，没有固定的规则，无章可循，很多时候虽说有了效率但是并不能如愿以偿地做到最好。这种人的性格一般都是对人友善，比较的亲近和随和的人，对待事情有很大的耐心，有很好的耐性，但是总是满足于自给自足。他们这种人是比较感性的，感性的成分大于理性的成分，所以做起事情来会意气用事。这种人还有一个优点就是独立能力很强，不是很习惯去依赖别人，自己的事情总是自己去完成，尽量不会让人去干预自己的事情。

有的人不会把时间浪费在购物上，通常会让别人帮助自己去进行购物，这种类型的人一般都是很珍惜时间，而且时间的安排也是很紧张的，通常情况下，这种人是工作或者学习很忙碌的人。在他们的眼里，进行购物是一件很小的事情，不值得自己去浪费时间进行购物，他们想把更多的时间放在工作和学习上，购物的事情不值得自己去抽取珍贵的时间进行，所以总是找人替代自己去购买。他们的人缘一般都是比较不错的，因为他们做事情认真负责，而且在为人处世等方面是以比较传统的方式进行的。他们做事情通常是大家对自己满意，尽量的不得罪每一个人，就是所谓的老好人。

在打折时选购物品的人比较现实

有的人是喜欢在商品进行打折的时候去选购自己需要的商品，这一类型的人一般都是比较实际现实，会过日子，注意在生活当中精打细算，严重的会有自己的小算盘，爱占小便宜，有些唯利是图的缺点。这种人按照自己的方式去做事情，很少去听取别人的意见，有一点犟，性格固执，碰到事情的时候不会跟别人去协商解决，总是会一直坚持自己的意见不放，要让别人去统一自己的观点，想要别人听从自己的意见却不去听从别人的意见。所做的事情总会自己坚持自己的观点不放手，满足于自己所占的优势，使得别人不得不去放弃自己的观点来慢慢地认同你的观点，这是一种很不好的缺点，需要尽快地去改变这个缺点，因为这样有的时候做的事情会是很糟糕的，要学会听取他人的建设性意见，不要固执己见。

看目录购物的人原则性强

看目录进行购物的人一般都是组织性和原则性很强的，他们做起事情来喜欢先制订计划，然后按照一定的规律和自己的计划进行活动，这样则表现出这种人是很有组织性和原则性，做起事情来也很有组织能力，如果事先没有做好组织和计划做起事情来会感到手足无措的。值得说的一点就是这种人一般都是很健忘的，做起事情来通常会忘记某些事情，所以有的时候需要身边的人不断地去提醒他所落下的事情，需要注意的事情，在什么时间做什么事情，什么地点做什么事情，这都是有的时候需要别人提醒的。虽然他们有着很强烈的组织性和原则性，但是他们的随机应变能力是很差的，偶发的事件严重的时候会让他们变得无法接受，无能为力，导致手足无措。如果他们能加强自己健忘这一方面的缺点的话，自己的事情记清楚记牢会改变很多的。也要慢慢地去培养自己的应变能力，这样跟自己的组织能力结合起来的话，做起事情来会事半功倍，成功的概率会很大。

全家一起购物的人比较保守

通常会有一部分人喜欢一家人一同去外出购物，通常情况下这一类型的人内心多是比较传统和保守的，一般不会很喜欢去接受新鲜的事物。他们的心中总是以家庭为中心，家庭在他们心目中的地位是无可替代的。所以他们做事情总是以家庭为主，对待自己的家庭有着强烈的责任感和深深的依赖和依恋。他们最基本的出发点就是他们的家庭。家庭直接对他们的行为原则处事方式产生强烈的影响。一般情况下，这样的家庭一般都是很和睦温馨的。因为一家人都以家庭为中心。在局外人看来他们的家庭是很乏味的，但其实不然，他们虽然整天围着家庭转，但是他们自己却满足于目前的这一种生活，他们乐在其中。这种类型的人一般都是很有安全感的，他们这种人是很实在的，在对待生活方面的态度也是相当的实在，在购物方面选择的物品也大多数是经济实惠、物美价廉的。他们做事是很踏实的，做起事情来实实在在，不会做一些天马行空、空中楼阁的事情。

需要的时候没有、事后再买的人有很强的表现欲

有的时候有一种类型的人的东西在需要的时候是没有购买的，但是当不需要的时候以后反而去购买。这一种类型的似乎在任何一方面行动都会比其他的人慢一拍，但是他们并不会为此而恼火，他们反而乐在其中，因为这是他们生活的方式，没什么烦恼可言。虽然他们在某些事情上会比其他的人慢上半拍，但是他们的表现欲是很强的，他们总是希望能靠自己的行动来引起别人的注意，达到表现自己的目的，所以有的时候会经常故意要一些小伎俩，来获得别人的关注，让别人能够充分的注意到自己，自己的表现欲望得到强烈的满足。

花一整天时间购物的人比较乐观

有的人去购物都会花上一整天的时间，这一类型的人都是一些乐天派，大多数都是比较开朗和乐观的。对待事情都是抱着一种积极乐观的心态的。他们这种人无论何时何地都会乐呵呵地笑着面对一切事物，常常会没有任何理由的就会感觉到心情不错。这种乐天派会感染到周围的人，所以周围的圈子都是很乐观的，不悲伤。

这种人的人缘交际也比较好。这种类型的人一般都是很有耐心的，做起事情来一般都能够找到很多理由和借口的，所以说是乐天派的一大强项。当众人遇到难以想象的困难的时候，一般都会不断地自我安慰，自我鼓励，使自己坚持到最后，努力去解决难以逾越的障碍，获得巨大的成功。他们经常会有雄心勃勃的梦想，他们的野心很大，经常性的会为自己设定很远大的理想和目标，并且有的时候会很积极地去实现自己的目标和理想，从某种程度上来说并不现实，所以到最后多半无法梦想成真。但在这个过程中，他们所做的事情还是有收获的。如果能改掉缺点，会是一个接近完美的人。

亲自付款的人比较传统

有的时候付款方式也会显示出一个人的性格，采用什么样子的付款方式，这在很大的程度上与处理生活中其他的琐事有相似之处，因为用付款方式可以很容易地看出来一个人的性格，观察出一个人真实的性格特点。

喜欢亲自去付款他们大多数都是比较传统和保守的人，对待很多新鲜事物的接受能力是很弱的，因为在他们的骨子里是传统的，对待新鲜事物的感知能力很弱，很难快速地认可新鲜事物，而是偏重于循规蹈矩，守着一些过时的东西，因为他们传统保守。这种人一般都是安于现状的，很少去进行新鲜事物的尝试，缺乏冒险的精神，对于现在安稳的环境是很喜欢的，不喜欢去追求新的环境。这种人一般都是缺乏安全感的，有着那么一点自卑心理，做事情缺乏自信，但是这种人一般都希望能在做事情的同时有别人帮助一下自己，极其希望能获得别人的支持和帮助，这样可以更加为自己的事情添加一笔助力。

付款的时候能拖就拖的人比较自私

有的人是在付款的时候喜欢拖，这种人呢是能拖就拖，一般这种人挺自私的，这种类型的人有一种占小便宜的心理，心中缺乏一种公平的观念，心里总是想着自己少付出能够得到更大的回报，最好是一点的付出得到一片的回报。这种人做事情比较有想法，会尽可能地去减少付出获得回报，一般有的时候这种人会想出一些奇异的想法，这些想法会省掉很多力气，所以说这种人也是有一些优点的，为了尽可能地省力，会想比较省力的方法去做事情。这种人一般是不会轻易地去关心身边的人和帮助其他的人，因为心里总是有一股子自私的感觉在作怪，对人虽然说是不算很冷淡，但是也算不上很热情，算是平平常常的吧。这种人如果改掉了这种小心眼的缺点，改掉了自私的缺点的话会是很好的一个人，会有很好的人缘和交际能力的，所以说只要改掉这个优点，会获得巨大的成功。

把付款的任务推给别人的人立场不坚定

有的时候出去购物，有的人会把最后付款的任务推给别人，这种人一般都是立场不坚定的人，常常无法坚持自己的原则和立场，没有自己的立场和主见，需要不断地去听从周围人的意见才能做出自己最终的决定。这种人一般不适合做领导的位置，因为本身内心就不喜欢这样的工作，所以习惯于被别人领导的命令，习惯于听从别人，什么时候都不用自己去操心，只按照别人的要求去做就行，这样何乐而不为呢。一般这种人比较马马虎虎，做事不怎么负责任，所以有的时候会找其他的理由和借口为自己所做的事情进行开托，在困难与挫折面前，会显得力不从心，透漏出自己的胆怯和恐惧，不会直接的去面对困难和挫折，这样使得事情越变越糟，所以有的时候这种人需要一种能力去面对挫折和困难，要有一点的勇气去对待，这样才能慢慢地成长起来，获得人生的成功。

收到账单立刻付款的人很有魄力

一般收到账单立即就去付款的人一般都是很有魄力、做事情果断的人，这种人做事情不会优柔寡断，这种人做起事情来是雷厉风行，说做什么事就做什么事情，不会去拖泥带水的，有着刚强的一面。他们做事情是非常独立的，不会去找别人干这个干那个的。对待他人也是很真诚的，比较坦率，所以周围的圈子很好，人缘是比较不错的，他们这种人最大的优点就是果断和真诚，他们从来不希望自己欠别人的，宁可别人欠自己的也不要自己欠别人的。

采用电话付费的人容易信任别人

有的人喜欢购物的时候用电话付费，这种类型的人一般都是潮流人士，喜欢接受新鲜潮流的东西，对待这些新鲜潮流的接受能力很强。他们对新鲜事物容易接受，而且懂得去利用这些新鲜的事物去为自己服务。虽然说是这种类型的人对新鲜事物有着很强的接受能力，但是他们也对某些东西有着很强的依赖性，这个缺点也是这种类型的人的致命的缺点。有的时候这种缺点会使他们丧失一定的主动权，被别人多控制，自己的主动权转为被动权。这种类型的人一般还有一个特点就是对待别人有很强大的信任感，通常对待他人没有什么防备，这使得他们这种人的人缘很好，周围的圈子很和谐。但是有的时候会是一个缺点，容易受到别人的欺骗。所以说要学会慢慢地转变，对待自己的朋友要发挥自己的优势，对待他人要有一定的戒备心理，害人之心不可有，防人之心不可无。

购物速战速决的女人活泼好动

现代社会，有一些购物速战速决的女人，她们被称作是"血拼一族"或者"败家一族"，她们的这种购物方式撑起一个"拜金主义"的时代，显示出这个时代的经济繁荣。女人们，不要为自己去购买东西过头而感到惭愧，因为你在为自己买东西的时候已经为这个社会经济繁荣做出了不可磨灭的贡献。其实如果你想知道自己的购物习惯到底是什么样子的，那我告诉你速战速决型的购物习惯会透露出你自己的个性，这种类型的人不管去赊买什么物品，即使买一枚发夹或者购置一套家具，都会十分焦急地进行购买，很难在购物上停留太久的时间，一般都会十万火急般地付款了事，买的时候十分地迅速。所买的东西是否实用，那不是买的时候的事情了，那是以后需要考虑的事情了。这样类型的女人一般都是可爱型的，活泼好动，性子直，快言快语，属于那种直脾气的人。

购物三心二意的女人缺乏判断力

有的女人购物的时候总是三心二意，购物的时候看这个就说这个好，看到那个就说那个好，根本不知道到底哪一个好，也不清楚自己真正需要的是什么，缺乏必要的判断力。这种类型的女人一般购物的时候陪她一起的人都会感到受罪，因为她永远在徘徊，不知道怎么去选择，不会一心一意地去选择自己所真正需要的，碰到不错的就会停下脚步，但是下不了决心去做选择，这样不光是陪她一起的人是受罪的，连商铺的店员也是遭罪的。所以说这种类型的女人是很善变的，不会一心一意地去做事情，缺乏自己的判断力，这是一个很大的缺点。这样子对于她做事情的时候是一种缺陷，人家做事情会是事半功倍，到了她这里就是事倍功半了。所以说只要改变自己的三心二意的习惯，慢慢地培养自己的判断力，这样子才能慢慢地做起事情来不会很纠结，会获到不小的成功的，相信你的。

独立自主购物的女人意志坚强

有的女人在购物的时候是很有主见的，属于独立自主型的人，这种类型的人一般都是有自己见解性的想法，做起事情来有自己的一套做法，在购物的时候认为购物是自己的事情，跟自己周围的人是没有关系的，只要是自己中意的就会去购买的，一般不愿意采纳他人的意见，自始至终都会坚持自己的意见。这种类型的女人一般都是有着坚强的意志，做事情很独立。这就是所谓的意志坚强，具有独立性的女性。这种女人做起事情来很独立，总是自己做自己的事情，很少去主动要求别人帮助自己，坚持用自己的能力去做完自己的事情，这是一种能力，但是有的时候会是一种阻碍，给你的建议就是能够学会跟别人的合作，能有团队意识外加自己的独立能力，处理好这两者之间的关系，那就会做起事情来很简单很容易了，获得成功的概率也会很大。

看中一件东西就非买不可的女人容易冲动

有的女人如果看上一种东西，那就会使尽全力地去购买，不买到这种东西是不罢休的。她如果喜欢这种物品，那么她不管是不是适用，也不管价格是高是低，她只要是看中了，那就等着付钱，非买不可。这种类型的女人一般都是容易冲动，大脑想到哪里就做到哪里，通常情况下喜怒无常，一会是天气很晴朗，那么接下来还没等你反应过来就是雷雨交加。所以说在跟这种女人一起的时候，要注意察言观色，避免受到雷击。这种类型的女人心地是很好的，只不过是性格风风火火，做事冲动而已，当她冷静下来的时候会后悔自己做过的事情，所以这种类型的女人需要改掉自己的这种容易冲动的性格，学会稳重，做起事情来要先三思而后行，稳稳当当地做事情，这样才能避免更多的错误和后悔。

购物毫无主见的女人依赖性重

有的女人去购物的时候必须要有人陪着自己，因为这种类型的人一般都是没有主心骨，是一种毫无主见型的人。外出购物的时候都会去找一个人陪同自己，这样心里才会有底，因为在购物的时候可以不断地去询问自己陪同的朋友，为自己拿主意。如果有朋友陪同自己一起购物的话，那么她最终到手的物品一定是朋友所喜欢的类型和款式，对她未必会很合适。如果没有朋友陪同的话，估计是很难能够买到物品的。

总体来说，这种人的依赖性是很重的，对待别人有着强烈的依赖感，有的时候没有别人帮助的话那就是寸步难行了。所以这种类型的人要不断地改变自己没有主见、做事情老是依赖别人的缺点，慢慢地培养自己的独立性，改掉自己对他人的依赖感，这样去做一个最好的自己，相信你们能做得到。

谨慎购物的女人比较稳重

有一种类型的女性购物的时候能够做到三思而后行，在购买东西的时候一定会经过观察、思索、分析和判断的四个必备阶段。她们对待购物是很认真的，通常会经过深思熟虑各方面的比较之后才会敲定最终购买的物品。如果不是真的很合意的话，那绝对不会马马虎虎地去成交的。这种类型的女人一般都是很理性，很有知识的人，她们是最识货、最懂得购物的女人，不会轻易地去购买东西，也不轻易地去多花钱购买物品，不轻易地浪费时间和金钱。一般来说，这样的女人是很稳重、谨慎的，对待事情是很负责任的，做起事情来也很理性，不会说是随随便便敷衍了事，她们很守纪律，该怎么样就怎么样，所以说这种女性是很成功的，她们有着自己的做法和原则，做的事情一般都会很完美。

购物坚定的人比较坚毅

有的女性是一种十分坚定的人，这种坚定型的女人在进行购物的时候，一般都会坚定自己所需要的，她们清清楚楚地知道自己要去买的牌子和尺码，不会随便进行临时选购。只要东西是她所需要的，是想好了的，那么她就会毫不犹豫地去买，不会在各种款式和尺码牌子上进行不必要的纠结。这一种类型的女人一般都是落落大方的，她们有着娴静、坚毅的个性，做起事情来有着自己坚强的一面。这种女人有着大家闺秀一般的气质，她独特的气质总是吸引着他人，有的时候会为她的这种气质所折服。她们这种类型的人做起事情来一般都会做得很好很成功，一方面是她们做事的方式，另一方面是她们这种娴静坚毅的气质让她们在做事情的时候减少了很多的阻力，所以做起事情来是很容易的。

购物喜欢模仿别人的比较盲目

很大一部分女人在选购衣服的时候，往往会陷入一个购物误区，认为别人穿着好看的衣服穿在自己的身上也会是好看的，所以在选择衣服的时候看见别人穿的好看的衣服就会去主动购买，然后才会慢慢地发现其实是不适合自己的。要记住并不是适合别人的就能够适合自己，因为我们都是独一无二的。举个例子说明一下，有一天你看到同事有一条裙子穿起来很漂亮，于是就毫不犹豫地去购买了那条裙子，可是比较起同事穿的那件衣服来，穿在同事身上是很好看，可是自己穿在身上不但不好看，还有东施效颦的嫌疑，反而在比较之下显得更加难看了。所以说不能去盲目地照搬他人。这种类型的女性一般在生活上也是比较盲目的，看到别人怎么做自己也会学着去一模一样地做，但是往往会达不到自己预期的效果，照搬不误是不对的，起码你要有自己的见解，要稍微地去改变一下自己搬过来的方法，给你们的建议就是在走别人的路的时候要有所改变，不要一味地去复制别人的道路，要根据实际情况去修改，有一句话不是讲吗，具体情况具体分析，所以只有这样做起事情来才会获得更大的成功率。

购买商品比较有计划的人很励志

还有一种女性就是喜欢在购买之前做一些调查研究，然后进行一下比较，对自己将要去购买的物品做好充分的了解，比如商品的特点、性能、价格、质量和用途等，都会做好充分的准备。这是理智类的购买动机。这种购买动机对要购买的商品有计划性。她们在购买时十分重视商品的质量和耐用性能的挑选，她们一般都会购买那些质量好的，因为她们在自己选定之后都不会轻易去退货，这是她们自己准备后才选定的。这种类型的人一般都是做事情会有提前的准备，做好事情的计划和准备工作，做起事情来十分的迅速，往往事情也会做得很好很成功。一般这种人做事是比较理智的，不会去随便应付或者是意气用事，所以周围的人对待他们做事情是很放心的，这也使得他们获得了很好的人缘。

购物有目标的人比较自信

有的女性进行购物的时候是很有目标的，这种类型的人一般都是比较有自信心的。这样的人一般都有着强烈的目标感，在购买物品时，带有一定的目的性，购物的行为不受他人的影响，是相当的自信，根本不会质疑自己的目标决定就会去选定自己提前做好的目标购买，即使发生情况变化，也会坚定不移地去购买预先想好的物品。举个例子说一下，我有一个朋友想买一个包包，在买之前就先去了各个卖包的网站搜集各种价格款式，然后通过杂志等书刊进行比较，最后自己再思考买哪一种款式，要哪一种的价位，第二天便直接奔向商场花了不到一个小时就搞定，买到自己喜欢的包包，而且是物美价廉。这种类型的人做起事情来也是相当地有目标感，而且也是相当地自信，所做的事情很少有失败的。

购物的基本原则

1. 经济原则

在进行购物之前要想一想自己的经济状况，因为自己的经济状况决定自己的购物行为，自己家庭的任何一个支出点，都要以自己的家庭和自己个人的经济为基础的。很多的人都喜欢去打扮自己，爱美之心人皆有之，虽说很多人都舍得花很多钱来装扮自己，让自己变得更美，这是人之常情。但是前提是要量力而行，要根据自己的实际情况进行购买，是需要以家庭条件为基础的。比如你一个月赚 6000 块钱，你就不应该全部用来购买衣服以及化妆品，因为你的日子还要继续，你还要吃饭，要合理安排自己的收支。

2. 计划原则

进行购物的时候要坚持计划原则，要有计划有目的进行购物，这样可以使得自己能够节省很多的时间去干别的事情，可以很有目的地知道自己要去买什么，买哪一种类型，买哪一种款式，买哪一种价位的衣服，这样可以在购买的时候减少了时间的浪费，也节省了体力，不再盲目地去奔波。再就是可以省钱，有了计划之后就不会再去见什么买什么，这样可以省下很多的钱来干别的事情，何乐而不为呢？

3. 兼顾原则

在进行购物的时候不要只给你自己去添置衣物，也要想想自己的家人，做到兼顾的原则，要照顾到家里的所有的人，这样可以让家里更加和睦，不会因为自己单顾一头而致使家里人产生别的想法，在家庭中产生了不必要的矛盾。所以在购物的时候要做到兼顾的原则，不要只让自己衣装华丽，而让家人衣衫褴褛，这样是不对的，也会导致家庭产生不必要的裂痕。

喜欢办信用卡的人容易相信别人

近些年来，银行信用卡业务不断在发展，"圈地运动"开展得很激烈。很多信用卡人的个人信息被泄露的很严重。很多人的隐私泄露之后，带来了很多隐患，这个隐私权的侵犯，也悄然成为一些商业银行"跑马圈地"过程中的隐患。在很多商业银行中，客户的个人信息会成为银行之间的交换，通过交换客户资料，来达到某种目的。很多一部分是一些没有职业道德的销售人员的私自所为，他们为了提升自己的业绩，和同行进行交换客户信息。还有一部分是因为银行内部监管不严格，有漏洞，导致客户信息的泄露。

所以建议那些喜欢办信用卡的人要尽可能自己去银行办理信用卡的申请手续，最好是本人去，尽量不要让别人帮自己或者替代自己去，更不要委托他人代办。因为这其中需要提供自己的身份证复印件，如果被人利用，损失会很严重的。所以说交给你一个方法，提供个人身份证复印件的时候要注明使用用途，比如说协商仅供申办银行信用卡用。更不要把自己的身份证和信用卡转接给他人使用。这种类型的人不要完完全全地相信别人，最好是有一点戒备心理，这样才能不被人欺骗，好朋友之间无所谓，重要的是那些陌生人或者很少接触过的人，要有防备心，不要一味相信别人。

喜欢刷卡积分兑奖的人爱贪小便宜

通常情况下银行信用卡是通过超期还款的利息以及年费和手续费外加商家的佣金来获得利润的。在中国信用卡主要的利润方式和国际是不同的，国际上信用卡的利润主要来源于利息，但是中国的信用卡利润主要是来自于商家的合作所收取的一些佣金，这是最大的不同。因为在中国刷卡购物会打折，所以增加了购物人群，这样对银行和商家来说是双赢的。银行得到了佣金，商家扩大了商品的出售，这样的合作模式是很不健康的，因为这只是以推动消费为目的的，这是很盲目的，有点拔苗助长的嫌疑，长期下去，会导致社会消费机制的不良，容易产生银行坏账，影响经济的持续发展。

很多的女性都是为了贪图那些小便宜，为了得到小的利益失去很多的东西。许多女性选择使用信用卡的目的就是为了那点小的利润。他们看中了各个银行为了增大出款率不定期地推出了刷卡购物打折等优惠活动，这样也导致了女性朋友们花钱的增多，为了抢得那方面的小礼品或者打折，然后花了一批巨款去抢购自己并不需要的一些物品。这种人是捡了芝麻丢了西瓜，聪明的人一般都不会去被这种虚假的信息所蒙蔽自己的双眼。他们是非常的理性的，所以奉劝有的女性朋友们，要理性的购物，做好三思而后行，确定自己是否真的需要购买这种物品，在刷卡的时候更要理智面对，不要为了那小利益把自己的资金投进去，相信一句话天下不会有免费的午餐，还有一句话就是羊毛出在羊身上，银行都有自己的专业核算师，人家肯定不会去做亏本的买卖的，所以理性面对这些吧。

为自己的爱好花巨资的人比较偏执

有的人虽然是在生活方面很节俭，但是如果碰到了自己感兴趣的事情，会不惜耗费巨资花在自己的兴趣上面，这种类型的人一般都是具有偏激的性格，如果他们喜欢的话就会去不遗余力地做，如果不喜欢的话那么再怎么强求他也不会去看一眼的。这种类型的人还有一个缺点就是在他们的内心深处感到矛盾和自卑。他们总是感觉到自己不如别人，总是感到自己是很卑微的，做起事情来没有自信心。此外，他们在人际交往方面不是擅长的，他们不善应酬，这也导致了他们的交际能力很弱，但是如果你和他成了好朋友，那你和他就会是莫逆之交，他会真心实意地对待你们之间的感情，对你会推心置腹无所不谈。很多人对贮存金钱都是乐此不疲的，对于储钱是津津乐道，把储钱看作是一种最终的目的，而这种类型的人在金钱方面怀有强烈的自卑感和矛盾，所以说这种爱为自己的爱好花巨资的人一般都是比较偏执的人，希望能慢慢地改变自己偏执的一面。

有的人即使花费自己的生活费也会进行商业的投资，这种类型的人是对任何事情任何人都会有一套说辞的类型，这种人就是所谓的见风使舵，对什么人说什么话，对什么事做什么样的人。

喜欢有特色的产品的人追求独立自主

现在的青年人都十分热衷于追求独立自主，这是自我意识的加强，现在青年都是这个性格，他们追求自由自主。无论去做什么事情都要自己去做，还要做出自己的特点，表达出自己的个性来。这种心理也反映在他们的消费行为上，他们都十分喜欢去买一些符合自己个性的商品，一些有特色的商品，不会去买一些大众化、一般化的商品，那些不能表现出他们自我个性的商品，他们是不会去考虑的。比如说有一个时期青年人是追求乞丐裤，往往老一辈的人都喜欢那些干干净净完完整整的裤子，但是到了青年人这一辈认为那样太土、不时尚，他们所追求的是那种有着一些打磨好的破洞，然后挂上一些叮叮作响的铁链，在他们看来这是个性与时尚。所以说不同的人对不同的事物有不同的理解，我们也理解。一般这种喜欢有特色产品的人都是很独立自主的，做事情只要稍加一些经验就会做得很出色。

冲动购买型的人不成熟

由于现在的青年人追求热潮，他们的思想情感、兴趣爱好和个性特征都不成熟，没有完全的稳定下来，所以在对事物的分析判断上还是不能和成年人完全的比较，这也是他们人生阅历和人生经验不足导致的。他们在处理一些事情的时候，经常会表现出他们不成熟的心理，往往会有冲动行为或者是感情用事行为的发生。他们这种不成熟的心理如果放在购物行为上的话会很容易产生冲动性购买，在选择商品的时候也会因为感情占据主导地位而进行选择。他们往往以是否能满足自己的情感需要来决定对商品的选择与否。如果这种商品是自己喜欢的，那么他们会毫不犹豫地就买下来，有的时候冲动也表现在如果店员稍微的一刺激自己，自己就会冲动买下来，缺乏必要的理性。

中老年人购物比较理智

中年人购物和青年人是有很大的差异的，他们购物就明显不同于青年人，他们的人生阅历很丰富，而且人生经验也比青年人多很多。所以当他们遇到事情的时候，一般不会有太大的情绪反应，总是以很平稳的情绪去面对事情，很少会是感情用事，冲动做事的。中老年人一般都会很理智地去支配自己的行为，很理性的做事情，所以在购物消费方面，他们消费的时候是很仔细很用心，不会像年轻人那样容易产生冲动的购买行为。

中年人一般都是有家庭的，所以他们在购物的时候会充分考虑到自己的家庭。家庭需要的他们会尽可能去买到，他们也坚持量入为出节俭的原则，因为现在毕竟是有家庭的人了，不会那么的盲目了。

中老年人在消费的时候是很有主见的，不会受到周围环境的影响，无论周围搞什么优惠搞什么促销，都不会动摇他们只买需要品的目的。所以商家在对这种类型的人进行促销时，要咨询他们的建议，对他们晓之以理，切不可动之以情。

人到了中老年的时候，一般都会有着很繁忙的工作，一般对他们来说时间和精力是不够用的，所以他们在选择购物的时候都会尽可能少花时间和精力，所以说他们在购物的时候会比较迅速，商家尽可能地提供一些方便，这样可以增加他们的满意度。

中老年有了这么多年的消费行为，到现在已经有了自己的消费习惯，所以说他们在购物的时候会有自己的行为习惯，比如说一些怀旧和保守心理，他们对于以前用过的比较好的商品是有感情的，这样来说，他们是那些商品最忠诚的购买者。

女性消费者比较爱美

俗话说的好，爱美之心人皆有之，对于女性消费者来说更是如此，她们撑起了大半个市场。无论是什么年龄段的女性，都希望把自己打扮得漂漂亮亮的，来展示自己独特的女性魅力，获得别人的欣赏。所以她们的消费心理就是购买的物品都能充分展示自己的魅力，能否增加自己的形象，这是购物的先决条件。例如，她们往往会喜欢那些漂亮或者别致新颖的新衣服，因为这些衣服能增加她们的美感。

女性消费者一般是很注重商品的外观，他们在挑选商品的时候会先看商品的色彩款式，再看商品的价格和质量。女性消费者是感性动物，所以她们的感性理念也存在于购物行为之中。感情的色彩在她们购物的时候占据了主体地位。

很多女性消费者不光是为了满足自己的基本需要，她们还追求一种与众不同一种高档，有的时候也会向别人炫耀自己的独特美，在这种情况下，她们就会不断地展示自己的身份和地位，所以只要是能做到这点的，不管你有没有实用性，她们都会很乐意掏钱购买。

喜欢新产品的人喜欢冒险

很大一部分人都会喜欢新的产品，并且在心底深处总是认为新的产品比原先的旧产品是好的，总是在超越旧的产品。认为旧的产品就是好的就是完善先进的。其实这种想法是错误的，两者都各有优点各有缺点，是不能一下子比较出来好坏的。这种喜欢新产品的人一般都是年轻的消费人群，因为年轻一代追求时尚，他们有着热情奔放、思想活跃的特点，他们喜欢不断去追求新鲜的事物，喜欢不断去冒险，富于幻想地生活着。所以这些性格特点反映在消费心理上，就是追求时尚和新颖。他们总是不断在购买一些新的产品，不断追求新的生活，不安于现状。他们这种生活方式会引领时尚的潮流，他们的冒险精神也会使得社会更快发展，但是如果这种性格运用错误的话，会导致很严重的后果。

感到无聊选择逛街的人比较注重外表

有的人无聊的时候会选择去逛街，一般这种类型的人是十分注重自身外表的，他们总是依靠自己的外表来增强自身的信心，这样给他们的感觉就是别人会觉得自己与众不同，自己过着很有品位的生活。所以在他们进行外出购物的时候也会打扮一番，把自己的外表收拾一下的。其实这种类型的人也有可能有点恋物情节，他们追求生活的享受，有的时候会怀念以前的事物，对某件东西一直是情有独钟。在对待他人方面他们是很热情的，在精神上，他们很希望能够得到别人的赞美和欣赏，他们一旦得到了别人的认可，那他们的心情会立马提升一个台阶，会很高兴的，所以说这种类型的人也是很容易满足的。无聊的时候就用逛街来打发时间吧，不过不要太过分注重自己的外表，把时间用在工作上，这样你的事业会发展得更好。

嗜好购物的人喜欢把事情往坏处想

有很大一部分人是嗜好购物的，这种类型的人一般都是喜欢把事情往坏的一方面去想，他们认为钱不是来存储的，他们的思想里钱是赚来之后用的，他们不会死守自己的钱财不花当守财奴的，所以他们热衷于逛街，逛街购物成为他们这种人的嗜好之一。他们一般思想很简单，不会去自寻烦恼，不开心的事情会把它忘得干干净净，他们不喜欢纠缠，尤其不会涉入感情的纠纷，他们喜欢去享受生活，喜欢舒舒服服地做人。但是这种类型的人在人际交往方面喜欢把事情往坏的一方面去想，而且喜欢把事情复杂化，他们这种人总是爱多想，把事情复杂化之后，会使得自己不知道怎么下手，但是一旦事情的结果不是他们做的坏的打算的话，那么他们是很高兴的，因为没有他们预期的那样糟糕。这其实也是他们的一个小优点。

长时间逛商场的女性

我们经常会在商场看到一些女性待在化妆专柜仔细询问一番但是却无意购买，这是一种女性共有的心理活动，称之为"知晓心情"，她们需要去了解商品的质量和价格，这样才会使自己产生满意的心理。女性消费者有的时候会借用触摸物品此类的活动来消除心理的不爽，她们在乎一种"只要曾经拥有，又何必在乎永久"的拥有感。

有的时候解决自己的心理需要的时候，最佳的办法就是去化妆品商场挑选一些实用的物品，比如面膜化妆霜和润肤水等，这样立刻就会消除紧张的情绪，还能买实用的物品。对待未能满足的爱情的欲望的时候，可以去试试内衣店的消费。

逛街其实对于女人来说不仅仅是消费，其实是在缓解自己的生活压力，驱除自己内心烦恼的一种行为，她们这是在缓解自己的压力，改善自己的生活方式。

所以说，女人心情不好的时候要去逛街，因为她们面对那些琳琅满目的商品时会把不开心统统放在脑后，深陷购物的乐趣之中。

购物的"群体认同心理"

有的人认为女性喜欢逛商场的原因是她们存在一种叫作群体认同心理的缘故。她们在平常的生活当中所接触的大体上都是男性同胞，而在购物的过程中，能更多地接触到女性同胞，有着更多的话题讨论，会显得更加轻松，所以她们对商场购物是乐此不疲。

有一项多年的调查显示，女性商场购物会为女性增添力量，她们通过购物来放松自己，缓解自己的情绪，以一种愉悦的姿态去面对，这样可以使得女人更加健康。还有一个就是一般女人购物都会有一个伴，她们之间边走边聊，一边逛街一边聊天，这样可以增加感情也会起到减压的作用。可以在聊天的过程中倾诉心事，获得减压的作用，缓解了不良的情绪，缓解了生活的压力。

有的时候男人也喜欢逛街的，其实男人陪女朋友一起逛街也是一种放松，会更加幸福温馨，虽然女人喜欢逛街，但是如果和自己喜欢的男人一起逛街，那她们更会高兴的，会更加乐在其中。

男女购物的差异

对于购物来说，男人和女人之间的表现是有很大差异的，表现是有很大反差的。女人购物都是事先没有计划的，只是计划好了去购物，至于去买什么到了商场再说，所以说女人逛街是看到什么好就买什么，尤其是漂亮的衣服，看到了自己喜欢的衣服，也不管自己需不需要就一下子买了下来。图的只是一时的喜欢和新鲜，有时候买回去新鲜度就没了，或者有的时候根本就没穿过就送给别人了。女性一般在碰到打折或者优惠的时候会特别的开心，她们只看到了优惠的一面，根本不会去理性地想一想是否是真的存在优惠，女人就是一个感性的动物，而男人则是理性的，女人一直喊着没衣服穿，其实她们的衣橱都是满的。而男人去购物一般都是需要了才去买，买之前，脑子里都会有一个计划，要买什么，买什么样子的，到了商场就直接奔向自己所需要物品的专柜，不和女人一样要走马观花到处转一转，碰到合适的就拿下。男人一般都是到了自己需要的专柜买完之后就立刻闪人，买的一般都是自己所需要的，而女人买的大多数是一时热血买来的，很多时候都是不需要的。